T0224792

Anmerkungen zu den im Buch verwendeten Formelzeichen, Einheiten, Größengleichungen und Zahlenwertgleichungen

1. Das Zeichen für eine physikalische Größe (kurz: Größe) heißt **Formelzeichen.** Als Formelzeichen werden Groß- und Kleinbuchstaben verwendet. Für die Zuordnung von Größe und Formelzeichen gilt DIN 1304 (Dezember 1993): Allgemeine Formelzeichen.

2. Für die Grundlagenabschnitte Statik, Dynamik und Festigkeitslehre stehen die verwendeten Formelzeichen, ihre Bedeutung und die zugehörigen Einheiten in einer Zusammenstellung am Anfang des Abschnittes.

3. Es werden die **gesetzlichen** und die **Einheiten des Internationalen Einheitensystems** verwendet (SI-Einheiten). Hierfür gilt DIN 1301: Einheiten (Einheitennamen, Einheitenzeichen) vom März 1994.

4. Physikalische Zustände und Vorgänge werden durch Gleichungen beschrieben.
   Bedeuten die in der Gleichung stehenden Zeichen physikalische Größen, dann handelt es sich um eine **Größengleichung.** Stehen die Zeichen dagegen für Zahlenwerte, dann spricht man von einer **Zahlenwertgleichung.** Neben der Größengleichung und der Zahlenwertgleichung gibt es noch die **Einheitengleichung,** in der die Zeichen Einheiten bedeuten.

5. Physikalische Gleichungen dürfen nur als Größengleichung oder als Zahlenwertgleichung oder als Einheitengleichung geschrieben werden. Mischgleichungen sind unzulässig, weil sie zu Mißverständnissen führen.

6. Größengleichungen haben einen übergeordneten Rang, weil sie unabhängig von der Wahl der Einheiten gelten. Sie sind daher zu bevorzugen. In diesem Buch sind nur dort Zahlenwertgleichungen angegeben, wo dies wegen ihrer häufigen Verwendung in der Fachpraxis unumgänglich ist.

7. Die im Buch verwendeten Zahlenwertgleichungen sind als solche gekennzeichnet, weil sie nur mit den dort angegebenen Einheiten gebraucht werden dürfen.

8. Bei Größengleichungen ist es eigentlich unnötig, Einheiten anzugeben. Für den Schüler ist es jedoch zweckmäßig, die physikalische Größe mit der zugehörigen Einheit häufig im Blick zu haben. Aus diesem Grunde stehen im Buch auch neben den Größengleichungen die in der Technik verwendeten Einheiten (Einheitenraster).

Alfred Böge

Technologie/Technik

Für Fachgymnasien und Fachoberschulen

8., überarbeitete und erweiterte Auflage

Mit 523 Abbildungen und einer Aufgabensammlung mit Ergebnisteil

unter Mitarbeit von:
Gert Böge, Wolfgang Böge, Rainer Ahrberg,
Hans-Jürgen Küfner, Jürgen Voss, Wolfgang Weißbach

AUSBILDUNG

VIEWEG+
TEUBNER

Bibliografische Information der Deutschen Nationalbibliothek
Die Deutsche Nationalbibliothek verzeichnet diese Publikation in der
Deutschen Nationalbibliografie; detaillierte bibliografische Daten sind im Internet über
<http://dnb.d-nb.de> abrufbar.

1. Auflage 1981
2., verbesserte Auflage 1982
3., erweiterte und verbesserte Auflage 1983
4., erweiterte und durchgesehene Auflage 1986
    Nachdruck 1987
5., erweiterte und durchgesehene Auflage 1988
6., überarbeitete Auflage 1990
7., überarbeitete Auflage 1994
    Nachdruck 1997
8., überarbeitete und erweiterte Auflage 2001
    Nachdruck 2007
    unveränderter Nachdruck 2008

© Springer Fachmedien Wiesbaden 2008
Ursprünglich erschienen bei Vieweg+Teubner | GWV Fachverlage GmbH, Wiesbaden 2008

www.viewegteubner.de

Umschlaggestaltung: KünkelLopka Medienentwicklung, Heidelberg

ISBN 978-3-528-74075-7   ISBN 978-3-8348-9014-6 (eBook)
DOI 10.1007/978-3-8348-9014-6

Vorwort

Das Unterrichtswerk *Technologie/Technik* besteht aus einem *Lehrbuch* mit Aufgaben- und Lösungsteil und einer *Formelsammlung*.

Das *Lehrbuch* enthält die Unterrichtsgegenstände des Faches Technik an Fachgymnasien und Fachoberschulen, Schwerpunkt Metalltechnik.

Behandelt werden die Themenkreise Statik, Dynamik, Festigkeitslehre, Werkstofftechnik, Spanende Fertigungsverfahren, Maschinenelemente, Steuerungstechnik, Speicherprogrammierbare Steuerungen (SPS) und Numerisch gesteuerte Werkzeugmaschinen (CNC-Technik).

Die *Formelsammlung* ist wie das Lehrbuch gegliedert und enthält die wichtigsten Gleichungen aus den Kursinhalten sowie die erforderlichen Tabellen, Diagramme und zweckmäßig gestaltete Auszüge aus den Maschinenbaunormen.

Der Lehrer wird die Formelsammlung ohne Bedenken für alle schriftlichen Prüfungsarbeiten zulassen können.

In dieser 8. Auflage wurde im Lehrbuch der Abschnitt Speicherprogrammierbare Steuerungen um ein Kapitel zur Einführung der neuen Norm IEC 1131 erweitert (ab Seite 475).

Außerdem waren im Lehrbuch und in der Formelsammlung umfangreiche Änderungen zur Anpassung an neu erschienene oder geänderte Normen erforderlich, besonders bezüglich der Werkstoffnormen in den Abschnitten Werkstofftechnik, Spanende Fertigungsverfahren und Maschinenelemente.

Ich bitte die Lehrer und Schüler der Fachoberschulen und Fachgymnasien, die dieses Buch in die Hand bekommen, uns ihre Kritik und Anregungen unter meiner E-mail-Adresse mitzuteilen: aboege@t-online.de

Braunschweig, April 2001   *Alfred Böge*

Inhaltsverzeichnis

Mechanik

I. Statik starrer Körper in der Ebene

II. Dynamik

Festigkeitslehre

I. Allgemeines

II. Die einzelnen Beanspruchungsarten

Werkstofftechnik

I. Werkstoffeigenschaften

II. Metallkundliche Grundlagen

Spanende Fertigungsverfahren

I. Drehen

II. Hobeln

Maschinenelemente

III. Bolzen-, Stiftverbindungen und Sicherungselemente

IV. Federn

V. Achsen, Wellen und Zapfen

VI. Nabenverbindungen

VII. Kupplungen

VIII. Wälzlager

Einführung in die Steuerungstechnik

I. Grundbegriffe der Steuerungstechnik

II. Grundelemente logischer Schaltungen

III. Schaltalgebra

Numerisch gesteuerte Werkzeugmaschinen

I. Aufbau numerisch gesteuerter Werkzeugmaschinen

II. Geometrische Grundlagen für die Programmierung

III. Informationsfluß bei der Fertigung

IV. Steuerungsarten und Interpolationsmöglichkeiten

V. Manuelles Programmieren

Speicherprogrammierbare Steuerungen

I. Aufbau von speicherprogrammierbaren Steuerungen – HARDWARE

II. Programmierung von speicherprogrammierbaren Steuerungen – SOFTWARE

III. Arbeitsbeispiele

IV. Einführungen und Übersicht zur Norm IEC 1131

Mechanik

I. Statik starrer Körper in der Ebene

Formelzeichen und Einheiten

A	m^2, cm^2, mm^2	Fläche
b	m, cm, mm	Breite
d	m, cm, mm	Durchmesser
E	J = Nm	Energie
e	1	Eulersche Zahl
F	$N = \dfrac{kgm}{s^2}$	Kraft; wenn nötig oder zweckmäßig werden durch Zeiger unterschieden, z.B. F_r resultierende Kraft = Resultierende, F_R Reibungskraft (kurz: Reibkraft), F_N Normalkraft, F_q Querkraft (Belastung), F_A Stützkraft im Lagerpunkt A usw.
F_G, G	$N = \dfrac{kgm}{s^2}$	Gewichtskraft (nach DIN 1304, März 1989, ist bevorzugt F_G als Formelzeichen zu verwenden)
g	$\dfrac{m}{s^2}$	Fallbeschleunigung
h	m, cm, mm	Höhe
l	m, cm, mm	Länge jeder Art, Abstände
M	Nm	Drehmoment, Moment einer Kraft oder eines Kräftepaares (Kraftmoment)
m	kg, g	Masse
n	$\dfrac{1}{min} = min^{-1}$	Drehzahl
P	W, kW	Leistung
r	m, cm, mm	Radius
s	m, cm, mm	Weglänge
s	m, cm, mm	Wanddicke
V	m^3, cm^3, mm^3	Volumen, Rauminhalt
v	$\dfrac{m^3}{kg}$	spezifisches Volumen
v	$\dfrac{m}{s}$, $\dfrac{km}{h}$, $\dfrac{m}{min}$	Geschwindigkeit
W	J = Nm	Arbeit
x, y	m, cm, mm	Wirkabstände der Einzelkräfte (und -flächen oder -linien)
x_0, y_0, z_0	m, cm, mm	Schwerpunktsabstände
α, β, γ	°	ebener Winkel
η	1	Wirkungsgrad
μ	1	Reibungszahl (kurz: Reibzahl)
ρ	°	Reibungswinkel (kurz: Reibwinkel)

1. Grundlagen

1.1. Die Kraft

Kraft ist die Ursache einer Bewegungs- oder (und) Formänderung. Man arbeitet in der Statik mit dem Gedankenbild des „starren" Körpers, schließt also die bei jedem Körper auftretende Formänderung aus der Betrachtung aus. Jede Kraft läßt sich durch Vergleich mit der Gewichtskraft eines Wägestückes messen. Eindeutige Kennzeichnung einer Kraft F erfordert drei Bestimmungsstücke (Bild 1.1):

Betrag der Kraft, z.B. $F = 18$ N; in bildlicher Darstellung festgelegt durch Länge einer Strecke in bestimmtem Kräftemaßstab (KM).

Lage der Kraft; festgelegt durch ihre Wirklinie (WL) und den Angriffspunkt im *Lageplan*.

Richtungssinn der Kraft; gekennzeichnet durch den *Richtungspfeil*.

Kräfte sind *Vektoren*, d.h. gerichtete Größen, ebenso wie z.B. Geschwindigkeiten und Beschleunigungen, im Gegensatz zu den *Skalaren*, das sind nicht gerichtete Größen, wie Zeit, Temperatur, Masse und andere.

Die *Resultierende* F_r zweier oder mehrerer Kräfte $F_1, F_2, ...$ ist diejenige gedachte Ersatzkraft, die dieselbe Wirkung auf den Körper ausübt wie alle Einzelkräfte $F_1, F_2 ...$ zusammen.

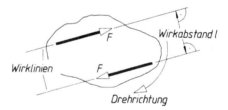

Bild 1.1. Bestimmungsstücke einer Kraft F Bild 1.2. Das Kräftepaar erzeugt ein Kraftmoment

1.2. Das Kräftepaar (Kraftmoment, Drehmoment)

Ein Kräftepaar besteht aus zwei gleich großen, parallelen, entgegengesetzt gerichteten Kräften F, deren Wirklinien einen *Wirkabstand l* voneinander haben ($\perp$ zu den Wirklinien gemessen, Bild 1.2).

Es wirkt immer dann ein Kräftepaar, wenn sich ein starrer Körper dreht oder – ohne Bindungen drehen würde (Welle, Handrad, Tretkurbel).

Die *Drehkraftwirkung* eines Kräftepaares heißt *Drehmoment M*. Der Betrag des Drehmomentes wird bestimmt durch das Produkt aus *einer* der beiden Kräfte F und deren Wirkabstand l:

Drehmoment M = Kraft $F \times$ Wirkabstand l

$$M = Fl$$

M	F	l
Nm	N	m

(1.1)

(Wirkabstand l stets $\perp$ zur Wirklinie gemessen!)

Die Drehrichtung von Drehmomenten wird durch Vorzeichen gekennzeichnet:

(−) = rechtsdrehend $\curvearrowright$
(+) = linksdrehend $\curvearrowleft$

Eine der beiden Kräfte eines Kräftepaares ist vielfach „verborgen" wirksam, meistens als Lagerkraft; beim Freimachen des Körpers muß sie erscheinen!

Das Drehmoment eines Kräftepaares bleibt unabhängig von der Wahl des Bezugspunktes D (Drehpunkt) immer dasselbe ($M = Fl$), wie die Entwicklung im Bild I.3 zeigt. In bezug auf den Drehpunkt D übt nur die rechts liegende Kraft F ein Drehmoment aus ($M_{(D)} = Fl$), weil die Wirklinie der zweiten Kraft des Kräftepaares durch den Drehpunkt D geht, also keinen Wirkabstand besitzt. Die Entwicklung für den Drehpunkt D_1 zeigt aber, daß auch für diesen Drehpunkt $M_{(D1)} = Fl$ wird.

Ein Kräftepaar kann demnach beliebig in der Ebene verschoben oder durch ein anderes ersetzt werden, wenn nur beide gleiches Drehmoment haben.

Die Kraft und das Kräftepaar sind die beiden „Grundgrößen" der Statik, mit ihnen werden alle Lehrsätze der Statik aufgebaut.

Ohne Beweis: Kräftepaare können auch in parallele Ebenen verschoben werden. Beispiel: Zahnräder können achsparallel auf Wellen verschoben werden.

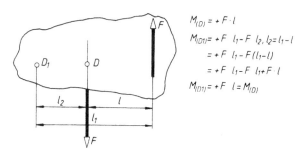

$$M_{(D)} = + F \cdot l$$
$$M_{(D1)} = + F \; l_1 - F \; l_2, \; l_2 = l_1 - l$$
$$= + F \; l_1 - F \, (l_1 - l)$$
$$= + F \; l_1 - F \; l_1 + F \cdot l$$
$$M_{(D1)} = + F \; l = M_{(D)}$$

Bild I.3. Das Drehmoment eines Kräftepaares ist immer $M = Fl$

1.3. Das Moment einer Einzelkraft (Kraftmoment)

Das Moment einer Einzelkraft F in bezug auf einen gewählten Drehpunkt D ist festgesetzt (definiert) als das Produkt aus der Kraft und deren Wirkabstand l (Lot von der Wirklinie auf den gewählten Drehpunkt D); Bild I.4. Wirkabstand l heißt auch „*Hebelarm*".

Kraftmoment M = Kraft $F \times$ Wirkabstand l

$$M = Fl \qquad \begin{array}{c|c|c} M & F & l \\ \hline Nm & N & m \end{array} \qquad (\text{I.2})$$

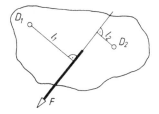

Die Drehrichtung wird wie beim Drehmoment durch Vorzeichen gekennzeichnet:

(−) = rechtsdrehend
(+) = linksdrehend

Bild I.4. Moment einer Kraft F in bezug auf Drehpunkt D_1: $M_1 = - Fl_1$ und auf D_2: $M_2 = + Fl_2$

Im Gegensatz zum Drehmoment des Kräftepaares, dessen Betrag und Richtungssinn unabhängig von der Wahl des Drehpunktes am Körper stets gleich groß ist, hängen Betrag und Richtung des Momentes einer Kraft F von der Wahl des Bezugspunktes D ab (Bild I.4). Siehe auch Momentensatz 2.2.2.

1.4. Das Versatzmoment

Soll geklärt werden, welche Wirkung die Kraft F_1 in Bild I.5 in I angreifend auf II ausübt, so wird mit dem Begriff des Versatzmomentes gearbeitet. Zwei gleichgroße, gegensinnige Parallelkräfte in II angebracht verändern den Zustand des starren Körpers nicht. F_1 und F_2 stellen ein Kräftepaar dar, können also sinnbildlich zum Moment $M = -F_1 l$ zusammengefaßt werden. Punkt II wird demnach belastet durch die parallelverschobene Ursprungskraft F_1 *und* das Drehmoment $M = -F_1 l$. Man spricht dann vom Versatzmoment.

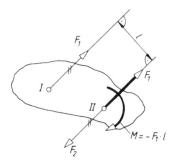

Bild I.5. Versatzmoment einer Kraft

1.5. Die drei Grundoperationen (Arbeitssätze) der Statik

Fast alle Verfahren der Statik lassen sich auf drei Grundoperationen zurückführen:

> **Parallelgrammsatz (Kräfteparallelogramm, Zusammensetzen und Zerlegen zweier Kräfte):**
> Die Resultierende F_r zweier Kräfte F_1 und F_2 ist die Diagonale des aus beiden Kräften gebildeten Parallelogramms (Bild I.6).

Meistens arbeitet man nur mit dem halben Parallelogramm, dem Kräftedreieck, denn man kommt zum gleichen Ergebnis, wenn man die gegebenen Kräfte in beliebiger Reihenfolge aneinanderreiht: Die Resultierende F_r ist dann die Verbindungslinie *vom* Anfangspunkt A der ersten *zum* Endpunkt E der letzten Kraft. Dieser Satz gilt für beliebig viele Kräfte.

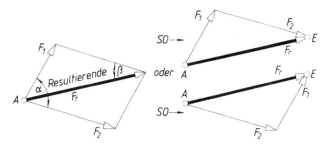

Bild I.6. Parallelogrammsatz; gegeben: F_1, F_2; gesucht F_r

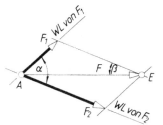

Bild I.7. Kraftzerlegung
gegeben: F; gesucht: F_1, F_2

Die Resultierende F_r zweier Kräfte F_1 und F_2, die den Winkel α einschließen, läßt sich berechnen (Bild I.6):

$$F_r = \sqrt{F_1^2 + F_2^2 + 2\,F_1 F_2 \cos\alpha} \qquad (I.3)$$

$$\sin\beta = \frac{F_1 \sin\alpha}{F_r} \qquad (I.4)$$

Die Umkehrung des Parallelogrammsatzes ist der *Satz von der Zerlegung einer Kraft* in zwei Komponenten (Bild I.7):

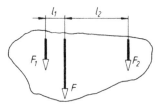

Bild I.8. Zerlegung einer Kraft F
in zwei parallele Komponenten

Die gegebenen Wirklinien werden parallel zu sich selbst in den Endpunkt E der gegebenen Kraft F verschoben, dadurch entsteht das Parallelogramm. Die Aufgabe, eine Kraft in mehr als zwei Komponenten zu zerlegen, ist statisch unbestimmt, d.h. es sind unendlich viele Lösungen möglich.

Die beiden Komponenten F_1, F_2 einer gegebenen Kraft F lassen sich berechnen (Bild I.7):

$$F_1 = F \frac{\sin \beta}{\sin \alpha} \qquad (I.5) \qquad\qquad F_2 = F \cos \beta - F_1 \cos \alpha \qquad (I.6)$$

Soll eine gegebene Kraft F nach Bild I.8 in zwei parallele Komponenten F_1, F_2 zerlegt werden, so gilt

$$F_1 = F \frac{l_2}{l_1 + l_2} \qquad (I.7) \qquad\qquad F_2 = F \frac{l_1}{l_1 + l_2} \qquad (I.8)$$

Erweiterungssatz:
Zwei gleich große, gegensinnige, auf gleicher Wirklinie liegende Kräfte können zu einem Kräftesystem hinzugefügt oder von ihm fortgenommen werden, ohne daß sich damit die Wirkung des Kräftesystems ändert (siehe Bild I.5).

Verschiebesatz:
Kräfte können frei auf ihrer Wirklinie verschoben werden; es sind linienflüchtige Vektoren.

● **Beispiel:** Wie groß ist die Resultierende F_r zweier Kräfte von 5 N und 8 N, die den Winkel $\alpha = 30°$ einschließen. Welchen Winkel β schließt die Resultierende mit einer der beiden Komponenten ein?

Lösung: $F_r = \sqrt{F_1^2 + F_2^2 + 2 F_1 F_2 \cos \alpha}$

$F_r = \sqrt{(5 \text{ N})^2 + (8 \text{ N})^2 + 2 \cdot 5 \text{ N} \cdot 8 \text{ N} \cdot \cos 30°} = 12,6 \text{ N}$

$\beta = \arcsin = \dfrac{F_1 \sin \alpha}{F_r} = \dfrac{5 \text{ N} \cdot \sin 30°}{12,6 \text{ N}} = 11,4°$

● **Beispiel:** Eine Kraft F von 50 N ist so in zwei Komponenten zu zerlegen, daß die beiden Komponenten den Winkel $\alpha = 120°$ einschließen. Der Winkel β zwischen F und der einen Komponente beträgt 20°.

Lösung: $F_1 = F \dfrac{\sin \beta}{\sin \alpha} = 50 \text{ N} \dfrac{\sin 20°}{\sin 120°} = 19,7 \text{ N}$

$F_2 = F \cos \beta - F_1 \cos \alpha = 50 \text{ N} \cdot \cos 20° - 19,7 \text{ N} \cdot \cos 120° = 56,8 \text{ N}$

1.6. Das Freimachen der Körper

Die Lösung jeder Aufgabe der Mechanik sollte mit dem Freimachen des zu untersuchenden Körpers beginnen, weil nur damit gewährleistet ist, daß *alle* am Körper angreifenden Kräfte richtig erfaßt wurden. Die Anzahl der unbekannten Stützkräfte am Körper ist abhängig von der Bauart der Lagerung.

Einen Körper (Hebel, Stange, Feder, Welle u.a.) „*frei machen*" heißt: in Gedanken den Körper an allen Stütz-, Verbindungs- oder sonstigen Berührungsstellen von seiner Umgebung loslösen und für jeden der weggenommenen Bauteile *diejenigen* Kräfte eintragen, die von der Umgebung auf den freizumachenden Körper übertragen werden. *Beachte:* Richtungssinn stets in *bezug auf den „freizumachenden" Körper* eintragen!

Fehler werden häufig beim Anbringen der Reibkraft gemacht!

Die Grundregel zur Lösung statischer Aufgaben heißt:

Freimachen und Gleichgewichtsbedingungen ansetzen!

Im einzelnen ist beim Freimachen zu beachten:

1.6.1. Seile, Ketten, Bänder, Riemen o.ä. (Bild I.9) übertragen nur *Zug*kräfte in Seilrichtung auf den freizumachenden Körper. Werden Seile durch Rollen o.ä. reibungsfrei umgelenkt, so wirkt an jeder Stelle des Seiles die gleiche Zugkraft in der jeweiligen Seilrichtung.

1.6.2. Zweigelenkstäbe (Bild I.10) übertragen nur *Zug-* oder *Druckkräfte,* d.h. in der Verbindungsgraden der beiden Gelenke, wenn die Kräfte nur in den Gelenkpunkten in den Stab eingeleitet werden, wie z.B. bei der Schubstange des Schubkurbelgetriebes. Zweigelenkstäbe nennt man auch Pendelstützen.

1.6.3. Stützflächen (Bild I.10, 11) übertragen nur Normalkräfte F_N ($\perp$ zur Stützfläche), wenn sie sich reibungsfrei berühren; sonst in tangentialer Richtung auch Reibkräfte F_R, wie z.B. die Gleitflächen des Kreuzkopfes oder die Übertragungsflächen des Gleitschiebers in Bild I.11.

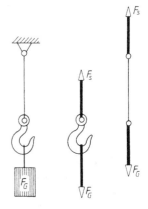

Bild I.9. Kranhaken und Seil freigemacht

Beachte: Der Richtungssinn der Reibkraft muß stets von Anfang an am freigemachten Körper richtig eingesetzt werden; er ist stets der Bewegungsrichtung des Körpers entgegengesetzt.

1.6.4. Kugeln und Rollen (Bild I.12) übertragen reibungsfrei nur Kräfte, deren Wirklinie durch Kugel-(Rollen-)mittelpunkt *und* Berührungspunkt geht, also auch Normalkräfte.

1.6.5. Tragwerke (Stützträger) nach Bild I.13 sind statisch bestimmt gelagert, wenn die drei Gleichgewichtsbedingungen ($\Sigma F_x = 0$; $\Sigma F_y = 0$; $\Sigma M = 0$) zur Bestimmung der Stützkräfte ausreichen. Sie besitzen ein einwertiges und ein zweiwertiges Lager. Reibkräfte werden meistens nicht berücksichtigt.

Wichtig zur Lösung statischer Aufgaben ist stets das Erkennen und Festlegen der Wirklinie der einwertigen Stützkraft F_A, weil damit der erste Schritt zur Lösung getan ist. Weder bei der einwertigen noch bei der zweiwertigen Stützkraft kommt es zunächst auf die Festlegung des Richtungs*sinnes* an; das kann nach Gefühl erfolgen. Den tatsächlichen Richtungssinn liefern die zeichnerischen oder rechnerischen Lösungsverfahren selbst. Wurde der Richtungssinn bei einer unbekannten Kraft falsch angenommen, so erscheint sie im rechnerischen Ergebnis negativ.

1.6.6. Einwertige, zweiwertige und dreiwertige Lagerungen sind solche, bei denen entweder eine, zwei oder drei unbekannte Stützkräfte auftreten. Bei Berücksichtigung der Reibung kommt noch eine Unbekannte hinzu.

Einwertige Lagerungen, wie Kugeln, Rollen, Querlager und Zweigelenkstäbe (Pendelstützen) übertragen ohne Berücksichtigung der Reibung *eine* unbekannte Stützkraft. Ihre Wirklinie ist eindeutig bestimmt, ihre Festlegung zur Lösung der Aufgabe daher vordringlich. Die Stützkraft wirkt stets senkrecht zur Stützkraft (Stützebene) oder, bei Zweigelenkstäben, in der Verbindungsgeraden der beiden Gelenke (Bild I.10, 12, 13).

Zweiwertige Lagerungen übertragen ohne Berücksichtigung der Reibung stets zwei unbekannte Stützkräfte, eine in x-Richtung, die andere in y-Richtung (Bild I.13).

Dreiwertige Lagerungen entstehen z.B. bei eingepreßten Bolzen (Einspannungen). Sie übertragen drei unbekannte Größen: eine Kraft in x-Richtung, eine in y-Richtung und ein Drehmoment M.

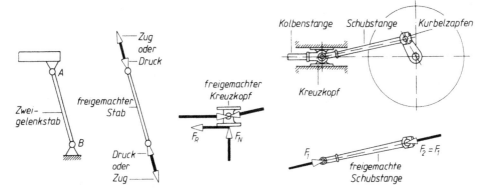

Bild I.10. Schubstange (Zweigelenkstab) und Kreuzkopf eines Schubkurbelgetriebes (Kurbeltrieb) freigemacht (ohne Massenkräfte)

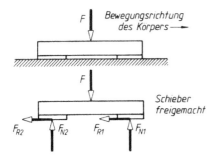

Bild I.11. Gleitschieber freigemacht

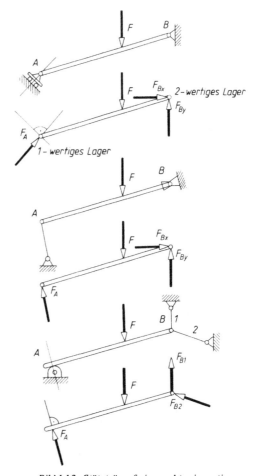

Bild I.13. Stützträger freigemacht; einwertige Lager A; zweiwertige Lager B

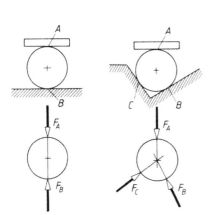

Bild I.12. Kugel (Rolle) freigemacht

2. Zusammensetzen, Zerlegen und Gleichgewicht von Kräften in der Ebene

2.1. Das zentrale Kräftesystem

2.1.1. Zeichnerische Bestimmung der Resultierenden F_r. Die gegebenen Kräfte werden in beliebiger Reihenfolge maßstabgerecht und richtungsgemäß derart aneinander gereiht, daß sich ein fortlaufender Kräftezug ergibt (Bilder I.14 und I.15).

Die gesuchte Resultierende F_r ist stets die Verbindungslinie *vom* Anfangspunkt A der zuerst gezeichneten *zum* Endpunkt E der zuletzt gezeichneten Kraft.

Beachte: Richtungswinkel α ist der Winkel zwischen positiver x-Achse und der Wirklinie im Linksdrehsinn.

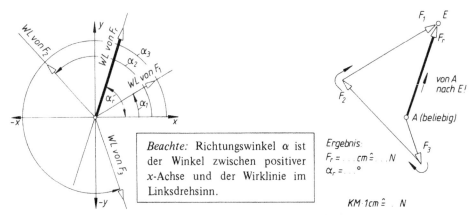

Bild I.14. Lageplan mit den Wirklinien (WL) der gegebenen Kräfte F_1, F_2, F_3 und Richtungswinkel α_1, α_2, α_3; gesucht: Resultierende F_r und Richtungswinkel α_r

Bild I.15. Kräfteplan, durch Parallelverschiebung der Wirklinien (WL) aus dem Lageplan gewonnen

> **Arbeitsplan zur zeichnerischen Bestimmung der Resultierenden**
>
> Rechtwinkliges Achsenkreuz zeichnen.
>
> Wirklinien (WL) der gegebenen Kräfte F_1, F_2, F_3 unter den Richtungswinkeln $\alpha_1, \alpha_2, \alpha_3$ zur positiven x-Achse eintragen.
>
> Im Kräfteplan beliebigen Anfangspunkt A festlegen.
>
> Beliebige Wirklinie durch Parallelverschiebung aus dem Lageplan durch den gewählten Anfangspunkt legen.
>
> Auf dieser Wirklinie die gegebene Kraft im gewählten Kräftemaßstab richtungsgemäß abtragen.
>
> Die restlichen Kräfte in gleicher Weise an die zuerst gezeichnete Kraft anschließen (Reihenfolge beliebig).
>
> Pfeilspitze der letzten Kraft ergibt Endpunkt E des Kräfteplanes.
>
> Resultierende F_r als Verbindungslinie *vom Anfangspunkt A zum Endpunkt E* zeichnen; Länge abgreifen; Wirklinie in den Lageplan übertragen; Richtungswinkel α_r messen.

2.1.2. Rechnerische (analytische) Bestimmung der Resultierenden F_r. Man rechnet mit den Kraftkomponenten $F_{nx} = F_n \cos \alpha_n$ und $F_{ny} = F_n \sin \alpha_n$. Der Rechner liefert das Vorzeichen (+) oder (−) automatisch mit, wenn für α_n die *Richtungswinkel* zwischen der positiven x-Achse und der Wirklinie eingegeben werden. Die Addition der Kraftkomponenten liefert die Komponenten F_{rx} und F_{ry} der Resultierenden. Diese ergeben mit Hilfe des Lehrsatzes des Pythagoras die Resultierenden F_r.

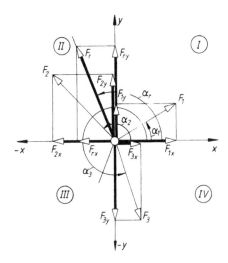

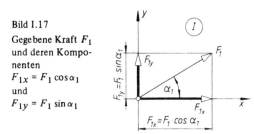

Bild I.17
Gegebene Kraft F_1
und deren Komponenten
$F_{1x} = F_1 \cos \alpha_1$
und
$F_{1y} = F_1 \sin \alpha_1$

Bild I.16. Lageskizze (unmaßstäblich) mit den Komponenten $F_{1x}, F_{1y}, F_{2x}, F_{2y} ...$ der gegebenen Kräfte $F_1, F_2 ...$ am freigemachten Körper; gesucht: Resultierende F_r und Winkel α_r

Kraftkomponenten:

x-Komponenten:

$$F_{1x} = F_1 \cos \alpha_1$$
$$F_{2x} = F_2 \cos \alpha_2 \qquad (I.9)$$
$$F_{nx} = F_n \cos \alpha_n$$

y-Komponenten:

$$F_{1y} = F_1 \sin \alpha_1$$
$$F_{2y} = F_2 \sin \alpha_2 \qquad (I.10)$$
$$F_{ny} = F_n \sin \alpha_n$$

Komponenten der Resultierenden:

$$F_{rx} = F_{1x} + F_{2x} + F_{3x} + ... F_{nx}$$
$$F_{ry} = F_{1y} + F_{2y} + F_{3y} + ... F_{ny} \qquad (I.11)$$

Betrag der Resultierenden:

$$F_r = \sqrt{F_{rx}^2 + F_{ry}^2} \qquad (I.12)$$

Richtungswinkel α_r der Resultierenden F_r:

$$\alpha_r = \arctan \frac{|F_{ry}|}{|F_{rx}|} \qquad \text{(nur mit den Beträgen } |F_{ry}| \text{ und } |F_{rx}| \text{ rechnen)} \qquad (I.13)$$

Richtungswinkel α_r ist der Winkel, den die Wirklinie einer Kraft mit der positiven x-Achse eines rechtwinkligen Achsenkreuzes einschließt. Bestimmung des Quadranten I, II, III, IV aus den Vorzeichen der beiden Komponenten F_{rx} und F_{ry}.

2.1.3. Zeichnerische Bestimmung unbekannter Kräfte. Die gegebenen Kräfte werden in beliebiger Folge maßstabgerecht und richtungsgemäß zu einem fortlaufenden Kräftezug aneinandergereiht. Mit den Wirklinien der noch unbekannten Kräfte muß das *Krafteck so geschlossen* werden, daß die Pfeilrichtungen „Einbahnverkehr" ermöglichen. Anfangspunkt A und Endpunkt E des Kräftezuges müssen zusammenfallen (Bilder I.18 und I.19).

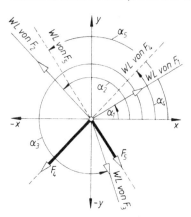

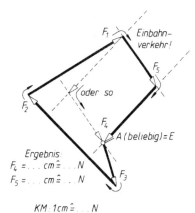

Bild I.18. Lageplan mit den Wirklinien (WL) *sämtlicher* Kräfte ($F_1 ... F_5$) am freigemachten Körper
gegeben: $F_1, F_2, F_3, \alpha_1, \alpha_2, \alpha_3, \alpha_4, \alpha_5$
gesucht: F_4, F_5

Bild I.19. Kräfteplan, durch Parallelverschiebung der Wirklinien (WL) aus dem Lageplan gewonnen

---

Arbeitsplan zur zeichnerischen Bestimmung unbekannter Kräfte

Rechtwinkliges Achsenkreuz zeichnen.

Wirklinien der gegebenen und der noch unbekannten Kräfte eintragen.

Im Kräfteplan die gegebenen Kräfte oder die gegebene Kraft vom beliebigen Anfangspunkt A aus maßstäblich und richtungsgemäß aneinanderreihen wie bei der zeichnerischen Bestimmung der Resultierenden (2.1.1), jedoch ohne die Resultierende zu zeichnen.

Mit den Wirklinien der gesuchten Kräfte durch Parallelverschiebung aus dem Lageplan in den Kräfteplan dort das Krafteck „schließen".

Kraftrichtungen (Pfeile) nach der Bedingung des „geschlossenen" Kräftezuges (Einbahnverkehr) an den gesuchten Kräften anbringen.

Gefundene Kräfte (Gleichgewichtskräfte, Stützkräfte) in den Lageplan übertragen.

2.1.4. Rechnerische (analytische) Bestimmung unbekannter Kräfte. Werden alle am Körper angreifenden Kräfte in ihre Komponenten nach den beiden Richtungen eines rechtwinkligen Achsenkreuzes zerlegt und ist die algebraische Summe der Komponenten in x- und y-Richtung gleich Null, so stehen die Kräfte im Gleichgewicht (Bild I.20).

Die rechnerischen Gleichgewichtsbedingungen beim zentralen Kräftesystem lauten:

$$\begin{array}{ll} \text{I.} & \Sigma F_x = 0; \quad F_{1x} + F_{2x} + F_{3x} + ... F_{nx} = 0 \\ \text{II.} & \Sigma F_y = 0; \quad F_{1y} + F_{2y} + F_{3y} + ... F_{ny} = 0 \end{array} \tag{I.14}$$

$$F_{nx} = F_n \cos \alpha; \qquad F_{ny} = F_n \sin \alpha_n \tag{I.15}$$

Winkel α ist stets der *Richtungswinkel* der Kraft. Das ist der Winkel zwischen positiver x-Achse und Wirklinie.

Arbeitsplan zur rechnerischen (analytischen) Bestimmung unbekannter Kräfte

Rechtwinkliges Achsenkreuz skizzieren.

Sämtliche Kräfte – auch die noch unbekannten – in ihre x- und y-Komponenten zerlegen und unmaßstäblich eintragen, dabei den Richtungssinn der noch unbekannten Kräfte zunächst annehmen.

Nach dieser Lageskizze die beiden rechnerischen Gleichgewichtsbedingungen ansetzen.

Die Gleichungen nach dem Einsetzungsverfahren oder nach dem Gleichsetzungsverfahren lösen (siehe Mathematik).

Ergibt eine der Lösungen für eine Kraft einen negativen Wert (Minuszeichen), dann war falsche Richtung angenommen worden, die tatsächliche Richtung ist entgegengesetzt, der Zahlenwert stimmt jedoch! Bei weiteren Rechnungen muß nun die tatsächliche Richtung berücksichtigt werden (Vorzeichenumkehr!).

Errechnete Komponenten können schließlich mit Hilfe des Lehrsatzes des Pythagoras zur gesuchten Kraft vereinigt werden.

Kraftrichtungen der gefundenen Kräfte in den Lageplan übertragen.

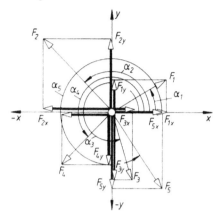

Bild I.20. Lageskizze (unmaßstäblich) mit den Komponenten *sämtlicher* Kräfte am freigemachten Körper

gegeben: $F_1, F_2, F_3, \alpha_1, \alpha_2, \alpha_3, \alpha_4, \alpha_5$

gesucht: F_4, F_5

■ **Beispiel**: Ein zentrales Kräftesystem nach Bild I.20 besteht aus den gegebenen Kräften $F_1 = 55$ N; $\alpha_1 = 30°$; $F_2 = 63$ N; $\alpha_2 = 135°$; $F_3 = 22$ N; $\alpha_3 = 290°$. Die Wirklinien der gesuchten Gleichgewichtskräfte F_4, F_5 liegen unter $\alpha_4 = 225°$ und $\alpha_5 = 305°$.

Lösung: F_4 und F_5 ergeben sich aus den beiden rechnerischen Gleichgewichtsbedingungen:

I. $\Sigma F_x = 0 = + F_1 \cos \alpha_1 + F_2 \cos \alpha_2 + F_3 \cos \alpha_3 + F_4 \cos \alpha_4 + F_5 \cos \alpha_5$

II. $\Sigma F_y = 0 = + F_1 \sin \alpha_1 + F_2 \sin \alpha_2 + F_3 \sin \alpha_3 + F_4 \sin \alpha_4 + F_5 \sin \alpha_5$

Ausrechnung:

$F_4 \cdot \cos 225° = -55$ N $\cdot \cos 30° - 63$ N $\cdot \cos 135° - 22$ N $\cdot \cos 290° - F_5 \cdot \cos 305°$

$-0,707 \cdot F_4 = -10,608$ N $- F_5 \cdot 0,573$

$F_4 \cdot \sin 225° = -55$ N $\cdot \sin 30° - 63$ N $\cdot \sin 135° - 22$ N $\cdot \sin 290° - F_5 \cdot \sin 305°$

$-0,707 \cdot F_4 = -51,374$ N $- F_5 \cdot (-0,819)$

Daraus, z.B. mit der Gleichsetzungsmethode:

$F_5 = 29,286$ N und $F_4 = 38,781$ N

2.2. Das allgemeine Kräftesystem

2.2.1. Zeichnerische Bestimmung der Resultierenden F_r (Seileckverfahren). Das Krafteck bestimmt Betrag und Richtung der Resultierenden F_r, das Seileck deren Lage. Schnittpunkt des ersten und letzten Seilstrahles ist ein Punkt der Wirklinie der Resultierenden (Bild I.21 und I.22).

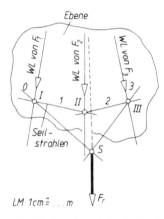

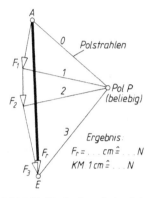

Bild I.21. Lageplan mit den Wirklinien (WL) der gegebenen Kräfte F_1, F_2, F_3 am freigemachten Körper; Seilstrahlen aus dem Kräfteplan; gesucht: *Lage* der Resultierenden F_r

Bild I.22. Kräfteplan mit den Polstrahlen gesucht: Betrag und Richtungssinn der Resultierenden F_r

---

Arbeitsplan zum Seileckverfahren

Lageplan mit den Wirklinien der gegebenen Kräfte zeichnen.

Mit Hilfe der parallelverschobenen Wirklinien im Kräfteplan das Krafteck zeichnen, dazu Kräfte in beliebiger Reihenfolge maßstäblich und richtungsgetreu aneinanderreihen.

Resultierende F_r *vom Anfangspunkt A* der zuerst gezeichneten *zum Endpunkt E* der zuletzt gezeichneten Kraft eintragen.

Pol P beliebig wählen.

Polstrahlen im Kräfteplan zeichnen und fortlaufend numerieren.

Polstrahlen durch Parallelverschiebung aus dem Kräfteplan im Lageplan zu Seilstrahlen machen, dazu

Anfangspunkt I beliebig wählen und genau auf Zuordnung achten: Die zur jeweiligen Kraft im Kräfteplan gehörigen Polstrahlen als Seilstrahlen auf der Wirklinie *dieser* Kraft zum Schnitt bringen (Numerierung beachten). Anfangs- und Endseilstrahl im Lageplan zum Schnitt S bringen; sie entsprechen den beiden Polstrahlen der Resultierenden F_r.

Wirklinie der Resultierenden F_r durch gefundenen Schnittpunkt S legen, ergibt damit die *Lage* der Resultierenden.

2.2.2. Rechnerische (analytische) Bestimmung der Resultierenden F_r (Momentensatz). *Betrag* und *Richtung* der Resultierenden werden ebenso bestimmt wie beim zentralen Kräftesystem (2.1.2). Der *Momentensatz* lautet:

Wirken mehrere Kräfte (Bild I.23) drehend auf einen Körper, so ist die algebraische Summe ihrer Momente gleich dem Moment der Resultierenden in bezug auf den gleichen Drehpunkt!

Einfacher: Drehkraftwirkung der Einzelkräfte gleich Drehkraftwirkung der Resultierenden!

$$M_1 + M_2 + M_3 + ... M_n = M_r$$
$$F_1 l_1 + F_2 l_2 + F_3 l_3 + ... F_n l_n = F_r l_0$$

Aus diesem *Momentensatz* läßt sich der Abstand l_0 der Resultierenden F_r von einem beliebig gewählten Drehpunkt D aus berechnen, so daß deren *Lage* bestimmt ist:

$$l_0 = \frac{F_1 l_1 + F_2 l_2 + F_3 l_3 + ... F_n l_n}{F_r} \qquad (I.16)$$

F_1, F_2 ... Einzelkräfte; F_r *Resultierende*

l_1, l_2 ... Wirkabstände der Einzelkräfte

l_0 Wirkabstand der Resultierenden vom gewählten Bezugs(Dreh-)punkt D

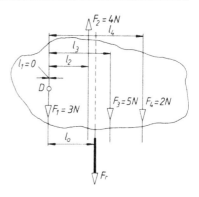

Bild I.23. Anwendung des Momentensatzes zur Lagebestimmung (l_0) der Resultierenden F_r

- **Beispiel:** $F_1 = 3\,\text{N}$; $F_2 = 4{,}0\,\text{N}$; $F_3 = 5\,\text{N}$; $F_4 = 2\,\text{N}$

           $l_1 = 0\,\text{mm}$; $l_2 = 15\,\text{mm}$; $l_3 = 20\,\text{mm}$; $l_4 = 30\,\text{mm}$

           gesucht: Wirkabstand l_0

Lösung: $-F_r l_0 = F_1 l_1 + F_2 l_2 - F_3 l_3 - F_4 l_4$

$$l_0 = \frac{F_1 l_1 + F_2 l_2 - F_3 l_3 - F_4 l_4}{-F_r}$$

$$l_0 = \frac{(3 \cdot 0 + 4 \cdot 15 - 5 \cdot 20 - 2 \cdot 30)\,\text{Nmm}}{-6\,\text{N}} = \frac{-100\,\text{Nmm}}{-6\,\text{N}} = 16{,}67\,\text{mm}$$

Arbeitsplan zum Momentensatz

Lageskizze (unmaßstäblich) der gegebenen Kräfte zeichnen.

Drehpunkt (Bezugspunkt) D wählen, zweckmäßig so, daß alle gleichgerichteten Kräfte gleichen Drehsinn haben und möglichst auf der Wirklinie einer Kraft; Rechnung wird einfacher.

Wirkabstände als Lot von der Wirklinie der Kraft auf den gewählten Drehpunkt festlegen (berechnen oder aus maßstäblichen Lageplan abgreifen).

Resultierende berechnen (nach 2.1.2); bei Parallelkräften einfach durch algebraische Addition; schräge Kräfte in Komponenten zerlegen und zwar derart, daß x-Komponenten kein Moment haben, also deren WL durch D laufen; dann ist die Resultierende nur der y-Komponenten zu bilden und deren Drehmoment einzubeziehen.

Momente der Einzelkräfte berechnen und unter Berücksichtigung der Vorzeichen addieren. Wirkabstand l_0 nach Gleichung (I.16) berechnen.

2.2.3. Zeichnerische Bestimmung unbekannter Kräfte. Es wird der Lageplan mit dem freigemachten Körper gezeichnet und die gegebenen Kräfte werden zu einer Resultierenden zusammengefaßt. Jetzt ist leicht zu erkennen, welches der folgenden Verfahren angewendet werden muß, um die unbekannten (Stütz- oder Lager-)Kräfte zu bestimmen.

2.2.3.1. Zweikräfteverfahren (Gleichgewicht von zwei Kräften). Zwei Kräfte F_1 und F_2 stehen im Gleichgewicht, wenn sie gleichen Betrag und Wirklinie, jedoch entgegengesetzten Richtungssinn haben. (Krafteck muß sich schließen, Bilder I.24 und I.25.)

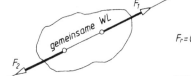

Bild I.24. Lageplan zweier Gleichgewichtskräfte

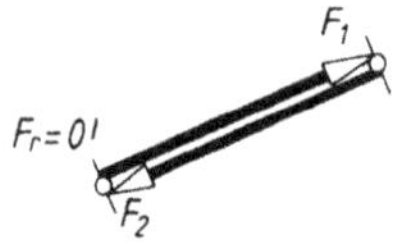

Bild I.25. Kräfteplan zweier Gleichgewichtskräfte

2.2.3.2. Dreikräfteverfahren (Gleichgewicht von drei nicht parallelen Kräften). Drei nicht parallele Kräfte stehen im Gleichgewicht, wenn die Wirklinien der Kräfte sich in einem Punkte schneiden und das Krafteck sich schließt.

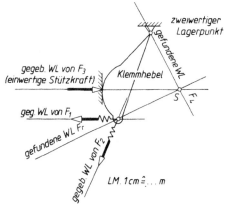

Bild I.26. Lageplan zum Dreikräfteverfahren; gegebene Kräfte F_1, F_2 müssen zuerst zur Resultierenden F_r vereinigt werden (z.B. auch durch Parallelogrammzeichnung im Lageplan) gegeben: F_1, F_2 und damit F_r; gesucht: F_3, F_4

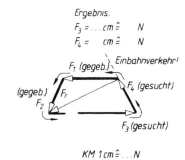

Bild I.27. Kräfteplan zum Dreikräfteverfahren

Arbeitsplan zum Dreikräfteverfahren

Lageplan des freigemachten Körpers zeichnen (maßstäblich!) und damit Wirklinien der Belastungen und der einwertigen Stützkraft (hier F_3) festlegen.

Resultierende F_r der gegebenen Kräfte (F_1 und F_2) nach 2.1.1 bestimmen und deren Wirklinie in den Lageplan übertragen.

Bekannte Wirklinien zum Schnitt S bringen.

Schnittpunkt S mit zweiwertigem Lagerpunkt verbinden, womit alle Wirklinien bekannt sein müssen.

Krafteck mit der nach Betrag und Richtung bekannten Kraft entwickeln (hier Resultierende F_r), dazu gefundene Wirklinien aus dem Lageplan verwenden. Richtungssinn der gefundenen Kräfte festlegen: Krafteck muß sich schließen!

Einbahnverkehr! Kraftrichtungen in den Lageplan übertragen.

2.2.3.3. Vierkräfteverfahren (Gleichgewicht von vier nicht parallelen Kräften). Vier nicht parallele Kräfte stehen im Gleichgewicht, wenn die Resultierenden je zweier Kräfte ein geschlossenes Krafteck bilden und eine gemeinsame Wirklinie – die Culmannsche Gerade – haben. Damit ist das Vierkräfteverfahren auf das Zweikräfteverfahren zurückgeführt (Bilder I.28 und I.29).

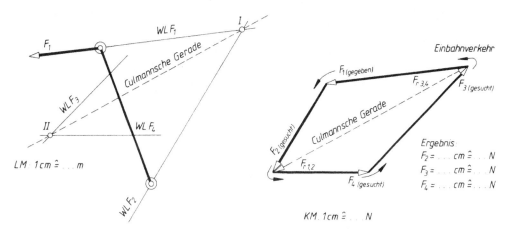

Bild I.28. Lageplan zum Vierkräfteverfahren
gegeben: F_1, WL_1, WL_2, WL_3, WL_4
gesucht: F_2, F_3, F_4

Bild I.29. Kräfteplan zum Vierkräfteverfahren

Arbeitsplan zum Vierkräfteverfahren

Lageplan mit freigemachtem Körper zeichnen (maßstäblich!) und damit Wirklinien aller Kräfte festlegen.

Wenn nötig: Resultierende von mehreren gegebenen Kräften bestimmen; Wirklinien je zweier Kräfte zum Schnitt bringen (I und II); im allgemeinsten Falle (keine Parallelkräfte vorhanden) lassen sich drei Culmannsche Gerade zeichnen; sind zwei oder vier Kräfte parallel, nur zwei Culmannsche Gerade; sind drei Kräfte parallel, läßt sich das Verfahren nicht anwenden, dann *Schlußlinienverfahren* benutzen!

Kräfteplan mit der nach Betrag und Richtung bekannten Kraft beginnen (hier F_1).

Wirklinie der zugehörigen Schnittpunktskraft (hier F_2) durch Pfeilspitze der ersten Kraft legen und erstes Dreieck mit Culmannscher Geraden abschließen.

Zweites Dreieck mit Wirklinien der beiden anderen Schnittpunktskräfte (hier F_3 und F_4) an Culmannsche Gerade ansetzen.

Richtungssinn der gefundenen Kräfte festlegen: Krafteck muß sich schließen! Einbahnverkehr!

Kraftrichtungen in den Lageplan übertragen.

Kontrolle: Die Kräfte eines Schnittpunktes im Lageplan ergeben ein Teildreieck im Kräfteplan!

Fehlerquelle: Die Kräfte werden nicht „schnittpunktsgerecht" zusammengebracht; also im Kräfteplan nur solche Kräfte zusammenbringen, die gemeinsamen Schnittpunkt im Lageplan haben!

2.2.3.4. Schlußlinienverfahren (Gleichgewicht von parallelen Kräften oder solchen, die sich nicht auf der Zeichenebene zum Schnitt bringen lassen). Alle an einem Körper angreifenden Kräfte stehen im Gleichgewicht, wenn sich Seileck und Krafteck schließen. Dieser Satz gilt für beliebige Kräftesysteme (Bilder I.30 und I.31).

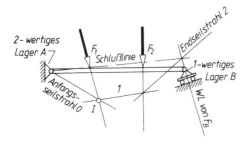

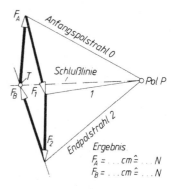

Bild I.30. Lageplan zum Schlußlinienverfahren
gegeben: F_1, F_2, WL von F_B
gesucht: Stützkräfte F_A und F_B

Bild I.31. Krafteplan zum
Schlußlinienverfahren

Arbeitplan zum Schlußlinienverfahren

Lageplan mit freigemachtem Körper zeichnen (maßstäblich!) und damit Wirklinien der gegebenen Kräfte und einwertigen Stützkraft (hier F_B) festlegen.

Gegebene Kräfte im Krafteplan aneinanderreihen und Pol P wählen; Polstrahlen zeichnen und fortlaufend numerieren.

Seilstrahlen im Lageplan zeichnen; Anfangspunkt I bei parallelen Kräften beliebig, sonst Anfangsseilstrahl (0) durch Lagerpunkt (A) des zweiwertigen Lagers legen (Bild I.30).

Anfangs- und Endseilstrahl (0 und 2) mit den Wirklinien der gesuchten Stützkräfte zum Schnitt bringen; Zuordnung beliebig.

Verbindungslinie der gefundenen Schnittpunkte als „Schlußlinie" im Seileck zeichnen. Schlußlinie in den Krafteplan übertragen.

Wirklinien der unbekannten Stützkräfte (F_A, F_B) in das Krafteck übertragen: ergibt Teilpunkt T. Krafteck durch Pfeile im „Einbahnverkehr" schließen.

2.2.4. Rechnerische (analytische) Bestimmung unbekannter Kräfte. Alle am freigemachten Körper angreifenden Kräfte werden nach den beiden Richtungen eines rechtwinkligen Achsenkreuzes zerlegt. Ist dann die algebraische Summe der Komponenten in x- und y-Richtung gleich Null und ist ebenso die algebraische Summe aller Momente dieser Kräfte gleich Null, so stehen die Kräfte im Gleichgewicht.

Die *rechnerischen Gleichgewichtsbedingungen* beim allgemeinen Kräftesystem lauten:

$$\text{I.} \qquad \Sigma F_x = 0 \quad \text{(Summe aller } x\text{-Kräfte gleich Null)}$$

$$\text{II.} \qquad \Sigma F_y = 0 \quad \text{(Summe aller } y\text{-Kräfte gleich Null)}$$

$$\text{III.} \qquad \Sigma M_{(D)} = 0 \quad \text{(Summe aller Kraftmomente um jeden beliebigen Drehpunkt } D \text{ gleich Null)} \tag{I.17}$$

$$F_{nx} = F_n \cos \alpha_n; \qquad F_{ny} = F_n \sin \alpha_n \tag{I.18}$$

Winkel α ist stets der *spitze* Winkel der Wirklinie zur x-Achse!

Mit Bezug auf Bild I.32 ist

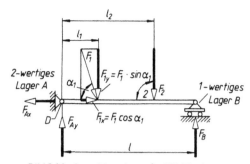

I. $+F_1 \cos\alpha_1 - F_{Ax} = 0$

II. $+F_{Ay} - F_1 \sin\alpha_1 - F_2 + F_B = 0$

III. $-F_1 \sin\alpha_1 l_1 - F_2 l_2 + F_B l = 0$

III. $F_B = \dfrac{-F_1 \sin\alpha_1 l_1 - F_2 l_2 + F_B l}{l}$

II. $F_{Ay} = F_1 \sin\alpha_1 + F_2 - F_B$

I. $F_{Ax} = F_1 \cos\alpha_1$

$F = \sqrt{F_{Ax}^2 + F_{Ay}^2}$; $\tan\alpha = \dfrac{F_{Ay}}{F_{Ax}}$

Bild I.32. Lageskizze (unmaßstäblich) mit den Komponenten sämtlicher Kräfte an freigemachten Körper

---

Arbeitsplan zur rechnerischen (analytischen) Bestimmung unbekannter Kräfte

Lageskizze des freigemachten Körpers zeichnen und sämtliche Kräfte unmaßstäblich eintragen.

Rechtwinkliges Achsenkreuz so legen, daß möglichst wenig Kräfte zerlegt werden müssen.

Sämtliche Kräfte – auch die noch unbekannten – in ihre x- und y-Komponenten zerlegen, dabei die Richtungen der noch unbekannten Kräfte zunächst annehmen.

Nach der so angelegten Lageskizze die drei Gleichgewichtsbedingungen ansetzen; meist enthält die Momenten-Gleichgewichtsbedingung (III) nur eine Unbekannte; damit beginnen.

Ergibt die Lösung für eine der unbekannten Kräfte einen negativen Wert (Minus-Vorzeichen), dann war Richtungsannahme für diese Kraft falsch, Zahlenwert stimmt jedoch! In weiterer Entwicklung mit tatsächlicher Richtung arbeiten!

Errechnete Komponenten mit $F = \sqrt{F_x^2 + F_y^2}$ zusammenfassen.

Kraftrichtungen der gefundenen Kräfte in den Lageplan übertragen.

Die *rechnerischen Gleichgewichtsbedingungen* nach (I.17) lassen sich noch in eine andere Form bringen. Die Momentengleichungsbedingung um Punkt I in Bild I.33 ($\Sigma M_{(I)} = 0$) ergibt noch kein Gleichgewicht, weil die Kraft F_1 nicht mit erfaßt wird: Körper verschiebt sich in Richtung F_1! Auch $\Sigma M_{(II)} = 0$ garantiert noch nicht Gleichgewicht, weil eine durch Punkte I *und* II gehende Kraft F_2 nicht erfaßt wird. Sie würde den Körper ebenfalls verschieben. Erst $\Sigma M_{(III)} = 0$ erfaßt *alle* Kräfte und garantiert Gleichgewicht, wenn die Punkte I, II, III *nicht* auf einer Geraden liegen.

Unbekannte Kräfte lassen sich demnach beim allgemeinen Kräftesystem auf zwei Arten bestimmen:

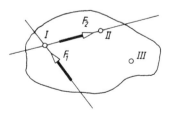

$$\left.\begin{array}{l} \Sigma F_x = 0 \\ \Sigma F_y = 0 \\ \Sigma M_{(D)} = 0 \end{array}\right\} \begin{array}{l} \text{ergibt} \\ \text{Gleichgewicht} \end{array} \left\{\begin{array}{l} M_{(I)} = 0 \\ M_{(II)} = 0 \\ M_{(III)} = 0 \end{array}\right.$$

Die zweite Möglichkeit wird beim *Ritterschen Schnitt* benutzt.

Bild I.33. $\Sigma M = 0$ um drei Punkte ergibt auch Gleichgewicht

3. Schwerpunkt (Massenmittelpunkt)

Derjenige Punkt, in dem man einen Körper, eine Fläche oder ein Liniengebilde abstützen oder aufhängen müßte, damit er in jeder beliebigen Lage stehen bleibt, heißt Schwerpunkt. Die Lage des Schwerpunkts wird rechnerisch mit dem *Momentensatz* (I.16) und zeichnerisch mit dem *Seileckverfahren* (2.2.1) bestimmt.

Alle durch den Schwerpunkt gehenden Linien oder Ebenen heißen *Schwerlinien* oder *Schwerebenen*.

Jede *Symmetrielinie* ist eine Schwerlinie, jede *Symmetrieebene* ist Schwerebene.

Der gemeiname Schwerpunkt von zwei Teilen liegt auf der Verbindungslinie der Teilschwerpunkte und teilt sie im umgekehrten Verhältnis der Gewichtskräfte oder Größen beider Teile.

3.1. Rechnerische Bestimmung des Schwerpunktes

3.1.1. Schwerpunkt S **eines Körpers** ist derjenige ausgezeichnete, körperfeste Punkt, durch den die Resultierende aller Teil-Gewichtskräfte in jeder Lage des Körpers hindurchgeht.

Zur Lagebestimmung zerlegt man den Körper in „n" Einzelteile bekannter Schwerpunktlage (z.B. 3 in Bild I.34), bringt in deren Teilschwerpunkten die entsprechende Teilgewichtskraft F_{G1}, F_{G2} ... F_{Gn} an und berechnet mit Hilfe des *Momentensatzes* (I.16) die Lage der Resultierenden der Parallelkräfte. Damit hat man *eine* Schwerlinie. Der Schwerpunkt ist der Schnittpunkt der Schwerlinien, deren Abstand sich aus den folgenden Gleichungen ergibt:

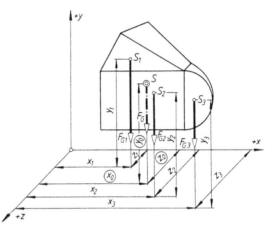

Bild I.34. Rechnerische Schwerpunktsbestimmung eines Körpers
gegeben: $x_1 ... x_3, y_1 ... y_3, z_1 ... z_3, G_1 ... G_3$
gesucht: x_0, y_0, z_0

Betrag der Resultierenden

$$F_G = F_{G1} + F_{G2} + F_{G3} + ... F_{Gn} = \Sigma \Delta F_G \tag{I.19}$$

Schwerpunktabstand von der y, z-Ebene

$$x_0 = \frac{F_{G1} x_1 + F_{G2} x_2 + F_{G3} x_3 + ... F_{Gn} x_n}{F_G} = \frac{\Sigma \Delta F_G x}{\Sigma \Delta F_G} \tag{I.20}$$

Schwerpunktabstand von der x, z-Ebene

$$y_0 = \frac{F_{G1} y_1 + F_{G2} y_2 + F_{G3} y_3 + ... F_{Gn} y_n}{F_G} = \frac{\Sigma \Delta F_G y}{\Sigma \Delta F_G} \tag{I.21}$$

Schwerpunktabstand von der x, y-Ebene

$$z_0 = \frac{F_{G1} z_1 + F_{G2} z_2 + F_{G3} z_3 + ... F_{Gn} z_n}{F_G} = \frac{\Sigma \Delta F_G z}{\Sigma \Delta F_G} \tag{I.22}$$

Setzt man in vorstehende Gleichungen für $F_G = mg$ ein, so kürzt sich die Fallbeschleunigung g heraus. Statt mit den Gewichtskräften F_G kann man also auch mit den Massen m rechnen, daher die Bezeichnung *Massenmittelpunkt*.

Setzt man in vorstehende Gleichungen für $F_G = mg = V\rho g$ ein, so kürzen sich bei *homogenen Körpern*, das sind Körper gleichmäßiger Dichte, sowohl Dichte ρ als auch Fallbeschleunigung g heraus. Statt mit den Gewichtskräften F_G kann man hier also mit dem Volumen V rechnen, daher die Bezeichnung *geometrischer Schwerpunkt*.

3.1.2 Schwerpunkt S **einer ebenen Fläche** ist durch die Gleichungen (1.19 ... 1.22) definiert, wenn man für die Gewichtskräfte F_G die Flächen A einsetzt. Meistens handelt es sich um *ebene* Flächen, für die alle z-Werte gleich Null sind, so daß es genügt, ein ebenes Achsenkreuz mit x- und y-Achse zu verwenden.

Zur Lagerbestimmung zerlegt man die Fläche in n Einzelflächen mit bekannter Schwerpunktlage (z.B. 3 in Bild I.35), denkt sich in den Teilschwerpunkten die Teilflächen vereinigt und berechnet die Lage des Gesamtschwerpunktes S mit Hilfe des

Momentensatzes für Flächen:

Betrag der Gesamtfläche

$$A = A_1 + A_2 + A_3 + ... A_n = \Sigma\Delta A \tag{I.23}$$

Schwerpunktabstand von der y-Achse

$$x_0 = \frac{A_1 x_1 + A_2 x_2 + A_3 x_3 + ... A_n x_n}{A} = \frac{\Sigma\Delta A x}{\Sigma\Delta A} \tag{I.24}$$

Schwerpunktabstand von der x-Achse

$$y_0 = \frac{A_1 y_1 + A_2 y_2 + A_3 y_3 + ... A_n y_n}{A} = \frac{\Sigma\Delta A y}{\Sigma\Delta A} \tag{I.25}$$

Beachte: Bohrungen werden mit entgegengesetztem Drehsinn eingesetzt!

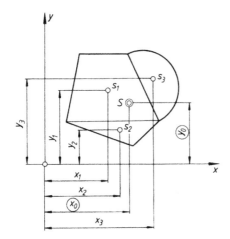

Bild I.35. Rechnerische Schwerpunktbestimmung einer Fläche
gegeben: $x_1, x_2, x_3, y_2, y_3, A_1, A_2, A_3$
gesucht: x_0, y_0

3.1.3. Schwerpunkt S eines ebenen Liniengebildes ist durch die Gleichungen (I.19 ... I.22) definiert, wenn man für die Gewichtskräfte F_G die Linienlängen l einsetzt. Zur Lagebestimmung zerlegt man das Liniengebilde in Einzellängen mit bekannter Schwerpunktlage (Bild I.36), denkt sich in den Teilschwerpunkten die Teillinien vereinigt und berechnet die Lage des Gesamtschwerpunktes mit Hilfe des

Momentensatzes für Linien:

Gesamtlänge des Liniengebildes

$$l = l_1 + l_2 + l_3 + \ldots l_n = \Sigma \Delta l \qquad (I.26)$$

Schwerpunktabstand von der y-Achse

$$x_0 = \frac{l_1 x_1 + l_2 x_2 + l_3 x_3 + \ldots l_n x_n}{l} = \frac{\Sigma \Delta l x}{\Sigma \Delta l} \qquad (I.27)$$

Schwerpunktabstand von der x-Achse

$$y_0 = \frac{l_1 y_1 + l_2 y_2 + l_3 y_3 + \ldots l_n y_n}{l} = \frac{\Sigma \Delta l y}{\Sigma \Delta l} \qquad (I.28)$$

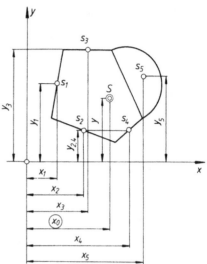

Bild I.36. Rechnerische Schwerpunktbestimmung eines Liniengebildes, z.B. Schnittkante eines Schnittwerkzeuges
gegeben: $l_1 \ldots l_5$; $x_1 \ldots x_5$, $y_1 \ldots y_5$
gesucht: x_0, y_0

Bei allen Schwerpunktberechnungen ist zu beachten: Für eine Schwerebene (Schwerlinie) ist das statische Moment der Resultierenden gleich Null ($F_G x_0 = 0$; $A x_0 = 0$; $l x_0 = 0$), weil der Hebelarm der Resultierenden in diesem Falle gleich Null wird ($x_0 = 0$; $y_0 = 0$; $z_0 = 0$)! Umgekehrt heißt das: Ist das statische Moment von F_G, A, l, bezogen auf eine Ebene (Gerade) gleich Null, so liegt der Schwerpunkt in dieser Ebene (Geraden).

Bei allen Schwerpunktberechnungen ist zu beachten: Für eine Schwerebene (Schwerlinie) ist das statische Moment der Resultierenden gleich Null ($F_G x_0 = 0$; $A x_0 = 0$; $l x_0 = 0$), weil der Hebelarm der Resultierenden in diesem Falle gleich Null wird ($x_0 = 0$; $y_0 = 0$; $z_0 = 0$)! Umgekehrt heißt das: Ist das statische Moment von F_G, A, l, bezogen auf eine Ebene (Gerade) gleich Null, so liegt der Schwerpunkt in dieser Ebene (Geraden).

Die Gleichungen zur Ermittlung technisch wichtiger Linien- und Flächengebilde sind in der Formelsammlung (Anlage) angegeben.

3.2. Zeichnerische Bestimmung des Schwerpunktes

Das zeichnerische Gegenstück zum Momentensatz ist das *Seileckverfahren*. Wie dieser dient es zur Lagebestimmung der Resultierenden. Das damit gekoppelte *Krafteck* gibt Betrag und Richtung der Resultierenden an. Bild I.37 zeigt maßstäblich aufgezeichnetes Beispiel: Zeichne das gegebene Gebilde (hier Fläche) maßstäblich auf (bei räumlichen Gebilden in Vorderansicht und Draufsicht). Zerlege die Fläche in Teilflächen bestimmter Schwerpunktlage. Betrachte die Flächeninhalte als Parallelkräfte bzw. Gewichtskräfte, die in den Teilschwerpunkten angreifen. Zeichne Krafteck und Seileck für zwei beliebig gewählte Richtungen (meistens unter 90°) und ermittle die Wirklinien der Resultierenden nach 2.2.1. Schnittpunkt der gefundenen Wirklinien ist der gesuchte Schwerpunkt der Fläche. In gleicher Weise wird bei körperlichen oder linienförmigen Gebilden vorgegangen.

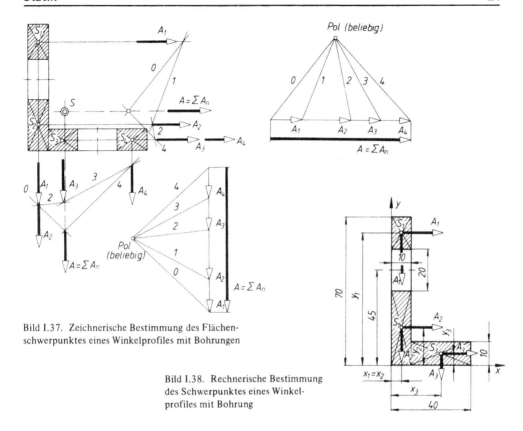

Bild I.37. Zeichnerische Bestimmung des Flächen-
schwerpunktes eines Winkelprofiles mit Bohrungen

Bild I.38. Rechnerische Bestimmung
des Schwerpunktes eines Winkelprofiles mit Bohrung

3.3. Beispiel zur Schwerpunktbestimmung einer Fläche (Bild I.38)

Für das skizzierte Winkelprofil sind die Schwerpunktabstände x_0, y_0 rechnerisch zu bestimmen.
Zweckmäßig wird die folgende Rechentafel benutzt. Man zeichnet ein möglichst bequem liegendes
Achsenkreuz in die Skizze ein, so daß genau zu ersehen ist, von wo aus die berechneten x_0-, y_0-
Werte zu messen sind.

Tafel I.1. Rechentafel für Schwerpunktbestimmung

Nr.	Querschnitt	Fläche ΔA	Schwer-punkt-abstand x	Flächen-moment $\Delta A x$	Schwer-punkt-abstand y	Flächen-moment $\Delta A y$
	mm^2	cm^2	cm	cm^3	cm	cm^3
1	15 × 10	1,5	0,5	0,75	6,25	9,375
2	35 × 10	3,5	0,5	1,75	1,75	6,125
3	30 × 10	3,0	2,5	7,50	0,50	1,500
	Summe:	8,0	–	10,00	–	17,000

Nach (I.24) und (I.25) ergeben sich die Schwerpunktabstände:

$$x_0 = \frac{\Sigma \Delta A x}{\Sigma \Delta A} = \frac{10 \text{ cm}^3}{8 \text{ cm}^2} = 1,25 \text{ cm} \qquad y_0 = \frac{\Sigma \Delta A y}{\Sigma \Delta A} = \frac{17 \text{ cm}^3}{8 \text{ cm}^2} = 2,13 \text{ cm}$$

■ **Beispiel:** Der Achsstand eines Kraftfahrzeuges beträgt 2,1 m. Das Fahrzeug wird zuerst mit den Vorderrädern auf eine Waage gefahren, die dabei 485 kg anzeigt. Bei den Hinterrädern zeigt die Waage 870 kg an. Welchen Wirkabstand hat die Wirklinie der resultierenden Gewichtskraft von der Fahrzeug-Vorderachse?

Lösung: Nach (I.19) ist

$$G = \Sigma G_n = G_V + G_H = g\,(m_V + m_H) = 9,81\,\frac{m}{s^2} \cdot 1355\,\text{kg} = 13\,293\,\text{N}$$

Mit Vorderradachse als Bezugspunkt ergibt (I.20):

$$x_0 = \frac{\Sigma G_n x_n}{\Sigma G_n} = \frac{G_V x_1 + G_H x_2}{G} = \frac{485\,\text{kg} \cdot 9,81\,\frac{m}{s^2} \cdot 0\,\text{m} + 870\,\text{kg} \cdot 9,81\,\frac{m}{s^2} \cdot 2,1\,\text{m}}{13\,293\,\text{N}} = 1,348\,\text{m}$$

4. Guldinsche Regeln

4.1. Oberfläche A eines Umdrehungskörpers

Dreht sich eine ebene Linie von der Länge l nach Bild I.39 um eine in ihrer Ebene liegende Gerade, die Drehachse, so beschreibt sie eine *Umdrehungsfläche*. Jeder Punkt der Linie beschreibt einen Kreisbogen.

Der Inhalt einer Umdrehungsfläche ist gleich der Länge l der erzeugenden Linie (Profillinie) mal dem Weg $2\pi x_0$ des Schwerpunktes S:

$$A = 2\pi\,l\,x_0$$

A	l	x_0
cm²	cm	cm
mm²	mm	mm

(I.29)

x_0 Schwerpunktsabstand von der Drehachse

Herleitung der Gleichung: Kleine Teillänge Δl erzeugt bei Drehung eine Ringfläche $\Delta A = \Delta l\,2\pi x$. Die Summe dieser Teilflächen ist die Oberfläche $A = \Sigma \Delta A = \Sigma \Delta l\,2\pi x = 2\pi\,\Sigma \Delta l\,x$. Der Summenausdruck $\Sigma \Delta l x$ ist nach (I.27) die Momentensumme aller Teillängen Δl für die Drehachse und damit gleich dem Moment der resultierenden Länge l: $\Sigma \Delta l\,x = l\,x_0$; also $A = 2\pi\,\Sigma \Delta l\,x = 2\pi\,l\,x_0$.

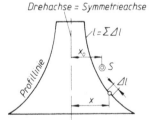

Bild I.39. Schnitt durch eine
Umdrehungsfläche

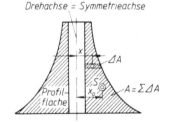

Bild I.40. Schnitt durch einen
Umdrehungskörper

4.2. Rauminhalt V eines Umdrehungskörpers

Dreht sich eine ebene Fläche vom Inhalt A nach Bild I.40 um eine in ihrer Ebene liegende, sie nicht schneidende Gerade, die Drehachse, so beschreibt sie einen *Umdrehungskörper*. Jeder Punkt der Fläche beschreibt einen Kreisbogen.

Der Inhalt eines Umdrehungskörpers ist gleich der erzeugenden Fläche (Profilfläche) mal dem Weg $2\pi x_0$ des Schwerpunktes S:

$$V = 2\pi A x_0$$

V	A	x_0
cm³	cm²	cm
mm³	mm²	mm

(I.30)

x_0 Schwerpunktsabstand von der Drehachse

Herleitung der Gleichung: Kleine Teilfläche ΔA erzeugt bei Drehung ein Ringvolumen $\Delta V = \Delta A\, 2\pi x$. Die Summe dieser Teilvolumen ist der Rauminhalt $V = \Sigma\Delta V = \Sigma\Delta A\, 2\pi x = 2\pi\Sigma\Delta A\, x$. Der Summenausdruck $\Sigma\Delta A x$ ist nach (I.24) die Momentensumme aller Teilflächen ΔA für die Drehachse und damit gleich dem Moment der resultierenden Fläche A: $\Sigma\Delta A x = A x_0$; also $V = 2\pi\Sigma\Delta A x = 2\pi A x_0$.

Beachte: Führt die erzeugende Linie oder Fläche keinen vollen Umlauf (2π) aus, so sind die Gleichungen I.29 und I.30 mit dem Verhältnis $\alpha°/360°$ malzunehmen; bei 90°-Drehung also mit $\frac{1}{4}$. Profillinien und Profilflächen dürfen die Drehachse nicht durchsetzen. Ist der Schwerpunkt der erzeugenden Linie oder Fläche nicht bekannt, so können auch die Inhalte der Umdrehungsflächen bzw. -körper nicht berechnet werden. Man kann diese dann im Versuch messen und mit Hilfe der Guldinschen Regeln die entsprechenden Schwerpunkte berechnen.

- **Beispiel**: Bild I.41 zeigt eine Gummidichtung mit Dichte $\rho = 1{,}35$ kg/dm³.
  Berechne: a) das Volumen, b) die Masse m!
  Lösung: Die erzeugende Fläche wird nach Bild I.41 in die Teilflächen A_1, A_2 zerlegt.

$A_1 = 3{,}60$ cm² $\qquad A_2 = 9{,}8$ cm² $\qquad A = A_1 + A_2 = 13{,}4$ cm²

$x_1 = 3{,}95$ cm $\qquad\quad x_2 = 6{,}0$ cm

Nach (I.24) wird

$$x_0 = \frac{A_1 x_1 + A_2 x_2}{A}$$

$$x_0 = \frac{3{,}6\ \text{cm}^2 \cdot 3{,}95\ \text{cm} + 9{,}8\ \text{cm}^2 \cdot 6\ \text{cm}}{13{,}4\ \text{cm}^2} = 5{,}45\ \text{cm}$$

Nach (I.30) wird

$$V = 2\pi A x_0 = 2\pi \cdot 13{,}4\ \text{cm}^2 \cdot 5{,}45\ \text{cm} = 459\ \text{cm}^3 = 0{,}459\ \text{dm}^3$$

$$m = V\rho = 0{,}459\ \text{dm}^3 \cdot 1{,}35\ \frac{\text{kg}}{\text{dm}^3} = 0{,}62\ \text{kg}$$

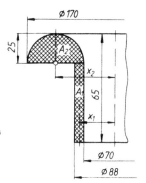

Bild I.41. Schnitt durch eine Gummidichtung

5. Reibung

5.1. Gleitreibung

Ein fester Körper, z.B. der Werkzeugträger einer Drehmaschine, kann auf ebener Unterlage mit konstanter Geschwindigkeit nur dann verschoben werden, wenn eine Kraft F die tangential zur Gleitfläche wirkende *Reibkraft* F_R überwindet (Bild I.42). Die Richtung der Reibkraft F_R am freigemachten Körper ist stets der (zu erwartenden) Bewegungsrichtung des Körpers entgegengesetzt. Die Reibkraft F_R ist abhängig von der senkrecht zur Unterlage wirkenden *Normalkraft* F_N und der *Gleitreibzahl* μ (kurz Reibzahl):

Gleitreibkraft F_R = Normalkraft F_N × Gleitreibzahl μ

$$F_R = F_N\mu$$

F_R	F_N	μ
N	N	1

(I.31)

Tafel I.2. Gleitreibzahl μ und Haftreibzahl μ_0 (Klammerwerte sind die Gradzahlen für den Reibwinkel ρ bzw. ρ_0)

Werkstoff	Haftreibzahl μ_0		Gleitreibzahl μ	
	trocken	gefettet	trocken	gefettet
Stahl auf Stahl	0,15 (8,5)	0,1 (5,7)	0,15 (8,5)	0,01 (0,6)
Stahl auf GG oder Bz	0,19 (10,8)	0,1 (5,7)	0,18 (10,2)	0,01 (0,6)
GG auf GG		0,16 (9,1)		0,1 (5,7)
Holz auf Holz	0,5 (26,6)	0,16 (9,1)	0,3 (16,7)	0,08 (4,6)
Holz auf Metall	0,7 (35)	0,11 (6,3)	0,5 (26,6)	0,1 (5,7)
Lederriemen auf GG		0,3 (16,7)		
Gummiriemen auf GG			0,4 (21,8)	
Textilriemen auf GG			0,4 (21,8)	
Bremsbelag auf Stahl			0,5 (26,6)	0,4 (21,8)
Lederdichtungen auf Metall	0,6 (31)	0,2 (11,3)	0,2 (11,3)	0,12 (6,8)

Die *Gleitreibzahl* μ ist ein Erfahrungswert und abhängig von der Werkstoffpaarung, der Schmierung, der Flächenpressung und der Gleitgeschwindigkeit; letzteres hauptsächlich bei flüssiger Reibung. Ein gesetzmäßiger Zusammenhang dieser Größen läßt sich bei trockener und halbflüssiger Reibung nicht aufstellen. Man rechnet deshalb mit einer konstanten Gleitreibzahl nach Tafel I.2.

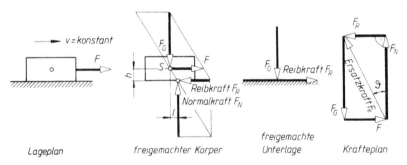

Bild I.42. Gleitreibung auf ebener Fläche

Die Gleichgewichtsbedingungen für den freigemachten Körper nach Bild I.42 lauten:

$$\Sigma F_x = 0 = + F - F_R \qquad F = F_R = F_N \mu = F_G \mu$$

$$\Sigma F_y = 0 = + F_N - F_G \qquad F_N = F_G$$

$$\Sigma M_{(S)} = 0 = - F_R h + F_N l \qquad l = \frac{F_R h}{F_N}$$

F und F_R bilden ein Kräftepaar, dem bei Gleichgewicht ein gleichgroßes Kräftepaar aus F_G und F_N entgegenwirkt. Die Wirklinie von F_N muß deshalb um l gegenüber der Wirklinie von F_G verschoben sein.

Beachte: Normalkraft F_N = Gewichtskraft F_G gilt nur bei horizontaler Unterlage und dazu paralleler Kraft F!

Bei allen zeichnerischen Lösungen ist es zweckmäßig, mit der Resultierenden aus Reibkraft F_R und Normalkraft F_N, der *Ersatzkraft F_e*, zu arbeiten (Bild I.42):

$$F_e = \sqrt{F_R^2 + F_N^2} \tag{I.32}$$

Der Winkel zwischen Ersatzkraft F_e und Normalkraft F_N heißt *Reibwinkel* ρ (Zahlenwerte aus Tafel I.2). Aus dem Kräfteplan in Bild I.42 läßt sich in Verbindung mit (I.31) ablesen:

$$\tan \rho = \frac{F_R}{F_N} = \text{Reibzahl } \mu \qquad (I.33)$$

5.2. Haftreibung

Befindet sich der Körper in Bild I.42 in Ruhe, so ist eine größere Kraft aufzuwenden ($F_{R0} > F$) um den Körper in Bewegung zu setzen: Die *Haftreibkraft* F_{R0} ist größer als die Gleitreibkraft F_R ($F_{R0} > F_R$). Man rechnet dann mit der etwas größeren *Haftreibzahl* μ_0 nach Tafel I.2. Während die Gleitreibkraft F_R einen festen Wert besitzt, kann die *Haftreibkraft* F_{R0} von Null ansteigend jeden beliebigen Wert annehmen, bis die verschiebende Kraft F den Grenzwert F_{R0max} erreicht hat:

$$F_{R0max} \leq F_N \mu_0$$
$$\mu_0 = \tan \rho_0 \text{ Haftreibzahl}$$

F_{R0max}	F_N	μ_0
N	N	1

(I.34)

5.3. Bestimmung der Reibzahlen und Selbsthemmung

Befindet sich ein Prüfkörper der Gewichtskraft F_G auf einer schiefen Ebene mit veränderlichem Neigungswinkel α nach Bild I.43 (Versuchsanordnung), so ergeben die Gleichgewichtsbedingungen für den freigemachten ruhenden Prüfkörper:

$$\Sigma F_x = 0 = + F_{R0} - F_G \sin \alpha; \qquad F_{R0} = F_G \sin \alpha$$
$$\Sigma F_y = 0 = + F_N - F_G \cos \alpha; \qquad F_N = F_G \cos \alpha$$

Daraus $\dfrac{F_{R0}}{F_N} = \dfrac{F_G \sin \alpha}{F_G \cos \alpha} = \tan \alpha$, wie auch das Krafteck zeigt.

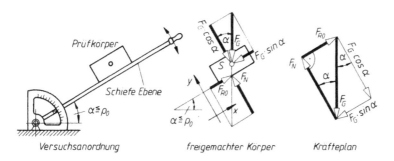

Bild I.43. Bestimmung der Reibzahl

Es kann nun derjenige Winkel α festgestellt werden, bei dem der Prüfkörper gerade gleichförmig abwärts gleitet, dann ist nach (I.33) $\tan \alpha = \tan \rho = $ Gleitreibzahl μ gefunden. Ebenso wird μ_0 ermittelt.

Der Körper bleibt auf einer schiefen Ebene solange in Ruhe, d.h. es liegt *Selbsthemmung* vor, solange der Neigungswinkel α einen Grenzwinkel ρ_0 nicht überschreitet. *Selbsthemmungsbedingung:*

$$\tan \alpha \leq \tan \rho_0; \qquad \tan \alpha \leq \mu_0 \qquad (I.35)$$

■ **Beispiel:** Der Kreuzkopf einer Dampfmaschine drückt im Betrieb mit einer mittleren Normalkraft von 3500 N auf seine Gleitbahn. Die Drehzahl der Maschine beträgt 150 min^{-1}, der Kolbenhub $H = 500$ mm. Reibzahl 0,06.

Bestimme: a) die mittlere Geschwindigkeit des Kreuzkopfes, b) die Reibkraft am Kreuzkopf, c) den Leistungsverlust infolge Reibung!

Lösung: a) $v = \dfrac{s}{t} = 2\,nH = \dfrac{2 \cdot 150 \cdot 0,5\ \text{m}}{60\ \text{s}} = 2,5\ \dfrac{\text{m}}{\text{s}}$

b) $F_R = F_N\,\mu = 3500\ \text{N} \cdot 0,06 = 210\ \text{N}$

c) Reibleistung $P_R = F_R\,v = 210\ \text{N} \cdot 2,5\ \dfrac{\text{m}}{\text{s}} = 525\ \dfrac{\text{Nm}}{\text{s}} = 525\ \text{W}$

■ **Beispiel:** Auf den Kolben eines senkrecht stehenden Dieselmotors wirkt ein Druck von 10 bar = $10 \cdot 10^5$ N/m^2, wobei die Pleuelstange um $\alpha = 12°$ zur Senkrechten geneigt ist. Kolbendurchmesser 400 mm; Reibzahl zwischen Kolben und Zylinderwand 0,1.

Bestimme: a) die Kolbenkraft F_k; b) die Normalkraft F_N zwischen Kolben und Zylinderwand; c) die Reibkraft F_R an der Zylinderwand; d) die Druckkraft F_s in der Pleuelstange!

Lösung: a) $F_k = p\,A_k = 10 \cdot 10^5\ \dfrac{\text{N}}{\text{m}^2} \cdot \dfrac{\pi}{4} \cdot (0,4\ \text{m})^2 = 125\,700\ \text{N}$

b) Aus Bild I.10 lassen sich die beiden Gleichgewichtsbedingungen ablesen:

I. $\Sigma F_x = 0 = +F_k - F_R - F_s \cos\alpha$ $\qquad\qquad F_s = \dfrac{F_k - F_N\,\mu}{\cos\alpha}$

II. $\Sigma F_y = 0 = +F_N - F_s \sin\alpha$ $\qquad\qquad F_s = \dfrac{F_N}{\sin\alpha}$

Gleichgesetzt:

$F_k - F_N\,\mu = F_N\,\dfrac{\cos\alpha}{\sin\alpha} = F_N\,\dfrac{1}{\tan\alpha}\quad ;\quad F_k = F_N\left(\dfrac{1}{\tan\alpha} + \mu\right) = F_N\left(\dfrac{1 + \mu\tan\alpha}{\tan\alpha}\right)$

$F_N = \dfrac{F_k \tan\alpha}{1 + \mu\tan\alpha} = \dfrac{125\,700\ \text{N} \cdot \tan 12°}{1 + 0,1 \cdot \tan 12°} = 26\,160\ \text{N}$

c) $F_R = F_N\,\mu = 26\,160\ \text{N} \cdot 0,1 = 2616\ \text{N}$ $\qquad$ d) $F_s = \dfrac{F_N}{\sin\alpha} = \dfrac{26\,160\ \text{N}}{\sin 12°} = 125\,800\ \text{N}$

5.4. Reibung auf der schiefen Ebene (Bild I.44)

Auf der unter Winkel α geneigten schiefen Ebene befindet sich ein Körper der Gewichtskraft F_G.

Gegeben: Neigungswinkel $\alpha > \rho$, Gewichtskraft F_G, Reibzahl μ (Reibwinkel ρ): *gesucht:* Parallel zur Ebene wirkende bzw. waagerechte Kraft F. In allen Fällen der Ruhe oder gleichförmigen Bewegung des Körpers müssen die Kräfte F, F_G und F_e (= Ersatzkraft von Reibkraft F_R und Normalkraft F_N) ein geschlossenes Krafteck bilden. Die Berechnungsgleichungen (1.36 ... 1.39) können aus den Kraftecksskizzen direkt abgelesen werden.

Kraft F wirkt in Richtung der Ebene (Bild I.44a und I.44b)

Kraft F zum gleichförmigen Aufwärtsgang (+) und Abwärtsgang (−)

$$F = F_G\,\dfrac{\sin(\alpha \pm \rho)}{\cos\rho} = F_G\,(\sin\alpha \pm \mu\cos\alpha) \qquad\qquad\qquad (1.36)$$

Kraft F zum Halten des Körpers

$$F = F_G\,\dfrac{\sin(\alpha - \rho_0)}{\cos\rho_0} = F_G\,(\sin\alpha - \mu_0\cos\alpha) \qquad\qquad\qquad (1.37)$$

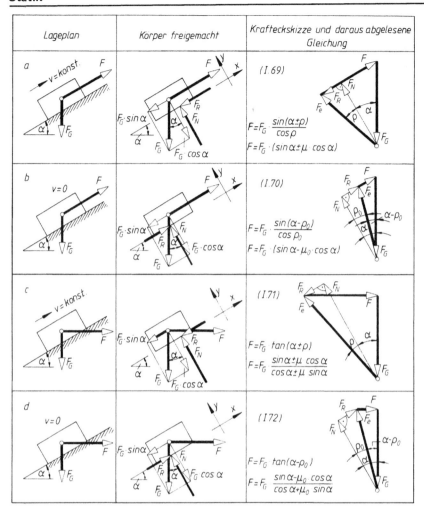

Lageplan	Körper freigemacht	Krafteckskizze und daraus abgelesene Gleichung
a		(I.69) $F = F_G \dfrac{\sin(\alpha \pm \rho)}{\cos \rho}$ $F = F_G \cdot (\sin\alpha \pm \mu \cdot \cos\alpha)$
b		(I.70) $F = F_G \dfrac{\sin(\alpha - \rho_0)}{\cos \rho_0}$ $F = F_G \cdot (\sin\alpha - \mu_0 \cdot \cos\alpha)$
c		(I.71) $F = F_G \tan(\alpha \pm \rho)$ $F = F_G \dfrac{\sin\alpha \pm \mu \cos\alpha}{\cos\alpha \pm \mu \sin\alpha}$
d		(I.72) $F = F_G \tan(\alpha - \rho_0)$ $F = F_G \dfrac{\sin\alpha - \mu_0 \cos\alpha}{\cos\alpha + \mu_0 \sin\alpha}$

Bild I.44. Reibung auf der schiefen Ebene; F_G Gewichtskraft des Körpers oder Resultierende aller Belastungen, F Verschiebe- oder Haltekraft, F_R Reibkraft, F_N Normlakraft, F_e Ersatzkraft

Kraft F wirkt *waagerecht* (Bild I.44c und I.44d)

Kraft F zum gleichförmigen Aufwärtsgang $(+)$ und Abwärtsgang $(-)$

$$F = F_G \tan(\alpha \pm \rho) = F_G \frac{\sin\alpha \pm \mu\cos\alpha}{\cos \mp \mu\sin\alpha} \qquad (I.38)$$

Kraft F zum Halten des Körpers

$$F = F_G \tan(\alpha - \rho_0) = F_G \frac{\sin\alpha - \mu_0\cos\alpha}{\cos\alpha + \mu_0\sin\alpha} \qquad (I.39)$$

Ist der Neigungswinkel α gleich oder kleiner als der Reibwinkel ρ ($\alpha \le \rho$) oder kleiner als ρ_0, so liegt *Selbsthemmung* vor. In den Gleichungen für die Abwärtsbewegung und das Halten des Körpers wird die Kraft F negativ (bei $\alpha \le \rho$), d.h. zur Abwärtsbewegung muß eine abwärts gerichtete

Kraft eingesetzt werden und zum Halten ist überhaupt keine Kraft erforderlich ($\alpha \leq \rho_0$), oder F wird gleich Null ($\alpha = \rho_0$), d.h. der ruhende Körper bleibt allein gerade noch in Ruhe und der abwärtsgleitende Körper gleitet allein weiter ($\alpha = \rho$). Die Krafteckskizzen in Bild I.44a und c sind für den Fall der gleichförmigen *Aufwärts*bewegung gezeichnet; bei der Abwärtsbewegung würde sich die Richtung der Reibkraft F_R umkehren und es könnten die entsprechenden Gleichungen mit negativem Vorzeichen (I.36 und I.38) ebenfalls direkt abgelesen werden.

Die beiden Formen in (I.36 und I.37) ergeben sich auseinander bei Verwendung von $\tan \rho = \mu$ in Verbindung mit den entsprechenden Summenformeln der Trigonometrie wie $\sin(\alpha + \beta) = \sin\alpha \cos\beta + \cos\alpha \sin\beta$ (siehe Beispiel).

Die rein rechnerische Behandlung mit Hilfe der Gleichgewichtsbedingungen $\Sigma F_x = 0$; $\Sigma F_y = 0$ liefert die gleichen Beziehungen, jedoch ist der mathematische Aufwand größer, wie das folgende Beispiel zeigt.

- **Beispiel:** Für den Fall a in Bild I.44 ist eine Beziehung $F = f(F_G, \alpha, \mu)$ zu entwickeln (Gleichung I.36) und zwar über den Ansatz der beiden Kraft-Gleichgewichtsbedingungen $\Sigma F_x = 0$ und $\Sigma F_y = 0$.

Lösung: Es wird das im Bild eingezeichnete rechtwinklige Achsenkreuz zugrundegelegt:

1. $\Sigma F_x = 0 = F - F_G \sin\alpha - F_R$
2. $\Sigma F_y = 0 = F_N - F_G \cos\alpha$

Die Reibkraft F_R kann nun durch das Produkt aus Normalkraft F_N und Reibzahl μ ersetzt werden ($F_R = F_N \mu$). Es liegen dann zwei Gleichungen mit zwei Variablen (Unbekannten) vor. Sie lassen sich zum Beispiel nach der Gleichsetzungsmethode behandeln:

1. $F - F_G \sin\alpha - F_N \mu = 0$ 2. $F_N = F_G \cos\alpha$

$\quad F_N \mu = F - F_G \sin\alpha$

$$F_N = \frac{F - F_G \sin\alpha}{\mu}$$

$$\frac{F - F_G \sin\alpha}{\mu} = F_G \cos\alpha$$

$$F - F_G \sin\alpha = \mu F_G \cos\alpha$$

$$F = F_G (\sin\alpha + \mu \cos\alpha)$$

Das ist die zweite Form der Gleichung (I.36) für den gleichförmigen Aufwärtsgang des Körpers auf der schiefen Ebene und damit die gesuchte Beziehung $F = f(F_G, \alpha, \mu)$.

- **Beispiel:** Die Gleichung (I.36) soll aus der ersten Form in die zweite Form umgewandelt werden.

Lösung: Das Additionstheorem für $\sin(\alpha + \rho)$ lautet:

$$\sin(\alpha + \rho) = \sin\alpha \cdot \cos\rho + \cos\alpha \cdot \sin\rho$$

In die erste Form der Gleichung (I.36) eingesetzt ergibt sich:

$$F = F_G \frac{\sin\alpha \cdot \cos\rho + \cos\alpha \cdot \sin\rho}{\cos\rho} = F_G \left(\frac{\sin\alpha \cdot \cos\rho}{\cos\rho} + \frac{\cos\alpha \cdot \sin\rho}{\cos\rho} \right)$$

$$F = F_G \left(\sin\alpha + \cos\alpha \cdot \frac{\sin\rho}{\cos\rho} \right)$$

Der Quotient $\sin\rho / \cos\rho$ ist $\tan\rho$, und $\tan\rho$ ist nach Gleichung (I.33) die Gleitreibzahl μ. Es ergibt sich also

$$F = F_G (\sin\alpha + \cos\alpha \cdot \tan\rho) \quad \text{oder} \quad F = F_G (\sin\alpha + \mu \cos\alpha).$$

5.5. Reibung an der Schraube

5.5.1. Bewegungsschraube mit Rechteckgewinde (Bild I.45). Das Anziehen (Heben der Last) oder Lösen (Senken der Last) einer *Bewegungsschraube* entspricht dem Hinaufschieben oder Herabziehen einer Last auf einer schiefen Ebene durch eine waagerechte Umfangskraft, wie es in den Bildern I.44c und I.44d dargestellt ist.

Es bezeichnet F Schraubenlängskraft = Vorspannkraft in der Schraube; F_u Umfangskraft, angreifend am Flankenradius r_2; F_R Reibkraft im Gewinde; F_N Normalkraft; α Steigungswinkel der mittleren Gewindelinie; P Steigung der Schraubenlinie; ρ Reibwinkel; $\tan \rho = \mu$ = Reibzahl im Gewinde. In den Gewindenormen heißt der Flankendurchmesser d_2.

$$\tan \alpha = \frac{P}{2 \pi r_2} = \frac{P}{\pi d_2} \tag{I.40}$$

Unter Verwendung der hier gültigen Formelzeichen wird nach (I.38) die *Umfangskraft* beim Anziehen (+) und Lösen (−) der Schraube

$$F_u = F \tan (\alpha \pm \rho) \tag{I.41}$$

Die Umfangskraft F_u wirkt am Flankenradius r_2 als Hebelarm; somit ergibt sich das erforderliche *Drehmoment* beim Anziehen (+) und Lösen (−) der Schraube

$$M = F_u r_2 = F \tan (\alpha \pm \rho) r_2 \tag{I.42}$$

Ohne Reibung ($\rho = 0$) wäre die ideelle Umfangskraft $F_i = F \tan \alpha$. Damit ergibt sich der *Wirkungsgrad* der Bewegungsschraube

$$\eta = \frac{F_i}{F_u} = \frac{F \tan \alpha}{F \tan (\alpha + \rho)}$$

$$\eta = \frac{\tan \alpha}{\tan (\alpha + \rho)} \qquad\qquad \eta = \frac{\tan (\alpha - \rho)}{\tan \alpha} \tag{I.43}$$

beim Anziehen oder Heben der   beim Absinken der Mutter
Mutter durch die Schraube   (absinkende Mutter dreht Schraube)

Selbsthemmend tritt auf bei $\alpha \le \rho_0$, das Drehmoment M wird dann negativ oder null, negatives M muß dann zum Lösen (Senken) aufgebracht werden.

Im Grenzfall $\alpha = \rho_0$ ist der *Wirkungsgrad*

$$\eta = \frac{\tan \alpha}{\tan 2\alpha} \approx 0,5 \tag{I.44}$$

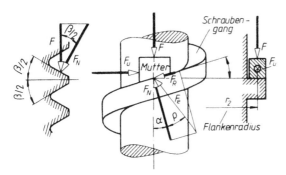

Bild I.45. Kräfte am Flachgewindegang und Schraubenlängskraft am Gang eines Spitzgewindes

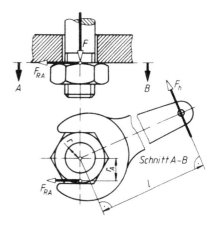

Bild I.46. Befestigungsschraube
F_V Vorspannkraft, F_h Handkraft,
F_{RA} Auflagereibkraft

5.5.2. Bewegungsschraube mit Spitz- und Trapezgewinde. Nach Bild 1.45 ist die senkrecht zur Fläche des Gewindeganges stehende Komponente der Schraubenlängskraft F die Normalkraft $F_N = F/\cos(\beta/2)$.

Die *Reibung im Gewinde* ist damit größer als beim Flachgewinde:

$$F_N \, \mu = \mu \, \frac{F}{\cos \dfrac{\beta}{2}} \tag{I.45}$$

Man setzt nun

$$\frac{\mu}{\cos \dfrac{\beta}{2}} = \mu' = \tan \rho' \tag{I.46}$$

und kann damit die oben für das Rechteckgewinde aufgestellten Beziehungen (I.41 ... I.43) auch für Schrauben mit Spitz- oder Trapezgewinde benutzen, wenn man ρ durch ρ' bzw. μ durch μ_l ersetzt.

Für *Trapezgewinde* nach DIN 103 ist $\qquad \beta = 30° \quad \mu' = 1{,}04 \, \mu$
Für *Metrisches ISO-Gewinde* nach DIN 13 ist $\qquad \beta = 60° \quad \mu' = 1{,}15 \, \mu$

5.5.3. Befestigungsschraube mit Spitzgewinde. Durch das Anziehen der Mutter (oder der Schraube) nach Bild I.46 mit dem *Anziehdrehmoment*

$$M_A = F_h \, l \tag{I.47}$$

wird in der Schraubenverbindung die Schraubenlänge (Vorspann-)kraft F_V erzeugt. Sie preßt die verbindenden Teile aufeinander. Dem Anziehdrehmoment M_A wirken das Gewindereibmoment M_{RG} und das Auflagenreibmoment M_{RA} entgegen.

Bild I.47 zeigt die Auflagereibkraft F_{RA} mit einem angenommenen Wirkabstand $r_A = 1{,}4 \, r$ für Sechskantmuttern. $r = d/2$ mit d = Gewindeaußendurchmesser.

Die Auflagereibkraft F_{RA} wird mit μ_A als Reibzahl der Mutterauflage: $F_{RA} = F_V \, \mu_A$ und damit das *Auflagereibmoment*

$$M_{RA} = F_V \, \mu_A \, r_A \tag{I.48}$$

Wird Gleichung (I.41) für das Gewindereibmoment M_{RG} eingesetzt, so ergibt sich das Anziehdrehmoment zum Anziehen (+) und Lösen (−) einer Schraubenverbindung

$$M_A = F_V \, [r_2 \tan(\alpha \pm \rho') + \mu_A \, r_A] \tag{I.49}$$

Für Gewinde mit metrischem Profil (Stahl auf Stahl) setze man für Überschlagsrechnungen:

$$\mu' = \tan \rho' = 0{,}25; \quad \rho' = 14° \quad \text{und} \quad \mu_A = 0{,}15; \text{ ebenso für } r_A = 1{,}4 \, r$$

■ **Beispiel:** Die Zylinderkopfschrauben M 10 eines Verbrennungsmotors sollen mit einem Drehmoment von 60 Nm angezogen werden. Die Reibzahl an der Kopfauflage sei 0,15, im Gewinde beträgt sie $\mu' = 0{,}25$. Mit welcher Kraft preßt jede Schraube den Zylinderkopf auf den Zylinderblock?

Lösung: Für M 10 ist nach der Gewindetafel $r_2 \approx 4{,}5$ mm und $\alpha = 3{,}03°$

$$\mu' = \tan \rho' = 0{,}25; \qquad \rho' = 14°$$
$$\tan(\alpha + \rho') = 0{,}306; \qquad r_a = 1{,}4 \, r = 7 \text{ mm}$$

$$F_V = \frac{M_A}{r_2 \tan(\alpha + \rho') + \mu_A \, r_A}$$

$$F_V = \frac{60 \cdot 10^3 \text{ Nmm}}{4{,}5 \text{ mm} \cdot 0{,}306 + 0{,}15 \cdot 7 \text{ mm}}$$

$$F_V = 24\,722 \approx 24{,}7 \text{ kN}$$

II. Dynamik

Formelzeichen und Einheiten

A	m^2, cm^2, mm^2	Flächeninhalt, Fläche
a	$\dfrac{m}{s^2}$	Beschleunigung (a_t Tangentialbeschleunigung, a_n Normalbeschleunigung)
D_i	m, mm	Trägheitsdurchmesser $= 2i$
d	m, mm	Durchmesser, allgemein
E	J = Nm	Energie
F	N	Kraft (F_T Tangentialkraft, F_N Normalkraft)
$f = \dfrac{1}{T}$	$\dfrac{1}{s}$	Frequenz, Periodenfrequenz
F_G	N	Gewichtskraft (F_{Gn} Normgewichtskraft)
g	$\dfrac{m}{s^2}$	Fallbeschleunigung (g_n Normalfallbeschleunigung)
h	m	Fallhöhe, Höhe allgemein
i	1	Übersetzungsverhältnis (Übersetzung)
i	m, mm	Trägheitsradius $= \dfrac{D_i}{2}$
J	kgm^2	Trägheitsmoment, Zentrifugalmoment
k	1	Stoßzahl
l	m, mm	Länge allgemein
M	Nm, Nmm	Drehmoment, Kraftmoment
m	kg	Masse
n	$\dfrac{U}{min} = min^{-1} = \dfrac{1}{min}$	Drehzahl, Umlauffrequenz, -zahl
P	W, kW	Leistung
R	$\dfrac{N}{m}, \dfrac{N}{mm}$	Federrate
r	m, mm	Radius
s	m, mm	Weglänge
T	s	Periodendauer
T	N	Trägheitskraft $T = m\,a$
α, β	°	Winkel allgemein
α	$\dfrac{1}{s^2} = \dfrac{rad}{s^2} = s^{-2}$	Winkelbeschleunigung
φ	rad, Bogenmaß	Drehwinkel
μ	1	Reibzahl

t	s, min, h	Zeit
υ	$\dfrac{m}{s}$	Geschwindigkeit
W	J = Nm = Ws	Arbeit
z	1	Anzahl der Umdrehungen
η	1	Wirkungsgrad
ρ	$\dfrac{kg}{dm^3}, \dfrac{kg}{m^3}$	Dichte
ρ	m, mm	Krümmungsradius
ω	$\dfrac{1}{s} = \dfrac{rad}{s} = s^{-1}$	Winkelgeschwindigkeit

Beachte: Der griechische Buchstabe Delta (Δ) wird stets zur Kennzeichnung einer Differenz zweier gleichartiger Größen verwendet. Δs heißt demnach *nicht* „Delta mal es" sondern $\Delta s = s_2 - s_1 =$ Wegabschnitt; ebenso: $\Delta t = t_2 - t_1 =$ Zeitabschnitt; $\Delta\varphi = \varphi_2 - \varphi_1 =$ Drehwinkelbereich; $\Delta\upsilon = \upsilon_2 - \upsilon_1 =$ Geschwindigkeitsänderung oder Geschwindigkeitsbereich.

1. Bewegungslehre (Kinematik)

Es kann davon ausgegangen werden, daß die technisch wichtigsten Gesetze der gleichförmigen und ungleichförmigen Bewegung aus der Physik bekannt sind. Dort sind sie auch hergeleitet, experimentell bestätigt oder gefunden und in Übungen angewendet worden, so daß hier auf eine Wiederholung verzichtet werden kann.

Für Aufgaben, in denen Gleichungen aus der Kinematik gebraucht werden, steht die Formelsammlung zur Verfügung.

2. Mechanische Arbeit W und Leistung P; Wirkungsgrad η; Übersetzung i

2.1. Mechanische Arbeit W

Die *mechanische Arbeit* ΔW einer den Körper bewegenden Kraft ist das Produkt aus dem Wegabschnitt Δs und der Kraftkomponente F in Wegrichtung (Bild II.1):

$$W = \Sigma \Delta W = \Sigma F \Delta s = F_1 \Delta s_1 + F_2 \Delta s_2 + ... F_n \Delta s_n \qquad (II.1)$$

Ist Kraft F konstant, so wird $W = Fs$. Die Arbeit ist eine skalare Größe. Häufig lassen sich die Verhältnisse durch Aufzeichnung des *Kraft-Weg-Schaubildes* besser übersehen (Bilder II.2; II.3; II.5; II.7).

Merke: Die von der Kraft F oder dem Drehmoment M verrichtete Arbeit W entspricht immer der Fläche unter der Kraftlinie oder Momentenlinie.

Meistens läßt sich die Berechnungsgleichung für die Arbeit W aus der Flächenform des Kraft-Weg-Schaubildes entwickeln (z.B. Trapez in Bild II.5); sonst kann die Fläche auch ausgezählt oder durch graphische Integration oder mittels Planimeter bestimmt werden (Maßstab berücksichtigen!).

Wirken mehrere Kräfte auf den Körper ein, so ist die Gesamtarbeit gleich der Summe der Einzelarbeiten oder gleich der Arbeit der resultierenden Kraft.

Die *Einheit der Arbeit* ergibt sich, wenn die Kraft F in N und der Weg s in m eingesetzt wird (gesetzliche und internationale Einheiten):

$(W)^{1)} = (F) \text{ mal } (s)$

$(W) \quad = \text{N mal m} = \text{Newtonmeter Nm}$

$1 \,\text{Nm} = \dfrac{1 \,\text{kgm}}{s^2} = 1 \,\dfrac{\text{kgm}^2}{s^2}$

Beachte: Die gesetzliche und SI-Einheit für die Arbeit W und für die Energie E ist das Joule J (sprich dschul). Es gilt:

$$1 \,\text{J} = 1 \,\text{Nm} = 1 \,\text{Ws} = 1 \,\dfrac{\text{kgm}^2}{s^2} \qquad (II.3)$$

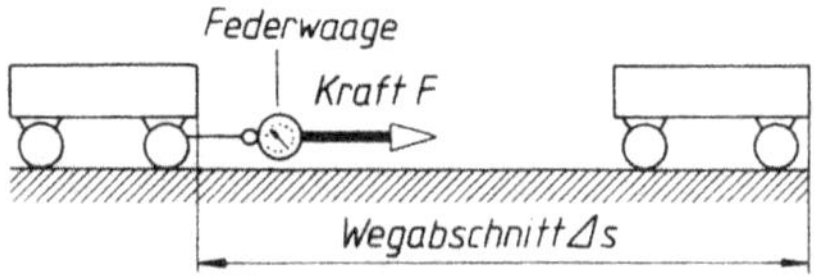

Bild II.1. Arbeit W einer Kraft F

---

[1]) Die Formelzeichen in Klammern sollen nur die *Einheit* der physikalischen Größe kennzeichnen, also $(W) =$ Einheit der Arbeit; $(F) =$ Einheit der Kraft usw.

2.1.1. Geradlinige Bewegung des Körpers. Im einzelnen wird bei der Berechnung der Arbeit W einer Kraft F unterschieden:

2.1.1.1. Arbeit W der konstanten Kraft F (Bilder II.2 und II.4). Kraft- und Wegrichtung fallen zusammen oder F ist Komponente in Wegrichtung, z.B. Vorschubkraft und Vorschubweg am Drehbanksupport. Das Kraft-Weg-Schaubild (Bild II.2) zeigt eine Rechteckfläche.

$$W = Fs$$

W	F	s
$J = Nm$	N	m

(II.4)

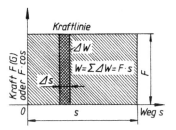

Bild II.2. Arbeit W einer konstanten Kraft F längs des Weges s

2.1.1.2. Arbeit W der veränderlichen Kraft F (Bild II.3). Kraft und Wegrichtung fallen zusammen oder F ist Komponente in Wegrichtung:

$$W = \Sigma \Delta W = \Sigma F \Delta s \mathrel{\hat=} \text{Fläche unter Kraftlinie} \tag{II.5}$$

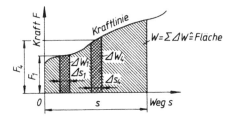

Bild II.3. Arbeit W einer veränderlichen Kraft F längs des Weges s

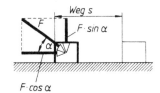

Bild II.4. Arbeit W einer schrägen Kraft F

2.1.1.3. Arbeit W der konstanten Kraft F (Bilder II.4 und II.2). Kraft- und Wegrichtung schließen den Winkel α ein:

$$W = Fs \cos\alpha \tag{II.6}$$

Die Kraftkomponente $F \sin\alpha$ bzw. allgemein alle Kräfte senkrecht zur Bewegungsrichtung verrichten *keine* Arbeit ($\alpha = 90°$; $\cos\alpha = 0$).

2.1.1.4. Arbeit W der Gewichtskraft $F_G = mg$. Körper der Gewichtskraft und der Masse m wird um die senkrechte Höhe h gehoben; es gilt demnach Bild II.2 und für die Hubarbeit wird

$$W = F_G h$$
$$W = mgh$$

W	m	g	h
$J = Nm$	kg	$\dfrac{m}{s^2}$	m

(II.7)

2.1.1.5. Beschleunigungsarbeit W der konstanten resultierenden Kraft F; Kraft und Wegrichtung fallen zusammen oder F ist Komponente in Wegrichtung (Bild II.2). Der Körper wird von der

Geschwindigkeit v_1 auf v_2 gleichmäßig beschleunigt (oder verzögert). Die Entwicklung mit Hilfe des dynamischen Grundgesetzes $F_r = m\,a$ ergibt sich folgendermaßen:

$$W = F_r\,s = m\,a\,s; \quad a = \frac{\Delta v}{\Delta t} = \frac{v_2 - v_1}{\Delta t}; \quad s = \frac{v_2 + v_1}{2}\,\Delta t$$

$$W = m\,\frac{v_2 - v_1}{\Delta t} \cdot \frac{v_2 + v_1}{2}\,\Delta t$$

$$W = \frac{m}{2}\,(v_2^2 - v_1^2)$$

W	m	v_2, v_1
$J = Nm$	kg	$\frac{m}{s}$

(II.8)

Wird der Körper von $v_1 = 0$ an beschleunigt oder auf $v_1 = 0$ verzögert, so wird die Beschleunigungsarbeit

$$W = \frac{m}{2}\,v^2 \tag{II.9}$$

Sie wird auch als *Wucht W* bezeichnet (siehe Gleichung II.44).

2.1.1.6. Verschiebung eines Körpers der Masse m auf horizontaler Unterlage durch horizontale Kraft *F* ergibt die *Reibungsarbeit*

$$W_R = \mu F_G\,s$$
$$W_R = \mu\,m\,g\,s$$

W_R	μ	F_G	s	m	g
$J = Nm$	1	N	m	kg	$\frac{m}{s^2}$

(II.10)

μ Gleitreibzahl nach Tafel I.2

2.1.1.7. Verschiebung eines Körpers der Masse m auf schiefer Ebene mit Neigungswinkel α durch Kraft *F* parallel zur Bahn ergibt die *Reibungsarbeit*

$$W_R = \mu F_G\,s\cos\alpha$$
$$W_R = \mu\,m\,g\,s\cos\alpha$$

(II.11)

2.1.1.8. Elastischer Körper wird durch Kraft *F* elastisch verformt; z.B. eine Schraubenfeder nach Bild II.5 um Δs verlängert oder verkürzt: *Formänderungsarbeit*

$$W_f = \frac{F_1 + F_2}{2}$$

(II.12)

$$W_f = \frac{R}{2}\,(s_2^2 - s_1^2)$$

W_f	F_1, F_2	s_1, s_2	R
$J = Nm$	N	m	$\frac{N}{m}$

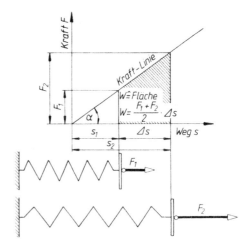

Bild II.5. Formänderungsarbeit W_f beim Spannen einer Schraubenfeder

Darin ist R die Federsteifigkeit (Federrate) in N/m, d.h. die Belastung je m Verlängerung: $R = F/s$.

2.1.2. Drehung des Körpers (Bild II.6). Der Angriffspunkt P der Tangentialkraft F_T beschreibt Kreisbogen vom Radius r, z.B. bei einer Kurbel. Das Bogenstück Δs ergibt sich aus Drehwinkel $\Delta\varphi = \Delta s/r$; $\Delta s = \Delta\varphi r$ und damit die Teilarbeit $\Delta W = F_T \Delta s = F_T r \Delta\varphi$.

Da $F_T r = M$ das Drehmoment der Kraft F_T in bezug auf die Drehachse ist, wird mit Drehwinkel $\Delta\varphi = \omega \Delta t$ die *Arbeit des Momentes (Dreharbeit)*

$$W = \Sigma\Delta W = \Sigma F_T r \Delta\varphi = \Sigma M \Delta\varphi$$
$$W = \Sigma M \omega \Delta t$$

(II.13)

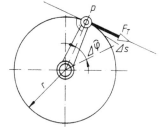

Ist F_T oder M konstant, so wird $W = M \varphi$.

Im einzelnen wird bei der Berechnung der Arbeit W eines Drehmomentes M (Dreharbeit einer Kraft F_T) unterschieden:

Bild II.6. Dreharbeit einer Tangentialkraft F_T

2.1.2.1. Arbeit W des konstanten Drehmomentes M (konstante Tangentialkraft F_T). Das Momenten-Drehwinkel-Schaubild (Bild II.7) zeigt eine Rechteckfläche wie i Bild II.2 und es gilt:

Dreharbeit W = Drehmoment $M \times$ Drehwinkel φ

$$W = M \varphi$$
$$W = 2\pi F_T r z$$

(II.14)

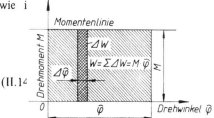

W	M	φ	F_T	r	z
J = Nm	Nm	rad	N	m	1

z Anzahl der Umdrehungen

Bild II.7. Arbeit eines konstanten Drehmomentes M (Dreharbeit) über einem Drehwinkel φ

2.1.2.2. Arbeit W des veränderlichen Drehmomentes M (veränderliche Tangentialkraft F_T). Es gilt Bild II.3 mit Drehmoment M statt Kraft F und Drehwinkel φ statt Weg s: *Dreharbeit*:

$$W = \Sigma\Delta W = \Sigma M \Delta\varphi \hat{=} \text{Fläche unter der Momentenlinie}$$

(II.15)

2.1.2.3. Beschleunigungsarbeit W des konstanten resultierenden Momentes M (konstante Tangentialkraft F_T); der Körper wird von Winkelgeschwindigkeit ω_1 auf ω_2 gleichmäßig beschleunigt oder verzögert; Entwicklung mit Hilfe des Dynamischen Grundgesetzes für Drehung $M = J\alpha$ (J Trägheitsmoment, α Winkelbeschleunigung):

$$W = M\varphi = J\alpha\varphi; \quad \alpha = \frac{\Delta\omega}{\Delta t} = \frac{\omega_2 - \omega_1}{\Delta t}; \quad \varphi = \frac{\omega_2 + \omega_1}{2}\Delta t$$

$$W = J\frac{\omega_2 - \omega_1}{\Delta t} \cdot \frac{\omega_2 + \omega_1}{2}\Delta t; \quad (\omega_2 - \omega_1)(\omega_2 + \omega_1) = \omega_2^2 - \omega_1^2$$

Damit ergibt sich die *Beschleunigungsarbeit*

$$W = \frac{J}{2}(\omega_2^2 - \omega_1^2)$$

W	J	ω_2, ω_1
J = Nm = $\dfrac{kgm^2}{s^2}$	kgm^2	$\dfrac{1}{s}$

(II.16)

Wird der Körper von $\omega_1 = 0$ an beschleunigt oder auf $\omega_1 = 0$ verzögert, so wird die *Beschleunigungsarbeit*

$$W = \frac{J}{2}\,\omega^2 \tag{II.17}$$

2.2. Leistung P

Die konstante oder *mittlere Leistung P* ist stets Arbeit W geteilt durch Zeit t:

$$P = \frac{W}{t} \qquad\qquad \begin{array}{c|c|c} P & W & t \\ \hline W = \dfrac{Nm}{s} & Nm & s \end{array} \tag{II.18}$$

Der Betrag der Leistung ist damit auch gleich dem in der Zeiteinheit (meist 1 s) verrichteten Arbeitsbetrag. Die Leistung ist eine skalare Größe. Aus (II.18) ergibt sich für die *Arbeit W* bei konstanter Leistung P:

$$W = P\,t \tag{II.19}$$

Beachte: Die gesetzliche und SI-Einheit für die Leistung P ist das Watt (W).

1 Watt ist gleich der Leistung, bei der während der Zeit 1 s die Energie 1 J umgesetzt wird:

$$1\,W = \frac{1\ \text{Joule}}{1\ \text{Sekunde}} = \frac{J}{s} \tag{II.20}$$

Da nach (II.3) 1 J = 1 Nm = 1 Ws ist, gilt:

$$\boxed{1\,W = 1\,\frac{J}{s} = 1\,\frac{Nm}{s} = 1\,\frac{kg m^2}{s^3}} \tag{II.21}$$

Die letzte Form ergibt sich mit $1\,N = 1\ kg m/s^2$.

2.2.1. Geradlinige Bewegung. Sind verschiebende Kraft F und konstante Geschwindigkeit v gleichgerichtet, so gilt mit (II.18) für die *Leistung P*:

$$P = \frac{W}{t} = \frac{Fs}{t} = F\frac{s}{t} = F v \qquad\qquad \begin{array}{c|c|c} P & F & v \\ \hline W = \dfrac{Nm}{s} & N & \dfrac{m}{s} \end{array} \tag{II.22}$$

$$P = F v$$

2.2.2. Drehung des Körpers. Greift die Tangentialkraft F_T an einer Kurbel vom Radius r an, die sich mit gleichbleibender Geschwindigkeit v bzw. Winkelgeschwindigkeit ω dreht, so ist $P = F_T v = F_T r\,\omega$. Mit $F_T r$ = Drehmoment M wird die *Leistung*

$$P = M\,\omega \qquad\qquad \begin{array}{c|c|c|c|c|c} P & M & \omega & F_T & v & r \\ \hline W = \dfrac{Nm}{s} & Nm & \dfrac{1}{s} & N & \dfrac{m}{s} & m \end{array} \tag{II.23}$$

Wird für die Winkelgeschwindigkeit $\omega = \pi n/30$ eingesetzt, so ergeben sich zwei in der Technik wichtige Zahlenwertgleichungen zur Berechnung von Leistung P oder Drehmoment M:

$$P = \frac{M n}{9550} \qquad\qquad \begin{array}{c|c|c} P & M & n \\ \hline kW & Nm & min^{-1} \end{array} \tag{II.24}$$

$$M = 9550\,\frac{P}{n} \tag{II.25}$$

2.3. Wirkungsgrad

Der Wirkungsgrad η einer Maschine oder eines Vorganges (Spannen einer Feder, Gewinnung eines Stoffes, Umwandlung von Wasser in Dampf usw.) ist das Verhältnis der von der Maschine oder während des Vorganges verrichteten *Nutzarbeit* W_n zu der der Maschine oder während des Vorganges *zugeführten Arbeit* W_z:

$$\eta = \frac{W_n}{W_z} < 1 \qquad (II.26)$$

Ohne Berücksichtigung der bei allen Maschinen auftretenden Formänderungsarbeiten wird als Wirkungsgrad η auch das Verhältnis der *Nutzleistung* P_n zur *zugeführten Leistung* P_z bezeichnet:

$$\eta = \frac{P_n}{P_z} < 1 \qquad (II.27)$$

Der Wirkungsgrad η ist stets kleiner als 1 ($\eta < 1$) oder kleiner als 100 % ($\eta < 100\,\%$). Man gibt ihn auch in Prozenten an, also statt $\eta = 0,78$ auch $\eta = 78\,\%$.

Den Zusammenhang zwischen *Wirkungsgrad* η, *Antriebsdrehmoment* M_1, *Abtriebsdrehmoment* M_2 und *Übersetzung* i liefert die erweiterte Gleichung (II.27) mit

$$\eta = \frac{P_n}{P_z} = \frac{P_2}{P_1} = \frac{M_2\,\omega_2}{M_1\,\omega_1}\,;\quad \frac{\omega_2}{\omega_1} = \frac{1}{\dfrac{\omega_1}{\omega_2}} = \frac{1}{i}$$

$$\eta = \frac{M_2}{M_1} \cdot \frac{1}{i} \qquad (II.28)$$

In einer Maschine oder Vorrichtung sind mehrere Getriebeteile hintereinandergeschaltet, deren jeder einen bestimmten Wirkungsgrad $\eta_1, \eta_2, \eta_3 \dots$ besitzt. Das gleiche gilt für einen in Teilvorgänge zerlegten Gesamtvorgang. Der erste Getriebeteil gibt die Nutzarbeit $W_1 = \eta_1 W_z$ an den folgenden Teil weiter. Dieser leitet demnach

$W_2 = \eta_2 W_1 = \eta_1 \eta_2 W_z$ weiter, so daß

$W_3 = \eta_3 W_2 = \eta_1 \eta_2 \eta_3 W_z$ wird usw. bis zur Nutzarbeit W_n:

$W_n = \eta_1 \eta_2 \eta_3 \dots W_z$ oder *Gesamtwirkungsgrad*

$$\eta_{\text{gesamt}} = \frac{W_n}{W_z} = \eta_1 \eta_2 \eta_3 \dots \qquad (II.29)$$

Der Gesamtwirkungsgrad läßt sich als Produkt aller Einzelwirkungsgrade berechnen.

2.4. Übersetzung (Übersetzungsverhältnis)

Nach DIN 868 ist die Übersetzung i eines Getriebes das Verhältnis von treibender Drehzahl n_1 zur getriebenen n_2: $i = n_1/n_2$. i läßt sich in gleicher Weise ausdrücken durch die Winkelgeschwindigkeiten: $i = \omega_1/\omega_2$. Bei Zahnrad-, Riemen-Reibgetrieben u.a. sind die Umfangsgeschwindigkeiten v sich abwälzender Kreise (Teil- oder Wälzkreise) bzw. die Riemengeschwindigkeit bei schlupffreier Übertragung für beide Räder bzw. Scheiben gleich groß. Es ist dann $v_1 = v_2$ oder auch $d_1 \pi n_1 = \pi d_2 n_2$, d.h. $n_1/n_2 = d_2/d_1$. Bei Zahnrädern ist der Teilkreisdurchmesser d = Zähnezahl z mal Modul m: $d = zm$; damit auch: $n_1/n_2 = z_2/z_1$. Allgemein gilt demnach:

Die Baugrößen eines Räder- oder Scheibenpaares verhalten sich umgekehrt wie die Drehzahlen oder Winkelgeschwindigkeiten.

$$i = \frac{n_1}{n_2} = \frac{\omega_1}{\omega_2} = \frac{d_2}{d_1} = \frac{z_2}{z_1} = \frac{M_2}{M_1} \qquad \text{(siehe auch Gleichung II.28)} \qquad (II.30)$$

$$i_{\text{gesamt}} = i_1 i_2 i_3 \dots i_n \qquad (II.31)$$

- **Beispiel:** Welche Beschleunigungsarbeit W verrichtet ein Kraftwagenmotor, wenn er eine Masse von 1000 kg von 10 km/h auf 50 km/h beschleunigt. Welche mittlere Leistung P ist aufzuwenden, wenn der Beschleunigungsvorgang 20 s dauert?

Lösung: $W = \dfrac{m}{2}(v_2^2 - v_1^2) = \dfrac{1000 \text{ kg}}{2} \cdot \left[\left(\dfrac{50}{3,6}\right)^2 \dfrac{m^2}{s^2} - \left(\dfrac{10}{3,6}\right)^2 \dfrac{m^2}{s^2} \right]$

$$W = 92\,650 \frac{kgm^2}{s^2} = 92\,650 \text{ J}$$

$$P = \frac{W}{t} = \frac{92\,650 \text{ Nm}}{20 \text{ s}} = 4632,5 \frac{Nm}{s} = 4,633 \text{ kW}$$

- **Beispiel:** Ein Körper der Masse $m = 500$ kg soll 3 m hoch gehoben werden. Es steht dazu eine Winde mit Kurbelradius $r = 300$ mm zur Verfügung. Die an der Kurbel tangential angreifende Handkraft soll 150 N betragen. Wieviel Kurbelumdrehungen z sind nötig?

Lösung: $W = mgh = 500 \text{ kg} \cdot 9,81 \dfrac{m}{s^2} \cdot 3 \text{ m} = 14\,715 \text{ Nm}$

$$W = 2\pi F_T r z$$

$$z = \frac{W}{2\pi F_T r} = \frac{14\,715 \text{ Nm}}{2\pi \cdot 150 \text{ N} \cdot 0,3 \text{ m}} = 52 \text{ Umdrehungen}$$

- **Beispiel:** Welches Drehmoment M überträgt ein Elektromotor, der bei einer Drehzahl von 1000 min^{-1} eine Leistung von 10 kW abgibt?

Lösung: $M = 9550 \dfrac{P}{n} = 9550 \cdot \dfrac{10}{10^3} \text{ Nm} = 95,5 \text{ Nm}$

- **Beispiel:** In ein Getriebe mit der Übersetzung $i = 25$ wird ein Drehmoment $M_1 = 5$ Nm eingeleitet. Der Getriebewirkungsgrad beträgt 80 %. Wie groß ist das Abtriebsdrehmoment M_2?

Lösung: $\eta = \dfrac{M_2}{M_1 i} \Rightarrow M_2 = \eta M_1 i = 0,8 \cdot 5 \text{ Nm} \cdot 25 = 100 \text{ Nm}$

- **Beispiel:** Welche Masse m kann durch eine Handwinde mit 40facher Übersetzung und 80 % Wirkungsgrad gehoben werden, wenn am Kurbelradius $r = 350$ mm eine Tangentialkraft $F_T = 150$ N angreift und die Handkurbel $z = 50$ mal gedreht wird?

Lösung: $\eta = \dfrac{W_n}{W_z} = \dfrac{F_G h}{2\pi F_T r z} ; \qquad i = \dfrac{2\pi r z}{h} = \dfrac{\text{Kraftweg}}{\text{Lastweg}}$

$$\eta = \frac{F_G}{F_T i} = \frac{mg}{F_T i} \Rightarrow m = \frac{\eta F_T i}{g} = \frac{0,8 \cdot 150 \text{ N} \cdot 40}{9,81 \frac{m}{s^2}} = 489,3 \frac{\frac{kgm}{s^2}}{\frac{m}{s^2}} = 489,3 \text{ kg}$$

- **Beispiel:** Eine Schraubenfeder mit der Federsteifigkeit (Federrate) $R = 1540$ N/m ist durch den Federweg $s_1 = 70$ mm vorgespannt und wird beim Betrieb um $\Delta s = 90$ mm verlängert werden. Wie groß sind die Spannkräfte F_1, F_2 und die in der Feder gespeicherte Formänderungsarbeit!

Lösung: $F_1 = R s_1 = 1540 \dfrac{N}{m} \cdot 0,07 \text{ m} = 107,8 \text{ N}$

$$F_2 = R s_2 = R(s_1 + \Delta s) = 1540 \frac{N}{m} \cdot 0,16 \text{ m} = 246,4 \text{ N}$$

$$W = \frac{F_1 + F_2}{2} \Delta s = \frac{(107,8 + 246,4) \text{ N}}{2} \cdot 0,09 \text{ m} = 15,94 \text{ Nm} = 15,94 \text{ J}$$

3. Dynamik der Verschiebebewegung (Translation) des starren Körpers

In der reinen Bewegungslehre (Kinematik) werden die Bewegungsvorgänge ohne Berücksichtigung der ursächlichen Kräfte behandelt. In der eigentlichen Dynamik dagegen (Kinetik) untersucht man den Zusammenhang zwischen den wirkenden Kräften und der von ihnen bewirkten Bewegungsänderung der Körper.

3.1. Dynamisches Grundgesetz

Wirken am Körper mehrere Kräfte $F_1, F_2, F_3 \dots$ (z.B. am Auto die Triebkraft, der Luftwiderstand und der Fahrwiderstand), und ist F_r die Resultierende der Kräftegruppe ($F_r = \Sigma F$), so erfährt der Körper eine dieser Resultierenden proportionale und gleichgerichtete Beschleunigung a:

Resultierende Kraft F_r = Körpermasse m × Beschleunigung a

$$F_r = m\,a$$

F_r	m	a
$N = \dfrac{kgm}{s^2}$	kg	$\dfrac{m}{s^2}$

(II.32)

Bei der reinen Verschiebebewegung muß die Resultierende F_r aller angreifenden Kräfte durch den Körperschwerpunkt hindurchgehen; sonst zusätzliche Drehung des Körpers. Ist F_r konstant, so wird der Körper *gleichmäßig* beschleunigt. Ist $F_r = 0$, so wird er nicht beschleunigt ($a = 0$); der Körper bleibt dann in Ruhe oder in gleichförmiger geradliniger Bewegung (Trägheitsgesetz von Galilei). Übt ein Körper A auf den Körper B eine Kraft aus, so übt auch B auf A eine gleichgroße, entgegengesetzt gerichtete *Wechselwirkungskraft* auf gleicher Wirklinie aus (Wechselwirkungsgesetz: Aktion = Reaktion).

3.1.1. Dynamisches Grundgesetz für Tangenten- und Normalenrichtung. Bei beliebiger krummliniger Bahn des Körpers (Bild II.8) setzen sich Beschleunigung a und Kraft F aus den beiden senkrecht aufeinander stehenden Komponenten zusammen:

$$F_T = m\,a_T$$
$$F_N = m\,a_N$$

(II.33)

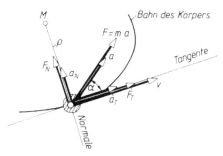

F_T *Tangentialkraft*
F_N *Normalkraft*
a_T *Tangentialbeschleunigung*
a_N *Normalbeschleunigung*, auch Zentripetalbeschleunigung genannt

Bild II.8. Kraft- und Beschleunigungsvektor und deren Komponenten

Die Tangentialkraft F_T bewirkt allein die *Betrags*änderung der Geschwindigkeit v (Beschleunigung bei gleichem, Verzögerung bei entgegengesetztem Richtungssinn). Die Normalkraft F_N bewirkt allein eine *Richtungs*änderung der Geschwindigkeit v. Sie ist zum Mittelpunkt M (Zentrum) hin gerichtet und heißt deshalb *Zentripetalkraft*. Die sogenannte Fliehkraft ist von gleichem Betrag aber entgegengesetztem Richtungssinn.

$$F_N = m\,a_N = m\,\frac{v^2}{\rho} = m\,\rho\,\omega^2$$

F_N	m	a_N	v	ρ	ω
$N = \dfrac{kgm}{s^2}$	kg	$\dfrac{m}{s^2}$	$\dfrac{m}{s}$	m	$\dfrac{1}{s}$

(II.34)

ρ Krümmungsradius der Bahn, im allgemeinen veränderlich. Bei Kreisbogen ist ρ = Kreisbogenradius r = konstant einzusetzen.

3.1.2. Dynamisches Grundgesetz für den freien Fall. Beim freien Fall des Körpers im luftleeren Raum wirkt auf ihn lediglich die Gewichtskraft F_G als resultierende Kraft ($F_r = F_G$).

Mit der *Fallbeschleunigung g* erhält das Grundgesetz für *Gewichtskraft* F_G und *Normgewichtskraft* F_{Gn} die Form:

$$F_G = mg$$
$$F_{Gn} = mg_n$$

F_G	m	g
$N = \frac{kgm}{s^2}$	kg	$\frac{m}{s^2}$

(II.35)

Gewichtskraft F_G und Fallbeschleunigung g ändern sich mit dem Ort und auch mit der Entfernung vom Erdmittelpunkt, die Masse m des Körpers dagegen ist überall dieselbe; sie wird mit der Hebelwaage gemessen.

Die *Normfallbeschleunigung* g_n international festgelegt:

$$g_n = 9,80\,665\,\frac{m}{s^2}$$

(II.36)

(gilt etwa für 45° geographischer Breite und Meeresspiegelhöhe)

Allgemein gilt für die *Fallbeschleunigung* die Zahlenwertgleichung:

$$g = 980,632 - 2,586 \cos 2\varphi + 0,003 \cdot \cos 4\varphi - 0,293\,h$$

(II.37)

g in cm/s^2; φ geographische Breite; h Höhe über dem Meeresspiegel in km

In der Technik genügt meistens die Rechnung mit $g = 10$ m/s^2.

3.1.3. Dynamisches Grundgesetz für horizontale Beschleunigung mit Reibung. Soll ein Körper auf horizontaler Ebene die Beschleunigung a erhalten, und ist F_R die Reibkraft zwischen Körper und Unterlage mit μ als Reibzahl, so wird die erforderliche konstante *Zugkraft* F_z (oder Bremskraft) parallel zur Bahn:

$$F_z = ma + F_R = ma + F_G\,\mu = ma + mg\,\mu$$
$$F_z = m\,(a \pm g\,\mu)$$

+ für Beschleunigung a
− für Verzögerung a

F_z	m	a	g	μ
$N = \frac{kgm}{s^2}$	kg	$\frac{m}{s^2}$	$\frac{m}{s^2}$	1

(II.38)

3.1.4. Dynamisches Grundgesetz für vertikale Beschleunigung ohne Reibung. Soll ein Körper durch eine Zugkraft F_s in vertikaler Richtung die Beschleunigung a erhalten, so gilt für die *Seilkraft*

$$F_s = m\,(g \pm a)$$

+ für Beschleunigung nach oben
− für Beschleunigung nach unten

F_s	m	g	a
$N = \frac{kgm}{s^2}$	kg	$\frac{m}{s^2}$	$\frac{m}{s^2}$

(II.39)

$(g + a)$ und $(g - a)$ stellen praktisch die resultierende Beschleunigung für Aufwärts- und Abwärtsbewegung dar.

3.1.5. Beschleunigung frei rutschender Körper auf schiefer Ebene mit Neigungswinkel

$a = g \sin \alpha$ ohne Reibung

$a = g\,(\sin \alpha - \mu \cos \alpha)$ mit Reibung

a, g	μ
$\frac{m}{s^2}$	1

(II.40)

- **Beispiel:** Ein Kraftwagen der Masse $m = 1000$ kg soll aus dem Ruhezustand so beschleunigt werden, daß er innerhalb 18,5 s eine Geschwindigkeit von 100 km/h besitzt. Der Fahrwiderstand beträgt $F_w = 300$ N. Er wird als gleichbleibend angenommen.

  Gesucht: a) die mittlere Beschleunigung a; b) die erforderliche Antriebskraft F; c) der Anfahrweg s.

Lösung: a) $v = 100 \frac{km}{h} = \frac{100\ m}{3,6\ s} = 27,8 \frac{m}{s}$

$$a = \frac{\Delta v}{\Delta t} = \frac{27,8 \frac{m}{s}}{18,5\ s} = 1,5 \frac{m}{s^2}$$

b) Resultierende Antriebskraft $F_r = m\,a = 1000\ kg \cdot 1,5 \frac{m}{s^2} = 1500 \frac{kgm}{s^2}$

$$F_r = 1500\ N$$

Antriebskraft $F = F_r + F_w = (1500 + 300)\,N = 1800\ N$

oder mit Gleichung (II.38):

$$F_z = m\,(a + g\,\mu); \quad \mu = \frac{F_w}{G} = \frac{F_w}{m g} = \frac{300\ N}{1000\ kg \cdot 10 \frac{m}{s^2}} = 0,03$$

$$F_z = 1000\ kg \left(1,5 \frac{m}{s^2} + 10 \frac{m}{s^2} \cdot 0,03\right) = 1800 \frac{kgm}{s^2} = 1800\ N$$

c) $s = \frac{v^2}{2a} = \frac{(27,8 \frac{m}{s})^2}{2 \cdot 1,5 \frac{m}{s^2}} = 257,6\ m$; oder: $s = \frac{v\,t}{2} = \frac{27,8 \frac{m}{s} \cdot 18,5\ s}{2} = 257\ m$

- **Beispiel:** Ein Kraftwagen der Masse $m = 1000$ kg soll bei 50 km/h Geschwindigkeit einen Bremsweg $s_b = 18$ m haben.

  Gesucht: a) die Bremszeit t_b; b) die Bremskraft F_b; c) die Mindestreibzahl zwischen Rädern und Fahrbahn.

Lösung: a) Für die gleichmäßig verzögerte Bewegung des Fahrzeugschwerpunktes gilt:

$t_b = \frac{2 s_b}{v}$ $\qquad v = 50 \frac{km}{h} = \frac{50\ m}{3,6\ s} = 13,9 \frac{m}{s}$

$t_b = \frac{2 \cdot 18\ m}{13,9 \frac{m}{s}}$ $\qquad$ Verzögerung $a = \frac{\Delta v}{\Delta t} = \frac{13,9\ m}{2,59\ s^2} = 5,37 \frac{m}{s^2}$

$t_b = 2,59\ s$ $\qquad$ oder auch $a = \frac{v^2}{2 s_b} = \frac{(13,9 \frac{m}{s})^2}{2 \cdot 18\ m} = 5,37 \frac{m}{s^2}$

b) $F_r = m\,a = 1000\ kg \cdot 5,37 \frac{m}{s^2} = 5370 \frac{kgm}{s^2} = 5370\ N$

$F_b = F_r - F_w$ (weil der Fahrwiderstand F_w in Richtung der Verzögerung wirkt!)

$F_b = (5370 - 300)\,N = 5070\ N$, oder mit Gleichung (II.38) und $\mu = 0,03$ (wie oben):

$F_b = m\,(a - g\,\mu)$

$F_b = 1000\ kg \left(5,37 \frac{m}{s^2} - 10 \frac{m}{s^2} \cdot 0,03\right) = 5070 \frac{kgm}{s^2} = 5070\ N$

c) Die Bremskraft F_b muß als Reibkraft F_R von der Fahrbahn auf den Umfang der ge-
bremsten Räder ausgeübt werden. Es ist Reibkraft $F_R = \mu_0 F_N = \mu_0 F_G = \mu_0 mg$ (auf
ebener Bahn kann hier Normalkraft F_N = Gewichtskraft F_G gesetzt werden).

$$\text{Daraus Haftreibzahl } \mu_0 \geqslant \frac{F_R}{F_G} = \frac{F_R}{mg} = \frac{5070 \text{ N}}{1000 \text{ kg} \cdot 10 \frac{\text{m}}{\text{s}^2}} = 0{,}507$$

■ **Beispiel:** Ein am Kranseil hängender Körper der Masse m = 1000 kg soll mit einer Beschleunigung
von 1,2 m/s² gehoben oder gesenkt werden. Seil und Trommel werden als masselos und
reibungsfrei angegeben.

Gesucht: Die im Seil auftretende Zugkraft F_s bei

a) Aufwärtsbewegung; b) Abwärtsbewegung

Lösung: a) $F_s = m(g + a) = 1000 \text{ kg} (10 + 1{,}2) \frac{\text{m}}{\text{s}^2} = 11\,200 \text{ N}$

b) $F_s = m(g - a) = 1000 \text{ kg} (10 - 1{,}2) \frac{\text{m}}{\text{s}^2} = 8800 \text{ N}$

Überlegung: Resultierende Kraft $F_r = ma = 1000 \text{ kg} \cdot 1{,}2 \text{ m/s}^2 = 1200 \text{ N}$, die einmal zur
Gewichtskraft $F_G = mg = 1000 \text{ kg} \cdot 10 \text{ m/s}^2 = 10\,000 \text{ N}$ hinzugezählt, einmal davon abgezogen werden muß.

■ **Beispiel:** Auf einer unter $\alpha = 20°$ geneigten Sackrutsche von 4 m Länge gleiten Fördergüter aus
dem Ruhezustand frei abwärts. Reibzahl $\mu = 0{,}2$.

Gesucht: a) Beschleunigung a des Fördergutes; b) Endgeschwindigkeit v_e; c) Rutschzeit t.

Lösung: a) $a = g(\sin \alpha - \mu \cos \alpha) = 10 \frac{\text{m}}{\text{s}^2} (\sin 20° - 0{,}2 \cdot \cos 20°) = 1{,}54 \frac{\text{m}}{\text{s}^2}$

b) $v_e = \sqrt{2 a s} = \sqrt{2 \cdot 1{,}54 \frac{\text{m}}{\text{s}^2} \cdot 4 \text{ m}} = 3{,}5 \frac{\text{m}}{\text{s}}$

c) $t = \dfrac{v_e}{a} = \dfrac{3{,}5 \frac{\text{m}}{\text{s}}}{1{,}54 \frac{\text{m}}{\text{s}^2}} = 2{,}27 \text{ s}$

3.2. Energie, Energieerhaltungssatz

Energie nennt man die im Körper aufgespeicherte Arbeit und damit die Fähigkeit des Körpers,
Arbeit aufzubringen: Energie gleich Arbeitsfähigkeit. Energie ist wie die Arbeit eine skalare Größe.

Man unterscheidet drei Arten *mechanischer* Energie: *Bewegungsenergie* (kinetische Energie),
Höhenenergie im Bereich der Erdanziehung (potentielle Energie) und *Verformungsenergie* des elastischen Körpers. Außerdem: Wärmeenergie, elektrische Energie, magnetische Energie, Strahlungs-
energie, chemische Energie u.a.

Energieerhaltungssatz

Die Energie am Ende eines Vorganges E_E ist gleich der Energie am Anfang des Vorganges
E_A, vermehrt um die während des Vorganges zugeführte Arbeit W_{zu}, vermindert um die inzwischen abgegebene Arbeit W_{ab}.

E_E	=	E_A	+	W_{zu}	−	W_{ab}	
Energie am Ende des Vorganges	=	Energie am Anfang des Vorganges	+	zugeführte Arbeit	−	abgeführte Arbeit	(II.41)

Die Einheit für Energie und Arbeit ist im Abschnitt 2.1 erläutert; siehe dort auch Gleichung (II.2).

3.2.1. Höhenenergie (potentielle Energie) ist im Bereich der Erdanziehung diejenige Arbeitsfähigkeit, die ein Körper der Masse m in bezug auf eine um die Höhe h tiefer gelegene Ebene besitzt. Sie ist gleich der Hubarbeit $W = F_G h = mgh$, die bei der Aufwärtsbewegung aufzubringen war (II.7): *Potentielle Energie*

$$E_{pot} = F_G h = mgh$$

E	m	g	h
J = Nm	kg	$\dfrac{m}{s^2}$	m

(II.42)

Potentielle Energie ist außerdem noch die Formänderungsenergie, z.B. die Arbeitsfähigkeit einer gespannten Feder (siehe Festigkeitslehre) und eines komprimierten Gases.

3.2.2. Bewegungsenergie (kinetische Energie, Wucht) ist die Arbeitsfähigkeit eines mit der Geschwindigkeit v bewegten Körpers der Masse m: *Kinetische Energie oder Wucht*

$$E_{kin} = \frac{m}{2} v^2$$

E	m	v
J = Nm	kg	$\dfrac{m}{s^2}$

(II.43)

E_{kin} ist der gleich der vom Körper aus dem Ruhezustand heraus aufgespeicherten Beschleunigungsarbeit $W = mv^2/2$ nach (II.9).

3.3. Wuchtsatz (Arbeitssatz)

Er gibt den Zusammenhang zwischen Beschleunigungsarbeit W und Wucht E_{kin}:

> Der Zuwachs an kinetischer Energie (oder der Unterschied zwischen der kinetischen Energie E_E am Ende des Weges und der kinetischen Energie E_A am Anfang) ist gleich der von den angreifenden Kräften F_1, F_2, F_3 ... (oder deren Resultierender F_r) verrichteten Arbeit W.

$$W = \Sigma F \Delta s = F_r s = E_E - E_A = \frac{m}{2} v_2^2 - \frac{m}{2} v_1^2$$

$$W = \frac{m}{2} (v_2^2 - v_1^2)$$

W	m	v_2, v_1
J = Nm	kg	$\dfrac{m}{s}$

(II.44)

Der Energiezuwachs ist also gleich der vom Körper aufgespeicherten Beschleunigungsarbeit nach (II.8). Dort ist auch die Herleitung der Gleichung angegeben.

Beachte: In der Gesamtarbeit W sind gegebenenfalls die Arbeit der Schwerkräfte (Höhenenergie) und die Arbeit der Spannkräfte (Formänderungsenergie) enthalten.

Der Wuchtsatz ist ein Sonderfall des allgemeinen Energieerhaltungssatzes (II.41), zugeschnitten auf die mechanischen Energieformen:

E_E	=	E_A	+	W_{zu}	−	W_{ab}
Wucht am Ende des Vorganges	=	Wucht am Anfang des Vorganges	+	zugeführte Arbeit	−	abgeführte Arbeit

$$\frac{m}{2} v_2^2 = \frac{m}{2} v_1^2 \pm F_r s$$

(II.45)

● **Beispiel:** Ein Körper wird in horizontaler Richtung mit einer Geschwindigkeit v_1 fortgeschleudert. Infolge der Erdanziehung beginnt er sofort zu fallen. Welche Geschwindigkeit v_2 besitzt der Körper, wenn er um die Höhe h gefallen ist (ohne Luftwiderstand)?

Lösung: Nach dem Energieerhaltungssatz (II.41) ist

$$E_E = E_A + W_{zu} - W_{ab} \qquad \qquad E_E \text{ Energie am Ende des Vorganges}$$

$$\frac{m}{2} v_2^2 = \frac{m}{2} v_1^2 + mgh + 0 - 0 \qquad \qquad E_E = \frac{m}{2} v_2^2$$

$$v_2 = \sqrt{v_1^2 + 2gh} \qquad \qquad E_A \text{ Energie am Anfang des Vorganges}$$

$$E_A = \frac{m}{2} v_1^2 + mgh$$

$$W_{zu} = 0 \text{ und auch } W_{ab}$$

● **Beispiel:** Ein rollender Eisenbahnwagen gelangt mit einer Geschwindigkeit $v = 10$ km/h an eine Steigung von 0,3 %. Es wirkt ihm ein Fahrwiderstand F_w von 1360 N entgegen. Wagenmasse $m = 34$ t. Berechne den Auslaufweg s auf der Steigung!

Lösung: Energie am Ende des Vorganges $E_E = F_G h = mgh$; Energie am Anfang des Vorganges $E_A = \frac{m}{2} v^2$; infolge des Fahrwiderstandes wird Arbeit abgeführt $W_{ab} = F_w s$. Nach (II.41) wird also:

$$E_E = E_A + W_{zu} - W_{ab}$$

$$mgh = \frac{m}{2} v^2 + 0 - F_w s; \text{ und mit } \tan \alpha = 0,003 = \sin \alpha = \frac{h}{s}; \ h = s \sin \alpha:$$

$$mgs \sin \alpha = \frac{m}{2} v^2 - F_w s$$

$$s = \frac{mv^2}{2(mg \sin \alpha + F_w)} = \frac{34\,000 \text{ kg} \cdot 2,78^2 \, \frac{m^2}{s^2}}{2\,(34\,000 \text{ kg} \cdot 10 \, \frac{m}{s^2} \cdot 3 \cdot 10^{-3} + 1360 \, \frac{kgm}{s^2})} = 55,2 \text{ m}$$

● **Beispiel:** Am Ende einer frei herabhängenden Schraubenfeder mit Federrate $R = F/s$ hängt ein Körper der Masse m, der aus der ungespannten Federlage plötzlich losgelassen wird. Welche Geschwindigkeit v besitzt der Körper nach der Längung s_x der Feder und wie groß ist der maximale Federweg s_{max}?

Lösung: Die Energie E_E des Körpers am Ende des Vorganges beträgt $E_E = mv^2/2$. Am Anfang besitzt er die Lageenergie $E_A = mgs_x$. Abgeführt wird die von der Feder aufgenommene Arbeit $W_{ab} = cs_x^2/2$ zum Spannen der Feder. Dem Körper wird keine Arbeit zugeführt, also ist $W_{zu} = 0$.

Damit ergibt sich:

$$E_E = E_A + W_{zu} - W_{ab}$$

$$\frac{m}{2} v^2 = mgs_x + 0 - \frac{c}{2} s_x^2$$

$$v = \sqrt{2gs_x - \frac{c}{m} s_x^2}$$

Die größte Längung s_{max} tritt auf, wenn die Geschwindigkeit $v = 0$ ist. Dann ist

$$s_{max} = \frac{2mg}{R}$$

Der größte Federweg ist hier also doppelt so groß wie bei langsamer Längung der Feder ($s_{max} = F_G/R = mg/R$).

● **Beispiel:** Von einer Sackrutsche mit dem Neigungswinkel $\alpha = 20°$ und der Länge $l = 5$ m wird das Fördergut abgelassen. Reibzahl $\mu = 0,1$. Mit welcher Endgeschwindigkeit v kommt das Fördergut unten an?

Lösung: Energie am Ende des Vorganges $E_E = \frac{m}{2}v^2$

Energie am Anfang $E_A = F_G h = mgh = mgl\sin\alpha$
zugeführte Arbeit $W_{zu} = 0$
abgeführte Arbeit $W_{ab} =$ Arbeit der Reibkraft $= F_R l = F_G\cos\alpha\mu l = mg\cos\alpha\mu l$, siehe (II.11). Damit wird

$$E_E = E_A + W_{zu} - W_{ab}$$

$$\frac{m}{2}v^2 = mgl\sin\alpha + 0 - mg\cos\alpha\mu l$$

$$v = \sqrt{2gl(\sin\alpha - \mu\cos\alpha)} = \sqrt{2\cdot 10\,\frac{m}{s^2}\cdot 5\,m\,(0,342 - 0,1\cdot 0,94)} \approx 5\,\frac{m}{s}$$

3.4. Impuls, Impulserhaltungssatz

Wird das Dynamische Grundgesetz nach (II.32) in der Form $F_r = ma$ geschrieben und werden beide Seiten der Gleichung mit dem Zeitabschnitt $\Delta t = t_2 - t_1$ multipliziert, so ergibt sich:

$$F_r\,\Delta t = ma\,\Delta t = m\,\frac{\Delta v}{\Delta t}\,\Delta t = m\,\Delta v$$

Wird also ein Körper der Masse m während des Zeitabschnittes Δt von der Geschwindigkeit v_1 auf v_2 beschleunigt, so gilt

$$F_r(t_2 - t_1) = m(v_2 - v_1)$$

F_r	t	m	v
$N = \frac{kgm}{s^2}$	s	kg	$\frac{m}{s}$

(II.46)

Beim Antrieb aus der Ruhe heraus wird

$$F_r\,t = mv \qquad\qquad (II.47)$$

Das Produkt mv aus Körpermasse m und Geschwindigkeit v heißt *Impuls* oder *Bewegungsgröße*. Der Impuls ist ein Vektor. Das Produkt $F_r\,t$ heißt Kraftstoß:

> Die Zunahme des Impulses eines Körpers ist gleich dem Kraftstoß während der betrachteten Zeit.

Wie die Herleitung zeigt, besteht kein physikalischer Unterschied zum dynamischen Grundgesetz jedoch läßt sich häufig das Geschwindigkeitsgesetz der Bewegung einfacher aufstellen.

Bevorzugt wird dieser Satz angewendet auf den „kräftefreien" Körper, also für den Fall $F_r = 0$. Dann bleibt der Impuls mv des Körpers erhalten und es gilt der *Impulserhaltungssatz:*

$$mv_2 - mv_1 = 0$$
$$mv_2 = mv_1 = \text{konstant}$$
(II.48)

Sind also in einem System keine äußeren Kräfte vorhanden oder ist die geometrisch addierte Summe der vorhandenen Kräfte gleich Null, so bleibt der Impuls mv des Systems nach Betrag und Richtung (Vektor!) unverändert. Innere Kräfte haben keinen Einfluß auf den Impuls des Systems.

● **Beispiel:** Aus einem mit $v_1 = 0{,}5$ m/s Geschwindigkeit auf das Ufer zutreibenden Boot der Gesamtmasse $m_1 = 400$ kg springt ein Mann der Masse $m_2 = 70$ kg mit einer Absolutgeschwindigkeit $v_2 = 2$ m/s in Fahrtrichtung an Land. Mit welcher Geschwindigkeit v und in welcher Richtung bewegt sich das Boot nach dem Absprung des Mannes?

Lösung: Wird die Flüssigkeitsreibung zwischen Bootswand und Wasser vernachlässigt, so gilt der Satz (II.48), d.h. die Bewegungsgröße $m_1 v_1$ muß gleich der Summe der Impulse des leeren Bootes $(m_1 - m_2)v$ und des abspringenden Mannes $m_2 v_2$ sein:

$$m_1 v_1 = (m_1 - m_2)v + m_2 v_2$$

$$v = \frac{m_1 v_1 - m_2 v_2}{m_1 - m_2} = \frac{400\,\text{kg} \cdot 0{,}5\,\frac{m}{s} - 70\,\text{kg} \cdot 2\,\frac{m}{s}}{400\,\text{kg} - 70\,\text{kg}} = 0{,}182\,\frac{m}{s}$$

Das positive Vorzeichen bei v zeigt an, daß sich das Boot mit dieser Geschwindigkeit in der ursprünglichen Richtung weiterbewegt.

● **Beispiel:** Zum Verschieben von Waggons wird ein Elektro-Waggondrücker verwendet, der eine Schubkraft von 6000 N entwickelt. Es sollen 2 Waggons von je 18 t Masse mit einer Geschwindigkeit von 2 m/s abgestoßen werden. Berechne die Zeit, die der Drücker wirken muß! Reibungswiderstände bleiben unberücksichtigt.

Lösung: Beim Antrieb aus der Ruhe heraus gilt (II.47): $F_r t = mv$; daraus

$$t = \frac{mv}{F_r} = \frac{2 \cdot 18 \cdot 10^3\,\text{kg} \cdot 2\,\frac{m}{s}}{6000\,\frac{\text{kgm}}{s^2}}$$

$$t = 12\,\text{s}$$

● **Beispiel:** Ein Triebwagen von 10 000 kg Masse fährt mit einer Geschwindigkeit von 30 km/h und wird kurzzeitig 4 s lang gebremst. Dadurch wird eine Bremskraft von 12 000 N ausgelöst. Fahrwiderstand (Reibungswiderstand) bleibt unberücksichtigt. Wie groß ist die Geschwindigkeit nach dem Bremsvorgang?

Lösung: Gegeben: $m = 10^4$ kg; $v_2 = 30\,\frac{\text{km}}{h} = \frac{30}{3{,}6} \cdot \frac{m}{s} = 8{,}33\,\frac{m}{s}$

$$F_r = 12\,000\,\frac{\text{kgm}}{s^2};\quad \Delta t = 4\,\text{s}$$

Gesucht: v_1

Nach (II.46) ist $F_r \Delta t = m(v_2 - v_1) = mv_2 - mv_1$ und daraus

$$v_1 = \frac{mv_2 - F_r \Delta t}{m} = \frac{10^4\,\text{kg} \cdot 8{,}33\,\frac{m}{s} - 1{,}2 \cdot 10^4\,\frac{\text{kgm}}{s^2} \cdot 4\,\text{s}}{10^4\,\text{kg}} = 3{,}53\,\frac{m}{s}$$

3.5. d'Alembertscher Satz

Das Grundgesetz $F_r = m\,a$ läßt sich auch in der Form $F_r - m\,a = 0$ schreiben. Darin ist F_r die Resultierende aller äußeren Kräfte, m die Masse des Körpers und a die Beschleunigung in Richtung von F_r.

Das Produkt $m\,a$ bezeichnet man als *Trägheitskraft*

$$T = m\,a$$

T	m	a
$N = \dfrac{kgm}{s^2}$	kg	$\dfrac{m}{s^2}$

(II.49)

womit das Dynamische Grundgesetz die Form einer statischen Gleichgewichtsbedingung erhält.

$$\Sigma F = 0$$
$$F_r - T = 0$$

(II.50)

Danach gilt der *Satz von d'Alembert*:

> Bewegt sich ein Körper unter der Einwirkung äußerer Kräfte beschleunigt, so kann das Kräftesystem trotzdem als im Gleichgewicht befindlich betrachtet werden, wenn zur Resultierenden F_r eine gleichgroße *gegensinnige* Trägheitskraft $T = m\,a$ hinzugefügt wird. Innere Kräfte spielen keine Rolle.
>
> Kürzer:
> An jedem Körper stehen die äußeren Kräfte und die Trägheitskräfte im Gleichgewicht.

Beachte: Die Trägheitskraft T ist stets der Beschleunigung (oder Verzögerung) entgegengerichtet!

> **Arbeitsplan**
> Körper freimachen.
> Beschleunigungsrichtung eintragen.
> Trägheitskraft $T = m\,a$ entgegengesetzt zur Beschleunigungsrichtung eintragen, Gleichgewichtsbedingungen unter Einschluß der Trägheitskraft ansetzen.

Wie in der Statik kann jede Aufgabe dieser Art zeichnerisch oder rechnerisch gelöst werden.

Fehlerwarnung: Die Trägheitskräfte sind gedachte *Hilfskräfte;* sie dürfen daher nur *dann* am Körper angebracht werden, wenn nach d'Alembert – also mit Gleichgesichtsansatz – gearbeitet werden soll; keinesfalls also beim Grundgesetz oder beim Wuchtsatz oder beim Impulssatz!

■ **Beispiel:** Ein Auto von 1000 kg Masse wird auf ebener Straße so gebremst, daß es gerade ohne zu gleiten mit einer Verzögerung von 3 m/s² bremst. Sein Achsabstand beträgt 3 m, sein Schwerpunkt liegt in der Fahrzeugmitte 0,6 m über der Straße. Es werden nur die Hinterräder abgebremst. Zu berechnen sind die Stützkräfte an Vorder- und Hinterachse beim Bremsen.

Lösung: Aus der Skizze des freigemachten Autos lassen sich die drei Gleichgewichtsbedingungen der Statik ablesen (Bild II.9):

I. $\quad \Sigma F_x = 0 = -F_R + T = -F_B\,\mu + m\,a$

II. $\quad \Sigma F_y = 0 = -G + F_A + F_B$

III. $\quad \Sigma M_{(B)} = 0 = -G\,\dfrac{l}{2} + F_A\,l - T\,h$

$$F_A = \frac{G\frac{l}{2} + Th}{l} = \frac{mgl + 2mah}{2l} = \frac{m(gl + 2ah)}{2l}$$

$$F_A = \frac{1000\,\text{kg}\,(10\,\frac{\text{m}}{\text{s}^2} \cdot 3\,\text{m} + 2 \cdot 3\,\frac{\text{m}}{\text{s}^2} \cdot 0,6\,\text{m})}{2 \cdot 3\,\text{m}}$$

$$F_A = 5600\,\frac{\text{kgm}}{\text{s}^2} = 5600\,\text{N}$$

$$F_B = G - F_A = mg - F_A = 1000\,\text{kg} \cdot 10\,\frac{\text{m}}{\text{s}^2} - 5600\,\frac{\text{kgm}}{\text{s}^2}$$

$$F_B = 4400\,\text{N}$$

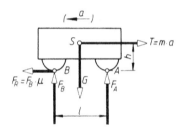

Bild II.9. Auto frei gemacht
F_A, F_B Stützkräfte
G Gewichtskraft
F_R Reibungskraft

4. Dynamik der Drehung (Rotation) des starren Körpers

4.1. Dynamisches Grundgesetz für die Drehung um eine feste Achse

Das Dynamische Grundgesetz (II.32) gilt für jedes Massenteilchen Δm des sich drehenden Körpers (Bild II.10):

Tangentialkraft $\Delta F_T = \Delta m a_T$. Werden beide Seiten der Gleichung mit dem Radius r multipliziert, so ergibt sich $\Delta F_T r = \Delta m a_T r$.

Darin ist $\Delta F_T r$ (Kraft mal Hebelarm), das Teildrehmoment der resultierenden Tangentialkraft ΔF_T bezüglich der Drehachse. Wird die Summe aller Teilmomente gebildet, so erscheint auf der linken Gleichungsseite das resultierende Drehmoment aller am Körper angreifenden äußeren Tangentialkräfte.

$$\Sigma \Delta F_T r = \Sigma \Delta m a_T r$$

$$M_r = \Sigma \Delta m a_T r; \quad \text{für } a_T = \alpha r \text{ eingesetzt:}$$

$$M_r = \Sigma \Delta m \alpha r r$$

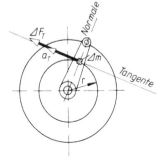

Mit Tangentialbeschleunigung $a_T = \alpha r$ erscheint in der letzten Gleichung der Ausdruck $\Sigma \Delta m r^2$; er heißt *Trägheitsmoment*

$$J = \Sigma \Delta m r^2 \qquad \begin{array}{c|c|c} J & m & r \\ \hline \text{kgm}^2 & \text{kg} & \text{m} \end{array} \qquad \text{(II.51)}$$

weil von dieser Größe die *Trägheit* des Körpers gegen die Wirkung beschleunigender und verzögernder Kräfte abhängt.

Für die Drehung eines Körpers um eine raumfeste Achse nimmt damit das *Dynamische Grundgesetz für die Drehung* die Form an:

Bild II.10. Resultierende Tangential-kraft ΔF_T und Beschleunigung a_T des Massenteilchens einer gleichmäßig beschleunigt umlaufenden Kurbel

Resultierendes Moment M_r = Trägheitsmoment J × Winkelbeschleunigung α

$$M_r = J\alpha \qquad \begin{array}{c|c|c} M_r & J & \alpha \\ \hline \text{Nm} = \frac{\text{kgm}^2}{\text{s}^2} & \text{kgm}^2 & \frac{1}{\text{s}^2} \end{array} \qquad \text{(II.52)}$$

Ist die Winkelbeschleunigung α konstant, dann ist die Drehung gleichmäßig beschleunigt. Es muß dann bezüglich der Drehachse ein gleichbleibendes resultierendes Drehmoment wirken.

4.2. Trägheitsmoment J (Massenmoment 2. Grades, früher: Massenträgheitsmoment), Trägheitsradius i

4.2.1. Definition des Trägheitsmomentes. Das Trägheitsmoment J eines Körpers in bezug auf eine gegebene Achse ist festgesetzt als Summe (genauer: Grenzwert der Summe) aller Massenteilchen Δm, jedes malgenommen mit dem Quadrat seines Abstandes r von der Drehachse; siehe Definitionsgleichung (II.51). Aus dieser ergibt sich auch die Einheit für das Trägheitsmoment:

$$(J) = (m) \cdot (r^2) = \text{kg} \cdot \text{m}^2 \tag{II.53}$$

Der Zahlenwert dieses Summenausdrucks muß wegen r^2 stets positiv sein. Er läßt sich bei geometrisch einfachen Körpern berechnen, bei beliebigen Körperformen zeichnerisch, durch Bremsversuche oder durch Schwingungsversuche am Körper oder am maßstäblichen Modell bestimmen. Gegenüber der geradlinigen Bewegung kommt es bei der Drehung nicht nur auf den *Betrag* der Masse an, sondern auch auf deren *Verteilung* um die Drehachse. Je mehr Massenteilchen einen großen Abstand von der Drehachse besitzen, um so schwerer ist es, den Körper zu beschleunigen (zu verzögern). Für bestimmte Querschnittsformen läßt sich das Trägheitsmoment J nach den in Tafel II.3 angegebenen Gleichungen berechnen.

4.2.2. Verschiebesatz (Satz von Steiner). Die fertigen Gleichungen nach Tafel II.3 sind ausnahmslos auf eine durch den Massenschwerpunkt S gehende Achse bezogen. Liegt der Schwerpunkt S nicht auf der gegebenen Drehachse O und sind beide Achsen um den Abstand l parallel verschoben, so muß das Trägheitsmoment für die Achse O nach dem Verschiebesatz berechnet werden:

Trägheitsmoment für gegebene parallele Drechachse $O - O$	=	Trägheitsmoment für parallele Schwerachse $S - S$	+	Masse $m \times$ Abstandsquadrat (l^2) der beiden Achsen

$$J_O = J_S + m\,l^2 \qquad \begin{array}{c|c|c} J_O, J_S & m & l \\ \hline \text{kgm}^2 & \text{kg} & \text{m} \end{array} \tag{II.54}$$

Eine der beiden Achsen muß stets Schwerachse sein und beide müssen parallel zueinander laufen. Ist der Abstand l gleich Null, so fällt das Glied $m \cdot l^2$ weg. Demnach ist das Trägheitsmoment J mehrerer Körper oder mehrerer Teile eines Körpers in bezug auf die *gleiche* gegebene Drehachse einfach gleich der Summe der Teilträgheitsmomente $J_1, J_2, J_3 \ldots$ in bezug auf diese gegebene Achse:

$$J = J_1 + J_2 + J_3 + \ldots \tag{II.55}$$

(gilt nur, wenn Teil- und Gesamtschwerachse zusammenfallen)
Herleitung des Verschiebesatzes (Bild II.11)

$$J_O = \Sigma \Delta m\, r^2 = \Sigma \Delta m\, (l + \rho)^2 = \Sigma \Delta m\, (l^2 + 2l\rho + \rho^2)$$

$$J_O = l^2 \Sigma \Delta m + 2l \Sigma \Delta m\, \rho + \Sigma \Delta m\, \rho^2; \quad \Sigma \Delta m = \text{Gesamtmasse } m$$

$$J_O = l^2 m \quad + \quad 0 \quad + \quad J_S$$

$$J_O = J_S + m\,l^2 \quad \text{wie (II.54)}$$

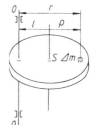

Bild II.11. Verschiebesatz für Schwerachse S und gegebene parallele Drehachse O

Der Ausdruck $\Sigma \Delta m$ des ersten Gliedes ist die Masse m des Körpers selbst: $l^2 m$. Der Ausdruck $\Sigma \Delta m\, \rho$ des zweiten Gliedes ist die Summe der Drehmomente aller Massenteilchen in bezug auf die *Schwerachse* der Masse m; der Zahlenwert muß daher Null ergeben; siehe dazu Momentensatz der Statik. Der Ausdruck $\Sigma \Delta m\, \rho^2$ des dritten Gliedes ist das Trägheitsmoment der Masse m in bezug auf die Schwerachse S: $J_S = \Sigma \Delta m\, \rho^2$, kann also nach den Gleichungen aus Tafel II.3 berechnet werden.

Tafel II.3. Gleichungen für Trägheitsmomente J

Art des Körpers	Trägheitsmoment J (J_x um die x-Achse; J_z um die z-Achse); ρ Dichte
Rechteck, Quader	$J_x = \frac{1}{12} m (b^2 + h^2) = \frac{1}{12} \rho h b s (b^2 + h^2)$ bei geringer Plattendicke s ist $J_z = \frac{1}{12} m h^2 = \frac{1}{12} \rho b h^3 s; \quad J_0 = \frac{1}{3} m h^2 = \frac{1}{3} \rho b h^3 s$ Würfel mit Seitenlänge a: $J_x = J_z = m \frac{a^2}{6}$
Kreis-zylinder	$J_x = \frac{1}{2} m r^2 = \frac{1}{8} m d^2 = \frac{1}{32} \rho \pi d^4 h = \frac{1}{2} \rho \pi r^4 h$ $J_z = \frac{1}{16} m (d^2 + \frac{4}{3} h^2) = \frac{1}{64} \rho \pi d^2 h (d^2 + \frac{4}{3} h^2)$
Hohl-zylinder	$J_x = \frac{1}{2} m (R^2 + r^2) = \frac{1}{8} m (D^2 + d^2) = \frac{1}{32} \rho \pi h (D^4 - d^4)$ $J_x = \frac{1}{2} \rho \pi h (R^4 - r^4)$ $J_z = \frac{1}{4} m (R^2 + r^2 + \frac{1}{3} h^2) = \frac{1}{16} m (D^2 + d^2 + \frac{4}{3} h^2)$
Zylindermantel	$J_x = \frac{1}{4} m d_m^2 = \frac{1}{4} \rho \pi d_m^3 h s$ $J_z = \frac{1}{8} m (d_m^2 + \frac{2}{3} h^2) = \frac{1}{8} \rho \pi d_m h s (d_m^2 + \frac{2}{3} h^2)$ Hohlzylinder mit Wanddicke $s = \frac{1}{2}(D - d)$ sehr klein im Verhältnis zum mittleren Durchmesser $d_m = \frac{1}{2}(D + h)$
Kreiskegel	$J_x = \frac{3}{10} m r^2$ Kreiskegelstumpf: $J_x = \frac{3}{10} m \dfrac{r_2^5 - r_1^5}{r_2^3 - r_1^3}$ r_2 Grundkreisradius r_1 Deckkreisradius
Kugel	$J_x = \frac{2}{5} m r^2 = \frac{1}{10} m d^2 = \frac{1}{60} \rho \pi d^5 = \frac{8}{15} \rho \pi r^5$
Hohlkugel (Kugelschale)	$J_x = J_z = \frac{1}{6} m d_m^2 = \frac{1}{6} \rho \pi d_m^4 s$ Wanddicke $s = \frac{1}{2}(D - d)$ sehr klein im Verhältnis zum mittleren Durchmesser $d_m = \frac{1}{2}(D + d)$
Ring	$J_z = m (R^2 + \frac{3}{4} r^2) = \frac{1}{4} m (D^2 + \frac{3}{4} d^2) \qquad m = 2 \pi^2 r^2 R \rho$ $J_z = \frac{1}{16} \rho \pi^2 D d^2 (D^2 + \frac{3}{4} d^2) = \frac{1}{4} m D^2 \left[1 + \frac{3}{4} \left(\frac{d}{D} \right)^2 \right]$

4.2.3. Trägheitsradius i ist derjenige Abstand von der gegebenen Drehachse, in dem man die punktförmig gedachte Masse m des Körpers anbringen muß, um das Trägheitsmoment J des Körpers zu erhalten. Trägheitsmoment J = Masse m × Trägheitsradius-Quadrat i^2

$$J = m\,i^2 \tag{II.56}$$

$$i = \sqrt{\frac{J}{m}} \qquad\qquad \frac{J \quad\big|\quad m \quad\big|\quad i}{\text{kgm}^2 \;\big|\; \text{kg} \;\big|\; \text{m}} \tag{II.57}$$

4.2.4. Reduzierte Masse m_{red}. Denkt man sich die verteilte tatsächliche Masse m des Körpers im willkürlichen Abstand r von der Drehachse angebracht, wobei das Trägheitsmoment eingehalten werden soll, dann spricht man von der *reduzierten Masse* m_{red}. Je nach Wahl des Abstandes r erhält man einen anderen Wert für m_{red}. Jedoch läßt sich auch gerade derjenige Radius finden, für den die Ersatzmasse gleich der tatsächlich vorliegenden wird. Dieser Radius heißt *Trägheitsradius* i:

$$J = m_{\text{red}}\,r^2 ; \quad m_{\text{red}} = \frac{J}{r^2} \tag{II.58}$$

$$r = \sqrt{\frac{J}{m_{\text{red}}}} = \sqrt{\frac{J}{m}} = i \tag{II.59}$$

4.2.5. Reduktion von Trägheitsmomenten heißt die Rückführung der Trägheitsmomente aller Massen des betrachteten Systems, z.B. eines Rädertriebes, auf eine einzige Welle.

Sind $J_1, J_2, J_3 \ldots$ die Trägheitsmomente der einzelnen auf Welle 1, 2, 3 ... drehenden Massen und $\omega_1, \omega_2, \omega_3, \ldots$ ihre Winkelgeschwindigkeiten, so ist ihre *Gesamtwucht*

$$W_{\text{ges}} = \frac{1}{2}\,(J_1\omega_1^2 + J_2\omega_2^2 + J_3\omega_3^2 + \ldots) = \frac{1}{2}\,\omega_1^2 \underbrace{\left(J_1 + J_2\,\frac{\omega_2^2}{\omega_1^2} + J_3\,\frac{\omega_3^2}{\omega_1^2} + \ldots\right)}_{J_{\text{red}}}$$

$$W_{\text{ges}} = \frac{1}{2}\,\omega_1^2\,J_{\text{red}} \tag{II.60}$$

$J_2\,\dfrac{\omega_2^2}{\omega_1^2} ; \quad J_3\,\dfrac{\omega_3^2}{\omega_1^2} \ldots$ sind darin die auf Welle 1 reduzierten (bezogenen) Trägheitsmomente

Statt der Winkelgeschwindigkeiten können auch die Drehzahlen eingesetzt werden.

Reduktion der Trägheitsmomente $J_1, J_2, J_3 \ldots$ bei Getrieben

$$J_{\text{red}} = J_1 + J_2\left(\frac{\omega_2}{\omega_1}\right)^2 + J_3\left(\frac{\omega_3}{\omega_1}\right)^2 + \ldots$$

$$J_{\text{red}} = J_1 + J_2\left(\frac{n_2}{n_1}\right)^2 + J_3\left(\frac{n_3}{n_1}\right)^2 + \ldots \tag{II.61}$$

Das *resultierende Beschleunigungsmoment* der Antriebsachse 1 ist dann nach (II.52)

$$M_{\text{r}} = J_{\text{red}}\,\alpha_1$$

4.3. Bewegungsenergie bei Drehung (Drehenergie oder Drehwucht)

Die Definitionsgleichung für die kinetische Energie $W_{\text{kin}} = \frac{m}{2}\,v^2$ gilt auch für die Drehung des Körpers mit der Geschwindigkeit v. Mit den entsprechenden Größen, insbesondere $v = \omega r$ wird für ein Massenteilchen Δm die *Drehwucht* (*Drehenergie*)

$$W_{\text{rot}} = \Sigma\,\frac{\Delta m}{2}\,(\omega r)^2 = \frac{\omega^2}{2}\,\Sigma\,\Delta m\,r^2 \tag{II.62}$$

Darin ist der Ausdruck $\Sigma \Delta m r^2$ das auf die Drehachse bezogene *Trägheitsmoment J*, also die Summe der Massenteilchen, jedes malgenommen mit dem Quadrat seines Abstandes von der Drehachse. Damit wird die *Drehwucht (Drehenergie)*

$$E_{\text{rot}} = J \frac{\omega^2}{2}$$

E_{rot}	J	ω
$J = \text{Nm} = \dfrac{\text{kgm}^2}{\text{s}^2}$	kgm^2	$\dfrac{1}{\text{s}}$

(II.63)

E_{rot} ist gleich der vom Körper aus dem Ruhezustand heraus aufgespeicherten Beschleunigungsarbeit $E = J \omega^2 / 2$ nach (II.17). Die Drehwucht ist eine skalare Größe.

4.4. Wuchtsatz (Arbeitssatz)

Er kennzeichnet den Zusammenhang zwischen Beschleunigungsarbeit W und Drehwucht E_{rot}:

> Der Zuwachs an Drehwucht (oder der Unterschied zwischen der Drehwucht $E_{\text{rot E}}$ am Ende des Vorganges und der Drehwucht $E_{\text{rot A}}$ am Anfang) ist gleich der von den angreifenden Drehmomenten M_1, M_2, M_3 ... (oder dem resultierenden Drehmoment M_{r}) verrichteten Arbeit W.

$$W = \Sigma M \Delta \varphi = M_{\text{r}} \varphi = E_{\text{rot E}} - E_{\text{rot A}} = \frac{J}{2} \omega_{\text{E}}^2 - \frac{J}{2} \omega_{\text{A}}^2$$

$$W = \frac{J}{2} (\omega_{\text{E}}^2 - \omega_{\text{A}}^2)$$

W	J	ω
$J = \text{Nm} = \dfrac{\text{kgm}^2}{\text{s}^2}$	kgm^2	$\dfrac{1}{\text{s}}$

(II.64)

(Wuchtsatz oder Arbeitssatz)

Der Energiezuwachs ist also gleich der vom Körper aufgespeicherten Beschleunigungsarbeit nach (II.16).

Der Wuchtsatz ist ein Sonderfall des allgemeinen Energieerhaltungssatzes (II.41), zugeschnitten auf die mechanischen Energieformen:

E_{E}	$=$	E_{A}	$+$	$W_{\text{zu}} - W_{\text{ab}}$
$\dfrac{J}{2} \omega_{\text{E}}^2$	$=$	$\dfrac{J}{2} \omega_{\text{A}}^2$	$\pm$	$M_{\text{r}} \varphi$
Drehwucht am Ende des Vorganges	$=$	Drehwucht am Anfang des Vorganges	$\pm$	zu- oder abgeführter Arbeit des resultierenden Drehmoments aller Kräfte

(II.65)

4.5. Drehimpuls (Drall)

Werden beide Seiten des Dynamischen Grundgesetzes für die Drehung (II.52) $M_{\text{r}} = J \alpha$ mit dem Zeitabschnitt $\Delta t = t_2 - t_1$ malgenommen, so ergibt sich:

$$M_{\text{r}} \Delta t = J \alpha \Delta t = J \frac{\Delta \omega}{\Delta t} \Delta t = J \Delta \omega$$

Wird also ein Körper der Masse m bzw. des Trägheitsmomentes J während des Zeitabschnittes Δt durch ein konstantes resultierendes Drehmoment M_{r} von der Winkelgeschwindigkeit ω_1 auf ω_2 beschleunigt, so gilt:

$$M_{\text{r}} (t_2 - t_1) = J (\omega_2 - \omega_1)$$

M_{r}	t	J	ω
$\text{Nm} = \dfrac{\text{kgm}^2}{\text{s}^2}$	s	kgm^2	$\dfrac{1}{\text{s}}$

(II.66)

Beim Antrieb aus der Ruhe heraus wird $M_{\text{r}} t = J \omega$.

Das Produkt $J\omega$ aus Trägheitsmoment J und Winkelgeschwindigkeit ω heißt *Drehimpuls* oder *Drall* des Körpers. Er ist ein Vektor. Das Produkt $M_r t$ heißt *Momentenstoß* des resultierenden Drehmomentes aller *äußeren* Kräfte bezüglich der Drehachse:

> Die Zunahme des Drehimpulses eines Körpers ist gleich dem Momentenstoß des resultierenden Momentes während der betrachteten Zeit.

Wie die Herleitung des Satzes zeigt, besteht kein physikalischer Unterschied zum dynamischen Grundgesetz.

Bevorzugt wird der Satz auf den „kräftefreien" Körper angesetzt, also für den Fall $M_r = 0$. Dann bleibt der Drehimpuls (Drall) des Körpers erhalten und es gilt:

$$J\omega_2 - J\omega_1 = 0 \qquad J\omega_2 = J\omega_1 = \text{konstant} \tag{II.67}$$

Impulserhaltungssatz

Wirken also auf ein System keine äußeren Drehmomente oder ist deren Summe gleich Null, so bleibt der Drehimpuls $J\omega$ des Systems nach Betrag und Richtung unverändert. Innere Kräfte haben keinen Einfluß auf den Drehimpuls (Drall) des Systems.

4.6. Fliehkraft

Bei der Drehung des Körpers der Masse m um eine nicht durch den Schwerpunkt gehende Achse bezeichnet man die durch den Schwerpunkt gehende und vom Drehpunkt fortgerichtete Trägheitskraft als *Fliehkraft* F_z (Zentrifugalkraft). Sie ist gleichgroß gegensinnig der Zentripetalkraft F_N nach (II.34):

$$F_z = m r_s \omega^2 = m \frac{v^2}{r_s} \qquad\qquad \begin{array}{c|c|c|c|c} F_z & r_s & \omega & m & v \\ \hline N = \frac{\text{kgm}}{\text{s}^2} & \text{m} & \frac{1}{\text{s}} & \text{kg} & \frac{\text{m}}{\text{s}} \end{array} \tag{II.68}$$

Darin ist r_s der Abstand des Körperschwerpunktes S von der Drehachse, ω die Winkelgeschwindigkeit des Schwerpunktes um die Drehachse und v seine Umfangsgeschwindigkeit. Die Wirklinie der Fliehkraft geht nur dann durch den Körperschwerpunkt, wenn der Körper eine zur Drehachse parallele Symmetrieachse besitzt. Ist $r_s = 0$, d.h., geht die Drehachse durch den Schwerpunkt S des Körpers, so ist die resultierende Fliehkraft gleich Null.

Beachte: Die Zentrifugalkraft oder Fliehkraft F_z ist keine am sich drehenden Körper wirklich angreifende Kraft. Sie wird vielmehr als Hilfskraft (Trägheitskraft nach d'Alembert) nur hinzugedacht, um für den freigemachten, sich gleichförmig drehenden Körper die Gleichgewichtsbedingungen der Statik ansetzen zu können.

Je nach Lage der Drehachse kann die Fliehkraft auch eine Momentwirkung erzeugen. Bild II.12 soll das erläutern: Ein Körper dreht sich mit der Winkelgeschwindigkeit ω um die z-Achse. Die Zentrifugalkraft ΔF_z des Massenteilchens Δm erzeugt je ein Moment um die

x-Achse: $\Delta M_{(x)} = \Delta F_z \sin\alpha z = \Delta m r \omega^2 \sin\alpha z = \omega^2 z y \Delta m$; $(r \sin\alpha = y)$

y-Achse: $\Delta M_{(y)} = - \Delta F_z \cos\alpha z = - \omega^2 z x \Delta m$; $(r \cos\alpha = x)$

z-Achse: $\Delta M_{(z)} = 0$

Das Gesamtmoment $M_{(x)}$ bzw. $M_{(y)}$ ist die Summe aller Teilmomente.

$$M_{(x)} = \Sigma \Delta M_{(x)}; \quad M_{(y)} = \Sigma \Delta M_{(y)}$$

Die *statischen Momente der Zentrifugalkräfte* sind

$$\begin{aligned} M_{(x)} &= \omega^2 \Sigma y z \Delta m = \omega^2 J_{yz} \\ M_{(y)} &= \omega^2 \Sigma x z \Delta m = \omega^2 J_{xz} \end{aligned} \tag{II.69}$$

Die Summenausdrücke der Form $\Sigma y\,z\,\Delta m$ heißen *Zentrifugalmoment*

$$J_{yz} = \Sigma y\,z\,\Delta m \tag{II.70}$$

Wie (II.69) zeigt, werden die Momente der Zentrifugalkräfte gleich Null, wenn $J_{yz} = J_{xz} = 0$ ist. Das ist der Fall, wenn die Drehachse eine sogenannte Hauptträgheitsachse (HTA) ist. Bei Symmetriekörpern ist jede zur Symmetrieebene senkrechte Achse eine HTA.

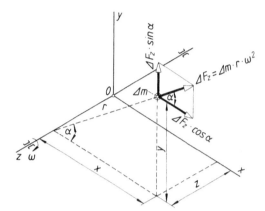
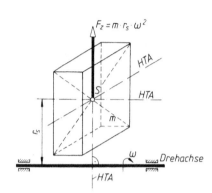

Bild II.12. Zentrifugalkraft ΔF_z des Massenteilchens Δm um die z-Achse

Bild II.13. Drehachse parallel zur Hauptträgheitsachse (HTA)

Für die *praktische Rechnung* sind folgende Fälle zu unterscheiden:

Fall 1: Die Drehachse ist zugleich eine durch den Schwerpunkt S des Körpers gehende HTA. Es entsteht dann weder eine resultierende Zentrifugalkraft F_z noch ein Drehmoment der Zentrifugalkräfte.

Fall 2: Die Drehachse (Bild II.13) liegt parallel oder senkrecht zu einer durch den Schwerpunkt S des Körpers oder Massensystems gehende HTA (= Symmetrieachse). Es entsteht nur eine Einzelfliehkraft $F_z = mr_s\omega^2$ nach (II.68), deren Wirklinie durch den Schwerpunkt S geht und senkrecht zur Drehachse steht. Die Fliehkraft besitzt kein Drehmoment in bezug auf eine der Achsen.

Fall 3: Die Drehachse (Bild II.14) geht durch den Schwerpunkt S, bildet aber mit der HTA den Winkel α. Es entsteht keine resultierende Zentrifugalkraft, sondern ein Kräftepaar, das um die senkrecht zur Zeichenebene stehende x-Achse dreht und von den Lagern aufgenommen werden muß.

Das Zentrifugalmoment des Zylinders (auch Scheibe) nach Bild II.14 wird

$$J_{yz} = \frac{m}{8}\sin 2\alpha\left(r^2 - \frac{h^2}{3}\right) \qquad \begin{array}{c|c|c} J & m & r,h \\ \hline \mathrm{kgm^2} & \mathrm{kg} & \mathrm{m} \end{array} \tag{II.71}$$

Die Zentrifugalkraft jeder Zylinderhälfte der Masse $m_1 = m_2$ beträgt $F_{z1} = F_{z2} = F_z = \dfrac{m}{2}r_s\omega^2$.

Sie bilden das Drehmoment $M_{(x)} = \omega^2 J_{yz} = F_A\,l = F_B\,l$; woraus sich die Stützkräfte bestimmen lassen (hier $F_A = F_B$). Der Hebelarm l_z des Trägheitskräftepaares mit den Teilkräften F_z wird nach Bild II.14:

$$M_{(x)} = \omega^2 J_{yz} = 2F_z\,l_z = 2\,\frac{m}{2}\,r_s\omega^2\,l_z \quad \text{und daraus}$$

$$l_z = \frac{J_{yz}}{m\,r_s} \tag{II.72}$$

Sollen die Stützkräfte gleich Null werden, muß ein gleichgroßes, entgegengesetztes Zentrifugal-moment angebracht werden (Massenzusatz). Dann ist die Symmetrie des Massensystems hergestellt, die Drehachse zugleich HTA geworden (Fall 1). (Über Angriffspunkt der Zentrifugalkräfte des Kräftepaares siehe Schleifscheibenbeispiel!).

Fall 4: Die Drehachse (Bild II.15) geht nicht durch den Schwerpunkt S und bildet mit der HTA den Winkel α. Es entsteht eine resultierende Einzelfliehkraft F_z, die nicht durch den Schwerpunkt geht, also auch ein Drehmoment $M_{(x)}$ der Zentrifugalkraft:

Einzel-Zentrifugalkraft $F_z = m\,r_s\,\omega^2$; verursacht durch die Exzentrizität des Schwerpunktes S. F_z greift im Schwerpunkt S an.

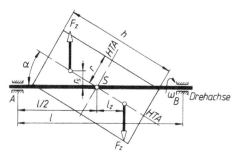

Bild II.14. Zylinder (Scheibe); Drehachse durch Schwerpunkt S, aber unter α zur HTA

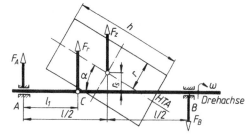

Bild II.15. Zylinder (Scheibe) mit beliebig verlaufender Drehachse

Das Drehmoment

$$M_{(x)} = \omega^2\,J_{yz} = \omega^2\left[\frac{m}{8}\sin 2\alpha\left(r^2 - \frac{h^2}{3}\right)\right] \text{(für Zylinder oder Scheibe)}$$

wird durch die Neigung der Drehachse zur HTA verursacht; $M_{(x)}$ dreht um die senkrecht zur Zeichenebene stehende x-Achse und muß von den Stützlagern aufgenommen werden. Einzel-Zentrifugalkraft und Drehmoment $M_{(x)}$ lassen sich zu einer Resultierenden F_r zusammenfassen, die $F_r = F_z = m\,r_s\,\omega^2$ ist. Ihr Angriffspunkt ist nach dem Momentensatz (I.16) zu ermitteln. Mit den Bezeichnungen in Bild II.15 gilt:

$$F_r\,l_1 = \frac{F_z\,l}{2} - M_{(x)}; \quad \text{mit } F_r = F_z \text{ und } M_{(x)} = J_{yz}\,\omega^2$$

wird der *Angriffspunkt der resultierenden Zentrifugalkraft*

$$l_1 = \frac{l}{2} - \frac{J_{yz}\,\omega^2}{m\,r_s\,\omega^2} = \frac{l}{2} - \frac{J_{yz}}{m\,r_s} \tag{II.73}$$

Die Teilmassen der Körper brauchen auch nicht — wie in Bild II.15 — in einer Ebene zu liegen. Soll die Welle dynamisch ausgewuchtet sein, dürfen die Lager weder Zentrifugalkräfte noch Zentrifugalmomente aufzunehmen haben. Auf besonderen Auswuchtmaschinen werden Größe und Lage solcher Unwuchten festgestellt und durch Anbringen von Zusatzmassen in geeigneten Punkten beseitigt.

- **Beispiel:** Es sind die Spannungen im Schnitt $A - B$ des mit der Winkelgeschwindigkeit ω (bzw. Umfangsgeschwindigkeit v) umlaufenden dünnen Ringes nach Bild II.16 zu berechnen.

  Lösung: Das innere Kräftesystem jeder Schnittstelle besteht aus der Normalkraft $F_z/2 =$ halber Fliehkraft F_z. Die Fliehkraft F_z greift im Schwerpunkt der Halbkreislinie mit dem

Radius r an. Es ist $r_s = 2r/\pi$ (siehe Formelsammlung). In jedem Ringquerschnitt des Schnittes $A - B$ treten Normalspannungen σ auf, die nach der Zughauptgleichung berechnet werden können:

$$\sigma = \frac{F_z}{2A} = \frac{m\,r_s\,\omega^2}{2A}$$

A = Ringquerschnitt; $m = r\,\pi\,A\,\rho$; $r_s = 2\dfrac{r}{\pi}$

$$\sigma = \frac{r\,\pi\,A\,r_s\,\rho\,\omega^2}{2A} = \frac{r\,\pi\,\rho\,r_s\,\omega^2}{2} = r^2\omega^2\rho$$

Mit $r^2\,\omega^2 = v^2$ (= Umfangsgeschwindigkeit auf mittlerem Kreisbogen mit Radius r) wird die *Normalspannung im umlaufenden Ring*

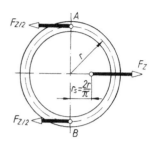

Bild II.16. Berechnung der Zugspannung im umlaufenden Ring

$$\sigma = v^2\rho \qquad \begin{array}{c|c|c} \sigma & v & \rho \\ \hline \dfrac{N}{m^2} & \dfrac{m}{s} & \dfrac{kg}{m^3} \end{array} \qquad \text{(II.74)}$$

Zahlenbeispiel: Mit Umfangsgeschwindigkeit $v = 30$ m/s und Dichte $\rho = 7800$ kg/m³ (Stahl) wird

$$\sigma = 30^2\,\frac{m^2}{s^2} \cdot 7800\,\frac{kg}{m^3} = 7{,}2 \cdot 10^6\,\frac{kgm}{s^2 m^2} = 7{,}2 \cdot 10^6\,\frac{N}{m^2} = 7{,}2 \cdot 10^{-3}\,\frac{N}{mm^2}$$

■ **Beispiel:** Die Drehachse z der Schleifspindel in Bild II.17 geht durch den Schwerpunkt S der schiefsitzenden Schleifscheibe. Drehachse und Hauptträgheitsachse der Scheibe schließen also den Winkel $\alpha = 1°$ ein. Die Scheibe läuft mit $n = 1460$ U/min um.

Gegeben: Masse der Schleifscheibe $m_1 = 60$ kg; der Welle $m_2 = 20$ kg; der Riemenscheibe $m_3 = 10$ kg; resultierende Riemenzugkraft $F_S = 700$ N.

Gesucht: Stützkräfte F_A, F_B.

Lösung: Die von den statischen Lasten hervorgerufenen Stützkräfte F_{A0}, F_{B0} werden mit Hilfe der statischen Gleichgewichtsbedingungen berechnet:

I. $\Sigma F_x = 0$

II. $\Sigma F_y = 0 = -F_{G1} + F_{A0} - F_{G2} + F_{B0} - (F_{G3} + F_S)$

III. $\Sigma M_{(A)} = 0 = +F_{G1} \cdot 0{,}15\,\text{m} - F_{G2} \cdot 0{,}15\,\text{m} +$
$$+ F_{B0} \cdot 0{,}35\,\text{m} - (F_{G3} + F_S) \cdot 0{,}55\,\text{m}$$

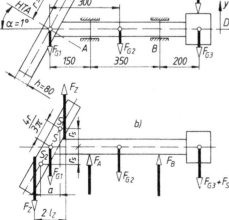

Bild II.17. Schleifspindel mit schief sitzender Schleifscheibe; Fall 3

a) Lageplan

b) Spindel mit Scheibe freigemacht

Für $F_G = mg$ eingesetzt und nach F_{B0} aufgelöst:

$$F_{B0} = \frac{m_2 g \cdot 0,15 \text{ m} + (m_3 g + F_S) \cdot 0,55 \text{ m} - m_1 g_1 \cdot 0,15 \text{ m}}{0,35 \text{ m}} = 1086 \text{ N}$$

Aus II. ergibt sich:

$$F_{A0} = F_{G1} + F_{G2} - F_{B0} + F_{G3} + F_S = 514 \text{ N}$$

Eine resultierende Einzelfliehkraft tritt nicht auf, weil die Drehachse durch den Schwerpunkt S der Schleifscheibe geht. Da jedoch die Drehachse nicht Hauptträgheitsachse ist, tritt ein Trägheitskräftepaar mit dem Moment $M_{(x)} = \omega^2 J_{yz}$ nach (II.69) hinzu. Es dreht um die senkrecht zur Zeichenebene stehende x-Achse. Aus (II.71) ergibt sich mit $h = 80$ mm, $r = 200$ mm und $\alpha = 1°$ das Zentrifugalmoment J_{yz} der Scheibe zu:

$$J_{yz} = \frac{m_1}{8} \left(r^2 - \frac{h^2}{3} \right) \sin 2\alpha = \frac{60 \text{ kg}}{8} \left(0,2^2 \text{ m}^2 - \frac{0,08^2 \text{ m}^2}{3} \right) \sin 2°$$

$$J_{yz} = 9,92 \cdot 10^{-3} \text{ kgm}^2.$$

Mit $\omega^2 = \left(\dfrac{\pi n}{30} \right)^2 = \left(\dfrac{\pi \cdot 1460}{30} \right)^2 = 2,34 \cdot 10^4 \dfrac{1}{\text{s}^2}$ wird das Moment

$$M_{(x)} = \omega^2 J_{yz} = 232 \frac{\text{kgm}}{\text{s}^2} \text{ m} = 232 \text{ Nm}$$

Dem Drehmoment $M_{(x)}$ muß ein Kräftepaar aus den zusätzlichen Stützkräften F_{Az}, F_{Bz} das Gleichgewicht halten:

$$F_{Az} = F_{Bz} = \frac{M_{(x)}}{0,35 \text{ m}} = \frac{232 \text{ Nm}}{0,35 \text{ m}} = 663 \text{ N}!$$

Beachte: Das Drehmoment $M_{(x)}$ kann auch mit den Fliehkräften F_z berechnet werden. Die Teilkräfte des Trägheitskräftepaares greifen *nicht* in den Teilschwerpunkten S_1, S_2 der Scheibenhälften an; vielmehr ist nach (II.72)

$$l_z = \frac{J_{yz}}{m \, r_s} = \frac{9,92 \cdot 10^{-3} \text{ kg m}^2}{60 \text{ kg} \cdot 0,085 \text{ m}} = 1,943 \text{ mm} \approx 2 \text{ mm}$$

$$r_s = \frac{4 \, r}{3 \, \pi} \cos \alpha \text{ nach (I.47) für die Halbkreisfläche}$$

$$r_s = \frac{4 \cdot 200 \text{ mm}}{3 \, \pi} \cdot 0,9998 = 84,8 \text{ mm} \approx 0,085 \text{ m}$$

Mit $F_z = \dfrac{m}{2} r_s \omega^2 = 30 \text{ kg} \cdot 85 \cdot 10^{-3} \text{ m} \cdot 2,34 \cdot 10^4 \dfrac{1}{\text{s}^2} = 5,97 \cdot 10^4 \dfrac{\text{kgm}}{\text{s}^2} = 5,97 \cdot 10^4 \text{ N}$

ergibt sich das Moment wie oben zu:

$$M_{(x)} = F_z \, 2 \, l_z = 5,97 \cdot 10^4 \text{ N} \cdot 2 \cdot 1,943 \cdot 10^{-3} \text{ m} = 232 \text{ Nm}$$

Würden die Fliehkräfte F_z dagegen fälschlicherweise in den Schwerpunkten S_1, S_2 der Scheibenhälften angebracht, so wäre der Abstand

$$a = 2 \frac{4 \, r}{3 \, \pi} \sin \alpha = 2,96 \cdot 10^{-3} \text{ m}$$

und damit

$$F_z a = 5,97 \cdot 10^4 \text{ N} \cdot 2,96 \cdot 10^{-3} \text{ m} = 177 \text{ Nm}$$

Dieser Betrag ist um ca. 24 % kleiner als der Wert des tatsächlichen Drehmomentes $M_{(x)}$.

● **Beispiel**: Wie groß muß das resultierende Drehmoment M_r sein, wenn damit ein Schwungrad mit dem Trägheitsmoment $J = 5000\ kgm^2$ in einer Minute aus dem Stillstand auf $150\ min^{-1}$ gebracht werden soll?

Lösung: Die Winkelbeschleunigung α ergibt sich aus

$$\alpha = \frac{\pi}{30} \cdot \frac{\Delta n}{\Delta t} = \frac{\pi}{30} \cdot \frac{150}{60} = 0{,}262\ \frac{1}{s^2}$$

Damit wird nach (II.52) das resultierende Moment:

$$M_r = J\alpha = 5000\ kgm^2 \cdot 0{,}262\ \frac{1}{s^2} = 1310\ \frac{kgm^2}{s^2} = 1310\ Nm$$

● **Beispiel**: Ein Schleifstein hat eine Masse $m_1 = 50\ kg$ und ein Trägheitsmoment $J_1 = 6\ kgm^2$. Er sitzt auf einer Welle mit dem Zapfendurchmesser $d_1 = 30\ mm$ und wird mittels Riemen angetrieben. Die Riemenscheibe hat eine Masse $m_2 = 8\ kg$, einen Durchmesser $d_2 = 250\ mm$ und ein Trägheitsmoment $J_2 = 0{,}2\ kgm^2$. Die Zapfenreibzahl in den Gleitlagern der Welle beträgt $\mu = 0{,}08$. Der Schleifstein soll bei Anlaufen aus der Ruhe heraus in 20 s auf $n = 300\ min^{-1}$ beschleunigt werden.

Wie groß sind a) das erforderliche Antriebsmoment, b) die dabei erforderliche Riemenzugkraft?

Lösung: a) Winkelbeschleunigung $\alpha = \dfrac{\Delta \omega}{\Delta t} = \dfrac{\pi n}{30\,\Delta t} = \dfrac{\pi \cdot 300}{30 \cdot 20} = 1{,}57\ \dfrac{1}{s^2}$

Gesamtgewichtskraft Stein + Scheibe: $F_G = F_{G1} + F_{G2} = 580\ N$

Lager-Reibmoment

$$M_R = F_G\,\mu\,r = 580\ N \cdot 0{,}08 \cdot 0{,}015\ m \approx 0{,}7\ Nm$$

Gesamtes Trägheitsmoment von Stein + Scheibe

$$J = J_1 + J_2 = 6{,}2\ kgm^2$$

Antriebsmoment

$$M_{an} = M_{res} + M_R = J\alpha + M_R = 6{,}2\ kgm^2 \cdot 1{,}57\ \frac{1}{s^2} + 0{,}7\ \frac{kgm}{s^2}\,m = 10{,}43\ Nm$$

b) Riemenzugkraft $F = \dfrac{M_{an}}{r_2} = \dfrac{10{,}43\ Nm}{0{,}125\ m} = 83{,}4\ N$

● **Beispiel**: Ein Schwungrad soll beim Auslauf von $n_2 = 400\ min^{-1}$ auf $n_1 = 100\ min^{-1}$ eine Arbeit $W = 10^4\ J = 10^4\ Nm$ abgeben. Wie groß muß das Trägheitsmoment J des Schwungrades sein?

Lösung: Nach (II.64) ist $W = \dfrac{J}{2}(\omega_2^2 - \omega_1^2)$; mit $\omega = \dfrac{\pi n}{30}$

wird

$$W = \frac{J}{2}\left[\left(\frac{\pi n_2}{30}\right)^2 - \left(\frac{\pi n_1}{30}\right)^2\right] = \frac{J}{2}\left(\frac{\pi}{30}\right)^2 (n_2^2 - n_1^2)$$

$$J = \frac{2\,W}{\left(\dfrac{\pi}{30}\right)^2 (n_2^2 - n_1^2)} = 12{,}16\ kgm^2$$

5. Gegenüberstellung der Gesetze für Drehung und Schiebung (Tafel II.4)

Die allgemeinste Bewegung eines starren Körpers läßt sich gedanklich für jeden Augenblick zerlegen in

a) eine reine *Verschiebe*bewegung (*Translation*) mit der jeweiligen Geschwindigkeit v des Schwerpunktes S des Körpers und in

b) eine zusätzliche reine *Dreh*bewegung (Rotation) mit der Winkelgeschwindigkeit ω um eine durch den Schwerpunkt S gehende Drehachse.

Jeder dieser Bewegungsanteile kann dann für sich durch eine Gleichung beschrieben werden (Tafel II.4).

Tafel II.4. Gegenüberstellung einander entsprechender Größen und Definitionsgleichungen für Schiebung und Drehung

Geradlinige (translatorische) Bewegung			Drehende (rotatorische) Bewegung		
Größe	Definitionsgleichung	Einheit	Größe	Definitionsgleichung	Einheit
Weg s	Basisgröße	m	Drehwinkel φ	$\dfrac{\text{Bogen } b}{\text{Radius } r}$	rad = 1
Zeit t	Basisgröße	s	Zeit t	Basisgröße	s
Masse m	Basisgröße	kg	Trägheitsmoment J	$J = \int \mathrm{d}m\, \rho^2$ $(= \Sigma\, \Delta m\, \rho^2)$	$\mathrm{kgm^2}$
Geschwindigkeit v	$v = \dfrac{ds}{dt} \left(= \dfrac{\Delta s}{\Delta t}\right)$	$\dfrac{m}{s}$	Winkelgeschwindigkeit ω	$\omega = \dfrac{d\varphi}{dt} \left(= \dfrac{\Delta \varphi}{\Delta t}\right)$	$\dfrac{\text{rad}}{s} = \dfrac{1}{s}$
Beschleunigung a	$a = \dfrac{dv}{dt} \left(= \dfrac{\Delta v}{\Delta t}\right)$	$\dfrac{m}{s^2}$	Winkelbeschleunigung α	$\alpha = \dfrac{d\omega}{dt} \left(= \dfrac{\Delta \omega}{\Delta t}\right)$	$\dfrac{\text{rad}}{s^2} = \dfrac{1}{s^2}$
Beschleunigungskraft F_{r}	$F_{\mathrm{r}} = m\,a$	$\mathrm{N} = \dfrac{\mathrm{kgm}}{s^2}$	Beschleunigungsmoment M_{r}	$M_{\mathrm{r}} = J\,\alpha$	$\mathrm{Nm} = \dfrac{\mathrm{kgm^2}}{s^2}$
Arbeit W_{trans}	$W_{\mathrm{trans}} = F\,s$	J = Nm = Ws	Arbeit W_{rot}	$W_{\mathrm{rot}} = M\,\varphi$	J = Nm = Ws
Leistung P_{trans}	$P_{\mathrm{trans}} = \dfrac{W_{\mathrm{trans}}}{t} = F\,v$	$\dfrac{\mathrm{J}}{\mathrm{s}} = \dfrac{\mathrm{Nm}}{\mathrm{s}} = \mathrm{W}$	Leistung P_{rot}	$P_{\mathrm{rot}} = \dfrac{W_{\mathrm{rot}}}{t} = M\,\omega$	$\dfrac{\mathrm{J}}{\mathrm{s}} = \dfrac{\mathrm{Nm}}{\mathrm{s}} = \mathrm{W}$
Wucht E_{trans}	$E_{\mathrm{trans}} = \dfrac{m}{2}\,v^2$	$\mathrm{Nm} = \dfrac{\mathrm{kgm^2}}{s^2}$	Drehwucht E_{rot}	$E_{\mathrm{rot}} = \dfrac{J}{2}\,\omega^2$	$\mathrm{Nm} = \dfrac{\mathrm{kgm^2}}{s^2}$
Arbeitssatz (Wuchtsatz)	$W_{\mathrm{trans}} = \dfrac{m}{2}\,(v_2^2 - v_1^2)$	$\mathrm{Nm} = \dfrac{\mathrm{kgm^2}}{s^2}$	Arbeitssatz (Wuchtsatz)	$W_{\mathrm{rot}} = \dfrac{J}{2}\,(\omega_2^2 - \omega_1^2)$	$\mathrm{Nm} = \dfrac{\mathrm{kgm^2}}{s^2}$
	$F_{\mathrm{r}}\,(t_2 - t_1) = m\,(v_2 - v_1)$			$M_{\mathrm{r}}\,(t_2 - t_1) = J\,(\omega_2 - \omega_1)$	
	Kraftstoß = Impulsänderung			Momentenstoß = Drehimpulsänderung	

Wie ein Vergleich der Gesetze für die Drehung des Körpers mit denen für die Verschiebung des Körpers oder für die Bewegung eines Punktes zeigt, gibt es zu jeder Gleichung der einen Bewegung eine im Wesen und Aufbau entsprechende Gleichung der anderen Bewegungsform. Dabei entsprechen den Größen der einen Bewegungsform (z.B. Weg s) ganz bestimmte Größen der anderen (z.B. Drehwinkel φ). Es genügt daher, sich die Größen und Definitionsgleichungen der einen Bewegungsform einzuprägen und daraus die anderen zu entwickeln (Tafel II.4).

Festigkeitslehre

Formelzeichen und Einheiten

Zeichen	Einheit	Bedeutung
A	mm^2, cm^2, m^2	Flächeninhalt, Fläche, Oberfläche A_M Momentenfläche
a	mm	Abstand
b	mm	Stabbreite
d	mm	Stabdurchmesser
d_0	mm	ursprünglicher Stabdurchmesser
d_1	mm	Durchmesser des geschlagenen Nietes = Nietlochdurchmesser
Δd	mm	Durchmesserabnahme oder -zunahme
E	$\dfrac{N}{mm^2}$	Elastizitätsmodul
e_1	mm	Entfernung der neutralen Faser von der Druckfaser
e_2	mm	Entfernung der neutralen Faser von der Zugfaser
F	N	Kraft, Belastung, Last, Tragkraft
F'	$\dfrac{N}{m}$	Belastung der Längeneinheit, Streckenlast
F_G	N	Gewichtskraft
G	$\dfrac{N}{mm^2}$	Schubmodul
H	mm	Gesamthöhe eines Querschnittes
h	mm	Höhe allgemein, Stabhöhe
I	mm^4	axiales Flächenmoment 2. Grades
I_a, I_x, I_y	mm^4	auf die Achse a oder x oder y bezogenes Flächenmoment 2. Grades
I_p	mm^4	polares Flächenmoment 2. Grades
I_s	mm^4	Flächenmoment 2. Grades, bezogen auf die Schwerachse des Querschnittes
l	mm	Stablänge nach der Dehnung oder Stauchung
l_0	mm	ursprüngliche Stablänge (Ursprungslänge)
Δl	mm	Längenzunahme oder -abnahme
l_r	km	Reißlänge
M	Nmm, Nm	Drehmoment, Moment einer Kraft
M_b	Nmm, Nm	Biegemoment
M_T	Nmm, Nm	Torsionsmoment
S	mm^2, cm^2, m^2	Querschnitt, Querschnittsfläche
n	$\dfrac{1}{min} = min^{-1}$	Drehzahl
P	W, kW	Leistung
p	$\dfrac{N}{mm^2}$	Flächenpressung
R	$\dfrac{N}{mm}$, $\dfrac{N}{m}$	Federrate
r	mm	Radius
s	mm	Stabdicke, Blechdicke
W	mm^3	axiales Widerstandsmoment
W_x, W_y	mm^3	auf die x- oder y-Achse bezogenes Widerstandsmoment
W_p	mm^3	polares Widerstandsmoment für Kreis- und Kreisringquerschnitt
α_l	$\dfrac{1}{{}^\circ C} = \dfrac{1}{K}$	Längen-Ausdehnungskoeffizient
α_0	1	Anstrengungsverhältnis
ϵ	1	Dehnung, Stauchung, $\epsilon = \dfrac{\Delta l}{l_0}$
ϵ_q	1	Querdehnung, $\epsilon_q = \dfrac{\Delta d}{d_0}$
T	K	Temperatur in Kelvin ($1\,{}^\circ C = 1\,K$)
Δ_T	${}^\circ C$	Temperaturdifferenz ($1\,{}^\circ C = 1\,K$)
μ	1	Poisson-Zahl, $\mu = \dfrac{\epsilon_q}{\epsilon}$
ν	1	Sicherheit, allgemein bei Festigkeitsuntersuchungen
σ		Normalspannung allgemein (Druck, Zug, Biegung, Knickung)
$R_m\,(\sigma_B)$		Zugfestigkeit
σ_b		Biegespannung
σ_d		Druckspannung
σ_E		Spannung an der Elastizitätsgrenze
σ_l		Lochleibungsdruck
σ_P		Spannung an der Proportionalitätsgrenze
$R_e\,(\sigma_S)$		Streckgrenze
$R_{p0,2}$	$\dfrac{N}{mm^2}$	0,2-Dehngrenze
σ_z		Zugspannung
σ_{zul}		zulässige Normalspannung ($\sigma_{b\,zul}$, $\sigma_{d\,zul}$, $\sigma_{z\,zul}$)
τ		Schubspannung allgemein, Tangentialspannung (Schub, Abscheren, Torsion)
τ_a		Abscherspannung, $\tau_a = \dfrac{F}{A}$
τ_s		Schubspannung, $\tau_s = c\,\dfrac{F}{A}$
τ_t		Torsionsspannung
τ_{zul}		zulässige Schub-(Tangential)-spannung

I. Allgemeines

1. Aufgaben der Festigkeitslehre

Die Festigkeitslehre ist ein Teil der Mechanik. Sie behandelt die Beanspruchungen, das sind die *Spannungen* und *Formänderungen*, die äußere Kräfte (Belastungen) in festen elastischen Körpern (Bauteilen) auslösen.

Die mathematisch auswertbaren Erkenntnisse werden benutzt zur *Ermittlung der Abmessungen* der „gefährdeten" Querschnitte von Bauteilen (Wellen, Achsen, Bolzen, Hebel, Schrauben usw.) für eine nicht zu überschreitende sogenannte zulässige Beanspruchung des Werkstoffes: *Querschnittsnachweis;* und zur *Kontrolle* der im gegebenen gefährdeten Querschnitt vorhandenen Beanspruchungen und Vergleich mit der zulässigen Beanspruchung: *Spannungsnachweis*.

Dabei werden ausreichende Sicherheit gegen Bruch und zu große Formänderung, aber auch Wirtschaftlichkeit der Konstruktion erwartet.

Die Erkenntnisse der Festigkeitslehre bauen auf den Gesetzen der Statik auf und lassen sich nur im Zusammenhang mit den Erkenntnissen der Werkstoffkunde und -prüfung anwenden.

2. Schnittverfahren

In der Statik werden die von *Bauteil zu Bauteil* übertragenen *inneren* Kräfte (innere Kräfte im Sinne einer mehrteiligen Konstruktion) durch „Freimachen" des betrachteten Bauteiles zu *äußeren* Kräften gemacht und dann mit Hilfe der Gleichgewichtsbedingungen die noch unbekannten Kräfte und Kraftmomente bestimmt.

In ähnlicher Weise werden in der Festigkeitslehre durch eine gedachte Schnittebene die von *Querschnitt zu Querschnitt* übertragenen *inneren* Kräfte zu *äußeren* gemacht. Der Ansatz der statischen Gleichgewichtsbedingungen für einen der beiden abgetrennten Teile liefert danach Art und Größe des inneren Kräftesystems. Erst damit kommt man zu einer Vorstellung über den Beanspruchungszustand (Spannungszustand) des betrachteten Bauteiles und kann etwas über die *Verteilung* der inneren Kräfte aussagen.

2.1. Arbeitsplan zum Schnittverfahren

Der betrachtete Bauteil wird frei gemacht (siehe Statik) und alle äußeren Kräfte und Kraftmomente bestimmt;

im „gefährdeten" Querschnitt (oder an beliebiger Stelle) wird ein „Schnitt" gelegt;

am Schnittufer eines der beiden abgetrennten Teile werden solche inneren Kräfte und Kraftmomente angebracht, daß inneres und äußeres Kräftesystem im Gleichgewicht stehen;

das innere Kräftesystem wird mit Hilfe der Gleichgewichtsbedingungen bestimmt.

2.2. Anwendungsbeispiel: Zahn eines geradverzahnten Stirnrades

Nach Bild I.1a (Lageplan) wird der Zahn durch die äußere Kraft F unter dem Winkel β zur Senkrechten belastet. F wird in die Komponenten $F \cos \beta$ und $F \sin \beta$ zerlegt, weil das innere Kräftesystem dann gleich in Komponentenform vorliegt.

Durch Schnitt $A-B$ wird ein Teil des Zahnes vom Radkörper abgetrennt und durch schrittweises Hinzufügen geeigneter Kräfte und Momente das durch den Schnitt gestörte Gleichgewicht des abgeschnittenen Teiles wieder hergestellt. Aus der Bedingung $\Sigma F_x = 0$ ergibt sich, daß der Querschnitt $A-B$ eine *Querkraft* $F_q = F \sin \beta$ zu übertragen hat; ebenso aus $\Sigma F_y = 0$, daß eine *Normalkraft* $F_N = F \cos \beta$ aufgenommen werden muß. Sind diese beiden inneren Kräfte eingetragen, so erkennt man, daß dem Kräftepaar mit den Teilkräften $F \sin \beta$ im Querschnitt ein *inneres Moment* M_b ($= Biegemoment$) $= F \sin \beta \cdot l$ entgegen wirken muß. Damit ist das innere Kräftesystem vollständig bestimmt. Der (unendlich nahe) benachbarte Querschnitt des Zahnradkörpers muß das gleiche innere Kräftesytem übertragen, jedoch mit entgegengesetztem Richtungssinn, weil auch diese beiden Kräftesysteme im Gleichgewicht stehen müssen.

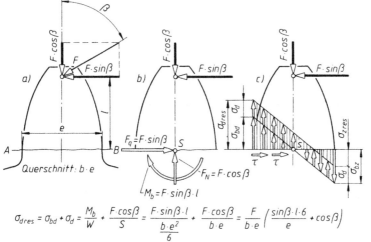

$$\sigma_{dres} = \sigma_{bd} + \sigma_d = \frac{M_b}{W} + \frac{F \cos \beta}{S} = \frac{F \cdot \sin \beta \cdot l}{\frac{b \cdot e^2}{6}} + \frac{F \cdot \cos \beta}{b \cdot e} = \frac{F}{b \cdot e} \left(\frac{\sin \beta \cdot l \cdot 6}{e} + \cos \beta \right)$$

Bild I.1
Schnittverfahren am
Zahn eines Zahnrades
a) Lageplan,
b) inneres Kräftesystem,
c) Spannungssystem
   (Spannungsbild)

Jetzt kann das Spannungssystem (Spannungsbild I.1c) entworfen werden:

Querkraft $F_q = F \sin \beta$ erzeugt *Schub*spannungen τ (*in der Fläche liegend*);

Normalkraft $F_N = F \cos \beta$ erzeugt *Normal*spannungen σ (senkrecht auf der Fläche stehend), als *Druck*spannung auftretend;

Biegemoment $M_b = F \sin \beta \cdot l$ erzeugt *Normal*spannungen σ, als *Zugspannung* σ_z und *Druckspannung* σ_d auftretend; sie heißen *Biegespannung* σ_b und sind hier durch die Indexe unterschieden: σ_{bz}, σ_{bd}.

Wie die Spannungen über dem Querschnitt verteilt sind (Spannungsbild), ist in den entsprechenden Kapiteln erläutert (Zug, Druck, Biegung). Die Herleitung der Gleichung für die resultierende (größte) Druckspannung σ_{dres} ergibt sich aus dem Spannungsbild.

2.3. Anwendungsbeispiel: Schwingende Kurbelschleife

Bild I.2a zeigt das Schema eines Schubkurbelgetriebes. Die mit Winkelgeschwindigkeit ω umlaufende Kurbel bewegt über den im Gleitstein 1 sitzenden Kurbelzapfen die Schwinge um den Drehpunkt des Lagers A. In der gezeichneten Stellung verschiebt die Schwinge über den Gleitstein 2 den horizontal geführten Stößel nach rechts. Das im Schnitt $x-x$ auftretende innere Kräfte- und Spannungssystem soll bestimmt werden. Reibung und Massenkräfte sind zu vernachlässigen.

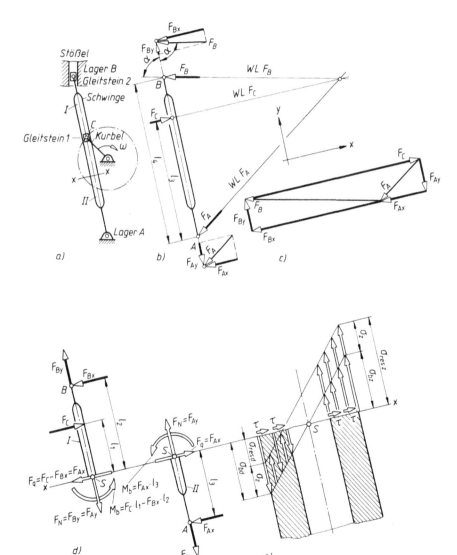

Bild I.2. Schnittverfahren an der Schwinge eines Schubkurbelgetriebes
a) Lageplan (Schema) des Getriebes mit Schnittstelle $x-x$, b) Lageplan der freigemachten Schwinge mit Wirklinien der Kräfte F_A, F_B, F_C (Dreikräfteverfahren), c) Kräfteplan der Schwingenkräfte F_A, F_B, F_C, d) inneres Kräftesystem im Schnitt $x-x$, e) Spannungssystem im Schnitt $x-x$

Nach dem *Arbeitsplan* wird zunächst die Schwinge frei gemacht (b). Der Stößel überträgt über Gleitstein 2 in waagerechter Richtung die aus dem Zerspanungswiderstand *bekannte Kraft* F_B von rechts nach links. Gleitstein 1 überträgt auf die Schwinge die senkrecht zur Schwingenachse wirkende (noch unbekannte) Kraft F_C. Im Lagerpunkt A (zweiwertig) greift an der Schwinge die (noch unbekannte) Stützkraft F_A an. Zur rechnerischen (analytischen) Kräftebestimmung werden F_B und F_A in ihre x- und y-Komponenten zerlegt. Bild I.2b und I.2c zeigen die *zeichnerische* Lösung (3-Kräfte-Verfahren). *Rechnerisch* ergibt sich

$$\text{I.} \qquad \Sigma F_x = 0 = -F_{Bx} - F_{Ax} + F_C \qquad\qquad F_{Ax} = F_C - F_{Bx}$$

$$\text{II.} \qquad \Sigma F_y = 0 = +F_{By} - F_{Ay} \qquad\qquad\qquad F_{Ay} = F_{By}$$

$$\text{III.} \quad \Sigma M_{(A)} = 0 = -F_C\, l_3 + F_{Bx}\, l_4 \qquad\qquad F_C = \frac{F_{Bx}\, l_4}{l_3}$$

Die Gleichung für F_C wird zur Berechnung von F_{Ax} in I. eingesetzt; F_{Ay} ist aus II. bestimmt und damit auch $F_A = \sqrt{F_{Ax}^2 + F_{Ay}^2}$ berechenbar (wird hier nicht gebraucht). Mit den ermittelten Kräften F_C, F_{Ax}, F_{Ay} und der bekannten Kraft F_B kann nun das innere Kräftesystem im Schnitt $x\text{-}x$ bestimmt werden (Bild I.2d).

Die am Schwingen-Teilstück I angreifenden Kräfte stehen im Gleichgewicht, wenn der Querschnitt $x\text{-}x$ überträgt (siehe auch Kräfteplan):

die *Normalkraft* $F_N = F_{By} = F_{Ay}$; sie erzeugt *Normal*spannungen σ (als Zugspannung σ_z);

die *Querkraft* $F_q = F_C - F_{Bx} = F_{Ax}$; sie erzeugt *Schub*spannungen τ;

das *Biegemoment* $M_b = -F_C\, l_1 + F_{Bx}\, l_2 = -F_{Ax}\, l_3$; es erzeugt *Normal*spannungen σ (als Biegespannungen σ_b).

Das innere Kräfte- und Spannungssystem im (unendlich) benachbarten Querschnitt des Schwingen-Teilstück II muß von gleicher Größe sein, jedoch von entgegengesetztem Richtungssinn. Bild I.2e zeigt das Spannungssystem.

3. Spannung

3.1. Spannungsbegriff

Mit Hilfe des Schnittverfahrens kann für beliebige Querschnitte Betrag und Richtung des inneren Kräftesystems bestimmt werden. Damit ist die Voraussetzung gegeben, den Betrag der *Beanspruchung* des Werkstoffes festzulegen (siehe „Beanspruchungsarten"). Ein Maß für den Betrag der Beanspruchung ist (neben der Formänderung) die *Spannung*. Darunter versteht man die auf die Flächeneinheit bezogenen inneren Kräfte (Bild I.3):

$$\text{Spannung} = \frac{\text{innere Kraft } F \text{ in N}}{\text{Querschnittsfläche } S \text{ in mm}^2}$$

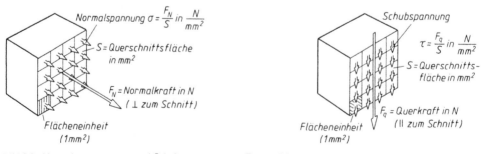

Bild I.3. Normalspannungen σ und Schubspannungen τ (Tangentialspannungen)

3.2. Spannungsarten

Steht die innere Kraft *senkrecht* zum Querschnitt, so spricht man von einer *Normal*kraft F_N. Liegt sie dagegen *im* Schnitt selbst, wirkt sie also *quer* zur Längsachse eines stabförmigen Körpers, so wird sie als *Quer*kraft F_q bezeichnet. Damit ergeben sich auch zwei senkrecht aufeinander stehende Spannungsrichtungen, die *Normalspannung*

$$\sigma = \frac{F_N}{S}$$

σ	F_N	S
$\dfrac{N}{mm^2}$	N	mm^2

(1.1)

hervorgerufen durch die *senkrecht* zum Schnitt stehende innere *Normalkraft* F_N (Zug- oder Druckkraft) und die *Schubspannung* (Tangentialspannung)

$$\tau = \frac{F_q}{S}$$

τ	F_q	S
$\dfrac{N}{mm^2}$	N	mm^2

(1.2)

hervorgerufen durch die *im* Querschnitt liegende innere *Querkraft* F_q (Schubkraft).

Die Beanspruchungsart (Zug, Druck, Abscheren, Biegung, Torsion) wird durch einen an das Spannungssymbol angehängten *Kleinbuchstaben* (Index) gekennzeichnet: σ_z Zugspannung, σ_d Druckspannung, σ_b Biegespannung, τ_a Abscherspannung, τ_t Torsionsspannung. Im Gegensatz dazu erhalten Spannungs*grenzen* (Grenzspannungen), das ist der Spannungsbetrag, der am Ende eines kennzeichnenden Zustandes auftritt, *Großbuchstaben*: σ_E Elastizitätsgrenze, σ_P Proportionalitätsgrenze, σ_F Fließgrenze, R_m (σ_B) Bruchgrenze, ebenso σ_D Dauerfestigkeit, σ_W Wechselfestigkeit, σ_{Sch} Schwellfestigkeit. Nennspannung σ_n ist derjenige rechnerische Spannungsbetrag, der bei vorliegenden Baumaßen aus den bekannten äußeren Kräften für einen betrachteten Querschnitt ermittelt wird.

4. Formänderung

Jeder feste Körper ändert unter der Einwirkung von Kräften seine Form. Nimmt der Körper nach Entlastung seine ursprüngliche Form wieder an, spricht man von *elastischer* Formänderung, behält er sie bei, von *plastischer* Formänderung. In technischen Bauteilen sind plastische und elastische Bereiche zu finden. Hier werden nur die elastischen Formänderungen rechnerisch behandelt.

Der auf Zug beanspruchte zylindrische Stab in Bild I.4 besitzt die *Ursprungslänge* l_0 und erfährt eine *Verlängerung* (bei Druck *Verkürzung*):

$$\Delta l = l - l_0 \qquad (1.3)$$

Die Längenänderung, die 1 mm des unbelasteten Stabes durch die Spannung σ erfährt, heißt *Dehnung* (bei Druck *Stauchung*):

$$\epsilon = \frac{\Delta l}{l_0} = \frac{l - l_0}{l_0}$$

ϵ	$l_0, l, \Delta l$
1	mm

(1.4)

Die nach dem Zerreißversuch gebliebene Verlängerung Δl_B, bezogen auf die Ursprungslänge l_0 (Meßlänge) heißt *Bruchdehnung*

$$A = \frac{\Delta l_B}{l_0} 100$$

A	$l_0, \Delta l_B$
%	mm

(1.5)

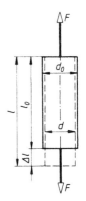

Bild I.4
Formänderung
am Zugstab

Die Verlängerung nach dem Bruch Δl_B ist abhängig von l_0. Deshalb wird diese durch eine Beizahl gekennzeichnet: A_{10} bei $l_0 = 100$ mm; A_5 bei $l_0 = 50$ mm.

Neben der *Längenänderung* tritt bei Zug auch eine *Querschnittsveränderung* auf, eine *Querdehnung*:

$$\epsilon_q = \frac{\Delta d}{d_0} = \frac{d_0 - d}{d_0} \tag{I.6}$$

5. Hookesches Gesetz (Elastizitätsgesetz)

Die Beziehung zwischen Dehnung ϵ und zugehöriger Spannung σ klärt der Zugversuch: Bis zur *Proportionalitätsgrenze* σ_P (siehe Werkstoffprüfung) wächst bei vielen Werkstoffen (z.B. Stahl) die Dehnung ϵ mit der Spannung σ im gleichen Verhältnis (proportional). Bei doppelter Spannung zeigt sich die doppelte Dehnung. Es gilt dann das *Hookesche Gesetz*

$$\sigma = \frac{\Delta l}{l_0} E = \epsilon E \tag{I.7}$$

Damit ergibt sich die *Verlängerung* (Verkürzung)

$$\Delta l = \epsilon l_0 = \frac{\sigma l_0}{E} = \frac{F l_0}{ES} \qquad
\begin{array}{c|c|c|c|c}
\Delta l, l_0 & \epsilon & E, \sigma & F & S \\
\hline
mm & 1 & \dfrac{N}{mm^2} & N & mm^2
\end{array} \tag{I.8}$$

Beachte: Gleichungen I.7 und I.8 gelten nur bei Spannungen $\sigma < \sigma_P$! Es ist also stets zu prüfen, ob das Hookesche Gesetz *überhaupt* gilt und ob es *noch* gilt!

Der *Elastizitätsmodul* E (kurz: E-Modul) ist bei vielen Stoffen eine konstante Größe (Zahlenwerte in Tafel I.1). Da die Dehnung eine „Verhältnisgröße" ist (Dimension Eins), hat der E-Modul die Dimension einer Spannung, also „Kraft durch Fläche".

Man kann den E-Modul dreifach deuten:

a) mathematisch als Proportionalitätsfaktor in der Gleichung $\sigma = \epsilon E$,

b) geometrisch als ein Maß für die Steigung der Spannungslinie im Spannungs-Dehnungs-Schaubild: $E \doteq \tan \alpha = \sigma / \epsilon$,

c) physikalisch als diejenige Spannung, die eine Verlängerung auf die doppelte Ursprungslänge hervorrufen würde (Dehnung $\epsilon = 1$). Das ist allerdings praktisch unmöglich, weil dieser Spannungswert über der Proportionalitätsgrenze läge und damit (I.8) nicht mehr gilt.

Tafel I.1. Elastizitätsmodul E und Schubmodul G einiger Werkstoffe

Werkstoff	Stahl	Stahlguß	Grauguß	Rotguß	AlCuMg
E in N/mm^2	$2{,}1 \cdot 10^5$	$2{,}1 \cdot 10^5$	$0{,}8 \cdot 10^5$	$0{,}9 \cdot 10^5$	$0{,}72 \cdot 10^5$
G in N/mm^2	$0{,}8 \cdot 10^5$	$0{,}8 \cdot 10^5$	$0{,}4 \cdot 10^5$		$0{,}28 \cdot 10^5$

II. Die einzelnen Beanspruchungsarten

1. Zug und Druck

1.1. Spannung

Wird ein Stab von beliebigem, gleichbleibendem Querschnitt A durch die äußere Kraft F in der Schwerachse auf Zug oder Druck beansprucht, so wird bei gleichmäßiger Spannungsverteilung die *Zug- oder Druckspannung*

$$\sigma_{z,d} = \frac{\text{Zug- oder Druckkraft } F}{\text{Querschnittsfläche } S}$$

$$\sigma_{z,d} = \frac{F}{S}$$

σ	F	S
$\frac{N}{mm^2}$	N	mm^2

(II.1)

(Zug- und Druck-Hauptgleichung)

Je nach vorliegender Aufgabe kann die Hauptgleichung umgestellt werden zur Berechnung des *erforderlichen Querschnittes* (Querschnittsnachweis):

$$S_{erf} = \frac{F}{\sigma_{zul}}$$

(II.2)

Berechnung der *vorhandenen Spannung* (Spannungsnachweis):

$$\sigma_{vorh} = \frac{F}{S}$$

(II.3)

Berechnung der *maximal zulässigen Belastung* (Belastungsnachweis):

$$F_{max} = \sigma_{zul} S$$

(II.4)

Treten Zug- und Druckspannungen in einer Rechnung gleichzeitig auf, werden sie durch den Index z und d oder durch das Vorzeichen + und − unterschieden.

Bohrungen und Nietlöcher sind bei Zugbeanspruchung von der tragenden Fläche abzuziehen. Bei Druck dagegen übertragen Bolzen und Niete die Druckkraft weiter, wenn sie nicht aus weicherem Werkstoff bestehen. Der Bohrungsquerschnitt braucht dann nicht vom tragenden abgezogen zu werden. Schlanke Druckstäbe müssen auf Knickung berechnet werden. Scharfe Querschnittsveränderungen, wie Kerben, Bohrungen, Hohlkehlen usw. erfordern bei Zug und Druck eine Nachrechnung auf Kerbwirkung, weil im Kerbgrund u.U. außergewöhnlich hohe Spannungsspitzen auftreten. Die Hauptgleichung liefert dann nur die (mittlere) sogenannte *Nennspannung* σ_n. Bei veränderlichem Querschnitt gehört zur kleineren Querschnittsfläche die größere Spannung und umgekehrt.

- **Beispiel**: Eine Hubwerkskette trägt 20 000 N je Kettenstrang. Gesucht: Der Nenngliedurchmesser der Rundgliederkette für $\sigma_{z\,zul} = 50\ N/mm^2$.

  Lösung: $S_{erf} = \dfrac{F}{\sigma_{z\,zul}} = \dfrac{20\,000\ N}{50\ \frac{N}{mm^2}} = 400\ mm^2$; $S = 200\ mm^2$, daraus Durchmesser $d = 16\ mm$.

■ **Beispiel:** Welche größte Zugkraft F_{max} kann ein durch 4 Nietlöcher von $d_1 = 17$ mm Durchmesser im Steg geschwächtes Profil IPE 200 (siehe Formelsammlung) übertragen, wenn eine zulässige Spannung von 140 N/mm² eingehalten werden muß?

Lösung: Querschnitt $S = 2850$ mm²; mit Stegdicke $s = 5{,}6$ mm wird der gefährdete Querschnitt:

$$S_{gef} = S - 4d_1 s = 2850 \text{ mm}^2 - 4 \cdot 17 \cdot 5{,}6 \text{ mm}^2 = 2469{,}2 \text{ mm}^2$$

damit $F_{max} = S_{gef} \sigma_{z\,zul} = 2469{,}2 \text{ mm}^2 \cdot 140 \dfrac{\text{N}}{\text{mm}^2} = 345{,}7 \text{ kN}$

■ **Beispiel:** Das Stahlseil eines Förderkorbes darf mit 180 N/mm² auf Zug beansprucht werden. Es hat $S = 320$ mm² Nutzquerschnitt und wird 900 Meter tief ausgefahren. Welche Nutzlast F darf das Seil tragen?

Lösung: $\sigma_z = \dfrac{F + F_G}{S}$; $F_{max} = \sigma_{z\,zul} S - F_G$; $F_G = mg = V\rho g$; $\rho = 7850 \dfrac{\text{kg}}{\text{m}^3}$

$$F_G = S l \rho g = 320 \cdot 10^{-6} \text{m}^2 \cdot 900 \text{ m} \cdot 7{,}85 \cdot 10^3 \dfrac{\text{kg}}{\text{m}^3} \cdot 9{,}81 \dfrac{\text{m}}{\text{s}^2} = 22\,178 \text{ N}$$

$$F_{max} = 180 \dfrac{\text{N}}{\text{mm}^2} \cdot 320 \text{ mm}^2 - 22\,178 \text{ N} = 35\,422 \text{ N} = 35{,}4 \text{ kN}$$

1.2. Elastische Formänderung

1.2.1. Verlängerung Δl. Jeder auf Zug beanspruchte Stab verlängert sich um einen berechenbaren Betrag Δl. Ist nach Bild II.1 die Ursprungslänge l_0, die Länge bei Belastung l, so ergibt sich nach dem Hookeschen Gesetz (I.8) die *Verlängerung*

$$\Delta l = l - l_0 = \epsilon\, l_0 = \dfrac{\sigma\, l_0}{E} = \dfrac{F l_0}{E S} \qquad \text{(II.5)}$$

Δl	ϵ	σ, E	F	S
mm	1	$\dfrac{\text{N}}{\text{mm}^2}$	N	mm²

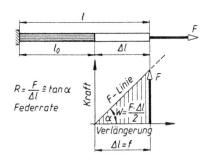

Bild II.1. Kraft-Verlängerungsschaubild eines Zugstabes (Federungsschaubild), siehe auch Abschnitt 1.2.3

1.2.2. Reißlänge l_r ist diejenige Länge, bei der ein frei hängender Stab von gleichbleibendem Querschnitt unter dem Einfluß seiner Gewichtskraft $F_G = mg = V\rho g = S l_r \rho g$ abreißt. Daher wird in der Zug-Hauptgleichung (II.1) die Zugkraft F durch die Gewichtskraft F_G ersetzt und diese Gleichung nach l_r aufgelöst:

$$\sigma_z = \dfrac{F}{S} = \dfrac{F_G}{S} = \dfrac{S l_r \rho g}{S} = l_r \rho g$$

$$l_r = \dfrac{R_m}{\rho g}$$

Eine *Zahlenwertgleichung* für schnelleres Rechnen ergibt sich, wenn die Gleichung auf die Längeneinheit km zugeschnitten wird. Wenn das hier geschieht, dann nur, um die Umwandlung einer Größengleichung in eine Zahlenwertgleichung vorzuführen:

$$(l_r) = \frac{(R_m)}{(\rho)(g)} = \frac{\dfrac{N}{mm^2}}{\dfrac{kg}{m^3} \cdot \dfrac{m}{s^2}} = \frac{N \cdot m^3 \cdot s^2}{mm^2 \cdot kg \cdot m} = \frac{\dfrac{kg\,m}{s^2} \cdot m^3 \cdot s^2}{10^{-6} m^2 \cdot kg \cdot m}$$

$$(l_r) = 10^6 \, m = 10^3 \, km$$

$$l_r = 10^3 \frac{R_m}{\rho g}$$

l_r	R_m	ρ	g
km	$\dfrac{N}{mm^2}$	$\dfrac{kg}{m^3}$	$\dfrac{m}{s^2}$

Mit $g \approx 10 \, \dfrac{m}{s^2}$ wird die Gleichung noch einfacher:

$$l_r = 100 \frac{R_m}{\rho}$$

l_r	R_m	ρ
km	$\dfrac{N}{mm^2}$	$\dfrac{kg}{m^3}$

(II.6)

Beachte: Die Reißlänge l_r hängt ab von der Zugfestigkeit R_m des Werkstoffes, seiner Dichte ρ und der Fallbeschleunigung g; sie hängt *nicht* ab von Größe und Form des Stabquerschnitts. Man kann also l_r nicht dadurch erhöhen, daß man den Stabquerschnitt vergrößert, weil sich damit auch die Gewichtskraft erhöhen würde.

1.2.3. Formänderungsarbeit W. Am vollkommen elastischen Stab verrichten die Zug- und Druckkräfte F längs des Weges Δl (Verlängerung) die *Formänderungsarbeit*

$$W = \frac{F \Delta l}{2} = \frac{\sigma^2 V}{2E}$$

(siehe Bild II.1)

W	F	Δl	σ, E	V
$J = Nm$	N	m	$\dfrac{N}{m^2}$	m^3

(II.7)

Darin wurde nach Gleichung (II.5) eingesetzt für $\Delta l = \epsilon l_0 = \dfrac{\sigma l_0}{E}$ für $F = \sigma S$ und für $S l_0 = $ Volumen V.

Beachte: Für σ und E gilt $1 \, \dfrac{N}{mm^2} = 1 \, \dfrac{N}{10^{-6} m^2} = 10^6 \, \dfrac{N}{m^2}$.

Der Formänderungsarbeit W entspricht die Dreieckfläche im Kraft-Verlängerungsschaubild (Bild II.1). Der Kraftanstieg steht hier mit dem zurückgelegten Weg in einem linearen Verhältnis.

Das Verhältnis aus Federkraft F und Verlängerung Δl (= Federweg f) heißt *Federrate R*.

$$R = \frac{F}{\Delta l} = \frac{F}{f} \hat{=} \tan \alpha$$

R	F	$\Delta l, f$
$\dfrac{N}{m}$	N	m

(II.8)

Der elastische Zugstab ist im weiteren Sinne demnach eine Feder; denn er hat die Fähigkeit, potentielle mechanische Energie aufzunehmen, die ihm über die Formänderungsarbeit der Federkraft vermittelt wurde.

■ **Beispiel**: Eine Stahlstange von 16 mm Durchmesser und 80 m Länge hängt frei herab und wird am unteren Ende mit F = 22 kN belastet.

a) Wie groß ist die Spannung am unteren und am oberen Ende?

b) Wie groß ist die Verlängerung bei geradlinig angenommener Spannungszunahme?

Lösung: a) $\sigma_{min} = \dfrac{F}{S} = \dfrac{22\,000\ \text{N}}{201\ \text{mm}^2} = 109,5\ \dfrac{\text{N}}{\text{mm}^2}$

$\sigma_{max} = \dfrac{F + F_G}{S} = \dfrac{F + S\,l\,\rho\,g}{S}$

$\sigma_{max} = \dfrac{22\,000\ \text{N} + 201 \cdot 10^{-6}\,\text{m}^2 \cdot 80\ \text{m} \cdot 7{,}85 \cdot 10^3\ \dfrac{\text{kg}}{\text{m}^3} \cdot 9{,}81\ \dfrac{\text{m}}{\text{s}^2}}{201 \cdot 10^{-6}\,\text{m}^2}$

$\sigma_{max} = 115{,}6 \cdot 10^6\ \dfrac{\text{N}}{\text{m}^2} = 115{,}6\ \dfrac{\text{N}}{\text{mm}^2}$

b) $\sigma_{mittel} = \dfrac{\sigma_{min} + \sigma_{max}}{2} = \dfrac{109{,}5 + 115{,}6}{2}\ \dfrac{\text{N}}{\text{mm}^2} = 112{,}6\ \dfrac{\text{N}}{\text{mm}^2}$

$\Delta l = \dfrac{\sigma_{mittel}\, l_0}{E} = \dfrac{112{,}6\ \dfrac{\text{N}}{\text{mm}^2} \cdot 80 \cdot 10^3\ \text{mm}}{2{,}1 \cdot 10^5\ \dfrac{\text{N}}{\text{mm}^2}} = 42{,}9\ \text{mm}$

■ **Beispiel**: Die Reißlänge l_r ist zu bestimmen für gewöhnlichen Baustahl St 37, also R_m = 370 N/mm², für Federstahl mit 1800 N/mm² Zugfestigkeit und für Duralumin mit R_m = 250 N/mm² (Dichte ρ = 2800 kg/m³).

Lösung: Nach (II.6) wird für

St 37: $l_r = \dfrac{R_m}{\rho} = 100 \cdot \dfrac{370}{7850} = 4{,}713\ \text{km}$

Federstahl: $l_r = 100 \cdot \dfrac{1800}{7850} = 22{,}93\ \text{km}$ (also größer als bei St 37)

Duralumin: $l_r = 100 \cdot \dfrac{250}{2800} = 8{,}929\ \text{km}$

Hochwertiger Stahl ist demnach trotz der höheren Dichte auch einer festen Leichtmetall-legierung erheblich überlegen.

Zweckmäßig werden frei herabhängende Stangen und Drähte absatzweise verjüngt, z.B. lange Ge-stänge in Pumpenschächten.

Stäbe gleicher Zug- oder Druckbeanspruchung müssen bei Berück-sichtigung ihrer Gewichtskraft F_G und der Nutzlast F nach einem Exponentialgesetz „angeformt" werden (Bild II.2).

Für die erforderliche *Querschnittsfläche* S_x im beliebigen Abstand x vom unteren Stabende gilt mit Dichte ρ und zulässiger Span-nung σ_{zul}:

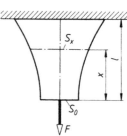

Bild II.2. Querschnittsgestaltung beim frei herabhängendem Stab gleicher Zugbeanspruchung in allen Querschnitten, Belastung; Gewichtskraft F_G und Nutzlast F

$$S_x = S_0\,e^{\frac{\rho g x}{\sigma_{zul}}} = \dfrac{F}{\sigma_{zul}}\,e^{\frac{\rho g x}{\sigma_{zul}}} \qquad\qquad (\text{II.9})$$

● **Beispiel:** Drei symmetrisch angeordnete Gelenkstäbe S_1, S_2, S_3 aus 20 mm Rundstahl, tragen nach Bild II.3 eine Last $F = 40$ kN. Winkel $\alpha = 30°$. Wie groß ist die Zugspannung in den drei Stäben?

Lösung: Um die Spannung berechnen zu können, müssen die Zugkräfte F_1, F_2, F_3 in den Gelenkstäben bekannt sein. Das ist mit den beiden Gleichgewichtsbedingungen $\Sigma F_x = 0$ und $\Sigma F_y = 0$ des zentralen Kräftesystems allein nicht möglich (zwei Gleichungen, aber drei Unbekannte!). In solchen statisch unbestimmten Fällen werden die Formänderungsgleichungen der Elastizitätslehre hinzugezogen; hier das Hookesche Gesetz für Zug: $\sigma = \epsilon E = \Delta l E / l_0 = F/S$.

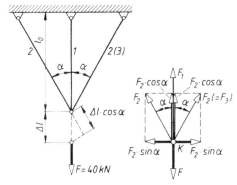

Die Lageskizze des freigemachten Knotenpunktes K zeigt:

$\Sigma F_x = 0 = + F_2 \sin \alpha - F_2 \sin \alpha$. Wegen Symmetrie ist $F_2 = F_3$.

$\Sigma F_y = 0 = + F_1 + 2 F_2 \cos \alpha - F$; also
$F = F_1 + 2 F_2 \cos \alpha$

Stab 1 verlängert sich um Δl, seine Dehnung beträgt also $\epsilon_1 = \Delta l / l_0$. Stab 2 verlängert sich um $\Delta l \cos \alpha$; seine Ursprungslänge ist $l_0 / \cos \alpha$, die Dehnung demach: $\epsilon_2 = \Delta l \cos \alpha \cos \alpha / l_0$

Bild II.3. Berechnung der Zugspannung im statisch unbestimmten System

Während der (hier) geringfügigen Formänderung kann Winkel $\alpha = $ konstant angesehen werden. Es ergibt sich:

$$F = F_1 + 2 F_2 \cos \alpha = \epsilon_1 ES + 2 \epsilon_2 ES \cos \alpha = \frac{\Delta l}{l_0} ES + 2 \frac{\Delta l \cos^3 \alpha}{l_0} ES$$

$$F = \frac{\Delta l}{l_0} ES (1 + 2 \cos^3 \alpha) \text{ und daraus}$$

$$\frac{\Delta l}{l_0} = \frac{F}{ES(1 + 2\cos^3 \alpha)} = \frac{40\,000 \text{ N}}{2,1 \cdot 10^5 \frac{\text{N}}{\text{mm}^2} \cdot 314 \text{ mm}^2 (1 + 2 \cos^3 30°)} = 2,64 \cdot 10^{-4}$$

$$\sigma_1 = \frac{F_1}{S} = \frac{\Delta l}{l_0} E = 2,64 \cdot 10^{-4} \cdot 2,1 \cdot 10^5 \frac{\text{N}}{\text{mm}^2} = 55,4 \frac{\text{N}}{\text{mm}^2}$$

$$\sigma_2 = \sigma_3 = \frac{F_2}{S} = \frac{\Delta l}{l_0} E \cos^2 \alpha = 2,64 \cdot 10^{-4} \cdot 2,1 \cdot 10^5 \frac{\text{N}}{\text{mm}^2} \cdot 0,75 = 41,6 \frac{\text{N}}{\text{mm}^2}$$

1.2.4. Formänderung bei dynamischer Belastung. Bei *plötzlich* wirkender Zug- oder Druckkraft wird die Formänderung (Verlängerung oder Verkürzung Δl) *größer* als beim langsamen Aufbringen der Last. Wird z.B. ein am Seil hängender Körper von der Gewichtskraft $F_G = mg$ um die Höhe h angehoben und dann frei fallen gelassen, so muß vom Seil die Arbeit $W = F_G h + F_G \Delta l = F_G (h + \Delta l)$ als Formänderungsarbeit $W = \sigma^2 V / 2E$ (II.7) aufgenommen werden. Beide Ausdrücke werden gleichgesetzt:

$$F_G (h + \Delta l) = \frac{\sigma^2 V}{2E} \text{ und mit } V = Sl \text{ und } \sigma = \sigma_{\text{dyn}}$$

$$2 E F_G (h + \Delta l) = \sigma_{\text{dyn}}^2 Sl$$

Die Spannung bei ruhender Belastung durch die Gewichtskraft F_G ist $\sigma_0 = F_G/S$. Außerdem gilt das Hookesche Gesetz $\sigma_{dyn} = E\epsilon_{dyn} = E\,\Delta l/l$. Damit wird

$$\sigma_{dyn}^2 = \frac{2EF_G}{Sl}(h + \Delta l) = 2E\sigma_0\frac{h}{l} + 2\sigma_0 E\frac{\Delta l}{l} = 2E\sigma_0\frac{h}{l} + 2\sigma_0\sigma_{dyn}$$

$$\sigma_{dyn}^2 - 2\sigma_0\sigma_{dyn} - 2E\sigma_0\frac{h}{l} = 0 \quad \text{(quadratische Gleichung)}.$$

Daraus ergeben sich σ_{dyn} (größte Spannung) und ϵ_{dyn} (größte Dehnung):

$$\sigma_{dyn} = \sigma_0 + \sqrt{\sigma_0^2 + 2\sigma_0 E\frac{h}{l}}$$

$\sigma_{dyn}, \sigma_0, E$	h, l	$\epsilon_{dyn}, \epsilon_0$
$\dfrac{N}{mm^2}$	mm	1

$$\epsilon_{dyn} = \epsilon_0 + \sqrt{\epsilon_0^2 + 2\epsilon_0\frac{h}{l}}$$

(II.10)

Bei *plötzlich aufgebrachter Last ohne vorherigen Fall* ($h = 0$) wird

$$\sigma_{dyn} = 2\sigma_0$$
$$\epsilon_{dyn} = 2\epsilon_0$$
$$\Delta l_{dyn} = 2\Delta l_0$$

(II.11)

Die bei dynamischer Belastung auftretenden *Schwingungen* haben die Anfangsamplitude

$\sigma_a = \sigma_{dyn} - \sigma_0$ um die Gleichgewichtslage σ_0 und
$\Delta l_a = \Delta l_{dyn} - \Delta l_0$ um die Gleichgewichtslage Δl_0

● **Beispiel:** Ein Stahlseil von $S = 150\ mm^2$ tragender Querschnittsfläche und $l = 3\ m$ Länge trägt einen Körper der Gewichtskraft $F_G = 10\ kN$.

Bestimme Spannung und Verlängerung a) bei langsam aufgebrachter Last, b) bei plötzlich aufgebrachter Last und c) beim Fall aus 20 mm Höhe; alles ohne Berücksichtigung der Gewichtskraft des Seils.

Lösung: a) bei statischer Belastung:

$$\sigma_0 = \frac{F_G}{S} = \frac{10\,000\ N}{150\ mm^2} = 66{,}7\ \frac{N}{mm^2}$$

$$\Delta l_0 = \frac{F_G\,l}{ES} = \frac{10\,000\ N \cdot 3 \cdot 10^3\ mm}{2{,}1 \cdot 10^5\ \dfrac{N}{mm^2} \cdot 150\ mm^2} = 0{,}95\ mm$$

b) bei plötzlich aufgebrachter Last:

$$\sigma_{dyn} = 2\sigma_0 = 2 \cdot 66{,}7\ \frac{N}{mm^2} = 133{,}4\ \frac{N}{mm^2}; \quad \Delta l_{dyn} = 2\Delta l_0 = 1{,}9\ mm$$

Amplituden: $\sigma_a = \sigma_{dyn} - \sigma_0 = 66{,}7\ \dfrac{N}{mm^2}$; $\quad \Delta l_a = \Delta l_{dyn} - \Delta l_0 = 0{,}95\ mm$

c) beim Fall aus 20 mm Höhe:

$$\sigma_{dyn} = 66{,}7\ \frac{N}{mm^2} + \sqrt{\left(66{,}7\ \frac{N}{mm^2}\right)^2 + 2 \cdot 66{,}7\ \frac{N}{mm^2} \cdot 2{,}1 \cdot 10^5\ \frac{N}{mm^2} \cdot \frac{20\ mm}{3000\ mm}}$$

$$\sigma_{dyn} = (66{,}7 + 437{,}3)\ \frac{N}{mm^2} = 504\ \frac{N}{mm^2} \gg \sigma_0 = 66{,}7\ \frac{N}{mm^2}\ !$$

$$\Delta l_{dyn} = l \frac{\sigma_{dyn}}{E} = 3 \cdot 10^3 \text{ mm} \cdot \frac{504 \frac{N}{mm^2}}{2,1 \cdot 10^5 \frac{N}{mm^2}} = 7,2 \text{ mm}$$

Amplituden: $\sigma_a = \sigma_{dyn} - \sigma_0 = (504 - 66,7) \frac{N}{mm^2} = 437 \frac{N}{mm^2}$

$$\Delta l_a = \Delta l_{dyn} - \Delta l_0 = (7,2 - 0,95) \text{ mm} = 6,25 \text{ mm}$$

Beachte die außergewöhnliche Beanspruchung bei dynamischer Belastung!

1.2.5. Wärmespannungen. Die Erfahrung zeigt, daß sich alle festen Körper bei Erwärmung mehr oder weniger ausdehnen und bei Abkühlung wieder zusammenziehen. Ein Stab mit der Ursprungslänge l_0 zeigt bei Erwärmung um die Temperaturdifferenz $\Delta T_2 - T_1$ die *Verlängerung*

$$\Delta l = l_0 \alpha_l \Delta T \qquad \frac{\Delta l, l_0 \; \Big| \; \alpha_l \; \Big| \; \Delta T}{mm \; \Big| \; \frac{1}{K} \; \Big| \; K} \qquad (II.12)$$

Darin ist α_l der *Längenausdehnungskoeffizient* des betreffenden Stoffes mit der Einheit:

$$(\alpha_l) = \frac{Meter}{Meter \cdot K} = \frac{1}{K} = \frac{1}{°C} \qquad (1 °C = 1 K)$$

Für Stahl ist $\alpha_l = 12 \cdot 10^{-6}$ 1/K; für Quarz ist $\alpha_l = 1 \cdot 10^{-6}$ 1/K.
Bei der Temperaturerhöhung stellt sich die Länge l_t ein:

$$l_t = l_0 + \Delta l = l_0 + l_0 \alpha_l \Delta T = l_0 (1 + \alpha_l \Delta T) \qquad (II.13)$$

Ist durch entsprechende Einspannung eine Ausdehnung des Stabes nicht möglich, müssen im Stab Normalspannungen σ auftreten. Ihr Betrag wird genauso groß, als wenn der Stab um Δl verlängert worden wäre. Im Bereich des Hookeschen Gesetzes gilt dann mit Gleichung (II.12) für die *Wärmespannung*

$$\sigma_T = \epsilon E = \frac{\Delta l}{l_0} E = \frac{l_0 \alpha_l \Delta T}{l_0} E = \alpha_l \Delta T E \qquad \frac{\sigma_T E \; \Big| \; \Delta T \; \Big| \; \alpha_l}{\frac{N}{mm^2} \; \Big| \; K \; \Big| \; \frac{1}{K}} \qquad (II.14)$$

● **Beispiel:** Ein an den Enden fest eingespannter Stab aus Stahl ist bei 20 °C spannungsfrei und wird gleichmäßig auf 120 °C erhitzt.
Wie groß ist die auftretende Druckspannung?

Lösung: Mit $\alpha_{St} = 12 \cdot 10^{-6} \frac{1}{K}$; $\Delta T = 100 °C = 100 K$ und $E = 2,1 \cdot 10^5 \frac{N}{mm^2}$ wird nach (II.14):

$$\sigma_d = \sigma_T = \alpha_l \Delta T E = 12 \cdot 10^{-6} \frac{1}{K} \cdot 100 K \cdot 2,1 \cdot 10^5 \frac{N}{mm^2} = 252 \frac{N}{mm^2}$$

In Wirklichkeit wird der Stab ausweichen und diese Spannung nicht ganz aufnehmen. Das Beispiel zeigt jedoch deutlich die große Gefahr bei Temperaturänderung fest eingespannter Stäbe.

2. Biegung

2.1. Spannung

2.1.1. Biegungsarten, inneres Kräftesystem. Biegung tritt auf, wenn mindestens eine der Achsen (= Biegeachse) eines festen Körpers gekrümmt wird. Wird die Biegeachse elastisch gebogen, so heißt sie *Biegelinie oder elastische Linie*. Biegung ist nicht unbedingt an das Vorhandensein erkennbarer äußerer Kräfte gebunden: Eigenspannungen nach der Bearbeitung durch Temperaturunterschiede, Schrumpfung u.a. Nach Bild II.4 werden folgende Biegungsarten unterschieden:

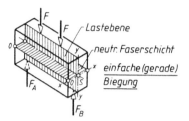

Einfache (gerade) Biegung: Alle Kräfte F (Belastungen) einschließlich der Stützkräfte stehen senkrecht zur Stabachse. Sie liegen in einer Ebene (= Lastebene), die zugleich Ebene einer Hauptachse ist. Symmetrische Querschnitte werden dann nicht verdreht. Diese Biegungsart tritt im Maschinenbau am häufigsten auf.

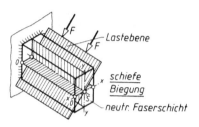

Schiefe Biegung: Die Lastebene schneidet zwar die Stabachse, fällt aber nicht mit der Ebene einer Hauptträgheitsachse zusammen.

Drillbiegung: Die Lastebene schneidet die Stabachse nicht; auch symmetrische Querschnitte werden durch ein Drillmoment verdreht.

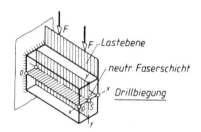

Reine Biegung: Das belastende Kräftesystem besteht aus zwei Kräftepaaren, deren gemeinsame Ebene wie bei der einfachen (geraden) Biegung mit der Ebene einer Hauptachse zusammenfällt. Es wirken keine Querkräfte F_q, keine Längskräfte F_N und bei symmetrischen Querschnitten auch kein Drillmoment.

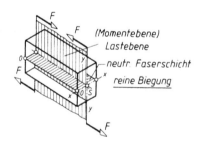

Knickbiegung: Zug- oder Druckkraft F wirkt außermittig parallel zur Stabachse. Bei Druckkraft Knickbiegung, bei Zugkraft Zugbiegung.

In der Praxis können sich die einzelnen Biegungsarten überlagern oder in mehreren Ebenen gleichzeitig auftreten. Hier werden nur einfache und reine Biegung behandelt. *Das innere Kräftesystem* wird mit Hilfe der Schnittmethode bestimmt (Bild II.5). Nach Bestimmung der Stützkräfte F_A, F_B wird in der gewünschten Schnittstelle (Querschnitt x–x) dasjenige innere Kräftesystem angebracht, das einen der beiden durch den Schnitt abgetrennten Teile I oder II ins Gleichgewicht setzt. Nach Bild II.5 hat der betrachtete Querschnitt x–x zu übertragen:

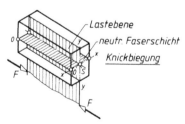

Bild II.4. Biegungsarten

a) Die innere *Querkraft* F_q; sie ist die algebraische
Summe aller senkrecht zur Stabachse gerichteten
äußeren Kräfte (einschließlich der Stützkräfte!)
rechts *oder* links von der betrachteten Schnittstelle:
Stelle Dich in den Querschnitt, schaue nach links
(oder rechts) und addiere die äußeren Querkräfte.
Die innere Querkraft F_q ruft im Querschnitt
*Schub*spannungen τ hervor.

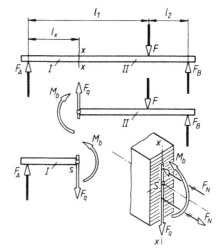

b) Das innere *Biegemoment* M_b; es ist die algebraische
Summe der Momente aller äußeren Kräfte (einschließlich der Stützkräfte!) in bezug auf den
Schnittflächenschwerpunkt S rechts *oder* links von
der betrachteten Schnittstelle:
Stelle dich in den Querschnitt, schaue nach links
(oder rechts) und addiere die äußeren Momente.

Das Biegemoment M_b ruft im Querschnitt *Normal*-
spannungen σ hervor, wie die Auflösung des Biegemomentes in die beiden Teilkräfte F_N des ent-

Bild II.5. Inneres Kräftesystem bei
gerader Biegung

sprechenden Kräftepaares zeigt (Bild II.5). Die entstehenden Normalspannungen sind demnach
Zug- und Druckspannungen. Ist keine besondere Unterscheidung erforderlich, so wird ihr Größtwert mit *Biegespannung* σ_b bezeichnet.

Beachte: Bei einfacher Biegung muß der Querschnitt eine Querkraft F_q und ein Biegemoment M_b
übertragen. Betrag und Verlauf des Biegemomentes an jeder beliebigen Balkenstelle folgt aus Seil-
eck- oder Querkraftfläche.

2.1.2. Biege-Hauptgleichung. Beanspruchen die äußeren Kräfte einen Träger auf Biegung, so ist für
die in einem bestimmten Querschnitt auftretende Biegespannung σ_b nicht der Betrag der Kräfte,
sondern ihr Biegemoment M_b maßgebend. Ebenso wird die Biegespannung nicht durch den Flächen-
inhalt, sondern vom axialem Widerstandsmoment W des Querschnitts bestimmt:

$$\text{Biegespannung } \sigma_b = \frac{\text{Biegemoment } M_b}{\text{axiales Widerstandsmoment } W}$$

$$\sigma_b = \frac{M_b}{W}$$

σ_b	M_b	W
$\dfrac{N}{mm^2}$	Nmm	mm^3

(II.15)

(Biege-Hauptgleichung)

Diese Gleichung darf nur verwendet werden, wenn Nullinie (= neutrale Achse des Querschnittes)
zugleich Symmetrieachse ist, also $e_1 = e_2 = e$ (siehe Herleitung der Biege-Hauptgleichung in 2.1.3).

Je nach vorliegender Aufgabe kann die Biege-Hauptgleichung umgestellt werden zur
Berechnung des *erforderlichen Querschnittes* (Querschnittsnachweis):

$$W_{erf} = \frac{M_{b\,max}}{\sigma_{b\,zul}}$$

(II.16)

Berechnung der *vorhandenen Spannung* (Spannungsnachweis):

$$\sigma_{b\,vorh} = \frac{M_{b\,max}}{W}$$

(II.17)

Berechnung der *maximal zulässigen Belastung* (Belastungsnachweis):

$$M_{b\,max} = W\,\sigma_{b\,zul}$$

(II.18)

2.1.3. Herleitung der Biege-Hauptgleichung. Die äußeren Kräfte biegen den Träger nach unten durch (Bild II.6). Die vorher parallelen Schnitte *ab, cd* stellen sich schräg gegeneinander: *a′b′c′d′*. Dabei werden die oberen Werkstoff-Fasern verkürzt (Stauchung $-\epsilon$), die unteren dagegen verlängert (Dehnung $+\epsilon$). Dazwischen muß eine Faserschicht liegen, die sich weder verkürzt noch verlängert, die ihre Länge also beibehält. Das ist die „neutrale Faserschicht", bei der $\pm\,\epsilon = 0$ ist. Diese schneidet jeden Querschnitt in einer Geraden, die *neutrale Achse* des Querschnittes oder *Nullinie* genannt wird (N–N in Bild II.6). Sie geht durch den Schwerpunkt S der Querschnitte. Es wird angenommen, daß die vorher ebenen Querschnitte auch nach der Biegung eben bleiben (durch Versuche bestätigt). Weiterhin soll das Hookesche Gesetz gelten. Aus der ersten Bedingung folgt, daß die Dehnungen ϵ proportional mit den Abständen y von der Nullinie wachsen, aus der zweiten, daß auch die Spannungen proportional diesen Abständen sind:

$$\frac{\sigma}{\sigma_d} = \frac{y}{e_1}\,; \quad \text{daraus } \sigma = \sigma_d\,\frac{y}{e_1} \quad \text{(Bild II.6)}$$

Im Gegensatz zur Zug- und Druckbeanspruchung sind demnach die Spannungen *linear* verteilt. Die neutrale Faserschicht ist unverformt, also auch spannungslos. Die Spannungen wachsen mit dem Abstand y von der neutralen Faser bis zum Höchstwert σ_d (Druckspannung) und σ_z (Zugspannung).

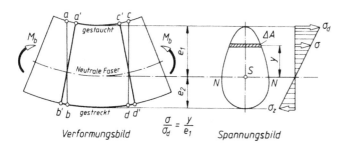

Bild II.6
Verformungs- und Spannungsbild
bei Biegung

Für jeden Querschnitt des Trägers müssen die statischen Gleichgewichtsbedingungen erfüllt sein. Jedes Flächenteilchen ΔA überträgt die Normalkraft $\Delta F = \sigma\,\Delta A$.

Nach der *ersten Gleichgewichtsbedingung* ist $\Sigma F_x = 0$. Da der Querschnitt keine Längskraft zu übertragen hat, wird $\Sigma\Delta F = \Sigma\sigma\Delta A = 0$. Mit $\sigma = \sigma_d\,\dfrac{y}{e_1}$ wird

$$\Sigma\,\sigma_d\,\frac{y}{e_1}\,\Delta A = \frac{\sigma_d}{e_1}\,\Sigma y\,\Delta A = 0, \quad \text{also auch} \quad \Sigma y\,\Delta A = 0$$

Der Ausdruck $\Sigma y\,\Delta A$ ist das Moment der Fläche A (Flächenmoment 1. Grades) in bezug auf die neutrale Faser (Nullinie). Da es gleich Null ist, muß die Nullinie zugleich Schwerlinie sein, d.h. die neutrale Faser muß durch den Schwerpunkt gehen.

Nach der *zweiten Gleichgewichtsbedingung* ist $\Sigma F_y = 0$. Da der Querschnitt bei Biegung auch eine Querkraft zu übertragen hat, führt diese Bedingung auf Schubspannungen τ. Ist der Querschnitt im Verhältnis zur Stablänge klein, können sie vernachlässigt werden.

Nach der *dritten Gleichgewichtsbedingung* ist $\Sigma M = 0$. Da der Querschnitt bei Biegung ein Biegemoment M_b zu übertragen hat (siehe inneres Kräftesystem), ergibt sich mit $\Delta F = \sigma \Delta A$ und deren Innenmoment $\Delta M_i = \Delta F y$:

$$M_b = \Sigma M_i = \Sigma \Delta F y = \Sigma \sigma \Delta A y = \Sigma \sigma_d \frac{y}{e_1} \Delta A y = \frac{\sigma_d}{e_1} \Sigma y^2 \Delta A$$

Aus der letzten Entwicklungsform wird der Ausdruck $\Sigma y^2 \Delta A$ als rein geometrische Rechengröße herausgezogen und als das auf die Nullinie bezogene *axiale Flächenmoment 2. Grades I* (früher: Flächenträgheitsmoment) der Fläche A bezeichnet.

Die größten Spannungen σ_d und σ_z treten in den Randfasern auf. Deren Abstände von der Nullinie sind e_1 und e_2. Mit $I = \Sigma y^2 \Delta A$ werden diese Randfaserspannungen:

$$\text{größte Druckspannung} \quad \sigma_d = e_1 \frac{M_b}{I} \qquad\qquad (\text{II}.19)$$

$$\text{größte Zugspannung} \quad \sigma_z = e_2 \frac{M_b}{I} \qquad\qquad (\text{II}.20)$$

Wird weiter das *Widerstandsmoment* $W = I/e$ eingeführt, also hier $W_1 = I/e_1$ und $W_2 = I/e_2$, so wird $\sigma_d = M_b/W_1$ und $\sigma_z = M_b/W_2$.

Ist die Nullinie $N-N$ zugleich Symmetrieachse des Querschnittes und damit $e_1 = e_2 = e$, so sind beide Randfaserspannungen gleich groß. Dann wird grundsätzlich unter $\sigma_b = \sigma_d = \sigma_z$ die Randfaserspannung σ_{max} verstanden und es ergibt sich die obige Biege-Hauptgleichung $\sigma_b = M_b/W$.

Im *unsymmetrischen Querschnitt* (Bild II.7) sind die Randfaserabstände e_1, e_2 verschieden groß. Es werden dann zwei verschiedene Widerstandsmomente $W_1 = I/e_1$ und $W_2 = I/e_2$ berechnet und damit auch zwei verschiedene Randfaserspannungen:

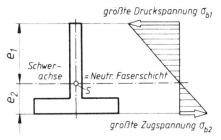

$$\text{größte Zugspannung} \quad \sigma_{b2} = \sigma_{z\,max} = \frac{M_b\, e_2}{I} = \frac{M_b}{W_2} \qquad (\text{II}.21)$$

$$\text{größte Druckspannung} \quad \sigma_{b1} = \sigma_{d\,max} = \frac{M_b\, e_1}{I} = \frac{M_b}{W_1} \qquad (\text{II}.22)$$

Bild II.7. Spannungsverteilung im unsymmetrischen Querschnitt

2.1.4. Voraussetzungen für die Gültigkeit der Biegehauptgleichung

a) Gerade Stabachse, also nicht gekrümmte, wie z. B. beim Kranhaken;

b) die Lastebene liegt in einer Hauptachse des Querschnittes; bei symmetrischem Querschnitt ist das zugleich eine Symmetrieachse;

c) die Querschnitte sind klein im Verhältnis zur Stablänge;

d) Normalschnitte bleiben nach der Belastung weiterhin senkrecht zur Stabachse und außerdem eben;

e) für den Werkstoff gilt das Hookesche Gesetz;

f) der Elastizitätsmodul ist für Zug- und Druckbeanspruchung gleich groß, z. B. für Stahl;

g) die Spannungen bleiben unter der Proportionalitätsgrenze.

Scharfe Querschnittsänderungen, wie Kerben, Bohrungen, Hohlkehlen usw. erfordern eine Nachrechnung auf Kerbwirkung, weil im Kerbgrund außergewöhnlich hohe Spannungsspitzen auftreten können. Die Hauptgleichung liefert dann nur die (mittlere) sogenannte Nennspannung σ_n.

2.1.5. Querschnittsgestaltung. Die Werkstoffschichten biegebeanspruchter Bauteile werden zur Mitte zu immer weniger beansprucht. Es ist also wirtschaftlicher, sie von dort mehr nach außen zu verlagern, d.h. die größere Stoffmenge außen anzubringen. Diese Überlegung führt zum Doppel-T-Profil und zum Kreisringquerschnitt.

2.2. Flächenmomente 2. Grades I und Widerstandsmomente W ebener Flächen

2.2.1. Axiales Flächenmoment 2. Grades. Das *axiale* oder *äquatoriale Flächenmoment 2. Grades I* einer ebenen Fläche A, bezogen auf eine in der Ebene liegende *Achse $a-a$*, ist die Summe der Flächenteilchen ΔA, jedes malgenommen mit dem Quadrat seines senkrechten Abstandes ρ von dieser Achse (Bild II.8):

axiales Flächenmoment
bezogen auf die Achse $a-a$
$$I_a = \Sigma \rho^2 \, \Delta A$$

(I_a ist stets > 0)

I	ρ	ΔA
mm⁴	mm	mm²

(II.23)

Demgemäß ist für die durch den Punkt 0 der Fläche gehenden, senkrecht aufeinander stehenden Achsen x und y:

$$I_x = \Sigma y^2 \, \Delta A \qquad I_y = \Sigma x^2 \, \Delta A$$

(I_x ist stets > 0) (I_y ist stets > 0)

(II.24)

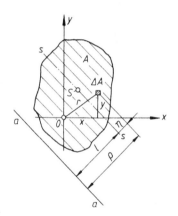

Bild II.8. Definition und Berechnung der Flächenmomente 2. Grades

2.2.2. Widerstandsmoment. Das *Widerstandsmoment W* einer ebenen Fläche A ist gleich dem Flächenmoment I, geteilt durch den äußeren Randfaserabstand von der Bezugsachse:

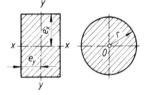

Bild II.9. Randfaserabstand e und r

$$\text{Widerstandsmoment } W = \frac{\text{Flächenmoment } I}{\text{Randfaserabstand } e}$$

Es sind zu unterscheiden (Bild II.9):

axiales
Widerstandsmoment
$$W_x = \frac{I_x}{e_x}$$

(II.25)

axiales
Widerstandsmoment
$$W_y = \frac{I_y}{e_y}$$

W	I	e, r
mm³	mm⁴	mm

(II.26)

polares
Widerstandsmoment
$$W_p = \frac{I_p}{r}$$

(II.27)

Für technisch wichtige Querschnittsformen sind mit Hilfe der Infinitesimalrechnung Gleichungen zur Berechnung der Flächen- und Widerstandsmomente entwickelt worden. Solche Gleichungen stehen in der Formelsammlung. Ist die Fläche unsymmetrisch (Bild II.7), also Oberkante und Unterkante ungleich weit von der Bezugachse entfernt (e_1 bzw. e_2), so gibt es zwei axiale Widerstandsmomente:

$$W_{x1} = \frac{I_x}{e_1} \qquad\qquad W_{x2} = \frac{I_x}{e_2} \qquad\qquad\qquad (II.28)$$

2.3. Rechnerische Bestimmung der Stützkräfte, Querkräfte und Biegemomente

2.3.1. Stützkräfte. Die Stützkräfte F_A, F_B sind die in den Stützlagern (auch Auflager genannt) wirkenden Reaktionskräfte gegen die lotrechten Lasten oder äußeren Kräfte. Nehmen die Lager des Biegeträgers nur lotrechte Lasten auf, so bezeichnet man sie als *Auflager* oder *Stützlager*. Mit Hilfe der Gleichgewichtsbedingungen $\Sigma F_y = 0$; $\Sigma M = 0$ werden die Stützkräfte F_A, F_B berechnet. Dabei werden die über der Länge l aufliegenden *Streckenlasten* (Gewichtskraft, gleichmäßig verteilte Lasten, Dreieckslasten u.ä.) als im Schwerpunkt der Streckenlast angreifende Einzellast behandelt. Ist F' die Belastung der Längeneinheit (z.B. in N/m, N/mm), so ergibt sich als *Resultierende der Streckenlast* (Bild II.11).

$$F = F' l \qquad\qquad \frac{F \;\big|\; F' \;\big|\; l}{N \;\big|\; \frac{N}{m} \;\big|\; m} \qquad\qquad (II.29)$$

Mit den Bezeichnungen des Bildes II.10 ist die Resultierende der Streckenlast $F_1 = F' c$ = 2000 N/m · 3 m = 6000 N. Die Momentengleichgewichtsbedingung um den Lagerpunkt A ergibt damit:

$$\Sigma M_{(A)} = 0 = -Fa - F_1 a_1 + F_B l \quad \text{und daraus}$$

$$F_B = \frac{Fa + F_1 a_1}{l} = \frac{6000\ \text{N} \cdot 1{,}5\ \text{m} + 6000\ \text{N} \cdot 3{,}5\ \text{m}}{6\ \text{m}}$$

aus $\Sigma F_y = 0 = +F_A + F_B - F - F_1$ ergibt sich

$$F_A = F + F_1 - F_B = 6000\ \text{N} + 6000\ \text{N} - 5000\ \text{N} = 7000\ \text{N}$$

Zur Kontrolle der Rechnung sollte $\Sigma M_{(B)} = 0$ angesetzt und daraus F_A berechnet werden!

2.3.2. Querkräfte. Die Querkräfte F_q sind alle senkrecht (quer) zu einer Stabachse wirkenden Kräfte und Lasten; also auch die Stützkräfte F_A, F_B. *Betrag und Richtung der Querkraft* eines beliebigen Querschnittes (z.B. Querschnitt $x-x$ im Abstand l_x vom linken Stützlager A in den Bildern II.10 und II.11) werden am einfachsten durch *Aufzeichnung der Querkraftfläche* oder Querkraftlinie (= Begrenzung der Querkraftfläche) bestimmt. Dazu „wandert" man rückwärts gehend auf der Nullinie 0–0 (Bilder II.10 und II.11) vom linken zum rechten Stützlager und trägt fortlaufend maßstäblich die jeweils „sichtbaren" Querkräfte aneinander an.

Für die Schnittstelle $x-x$ wird in Bild II.10:

$$F_{qx} = F_A$$

und in Bild II.11:

$$F_{qx} = F_A - F' l_x$$

Die Querkraft*linie* verläuft bei *Einzel*lasten parallel zur Nullinie (Bild II.10) und ist bei *Strecken*-
lasten eine zur Nullinie *geneigte Gerade* (Bild II.11).

Beiweis nach Bild II.11: Für die Stelle x ist

$$F_{qx} = + F_A - F' l_x = \frac{F}{2} - F' l_x = \frac{F' l}{2} - F' l_x$$

Das ist die Gleichung einer geneigten Geraden; die Neigung ist proportional der Streckenlast F' (je
größer F', desto stärker die Neigung und umgekehrt). Für $l_x = 0$ wird

$$F_q = \frac{F' l}{2} = F_A$$

(in Stützpunkt A); für $l_x = l/2$ wird $F_q = 0$ (in Trägermitte).

In Bild II.11 wurde der Beweis zeichnerisch geführt (Kräfteplan), indem die Teilkräfte F', jeweils
im Schwerpunkt angreifend, als Teil-Querkräfte aneinandergereiht wurden.

2.3.3. Biegemomente M_b. Das Biegemoment für einen beliebigen Querschnitt ist die algebraische
Summe der statischen Momente aller links *oder* rechts vom Querschnitt angreifenden äußeren
Kräfte (einschließlich der Stützkräfte!). Praktisch rechnet man mit der Seite, an der die wenigsten
Kräfte angreifen!

Betrag und Richtung des Biegemomentes eines beliebigen Querschnittes (z.B. Querschnitt $x-x$ im
Abstand l_x vom linken Stützlager A in den Bildern II.10 und II.11) werden am einfachsten durch
Aufzeichnung der Querkraftfläche bestimmt. Vom linken Stützlager A nach rechts fortschreitend
entspricht nämlich die dabei „überstrichene" Querkraft*fläche* A_q dem Biegemoment des betreffenden Querschnittes.

Nach Bild II.10 wird damit das Biegemoment M_{bx} an der Schnittstelle x:

$$M_{bx} \stackrel{.}{=} A_q = F_A l_x$$

Vielfach wird nur das *maximale Biegemoment* $M_{b\,max}$ gebraucht. *Es liegt stets dort, wo die Querkraftlinie durch die Nullinie läuft* (Nulldurchgang). In einigen Fällen ist dann noch das *Durchgangsmaß* x (oder y) wie in Bild II.10 zu bestimmen. Aus der Ähnlichkeit der Dreiecke *HNE* und *EGD*
folgt mit den bezeichneten Querkraft- und Längenmaßen das *Durchgangsmaß*

$$x = \frac{F_A - F}{F_1} \, c \tag{II.30}$$

Mit Hilfe der Querkraftfläche in Bild II.10 ergeben sich folgende Biegemomente

$$M_{bI} = F_A \, a = 7000 \text{ N} \cdot 1{,}5 \text{ m} = 10\,500 \text{ Nm}$$
$$M_{bII} = M_{bI} + (F_A - F)(c_1 - a) = 10\,500 \text{ Nm} + 1000 \text{ N} \cdot 0{,}5 \text{ m} = 11\,000 \text{ Nm}$$

Man kann auch rein rechnerisch vorgehen (Summe aller Momente links von Schnittstelle II):

$$M_{bII} = F_A \, c_1 - F(c_1 - a) = 7000 \text{ N} \cdot 2 \text{ m} - 6000 \text{ N} \cdot 0{,}5 \text{ m} = 11\,000 \text{ Nm}$$
$$M_{bIII} = F_B \, c_2 = 5000 \text{ N} \cdot 1 \text{ m} = 5000 \text{ Nm}$$
$$M_{b\,max} = F_B (y + c_2) - F' y \frac{y}{2}$$

$F = 6000\,N;\ F' = 2000\,\dfrac{N}{m}$

$F_1 = F' \cdot c = 6000\,N$

$a = 1,5\,m;\ b = 4,5\,m;\ c = 3\,m$

$a_1 = 3,5\,m;\ b_1 = 2,5\,m;\ l = 6\,m$

$c_1 = 2\,m;\ c_2 = 1\,m$

Stützkräfte:

$F_A = 7000\,N;\ F_B = 5000\,N$

Biegemomente:

$M_{bI} = F_A \cdot a = 7000\,N \cdot 1,5\,m = 10500\,Nm$

$M_{bII} = F_A \cdot c_1 \text{-} F \cdot (c_1 \text{-} a)$

$\quad = 7000\,N \cdot 2\,m \text{-} 6000\,N \cdot (2\,m \text{-} 1,5\,m)$

$M_{bII} = 11000\,Nm$

$M_{bIII} = F_B \cdot c_2 = 5000\,N \cdot 1\,m = 5000\,Nm$

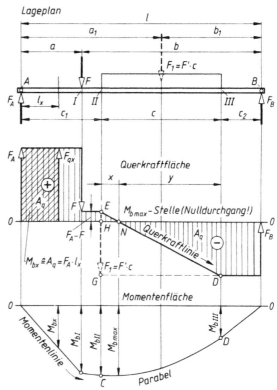

Bild II.10. Stützkräfte F_A, F_B, Querkräfte
und Biegemomente bei Einzel- und Streckenlast

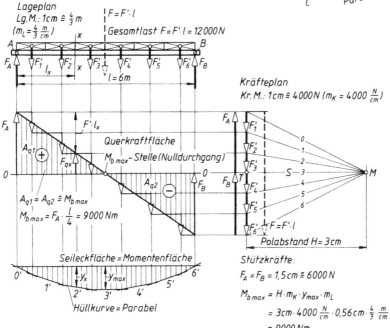

Bild II.11. Stützkräfte F_A, F_B, Querkräfte und Biegemomente bei Streckenlast; Streckenlast $F' = 2000$ N/m,
$l = 6$ m

darin ist $y = c - x$ und nach (II.30)

$$x = \frac{F_A - F}{F_1}\, c = \frac{(7000 - 6000)\,\text{N}}{6000\,\text{N}} = 0,5\,\text{m}$$

also $y = 3\,\text{m} - 0,5\,\text{m} = 2,5\,\text{m}$.

$$M_{b\,max} = 5000\,\text{N}\,(2,5 + 1)\,\text{m} - 2000\,\frac{\text{N}}{\text{m}}\cdot 2,5\,\text{m}\cdot 1,25\,\text{m} = 11\,250\,\text{Nm}$$

oder mit der Quekraftfläche rechts vom Nulldurchgang:

$$M_{b\,max} = F_B\, c_2 + F_B\,\frac{y}{2} \cong \text{Rechteckfläche + Dreieckfläche} = F_B\left(c_2 + \frac{y}{2}\right)$$

$$M_{b\,max} = 5000\,\text{N}\,(1 + 1,25)\,\text{m} = 11\,250\,\text{Nm}$$

Die *Momentenfläche* oder *Momentenlinie* entsteht, wenn die Biegemomente der einzelnen Querschnitte maßstäblich als Ordinaten von einer Nullinie aus aufgetragen werden. Die Momentenlinie ist bei Einzelkräften eine geneigte Gerade, bei Streckenlasten eine Parabel, wie auch Bild II.11 zeigt. Danach wird das Biegemoment $M_{b\,x}$ an der Schnittstelle x:

$$M_{b\,x} \cong \text{Trapezfläche} = \frac{F_A + F_{q\,x}}{2}$$

für $\quad F_A = F_B = \dfrac{F}{2} = \dfrac{F'\,l}{2}\quad$ und für $F_{q\,x} = F_A - F'\,l_x$ eingesetzt:

$$M_{b\,x} = \frac{\dfrac{F'\,l}{2} + \dfrac{F'\,l}{2} - F'\,l_x}{2}\, l_x - \frac{F'\,l}{2}\, l_x - \frac{F'\,l_x^2}{2} = \frac{F'}{2}\,(l\,l_x - l_x^2)$$

d.h. *bei Streckenlast ist die Momentenlinie eine Parabel.* Das maximale Biegemoment liegt in Balkenmitte, also bei $l_x = l/2$:

$$M_{b\,max} = \frac{F'\,l^2}{8} = \frac{F\,l}{8}$$

Beachte: Die Momentenlinie gibt bei Biegeträgern mit gleichbleibendem Querschnitt zugleich den Verlauf der Randfaserspannung über die Balkenlänge an. An der $M_{b\,max}$-Stelle ist also auch die Randfaserspannung am größten.

Zusammenfassung: Das Biegemoment M_b entspricht der Querkraftfläche A_q links oder rechts von der betrachteten Querschnittsstelle unter Beachtung der Vorzeichen der Flächen.

Das größte Biegemoment $M_{b\,max}$ liegt dort, wo die Querkraftlinie „durch Null" geht (Nulldurchgang) oder wo die Seileckfläche ihre größte Ordinate y_{max} besitzt.

Geht die Querkraftlinie mehrfach durch Null, müssen zum Vergleich die Biegemomente für alle Nulldurchgänge berechnet werden.

Kontrolle der Querkraftfläche: Die Summe aller positiven Flächenteile (oberhalb 0–0) muß gleich der Summe aller negativen (unterhalb 0–0) sein, also $\Sigma A_q = 0$, weil entsprechend beim statisch bestimmt gelagerten Träger die $\Sigma M = 0$ sein muß.

Vereinbarung: Biegemomente sind positiv, wenn in den oberen Fasern des Biegeträgers Druck- und in den unteren Fasern Zugspannungen ausgelöst werden.

2.4. Zeichnerische Bestimmung der Stützkräfte, Querkräfte und Biegemomente

2.4.1. Stützkräfte. Die Stützkräfte F_A, F_B werden durch Krafteck- und Seileckzeichnung gefunden (Bilder II.11 und II.12); siehe auch „Statik". Im *Kräfteplan* werden die Lasten $F = 6000$ N und $F_1 = F'c = 6000$ N maßstäblich und richtungsgemäß aneinander gezeichnet. Mit Hilfe der *Polstrahlen* 0, 1, 2..., zum beliebigen Pol M werden die *Seilstrahlen* $0'$, $1'$, $2'$... durch Parallelverschiebung gezeichnet. Die *Schlußlinie* S' des Seilecks wird in den Kräfteplan übertragen (S) und schneidet dort im *Teilpunkt* T die *Stützkräfte* F_B, F_A ab. Das Krafteck der Kräfte F, F_1, F_B, F_A muß sich schließen.

2.4.2. Querkräfte. Die Querkräfte F_q werden aus dem Kräfteplan herübergelotet und auf ihren aus dem Lageplan heruntergeloteten Wirklinien aufgetragen. Damit ergibt sich die *Querkraftlinie*. Sie ist bei Streckenlast eine geneigte Gerade, wie in Bild II.11 nachgewiesen worden ist.

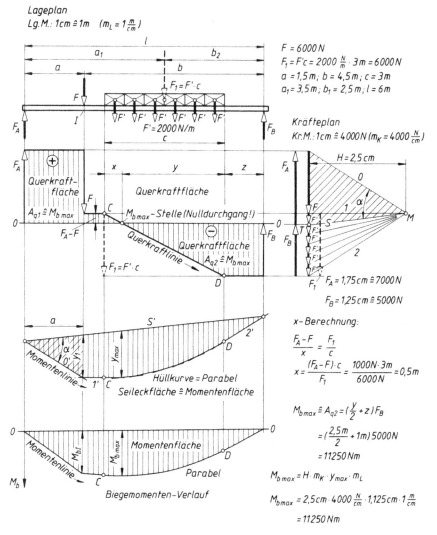

Bild II.12. Stützkräfte F_A, F_B, Querkräfte und Biegemomente bei Einzel- und Streckenlast

Der *Nulldurchgang* legt die $M_{b\,max}$-Stelle fest. Die Querkraftfläche links oder rechts vom Nulldurchgang entspricht dem größten Biegemoment:

$$A_{q1} = A_{q2} \,\hat{=}\, M_{b\,max}$$

Die *Durchgangsmaße x* und *y* können unter Berücksichtigung des Längenmaßstabes abgegriffen werden (Bild II.12).

2.4.3. Biegemomente. Die Biegemomente M_b werden zeichnerisch mit Hilfe der *Seileckfläche* bestimmt. Die *Seilstrahlen* liefern mit der Schlußlinie S' die *Momentenlinie*. Sie ist im Bereich der *Streckenlast* eine *Parabel*. Aus der Ähnlichkeit der schraffierten Dreiecke (Bild II.12) im Seileck und Kräfteplan ergibt sich:

$$\frac{y_I}{a} = \frac{F_A}{H} \quad \text{und daraus } F_A\, a = H\, y_I = M_{bI} \tag{II.31}$$

Nun ist aber $F_A\, a = M_{bI}$ das Biegemoment an der Balkenstelle I, so daß allgemein gilt:

Das Biegemoment M_b an einer beliebigen Balkenstelle ist gleich dem Produkt aus der Ordinate y des Seilecks und dem Polabstand H des Kräfteplanes unter Berücksichtigung von Längenmaßstab m_L in m/cm oder cm/cm und Kräftemaßstab m_K in N/cm.

$$M_b = H y\, m_K\, m_L$$

M_b	H, y	m_K	m_L
Ncm	cm	$\dfrac{N}{cm}$	$\dfrac{m}{cm}$

$$\tag{II.32}$$

Das größte Biegemoment $M_{b\,max}$ in Bild II.12 wird mit Polabstand $H = 2,5$ cm, $y_{max} = 1,125$ cm, Kräftemaßstab $m_K = 4000$ N/cm und Längenmaßstab $m_L = 1$ m/cm

$$M_{b\,max} = H y_{max}\, m_K\, m_L = 2,5 \text{ cm} \cdot 1,125 \text{ cm} \cdot 4000\,\frac{N}{cm} \cdot 1\,\frac{m}{cm} = 11\,250 \text{ Nm}$$

Nach Bild II.11 ergibt sich ebenso

$$M_{b\,max} = H y_{max}\, m_K\, m_L = 3 \text{ cm} \cdot 0,56 \text{ cm} \cdot 4000\,\frac{N}{cm} \cdot \frac{4}{3}\,\frac{m}{cm} = 9000 \text{ Nm}$$

■ **Beispiel:** Ein Holzbalken hat Rechteckquerschnitt von 200 mm Höhe und 100 mm Breite. Welches größte Biegemoment kann er hochkant- und welches flachliegend aufnehmen, wenn 8 N/mm² Biegespannung nicht überschritten werden soll?

Lösung: $M_{b\,max} = W \sigma_{b\,zul}$

$$W = \frac{bh^2}{6}$$

$$M_{b\,max,\,hoch} = W_{hoch}\, \sigma_{b\,zul}$$

$$M_{b\,max,\,hoch} = \frac{100 \text{ mm} \cdot (200 \text{ mm})^2}{6} \cdot 8\,\frac{N}{mm^2} = 5333 \cdot 10^3 \text{ Nmm}$$

$$M_{b\,max,\,flach} = W_{flach}\, \sigma_{b\,zul}$$

$$M_{b\,max,\,flach} = \frac{200 \text{ mm} \cdot (100 \text{ mm})^2}{6} \cdot 8\,\frac{N}{mm^2} = 2667 \cdot 10^3 \text{ Nmm}$$

$$M_{b\,max,\,hoch} = 2 \cdot M_{b\,max,\,flach}$$

• **Beispiel**: Der Freiträger nach Bild II.13 trägt die Einzellasten

$F_1 = 15$ kN, $F_2 = 9$ kN, $F_3 = 20$ kN;

$l_1 = 2$ m, $l_2 = 1{,}5$ m, $l_3 = 0{,}8$ m,

$\sigma_{b\,zul} = 120\ \dfrac{N}{mm^2}$

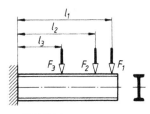

Bild II.13

Ermittle:

a) $M_{b\,max}$,

b) das erforderliche Widerstandsmoment W_{erf},

c) das erforderliche IPE-Profil nach Formelsammlung,

d) die größte Biegespannung!

Lösung: a) $M_{b\,max} = F_1\,l_1 + F_2\,l_2 + F_3\,l_3$

$M_{b\,max} = (15 \cdot 2 + 9 \cdot 1{,}5 + 20 \cdot 0{,}8)\,kNm = 59{,}5\,kNm = 59{,}5 \cdot 10^6\,Nmm$

b) $W_{erf} = \dfrac{M_{b\,max}}{\sigma_{b\,zul}} = \dfrac{59{,}5 \cdot 10^6\,Nmm}{120\ \dfrac{N}{mm^2}} = 496 \cdot 10^3\,mm^3$

c) IPE 300 mit $557 \cdot 10^3\,mm^3$

d) $\sigma_{b\,vorh} = \dfrac{M_{b\,max}}{W} = \dfrac{59\,500 \cdot 10^3\,Nmm}{557 \cdot 10^3\,mm^3} = 107\ \dfrac{N}{mm^2}$

• **Beispiel**: Das Konsolblech einer Stahlbaukonstruktion ist nach Bild II.14 als Schweißverbindung ausgelegt. $F = 26$ kN Höchstlast. Berechne für $a = 8$ mm Schweißnahtdicke

a) die Biegespannung $\sigma_{schw\,b}$ im gefährdeten Querschnitt,

b) die Schubspannung $\tau_{schw\,s}$.

Lösung: Bei allen Schweißverbindungen wird die Nahtdicke a in die Ebene des gefährdeten Querschnittes hinein geklappt.

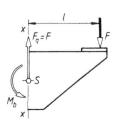

Bild II.14

$M_b = Fl$

$F_q = F$

$W_x = \dfrac{\overbrace{(2a+s)}^{B} \cdot \overbrace{(2a+h)^3}^{H^3} - \overbrace{s \cdot h^3}^{b \cdot h^3}}{\underbrace{6(2a+h)}_{H}}$ (nach Formelsammlung)

$M_b = Fl = 26\,000\,N \cdot 320\,mm$

$M_b = 8320 \cdot 10^3\,Nmm$

$W_x = \dfrac{28\,mm \cdot (266\,mm)^3 - 12\,mm \cdot (250\,mm)^3}{6 \cdot 266\,mm} = 105\,689\,mm^3$

$\sigma_{schw\,b} = \dfrac{M_b}{W_x} = \dfrac{8320 \cdot 10^3\,Nmm}{105{,}689 \cdot 10^3\,mm^3} = 78{,}7\ \dfrac{N}{mm^2}$

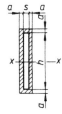

b) $\tau_{schw\,s} = \dfrac{F_q}{A} = \dfrac{F_q}{(2a+s)(2a+h) - sh}$

$\tau_{schw\,s} = \dfrac{26\,000\,N}{28\,mm \cdot 266\,mm - 12\,mm \cdot 250\,mm} = 5{,}8\ \dfrac{N}{mm^2}$

2.5. Übungen zur Ermittlung des Biegemomentenverlaufs $M_b = f(F, l)$

2.5.1. Biegeträger mit Axialkraft F_a

Der im Festlager A und im Loslager B gehaltene Biegeträger wird durch die im Abstand r achs-parallel liegende Kraft F_a (Axialkraft) belastet. Gesucht ist der Verlauf des Biegemomentes über der Trägerlänge l.

Die Stützkräfte F_{Ay}, F_x und F_B werden in der üblichen Weise mit den statischen Gleichgewichts-bedingungen bestimmt.

Zur Bestimmung des Biegemomentenverlaufs legt man von links nach rechts fortschreitend die Schnitte a, b, c, d, d', e und f. Von den Schnitten aus nach links gesehen ergeben sich nach 2.1.1.b) die im jeweiligen Schnitt auftretenden Biegemomente $M_{b,a}$, $M_{b,b}$ usw. Von besonderer Bedeutung sind die beiden Schnitte d und d', die ganz kurz vor und hinter dem Trägeranschluß liegen. Die Rechnung zeigt, daß das Biegemoment zwischen d und d' den Betrag ändert und das Vorzeichen wechselt. Da man vorher nicht erkennen kann, welches der beiden Biegemomente M_{bmax} oder M'_{bmax} den größeren Betrag hat, müssen beide Biegemomente berechnet und die Beträge miteinander verglichen werden. Das ist immer dann erforderlich, wenn die Axialkraft zwischen den Lagerstellen A und B angreift.

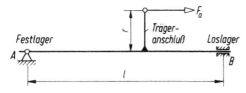

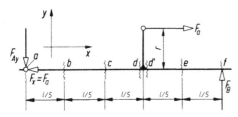

$$\Sigma F_x = 0 = -F_x + F_a \Rightarrow F_x = F_a$$

$$\Sigma F_y = 0 = -F_{Ay} + F_B \Rightarrow F_{Ay} = F_B$$

$$\Sigma M_{(A)} = 0 = -F_a r + F_B l$$

$$F_B = F_{Ay} = F_a \frac{r}{l}$$

$$M_{b,a} = 0$$

$$M_{b,b} = +F_{Ay} \frac{l}{5} = +F_a \frac{r}{l} \cdot \frac{l}{5} = +\frac{1}{5} F_a r$$

$$M_{b,c} = +F_{Ay} \frac{2l}{5} = +F_a \frac{r}{l} \cdot \frac{2l}{5} = +\frac{2}{5} F_a r$$

$$M_{b,d} = +F_{Ay} \frac{3l}{5} = +F_a \frac{r}{l} \cdot \frac{3l}{5} = +\frac{3}{5} F_a r$$

$$M_{b,d'} = +F_{Ay} \frac{3l}{5} - F_a r = +\frac{3}{5} F_a r - F_a r = \frac{2}{5} F_a r$$

$$M_{b,e} = +F_{Ay} \frac{4l}{5} - F_a r = +\frac{4}{5} F_a r - F_a r = \frac{1}{5} F_a r$$

$$M_{b,f} = +F_{Ay} l - F_a r = +F_a \frac{rl}{l} - F_a r = 0$$

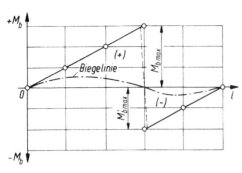

$$M_{bmax} = M_{b,d} = \frac{3}{5} F_a r$$

$$|M'_{bmax}| = |M_{b,d'}| = \frac{2}{5} F_a r$$

2.5.2. Biegeträger mit räumlichem Kraftangriff außerhalb der Lager (Biegemomentenverlauf)

Biegeträger dieser Art sind beispielsweise Getriebewellen, die ein schrägverzahntes Stirnrad tragen. Man geht schrittweise vor und bestimmt die Teil-Stützkräfte F_{Ay1}, F_{By1}, F_{Ay2}, F_{By2}, F_{Az}, F_{Bz} und Teil-Biegemomente $M_{b\,max,a}$, $M_{b\,max,b}$, $M_{b\,max,c}$ für den Einzel-Kraftangriff in der zugehörigen Ebene. In der x, y-Ebene wirkt einmal die Radialkraft F_r, zum anderen die Axialkraft F_a, in der y, z-Ebene wirkt die Umfangskraft F_t. Damit ergibt sich jeweils ein leicht überschaubarer Biegemomentenverlauf mit dem maximalen Biegemoment für den Einzel-Kraftangriff.

Die Reaktionskraft der Axialkraft F_a in der Trägerachse ist die im Festlager wirkende Lagerkraftkomponente $F_x = F_a$. Beide ergeben ein Kräftepaar, dem das Kräftepaar aus F_{Ay2} und F_{By2}, die beide ebenfalls gleich groß und entgegengerichtet sind, das Gleichgewicht hält.

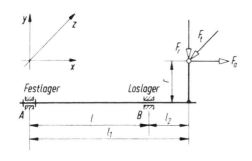

F_t Umfangskraft am Teilkreis
F_r Radialkraft
F_a Axialkraft
r Teilkreisradius

$$\Sigma F_y = 0 = -F_{Ay1} + F_{By1} - F_r$$
$$\Sigma M_{(A)} = 0 = F_{By1}\,l - F_r\,l_1$$

$$F_{By1} = F_r\,\frac{l_1}{l}\,;\; F_{Ay1} = F_{By1} - F_r$$

$$F_{Ay1} = F_r\,\frac{l_1}{l} - F_r = F_r\left(\frac{l_1}{l} - 1\right)$$

$$F_{Ay1} = F_r\,\frac{l_2}{l}\;\left(\text{weil } \frac{l_1}{l} - \frac{l}{l} = \frac{l_2}{l}\; \text{ist}\right)$$

$$M_{b\,max,a} = F_r\,l_2$$

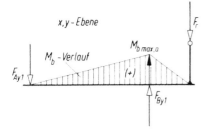

$$\Sigma F_x = 0 = -F_x + F_a \Rightarrow F_x = F_a$$
$$\Sigma F_y = 0 = -F_{Ay2} + F_{by2} \Rightarrow F_{Ay2} = F_{By2}$$
$$\Sigma M_{(A)} = 0 = F_{By2}\,l - F_a\,r$$

$$F_{By2} = F_a\,\frac{r}{l}$$

$$M_{b\,max,b} = F_a\,r$$

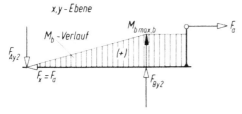

$$\Sigma F_z = 0 = -F_{Az} + F_{Bz} - F_t$$
$$\Sigma M_{(A)} = 0 = F_{Az}\,l - F_t\,l_2$$

$$F_{Az} = F_t\,\frac{l_2}{l}\,;\; F_{Bz} = F_{Az} + F_t$$

$$F_{Bz} = F_t\left(\frac{l_2}{l} + 1\right) = F_t\,\frac{l_1}{l}$$

$$M_{b\,max,c} = F_t\,l_2$$

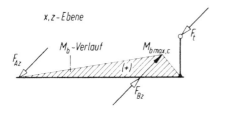

2.5.3. Resultierende Stützkräfte (Lagerkräfte) und Biegemomente für den Biegeträger in 2.5.2

Gesucht werden die Gleichungen für das resultierende maximale Biegemoment $M_{b\,max}$ und für die resultierenden Stützkräfte (Lagerkräfte) in den Lagern A und B (F_{Ar} und F_{Br}).

Sowohl die Stützkräfte als auch das Biegemoment wirken in einer Ebene senkrecht zur Trägerachse, hier also in der y, z-Ebene, die nun Zeichenblattebene ist.

Skizziert man unmaßstäblich aber richtungsgemäß Biegemomenteneck und Krafteck, dann ergeben sich rechtwinklige Dreiecke, die mit dem Lehrsatz des Pythagoras ausgewertet werden können.

In Verbindung mit den Entwicklungen in 2.5.2 lassen sich auch die Gleichungen für den Fall entwickeln, daß die Axialkraft F_a entgegengesetzten Richtungssinn hat.

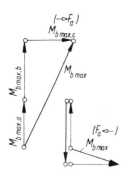

$(\rightarrow F_a)$
$$M_{b\,max} = \sqrt{(M_{b\,max,a} + M_{b\,max,b})^2 + (M_{b\,max,c})^2}$$
$$= \sqrt{(F_r l_2 + F_a r)^2 + (F_t l_2)^2}$$

Bei entgegengesetztem Richtungssinn der Axialkraft F_a wird:

$(F_a \leftarrow)$
$$M_{b\,max} = \sqrt{(M_{b\,max,a} - M_{b\,max,b})^2 + (F_t l_2)^2}$$
$$= \sqrt{(F_r l_2 - F_a r)^2 + (F_t l_2)^2}$$

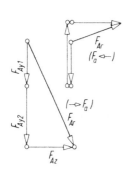

$(\rightarrow F_a)$
$$F_{Ar} = \sqrt{(F_{Ay1} + F_{Ay2})^2 + (F_{Az})^2}$$
$$= \sqrt{\left(F_r \frac{l_2}{l} + F_a \frac{r}{l}\right)^2 + \left(F_t \frac{l_2}{l}\right)^2}$$
$$= \frac{1}{l}\sqrt{(F_r l_2 + F_a r)^2 + (F_t l_2)^2}$$

Bei entgegengesetztem Richtungssinn der Axialkraft F_a wird:

$(F_a \leftarrow)$
$$F_{Ar} = \frac{1}{l}\sqrt{(F_r l_2 - F_a r)^2 + (F_t l_2)^2}$$

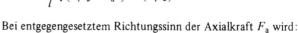

$(\rightarrow F_a)$
$$F_{Br} = \sqrt{(F_{By1} + F_{By2})^2 + (F_{Bz})^2}$$
$$= \sqrt{\left(F_r \frac{l_1}{l} + F_a \frac{r}{l}\right)^2 + \left(F_t \frac{l_1}{l}\right)^2}$$
$$= \frac{1}{l}\sqrt{(F_r l_1 + F_a r)^2 + (F_t l_1)^2}$$

Bei entgegengesetztem Richtungssinn der Axialkraft F_a wird:

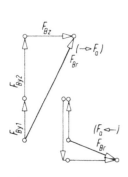

$(F_a \leftarrow)$
$$F_{Br} = \frac{1}{l}\sqrt{(F_r l_1 - F_a r)^2 + (F_t l_1)^2}$$

3. Abscheren

3.1. Spannung

Die Belastung F wirkt abscherend auf den Stab, wenn sie senkrecht zur Achse wirkt und kein Moment in bezug auf den Querschnitt hat, d.h. wenn die Kraft-Wirklinie im Querschnitt liegt (Bild II.15). Im abgeschnittenen Teil ergibt die Untersuchung des Kräftegleichgewichtes die innere Querkraft $F_q = F$. Sie wirkt *in* der Schnittfläche, es treten also *Schub*spannungen τ auf. Diese sind *nicht* gleichmäßig über dem Querschnitt verteilt, weil jede Abscherbeanspruchung in der Praxis mit einer Biegung verbunden ist. Da die tatsächliche Spannungsverteilung und deren Größtwert mathematisch schwer erfaßbar sind, wird mit dem Mittelwert gerechnet:

$$\text{Abscherspannung } \tau_a = \frac{\text{Querkraft } F}{\text{Querschnittsfläche } S}$$

$$\tau_a = \frac{F}{S}$$

τ_a	F	S
$\dfrac{N}{mm^2}$	N	mm^2

(II.33)

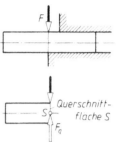

(Abscher-Hauptgleichung)

Je nach vorliegender Aufgabe kann die Abscher-Hauptgleichung umgestellt werden zur

Berechnung des *erforderlichen Querschnittes* (Querschnittsnachweis):

$$S_{erf} = \frac{F}{\tau_{a\,zul}}$$

(II.34)

Bild II.15. Scherbeanspruchter Stab

Berechnung der *vorhandenen Spannung* (Spannungsnachweis):

$$\tau_{a\,vorh} = \frac{F}{S}$$

(II.35)

Berechnung der *maximal zulässigen Belastung* (Belastungsnachweis):

$$F_{max} = S\,\tau_{a\,zul}$$

(II.36)

Die Abscher*festigkeit* von Stahl und Grauguß kann aus der Zugfestigkeit R_m bestimmt werden:

für Stahl ist $\quad \tau_{aB} = 0{,}85\,R_m$

für Gusseisen $\quad \tau_{aB} = 1{,}1\ R_m$

(II.37)

Niete und Bolzen werden nach obigen Gleichungen berechnet, obwohl in der Schnittfläche stets noch ein Biegemoment übertragen werden muß, wie die Untersuchung des Kräftegleichgewichtes am abgeschnittenen Bauteil beweist (Bild II.16). Die dadurch entstehende Unsicherheit wird durch ein geringeres $\tau_{a\,zul}$ berücksichtigt. Niete werden außer auf Abscheren noch auf *Lochleibungsdruck* σ_l berechnet (siehe Flächenpressung).

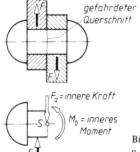

Bild II.16
Schnittuntersuchung am Niet

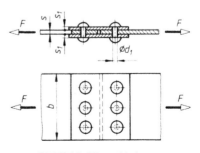

Bild II.17. Nietverbindung

■ **Beispiel:** Gesucht wird die Stanzkraft F zum Stanzen eines Loches von $d = 30$ mm Durchmesser in $s = 2$ mm dickes Stahlblech mit $\tau_{aB} = 310$ N/mm^2.

Lösung: $F_{min} = \tau_{aB}\, S = \tau_{aB}\, \pi d s = 310\,\dfrac{N}{mm^2} \cdot \pi \cdot 30\,mm \cdot 2\,mm = 58{,}4\,kN$

■ **Beispiel:** Die einreihige Doppellaschennietung ist zu berechnen (Bild II.17)

$$F = 120\,kN, \quad \sigma_{zul} = 140\,\frac{N}{mm^2}, \quad \tau_{zul} = 110\,\frac{N}{mm^2}$$

$$\sigma_{l\,zul} = 280\,\frac{N}{mm^2}\ \text{(zulässiger Lochleibungsdruck).}$$

Gewählt: $d_1 = 17$ mm, $s = 8$ mm, $s_1 = 6$ mm.

Lösung: Die erwartete (geschätzte) Schwächung des Stabprofils durch die Nietlöcher wird durch das *Verschwächungsverhältnis* $v = \dfrac{\text{Nutzquerschnitt } S_n}{\text{ungeschwächter Querschnitt } S}$ berücksichtigt. Hier wird $v = 0{,}75$ angenommen.

a) $S_{erf} = \dfrac{F}{\sigma_{z\,zul}\, v} = \dfrac{120\,000\,N}{140\,\dfrac{N}{mm^2} \cdot 0{,}75} = 1143\,mm^2$

b) $b_{erf} = \dfrac{S_{erf}}{s} = \dfrac{1143\,mm^2}{8\,mm} = 142{,}9\,mm;\quad b = 145$ mm ausgeführt

c) $n_{a\,erf} = \dfrac{F}{\tau_{a\,zul}\, m\, S_1} = \dfrac{120\,000\,N}{110\,\dfrac{N}{mm^2} \cdot 2 \cdot 227\,mm^2} = 2{,}4;\quad$ also $n_a = 3$ Niete

d) $n_{l\,erf} = \dfrac{F}{\sigma_{l\,zul}\, d_1\, s} = \dfrac{120\,000\,N}{280\,\dfrac{N}{mm^2} \cdot 17\,mm \cdot 8\,mm} = 3{,}14;\quad$ also $n_l = 4$ Niete

In den folgenden Rechnungen muß demnach $n = 4$ eingesetzt werden.

e) $\sigma_{z\,vorh} = \dfrac{F}{s\,(b - n\,d_1)} = \dfrac{120\,000\,N}{8\,mm\,(145 - 4 \cdot 17)\,mm} = 195\,\dfrac{N}{mm^2} > \sigma_{z\,zul} = 140\,\dfrac{N}{mm^2}$

f) $\tau_{a\,vorh} = \dfrac{F}{m\,n\,S_1} = \dfrac{120\,000\,N}{2 \cdot 4 \cdot 227\,\dfrac{N}{mm^2}} = 66\,\dfrac{N}{mm^2} < \tau_{a\,zul} = 110\,\dfrac{N}{mm^2}$

g) $\sigma_{l\,vorh} = \dfrac{F}{n\,d_1\,s} = \dfrac{120\,000\,N}{4 \cdot 17\,mm \cdot 8\,mm} = 221\,\dfrac{N}{mm^2} < \sigma_{l\,zul} = 240\,\dfrac{N}{mm^2}$

Beachte:

zu d) 4 Niete 17 ϕ würden eine größere Breite b erfordern (Nietabstände nach DIN 1050). Einfacher wäre es, die Niete je Seite zweireihig anzuordnen.

zu e) Die vorhandene Zugspannung ist größer als die zulässige. Bei der unter d) vorgeschlagenen Ausführung (zweireihige Nietung) ist der Lochabzug geringer und damit die vorhandene Zugspannung kleiner als die zulässige.

4. Torsion (Verdrehung)

4.1. Spannung. Der gerade zylindrische Stab in Bild II.18 ist einseitig eingespannt und wird durch das Drehmoment M belastet, dessen Ebene senkrecht zur Stabachse steht. Ein Schnitt senkrecht zur Stabachse zerlegt den Stab in die Teile I und II. Die statischen Gleichgewichtsbedingungen für einen Stababschnitt ergeben das innere Kräftesystem:

I. $\Sigma F_x\quad = 0$; keine x-Kräfte vorhanden

II. $\Sigma F_y\quad = 0$; keine y-Kräfte vorhanden

III. $\Sigma M_{(O)} = 0 = M - M_T$

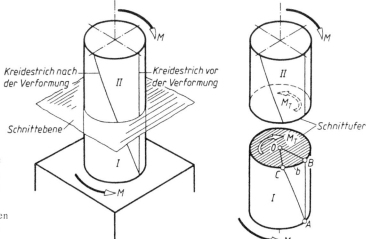

Bild II.18

Torsionsbeanspruchte Welle

M ist das durch die äußer Kräfte hervorgerufene Außenmoment

M_T ist das durch die inneren Kräfte hervorgerufene Torsionsmoment

Die Momentengleichgewichtsbedingung (III.) zeigt, daß der Querschnitt ein *in* der Fläche liegendes Torsionsmoment $M_T = M$ zu übertragen hat. Es ist längs des Stabes an jeder Querschnittsstelle gleich groß (im Gegensatz zur Biegung). Die Mantelgerade AB ist daher zur Wendel AC geworden. Die auftretende Torsionsspanung τ_t ist nur vom Betrag des zu übertragenden Torsionsmomentes M_T und vom polaren Widerstandsmoment W_p des Querschnittes abhängig:

$$\text{Torsionsspannung } \tau_t = \frac{\text{Torsionsmoment } M_T}{\text{polares Widerstandsmoment } W_p}$$

$$\tau_t = \frac{M_T}{W_p}$$

(Torsions-Hauptgleichung)

τ_t	M_T	W_p
$\dfrac{N}{mm^2}$	Nmm	mm³

(II.38)

Je nach vorliegender Aufgabe kann die Torsions-Hauptgleichung umgestellt werden zur Berechnung des *erforderlichen Querschnittes* (Querschnittsnachweis):

$$W_{\text{p erf}} = \frac{M_T}{\tau_{\text{t zul}}}$$ (II.39)

Berechnung der *vorhandenen Spannung* (Spannungsnachweis):

$$\tau_{\text{t vorh}} = \frac{M_T}{W_p}$$ (II.40)

Berechnung der *maximal zulässigen Belastung* (Belastungsnachweis):

$$M_{\text{T max}} = W_p \tau_{\text{t zul}}$$ (II.41)

Gleichungen zur Berechnung des polaren Widerstandsmomentes W_p siehe Formelsammlung.

Wichtige Zahlenwertgleichungen zur Berechnung des *Torsionsmomentes* $M_T = M$ in Nm und Nmm aus gegebener *Leistung P* in kW und gegebener *Drehzahl n* in U/min = 1/min = min^{-1}:

$$M = 9550 \,\frac{P}{n}$$

M	P	n
Nm	kW	min^{-1}

(II.42)

$$M = 9{,}55 \cdot 10^6 \,\frac{P}{n}$$

M	P	n
Nmm	kW	min^{-1}

(II.43)

4.2. Herleitung der Torsions-Hauptgleichung.

Das äußere Drehmoment M verdreht (tordiert) zwei dicht benachbarte Querschnitte gegeneinander. Es entstehen daher *Schub*spannungen τ. Wie das Verformungsbild II.19 zeigt, werden die Werkstoffteilchen um so weiter drehend gegeneinander verschoben, je weiter entfernt sie von der Stabachse liegen: B' wandert nach C' und B nach C. Die stärkste Verformung liegt am Querschnittsumfang; die Stabachse dagegen ist unverformt.

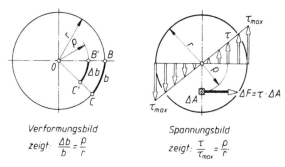

Verformungsbild zeigt: $\frac{\Delta b}{b} = \frac{\rho}{r}$

Spannungsbild zeigt: $\frac{\tau}{\tau_{max}} = \frac{\rho}{r}$

Bild II.19. Verformungs- und Spannungsbild bei Torsion

Da im elastischen Bereich nach Hooke die Verformung der Spannung proportional ist, muß ebenso wie die Verformung auch die Spannung mit den Abständen ρ von der Stabachse wachsen. Die Spannungen sind demnach wie bei der Biegung *linear* verteilt. Die Stabachse ist unverformt, also auch spannungslos.

Jedes Flächenteilchen ΔA überträgt die Querkraft $\Delta F = \tau \Delta A$ (*in der Fläche liegend*). In bezug auf die Stabachse überträgt jedes Flächenteilchen mit dem Abstand ρ das kleine Innenmoment $\Delta T = \Delta F \rho = \tau \Delta A \rho$.

Das Spannungsbild zeigt die Proportion: $\frac{\tau}{\tau_{max}} = \frac{\rho}{r}$; also auch $\tau = \tau_{max} \,\frac{\rho}{r}$.

Damit wird $\Delta T = \tau \Delta A \rho = \tau_{max} \,\frac{\rho}{r}\, \Delta A \rho = \frac{\tau_{max}}{r}\, \Delta A \rho^2$.

Nach den Gleichgewichtsbedingungen muß das gesamte Torsionsmoment M_T gleich der Summe aller kleinen Innenmomente sein, also

$$M_T = \Sigma \Delta M_T = \sum \frac{\tau_{max}}{r} \Delta A \rho^2 = \frac{\tau_{max}}{r} \Sigma \Delta A \rho^2$$

Der Summenausdruck $\Sigma \Delta A \rho^2$ wird als rein geometrische Rechengröße herausgezogen und als *polares Flächenmoment* I_p bezeichnet (siehe Flächen- und Widerstandsmomente). Wird außerdem die Randfaserspannung τ_{max} als Torsionsspannung τ_t bezeichnet, so ergibt sich die Hauptgleichung in der Form

$$M_T = \tau_t \frac{I_p}{r} \quad \text{und mit } \frac{I_p}{r} = \text{polares Widerstandsmoment } W_p : M_T = \tau_t W_p$$

4.3. Formänderung. Die Stirnflächen des torsionsbeanspruchten Stabes (Bild II.20) werden um den *Verdrehwinkel* φ gegeneinander verdreht.

Bei der elastischen Verformung gilt für alle Beanspruchungsarten das Hookesche Gesetz: $\sigma = \Delta l E / l$. Wird sinngemäß eingesetzt: Für die Normalspannung σ die Schubspannung τ, für die Formänderung Δl der Bogen b und für den Elastizitätsmodul E der Schubmodul G, so ergibt sich das Hookesche Gesetz für Torsion:

$$\tau_t = \frac{b}{l} G \tag{II.44}$$

Zur rechnerischen Vereinfachung wird das Bogenstück $BC = b$ durch den Verdrehwinkel φ in Grad ausgedrückt. Zwischen beiden besteht die Beziehung

$$\frac{b}{2 \pi r} = \frac{\varphi}{360°}; \quad \varphi = \frac{b \, 360°}{2 \pi r} = \frac{b}{r} \cdot \frac{180°}{\pi}$$

Wird die nach b aufgelöste Beziehung (II.44) in die letzte Gleichung für den Verdrehwinkel eingesetzt, so ergeben sich die *Torsions-Formänderungsgleichungen*:

$$\varphi = \frac{\tau_t \, l}{G r} \cdot \frac{180°}{\pi} \tag{II.45}$$

$$\varphi = \frac{M_T \, l}{W_p \, r \, G} \tag{II.46}$$

$$\varphi = \frac{M_T \, l}{I_p \, G} \cdot \frac{180°}{\pi} \tag{II.47}$$

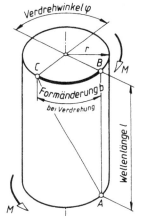

Bild II.20. Formänderung bei Torsion

φ	τ_t, G	l, r	M_T	W_p	I_p
°	$\frac{N}{mm^2}$	mm	Nmm	mm^3	mm^4

- **Beispiel:** Eine Getriebewelle überträgt eine Leistung von 12 kW bei 460 min^{-1}. Die zulässige Torsionsspannung beträgt wegen zusätzlicher Biegebeanspruchung nur 30 N/mm^2.

  Berechne: a) das Drehmoment M an der Welle, b) das erforderliche Widerstandsmoment W_p, c) den erforderlichen Durchmesser d_{erf} einer Vollwelle, d) den erforderlichen Innendurchmesser d einer Hohlwelle, wenn der Außendurchmesser D = 45 mm ausgeführt wird, e) die Torsionsspannung an der Wellen-Innenwand!

Lösung: a) $M = 9550 \cdot \frac{P}{n} = 9550 \cdot \frac{12}{460}$ Nm $= 249{,}1$ Nm

b) $W_{p\,erf} = \frac{T}{\tau_{t\,zul}} = \frac{249{,}1 \cdot 10^3 \text{ Nmm}}{30 \, \frac{N}{mm^2}} = 8303$ mm^3

c) $W_p = \dfrac{\pi}{16} d^3$

$$d_{erf} = \sqrt[3]{\dfrac{16\, W_{p\,erf}}{\pi}} = \sqrt[3]{\dfrac{16}{\pi} \cdot 8303\ mm^3} = 34,8\ mm$$

$d = 35$ mm ausgeführt

Beachte: Soll nur der Wellendurchmesser d bestimmt werden, dann wird man b) und c)

zusammenfassen und $d_{erf} = \sqrt[3]{\dfrac{16 M_T}{\pi \tau_{t\,zul}}}$ berechnen.

d) $W_p = \dfrac{\pi}{16} \cdot \dfrac{D^4 - d^4}{D}$

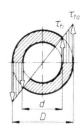

Beachte: $W_{p\,erf}$ nach b) bleibt gleich groß, weil M_T und $\tau_{t\,zul}$ gleich bleiben.

$$\dfrac{16\, W_p D}{\pi} = D^4 - d^4$$

$$d_{erf} = \sqrt[4]{D^4 - \dfrac{16}{\pi} W_{p\,erf}\, D} = 38,5\ mm\ (ausgeführt)$$

e) Strahlensatz:

$$\dfrac{\tau_{ta}}{\tau_{ti}} = \dfrac{D}{d}$$

$$\tau_{ti} = \tau_{ta} \dfrac{d}{D} = 30\ \dfrac{N}{mm^2} \cdot \dfrac{38,5\ mm}{45\ mm} = 25,7\ \dfrac{N}{mm^2}$$

Beachte: Mit $\tau_{ta} = \tau_{t\,zul}$ dürfen wir nur deshalb rechnen, weil wir den mit $\tau_{t\,zul} = 30$ N/mm² berechneten Innendurchmesser exakt so beibehalten haben. Hätten wir $d = 38$ mm (Normmaß) ausgeführt, dann hätten wir die Randfaserspannung $\tau_{ta} = \tau_{t\,vorh} = M_T/W_p$ mit dem neuen W_p berechnen müssen und erst damit τ_{ti} bestimmen können!

■ **Beispiel:** Ein Torsionsstab-Drehmomentenschlüssel soll bei einem Drehmoment von 50 Nm einen Verdrehwinkel von 10° anzeigen. Berechne a) den Durchmesser d des Torsionsstabes bei $\tau_{t\,zul} = 350$ N/mm², b) die erforderliche Stablänge l für den geforderten Verdrehwinkel!

Lösung: a) Aus $\tau_t = \dfrac{M_T}{W_p}$ ergibt sich mit $W_p = \dfrac{\pi}{16} d^3$

$$d_{erf} = \sqrt[3]{\dfrac{16 M_T}{\pi \tau_{t\,zul}}} = \sqrt[3]{\dfrac{16 \cdot 50 \cdot 10^3\ Nmm}{\pi \cdot 350\ \dfrac{N}{mm^2}}} \approx 9\ mm$$

$d = 9$ mm ausgeführt

b) Mit Gleichung (II.47) und $I_p = \dfrac{\pi}{32} d^4$ wird dann

$$l = \dfrac{\pi d^4 G \varphi}{32 \cdot \dfrac{180°}{\pi} \cdot M_t} = \dfrac{\pi^2 \cdot 9^4\ mm^4 \cdot 8 \cdot 10^4\ \dfrac{N}{mm^2} \cdot 10°}{32 \cdot 180° \cdot 50 \cdot 10^3\ Nmm}$$

$l = 180$ mm

5. Flächenpressung

Die Beanspruchung der Berührungsflächen zweier gegeneinander gedrückter Bauteile heißt Flächenpressung oder Pressung (bei Nieten: Lochleibungsdruck).

5.1. Flächenpressung ebener Flächen

Wird ein Bauteil nach Bild II.21 durch eine schräge Kraft F auf seine Unterlage gepreßt, so ist die Flächenpressung

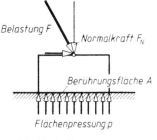

$$p = \frac{\text{Normalkraft } F_N}{\text{Berührungsfläche } A}$$

$$p = \frac{F_N}{A}$$

p	F_N	A
$\dfrac{N}{mm^2}$	N	mm^2

(II.48)

Bild II.21. Flächenpressung ebener Flächen

(Flächenpressungs-Hauptgleichung)

Die Flächenpressung p steht stets *senkrecht* auf der Berührungsfläche. Zur Berechnung muß deshalb auch die senkrecht auf der Fläche stehende *Normalkraft* F_N benutzt werden. Dazu ist exaktes Freimachen des betrachteten Bauteiles erforderlich (häufige Fehlerquelle!). Für die Keilführung in Bild II.22 z.B. zeigt das Krafteck die Normalkraft $F_N = F/\cos\alpha$, also *nicht* etwa $F_N = F \cdot \cos\alpha$, wie bei flüchtiger Betrachtung die „Zerlegung" von F liefert! Die Flächenpressung p wird für diesen Fall also:

$$p = \frac{F_N}{A} = \frac{F}{A\cos\alpha} = \frac{F}{A_{\text{projiziert}}}$$

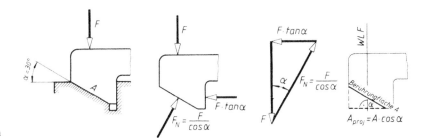

Bild II.22
Flächenpressung
geneigter Flächen

Im Nenner steht die *Projektion der Berührungsfläche in Richtung der Wirklinie der Belastung F.* Genauer: $A\cos\alpha$ ist die Projektion der Berührungsfläche auf die zur Wirklinie von F senkrechte Ebene. Man kommt dann bei geneigten Flächen ohne Umrechnung auf die Normalkraft aus: *Flächenpressung*

$$p = \frac{F}{A_{\text{proj}}}$$

(II.49)

Damit lassen sich bequeme Berechnungsgleichungen für praktisch häufig vorkommende Fälle entwickeln, wie sie in Bild II.23 zusammengestellt sind.

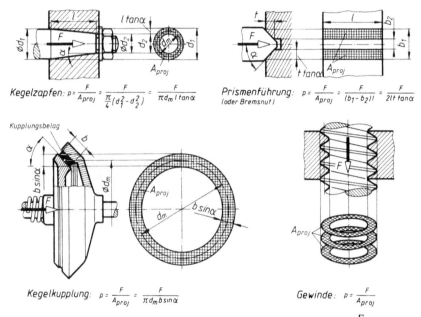

Kegelzapfen: $p = \dfrac{F}{A_{proj}} = \dfrac{F}{\frac{\pi}{4}(d_1^2 - d_2^2)} = \dfrac{F}{\pi d_m\, l\, \tan\alpha}$
Prismenführung: $p = \dfrac{F}{A_{proj}} = \dfrac{F}{(b_1 - b_2)l} = \dfrac{F}{2lt\,\tan\alpha}$
(oder Bremsnut)

Kegelkupplung: $p = \dfrac{F}{A_{proj}} = \dfrac{F}{\pi d_m b \sin\alpha}$
Gewinde: $p = \dfrac{F}{A_{proj}}$

Bild II.23. Typische technische Beispiele für die Verwendung der Gleichung $p = \dfrac{F}{A_{\text{proj}}}$

5.1.1. Flächenpressung im Gewinde. Ein wichtiges Beispiel der Entwicklung einer Gleichung nach (II.49) ist die Berechnung der Flächenpressung in Bewegungsschrauben (meist mit Trapezgewinde nach DIN 103), wobei es häufig darum geht, die erforderliche *Mutterhöhe m* aus der zulässigen Pressung zu bestimmen. Mit $i = m/P$ tragenden Gängen und den Bezeichnungen aus Bild II.24 wird die projizierte Fläche aller Gewindegänge:

$$A_{\text{proj}} = \pi\, d_2\, H_1\, \frac{m}{P}$$

und daraus die *Flächenpressung im Gewinde*

$$p = \frac{F}{A_{\text{proj}}} = \frac{F P}{\pi\, d_2\, H_1\, m} \qquad (II.50)$$

m, P, d_2, H_1	F	p
mm	N	$\dfrac{N}{mm^2}$

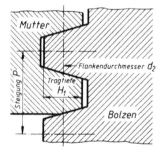

Bild II.24. Bezeichnungen am Trapezgewinde

5.2. Flächenpressung gewölbter Flächen

Schwieriger als bei ebenen Flächen sind die Pressungsverhältnisse an der Oberfläche der Lagerzapfen, Bolzen und Niete. Die Normalkräfte auf die Berührungsflächen sind hier statisch unbestimmt. Man denkt sich deshalb nach Bild II.25 einen Mittelwert p gleichmäßig über der Flächenprojektion verteilt und rechnet bei *Lagerzapfen* und *Bolzen* mit der *Flächenpressung*

$$p = \frac{F}{A_{proj}} = \frac{F}{d\,l}$$

p	F	d, l
$\dfrac{N}{mm^2}$	N	mm

(II.51)

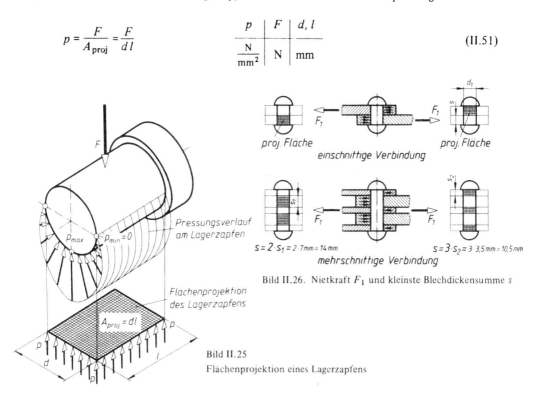

Bild II.25
Flächenprojektion eines Lagerzapfens

Bild II.26. Nietkraft F_1 und kleinste Blechdickensumme s

Die Flächenpressung am *Nietschaft* heißt *Lochleibungsdruck* σ_l. Er wird berechnet aus: F_1 Kraft, die *ein* Niet zu übertragen hat; d_1 Lochdurchmesser = Durchmesser des geschlagenen Nietes; s = kleinste Summe aller Blechdicken in *einer* Kraftrichtung (Bild II.26):

$$\sigma_l = \frac{F_1}{d_1\,s} \leqq \sigma_{l\,zul}$$

σ_l	F_1	d_1, s
$\dfrac{N}{mm^2}$	N	mm

(II.52)

In Bild II.26 ist in Kraftrichtung rechts: $s = 2\,s_1 = 2 \cdot 7$ mm = 14 mm; in Kraftrichtung links: $s = 3\,s_2 = 3 \cdot 3,5$ mm = 10,5 mm. Es muß also mit $s = 10,5$ mm gerechnet werden, weil das die *kleinste* Blechdickensumme in einer Kraftrichtung ist und damit nach (II.52) den größten Lochleibungsdruck ergibt!

■ **Beispiel**: Für eine zugbeanspruchte Gewindespindel mit Tr 28 × 5 (Formelsammlung) sind zu berechnen:

    a) die zulässige Höchstlast für $\sigma_{z\,zul} = 120\ \text{N/mm}^2$,
    b) die erforderliche Mutterhöhe m für $p_{zul} = 30\ \text{N/mm}^2$!

Lösung: a) $F_{max} = \sigma_{z\,zul}\,A_3$

$$F_{max} = 120\ \frac{\text{N}}{\text{mm}^2} \cdot 398\ \text{mm}^2 = 47\,760\ \text{N}$$

b) $m_{erf} = \dfrac{F_{max}\,P}{\pi\,d_2\,H_1\,p_{zul}}$

$$m_{erf} = \frac{47\,760\ \text{N} \cdot 5\ \text{mm}}{\pi \cdot 25{,}5\ \text{mm} \cdot 2{,}5\ \text{mm} \cdot 30\ \dfrac{\text{N}}{\text{mm}^2}} = 39{,}75\ \text{mm}$$

$m = 40\ \text{mm}$ ausgeführt

■ **Beispiel**: Ein Gleitlager (Bild II.27) wird durch die Radialkraft $F_r = 16\ \text{kN}$ und die Axialkraft $F_a = 7{,}5\ \text{kN}$ belastet. Das Bauverhältnis soll $l/d = 1{,}2$ sein. $p_{zul} = 6\ \text{N/mm}^2$.
Gesucht: d, D, l!

Lösung: $p = \dfrac{F}{A_{proj}} = \dfrac{F}{d\,l} = \dfrac{F}{d \cdot 1{,}2\,d} = \dfrac{F}{1{,}2\,d^2}$

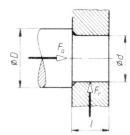

$$d_{erf} = \sqrt{\frac{F}{1{,}2\,p_{zul}}} = \sqrt{\frac{16\,000\ \text{N}}{1{,}2 \cdot 6\ \dfrac{\text{N}}{\text{mm}^2}}} \approx 47{,}2\ \text{mm}$$

$d = 48\ \text{mm}$ ausgeführt, daher
$l = 1{,}2\,d = 1{,}2 \cdot 48\ \text{mm} = 57{,}6\ \text{mm}$
$l = 58\ \text{mm}$ ausgeführt

Bild II.27

$$D_{erf} = \sqrt{\frac{4\,F}{\pi\,p_{zul}} + d^2}$$

$$D_{erf} = \sqrt{\frac{4 \cdot 7500\ \text{N}}{\pi \cdot 6\ \dfrac{\text{N}}{\text{mm}^2}} + 2304\ \text{mm}^2} = 62{,}4\ \text{mm}$$

$D = 63\ \text{mm}$ ausgeführt

III. Zusammengesetzte Beanspruchungen

Auch in einfachen praktischen Fällen treten häufig mehrere Beanspruchungsarten gleichzeitig auf. Sie können nur dann richtig erkannt werden, wenn das *Schnittverfahren* exakt angewendet wird. Man unterscheidet gleichzeitiges Auftreten mehrerer Normalspannungen (1.), gleichzeitiges Auftreten mehrerer Schubspannungen (2.) und gleichzeitiges Auftreten von Normal- und Schubspannungen (3.).

1. Gleichzeitiges Auftreten mehrerer Normalspannungen

1.1. Zug und Biegung (auch exzentrischer Zug)

Nach Bild III.1 ist an einem IPE-Träger ein Blech von 14 mm Dicke angeschlossen, so daß sich durch die Zugkraft F ein einseitiger Kraftangriff und damit „exzentrischer Zug" ergibt. Nach dem Schnittverfahren wird das innere Kräftesystem für den Querschnitt $A-B$ bestimmt. Der Ansatz der statischen Gleichgewichtsbedingungen legt die vom Querschnitt zu übertragenden Kräfte und Momente fest, und zwar:

eine senkrecht zum Schnitt stehende *Normalkraft* $F_N = F = 72,5$ kN = 72 500 N. Sie ruft eine gleichmäßig über dem Querschnitt verteilte *Zug*spannung hervor:

$$\sigma_z = \frac{F}{S} = \frac{72\,500\,\text{N}}{1320\,\text{mm}^2} = 54,9\ \frac{\text{N}}{\text{mm}^2}$$

außerdem wirkt ein *Biegemoment* $M_b = Fa$; hervorgerufen durch das Kräftepaar; es erzeugt eine *Biege*spannung

$$\sigma_b = \frac{M_b}{W} = \frac{M_b\,e}{I} = \frac{Fae}{I} = \frac{72\,500\,\text{N} \cdot 67\,\text{mm} \cdot 60\,\text{mm}}{318 \cdot 10^4\,\text{mm}^4} = 91\ \frac{\text{N}}{\text{mm}^2}$$

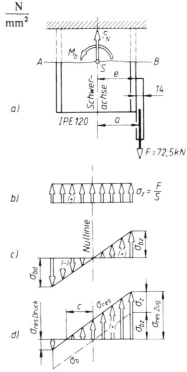

Nach Bild III.1 erhält man aus dem Zugspannungsbild b) und dem Biegespannungsbild c) das Schaubild der resultierenden Spannung d). Die bei reiner Biegung durch den Schwerpunkt S der Fläche gehende Nullinie ist bei der zusammengesetzten Spannung um c nach links verschoben. Das Flächenmoment I ist stets auf die Schwerpunktsachse zu beziehen. Vor allem bei Walzprofilen sollte man stets die Biegespannung mit Hilfe des Flächenmomentes I berechnen, weil in den Profilstahltabellen nicht immer das direkt brauchbare Widerstandsmoment W enthalten ist.

Nach dem Spannungsbild d) ergibt die Addition der Einzelspannungen die *resultierende Gesamtspannung*:

$$\sigma_{res\,Zug} = \sigma_z + \sigma_{bz} = \frac{F}{S} + \frac{Fae}{I} \leqq \sigma_{z\,zul} \qquad \text{(III.1)}$$

$$\sigma_{res\,Druck} = \sigma_z \quad \sigma_{bd} = \frac{F}{S} - \frac{Fae}{I} \leqq \sigma_{d\,zul} \qquad \text{(III.2)}$$

Mit den berechneten Spannungen wird demnach:

$$\sigma_{res\,Zug} = (54,9 + 91)\ \frac{\text{N}}{\text{mm}^2} = 146\ \frac{\text{N}}{\text{mm}^2}$$

und

$$\sigma_{res\,Druck} = (54,9 - 91)\ \frac{\text{N}}{\text{mm}^2} = -36,1\ \frac{\text{N}}{\text{mm}^2}$$

Bild III.1. Zug und Biegung

Eine Beziehung zur Berechnung von c wird aus dem Spannungsbild III.1d) abgelesen:

$$\frac{c}{e} = \frac{\sigma_z}{\sigma_b}; \quad \text{also} \quad c = e\,\frac{\sigma_z}{\sigma_b} = \frac{Fle}{AFae} = \frac{I}{Aa}$$

und mit Trägheitsradius $i = \sqrt{I/S}$ oder $I/S = i^2$:

$$c = \frac{i^2}{a}$$

c	i	a
mm	mm	mm

(III.3)

Solange $c = i^2/a < e$ ist, treten im Querschnitt Zug- und Druckspannungen auf, bei $c > e$ nur Zugspannungen.

Im Beispiel ist mit $i_x^2 = I_x/S = 318 \cdot 10^4$ mm^4/1320 mm^2 = 2409 mm^2 und damit $c = 2409$ mm^2/ 60 mm = 40,2 mm. Wie die Rechnung schon bewies, treten wegen $c < e$, d.h. 40,2 mm < 60 mm Zug- und Druckspannungen auf.

Für die Bemessung eines exzentrischen Zugstabes gelten die Gleichungen (III.1), (III.2).

■ **Beispiel**: Für die Schraubzwinge nach Bild III.2 sind zu berechnen: a) die höchste zulässige Klemmkraft F_{max}, wenn im eingezeichneten Querschnitt eine Zugspannung von 60 N/mm^2 und eine Druckspannung von 85 N/mm^2 nicht überschritten werden sollen; b) das zum Festklemmen mit F_{max} erforderliche Drehmoment M (ohne Reibung zwischen Klemmteller und Spindel; c) die erforderliche Handkraft F_h zum Festklemmen, wenn diese am Knebel im Abstand $r = 60$ mm von der Spindelachse angreift.

Lösung: Wie üblich bestimmen wir die Schwerpunktsabstände $e_1 = 9,2$ mm; $e_2 = 15,8$ mm und mit der Gleichung für das T-Profil das axiale Flächenmoment $I = \frac{1}{3}(Be_1^3 - bh^3 + ae_2^3) = 2,1 \cdot 10^4$ mm^4. $S = 410$ mm^2; $l = 65$ mm $+ e_1 = 74,2$ mm.

a) Wir müssen F_{max} mit den beiden Annahmen bestimmen (hier mit $\sigma_{z\,zul} \neq \sigma_{d\,zul}$!):

$$F_{max\,1} \leqq \frac{\sigma_{z\,zul}}{\dfrac{1}{S} + \dfrac{le_1}{I}}$$

$$F_{max\,1} \leqq \frac{60\,\dfrac{\text{N}}{\text{mm}^2}}{\left(\dfrac{1}{410} + \dfrac{74,2 \cdot 9,2}{21\,000}\right)\dfrac{1}{\text{mm}^2}} = 1717\ \text{N}$$

$$F_{max\,2} \leqq \frac{\sigma_{d\,zul}}{\dfrac{le_2}{I} - \dfrac{1}{S}}$$

$$F_{max\,2} \leqq \frac{85\,\dfrac{\text{N}}{\text{mm}^2}}{\left(\dfrac{74,2 \cdot 15,8}{21\,000} - \dfrac{1}{410}\right)\dfrac{1}{\text{mm}^2}} = 1592\ \text{N}$$

also ist $F_{max} = F_{max\,2} \leqq 1592$ N

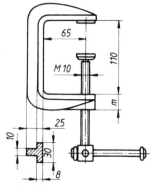

Bild III.2

b) $M_{RG} = F_{max} \, r_2 \tan(\alpha + \rho') = M$ (siehe Formelsammlung)

$$r_2 = \frac{d_2}{2} = \frac{9{,}026 \text{ mm}}{2} = 4{,}513 \text{ mm}$$

$P = 1{,}5$ mm; $d_3 = 8{,}16$ mm; $H_1 = 0{,}812$ mm; $A_S = 58$ mm^2

$$\tan\alpha = \frac{P}{2\pi r_2} = \frac{1{,}5 \text{ mm}}{2\pi \cdot 4{,}513 \text{ mm}} = 0{,}0529$$

$\alpha = 3{,}03°$ (siehe Formelsammlung)

$\tan\rho' = \mu' = 0{,}15$; $\rho' = 8{,}59°$

$\tan(\alpha + \rho') = \tan 11{,}6° = 0{,}2053$

$M_{RG} = M = 1592 \text{ N} \cdot 4{,}513 \text{ mm} \cdot 0{,}2053 = 1475$ Nmm

c) $M = F_h \, r$

$$F_h = \frac{M}{r} = \frac{1475 \text{ Nmm}}{60 \text{ mm}} = 24{,}6 \text{ N}$$

d) $m_{erf} = \dfrac{F_{max} \, P}{\pi \, d_2 \, H_1 \, p_{zul}}$

$$m_{erf} = \frac{1592 \text{ N} \cdot 1{,}5 \text{ mm}}{\pi \cdot 9{,}026 \text{ mm} \cdot 0{,}812 \text{ mm} \cdot 3 \, \frac{\text{N}}{\text{mm}^2}} = 34{,}6 \text{ mm}$$

$m = 35$ mm ausgeführt

1.2. Druck und Biegung (auch exzentrischer Druck)

Nach Bild III.3 greift die Druckkraft F außerhalb des Schwerpunktes S an. Die Schnittverfahren und die Entwicklung der Spannungsbilder ergibt die gleichen Gleichungen wie bei Zug und Biegung. Ist die Stablänge groß im Verhältnis zum Querschnitt, d.h. ist der Stab schlank, dann muß auf Knickung nachgerechnet werden.

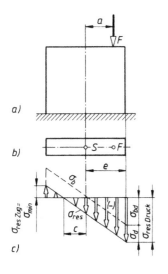

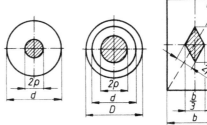

Bild III.4. Kernweite ρ und Querschnittskern (schraffierte Fläche) für Kreis, Kreisring und Rechteck

Bild III.3. Druck und Biegung

Querschnitte von Druckstäben aus z.B. Mauerwerk, stahlfreier Beton, Erdreich dürfen nur auf Druck beansprucht werden, weil ihre Zugfestigkeit zu klein ist. Das resultierende Spannungsbild darf also nur Druckspannungen zeigen, d.h. es muß nach Bild III.3 im Grenzfall auf der der Kraft F abgewandten Seite $\sigma_{res\,Zug} = 0$ werden. Sind F, I, S und e konstant, so ist nur die Größe von a dafür bestimmend, ob σ_{min} positiv (Zugspannung), negativ (Druckspannung) oder Null wird. Derjenige Grenzwert von a, bis zu dem der Angriffspunkt von F auswandern darf, ohne daß es zu Zugspannungen im Querschnitt kommt, heißt *Kernweite ρ*. Die Kernweite ρ ergibt sich aus

$$\frac{F\rho e}{I} - \frac{F}{S} = 0 \text{ zu}$$

$$\rho = \frac{I}{Se} = \frac{i^2}{e} = \frac{W}{S} \tag{III.4}$$

wenn F auf einer Hauptachse angreift. Die von der Kernweite ρ begrenzte Fläche heißt *Querschnittskern*. Solange die Druckkraft F innerhalb dieser Fläche angreift, treten im Querschnitt nur Druckspannungen σ_d auf. In Bild III.3c) treten schon geringe Zugspannungen auf, d.h. die Kraft F ist schon über den Kernquerschnitt hinausgetreten ($a > \rho$ geworden). Nach (III.4) wurden die Kernweiten für Kreis, Kreisring und Rechteck berechnet und in Bild III.4 dargestellt.

Berechnung der *Kernweite ρ* zu den Querschnittsflächen in Bild III.4:

Kreis: $\qquad \rho = \frac{W}{S} = \frac{\pi d^3\,4}{32\,\pi d^2} = \frac{d}{8} \tag{III.5}$

Kreisring: $\quad \rho = \frac{W}{S} = \frac{D}{8}\left[1 + \left(\frac{d}{D}\right)^2\right] \tag{III.6}$

Rechteck: $\rho_1 = \frac{W_1}{S} = \frac{b h^2}{6 b h} = \frac{h}{6};\;\; \rho_2 = \frac{W_2}{S} = \frac{h b^2}{6 h b} = \frac{b}{6} \tag{III.7}$

Mit d als Diagonale wird die kleinste Kernweite

$$\rho_{min} = \frac{b h}{6\sqrt{b^2 + h^2}} = \frac{b h}{6 d} \tag{III.8}$$

2. Gleichzeitiges Auftreten mehrerer Schubspannungen

2.1. Torsion und Abscheren

Nach Bild III.5 greift am Umfang eines *kurzen* geraden Stabes mit Kreisquerschnitt eine Kraft F an. Nach dem Schnittverfahren hat jeder Schnitt zu übertragen (ohne Biegung!):

eine *in* der Fläche liegende *Querkraft* $F_q = F$; sie ruft *Abscherspannungen* $\tau_a = F/S$ hervor; genauer (für Kreisquerschnitt) Schubspannungen

$$\tau_s = \frac{4 F}{3 A} = \frac{16 F}{3\pi d^2}\text{ , ohne Herleitung.}$$

Außerdem ein *Torsionsmoment* $M_T = Fr$; es ruft *Torsionsspannungen*

$$\tau_t = \frac{M_T}{W_p} = \frac{16 M_T}{\pi d^3} = \frac{8 F}{\pi d^2}\text{ hervor.}$$

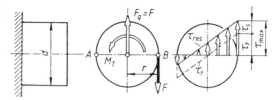

Bild III.5. Torsion und Abscheren

In den Umfangspunkten B tritt die größte resultierende Beanspruchung auf:

$$\tau_{max} = \tau_s + \tau_t = \frac{16 F}{3\pi d^2} + \frac{8 F}{\pi d^2} = \frac{40 F}{3\pi d^2} \approx 4{,}24\,\frac{F}{d^2}$$

3. Gleichzeitiges Auftreten von Normal- und Schubspannungen

3.1. Vergleichsspannung (reduzierte Spannung)

Die auftretenden Normal- und Schubspannungen lassen sich nicht so einfach algebraisch oder geometrisch addieren wie in 1. und 2. Es wird deshalb eine sogenannte Vergleichsspannung σ_v eingeführt, die mit Hilfe von Gleichungen berechnet werden kann, die wiederum aus den verschiedenen *Bruchhypothesen* entwickelt wurden. Praktische Bedeutung haben gewonnen: die *Dehnungshypothese*, die *Schubspannungshypothese* und die *Hypothese der größten Gestaltänderungsenergie*.

Die *Dehnungshypothese* (von *C. Bach*) liefert die *Vergleichsspannung*

$$\sigma_v = 0,35\,\sigma + 0,65\,\sqrt{\sigma^2 + 4\,\tau^2} \qquad\qquad (III.9)$$

Diese Hypothese wurde durch Versuche *nicht* bestätigt, ist aber trotzdem noch verbreitet.

Die Schubspannungshypothese von *Mohr* liefert die *Vergleichsspannung*

$$\sigma_v = \sqrt{\sigma^2 + 4\,\tau^2} \qquad\qquad (III.10)$$

Diese Hypothese paßt sich den verschiedenen Werkstoffen gut an und wurde durch Versuche von *Guest, v. Kármán, Böcker* und *M. ten Bosch* bestätigt.

Die Hypothese der größten *Gestaltänderungsenergie* liefert die *Vergleichsspannung*

$$\sigma_v = \sqrt{\sigma^2 + 3\,\tau^2} \qquad\qquad (III.11)$$

Diese Hypothese stimmt gut mit Versuchen überein und setzt sich allgemein durch.

Die drei Gleichungen gelten nur, wenn σ und τ durch den gleichen Belastungsfall entstehen, also beide durch schwellende oder beide durch wechselnde Belastung hervorgerufen werden. Sind die Belastungsfälle für σ und τ verschieden, so ist mit dem *Anstrengungsverhältnis*

$$\alpha_0 = \frac{\sigma_{zul}}{\varphi\,\tau_{zul}} \qquad\qquad (III.12)$$

zu rechnen. Die Werte für φ sind für die einzelnen Hypothesen verschieden. Es gilt dann für die *Vergleichsspannung*:

nach *Bach*:

$$\sigma_v = 0,35\,\sigma + 0,65\,\sqrt{\sigma^2 + 4\,(\alpha_0\,\tau)^2}\,; \quad \alpha_0 = \frac{\sigma_{zul}}{1,3\,\tau_{zul}} \qquad\qquad (III.13)$$

nach *Mohr*:

$$\sigma_v = \sqrt{\sigma^2 + 4\,(\alpha_0\,\tau)^2}\,; \quad \alpha_0 = \frac{\sigma_{zul}}{2\,\tau_{zul}} \qquad\qquad (III.14)$$

nach der *größten Gestaltänderungsenergie*:

$$\sigma_v = \sqrt{\sigma^2 + 3\,(\alpha_0\,\tau)^2}\,; \quad \alpha_0 = \frac{\sigma_{zul}}{1,73\,\tau_{zul}} \qquad\qquad (III.15)$$

Für die Bemessung der Querschnitte muß $\sigma_v \leqslant \sigma_{zul}$ sein.

3.2. Die einzelnen Beanspruchungsfälle

3.2.1. Zug (Druck) und Torsion. Das innere Kräftesystem besteht aus einer senkrecht zum Querschnitt stehenden Normalkraft F_N und aus einem *im* Querschnitt liegenden Torsionsmoment T. F_N erzeugt eine Normalspannung $\sigma = \pm F_N/S$; T erzeugt eine Torsionsspannung $\tau_t = T/W_p$ bzw. $\tau_t = T/W_t$.

Beide Spannungen werden zur Vergleichsspannung σ_v zusammengesetzt.

3.2.2. Zug (Druck) und Schub (Abscheren). Das innere Kräftesystem besteht aus einer senkrecht zum Querschnitt stehenden Normalkraft F_N und aus einer *im* Querschnitt liegenden Querkraft F_q. F_N erzeugt eine Normalspannung $\sigma = \pm F_N/S$; F_q erzeugt eine Schubspannung $\tau = F_q/S$ (Abscherspannung). Beide Spannungen werden zur Vergleichsspannung σ_v zusammengesetzt.

3.2.3. Biegung und Torsion. Das innere Kräftesystem besteht aus einem Biegemoment M_b und aus einem Torsionsmoment T. Die größte Bedeutung hat dieser Beanspruchungsfall für den *Kreisquerschnitt* (Wellen). Setzt man in die obigen Gleichungen der Vergleichsspannung für $\sigma_b = M_b/W$ und für $\tau_t = T/W_p$ ein und beachtet man, daß für den Kreisquerschnitt $W_p = 2W$ ist, so ergeben sich die folgenden Gleichungen:

$$\sigma_{Bach} = 0{,}35\,\frac{M_b}{W} + 0{,}65\,\sqrt{\left(\frac{M_b}{W}\right)^2 + \left(\alpha_0\,\frac{T}{W}\right)^2} \tag{III.16}$$

$$\sigma_{Mohr} = \sqrt{\left(\frac{M_b}{W}\right)^2 + \left(\alpha_0\,\frac{T}{W}\right)^2} \tag{III.17}$$

$$\sigma_{Gestalt} = \sqrt{\left(\frac{M_b}{W}\right)^2 + 0{,}75\left(\alpha_0\,\frac{T}{W}\right)^2} \tag{III.18}$$

Das Widerstandsmoment W läßt sich vor die Wurzel und dann als Faktor auf die linke Gleichungsseite bringen. Der dort entstehende Ausdruck $\sigma_v W$ heißt *Vergleichsmoment* M_v (entsprechend $M_b = \sigma_b W =$ Biegemoment).

Nach der Hypothese der größten Gestaltänderungsenergie ergibt sich mit Gleichung (III.18) die Beziehung für das *Vergleichsmoment:*

$$M_v = \sqrt{M_b^2 + 0{,}75\,(\alpha_0 T)^2} \tag{III.19}$$

Aus bekanntem Biegemoment M_b und Torsionsmoment T läßt sich damit das Vergleichsmoment M_v berechnen.

Für das *Anstrengungsverhältnis* α_0 kann man bei Wellen aus Stahl setzen:

$\alpha_0 = 1$ wenn σ_b und τ_t im gleichen Belastungsfall wirken,
$\alpha_0 = 0{,}7$ wenn σ_b wechselnd (Belastungsfall III) und τ_t schwellend (Belastungsfall II) wirkt (Hauptfall bei Wellen).

Damit ist die erste Voraussetzung zur Bestimmung des *Wellendurchmessers* d gegeben, wenn mit M_v weitergerechnet wird:

$$d = \sqrt[3]{\frac{M_v}{0{,}1\,\sigma_{b\,zul}}} \qquad \begin{array}{c|c|c} d & M_v & \sigma_{b\,zul} \\ \hline mm & Nmm & \dfrac{N}{mm^2} \end{array} \tag{III.20}$$

Auch für den *Kreisringquerschnitt* gelten die obigen Gleichungen, wenn für

$$W = \frac{\pi}{32} \cdot \frac{d_a^4 - d_i^4}{d_a} \quad \text{eingesetzt wird.}$$

■ **Beispiel:** Die Welle 1 mit Kreisquerschnitt (Bild III.6) wird durch die Kraft $F = 800$ N über einen Hebel 2 mit Rechteckquerschnitt auf Biegung und Torsion beansprucht. Maße: $l_1 = 280$ mm, $l_2 = 200$ mm, $l_3 = 170$ mm, $d = 30$ mm. Berechne: a) die Querschnittsmaße b und h für ein Verhältnis $h/b = 4$ und $\sigma_{b\,zul} = 100$ N/mm², b) die größte Biegespannung in der Schnittebene $A-B$ der Welle 1, c) die Torsionsspannung, d) die Vergleichsspannung.

Lösung: a) $\sigma_b = \dfrac{M_b}{W} = \dfrac{M_b}{\dfrac{b\,h^2}{6}} = \dfrac{M_b}{\dfrac{h\,b^2}{4 \cdot 6}} = \dfrac{24\,M_b}{h^3}$

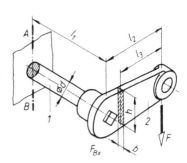

$$h_{erf} = \sqrt[3]{\dfrac{24\,M_b}{\sigma_{b\,zul}}} = \sqrt[3]{\dfrac{24 \cdot 800\ \text{N} \cdot 170\ \text{mm}}{100\ \dfrac{\text{N}}{\text{mm}^2}}} = 32\ \text{mm}$$

gewählt ☐ 32 × 8

b) $\sigma_{b\,vorh} = \dfrac{M_b}{W}$; $\qquad W = \dfrac{\pi}{32}\,d^3$

$$\sigma_{b\,vorh} = \dfrac{M_b}{\dfrac{\pi}{32}\,d^3} = \dfrac{32 \cdot 800\ \text{N} \cdot 280\ \text{mm}}{\pi\,(30\ \text{mm})^3} = 84,5\ \dfrac{\text{N}}{\text{mm}^2}$$

Bild III.6. Biegung und Torsion

c) $\tau_{t\,vorh} = \dfrac{M_T}{W_p}$; $\qquad W_p = 2W = \dfrac{\pi}{16}\,d^3$

$$\tau_{t\,vorh} = \dfrac{M_T}{\dfrac{\pi}{16}\,d^3} = \dfrac{16 \cdot 800\ \text{N} \cdot 200\ \text{mm}}{\pi\,(30\ \text{mm})^3} = 30,2\ \dfrac{\text{N}}{\text{mm}^2}$$

d) $\sigma_v = \sqrt{\sigma_b^2 + 3\,(\alpha_0\,\tau_t)^2} = 92,1\ \dfrac{\text{N}}{\text{mm}^2}$

■ **Beispiel:** Eine Welle trägt nach Bild III.7 fliegend das Haspelrad eines Flaschenzuges. Die Handkraft soll $F = 500$ N betragen. Berechne a) das die Welle belastende Drehmoment infolge der Handkraftwirkung, b) das maximale Biegemoment, c) das Vergleichsmoment, d) den Wellendurchmesser für $\sigma_{b\,zul} = 80$ N/mm².

Lösung: a) $M = Fr = 500\ \text{N} \cdot 0,12\ \text{m} = 60\ \text{Nm}$

b) $M_{b\,max} = Fl = 500\ \text{N} \cdot 0,045\ \text{m} = 22,5\ \text{Nm}$

c) $M_v = \sqrt{M_b^2 + 0,75\,(\alpha_0\,M_T)^2}$

$M_v = \sqrt{(22,5\ \text{Nm})^2 + 0,75\,(0,7 \cdot 60\ \text{Nm})^2} = 43\ \text{Nm}$

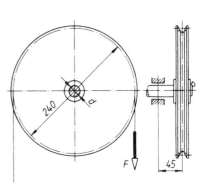

d) $d_{erf} = \sqrt[3]{\dfrac{M_v}{0,1\,\sigma_{b\,zul}}}$

$$d_{erf} = \sqrt[3]{\dfrac{43 \cdot 10^3\ \text{Nmm}}{0,1 \cdot 80\ \dfrac{\text{N}}{\text{mm}^2}}} = 17,5\ \text{mm}$$

Bild III.7. Biegung und Torsion

$d = 18$ mm ausgeführt

■ **Beispiel:** Ein Getriebe mit Geradzahn-Stirnrädern (Herstelleingriffswinkel $\alpha_n = 20°$) soll eine Gesamtübersetzung

$$i_{ges} = \frac{n_1}{n_4} = \frac{960 \text{ min}^{-1}}{48 \text{ min}^{-1}} = 20$$

durch zwei Zahnradpaare ermöglichen. Die Entwurfsberechnung ergab die Teilkreisdurchmesser:

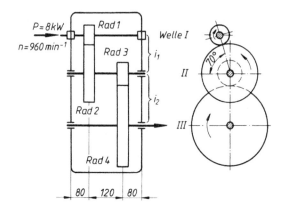

Bild III.8. Getriebeskizze

$$\begin{aligned} d_1 &= 48 \text{ mm} \\ d_2 &= 240 \text{ mm} \end{aligned} \Big\} \; i_1 = 5$$

$$\begin{aligned} d_3 &= 72 \text{ mm} \\ d_4 &= 288 \text{ mm} \end{aligned} \Big\} \; i_2 = 4$$

Es wird die Aufgabe gestellt, den Durchmesser für die Getriebewelle II festzulegen, für die Werkstoff St 60 mit einer zulässigen Biegespannung von 80 N/mm² verwendet werden soll. Da der Wirkungsgrad η für Zahnradgetriebe sehr gut ist (hier etwa $\eta \approx 0,98$), kann er bei Festigkeitsrechnungen unberücksichtigt bleiben.

Lösung: Mit der gegebenen Leistung $P = 8$ kW bei der Drehzahl $n_1 = 960$ min^{-1} läßt sich das von der Welle I zu übertragende Drehmoment M_I berechnen:

$$M_I = 9550 \frac{P}{n_1} = 9550 \cdot \frac{8}{960} \text{ Nm} = 79{,}583 \text{ Nm}$$

An den Wellen II und III wirken die Drehmomente M_{II} und M_{III}. Sie können mit den angegebenen Übersetzungen i_2 und i_3 berechnet werden. Die dazu erforderlichen Gleichungen lassen sich durch eine einfache Überlegung finden (siehe auch Gleichung II.28 im Abschnitt Dynamik).

Bei verlustfreiem Betrieb (Annahme) ist der Wirkungsgrad $\eta = 1$ zu setzen. Es fließt dann durch alle leistungsführenden Bauteile des Systems „Getriebe" der gleiche Leistungsbetrag $P = M_I \omega_1 = M_{II} \omega_2 = M_{III} \omega_3$. Für den Übergang von Welle I zu Welle II wird daher

$$M_I \omega_1 = M_{II} \omega_2 \quad \text{oder}$$

$$\frac{M_{II}}{M_I} = \frac{\omega_1}{\omega_2} = \frac{n_1}{n_2} = i_2 \quad \text{und daraus}$$

$$M_{II} = M_I i_2 \quad \text{und analog für } M_{III}$$

$$M_{III} = M_{II} i_3 = M_I i_2 i_3 = M_I i_{ges}$$

Wir erhalten damit die Beträge der Wellendrehmomente:

$$M_{II} = M_I i_2 = 79{,}583 \text{ Nm} \cdot 5 = 397{,}915 \text{ Nm}$$

$$M_{III} = M_I i_{ges} = 79{,}583 \text{ Nm} \cdot 20 = 1591{,}66 \text{ Nm}$$

Aus den errechneten Drehmomenten ergeben sich die Umfangskräfte am Teilkreisumfang:

$$F_{u2} = \frac{2 M_{II}}{d_2} = \frac{2 \cdot 397{,}915 \cdot 10^3 \, \text{Nmm}}{240 \, \text{mm}} = 3316 \, \text{N}$$

$$F_{u3} = \frac{2 M_{II}}{d_3} = \frac{2 \cdot 397{,}915 \cdot 10^3 \, \text{Nmm}}{72 \, \text{mm}} = 11\,053 \, \text{N}$$

Bild III.9. Drehmoment und Umfangskraft am Zahnrad

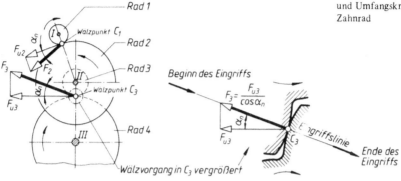

Bild III.10. Normalkräfte F_2, F_3 und deren Tangentialkomponenten F_{u2}, F_{u3} der Räder 2 und 3

Die Umfangskräfte F_{u2}, F_{u3} sind Komponenten der in Eingriffsrichtung auf die Zähne wirkenden Zahnkräfte F_2 und F_3.

Beachte: F_3 ist die von Rad 4 auf Rad 3 ausgeübte Kraft! Überprüfe die Kraftrichtungen nach dem Gefühl: Zahnrad 2 muß von Rad 1 nach unten, Rad 3 dagegen von Rad 4 nach oben gedrückt werden!

$$F_2 = \frac{F_{u2}}{\cos \alpha_n} = 3529 \, \text{N}$$

$$F_3 = \frac{F_{u3}}{\cos \alpha_n} = 11\,762 \, \text{N}$$

Diese Zahnkräfte F_2 und F_3 beanspruchen die Welle II auf Torsion und Biegung: Bringe in den Radmittelpunkten je zwei Kräfte F_2 bzw. F_3 an (Erweiterungssatz aus der Statik), dann ergibt sich je ein Kräftepaar (Drehmoment M_{II}) und eine Einzelkraft (Biegekraft F_2 bzw. F_3).

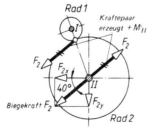

Bild III.11. Rad 2 mit Welle II frei gemacht

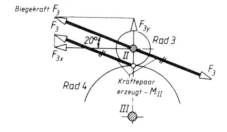

Bild III.12. Rad 3 mit Welle II frei gemacht

Die Kräftepaare ergeben Momente, die gleich groß sind und sich entgegenwirken:
$+ M_{II} - M_{II} = 0$; Welle II wird davon auf Torsion beansprucht. Die Komponenten F_x und
F_y der Biegekräfte F_2 und F_3 sind aus dem Krafteck abzulesen:

$F_{2y} = F_2 \sin 40° = 2\,268\ \text{N}$
$F_{2x} = F_2 \cos 40° = 2\,703\ \text{N}$
$F_{3y} = F_3 \sin 20° = 4\,023\ \text{N}$
$F_{3x} = F_3 \cos 20° = 11\,053\ \text{N}$

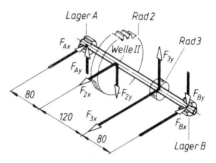

Die perspektivische Belastungsskizze gibt Aufschluß über die Weiterentwicklung der Rechnung. Wir können mit der Belastungsskizze
leicht die statischen Gleichgewichtsbedingungen
für die waagerechte und für die senkrechte
Ebene aufstellen und daraus dann die Stützkraft-
Komponenten F_{Ax}, F_{Ay}, F_{Bx}, F_{By} gewinnen:

Bild III.13. Perspektivische Belastungsskizze
der Welle II mit Horizontal- und Vertikalkräften

waagerechte Ebene

$\Sigma M_{(A)} = 0 = F_{Bx} \cdot 280\ \text{mm} - F_{3x} \cdot 200\ \text{mm} - F_{2x} \cdot 80\ \text{mm}$

senkrechte Ebene

$\Sigma M_{(A)} = 0 = - F_{By} \cdot 280\ \text{mm} + F_{3y} \cdot 200\ \text{mm} - F_{2y} \cdot 80\ \text{mm}$

Aus den Momentengleichgewichtsbedingungen erhalten wir nun die Bestimmungsglei-
chungen für die Stützkraftkomponenten F_{Bx} und F_{By}, ebenso mit $\Sigma F_x = 0$ und $\Sigma F_y = 0$
die Komponenten F_{Ax} und F_{Ay}:

waagerechte Ebene

$\Sigma M_{(A)} = 0 = \dots$

$$F_{Bx} = \frac{F_{2x} \cdot 80\ \text{mm} + F_{3x} \cdot 200\ \text{mm}}{280\ \text{mm}}$$

$F_{Bx} = 8667\ \text{N}$
$\Sigma F_x = 0 = + F_{Ax} - F_{2x} - F_{3x} + F_{Bx}$
$F_{Ax} = 5089\ \text{N}$

senkrechte Ebene

$\Sigma M_{(A)} = 0 = \dots$

$$F_{By} = \frac{F_{3y} \cdot 200\ \text{mm} - F_{2y} \cdot 80\ \text{mm}}{280\ \text{mm}}$$

$F_{By} = 2226\ \text{N}$
$\Sigma F_y = 0 = + F_{Ay} - F_{2y} + F_{3y} - F_{By}$
$F_{Ay} = 471\ \text{N}$

Die Komponenten werden geometrisch addiert:

$$F_A = \sqrt{F_{Ax}^2 + F_{Ay}^2} = \sqrt{5089^2\ \text{N}^2 + 471^2\ \text{N}^2} = 5111\ \text{N}$$

$$F_B = \sqrt{F_{Bx}^2 + F_{By}^2} = \sqrt{8667^2\ \text{N}^2 + 2226^2\ \text{N}^2} = 8948\ \text{N}$$

Zur Ermittlung der größten Biegebeanspruchung werden für die beiden Ebenen die Mo-
mentenflächen gezeichnet und zu einer resultierenden Biegemomentenfläche geometrisch
addiert.

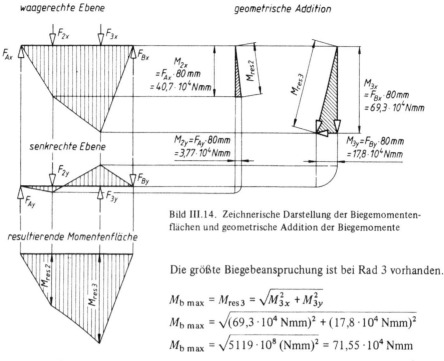

Bild III.14. Zeichnerische Darstellung der Biegemomentenflächen und geometrische Addition der Biegemomente

Die größte Biegebeanspruchung ist bei Rad 3 vorhanden.

$$M_{b\,max} = M_{res\,3} = \sqrt{M_{3x}^2 + M_{3y}^2}$$

$$M_{b\,max} = \sqrt{(69{,}3 \cdot 10^4\,\text{Nmm})^2 + (17{,}8 \cdot 10^4\,\text{Nmm})^2}$$

$$M_{b\,max} = \sqrt{5119 \cdot 10^8\,(\text{Nmm})^2} = 71{,}55 \cdot 10^4\,\text{Nmm}$$

Die Welle II wird beim Rad 3 belastet durch das Biegemoment $M_{b\,max} = 71{,}55 \cdot 10^4\,\text{Nmm}$
und das Drehmoment $M_{II} = 39{,}8 \cdot 10^4\,\text{Nmm}$

Weil das Drehmoment M_{II} in der Welle II von Rad 2 bis Rad 3 konstant ist, ergibt sich der gefährdete Querschnitt im Punkt der größten Biegebeanspruchung, also bei Rad 3! Das resultierende Moment M_v aus Biege- und Torsionsbeanspruchung (= Vergleichsmoment) beträgt:

$$M_v = \sqrt{M_b^2 + 0{,}75\,(\alpha_0\,T)^2}$$

Bei gleichbleibender Drehrichtung liegt wechselnde Biege- und schwellende Torsionsbeanspruchung vor, also $\alpha_0 = 0{,}7$:

$$M_v = \sqrt{(71{,}55 \cdot 10^4\,\text{Nmm})^2 + 0{,}75\,(0{,}7 \cdot 39{,}8 \cdot 10^4\,\text{Nmm})^2}$$

$$M_v = \sqrt{5119 \cdot 10^8\,\text{N}^2\,\text{mm}^2 + 582 \cdot 10^8\,\text{N}^2\,\text{mm}^2} = 75{,}5 \cdot 10^4\,\text{Nmm}$$

Mit dem Vergleichsmoment M_v und der zulässigen Biegespannung kann der Wellendurchmesser bestimmt werden:

$$\sigma_v = \frac{M_v}{W} \leqq \sigma_{b\,zul} \qquad W = 0{,}1\,d^3 \text{ für Kreisquerschnitt eingesetzt und nach } d \text{ aufgelöst:}$$

$$d_{erf} = \sqrt[3]{\frac{M_v}{0{,}1\,\sigma_{b\,zul}}} \qquad\qquad \sigma_{b\,zul} = 80\,\frac{\text{N}}{\text{mm}^2}$$

$$d_{erf} = \sqrt[3]{\frac{75{,}6 \cdot 10^4\,\text{Nmm}}{0{,}1 \cdot 80\,\dfrac{\text{N}}{\text{mm}^2}}} = \sqrt[3]{94{,}5 \cdot 10^3\,\text{mm}^3}$$

$d_{erf} = 45{,}55$ mm; $d = 46$ mm gewählt

Werkstofftechnik

I. Allgemeines

Eine der häufigsten Aufgaben, die in der Technik anfällt, enthält vielseitige Probleme:

> Bauteile müssen so *entworfen,* wirtschaftlich *hergestellt* und in Funktion *erhalten* werden, daß sie eine hohe, dabei sinnvolle, Lebensdauer erreichen. Entsprechend sind Werkstoff und Fertigungsgänge *auszuwählen.*

Für eine optimale Bauteilauslegung ist das Zusammenwirken von Konstruktion, Fertigungsplanung, Wartung bis hin zu Regeneration bzw. Recycling erforderlich. Dafür werden in allen Phasen Kenntnisse über *Eigenschaften und Verhalten* der Werkstoffe gebraucht. Das ist der Gegenstand des Fachgebietes Werkstoffkunde.

1.1. Auswahlprinzip für Werkstoffe

Anforderungsprofil	=	Eigenschaftsprofil

Anforderungsprofil ist die Summe aller Beanspruchungen, die ein Bauteil in seiner Funktion ertragen muß. Es läßt sich in vier **Beanspruchungsbereiche** gliedern.	Eigenschaftsprofil ist die Summe aller Eigenschaften des Werkstoffes im Bauteil. Es läßt sich in verschiedene **Eigenschaftsbereiche** gliedern.

Übersicht: Anforderungsprofil		**Übersicht**: Eigenschaftsprofil (Auswahl)	
Beanspruchungs-Bereich	Wirkung auf das Bauteil	**Mechanische Eigenschaften**	
Festigkeits-Beanspruchung	Innere Kräfte (Spannungen) führen zu Verformungen, evtl. zum Bruch	Widerstand geg. Zerreißen Verhalten bei – elastischer – plastischer Verformung	Zugfestigkeit R_m in MPa (= N/mm^2) E-Modul E in N/mm^2 Bruchdehnung A in % Brucheinschnürung Z in %
Korrosions-Beanspruchung	Reaktionen mit anderen Stoffen führen zu Stoffverlust (Durchbrüche)	**Thermische Eigenschaften**	
Tribologische Beanspruchung	Reibung und Verschleiß ergeben Werkstoff- und Energieverluste	Verhalten bei – tiefen – hohen Temp.	Kaltzähigkeit Zeitstandfestigkeiten
Thermische Beanspruchung	Erweichung in der Wärme, Versprödung in der Kälte, Wärmeausdehnung.	**Chemische Eigenschaften**	
		Beständigkeit gegen Wasser	Korrosionsgeschwindigkeit in mm/a (Jahr)
Die Thermische Beanspruchung verstärkt die Wirkung der anderen Beanspruchungsarten.		**Technologische Eigenschaften**	
		Verhalten beim – Gießen	Schwindmaß in %.

Werkstoffkunde versucht, die Eigenschaften der Stoffe mit Hilfe ihrer Struktur zu erklären, weil Eigenschaftsänderungen immer mit Strukturänderungen verbunden sind. Eine Grobeinteilung der Werkstoffe geht von dieser „inneren Beschaffenheit" aus:

1.2. Grobgliederung der Werkstoffe

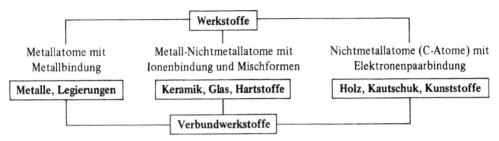

Verbundwerkstoffe werden eingesetzt, wenn das Eigenschaftsprofil eines einzigen Werkstoffes nicht alle Anforderungen abdeckt, so daß durch Hinzunahme eines zweiten das Anforderungsprofil vollständig erfüllt wird. Das gleiche geschieht durch **Werkstoffverbund**, z. B. durch Beschichten von Stahl mit korrosions- oder verschleißbeständigen Werkstoffen.

Zur Struktur im weitesten Sinne gehören — vom Kleinsten, Unsichtbaren, zum Größeren, Sichtbaren — **Atomart und Bindung** zwischen ihnen zu **Molekülen oder Kristallgittern**, so daß Kristalle oder Kristallkörner mikroskopisch sichtbar gemacht werden können. Sie bilden mit Verunreinigungen (Schlacken) oder willkürlich zugesetzten Stoffen (Fasern) die Phasen, aus denen sich das **Gefüge** zusammensetzt. Art und Mischungsverhältnis dieser Phasen legen das Eigenschaftsprofil des Werkstoffes fest.

1.3. Übersicht über die Bindungen in Kristallgittern

Eigenschaft	Metallgitter	Ionengitter	Molekülgitter	Atomgitter
Bindungsart	Metallbindung	Ionenbindung	Elektronenpaarbindung	
Bausteine Teilchenart	Positive Metall-ionen und negative freie Elektronen	Positive Metall- und negative Nichtmetallionen	Moleküle der Nichtmetalle	Atome von C Si, Ge, Sn
Kräfte zwischen den Bausteinen	mittel bis groß	groß	klein	sehr groß
Siede- und Schmelzpunkte	hohe Siedepunkte	hohe Schmelz- und Siedepunkte	Niedrige Siede- und Schmelzpunkte	sehr hohe Schmelzpunkte
elektrische Leitfähigkeit	gute Elektronen-leiter	in Schmelze und Lösg. Ionenleiter	z. T. Isolatoren	Nichtleiter
Plastische Verformung – kalt – warm	gut, vom Kristallsystem abhängig sehr gut	nicht vorhanden spröde z. T. möglich unter Druck	nicht vorhanden begrenzt, gut bei Thermoplasten	unverformbar spröde keine
typische Vertreter	Metalle und Legierungen	Oxid- und Silikatkeramik	Graphit, Eis Kunststoffe	Diamant, Quarz Hartstoffe

Metalle und Legierungen werden als wichtigste Werkstoffe im folgenden Abschnitt behandelt.

II. Metallkundliche Grundlagen

1. Reine Metalle

Von 70 Metallen des PSE haben nicht alle *Beständigkeit, Festigkeit* und *Verformbarkeit*, sowie ausreichendes *Vorkommen* und wirtschaftliche *Erzeugungsmöglichkeit*. Tafel II.1 enthält die wichtigsten Gebrauchsmetalle und einige Daten.

1.1. Metallgitter

Metalle sind kristallin, d.h. aus einzelnen Kristallen bestehend. Im Kristall liegen die Ionen geordnet vor → Raumgitter. Es gibt drei wichtige Gittertypen, nach denen die wichtigsten Metalle kristallisieren.

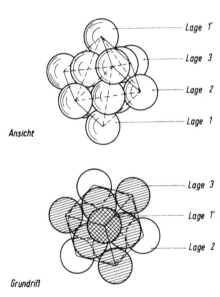

Ansicht

Grundriß

Bild II.1. Elementarzelle des kubisch-flächenzentrierten γ-Eisens

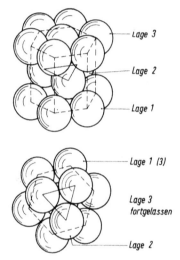

Bild II.2. Elementarzelle des hexagonalen Magnesiums

Dichteste Packung der Atome liegt vor beim kubisch-*flächen*zentrierten (kfz.) und beim hexagonalen (hex.) Raumgitter. Nicht so dicht gepackt, aber häufig auftretend ist das kubisch-*raum*zentrierte (krz.) Raumgitter (Tafel II.1, Spalte 3). Die Bilder II.1 bis II.3 zeigen die Elementarzellen dieser Gittertypen.

Kristalle(-körner) sind normal ungeordnet zusammengewachsen und bilden mit Korngrenzen und Verunreinigungen das *Gefüge* des Metalles (Legierung), es kann im *Schliffbild* mikroskopisch bis etwa 1000fach vergrößert sichtbar gemacht werden.

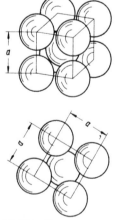

Bild II.3. Elementarzelle des kubisch-raumzentrierten α-Eisens

2. Verhalten des Metallgitters bei physikalischen Vorgängen

2.1. Kristallisation

Beim Erstarren einer Metallschmelze ordnen sich die Teilchen um Kristall*keime* herum, wodurch Kristallkörner oder *Kristallite* wachsen. Als Keime wirken nichtgeschmolzene mikroskopisch kleine Metallreste oder feste nichtmetallische Schlackenteilchen.

Durch die Angliederung an das entstehende Gitter wird die Eigenbewegung der Teilchen sprunghaft kleiner, die innere Energie sinkt. Energiedifferenz wird als *Kristallisationswärme* nach außen abgegeben. Dadurch bleibt die Temperatur praktisch solange konstant, als sich Kristalle aus der Schmelze ausscheiden (Haltepunkt Bild II.5). Im erstarrten Metall schwingen die Ionen um die Knotenpunkte des Raumgitters der Kristallite. Mit sinkender Temperatur können sie sich nähern. Dadurch steigen Dichte und Festigkeit. Erst am absoluten Nullpunkt ist die dichteste Packung erreicht. Bei Raumtemperatur ist bereits eine gewisse Eigenbewegung vorhanden.

Korngröße des Gefüges hängt von der Anzahl der Keime ab. *Feinkorn* entsteht bei vielen Keimen und bei schneller Abkühlung der Schmelze unter den Erstarrungspunkt.

Deshalb Kokillenguß feinkörniger als Sandguß. Fremdkeime auch durch Schmelzzusätze in die Gießpfanne eingebracht (Desoxydation des Stahles mit Al).

2.2. Schmelzvorgang

Durch Zufuhr von Wärme vergrößert sich die innere Energie, damit die Eigenbewegung der Teilchen: Das Metall dehnt sich aus. Bei der Temperatur des Schmelzpunktes überwindet die innere Energie einiger Teilchen die Zusammenhangskräfte des Gitters: Beginn des Schmelzens. Die weiter zugeführte Energie dient nicht der Erhöhung der Temperatur, sondern zum Abbau des Raumgitters.

Erst nach Zerfall der letzten Kristalle kann die Temperatur der Schmelze steigen, Phasenregel 3.2. Die bei konstanter Temperatur zugeführte Wärme heißt Schmelzwärme und ist gleich der Kristallisationswärme.

2.3. Anisotropie

Ein Einzelkorn zeigt unterschiedliche Eigenschaften in den verschiedenen Achsrichtungen (Vergleich: Holz längs und quer zur Faser beansprucht). Gilt für chemische und physikalische Eigenschaften. Diese Erscheinung wird mit Anisotropie bezeichnet. Vielkristalliner Werkstoff zeigt keine Anisotropie, da Kristallite mit ihren Achsen ungeordnet liegen.

Bei einigen Verfahren der Umformung (Schmieden, Walzen) entsteht eine teilweise Ausrichtung der Kristallachsen, als *Textur* bezeichnet. Dadurch z.B. unterschiedliche Festigkeit und Dehnung bei Blechen längs und quer zur Walzrichtung. Bei Tiefziehblechen Textur unerwünscht, bei Stahlblech für elektrische Maschinen (Dynamo- und Trafoblech) bestimmte Textur erwünscht.

2.4. Kaltverformung

Unter äußeren Kräften verformt sich der Werkstoff, ohne daß der Zusammenhalt der Teilchen verlorengeht. Jedes Korn verformt sich selbständig, indem Kugelschichten dichtester Packung parallel zueinander abgleiten (Translation). Jede Kugel überwindet dabei den Sattel zwischen zwei Kugeln der Nachbarschicht (Bild II.4a). Nur so bleiben die Ionen unter der Wirkung der Kohäsionskräfte. Folglich sind nur bestimmte *Gleitebenen* und *Gleitrichtungen* in jedem Raumgitter möglich (Bild II.4).

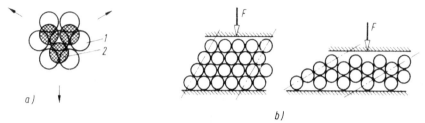

Bild II.4. Plastische Verformung im Raumgitter

a) obere Kugelschicht 2 kann in drei Richtungen gegen untere Schicht 1 verschoben werden

b) äußere Kräfte bewirken ein Abgleiten von Kugelschichten und plastische Verformung des Kornes

Größte Anzahl von möglichen Gleitebenen und -richtungen besitzt das kfz. Gitter, dargestellt durch Flächen und Kanten eines in den Würfel eingezeichneten Oktaeders, geringste Anzahl das hexagonale Gitter, dargestellt durch schraffierte Ebenen. Das krz. Gitter liegt dazwischen.

| | Gitter | | |
| | kubisch- | | |
	flächenzentriert	raumzentriert	hexagonal
E-Zelle und Gleitebenen			
Gleitebenen	4	6 [1]	1
Gleitmöglichkeiten Kaltformbarkeit Metalle	12 sehr gut Al, γ-Fe, Cu, Pb	12 gut α-Fe, Cr, Mo, V	3 gering Mg, Zn, Ti

[1]) Gleitebenen sind die Flächen, welche die Raumdiagonale enthalten, zusätzlich also noch die auf den schraffierten Ebenen senkrecht stehenden. Jede Ebene hat 2 Gleitrichtungen in den Raumdiagonalen.

2.5. Kaltverfestigung

Im vielkristallinen Werkstoff erfolgt das Abgleiten der Kugelschichten *behindert* durch die Nachbarschaft der Kristallite. Es kommt zu einem *Krümmen* der zunächst *ebenen* Gleitebenen. Dadurch weiteres Abgleiten erschwert, es sind größere Kräfte nötig. Diese Verhärtung des Metalls wird als *Kaltverfestigung* bezeichnet. Sind alle Gleitmöglichkeiten erschöpft, ist der Werkstoff *versprödet*. Der Versuch weiterer Verformung unter großer Kraft entfernt Teilchen zu weit voneinander, so daß die Kohäsionskräfte nicht mehr wirken: Der Werkstoff zerreißt. Jede Kaltverformung führt zu Kaltverfestigung und Abnahme der noch möglichen Verformbarkeit. Die rundlichen Kristallkörner werden dabei länglich schmal. Kaltverfestigter Werkstoff hat höhere Streckengrenze, aber kleinere Bruchdehnung (noch mögliche Verformung bis zum Bruch) als im normalisierten Zustand.

Besonders hohe Verfestigungsfähigkeit ergeben lösliche Komponenten (Mischkristalle), wie z.B. Mangan und Nickel im Stahl. Manganhartstahl und Chrom-Nickel-Stahl für starke Kaltverfestigung bekannt.

Ausnutzung bei Blechen und Bändern von Nichteisenmetallen, die in verschiedenen Festigkeitsstufen geliefert werden können (mit F-Zahl gekennzeichnet).

Beispiel: Cu Zn 37 F 61, Messingblech mit R_m = 610 N/mm².

2.6. Rekristallisation

Wird ein kaltverformter Werkstoff erwärmt, so bildet sich bei bestimmter Temperatur, von Keimen ausgehend, ein neues Gefüge, das Rekristallisationsgefüge. Als Keime wirken die am stärksten verformten Körner, deren Teilchen, durch Wärmebewegung begünstigt, ein neues unverspanntes Raumgitter bilden. Die Temperatur, bei der die Rekristallisation beginnt, heißt Rekristallisationsschwelle. Sie ist keine Werkstoffkonstante, sondern vom Verformungsgrad abhängig. Rekristallisationsschaubilder (Bild III.8) zeigen den Zusammenhang zwischen *Verformungsgrad*, notwendiger *Rekristallisationstemperatur* und *Korngröße* des entstehenden Rekristallisationsgefüges. Nach geringer Verformung entsteht beim Glühen grobkörniges Gefüge. Bleibt die Verformung unter 4 % oder die Temperatur unter der Rekristallisationsschwelle, so findet nur *Kristallerholung* statt. Hierbei können infolge erhöhter Wärmebewegung Fehlstellen im Gitter verschwinden. Kristallform und -größe wird nicht verändert.

Verformungsgrad läßt sich z.B. am Blechwalzen erklären: Wird ein Blech von 1 mm Dicke auf 0,6 mm heruntergewalzt, so sind 0,4 mm oder 40 % der Ausgangsdicke verformt worden. Der Verformungsgrad betrug dabei 40 %.

2.7. Warmverformung

Wird bei Temperaturen über der Rekristallisationsschwelle verformt, findet ständige Rekristallisation statt, es kommt also nicht zur Kaltverfestigung. Dadurch *größere Verformungen* möglich als bei Raumtemperatur. Infolge der erhöhten Wärmebewegung sind *geringere Kräfte* zum Verschieben der Kugelschichten erforderlich. Für Blei, Zink und Zinn liegt die Rekristallisationsschwelle unter Raumtemperatur, so daß jede Verformung eine Warmverformung darstellt.

2.8. Diffusion in Legierungen

Diffusion ist die *Durchdringung* von Stoffen infolge der Wärmebewegung ihrer kleinsten Teilchen. Sie ist bei Gasen vollkommen und geht bei Flüssigkeiten leicht vonstatten. In festen Körpern ist sie erschwert. Bei manchen Metallen ist eine Wanderung der Teilchen bei Raumtemperatur möglich, z.B. bei der Alterung des Stahles oder Kaltaushärtung der Al/Cu-Legierungen.

Die *Diffusionsgeschwindigkeit* eines Stoffes hängt ab:

> von der Größe seiner Atome, vom Raumgitter, in dem er sich ausbreitet, vom Konzentrationsunterschied, von der Temperatur.

Umkristallisationsvorgänge von Legierungen im festen Zustand sind Diffusionen. Bei niedrigen Temperaturen brauchen sie Zeit, um ablaufen zu können.

Durch Diffusion gelingt es, Stoffanhäufungen (Seigerungen) zu verringern und Fremdstoffe von außen in die Werkstoffe eindiffundieren zu lassen (Aufkohlen, Chromieren, Aluminieren).

Die Diffusionsgeschwindigkeit ist bei konstanter Temperatur zu Beginn des Eindringens am größten. Da sich der Konzentrationsunterschied mit wachsendem Eindiffundieren verringert, wird auch die Diffusionsgeschwindigkeit kleiner. Ein vollkommenes Durchdringen zweier fester Körper ist nur bei unendlich langer Glühdauer möglich. Praktisch ist deshalb ein Ausgleich von Seigerungen und die vollkommene Ausscheidung von Sekundärkristallen nach den Zustandsschaubildern nicht möglich.

3. Legierungen aus zwei Stoffen (binäre Legierungen)

Die beiden Bestandteile (Komponenten) sind meist Metalle, z.T. auch Metall und Nichtmetall oder Metallverbindung. Für das Verhalten der Komponenten zueinander gibt es verschiedene Möglichkeiten.

Im *flüssigen* Zustand lösen sich die meisten Metalle ineinander. Ausnahmen sind Blei/Zinn, Blei/Kupfer, Blei/Aluminium, Eisen/Zinn. Um homogene Legierungen zu erhalten, müssen die Komponenten als Schmelze löslich sein.

Im *festen* Zustand kann die Löslichkeit bestehen bleiben oder ganz oder teilweise verschwinden.

3.1. Thermische Analyse, Zustandsschaubild

Durch thermische Analyse bestimmt man die *Um-wandlungspunkte* von Metallen und Legierungen. Das sind die Temperaturen, bei denen Beginn oder Ende von Kristallisationsvorgängen liegt. Kurve 1 in Bild II.5 zeigt den Abkühlungsverlauf eines Stoffes ohne Umwandlungen. Reine Metalle, Kurve 3, weisen *Halte-punkte*, Legierungen Halte- und *Knickpunkte* in ihren Abkühlungskurven auf (Kurve 2). Ursache dieser Unstetigkeiten ist freiwerdende Kristallisationswärme. Umwandlungspunkte sind keine Festpunkte, sondern verschieben sich bei schneller Abkühlung zu tieferen Temperaturen. Diese Umwandlungsträgheit wird als

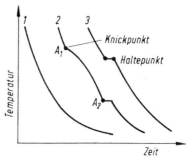

Bild II.5. Abkühlungskurven

1 amorpher Stoff, 2 Legierung, 3 reines Metall

Hysterese bezeichnet. Durch schnelle Abkühlung können Schmelzen *unterkühlt* werden, d.h. sie erstarren bei etwas tieferen Temperaturen, dadurch schnellere Kristallisation → Feinkorn.

Mit Hilfe der Abkühlungskurven von Legierungen mit verschiedenem Mischungsverhältnis zweier Komponenten wird das Zustandsschaubild zusammengestellt (Bild II.6). Linie *ACB* ist die *Liquidus*-Linie, oberhalb der alles flüssig ist. Linie *DCE* ist die *Solidus*-Linie, unterhalb der alles fest ist. Dazwischen liegt der Erstarrungs*bereich* der Legierungen.

Innerhalb der Felder besteht jede Legierung aus bestimmten Phasen. *Phasen* sind die Kristallarten und die Schmelze. Zwischen den Phasen herrschen je nach Temperatur bestimmte Gleichgewichtsverhältnisse, wenn die Abkühlung *sehr langsam* erfolgt.

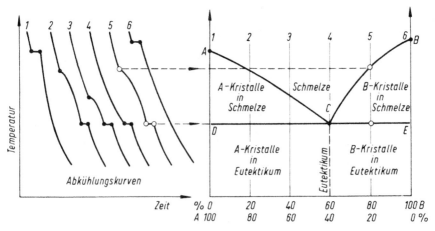

Bild II.6. Entstehung eines Zustandsschaubildes

3.1.1. Das Lesen der Zustandsschaubilder

Die Vorgänge beim Abkühlen einer Legierung lassen sich im Zustandsschaubild auf einer *senkrechten* Linie verfolgen. Sie liegt entsprechend der Zusammensetzung der interessierenden Legierung. Man geht vom geschmolzenen Zustand aus. Dabei wandert ein die Legierung *darstellender Punkt* auf der Senkrechten abwärts, der sinkenden Temperatur entsprechend.

Für die Kristallisationsvorgänge gelten folgende Regeln:

Beim Überschreiten der Grenzlinie zwischen zwei Phasenfeldern ändert sich *Zahl* oder *Art* der Phasen um eins. Abweichungen von dieser Regel sind an *Punkten* möglich.

Die *Zusammensetzung* der jeweiligen Phasen kann am Lot auf die waagerechte Achse abgelesen werden.

Der *Anteil* einer Phase am Gefüge ist dem abgewandelten Hebelarm proportional. (Hebelgesetz an der Temperaturwaagerechten.)

Prozentualer Anteil einer Phase:

$$Ph\% = \frac{\text{abgewandter Hebel}}{\text{Gesamthebel}} \cdot 100\%$$

Beispiel: Abkühlungsverlauf einer Legierung L mit 65 % Pb/35 % Sn.

Der darstellende Punkt L erreicht beim Abkühlen die Liquidus-Linie (T_1). Es scheiden sich Pb-Mischkristalle (Pb-Mk) aus, deren Zusammensetzung und Anteil bei der Temperatur T_2 berechnet werden kann:

$$T_2: \text{Pb-Mk}\% = \frac{5}{5+22} \cdot 100\% = 18,5\% \,(13\% \text{ Sn})$$

Mit sinkender Temperatur nehmen Anteil der Schmelze ab, Anteil der Kristalle und deren Sn-Gehalt zu. Bei T_3 erstarrt die Restschmelze zum Eutektikum.

$$T_3: \text{Pb-Mk}\% = \frac{27}{15+27} \cdot 100\% = 64,3\%$$

$$\text{Konzentration: } 20\% \text{ Sn gelöst}$$

$$\text{Eu}\% = 100 - 64,3\% = 35,7\%$$

Mit sinkender Temperatur nimmt die Löslichkeit des Sn im Pb-Gitter ab (Löslichkeitslinie). Es bilden sich sekundäre Ausscheidungen von Sn-Kristallen an den Korngrenzen der Pb-Mk.

Gefüge bei Raumtemperatur (T_4):

In einem eutektischen, feinkörnigen Grundgefüge (35,7 % Anteil) sind größere primäre Bleimischkristalle eingebettet (53,6 % Anteil), die von sekundären Sn-Kristallen umgeben sind (10,7 % Anteil).

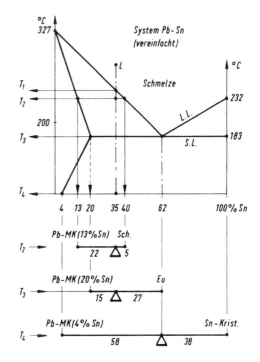

Die 20%igen Pb-Mk (64,3 % Masseanteil) scheiden Sn aus (Hebel bei T_4/20 % Sn):

$$\text{sek. Sn-K}\% = 64,3\% \cdot \frac{16}{96} = 10,7\%$$

$$\text{Pb-Mk}\% = 64,3\% - 10,7\% = 53,6\%$$

Eu: Eutektikum bei Raumtemperatur (T_4)

$$\text{Pb-Mk}\% = \frac{38}{58+38} \cdot 100\% = 39,6\%$$

$$\text{Sn-K}\% = 100\% - 39,6 = 60,4\%$$

3.2. Phasenregel nach Gibbs

Diese Regel gibt den Zusammenhang zwischen den Änderungen von *Temperatur* und *Konzentration* und der Anzahl der Phasen an.

Phasenregel für Metalle	$f = 2 - p$	f Freiheitsgrade
Phasenregel für Legierungen (binäre)	$f = 3 - p$	p Anzahl der Phasen

Unter *Freiheitsgrad* ist die Änderungsmöglichkeit von Temperatur oder Konzentration zu verstehen, ohne daß die Zahl der Phasen sich ändert.

Beispiel: Eine Schmelze aus reinem Metall (Bild II.6, Kurve 1) ist einphasig. Sie kann solange abkühlen ($f = 2 - 1 = 1$), bis am Erstarrungspunkt eine zweite Phase auftaucht, die ersten Kristalle. Dann ist kein Freiheitsgrad mehr vorhanden ($f = 2 - 2 = 0$), die Temperatur muß also konstant bleiben, bis die Schmelze erstarrt ist, also nur noch eine Phase, nur Kristalle, vorhanden ist.

Eine geschmolzene Legierung (Kurve 2) ist einphasig, sie hat zwei Freiheitsgrade, kann also abkühlen. Erscheint am oberen Knickpunkt die zweite Phase (A-Kristalle), so ist noch ein Freiheitsgrad vorhanden ($f = 3 - 2 = 1$), sie kann weiter abkühlen. Am unteren Knickpunkt erscheint als dritte Phase das Eutektikum, dann ist kein Freiheitsgrad mehr vorhanden ($f = 3 - 3 = 0$), die Restschmelze erstarrt bei konstanter Temperatur.

3.3. Legierungstypen

Aus der Vielzahl der Legierungstypen und ihrer Zustandsschaubilder sind die technisch wichtigen herausgegriffen.

3.3.1. Unlöslichkeit der Komponenten im festen Zustand tritt auf, wenn Gittertyp oder -konstante der Komponenten sehr verschieden. Aus der Schmelze scheiden *reine* Kristalle aus, dadurch wird Zusammensetzung (Konzentration) der Schmelze in Richtung auf den *eutektischen Punkt C* verschoben. Auf der Soliduslinie bestehen alle Legierungen aus Primärkristallen und einer Restschmelze von eutektischer Zusammensetzung. Diese erstarrt zum *Eutektikum*, einem meist feinkörnigem Kristallgemisch, hier aus A- und B-Kristallen. Die Legierung 4 in Bild II.6 hat die eutektische Zusammensetzung und als einzige einen Schmelz*punkt*, zugleich die tiefste Temperatur, bei der eine Legierung aus A und B flüssig sein kann.

Eutektische Legierungen sind meist gute Gußwerkstoffe (niedrige Gießtemperatur und Schwindungen), wie z.B. Grauguß, Silumin Al/Si, Lötzinn Sn/Pb, Silberlot Ag/Cu, Hartblei Pb/Sb. Tiefe Schmelzpunkte bei eutektischen Drei- oder Vierstofflegierungen, z.B. Woodmetall (Pb : Cd : Bi : Sn = 27 : 10 : 50 : 13) mit Schmelzpunkt bei 71,7 °C.

3.3.2. Vollkommene Löslichkeit im festen Zustand tritt auf bei Komponenten mit gleichem Gittertyp und ähnlicher -konstante. Es scheiden sich Kristalle aus der Schmelze aus, die *beide* Komponenten enthalten: *Mischkristalle*. Bei weiterer Abkühlung wachsen die Mischkristalle und zehren die Schmelze auf. Unterhalb der Soliduslinie bestehen alle Legierungen aus Mischkristallen. Der Kern dieser Mischkristalle ist reicher an der hochschmelzenden Komponente, während die Randzone reicher an der niedrigschmelzenden Komponente ist. Erscheinung ist als Kristall*seigerung* bezeichnet. Bei sehr langsamer Abkühlung oder nachträglichem Glühen tritt durch *Diffusion* ein Ausgleich ein. Mischkristalle, auch als feste Lösung bezeichnet, sind hier *Austausch* oder Substitutionsmischkristalle, d.h. Ionen der einen Komponente im Gitter sind ausgetauscht gegen die der anderen Komponente.

Mischkristallegierungen sind wertvolle Werkstoffe mit besonderen technologischen und physikalischen Eigenschaften, die von denen der reinen Komponenten abweichen.

Bekannteste Legierung Cu/Ni, Fe/Ni, daneben die Edelmetalle Au/Ag und Au/Cu.

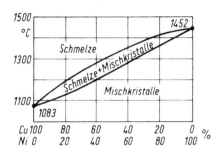

Bild II.7. Zustandsschaubild Kupfer-Nickel

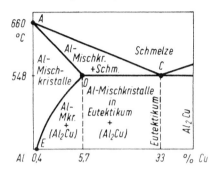

Bild II.8. Zustandsschaubild Aluminium-Kupfer

3.3.3. Teilweise Löslichkeit im festen Zustand. Das Raumgitter der einen Komponente kann nur eine begrenzte Menge der anderen Komponente aufnehmen, wie z.B. (Bild II.8) Aluminium höchstens 5,7 % Kupfer lösen kann (Punkt D).

Mit sinkender Temperatur geht das Lösungsvermögen des Aluminiums für Kupfer auf 0,4 % zurück (Löslichkeitslinie DE). Bei langsamer Abkühlung scheidet sich überschüssiges Kupfer als *intermetallische* Verbindung Al_2Cu aus: Sekundärkristalle. Bei schneller Abkühlung unterbleibt die Ausscheidung zunächst und läuft dann während längerer Zeit ab: *Alterung*. Ausscheidungskristalle verändern die mechanischen Eigenschaften des Werkstoffes.

Legierungen mit mehr als 5,7 % Cu-Gehalt verhalten sich bei der Abkühlung wie die eutektischen Legierungen. Das Eutektikum besteht aus Al-Mischkristallen und Kristallen der intermetallischen Verbindung Al_2Cu.

Ein teilweises Lösungsvermögen haben alle Metalle für andere Atome. Kleine Atome, besonders die der Nichtmetalle, treten dabei *zusätzlich* in das Raumgitter der Hauptkomponente ein und bilden *Einlagerungs-* oder interstitielle Mischkristalle. Beispiel: Kohlenstoff im Eisen.

Das sinkende Lösungsvermögen dieser Mischkristalle wird bei der *Aushärtung* (Ausscheidungshärtung) ausgenutzt. Anwendung bei Al/Cu, Al/Si, Cu/Be, Dauermagnetwerkstoffen, Werkzeugstählen.

3.3.4. Intermetallische Verbindungen entstehen, wenn beide Komponenten in *Atomradius, Wertigkeit* und *chemischem* Verhalten stärkere Unterschiede aufweisen. Dann sind sie nur teilweise ineinander löslich und bilden bei größeren Mischungsverhältnissen Kristallarten mit komplizierten Gittern → *Metallide* oder intermediäre Phasen. Sie haben keine Gleitmöglichkeiten und sind meist hart und spröde.

Aushärtbare Legierungen enthalten Metallide in feinstverteilter Form (submikroskopisch), als Ursache der besonderen Eigenschaften.

Intermetallische Phasen treten bei Cu-Zn-Legierungen bei über 40 % Zn auf, ebenso bei Cu-Al mit über 9 % Al. Bei noch höheren Anteilen an Zn bzw. Al überwiegen im Gefüge die Metallide und ergeben harte spröde Legierungen ohne praktische Verwendbarkeit.

3.3.5. Umwandlungen im festen Zustand sind Änderungen der Gitterform *nach* der vollständigen Erstarrung (Polymorphie). Sie treten bei den Metallen Eisen, Kobalt, Zinn, Titan, Mangan und ihren Legierungen auf. Kobalt erstarrt bei 1452 °C kubisch-flächenzentriert, wird bei 1115 °C magnetisch und ändert bei 417 °C das Gitter in ein hexagonales.

3.3.6. Vergleich der beiden Grundtypen

In dieser Zusammenfassung werden die beiden Grundtypen gegenübergestellt und aus dem Gefügeaufbau auf Eigenschaften und Verwendung geschlossen. Die Zuordnungen sind grob, in Sonderfällen können starke Abweichungen auftreten.

	Eutektischer Typ	Mischkristalltyp
Prinzipschaubild		
Komponenten	haben *verschiedene* Raumgitter Unlöslichkeit	haben *gleiche* Raumgitter, ähnliche Gitterkonstante Löslichkeit
Gefüge	*heterogen*, zwei Kristallarten bilden ein Kristallgemisch	*homogen*, Mischkristalle
Verformbarkeit durch: Gießen	*gut*, da niedriger Schmelzpunkt, kleines Schwindmaß	*schlechter*, da Erstarrungsbereich Schwindung, Seigerung
Kneten	*schlechter*, nur die duktilere Kristallart nimmt daran teil	*gut*, alle Kristalle nehmen daran teil
Zerspanen	*gut*, da die sprödere Kristallart spanbrechend wirkt, saubere Oberfläche	*schlechter*, Fließspan, Schmieren, unsaubere Oberfläche
Verwendung vorwiegend als	Gußlegierung	Knetlegierung
Verarbeitung	Rohgußteil → Zerspanung → Fertigteil	Gußblock → Umformen → Halbzeug → Umformen/Verbinden → Fertigteil
Verlauf der Eigenschaften über der Zusammensetzung (schematisch)	Eigenschaftswerte liegen *zwischen* denen der reinen Komponenten	Bei bestimmten Zusammensetzungen sind *Extremwerte* möglich

Zustandsschaubilder geben den Abkühlungsverlauf bei *sehr* langsamer Temperaturänderung an. Durch *schnellere* Abkühlung bilden sich *metastabile* Gefüge, d.h. sie sind nicht im Gleichgewicht und nicht aus diesen Schaubildern zu entnehmen. Metastabile Gefüge streben langsam, bei Erwärmung schneller, dem Gleichgewichtszustand zu, wie er aus dem Zustandsschaubild erkennbar ist.

3.4. Kristall- und Gefügestörungen und ihre Auswirkungen

3.4.1. Kristallfehler sind Abweichungen des wirklichen Kristalls (Realkristall) vom *idealen* Raumgitter.

Versetzungen sind linienförmige Störungen, bei denen benachbarte Atomreihen nicht gleiche Atomanzahlen haben so daß ihre ,,Teilung" nicht gleich ist.

Lücken sind unbesetzte Gitterplätze (Leerstellen).

Beide Störungen *erniedrigen* den Gleitwiderstand, da Abgleitungen nicht bei vielen Atomen gleichzeitig, sondern nacheinander erfolgen.

Zwischengitteratome sind kleinere, meist Nichtmetallatome (Einlagerungsmischkristalle).

Fremdatome (größere oder kleinere) verzerren die Gleitebenen. Korngrenzen sind gestörte Bereiche zwischen den Kristallkörnern, in denen die Ausrichtung des einen Kornes in die des anderen übergeht.

Diese Störungen *erhöhen* den Gleitwiderstand → Härte größer, Verformbarkeit kleiner.

3.4.2. Gefügefehler. *Seigerung* ist die Entmischung einer Legierung beim Erstarren; sie tritt als *Schwerkraftseigerung* bei Bleilegierungen auf, indem leichte Kristalle in einer bleireicheren Schmelze nach oben steigen. *Kristallseigerung* siehe 3.3.2.

Blockseigerung tritt vor allem bei Legierungen auf, die großen Abstand zwischen Liquidus- und Soliduslinie besitzen. Der zuletzt erstarrende Teil, meist der Kern des Blockes oder Werkstückes, ist angereichert mit tiefschmelzenden Bestandteilen.

Diese *Seigerungszone* ist auch im Kern der Walzprofile vorhanden.

Mikrolunker sind mikroskopisch kleine Hohlräume zwischen den Verästelungen der Kristallite, hervorgerufen durch die Schrumpfung des erstarrenden Stoffes. Sie können durch Warmumformung verschweißt werden. Dadurch Verdichtung des Gefüges (Schmiedegefüge) und bessere Eigenschaften.

Lunker sind größere Hohlräume infolge der Schrumpfung der Schmelze beim Erstarren. Sie treten in den Zonen auf, die zuletzt erstarren, wenn kein flüssiger Werkstoff nachfließen kann.

Gasblasen entstehen durch Ausscheiden gelöster Gase. Schmelze hat größeres Lösungsvermögen für Gase (H_2, O_2, N_2). Abhilfe durch Pfannenentgasung oder Vergießen unter Vakuum. Gasgehalte dadurch auf die Hälfte vermindert. Es erhöhen sich Festigkeit *und* Dehnung.

Reine Metalle meist weicher und dehnbarer als Legierungen. Geringe Anteile an unlöslichen Komponenten verändern die Eigenschaften wesentlich. Hierbei ist *Größe* und *Verteilung* der zweiten Kristallart von Bedeutung.

Beispiele:
Stahl, Zementit*form* bei streifigem und körnigem Perlit.
Duralumin, *Größe* der Al_2Cu-Ausscheidungen.
Stickstoff im Stahl macht ihn bei 0,01 % alterungsanfällig.
Wismut in Spuren im Kupfer ergibt Risse bei der Warmumformung. Bi ist unlöslich im Kupfer und bei Schmiedetemperatur flüssig.
Gleiche Erscheinung bei höheren Gehalten an *Schwefel* und *Phosphor* im Stahl ($> 0,2$ %).

Tafel II.1. Technisch wichtige Metalle nach Schmelzpunkten geordnet

Name	Symbol	OZ –	Raum-gitter[1])	Dichte kg/dm^3 20 °C	Schmelz-punkt F °C	E-Modul N/mm^2 ($\cdot 10^4$)	Vorkommen %
niedrigschmelzende $F < 1000\,°C$							
Zinn	Sn	50	Dia./tetr.	7,28	232	5,5	$6 \cdot 10^{-4}$
Wismut	Bi	83	rhomb.	9,78	271	3,4	$3,4 \cdot 10^{-6}$
Cadmium	Cd	48	hex.	8,64	321	6,3	$1,1 \cdot 10^{-5}$
Blei	Pb	82	kfz.	11,34	327	1,6	$2 \cdot 10^{-3}$
Zink	Zn	30	hex.	7,13	420	9,4	$2 \cdot 10^{-2}$
Antimon	Sb	51	rhomb.	6,68	630	5,6	$2,3 \cdot 10^{-5}$
Germanium	Ge	32	Dia.	5,35	958	--	$1 \cdot 10^{-4}$
hochschmelzende $F = 1000 \ldots 2000\ °C$							
Kupfer	Cu	29	kfz.	8,93	1083	12,5	$1 \cdot 10^{-2}$
Mangan	Mn	25	kub. kompl.	7,44	1245	20,1	$8,5 \cdot 10^{-2}$
Nickel	Ni	28	kfz.	8,90	1450	21,5	$1,8 \cdot 10^{-2}$
Kobalt	Co	27	hex./kfz.	8,9	1490	21,3	$1,8 \cdot 10^{-3}$
Eisen	Fe	26	krz./kfz.	7,85	1535	21,5	4,7
Titan	Ti	22	hex./kfz.	4,5	1727	10,5	0,5
Vanadium	V	23	krz.	5,96	1726	15	$1,6 \cdot 10^{-2}$
Zirkon	Zr	40	hex./kfz.	6,53	1850	9	$2,3 \cdot 10^{-2}$
Chrom	Cr	24	krz.	7,2	1860	19	$3,3 \cdot 10^{-2}$
höchstschmelzende $F > 2000\,°C$							
Niob	Nb	41	krz.	8,55	2415	16	$4 \cdot 10^{-5}$
Molybdän	Mo	42	krz.	10,2	2620	33,6	$7,2 \cdot 10^{-4}$
Tantal	Ta	73	krz.	16,65	3030	18,8	--
Wolfram	W	74	krz.	19,3	3400	41,5	$5,5 \cdot 10^{-3}$
Edelmetalle							
Silber	Ag	47	kfz.	10,5	960	8,1	$4 \cdot 10^{-6}$
Gold	Au	79	kfz.	19,3	1063	7,9	$5 \cdot 10^{-7}$
Platin	Pt	78	kfz.	21,4	1770	17,3	$2 \cdot 10^{-5}$
Rhodium	Rh	45	kfz.	12,4	1970	28	$1 \cdot 10^{-6}$
Iridium	Ir	77	kfz.	22,4	2450	53	$1 \cdot 10^{-6}$
Osmium	Os	76	kfz.	22,45	2700	57	$5 \cdot 10^{-6}$
Leichtmetalle $\rho < 5\ kg/dm^3$							
Magnesium	Mg	12	hex.	1,75	650	4,5	1,9
Beryllium	Be	4	hex.	1,86	1280	29,3	$5 \cdot 10^{-4}$
Aluminium	Al	13	kfz.	2,7	660	7,2	7,5
Titan	Ti s.o.						

[1]) Dia. Diamantgitter; tetr. tetragonales Raumgitter; rhomb. rhomboedrisches Raumgitter; hex. hexagonales Raumgitter; krz. kubisch-raumzentriertes Raumgitter; kfz. kubisch-flächenzentriertes Raumgitter

III. Eisen-Kohlenstoff-Diagramm und Wärmebehandlung

1. Eisen-Kohlenstoff-Diagramm (EKD)

1.1. Erstarrungsformen

Die Abkühlungskurve des reinen Eisens zeigt Umkristallisationen nach der Erstarrung (Bild III.1). Vorgänge über 1300 °C sind von geringerer Bedeutung. Eisen besteht bei Temperaturen über 911 °C aus kubisch-*flächen*zentrierten Kristallen: γ-Eisen. Es ist die dichtere Kugelpackung mit bester Verformbarkeit, unmagnetisch. Unter 911 °C entsteht durch Gitterumwandlung ein kubisch-*raum*zentriertes Gitter, weniger dicht gepackt: α-Eisen. Gitterumwandlung deshalb mit Volumensprung verbunden (Bild III.2). Ausdehnung in der Wärme beim γ-Eisen größer. α-Eisen wird unterhalb 760 °C magnetisch. Raumgitter siehe Bilder II.1 ... II.3.

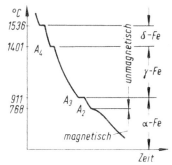

Bild III.1. Abkühlungskurve des Reineisens

Übersicht über die Kristallarten des Eisens

Kristallart	α-Eisen	γ-Eisen
Kristallname	Ferrit	Austenit
Gittertyp	kubisch-raumzentriert	kubisch-flächenzentriert
Gitterkonstante (1 nm = 10 Å)	0,286 nm	0,356 nm
Verformbarkeit	gut	sehr gut
Lösungsvermögen für Kohlenstoff	gering	bis 2 %
Magnetismus	magnetisch	unmagnetisch
Wärmeausdehnung	kleiner	größer

Diese Volumenänderung bei kristallinen Umwandlungen wird von einem Meßverfahren der thermischen Analyse benutzt, um bei hochschmelzenden Legierungen die Halte- und Knickpunkte zu bestimmen. Dazu wird ein Stab der Legierung über seiner Länge gleichmäßig erhitzt und dabei die Längenänderung über der Temperatur aufgezeichnet: *Dilatometermessung* (Dilatation $\doteq$ Dehnung).

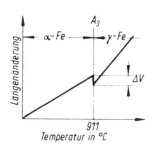

Bild III.2. Wärmeausdehnung des Reineisens

Ein Stoff ohne kristalline Veränderungen zeigt eine ununterbrochen stetige Kurve. Bei Gefügeänderungen, wie z.B. Gitterumwandlungen oder Ausscheidungen, wird der stetige Verlauf unterbrochen. Eine solche Dilatometerkurve zeigt Bild III.2.

Reines Eisen wird als *Elektrolyt*eisen oder *Carbonyl*eisen hergestellt und in geringen Mengen für physikalische Geräte, Hochfrequenzmagnetwerkstoffe und als Katalysator verwendet.

Werden zum Reineisen andere Stoffe legiert, treten die gleichen Gitterumwandlungen auf, nur finden sie bei anderen Temperaturen statt. Fremdatome im Eisen-Gitter können die γ-α-Umwandlung zu höheren oder tieferen Temperaturen verschieben. Je mehr Fremdatome vorhanden sind, um so größer wird ihr Einfluß sein.

Wichtigstes Legierungselement für Eisen ist der Kohlenstoff. Er ist billig und wirkt in geringen Mengen stark auf die Eigenschaften ein. Beim Hochofenprozeß gelangt der Kohlenstoff in das Eisen und bildet das Roheisen mit etwa 4 % C-Gehalt; daneben sind die Eisenbegleiter vorhanden.

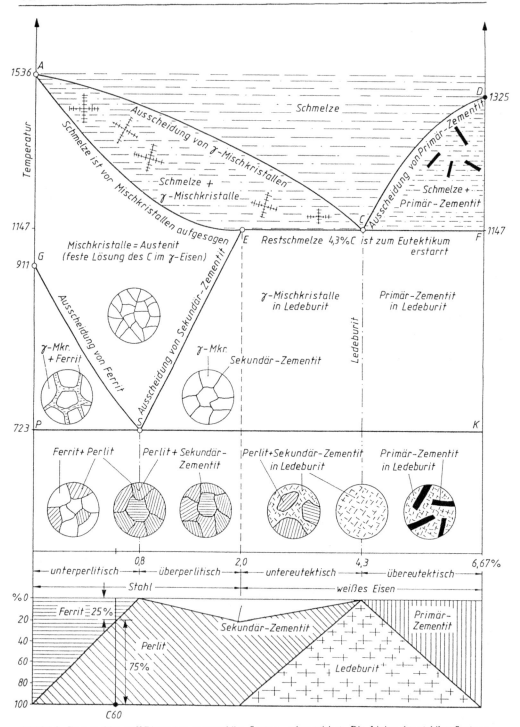

Bild III.3. Eisen-Kohlenstoff-Diagramm, metastabiles System, schematisiert. Die Linien des stabilen Systems Eisen-Graphit unterscheiden sich geringfügig. Ebenso werden durch Eisenbegleiter Punkte und Linien verschoben.

Eine C-haltige Eisenschmelze kann auf zwei Arten erstarren:

a) *Stabil*, d.h. nicht mehr veränderbar, der Kohlenstoff ist als Graphit im Gefüge vorhanden, wie z.B. im Grauguß.

b) *Metastabil*, d.h. durch gewisse Maßnahmen (z.B. Tempern) noch veränderbar, der Kohlenstoff ist zunächst als Eisencarbid (Fe_3C) im Gefüge vorhanden, wie z.B. im Stahl und Hartguß. Durch Glühen läßt sich Eisencarbid z.T. zersetzen.

Bild III.3 zeigt das Zustandsschaubild der Legierung Eisen-Kohlenstoff, metastabiles System.

1.2. Gefügebestandteile

Im Laufe der Abkühlung und bei Raumtemperatur treten folgende Kristallarten auf:

Ferrit: Magnetisches α-Eisen mit kubisch-raumzentriertem Gitter, geringes Lösungsvermögen für C und N_2, weich, gut verformbar.

Zementit: Eisencarbid Fe_3C mit kompliziertem Gitter, hart, nicht verformbar. Primär- und Sekundärzementit unterscheiden sich nur in Größe und Anordnung der Kristalle.

γ-Mischkristalle: Tannenbaumkristalle (Dentriden) aus γ-Eisen, die in der Schmelze meist grobkörnig wachsen.

Austenit: Gefüge aus γ-Eisen mit kubisch-flächenzentriertem Gitter, sehr gute Verformbarkeit. Raumgitter kann max. 2,06 % Kohlenstoff als Einlagerungsmischkristalle lösen.

Perlit: Kristallgemisch aus Ferrit und Zementit in geschichteten Platten. Entsteht bei langsamer Abkühlung bei 723 °C und enthält dann 0,8 % C.

Ledeburit: Eutektikum der Legierung Fe–C. Besteht kurz nach Erstarrung aus Zementit und γ-Mischkristallen in feiner Verteilung. Unterhalb 723 °C wandeln sich γ-Mischkristalle in Perlit um. Bei Raumtemperatur deshalb feinkörniges Gemenge aus Perlit- und Zementitkristallen.

1.3. Umwandlungsvorgänge

Zementitausscheidung: Austenit kann bei 1145 °C bis 2,06 % C lösen. Lösungsvermögen nimmt mit sinkender Temperatur ab (Linie *ES*) und beträgt bei 723 °C noch 0,8 %. Legierungen mit $> 0,8 \ldots < 2$ % C scheiden überschüssigen Kohlenstoff aus dem Austenit aus, er setzt sich in dünnen Schalen an den Korngrenzen ab (Korngrenzen- oder Schalenzementit).

Ferritausscheidung: Umwandlungspunkt A_3 durch C-Gehalte erniedrigt. Stähle mit $< 0,8$ % C scheiden unterhalb der Linie *GS* Ferrit aus dem Austenit aus (α-γ-Umwandlung). Kohlenstoff diffundiert aus und in den restlichen Austenit ein, der sich auf 0,8 % C anreichert.

Perlitbildung, Austenitzerfall: Umwandlungspunkt A_1 (Linie *PSK*). Hier erfolgt Umwandlung der bis dahin mit 0,8 % C gesättigten γ-Mischkristalle zur α-Form. Der *Mischkristall* Austenit zerfällt in das *Kristallgemisch* Ferrit und Zementit = Perlit. Vorgang in zwei Phasen ablaufend. Gitterumwandlung erfolgt schnell. Ferritkristalle besitzen nur geringes Lösungsvermögen für Kohlenstoff, deshalb Diffusion des Kohlenstoffs aus Ferritgitter und Zusammenballung zu Zementitplatten. Diffusion erfordert eine gewisse Zeit. Bei schneller Temperatursenkung wird sie behindert, es entstehen andere Gefüge (siehe Wärmebehandlung).

Perlitbildung mit der Erstarrung eines Eutektikums vergleichbar. Dabei scheiden aus der *flüssigen* Lösung Kristalle der Komponenten aus. Perlit ist das *Eutektoid* der Legierung. Hierbei scheiden aus der *festen* Lösung die Kristalle der Komponenten aus.

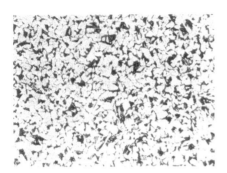

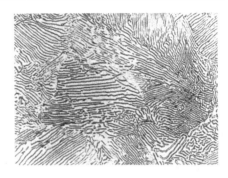

a) Unterperlitischer Stahl, 0,15 % C   100:1
   hell: Ferrit; dunkel: Perlit

b) Perlitischer Stahl, 0,8 % C   500:1
   hell: Ferrit; dunkel: Zementit

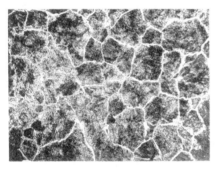

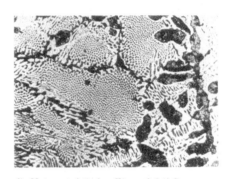

c) Überperlitischer Stahl, 1,4 % C
   helles Netz: Sekundär-Zementit   200:1
   dunkel: Perlit

d) Untereutektisches Eisen, 2,8 % C
   dunkle Flecken: Perlit
   gesprenkelte Grundmasse: 200:1
   Ledeburit

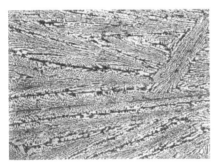

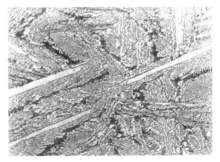

e) Eutektisches Eisen, Ledeburit,
   4,3 % C   100:1
   Gemenge aus Perlit und Zementit

f) Übereutektisches Eisen, 5 % C
   helle Streifen: Primär-Zementit   100:1
   in Ledeburit

Bild III.4. Charakteristische Gefüge der Fe-C-Legierungen, metastabiles System

1.4. Die Wirkung von Beimengungen und Legierungsstoffen auf Umwandlungspunkte und Eigenschaften der Stähle

Die *Eisenbegleiter* Kohlenstoff, Silicium, Mangan, Phosphor und Schwefel sind in geringen, z.T. wechselnden Mengen, in jedem unlegierten Stahl enthalten.

Kohlenstoff C. Mit steigendem C-Gehalt wächst der Perlitanteil am Gefüge, damit *Härte* und *Zugfestigkeit*. Es sinken *Bruchdehnung* und *Kerbzähigkeit*. Die Schmelztemperatur sinkt (Liquiduslinie). *Schmiedbarkeit* und *Schweißeignung* nehmen ab. *Härtbarkeit* bei C-Gehalten ab 0,3 %.

Silicium Si. Durch Desoxydationsmittel können bis zu 0,5 % Si im unlegierten Stahl enthalten sein. Mit steigendem Si-Gehalt wird Schmiedbarkeit verschlechtert, da als intermetallische Verbindung (Eisensilicid, FeSi) im Stahl enthalten, Schweißeignung vermindert, da Si verbrennt und als SiO_2 (Quarz, hochschmelzend) zurückbleibt. Geringe Gehalte bis zu 2 % erhöhen Streckgrenze bei gleichbleibender Kerbzähigkeit: Federstähle.

Weichmagnetische Eisenwerkstoffe enthalten 0,4 ... 4 % Si, da es Wirbelstrom- und Ummagnetisierungsverluste senkt. Bearbeitbarkeit mit steigendem Si-Gehalt schwieriger, da Härte steigt und Zähigkeit sinkt. Größere Si-Gehalte bis zu 18 % bei säurefestem Guß.

Mangan Mn. Durch Desoxydationsmittel können bis zu 0,8 % im unlegierten Stahl enthalten sein. Mn bindet Schwefel nach der Reaktion FeS + Mn = MnS + Fe. MnS verursacht im Gegensatz zu FeS keinen Bruch beim Schmieden, da es höheren Schmelzpunkt besitzt. Mn erhöht Festigkeit und *verringert* stark die kritische *Abkühlungsgeschwindigkeit*. Es senkt die Umwandlungspunkte, dadurch bei höheren Gehalten austenitische Stähle.

Schwefel S und Phosphor P. Beide sind als *Eisensulfid* bzw. als *-phosphid* enthalten, welche mit Eisen eine eutektische Legierung von tiefem Schmelzpunkt bilden (985 °C). Infolge Seigerungen entstehen im Kern größere Anhäufungen dieser Eutektika, die bei Schmiedetemperatur flüssig sind: *Rotbruch*. Durch P-Gehalte bis 0,2 % sinkt die Kerbzähigkeit auf Null: *Kaltbrüchigkeit*.

Stickstoff N$_2$. Als *Eisennitrid* im Ferrit gelöst enthalten. Nach Kaltverformung erfolgt langsame Ausscheidung in feinster Form. Dadurch Abnahme der Kerbzähigkeit. Diese Erscheinung wird als *Alterung* bezeichnet. Bei Desoxydation mit Al wird Stickstoff an Al gebunden. AlN ist im Ferrit unlöslich, keine Ausscheidungen.

Wasserstoff H$_2$. Wasserstoff gelangt durch verrosteten Schrott (Eisenhydroxid) bei der Stahlgewinnung und z.B. beim Beizen mit Säuren in atomarer Form in das Gefüge und wird an Fehlstellen der Kristalle molekular, d.h. gasförmig. Der Gasdruck erzeugt *Flockenrisse*, mikroskopische Gasblasen, die die Kerbzähigkeit mindern (Beizsprödigkeit). Beizsprödigkeit ist durch Erwärmen auf 200 °C zu beseitigen. Flockenrisse sind vermeidbar durch Vakuumguß.

Sauerstoff O ist als Eisenoxid FeO enthalten, das in der Schmelze löslich ist. Im Gefüge als kleinste Schlackeneinschlüsse verteilt. O-Gehalte über 0,07 % $\doteq$ 0,3 % FeO verursachen Rotbruch. Durch Desoxydation wird O-Gehalt auf 0,001 ... 0,01 % gesenkt. Geringe O-Gehalte sind wichtig für C-reiche und legierte Stähle.

Zusatz von Legierungselementen in größeren Gehalten verschiebt die Linien des EKD.

1.4.1. Elemente, die das Austenitgebiet erweitern. Die Elemente Ni, Mn, Co und N verschieben die α-γ-Umwandlung nach tieferen Temperaturen, dadurch austenitisches Gefüge bei Raumtemperatur. Erst bei Temperaturen unter 0 °C erfolgt teilweise Gitterumwandlung, aber wegen gehemmter Diffusion des C zu Martensit.

Austenitische Stähle nicht härtbar und normalisierbar. Homogenes Gefüge wird erreicht durch Abschreiben aus 1000 °C in Wasser. Dabei keine Risse, da kfz. Gitter mit bester Verformbarkeit. Kornverfeinerung durch Rekristallisationsglühen nach Kaltumformung möglich (Bild III.4).

Sie besitzen niedrige Streckgrenze bei hoher Zugfestigkeit. Starke Kaltformbarkeit, dabei starke Kaltverfestigung. Zähigkeit bei tiefen Temperaturen, unmagnetisch. *Rein* austenitische Stähle sind besonders korrosionsbeständig.

Bei niedrigeren Gehalten dieser Elemente wird die γ-α-Umwandlung auf etwa 200 ... 400 °C gesenkt. Der Austenit wandelt sich dann ganz oder teilweise zu Martensit. Martensitische Stähle nur durch Schleifen bearbeitbar, deswegen Einsatz begrenzt.

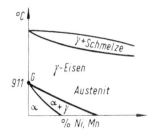

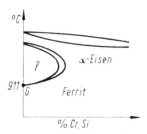

Bild III.5. Stähle mit erweitertem Austenitgebiet

Bild III.6. Stähle mit abgeschnürtem Austenitgebiet

1.4.2. Elemente, die das Austenitgebiet abschnüren. Die Elemente Si, Cr, Al erhöhen die Temperatur der α-γ-Umwandlung und schnüren das γ-Gebiet ab. Es ergeben sich Stähle, die mit krz. Gitter erstarren und es bis Raumtemperatur behalten (Bild III.6).

Ferritische Stähle sind magnetisch, weniger gut kaltformbar, nicht härtbar und normalisierbar. Kornverfeinerung nur durch Warmverformung oder Rekristallisationsglühen nach Kaltverformung möglich. Rein ferritische Stähle sind korrosionsbeständig.

Diese *rein* ferritischen bzw. austenitischen Stähle entstehen nur bei bestimmten größeren Gehalten an diesen Elementen. Bei niedrigeren Anteilen entstehen (heterogene) Gefüge mit härtbarem *Ferrit-Perlit* oder *Ferrit-Austenit* (nicht härtbar).

1.4.3. Elemente mit anderen Wirkungen. Elemente, die *in Lösung* gehen, senken die kritische Abkühlungsgeschwindigkeit, dadurch tiefere Einhärtung möglich. Wichtig für Vergütungsstähle. Hierzu gehören Ni, Mn, Si, Al, Cu, Co.

Elemente, die wegen starker Affinität zum Kohlenstoff harte beständige *Carbide* bilden, erhöhen *Härte* und *Verschleißfestigkeit* sowie *Warmfestigkeit*. Hierzu gehören Cr, Mo, W, V, Ti, Ta, Nb, auch als *Carbidbildner* bezeichnet.

Elemente, die mit fallender Temperatur geringere Löslichkeit besitzen, geben die Möglichkeit, *aushärtbare* Stähle herzustellen. Anwendung bei Magnetwerkstoffen, hochwarmfesten Legierungen. Hierzu gehören W, Mo, Cu.

Die meisten Elemente verschieben die Punkte E und S nach links (Löslichkeitsgrenze des Austenits für C im EKD), so daß z.B. überperlitische Stähle mit Korngrenzenzementit schon bei geringeren Gehalten als 0,8 % C auftreten.

Die Elemente Cr und Si, sowie Mo, V und W erhöhen die A_1-Temperatur, so daß für die Wärmebehandlung höhere Temperaturen nötig sind.

2. Die Wärmebehandlung der Stähle

Durch diese Verfahren sollen die *Eigenschaften* der Werkstoffe in gewünschter Weise *geändert* werden. Der Werkstoff bleibt fest, eine *Formänderung* ist *unerwünscht*. Die Werkstücke werden auf bestimmte Temperaturen erwärmt und wieder abgekühlt. Temperatur und Geschwindigkeit der Erwärmung und Abkühlung richten sich nach chemischer Zusammensetzung des Stahles, Wanddicke und beabsichtigter Eigenschaftsänderung.

Die Fachausdrücke sind genormt nach DIN 17 014, Arbeits-
anweisungen für die Wärmebehandlung (Vordrucke) DIN
17 023.

2.1. Glühen

Glühen ist eine Erwärmung auf Temperaturen unterhalb der
Soliduslinie mit nachfolgendem Abkühlen auf bestimmte
Weise. Die Teile sind langsam auf ca. 600 °C, dann schneller
zu erwärmen, legierte Stähle schlechter Wärmeleitfähigkeit
im Ganzen langsamer. Verzunderung der Oberfläche und
Entkohlung ist durch Schutzgasatmosphäre vermeidbar
(Blankglühen). Schutzgase enthalten kein O_2 und nur soviel
Wasserdampf, daß ihr Taupunkt zwischen $-10 ... -40$ °C
liegt, so daß bei Abkühlung kein Wasser auf den Werkstücken
kondensiert.

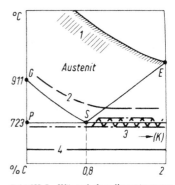

Bild III.7. Wärmebehandlungstempera-
turen unlegierter Stähle
1 Diffusionsglühen, 2 Normalglühen,
3 Weichglühen, 4 Spannungsarmglühen

2.1.1. Normalglühen soll dem Werkstoff ein *gleichmäßig feinkörniges* Gefüge mit lamellarem Perlit
erteilen, das von der vorausgegangenen Behandlungsart *unabhängig* ist. In diesem Zustand sind
mechanische Festigkeits- und Verformungskennwerte reproduzierbar.

Die Teile werden auf $30 ... 50$ °C *über* A_3 (Linie *GS*) erwärmt und bis zur vollständigen Durch-
wärmung dicker Querschnitte gehalten. Danach beschleunigte Abkühlung an der Luft bis ca. 650 °C,
anschließend langsamer je nach Form der Teile.

Bei Erwärmung wird am Umwandlungspunkt A_1 (Linie *PS*) grobkörniger Perlit in zunächst sehr
feinkörnigen Austenit umgewandelt, der mit zunehmender Temperatur den Ferritanteil eingliedert,
bei A_3 ist alles Austenit, der durch Kornwachstum langsam vergröbert. Durch rechtzeitiges Senken
der Temperatur kann die momentane Austenitkorngröße auf das entstehende Ferrit- bzw. Perlit-
korn übertragen werden. Dabei verschwinden vom Walzen und Schmieden herrührende *Zeilengefüge*.

Anwendung: Teile, die durch fehlerhafte Wärmebehandlung (zu hohe Temperatur = Überhitzen,
zu lange Glühdauer = Überzeiten) grobkörnig geworden sind. Stahlgußstücke, die ein kennzeichnen-
des grobnadeliges Gefüge (Widmannstättensches Gefüge) besitzen. Walz- und Schmiedeteile, die bei
hohen Temperaturen umgeformt werden und langsam abkühlen.

2.1.2. Weichglühen soll die *Bearbeitbarkeit* (spanlos und spangebend) erleichtern. Bei Werkzeugstählen wird ein günstiges Gefüge für die anschließende Härtung hergestellt. Die Teile werden dicht
unterhalb A_1 (Linie *PS*) einige Stunden geglüht, wenn sie *unter*perlitisch sind, *über*perlitische Stähle
dicht *über* A_1. *Pendelglühen* ist ein mehrfaches Wechseln der Temperatur um A_1. Abkühlung erfolgt langsam im Ofen.

Der Streifenzementit im Perlit ballt sich dabei zu kleineren Körnern zusammen, bei überperlitischen
Stählen auch der Korngrenzenzementit evtl. durch Pendelglühen. Das entstehende Gefüge wird
körniger Perlit genannt.

Für folgende Werkstoffe sind zur Zerspanung andere Zustände günstig:

unlegierte Einsatzstähle	normalisiert
Cr–Mn Einsatzstähle	isotherm in Perlit umgewandelt
Cr–Mo Einsatzstähle	isotherm in Perlit umgewandelt
unlegierte Vergütungsstähle	vergütet auf $700 ... 900$ N/mm^2
Cr Vergütungsstähle	Zwischenstufengefüge

Weichglühen beseitigt auch geringe Abschreckhärte, die bei härtbarem Stahl an Ecken und Kanten
schnell abgekühlter Teile entsteht.

2.1.3. Spannungsarmglühen soll innere *Spannungen abbauen* (ein vollständiges Entfernen ist nicht möglich). Sie entstehen bei Kaltverformung und Zerspannung durch *ungleichmäßige* plastische *Verformungen* und bei allen Warmumformungen durch *ungleichmäßiges Abkühlen*.

Dünne Querschnitte kühlen schnell ab, werden starr und behindern das Schwinden der noch heißeren Zonen des Werkstückes. Dadurch entstehen Zug- und Druckspannungen, die ein elastisches Verformen bewirken. Durch spanende Bearbeitung werden spannungsführende Werkstoffasern durchschnitten oder abgetragen, dadurch tritt neue Verformung ein (Verzug).

Die Teile werden mindestens 4 Stunden bei Temperaturen von 600 ... 650 °C geglüht und im Ofen abgekühlt.

Bei unverformten Teilen tritt keine Gefügeumwandlung ein. Bei der Glühtemperatur liegt Streck- bzw. Quetschgrenze niedrig, so daß vorhandene Spannungen ein Dehnen bzw. Stauchen bewirken. In gleichem Maße werden sie geringer und nähern sich den Werten der Fließgrenze bei Glühtemperatur.

Bei kaltverformten Teilen findet *Rekristallisation* statt.

Anwendung: Schweißkonstruktionen, Schmiede- und Gußteile vor der spanenden Weiterbearbeitung, Teile mit engen Toleranzen nach der Schruppbearbeitung.

2.1.4. Diffusionsglühen soll ungleichmäßig verteilte *Legierungselemente* gleichmäßig im Werkstoff *verteilen*. Diffusion erfordert hohe Temperaturen und lange Glühzeiten (20 h bei 1100 °C). Dabei Kornvergröberung und Gefahr der Randentkohlung, wenn ohne Schutzgas geglüht wird.

Dabei wandern Teilchen von Stellen hoher in Zonen niedriger Konzentration. Mit der Zeit wird Konzentrationsunterschied geringer, damit die Diffusionsgeschwindigkeit. Vollständiger Ausgleich nicht erreichbar.

Anwendung: Ausgleich von Seigerungen, z.B. bei Automatenstählen, Verteilung von groben Carbiden bei überkohlten Einsatzstählen, Lösungsglühen von aushärtbaren Legierungen, Einführen von Fremdstoffen von außen her in den Stahl:

Element	Verfahren	Zweck
Chrom	Chromieren	Korrosionsschutz
Zink	Sherardisieren	Korrosionsschutz
Aluminium	Aluminieren	Zunderfestigkeit
Stickstoff	Nitrieren	Oberflächenhärtung
Bor	Borieren	Oberflächenhärtung
Kohlenstoff	Einsetzen	Oberflächenhärtung

2.1.5. Rekristallisationsglühen soll kaltverformte Teile, die *kaltverfestigt* sind, wieder neu *verformungsfähig* machen (Zwischenglühen).

Glühtemperatur liegt zwischen 400 ... 650 °C je nach vorausgegangener Verformung (Bild III.8).

Bei Erwärmen über die Rekristallisationstemperatur wachsen neue Kristallite normaler Gestalt, deren Korngröße sich nach dem Schaubild ergibt. Bei schwachen Verformungsgraden oder zu hohen Temperaturen ergeben sich grobkörnige Gefüge.

Bei Tiefziehteilen ist Verformungsgrad der Stoffteile verschieden. Zonen schwacher Verformung (5 ... 20 %) erhalten beim Glühen grobkörniges Gefüge, das bei Weiterverarbeitung *narbige Oberfläche* und kleineres zulässiges Ziehverhältnis für den Weiterschlag ergibt. Abhilfe durch Normalglühen oder Wahl der Zwischenformen so, daß kritischer Verformungsgrad vermieden wird.

Kritischer Verformungsgrad ist der Verformungsbereich, der nach dem Glühen zu grobkörnigem Werkstoff führt.

Zonen mit kritischem Verformungsgrad sind bei allen Schweißkonstruktionen aus abgekanteten Blechen und gebogenen Profilen vorhanden. Schweißwärme bewirkt Rekristallisation, damit Grobkorn. Abhilfe durch Verwendung von Feinkornstählen oder abschließendes Normalglühen bei hochbeanspruchten Teilen.

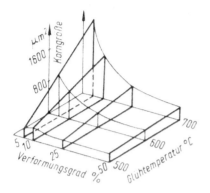

Bild III.8. Rekristallisationsschaubild

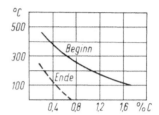

Bild III.9. Bereich der Martensitbildung bei unlegierten Stählen

2.2. Härten und Vergüten

Härten ist Abschrecken von (vorwiegend) *Werkzeug*stählen und Anlassen auf *niedrige* Temperaturen, um hohe *Härte* zu erreichen.

Vergüten ist Abschrecken von (vorwiegend) *Bau*stählen und Anlassen auf *hohe Temperaturen*, um hohe *Zähigkeit* bei erhöhter *Streckgrenze* zu erreichen.

Härtung erfordert Werkstoff mit *über* 0,3 % C. Durchgreifende Erwärmung auf *Temperaturen über GSK* (genaue Temperaturen nach Kohlenstoff- und Legierungsgehalt) mit sofortigem Abschrecken mit mehr als kritischer *Abkühlungsgeschwindigkeit* v_{crit} durch Wahl des geeigneten Abschreckmittels.

2.2.1. Abschreckhärten, innere Vorgänge. Stahl wird aus der jeweiligen Austenitisierungstemperatur (Temperatur, bei der das Gefüge in Austenit umgewandelt) abgeschreckt. Durch die Hysterese werden die Umwandlungspunkte A_3 und A_1 zu tieferen Temperaturen verschoben. Die γ-α-Umwandlung erfolgt schnell, die Diffusion des Kohlenstoffs ist jedoch behindert. Es entstehen vom EKD abweichende Gefüge.

Wird v_{crit} nicht erreicht, entsteht aus dem Austenit ein Perlit, der mit wachsender Abkühlungsgeschwindigkeit feinstreifiger wird.

Bei Erreichen der *unteren* kritischen Abkühlungsgeschwindigkeit entsteht bereits Martensit, doch ist die Perlitbildung noch nicht vollständig unterbunden.

(Obere) kritische Abkühlungsgeschwindigkeit v_{crit} ist diejenige Temperatursenkung je Sekunde, bei der die Perlitbildung verhindert wird.

Die γ-α-Umwandlung findet an einem neuen Umwandlungspunkt (Martensitpunkt) statt, der bei unlegierten Stählen zwischen 400 ... 100 °C liegt (Bild III.9). Dann ist Diffusion der C-Atome nicht mehr möglich. Es entsteht ein verzerrtes Raumgitter mit C in Zwangslösung (tetragonaler Martensit) mit nadeligem Aussehen im Schliffbild. Das Gefüge besitzt sehr hohe Härte (HRC = 67), aber keine Zähigkeit. Umwandlung des Austenits zu Martensit beginnt beim Martensitpunkt und läuft nur bei Temperatursenkung weiter. Bei Raumtemperatur ist sie z.T. noch nicht beendet. Überperlitische Stähle enthalten nach Abschrecken noch nicht umgewandelten Austenit. Dieser *Restaustenit* ergibt kleinere Gesamthärte.

Restaustenit läßt sich durch *Tieftemperaturbehandlung*, d.h. weiteres Abkühlen auf −80 ... −100 °C nach dem Abschrecken noch umwandeln. Außerdem zerfällt er beim *Anlassen* in Zwischenstufengefüge oder feinstreifiges Perlit.

2.2.2. ZTU-Schaubilder (Zeit-Temperatur-Umwandlung) lassen die Umwandlungs*dauer* bei verschiedenen Temperaturen erkennen. Sie sind für alle wichtigen Bau- und Werkzeugstähle aufgestellt worden, siehe Atlas zur Wärmebehandlung der Stähle.

ZTU-Schaubilder für isotherme Umwandlung. Die Kurven geben Beginn und Ende der Austenitumwandlung an, wenn der Stahl aus Abschrecktemperatur in ein Warmbad gebracht wird und darin bei *gleichbleibender* Temperatur (isotherm) umwandelt. Die Zeiten sind auf einer Waagerechten abzulesen (Bild III.10a).

Stahl mit 0,45 % C wird aus 880 °C in einem Bad von 500 °C abgeschreckt. Umwandlung setzt nach 2 s ein und ist nach 10 s beendet. Beim Abschrecken auf 400 °C ist die Umwandlung (Diffusionsvorgang) verlangsamt. Sie läuft nach 6 s an und ist nach 50 s beendet.

Damit sich vollständig Martensit bildet, muß der Temperaturbereich schneller Perlitbildung, die *Perlitstufe*, schnell durchlaufen werden (600 ... 500 °C in Bild III.10a). Unterhalb kann langsamer abgekühlt werden. Das Abschreckmittel ist danach abzustimmen.

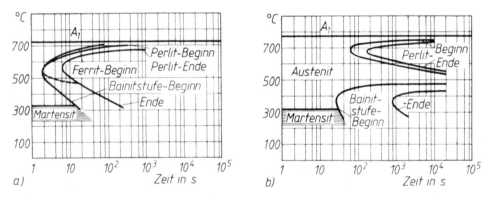

Bild III.10. ZTU-Schaubilder für isotherme Umwandlung. a) Stahl mit 0,45 % C, b) Stahl mit 0,45 % C und 3,5 % Cr

Legierte Stähle weisen dicht über dem Martensitpunkt einen weiteren Bereich schneller Austenitumwandlung auf, die *Bainitstufe* (Bild III.10b). Hier entsteht ein nadeliges Gefüge mit hoher Streckgrenze bei guter Zähigkeit: Es ist ein *Vergütungsgefüge*.

Legierungselemente behindern die Perlitbildung, die dadurch *später* einsetzt und *länger* dauert. Stahl mit 0,45 % C und 3,5 % Cr aus 1050 °C in einem Warmbad von 700 °C abgeschreckt bleibt 1 min austenitisch, dann erst beginnt Perlitbildung, die nach insgesamt 200 s beendet ist. Beim Abschrecken auf 500 °C bleibt der Werkstoff stundenlang im austenitischen Zustand, wenn diese Temperatur gehalten wird (Bild III.10b).

Dadurch kann Abkühlung langsamer erfolgen, ohne daß Perlit entsteht: Die kritische Abkühlungsgeschwindigkeit ist bei legierten Stählen kleiner, er kann in *milderen* Mitteln abgeschreckt werden.

ZTU-Schaubilder für kontinuierliche Abkühlung zeigen die Austenitumwandlung bei *ununter-brochener* Abkühlung mit verschiedenen Geschwindigkeiten. Die Umwandlung ist hier auf den schräg verlaufenden Kurven zu verfolgen. Die Zahlen am Ende der Kurven geben die erreichbare Härte in Vickers-Einheiten an (Bild III.11).

Wird ein Stahl mit 0,45 % C aus 880 °C so abgeschreckt, daß nach ca. 3 s 400 °C erreicht sind, so wird die Ferritausscheidung und Perlitbildung verhindert, es bildet sich wenig Bainit und vorwiegend Martensit. Härte des Gefüges HV = 540. Wird die Abkühlung so geführt, daß nach ca. 10 s etwa 630 °C erreicht sind, bildet sich ein ferritisch-perlitisches Gefüge mit einer Härte HV = 274.

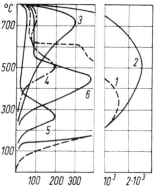

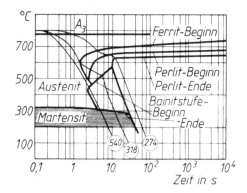

Bild III.11. ZTU-Schaubild für kontinuierliche Abkühlung, Stahl mit 0,45 % C

Bild III.12. Abkühlwirkung verschiedener Abschreckmittel (Silberkugelkurven)
1 Leitungswasser 20 °C, 2 Wasser 20 °C mit 10 % Cyansalz, 3 Salzbad von 200 °C, 4 zähes Mineralöl, 5 Petroleum, 6 legiertes Härteöl

2.2.3. Abschreckmittel sind, nach fallender Wirkung geordnet, Wasser, Öle, Metall- und Salzschmelzen. Sie entziehen die Wärme nicht gleichmäßig, sondern mit ausgeprägten Höchstwerten bei bestimmten Temperaturen (Abschreckmaximum). Lage des Abschreckmaximums hängt von der Verdampfungstemperatur des Mittels ab. Messung erfolgt durch Silberkugel oder andere Prüfkörper mit eingebautem Thermoelement. Da Stahl schlechter Wärmeleiter, zeigt Silberkugelkurve (Bild III.12) die Kühlwirkung des Mittels an der Oberfläche der Werkstücke.

Für dünne Teile muß das Abschreckmaximum mit der Temperatur der schnellsten Perlitbildung (ZTU-Schaubild III.10a) zusammenfallen.

Dicke Querschnitte (60 mm ⌀) sind an der Oberfläche bereits auf 350 °C abgekühlt, während der Kern noch etwa 600 °C hat. Für solche Querschnitte muß das Maximum bei etwa 350 °C liegen, damit Wärme schnell dem Kern entzogen wird und die Perlitbildung unterbleibt.

Lage des Abschreckmaximums durch Zusätze verschiebbar. Öle altern, d.h. sie ändern Viskosität und Siedepunkt durch Oxydation an den heißen Teilen. Legierte Öle haben Zusätze, die Alterung verhindern. Mit steigender Viskosität liegt das Abschreckmaximum bei höheren Temperaturen. Für *dickere* Querschnitte deshalb *dünn*flüssigere Öle verwenden.

Zusatz von 10 % NaOH zum Abschreckwasser ergibt tiefere Einhärtung. Durch Erwärmung dieses Mittels auf 60 °C erhält man gleiche Härtewirkung wie mit Leitungswasser von 20 °C bei kleinerem Verzug und besserer Kühlmöglichkeit bei Dauerbetrieb. Wegen Ätzgefahr werden besser nicht-korrodierende Salze verwendet.

Durch Bewegen des Abschreckmittels (Strahlabschreckung, Umwälzen des Bades) wird Wirkung verstärkt, damit die Einhärtung.

2.2.4. Durchhärtung heißt den Werkstoff nicht nur in einer Randzone „einzuhärten", sondern auch im Kern martensitisches Gefüge zu erzeugen. Erreichbar durch richtiges Abschreckmittel. Größere Querschnitte müssen aus legierten Stählen bestehen. Legierungselemente senken die kritische Abkühlungsgeschwindigkeit. Dadurch wird bei langsamer Abkühlung im Kern v_{kr} überschritten. Besonders wirksam sind Ni, Mn, Cr, Si. Durchhärtung wichtig für auf Druck beanspruchte Werkzeuge. *Durchvergütung* muß bei Vergütungsstählen erreicht werden. Hierbei ist keine Martensitbildung bis zum Kern nötig, es genügt die Ausbildung von Zwischenstufengefüge, da der Martensit beim Anlassen wieder verschwindet.

2.2.5. Härteverzug, Härterisse. Beim Abschrecken entstehen infolge der schlechten Wärmeleitfähigkeit (besonders der legierten Stähle) zwischen Rand und Kern große Temperaturunterschiede.

Der Werkstoff will sich außen zusammenziehen, wird aber vom Kern behindert. Es können Zugrisse an der Oberfläche entstehen. Bei weiterer Abkühlung will sich der Kern zusammenziehen, wird aber vom bereits starren Rand behindert. Es können Schalenrisse unter der Oberfläche entstehen. Günstigenfalls tritt Verzug auf, der eine Nacharbeit nötig macht. Die Wärmespannungen werden überlagert von den Spannungen, die der sich bildende Martensit mit seinem etwas größeren Volumen erzeugt.

Abhilfe durch zwei Maßnahmen:

a) Der große Temperatursprung von Abschreck- auf Raumtemperatur wird in zwei Abschnitte unterteilt,
b) Bildung des Martensits erfolgt während einer längeren Zeitspanne. Dadurch treten Wärmespannungen und Volumenspannungen nicht gleichzeitig auf.

Nachstehende Verfahren mindern Ausschußgefahr und Verzug, damit geringere Nacharbeit der gehärteten Teile.

2.2.6. Verzugsarme Abschreckhärtung. Die Verfahren nutzen die Umwandlungsträgheit des Austenits zwischen Perlit- und Martensitstufe aus. Temperaturbereich der Perlitstufe wird schnell durchlaufen, darunter kann Abkühlung langsamer verlaufen, da austenitischer Zustand beständiger, evtl. bildet sich langsam Bainit (ZTU-Schaubild III.10). Martensit entsteht erst nach Unterschreiten der Temperatur des Martensitpunktes.

Gebrochenes Härten. Teile werden aus Härtetemperatur in Wasser abgeschreckt und darin einige Sekunden belassen, bis Temperatur auf 200 ... 300 °C abgefallen ist, dann weitere Abkühlung in Öl. Haltezeit im Wasser aufgrund von Erfahrung (Dunkelwerden der Oberfläche, Aufhören der Vibration).

Warmbadhärten (Stufen- oder Thermalhärtung). Teile werden aus Härtetemperatur in ein Warmbad (Salzschmelze oder Öl) abgeschreckt, dessen Temperatur in der Nähe des Martensitpunktes liegt. Während einer Haltezeit erfolgt Temperaturausgleich zwischen Rand und Kern und Abbau der Wärmespannungen durch den zähen Austenit. Martensitbildung erfolgt im wesentlichen bei der folgenden Abkühlung.

Bei un- und niedriglegierten Einsatz- und Vergütungsstählen muß die Warmbadtemperatur unter dem Martensitpunkt liegen (150 ... 250 °C Badtemperatur), damit die Perlitbildung unterdrückt wird. Für größere Querschnitte sind nur Ölbäder geeignet. Höher legierte Werkzeugstähle werden in Salzbädern von 450 ... 550 °C abgeschreckt und bis zum Temperaturausgleich gehalten.

2.2.7. Anlassen ist ein Erwärmen nach vorausgegangenem Härten auf Temperaturen unter A_1 und Halten auf dieser Temperatur mit Abkühlung auf bestimmte Weise je nach Werkstoff und Zweck. Es soll *unmittelbar* auf das Härten folgen.

Gehärtete Teile nach dem Abschrecken zu spröde (Glashärte), bei Raumtemperatur erfolgen noch Umwandlungen des Restaustenits, dadurch Maßänderungen.

Anlassen von kaltverformten Federn erhöht Festigkeit, auch Dauerfestigkeit durch Alterung. Dadurch auch Konstanz der Federkennlinie, für Meßinstrumente wichtig.

Beim Anlassen gehärteter Teile nimmt Härte zunächst wenig ab, Dehnung und Kerbzähigkeit steigen langsam (Bild III.13). Zwischen 100 ... 300 °C liegt der Anlaßbereich der Meßwerkzeuge, Kaltarbeitsstähle und Einsatzstähle.

Bei Temperaturen um 150 °C geht die tetragonale Verzerrung des Martensitgitters zurück in ein verzerrtes kubisches α-Gitter, angelassener Martensit. Zugleich scheiden sich kleinste Carbidnadeln aus. Bei über 200 °C zerfällt der Restaustenit.

Über etwa 300 °C fällt Härte und Zugfestigkeit zunehmend ab, Dehnung und Kerbzähigkeit nehmen stärker zu (Bild III.13).

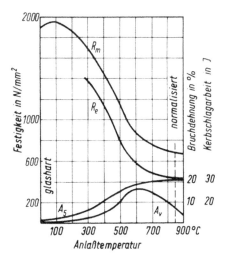

Bild III.13. Vergütungsschaubild Stahl C45

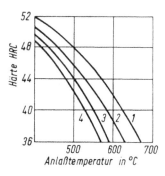

Bild III.14. Anlaßverhalten eines abgeschreckten Warmarbeitsstahles bei verschiedener Anlaßdauer

1:     2 h
2:    24 h
3:   100 h
4: 1000 h

Zwischen 400 ... 650 °C liegt der Anlaßbereich der Warmarbeits- und Vergütungsstähle.

Mit zunehmender Anlaßtemperatur und -dauer kann der Kohlenstoff besser ausdiffundieren und zunehmend gröbere Zementitkristallite bilden. Damit nähern sich Aussehen des Gefüges und Eigenschaften wieder dem weichgeglühten Zustand.

Anlaßschaubild zeigt, daß bestimmte Festigkeit durch längeres Halten auf niedrigen Temperaturen oder kurzes Halten auf höheren Temperaturen erreicht werden kann. Für Teile, die höheren Temperaturen ausgesetzt sind (Warmarbeitsstähle), muß deshalb Anlaßtemperatur 80 ... 100 °C über der Betriebstemperatur liegen, damit unter der Betriebswärme kein weiteres Anlassen erfolgt (Bild III.14).

Anlaßtemperaturen durch Anlaßfarben feststellbar. Diese entstehen durch dünne Oxydschichten auf dem blanken Teil. Besser ist einstündiges Halten auf Anlaßtemperatur in Bädern oder Luftumwälzöfen. Warmarbeitsstähle werden zweimal angelassen, die zweite Temperatur um 30 ... 50 °C niedriger.

2.2.8. Vergüten ist ein Abschrecken von *Bau*stählen und Anlassen auf *hohe* Temperaturen, um hohe Zähigkeit bei erhöhter Streckgrenze zu erhalten.

Es soll ein Gefüge erzeugen, das Bestwerte von Streckgrenze und Kerbzähigkeit besitzt. Streckgrenzenverhältnis R_e/R_m wird vergrößert, d.h. die Streckgrenze rückt näher an die Zugfestigkeit heran. Werkstoff ist dadurch höher beanspruchbar. Kerbzähigkeit erreicht bei bestimmten Anlaßtemperaturen einen Höchstwert. Werkstoff ist bei tiefen Temperaturen wesentlich zäher als im geglühten Zustand (Bild III.13).

Anwendung: Triebwerks- und Getriebeteile im Fahrzeugbau, wenn kleine Abmessungen verlangt werden. Kurbelwellen, Pleuelstangen, Achsen, Zahnräder, Keilwellen, Kupplungs- und Gelenkwellenteile, Achsschenkel.

Anlaßvergütung: Beim Anlassen zwischen Temperaturen von 450...650 °C entstehen aus dem Martensit die *Vergütungsgefüge*. Für dickere Querschnitte ist eine Durchhärtung nicht nötig, es genügt die Bildung von feinstreifigem Perlit im Kern, der beim Anlassen auf Vergütungstemperatur ohnehin entsteht.

Isothermes Vergüten: Hierbei werden die Teile nicht bis in die Martensitstufe abgeschreckt, sondern in Warmbädern bis zur vollständigen Umwandlung gehalten. Bainitisieren wie bei Bild III.10 beschrieben. Eine Abart ist das *Patentieren,* eine isotherme Umwandlung in der unteren Perlitstufe (400...500 °C). Anwendung für Drähte und Federmaterial. Es ergibt sich ein für das *Ziehen* günstiges feinkörniges Gefüge.

Vergütungsgefüge sind auch die in der Literatur als Troostit, Sorbit und Bainit bezeichneten Gefüge, die z.T. ein äußerst dichtstreifer Perlit sind, der bei normaler Vergrößerung nicht als solcher zu erkennen ist.

2.3. Randschichthärten

Hierbei wird eine *harte Rand*zone bei *zäh*bleibendem *Kern* gebildet. Notwendig für Bauteile, die stoßunempfindlich, aber mit harter verschleiß- und druckfester Oberfläche ausgerüstet sein müssen. Je nach Werkstoff und Werkstückform und -größe sind verschiedene Verfahren anwendbar. Bei engen Toleranzen für Maße und Rundlauf ist nach dem Abschreckhärten ein Nachschleifen nötig; Ausnahme: nitrierte Teile.

Anwendung: Kolbenbolzen, Zahnräder hoher Verschleißfestigkeit, Führungsbahnen, Nocken- und Kurbelwellen, Kupplungsklauen, Keilwellen- und Naben für Schaltgetriebe, Kurvenscheiben, Leit- und Laufrollen sowie Kettenglieder für Raupenfahrzeuge, Seilrollen, Formen für Kunststoffspritzguß.

2.3.1. Einsatzhärten. C-arme Stähle, die beim Abschrecken wenig Härte annehmen, werden in *Einsatzmitteln* aufgekohlt, um eine C-reiche, härtbare Randzone zu erhalten. Beim Abschrecken entsteht nur dort Martensit. Kohlenstoffaufnahme durch Diffusion im austenitischen Zustand bei 900...930 °C. Erreichbarer C-Gehalt hängt vom Einsatzmittel ab. Höhere Temperaturen ergeben tieferes Eindiffundieren bei kürzeren Glühzeiten.

Pulveraufkohlen mit Granulat aus Holzkohle mit vermischten Katalysatoren ($BaCO_3$, BaO, $CaCO_3$), Körnung 3...5 mm. Entwickelt CO–CO_2-Gemisch. Nach der Reaktionsgleichung $2\,CO \rightarrow C + CO_2$ nimmt die Randzone C auf.

Salzbadaufkohlen in Schmelzen von Alkalizyaniden NaCN mit Aktivatoren, welche die notwendigen Glühzeiten verringern. Bei hoher Temperatur zerfallen die Zyanide und geben C und N an das Werkstück ab. Stickstoff beschleunigt C-Aufnahme und senkt v_{kr}. Badzusammensetzung muß laufend nachgeprüft und durch Zugaben konstant gehalten werden. Günstig für kleine Teile und geringe Kohlungstiefe. Vorwärmen der Teile vermeidet Eindringen von Feuchtigkeit (Explosionsgefahr) in das Kohlungsbad und starke Temperaturschwankungen.

Gasaufkohlen über das Heizgas, dem Propan oder Butan beigemengt werden. Heizgas muß in Generatoren von O_2, CO_2 und Wasserdampf befreit werden. Gaszusammensetzung regelbar, dadurch ist C-Gehalt und Aufkohlungstiefe zu beeinflussen.

Angestrebter C-Gehalt der Randzone ist 0,65 ... 0,8 % je nach Legierungselementen. Sekundärer Schalenzementit ist unerwünscht, deshalb schnellere Abkühlung aus dem Einsatz bei Cr- und Mn-Stählen.

Härten der Einsatzstähle ist je nach Aufkohlungsart, Werkstoff und Form der Teile auf verschiedene Weise möglich. Das Abschrecken des C-armen Kernes führt zu schwacher Vergütung, der C-reiche Rand wird martensitisch hart. Die Temperaturen für die Wärmebehandlung sind verschieden. Einsetzen erzeugt durch Überhitzen und Überzeiten grobkörniges Gefüge.

Direkthärten aus dem Einsatz, bei Gas- und Badaufkohlung möglich, ist kürzestes wirtschaftliches Verfahren, setzt Feinkornstähle voraus, die bei längeren Glühzeiten nicht zu Kornwachstum neigen. C-Gehalt der Randzone möglichst unterperlitisch, damit wenig Restaustenit entsteht.

Wird vor dem Abschrecken das Werkstück langsam von Einsetz- auf Abschrecktemperatur abgekühlt (840 °C) und im Warmbad abgeschreckt, ergeben sich besonders verzugsarme Werkstücke. Restaustenitgehalt noch geringer.

Randhärten nach isothermer Umwandlung in der Perlitstufe. Aus dem Einsatz kurzzeitiges Halten in einem Warmbad von 500 ... 600 °C, dann Erwärmen auf Abschrecktemperatur der Randzone und Abschrecken. Feinkörnige Gefüge mit besten mechanischen Eigenschaften bei geringem Energieaufwand.

Nach Pulveraufkohlung müssen Teile erst auf Raumtemperatur abkühlen. Nachdem evtl. an weichbleibenden Stellen die aufgekohlte Schicht abgespant wurde, wird gehärtet.

Einfachhärten aus unterer Kernhärtetemperatur. Das beim Aufkohlen grobkörnige Gefüge wird dabei normalisiert, die Randzone nur gering überhitzt. Es entsteht ein zäher Kern, der Rand ist noch feinkörnig. Bei Überkohlung (C-Gehalt überperlitisch) entsteht Restaustenit, deshalb mild wirkende Kohlungsmittel verwenden.

Doppelhärten ist ein Erwärmen auf über A_3 (Kern) und Abschrecken in Öl bzw. Warmbad. Dadurch Kern vergütet, feinkörnig und zäh. Randzone bereits wieder grobkörnig. Nochmaliges Erwärmen auf A_3 (Rand) und Abschrecken läßt Kern unbeeinflußt und ergibt harte martensitische Randzone, die ebenfalls feinkörnig ist. Doppelhärtung erzeugt beste Gefügeausbildung bei größerem Verzug der Teile.

Fehler, die beim Einsatzhärten auftreten können: *Schalenbildung* beim Härten, wenn C-Gehalt zu schroff vom Rand zum Kern abfällt. Entsteht bei zu niedriger Einsetztemperatur, beim Badaufkohlen kalter Teile, bei sehr grobem Randgefüge.

Überkohlung durch zu stark wirkende Kohlungsmittel bei Stählen, die mit Carbidbildnern (Cr, Mo) legiert sind. Hierbei treten körnige und netzartige *Sekundärcarbide* auf. Beseitigung durch Diffusionsglühen (Verteilungs-) möglich.

Stellen, die weich bleiben sollen, werden mit Wasserglas, Lehm oder Pasten isoliert oder mit einem Übermaß gefertigt und zwischen Einsetzen und Härten auf Maß bearbeitet. In Salzbädern sind als Isoliermittel nur galvanisch aufgebrachte Cu-Schichten beständig.

C-abgebende Salze dürfen nicht in salpeterhaltige Salzschmelzen eingeschleppt werden, sonst explosionsartige Oxydation. Zyansalzhaltige Spülwasser müssen entgiftet werden, ehe sie in das Abwasser gelangen.

Ohne Rücksicht auf die Abschreckart werden alle Teile abschließend bei 170 ... 210 °C in Luftumwälzern oder Salzbädern angelassen.

2.3.2. Flammhärten (Brennhärten, Autogenhärten) erzeugt an normal härtbaren Stählen (Vergütungsstählen) eine martensitische Randzone durch *Wärmestau* und sofortiges Abschrecken. Bei *starker* Erwärmung staut sich die Wärme in der Randzone, *ehe* der Kern höhere Temperaturen annimmt. Durch sofortiges Abschrecken entsteht soweit Martensit, wie das Ausgangsgefüge bereits in Austenit umgewandelt war.

Verfahren ist energie- und zeitsparend, da bei größeren Teilen nicht die ganze Masse erhitzt wird. Einziges Verfahren für große sperrige Teile, wie z.B. Zahnkränze, Führungsbahnen an Werkzeugmaschinen, Kurbelwellen, Zahnstangen.

Wird meist auf besonderen Härtemaschinen durchgeführt mit geformten Brennern und automatischem Ablauf von Erwärmung und Abschrecken. Heizgase sind Stadtgas oder Acetylen-Sauerstoff-Gemisch.

Werkstoffe für Flammhärtung sind: Stähle für direkte Oberflächenhärtung; flammhärtbarer Stahlguß (siehe Formelsammlung); Grau- und Temperguß mit überwiegend perlitischer Grundmasse, Graphit muß in feiner Verteilung im Gefüge vorliegen.

Bei gleichen Stahltypen, die aus verschiedenen Chargen stammen, kann durch wechselnden Mn-Gehalt unterschiedliche Einhärtung entstehen.

2.3.3. Induktionshärten beruht auf dem gleichen Prinzip wie Flammhärten. Erwärmung erfolgt durch Induktionsströme. Werkstück ist Eisenkern, Randzone stellt kurzgeschlossene Sekundärwicklung eines Trafos dar. Als Primärspule dient wassergekühlter Kupferhohlkörper, der Form des Werkstückes angepaßt. Durch *Skineffekt* (Hautwirkung) wird Sekundärstrom in den Rand des Werkstückes gedrängt, deshalb nur dort Erwärmung. Durch nachfolgende Wasserbrause entsteht eine martensitische Randzone. Einhärtetiefe ist frequenzabhängig (Bild III.15). Für kleine Querschnitte deshalb hohe Frequenzen. Einhärtetiefe außerdem noch durch elektrische Leistung und Wahl legierter Stähle zu beeinflussen. Oberflächenhärte HRC = 52 ... 62, je nach C-Gehalt des Stahles.

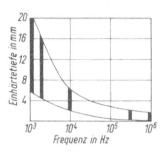

Bild III.15. Induktionshärten, Frequenzbereiche

Es können alle unter 2.3.2 genannten Werkstoffe induktiv gehärtet werden. Das Verfahren ist sauber, die Anlagen raum- und energiesparend und günstig in eine Fließfertigung einzuordnen.

2.3.4. Nitrieren erzeugt dünne, harte Randschichten, die *Nitride* enthalten. Als Nitridbildner wirkt vor allem Al, deshalb in den meisten *Nitrierstählen* (siehe Formelsammlung) enthalten, daneben Cr, Mo und V. Randzone 0,2 ... 0,6 mm dick, Härte HV = 900, anlaßbeständig bis zu 500 °C.

Gasnitrieren: Fertigteile, meist vergütet, werden bei 500 ... 550 °C mit Ammoniak NH_3 begast. Es spaltet atomaren Stickstoff ab, der in das Gefüge diffundiert und mit den Legierungselementen harte Nitride bildet. Dadurch geringe Volumenvergrößerung, die nur bei engen Toleranzen beachtet werden muß. Es entstehen Druckspannungen in der Randzone, dadurch erhöht sich die Dauerfestigkeit der Bauteile.

Die langen Glühzeiten (60 h für 0,6 mm Tiefe) haben das Verfahren nicht gegenüber dem Einsatzhärten durchsetzen können. Zudem ist der Kernwerkstoff bei hohen Flächenpressungen nicht tragfähig genug. Hierfür nur martensitische *stärkere* Randzone geeignet. Es treten keine Gefügeumwandlungen auf, Abkühlung nach dem Nitrieren beliebig langsam, dadurch kein Verzug.

Anwendung z.B. bei Werkzeugen für die Kunststoffherstellung, Bohrstangen, Schneckenwellen, Maschinenspindeln.

Salzbadnitrieren in Salzschmelzen von Gemischen aus NaCN/NaCNO bei 550 °C. Es wird atomarer Stickstoff und Kohlenstoff abgespalten. Wegen der niedrigen Temperatur wird C kaum aufgenommen. Es bildet sich eine *Verbindungszone,* die Nitride enthält, daneben auch Fe_3C, mit einer Härte HV = 600 ... 700 und hohem Verschleißwiderstand, Korrosionsbeständigkeit und geringer Verschweißneigung (Fressen).

Anwendung bei Werkzeugen aus Schnellarbeitsstahl, die nach 10 ... 40 min Behandlung eine Erhöhung der Standzeit erfahren (3 ... 4 fach).

Beim Badnitrieren von Zahnrädern und Wellen aus unlegiertem und niedriglegiertem Stahl (Weichnitrieren) nimmt die Oberflächenhärte nur wenig zu. Dagegen wurde starke Erhöhung der *Verschleißfestigkeit* und *Dauerfestigkeit* beobachtet. Gerade bei unlegierten Stählen erhöht sich die Biege- und Torsionswechselfestigkeit um 60 ... 100 %. Hierzu Behandlung 1 ... 2 h in *belüfteten* Salzbädern (Tenifer-Verfahren, DEGUSSA) von 560 ... 580 °C und Abschrecken der Teile in Salzwasser.

Plasmanitrieren. Unter Vakuum werden N-Ionen durch 300-Volt-Gleichspannung zum Werkstück beschleunigt und prallen mit hoher Geschwindigkeit auf. Dadurch Erwärmung auf 350 ... 580 °C, Bildung einer porenfreien, einphasigen, zähen Nitridschicht bis 30 μm Dicke. Schichtaufbau während der Behandlung beeinflußbar durch Veränderung der *Spannung, Temperatur, Atmosphäre* und *Zeit.*

Anwendung: Schnecken für Extruder und Spritzgießmaschinen die glasfasergefüllte Polyamide verarbeiten (Vergütungstähle). Grundsätzlich sind alle Eisenwerkstoffe geeignet.

2.3.5. Hartverchromen erzeugt galvanisch harte Chromschichten (HV = 700) ohne Wärmebehandlung, deshalb verzugsfrei. Durch höhere Spannung des Bades scheidet sich am Werkstück atomarer Wasserstoff ab, der teilweise eindiffundiert. Die Chromschicht wird sehr spröde und hart, läßt sich durch Anlassen verbessern. Über 360 °C sinkt die Härte durch Austreiben des Wasserstoffes. Es sind Schichtdicken bis zu 2 mm auf vielen Werkstoffen möglich.

Anwendung, z.B. zur Reparatur verschlissener Lagerstellen an größeren Maschinenteilen, für Passungen hydraulischer Steuergeräte, Zylinderlaufflächen.

2.4. Aushärten

Aushärtung ist eine Erhöhung von Härte, Festigkeit, Streckgrenze und magnetischen Eigenschaften durch *Ausscheidungsvorgänge* gelöster Legierungselemente bei Raumtemperatur (Kaltaushärtung). Hierzu ist ein Lösungsglühen erforderlich, damit sich die Elemente im Austenit lösen. Durch Abschrecken entstehen *übersättigte* Mischkristalle, die nicht im Gleichgewicht sind. Nach einer *Anlaufzeit* beginnt die Ausscheidung der im Überschuß gelösten Kristalle und dauert je nach Legierung Tage bis Monate (auch als natürliche *Alterung* bezeichnet). Durch Temperaturerhöhung läßt sich die Diffusion beschleunigen (künstliche Alterung oder Warmaushärtung).

Bei Raumtemperatur ballt sich die im Überschuß gelöste Kristallart innerhalb der Mischkristalle zu submikroskopischen Teilchen zusammen. Sie wirken als *Gleitblockierung* einem Verschieben der Gleitschichten entgegen. Dadurch erhöhen sich Streckgrenze und Härte. Bei Warmaushärtung entstehen sichtbare Teilchen, die mit wachsender Temperatur vergröbern und sich an den Korngrenzen ablagern. Dann ist keine Erhöhung der Streckgrenze mehr festzustellen.

Kaltausscheidung bei unlegiertem Stahl unerwünscht und als Alterung bekämpft (Desoxydation, beruhigter Stahl). Warmaushärtung angewandt bei Schnellarbeitsstählen, warmfesten Stählen und Magnetwerkstoffen sowie hochfesten Baustählen, sogenannten *martensit-aushärtenden* Stählen.

Beispiel: Stahl X 3 NiCoMo18-7-5

        Lösungsglühen: 820 °C/Luft R_m = 1000 N/mm²; A_5 = 12 %

        Aushärten: 430 °C/3 h R_m = 1800 N/mm²; A_5 = 10 %

Aushärtung von großer Bedeutung bei Al- und Mg-Legierungen, es sind auch einige aushärtbare Cu- und Ni-Legierungen bekannt.

IV. Stahlsorten, Stahl- und Eisenwerkstoffe

1. Einteilung und Benennung der Stähle

1.1 Einteilung DIN EN 10020

Die Grobeinteilung erfolgt nach den Anforderungen an die Gebrauchseigenschaften und dem Gehalt an Legierungselementen LE (Tafel IV.1).

Stahlart	Eigenschaftsunterschiede	Beispiele
Grund-stähle	Nicht für eine Wärmebehandlung vorgesehen [1].	Außer Si und Mn sind keine LE-Gehalte vorgeschrieben. P- und S ≤ 0,045 %, Kerbschlagarbeit bei RT geprüft (JR)
Qualitätsstähle unlegiert	Höherer Reinheitsgrad, aber noch kein gleichmäßiges Ansprechen auf Wärmebehandlungen	Enthalten weniger an Legierungselementen (LE) als die Grenzgehalte (Taf. IV.1)
legiert	Sorten, die im Fertigungsgang nicht für eine Vergütung oder Oberflächenhärtung vorgesehen sind	Schweißbare Feinkornstähle für Stahl-, Druckbehälter- und Rohrleitungsbau, Dualphasenstähle, Flacherzeugnisse kalt- oder warmgewalzt für die Kaltumformung, mit B, Nb, V oder Zr legiert
Edelstähle unlegiert	Noch höherer Reinheitsgrad, gleichmäßiges Ansprechen auf Wärmebehandlungen, bestimmte Einhärtungstiefe beim Oberflächenhärten.	Unlegierte Stähle mit vorgeschriebenen max. P- und S-Gehalt < 0,02 % (Feder-, Schweiß- und Reifenkorddraht), Stähle mit Werten der Kerbschlagarbeit KV > 27 J bei -50 °C, ferritisch-perlitische Stähle mit > 0,25 % C, mikrolegiert für thermomech. Behandlung, Spannbetonstähle,
legiert	Alle anderen Stähle, welche die Genzwerte überschreiten	Legierte Einsatz-, Nitrier-, Vergütungs- und Werkzeugstähle, rostfreie und warmfeste Stähle

[1] Im Rahmen dieser Norm werden die Glühverfahren nicht als Wärmebehandlung betrachtet

Tafel IV.1. Grenzgehalte für unlegierte Stähle, sie enthalten weniger als die Tafelwerte

LE	%	LE.....	%	LE......	%	LE......	%	LE......	%	LE......	%
Al	0,10	Cr	0,30	Co	0,10	Cu	0,40	Mn	1,65	Mo	0,08
Ni	0,30	Nb	0,05	Pb	0,40	Se	0,10	Si	0,50	Te	0,10
Ti	0,05	V	0,10	Bi	0,10	W	0,10	Zr	0,05	Bor	0,0008

1.2 Die Kennzeichnung der Stähle (DIN EN 10027)

Teil 1: Bezeichnungssystem für Stähle. Die Kurznamen bestehen aus Symbolen auf 4 Positionen:

Hauptsymbole		Zusatzsymbole		Zusatzsymbole
1. S	**2.** 355	**3a** J2G3	**3b.** W	**4.** Z
Verwendungszweck	mechanische Eigenschaften		für den Werkstoff	für das Erzeugnis

Tafel IV.2. Bezeichnungssystem für Stähle

Pos. 1 Verwendungszweck, für Stahl-guß wahlweise G vorgestellt	2 Mechanische Haupteigenschaft	3a Zusätzliche mechanische Eigenschaften, Herstellungsart	3b Eignung für bestimmte Einsatz-bereiche bzw. Verfahren	4 Erzeugnis
G S Stahlbau z.B. Stähle nach DIN EN 10025 10113 10155	$R_{e,min}$ f. d. kleinste Erzeugnis-dicke	**Kerbschlagarbeit A_v** A_v (J) 27 40 60 Symbol: J K L ---------------------------------- **Schlagtemperatur in ° C** Temp. RT, 0, -20, -30, -40, -50 Symb. R 0 2 3 4 5 ---------------------------------- Für Feinkornstähle: Symbole wie im Feld Druckbehälter ↓	C: bes. Kaltformbarkeit D: Schmelztauchüberzug E: Emaillierung F: Schmiedeteile H: Hohlprofile L: f. tiefe Temperaturen L1/L2: bes. tiefe Temperaturen P: Spundwände S: Schiffbau T: Rohre W: Wetterfest	Tafeln A B C
E Maschinenbau z.B. Stähle nach DIN EN 10025	wie oben	G: Andere Merkmale, evtl. mit 1 oder 2 Folgeziffern	C: bes. Kaltformbarkeit E: Schmiedeteile H: Hohlprofile	Tafel B

Pos. 1	2	3a	3b	4
G P Druckbehälter z.B.Stähle nach DIN EN 10028 T1...T6, Stahlguß DIN EN 10213 T1...T4	wie oben	M: Thermomechanisch, N: Normalisierend gewalzt Q: Vergütet	C: bes. Kaltformbarkeit L: Tieftemperatur (L1, L2) H: Hochtemperatur R: Raumtemperatur X: Hoch- u. Tieftemp.	Tafeln A B C
H Flacherzeugnisse, kaltgewalzt, aus höher-festen Stählen zum Kalt-umformen, z.B. Bleche + Bänder nach DIN EN 10130 / 10149	$R_{e,min}$ oder mit Zeichen T $R_{m,min}$	Herstellungsart M: Thermomechanisch B: bake hardening P: Phosphorlegiert X: Dualphasenstahl Y: IF, (interstitiell free)	D: Schmelztauchüberzüge	Tafel C

Pos. 1	2	3a	3b	4
D Flacherzeugnisse, kaltgewalzt, aus weichen Stählen z. Kaltumformen, z.B. Bleche + Bänder nach DIN EN 10130, 10139 10142	Cnn: kaltgewalzt Dnn: warmgewalzt, für unmittelbare Kaltumformung Xnn: nicht vorgeschrieben nn: Kennzahl nach Norm	D: Schmelztauchen EK: konv. Emaillierung ED: Direktemaillierung H: Hohlprofile T: Rohre G: Andere Merkmale	ohne	Tafeln B C
G C Unlegierte Stähle, Mn-Gehalt ≤ 1 %, z.B. Stähle nach DIN EN 10083-1	nn: Kennzahl = 100-facher C-Gehalt	E: vorgeschriebener max. S-Gehalt, R: vorgeschriebener Bereich des S-Gehaltes D: zum Drahtziehen, C: besondere Kaltformbarkeit, S: für Federn, U: für Werkzeuge, W: für Schweißdraht		Tafel B

Pos.1	2	2a	3	4
G — Niedriglegierte Stähle mit Σ LE < 5%, z.B. Einsatzstähle nach DIN EN 10084, Vergütungs-St. DIN EN 10083-2	nn: Kennzahl = 100-facher C-Gehalt	LE-Symbole nach fallenden Gehalten geordnet, danach *Kennzahlen* mit Binde-strich getrennt in gleicher Folge		Tafeln A, B
auch unlegierte Stähle mit ≥1 % Mn, Automatenstähle. nach DIN EN 10087	Kennzahlen sind Vielfache der LE-%. Die Faktoren sind : **1000** für Bor; **100** für Nichtmetalle C, Cer, N, P, S; **4** für Mn, Si, Cr, Ni, Co, W; **10** für Al, Be, Cu, Mo, Nb, Pb, Ta, Ti, V, Zr.			
G X Hochlegierte Stähle mit Σ LE > 5%	nn: Kennzahl = 100-facher C-Gehalt	LE-Symbole nach fallenden Gehalten geordnet, danach die %-Gehalte der Haupt-LE- mit Bindestrich in gleicher Folge		Tafeln A, B
HS Schnellarbeitsstähle	LE-% von W-Mo-V-Co	entfällt		Tafel B

Tafel A: Zusätze für besondere Anforderungen (Pos.4)

+C	Grobkornstahl	+H	Mit besonderer Härtbarkeit
+F	Feinkornstahl	+Z15/25/35	Mindestbrucheinschnürung. *Z* (senkr. zur Oberfläche) in %

Tafel B: Zusätze für den Behandlungszustand (Pos. 4)

				+Q	Abgeschreckt
+A	Weichgeglüht	+Cnn	Kaltverfest. auf $R_{m,min}$ = nnn MPa	+QA	Luftgehärtet
+AC	Auf kugelige Carbide geglüht	+HC	Warm-kalt-geformt	+QO	Ölgehärtet
		+LC	Leicht kalt nachgezogen/gewalzt	+QT	Vergütet
+AT	Lösungsgeglüht	+M	Thermomechanisch behandelt	+QW	Wassergehärtet
+C	Kaltverfestigt	+N	Normalgeglüht	+T	Angelassen
+CR	Kaltgewalzt			+U	Unbehandelt

Tafel C: Zusätze f. d. Überzug

		+CU	Cu-Überzug	+TE	Elektrolytisch mit PbSn übz.
+A	Feueraluminiert	+IC	Anorganische Beschichtung	+Z	Feuerverzinkt
+AR	Al-walzplattiert	+OC	Organische Beschichtung	+ZA	ZnAl-Legierung (> 50 % Zn)
+AS	Al-Si-Legierung	+S	Feuerverzinnt	+ZN	ZnNi-Überzug (elektrolyt.)
+AZ	AlZn-Legierung (> 50 % Al)	+SE	Elektrolytisch verzinnt	+ZF	Diffusionsgegl. Zn-Überzg.
+CE	Elektrolytisch verchromt	+T	Schmelztauchveredelt m. PbSN	+ZE	Elektrolytisch verzinkt

2. Stähle nach Gruppen geordnet

2.1. Unlegierte Baustähle der Norm DIN EN 10025 sind nach Festigkeit gestufte Grund- und Qualitätsstähle, die als Flacherzeugnisse (Blech und Band) und Langerzeugnisse (Formstahl, Stabstahl, Walzdraht) ohne Wärmebehandlung verarbeitet werden (angewandte Glühverfahren zählen hier nicht als WB). Sie sind für normale klimatische Beanspruchung (Temperatur, Korrosion) geeignet.

Die gewährleisteten Festigkeiten werden durch Steigerung des *Perlitanteils, Mischkristall-verfestigung* der im Ferrit gelösten Eisenbegleiter und evtl. durch *Kornverfeinerung* mit Hilfe einer Pfannenbehandlung der Schmelze erreicht. Mit steigender Festigkeit sinken Bruchdehnung (Verformbarkeit) und die Schweißeignung.

Die Sorten einer Festigkeitsstufe unterscheiden sich durch steigende Schweißeignung und Sicherheit gegen Sprödbruch. Das wird durch höheren Reinheitsgrad (sinkende (P+S)-Gehalte) erreicht und mit höheren Werten beim Kerbschlagbiegeversuch (bei sinkenden Temperaturen) nachgewiesen (Formelsammlung, S. 27).

Eignung zum Kaltumformen (Abkanten, Walzprofilieren) wird auf Vereinbarung (Anhänge-buchstaben) gewährleistet, wenn empfohlene Biegehalbmesser eingehalten werden.

2.2. Vergütungsstähle sind Baustähle mit 0,25 ... 0,5 % C und steigenden Gehalten an Cr, Mn, Mo und Ni. Dadurch lassen sich auch größere Querschnitte durchvergüten. Die erreichbare *Vergütungsfestigkeit* ist *dickenabhängig*. Bei den Ni-legierten Stählen ist bei hohen Festigkeiten die Zähigkeit längs und quer zur Faserrichtung sehr gut. Mn- und Cr-legierte Stähle neigen zur Anlaßsprödigkeit, wenn sie von der Anlaßtemperatur *langsam abkühlen*. Ursache dafür sind Ausscheidungen von harten Kristallarten, welche die Kerbzähigkeit herabsetzen. Bei *schneller* Abkühlung unterbleibt diese Erscheinung. Kleine Gehalte an Mo oder V unterbinden diese Ausscheidungen, so daß diese Stähle aus der Vergütungstemperatur langsam abkühlen können, ohne daß die Zähigkeit sinkt. Wichtig für große Querschnitte. Bei der Auswahl eines Vergütungsstahles geht man vom Werkstückdurchmesser und der verlangten Mindest-streckgrenze aus. Die Zahlen in den Feldern beziehen sich auf die laufende Nummer des Stahles. Der Stahl mit der höheren Nummer hat jeweils die bessere Zähigkeit (DIN 17 200, siehe Formelsammlung).

2.3. Stähle für Flamm- und Induktionshärtung DIN 17 212 sind Vergütungsstähle, die durch Flamm- oder Induktionshärtung zusätzlich eine harte Randzone erhalten können. Neben 5 niedrig legierten Sorten die den Nr. 8, 10, 11, 14 und 16 ähneln, sind die unlegierten Stähle Cf35, Cf45, Cf53 und Cf70 enthalten, die in Eigenschaften den C-Stählen DIN EN 10083 ent-sprechen (siehe Formelsammlung).

2.4. Nitrierstähle sind Vergütungsstähle, die durch Nitrieren (III, 2.4.5) eine harte Randzone erhalten. Die Werkstücke werden im vergüteten Zustand nitriert. Die Stähle enthalten Al als Nitridbildner, die anderen Elemente haben die gleiche Aufgabe wie in Vergütungsstählen (siehe Formelsammlung).

2.5. Federstähle sind Vergütungsstähle für kleinere Querschnitte, deswegen genügen niedrige Gehalte an Legierungselementen. Um hohe Streckgrenzwerte zu erreichen, sind die C-Gehalte erhöht. Vergütungstemperatur etwa 430 ... 520 °C. Erhöhung der Dauerfestigkeit ist durch Oberflächenbehandlung und nochmaliges Anlassen nach Kaltumformung erreichbar (siehe Formelsammlung).

2.6. Einsatzstähle sind Baustähle mit geringen C-Gehalten (unter 0,2 %), welche beim Abschrekken keinen Abfall an Zähigkeit erfahren, es wird nur die Streckgrenze angehoben. Durch Aufkohlung wird die Randzone härtbar. Eigenschaften und Auswahl ähnlich den Vergütungsstählen.

Für die Direkthärtung aus der Gasaufkohlungsatmosphäre sind die beiden Typen auf Mo-Basis neu in die Norm aufgenommen worden. Sie neigen nicht zu Kornvergröberung und Überkohlung, wie z.B. die CrMn-legierten Typen (siehe Formelsammlung DIN EN 10084).

2.7. Automatenstähle sind Baustähle verschiedener Festigkeit, die bei Zerspanung *kurze Späne* und saubere Oberfläche ergeben bei geringerer Beanspruchung des Schneidwerkzeuges. Es wird erreicht durch etwa 0,2 % Schwefel, der an 0,5 ... 0,9 % Mangan gebunden ist. Dadurch bleibt Schmiedbarkeit erhalten. Blei (etwa 0,25 %) hat die gleiche Wirkung, da Blei im Eisen unlöslich und in feinsten Tröpfchen im Gefüge verteilt ist.

Automatenstähle sind warmgewalzt und blank als Rund-, Vierkant-, Sechskant-, Flachstahl und Rundstahl blank h 8, h 9, h 11 lieferbar (siehe Formelsammlung).

Verwendung: Niedrigbeanspruchte kleinere Teile, wie abgesetzte Wellen, Bolzen, Büchsen, Scheiben, Zahnräder zur Bewegungsübertragung.

2.8. Werkzeugstähle. Werkzeuge müssen im Kern *zäh* und in der Randschicht *hart* und *verschleißfest* sein. Diese Forderungen erfüllen unlegierte Stähle, wenn sie nicht *durch*härten, sondern nur *ein*härten. Stähle nach StEW 150–63 sind deshalb in 4 Gruppen gegliedert (Güteklasse 1, 2 und 3, Stähle für Sonderzwecke S), die steigende Mn-Gehalte und damit steigende *Einhärtung* aufweisen. Gleichzeitig steigt damit auch die Härteempfindlichkeit an, d.h. Änderungen von Glühzeit und -dauer wirken sich zunehmend stärker auf das Teil aus. Für dünne Teile müssen deshalb die enger tolerierten Sorten der Güte 1 verwendet werden (Schalenhärter) z.B. C 100 W1.

Stähle für Sonderzwecke sind z.B. C 80 WS mit besonders niedrigem Mn-Gehalt für z.B. ölgehärtete Sicheln und Sensen.

Für dickere Querschnitte und hohe Schnittgeschwindigkeiten oder Standmengen genügen die unlegierten Stähle nicht mehr, ebenso für Einsatz bei höheren Temperaturen. Hierfür sind nur legierte Stähle geeignet. Neben den Sorten der Stahl-Eisen-Werkstoffblätter (Auswahl siehe Formelsammlung) liefert die Industrie zahlreiche Typen, welche bei speziellen Einsatzgebieten Höchstleistungen erbringen.

Die Standartsorten werden z.T. durch folgende Maßnahmen in ihren Leistungen erheblich verbessert:

Maßnahme	Eigenschaftsverbesserung
Elektro-Schlacke-Umschmelzen (ESU)	Carbidteilchen werden kleiner und gleichmäßiger verteilt, bessere Verschleißfestigkeit.
Vakuumerschmelzung	Geringere Schlackenzahl (besserer Reinheitsgrad) führt zur Angleichung der Quereigenschaften an die Längseigenschaften.
Austenitformhärten	Bei einfachgeformten Teilen wird nach der Austenitisierung zunächst warmverformt und erst danach abgeschreckt. Bildung eines feinkörnigen Martensits mit verbesserten mechanischen Eigenschaften.
Beschichtungen	Nichtmetallische Überzüge mit geringerer Neigung zum Kaltschweißen durch Nitrieren oder Abscheiden von Titancarbid (3200 HV 0,05) oder Titannitrid (2450 HV 0,05) in Schichten um 10 μm.

Kaltarbeitsstähle erreichen im Betrieb nur Temperaturen unter 200 °C, wie z.B. in Lehren, Schnitten, Stempeln, Messern, Fräsern, Präge- und Tiefziehwerkzeugen, Räumnadeln, Spannzangen, Kunststoff-Formen usw.

Widerstand gegen	Eigenschaft	metallurgische Maßnahme
plastische Verformung	Festigkeit	martensitisches Gefüge, steigende Dicke → steigende Gehalte an Leg.-Elementen (LE)
Abrieb	Verschleißfestigkeit	Carbidanteil durch Carbidbildner (Mo, V, W, Cr) erhöhen. Korngröße verfeinern (Umschmelzverfahren, Wärmebehandlung) nichtmetallische Überzüge (Nitrieren, Titancarbid, Titannitrid)
Kantenausbrechen	Zähigkeit Schneidhaltigkeit	C-Gehalt dem Verwendungszweck angepaßt kleinerer C-Gehalt (Zähigkeit aber kleinere Härte) muß durch größeren Gehalt an LE ausgeglichen werden Ni als Mischkristallbildner steigert Festigkeit *und* Zähigkeit
Maßänderungen beim Härten (Härteverzug)	Verzugsarmut	gebrochenes Härten anwenden LE erniedrigen die krit. Abkühlungsgeschwindigkeit → Ölhärter, Warmbadhärter, Lufthärter mit steigendem LE-Gehalt

Stahl-Eisen-Werkstoffblätter enthalten Angaben zur Wärmebehandlung der Sorten mit Schaubildern über die Einhärtungstiefen bei verschiedenen Werkstückdurchmessern, sowie ZTU-Schaubilder für kontinuierliche Abkühlung.

Neben diesen Kaltarbeitsstählen werden für verschleißende Werkstoffe und höchste Standmengen auch *Schnellarbeitsstähle* und *härtbare Sinterhartstoffe* (Ferro-Titanit) eingesetzt. Gegenüber dem Stahl 1.2080 haben letztere einen erhöhten Carbidanteil (50...70 %) in einer martensitischen Grundmasse. Im Anlieferungszustand (geglüht) sind sie zerspanbar und erreichen durch verzugsarme Härtung etwa 70...72 HRC. Durch Weichglühen wieder zerspanbar ist dieser Werkstoff mehrfach verwendungsfähig (Korrektur von Werkzeugen).

Auswahlgesichtspunkte: Das Werkzeug soll in der Herstellung billig sein (*Härteverzug* erfordert Nacharbeit), im Einsatz ausreichende Standmenge oder Standzeit ergeben (*Härte*, Verschleißfestigkeit) und nicht vorzeitig durch Bruch versagen (*Zähigkeit*). Werkstoffwahl ist ein Kompromiß zu Erfüllung dieser Forderungen.

Einfluß des Kohlenstoffs	steigender C-Gehalt Härte steigt ↑ Zähigkeit sinkt │	Zähigkeit steigt, Härte sinkt und muß durch ↓ steigende LE-Gehalte ausgeglichen werden (Mo, V, W) sinkender C-Gehalt	
Einfluß der Legierungselemente (LE)	LE-Gehalt niedrig	LE-Gehalt mittel	LE-Gehalt hoch
	Wasserhärtung Verzug höher	Ölhärtung Verzug geringer	Warmbad-Lufthärtung Verzug klein

Warmarbeitsstähle erreichen im Betrieb höhere Temperaturen, wie z. B. als Druckgußform, Strang-preßmatrize, Gesenk, Dreh- und Hobelmeißel.

Widerstand gegen	Eigenschaft	metallurgische Maßnahme
plastische Verformung (hohe Temperatur)	Warmfestigkeit	Durchvergütung bedingt C-Gehalte 0,3 ... 0,6 % und Chrom 1 ... 5 %
Schlag	Zähigkeit	C-Gehalt niedrig, Feinkorn und Reinheit (Umschmelzverfahren)
Abrieb	Verschleißfestigkeit	Carbidanteil so hoch wie möglich, nicht-metallische Überzüge (Titancarbid)
Gefügeänderungen bei hohen Temperaturen	Anlaßbeständigkeit	Aushärtungseffekt bei hohen Anlaß-temperaturen durch Vanadium
wechselnde Temperaturen	Thermoschock-beständigkeit	Gesamtanteil der Legierungselemente niedrig halten, um Wärmeleitfähigkeit zu verbessern 1 % Mo ersetzt 2 % W

Auswahl von Warmarbeitsstählen, siehe Formelsammlung

Bei thermischer Höchstbeanspruchung werden auch Co-legierte Stähle (X CoCrWV 5 5 5 Nr. 1.2678) oder martensitaushärtende Stähle vom Typ X 3 NiCoMoTi 18 9 5 verwendet.

Schnellarbeitsstähle (HS-Stähle) sind hoch mit W, Cr, Mo, V und Kobalt legierte Stähle (Tafel IV.4). Gegenüber den niedrig legier-ten Werkzeugstählen haben sie höhere Anlaßbeständigkeit, Schneid-haltigkeit und Warmhärte. Schnellarbeitsstähle behalten ihre Härte von etwa HRC = 60 bis zu einer Schneidentemperatur von 500 ... 600 °C (Bild IV.1). Dadurch lassen sie wesentlich höhere Schnitt-geschwindigkeiten zu. Diese Eigenschaften werden durch die feinst verteilten Carbide der Legierungselemente bewirkt. Diese sogenann-ten *Sondercarbide* haben z. T. die 2,5 fache Härte des Zementits.

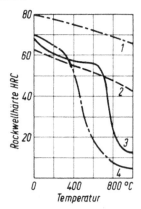

Bild IV.1. Warmhärte von Schneidstoffen

1 Sinterhartstoff, 2 Gußhart-metall (Stellit), 3 Schnell-arbeitsstahl, 4 unlegierter C-Stahl

Die Legierungsmetalle W, Cr, Mo und V verschieben die Punkte des EKD nach links (III, 1.4.3). Dadurch ergeben sie bei 0,9 % C ein ledeburitisches Gefüge mit eingebetteten Netzcarbiden. Durch Schmieden und Weichglühen wird eine körnige Form der Carbide erreicht. Zum Härten sind hohe Temperaturen nötig, um *alle* Car-bide in Lösung zu bringen (1200 ... 1300 °C).

Durch Abschrecken erfolgt Martensitbildung. Beim Anlassen geht die Martensithärte zurück, bei höheren Anlaßtemperaturen scheiden die zwangsgelösten Sondercarbide in feinster Verteilung aus, dadurch Anstieg der Härte. Diese Sekundär-oder Anlaßhärte ist bei richtiger Abschrecktemperatur höher als die Härte im abgeschreckten Zu-stand und bleibt bei Wiedererwärmung bis zur Anlaßtemperatur (540 ... 600 °C) erhalten.

Ursprüngliche Schnellstahllegierung mit 18 % W; 4 % Cr; je 1 % V und C. Heutige Stähle besitzen geringere W-Gehalte bei erhöhtem Mo- und V-Gehalt. Weitere Erhöhung der Standzeiten durch Nitrieren (III.2.3.5) oder pulvermetallurgische Herstellung mit isostatischer Nachverdichtung.

Tafel IV.4. Schnellarbeitsstähle

Gruppe	Bezeichnung neu (alt)	Werkstoff-Nr.	Anwendung
Wolfram hoch	S 18-1-2-5 (E 18 Co 5)	1.3255	Schrupparbeiten, harte Werkstoffe mit großer Zerspan-leistung, Hartguß, nichtmetallische Stoffe
Wolfram mittel	S 10-4-3-10 (EW 9 Co 10)	1.3207	Schlichtarbeiten, Automatenarbeit mit hoher Schnitt-geschwindigkeit bei bester Oberflächengüte
Wolfram Molybdän	S 6-5-2-5 (EMo 5 Co 5)	1.3243	für Fräser, Bohrer und Gewindeschneidwerkzeuge höchster Beanspruchung
Molybdän hoch	S 6-5-2 (D Mo 9)	1.3343	Bohrer und Gewindebohrer, Schlitzfräser und Metallsägen kleiner Abmessungen

In der neuen Bezeichnung der SS-Stähle sind die Prozente der Legierungselemente in der *Reihenfolge* Wolfram, Molybdän, Vanadium und Kobalt angegeben. Der Chromgehalt beträgt etwa 4 %. Der Kohlenstoffgehalt liegt zwischen 0,8 % und 1,4 %.

Der Stahl S 6-5-2 hat demnach als mittlere Analysenwerte 6 % W, 5 % Mo und 2 % V neben 4 % Cr.

Hartlegierungen (Gußhartmetalle, Stellite) sind harte, verschleißfeste und warmfeste Co-Cr-W-Legierungen, die ihre Härte im Gußzustand besitzen (naturhart). Eine weitere Warmumformung oder Wärmebehandlung ist nicht möglich.

Analysenbeispiel: 45 % Co; 30 % Cr; 14 % W; 2,5 % C; Rest Fe. Härte HRC = 55.

Verwendung: Panzerung von Verschleißkanten an Werkzeugen, Ventilkegeln, Teilen an Hartzer-kleinerungsmaschinen meist durch Auftragschweißung. Es sind Sorten verschiedener Zähigkeit und Härte unter Handelsnamen, wie z. B. *Akrit, Celsit, Miramant* lieferbar.

Sinterhartstoffe sind keine Stähle, werden aber als leistungsfähigste *Schneidenwerkstoffe* zweck-mäßig hier behandelt. Sie bestehen aus *harten*, hochschmelzenden Carbiden (WC, TiC, TaC), die durch ein Trägermetall (Co, Ni) zusammengehalten werden.

Herstellung durch *Sintern* der feinstgemahlenen Pulver (Korngröße unter 10 μm).

Sintern ist ein Glühen von gepreßten Pulvern in reduzierender Atmosphäre. Es kommt zur Rekri-stallisation der kaltverformten Pulverteilchen, die dadurch zu größeren porösen Kristallen zusam-menwachsen.

Sinterhartstoffe werden in zwei Stufen gesintert. Beim Vorsintern entstehen Rohlinge, aus denen durch Drehen, Bohren, Sägen usw. die eigentlichen Formkörper (Schneidplättchen) gefertigt wer-den. Beim folgenden Fertigsintern (1350...1700 °C) schmilzt der Co-Anteil und füllt die Poren aus. Es entsteht eine starke Schrumpfung. Danach besitzt der Werkstoff seine hohe Härte und Warmhärte (Bild IV.1).

Nach DIN 4990 sind drei Gruppen genormt, in jeder Gruppe sind verschiedene Typen (mit steigen-den Zahlen = steigender Zähigkeit) vorhanden, so daß sich für alle Zerspanungsfälle der geeignete Schneidwerkstoff finden läßt.

Kennbuchstaben: P für lang-, K für kurzspanende und M für beide Arten Werkstoffe.

Verbesserung der schlechten Zähigkeit reiner WC-Co-Legierungen durch Ersatz des WC durch TiC und TaC und Erhöhung des Co-Gehaltes. Leistungssteigerung durch extrem feine Carbidteilchen (0,1 μm und kleiner), sowie Beschichtungen mit Titannitrid TiN oder TiC.

Isostatische Nachverdichtung unter Gasdruck bis zu 3 kbar bei Temperaturen von etwa 1600 °C erzeugt fast *porenfreie* Qualitäten, die um 30...70 % höhere Biegefestigkeiten aufweisen (damit höhere Zähigkeit und Dauerfestigkeit).

Verwendung: Zerspanungswerkzeuge aller Art, Gesteinsbohrer, Profilwalzen und Drahtziehkonen, Sandschleuderschaufeln, jeweils in Form von Platten oder Hülsen aufgelötet oder geschraubt bzw. geklemmt.

3. Eisen-Kohlenstoff-Gußwerkstoffe

3.1. Übersicht und Begriffe

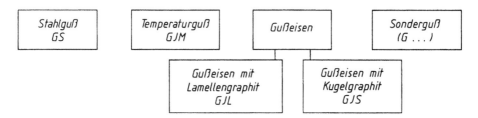

Stahlguß ist jeder Stahl, der im Elektro-, Siemens-Martin-Ofen oder im Konverter erzeugt, in Formen gegossen und einer Glühung unterworfen wird.

Temperguß ist ein Fe-C-Gußwerkstoff, dessen gesamter Kohlenstoff im Gußzustand (Temperrohrguß) als Eisencarbid (Zementit) vorliegt. Durch Glühen zerfällt der Zementit ganz oder teilweise in Temperkohle (Graphit in Flockenform).

Gußeisen mit *Kugel*graphit ist ein Fe-C-Gußwerkstoff, dessen als Graphit vorliegender Kohlenstoffanteil fast vollständig in kugeliger Form vorhanden ist.

Gußeisen mit *Lamellen*graphit ist ein Fe-C-Gußwerkstoff, dessen als Graphit vorliegender Kohlenstoffanteil vorwiegend lamellare Form hat.

Sonderguß sind Werkstoffe, die sich nicht in vorstehende Gruppen einordnen lassen. Es sind Werkstoffe mit besonderen Eigenschaften und teilweise hohen Legierungsanteilen.

Beim Erstarren der Gußwerkstoffe tritt durch die dichtere Packung der Teilchen im Raumgitter sprunghaft eine Volumverminderung ein, die gleichmäßig bis zur Abkühlung auf Raumtemperatur anhält. Die gesamte Volumenabnahme wird als Schwindung bezeichnet und im *Längenschwindmaß* in Prozent angegeben. Es beträgt zwischen 1...2%. Folgen des Schwindens sind *Lunker* und *Spannungen.*

Lunker sind Hohlräume, die in einem Gußteil an den Stellen entstehen, an denen der Werkstoff zuletzt erstarrt, während die umgebenden Teile schon erstarrt sind, so daß kein flüssiges Metall nachfließen kann. Abhilfe durch gießtechnische Maßnahmen (Gießereitechnik).

Spannungen entstehen durch das behinderte Schrumpfen der Zonen mit höherer Temperatur. Die umgebenden, bereits kalten und starren Zonen üben Zugkräfte auf das schwindende Material aus, die zu Rissen führen können, ehe es der Form entnommen ist.

3.2. Stahlguß

Stahlguß enthält unter 2 % C und ist im Rohgußzustand *graphitfrei*. Er wird meist in Elektroöfen erschmolzen und beruhigt vergossen. Schwindmaß mit 2 % hoch, deshalb starke *Lunkerneigung,* die durch gießgerechte Konstruktion und Setzen von Steigern begegnet werden muß.

Neben unlegiertem Stahlguß nach DIN 1681 (Tafel IV.8) gibt es für höhere Beanspruchungen legierte Typen:

Stahlsorte	Norm	Stahlsorte	Norm
Stahlguß f. Druckbehälter, für Verwendung bei Raum- u. höheren Temperaturen, bei tiefen Temperaturen. austenit. und ferrit. Sorten	DIN EN 10213-1 -2 -3 -4	Stahlguß guter Schweißeignung Vergütungsstahlguß Korrosionsbeständ. Stahlguß Hitzebeständiger Stahlguß Austenitischer Mn-Stahlguß	DIN 17182 DIN 17205 DIN EN 10283, ISO 11972 DIN 17465, ISO 11973 ISO 13521

Tafel IV.8. Stahlguß für allgemeine Verwendungszwecke (Mindestwerte)

Werkstoffsorte		Festigkeiten in N/mm^2		Bruch-dehnung %	Kerbschlag-[1] arbeit A in J		Anwendungs-beispiele
Kurzname	Stoff-Nr.	R_m	$R_{p0,2}$	A	< 30 mm	> 30 mm	
DIN 1681							
GS-38	1.0420	380	200	25	35	35	Kompressorengehäuse
GS-45	1.0446	450	230	22	27	27	Konvertertragring
GS-52	1.0552	520	260	18	27	22	Walzwerkständer
GS-60	1.0558	600	300	15	27	20	Großzahnräder

[1]) Werte an ISO-V-Proben ermittelt

Je nach Gehalt an Legierungselementen lassen sich die bekannten Wärmebehandlungsverfahren durchführen.

Stahlguß erstarrt meist grobkörnig (Widmannstättensches Gefüge) und nadelig. Die Zähigkeit ist gering und muß durch Normalglühen verbessert werden.

Durch Wärmebehandlung erreicht das Gußteil gleiche Festigkeiten wie ein Schmiedestahl gleicher Analyse, während Dehnung und Zähigkeit nicht ganz erreicht werden (Folge der Mikrolunker).

Verwendung: Hochbeanspruchte Gußteile, für die GG wegen geringer Festigkeit und Zähigkeit nicht ausreicht oder Schweißbarkeit gefordert ist. Für dünnwandige komplizierte Teile ist Stahlguß nicht geeignet.

Ventilgehäuse für Hochdruckdampfleitungen. Laufrollen für Kräne und Drehrohröfen, Hydraulikzylinder, Naben für Lkw, Kettenräder und Kettensterne für Förderketten, druckbeanspruchte Gehäuse.

Sperrige Teile lassen sich geteilt abgießen und durch Schweißen verbinden.

3.3. Eisen-Kohlenstoff-Gußwerkstoffe

FeC-Gußwerkstoffe haben größere C-Gehalte als Stähle, dadurch niedrigere Schmelztemperatur mit besserer Gießbarkeit. Einteilung erfolgt nach *Grundgefüge* und *Graphitausbildung*.

Graphitausbil-dung	Grundgefüge				
	ferritisch	perlitisch	bainitisch	ledeburitisch	austenitisch
graphitfrei	(GS), GJMW	(GS)	(GS)	Hart- u. Sonderguß	Manganhartguß
lamellar	GJL-15, GJL-20	GJL-250...350	-------		z.B. GJLA-XNiMn
flockig	GJMB, niedrige Festigkeit	GJMB, GJMW, mittl. Festigkeit	GJMB-700 u.800 GJMW-550	----	---
kugelförmig	GJS-350...450	GJS-500...700	GJS-800...1400	----	z.B. GJSA-XNi22

Ferritische Grundgefüge ergeben weiche, zähe Werkstoffe geringer Zugfestigkeit.

Perlitische Grundgefüge ergeben härtere, verschleißfestere Werkstoffe mit größerer Festigkeit und ausreichender Zähigkeit. Sie können vergütet und oberflächengehärtet werden.

Ledeburitische Gefüge sind sehr hart und verschleißfest, damit spröde und schwer zu bearbeiten. Es sind verschleiß- und z.T. korrosionsfeste Legierungen.

3.3.1. Beeinflussung des Grundgefüges durch

Legierungselemente: Silicium und Kohlenstoff fördern die Graphitbildung, Mangan die Zementitbildung.

Abkühlungsgeschwindigkeit: Langsame Abkühlung fördert das Entstehen der Graphitlamellen, schnelle Abkühlung die Ausbildung von Zementit.

Dadurch ergibt sich in einem Werkstück mit wechselnden Wanddicken eine unterschiedliche Gefügeausbildung, damit auch verschiedene Festigkeiten. Das Diagramm von *Greiner-Klingenstein* gibt die Zusammenhänge wieder (Bild IV.2).

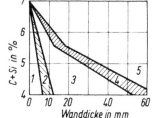

Bild IV.2. Gefügeausbildung von Gußeisen nach Greiner-Klingenstein
1 weißes Eisen, 2 meliertes Eisen, 3 Perlitguß, 4 ferritisch-perlitischer Grauguß, 5 ferritischer Grauguß

3.3.2. Graphitausbildung. Neben der Art des Grundgefüges haben *Größe* und *Form* der Graphitteilchen einen großen Einfluß auf Festigkeit und Dehnung. Bei großen *Lamellen* ist das Gefüge innerlich stark gekerbt, es treten bei Zugbeanspruchungen hohe Spannungsspitzen im Grundgefüge auf, welche die Fließgrenze überschreiten. Der Werkstoff bricht, obwohl die rechnerische Nennspannung noch sehr niedrig ist. Druckspannungen können gut übertragen werden. Durch *Verfeinerung* der Graphitausbildung wächst die Zugfestigkeit. Das geschieht durch Einhalten bestimmter Analysen und Zugaben in die Gießpfanne sowie Überhitzung der Schmelze, um Keime zu beseitigen und eine größere Unterkühlung zu erreichen. Endpunkt dieser Entwicklung, die seit 1925 läuft, ist der Grauguß mit *kugeliger* Graphitausbildung (Kugelgraphitguß, Sphäroguß).

Bild IV.3 zeigt, schematisch die Graphitausbildung. Die *flockige* Form ist hauptsächlich beim Temperguß anzutreffen. Bei gleichem Grundgefüge wird durch die kompaktere Graphitausbildung von links nach rechts die Zugfestigkeit steigen.

groblamellar   feinlamellar   flockig   kugelförmig

Bild IV.3. Graphitausbildung in Gußeisenwerkstoffen

Die Graphiteinschlüsse bewirken ein sehr gutes Dämpfungsvermögen gegenüber Schwingungen (am besten bei lamellarem GG), leichte Zerspanung, Notlaufeigenschaften, wenn GG als Lagerwerkstoff verwendet wird. Die Druckfestigkeit beträgt je nach Graphitausbildung das 2 ... 4 fache der Zugfestigkeit.

Kugelige Graphitausbildung wird durch Pfannenbehandlung einer Gußeisenschmelze mit Magnesium (an Nickel legiert) erreicht. Das Gußeisen muß möglichst frei von Schwefel, Titan, Blei, Zinn und anderen störenden Elementen sein.

3.3.3. Temperguß ist als Werkstoff für *dünnwandige, verwickelte* Gußstücke bis zu 100 kg geeignet, die stoßfest sein müssen. Deswegen scheidet GJL als Werkstoff aus. Stahlguß ist nicht dünnwandig und in komplizierten Formen lunkerfrei vergießbar.

Temperrohguß besitzt etwa (Si + C)-Gehalte von 3,9 %, ist damit gut vergießbar, erstarrt aber lederburitisch. Die Teile sind dann sehr hart und spröde.

Durch Glühen zerfällt das Eisencarbid ganz oder teilweise in Eisen und Kohlenstoff, der als Temperkohle (flockiger Graphit) erscheint. Je nach Temperatur und Dauer von Glühung und Abkühlung entstehen verschiedene Tempergußtypen. Werkstoff ist dann zäh und gut spanend bearbeitbar.

Weißer Temperguß GJMW entsteht durch Glühen in oxidierender Atmosphäre (1000 °C, 60...90 h). Teile unter 8 mm Wanddicke können völlig entkohlt werden, bei dickeren fällt der C-Gehalt von der Mitte zum Rand auf Null ab. Kern dadurch perlitisch hart, Randzone ferritisch, weich. Durch Wärmebehandlung lassen sich Gefüge mit körnigem Perlit oder Bainit herstellen. GJMW-360-12 ist ohne folgende Wärmebehandlung schweißgeeignet.

Schwarzer Temperguß GJMB entsteht durch Glühen in neutraler Atmosphäre (950 °C, 40...60 h). Ledeburit wandelt sich in Ferrit und Temperkohle um. Das Gefüge ist über den Querschnitt gleichmäßig ausgebildet und hat höhere Dehnung, auch bei größeren Wanddicken. Durch C-ärmere Analyse des Rohgusses und verkürztes Tempern entstehen perlitische Gefüge, die vergütet werden können. Das ergibt die hochfesten Sorten bis zu GJMB-800-1.

Tafel IV.9. Eigenschaften von Temperguß nach DIN EN 1562

Werkstoff	$R_{p0,2}$ N/mm²	HB 30 →	Anwendungsbeispiele (Härte HB nur Anhaltswerte)

EN-GJMW- Entkohlend geglühter (weißer) Temperguß

-350-4	----	max. 230	Für normalbeanspruchte Teile, Fittings, Förderkettenglieder, Schloßteile
-360-12	190	max. 200	Schweißgeeignet für Verbunde mit Walzstahl, Teile für Pkw-Fahrwerk,
-400-5	220	max. 220	Standartwerkstoff für dünnwandige Teile, Schraubzwingen, Kanalstreben, Gerüstbau, Rohrverbinder
-450-7	260	max. 220	Wärmebehandelt, zäh, Pkw-Anhängerkupplung, Getriebeschalthebel
-550-4	340	max. 250	

EN-GJMB- Nicht entkohlend geglühter (schwarzer)Temperguß

-300-6	----	max. 150	Anwendung, wenn Druckdichtheit wichtiger als Festigkeit und Duktilität ist
-350-10	200	max. 150	Seilrollen mit Gehäuse, Möbelbeschläge, Schlüssel, Rohrschellen,
-450-6	270	150 ... 200	Schaltgabeln, Bremsträger, Spreizdübel
-500-5	300	165 ... 215	
-550-4	340	180 ... 230	Kurbelwellen, Kipphebel für Flammhärtung, Federböcke, Lkw-Radnaben
-600-3	390	195 ... 245	
-650-2	430	210 ... 260	Druckbeanspruchte kleine Gehäuse, Federauflage für Lkw
-700-2	530	240 ... 290	Verschleißbeanspruchte Teile (vergütet) Kardangabelstücke, Pleuel, Verzurrvorrichtung für Lkw
-800-1	600	270 ... 310	Verschleißbeanspruchte kleinere Teile (vergütet)

Die Werkstoffbezeichnung enthält die Zugfestigkeit in N/mm² , an zweiter Stelle die Bruchdehnung A_3 in %.

3.3.4. Gußeisen mit Kugelgraphit ist nach DIN EN 1563 in 9 Sorten genormt (→ Formelsammlung).
Verwendung: Für stoßbeanspruchte Teile, welche zähen Werkstoff erfordern, tragende Schlepper- und Landmaschinengehäuse, Ständer von Kurbelpressen, Schiffsschrauben für Binnenschiffe, Kurbel- und Nockenwellen, Zahnräder.

3.3.5. Gußeisen mit Lamellengraphit ist nach DIN EN 1561 in 5 Sorten genormt (→ Formelsammlung).
Verwendung: GJL-150...200 für gering beanspruchte Teile, Lagerböcke und -gehäuse, Grundplatten Riemenscheiben, GJL250...350 bei höherer Beanspruchung oder bei Verschleiß.

Gehäuse für Getriebe, Motoren, Turbinen, Pumpen. Ständer für Werkzeugmaschinen, Zylinderlaufbüchsen, Rippenzylinder, Zahnräder, Kolbenringe.

Die Wanddickenabhängigkeit zeigt Bild IV.4.

Nicht genormt sind legierte Sorten. Mo-, Ni- und Cr-Gehalte bis 0,8 % ergeben ein wärmebeständiges Gußeisen, das nicht zum Wachsen neigt.

Die Wanddickenabhängigkeit zeigt Bild IV.4.

Nicht genormt sind legierte Sorten. Mo-, Ni- und Cr-Gehalte bis 0,8 % ergeben ein *wärmebeständiges* Gußeisen, das nicht zum Wachsen neigt.

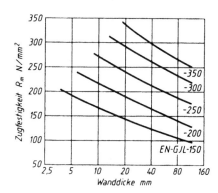

Bild IV.4. Beziehung zwischen Festigkeit und Wanddicke bei Gußeisen mit Lamellengraphit

3.4. Sonderguß

Hartguß ist ein ledeburitisches, weißes Eisen von hoher Härte und Verschleißfestigkeit, spröde und schwer zu bearbeiten.

Schalenhartguß entsteht durch entsprechende Analyse des Gußeisens und Formen mit Abschreckplatten. Die Randzone ist ledeburitisch, nach dem Kern hin Übergang zu perlitischem Grauguß.

Hochlegierte Gußwerkstoffe haben austenitische oder martensitische bzw. Vergütungsgefüge, die Graphitausbildung kann lamellar oder kugelig sein.

Austenitisches Gußeisen ist nach DIN 1694 in 9 Sorten mit lamellarem Graphit und in 11 mit Kugelgraphit genormt. Sie enthalten 12 ... 36 % Ni und sind korrosions- und hitzebeständig bei guter Gieß- und Bearbeitbarkeit. Handelsname der Sorten: *Ni-Resist*.

V. Prüfung metallischer Werkstoffe

Die Werkstoffprüflabors der Fertigungsbetriebe sollen fehlerhaftes Rohmaterial ausscheiden, bevor es in den Fertigungsablauf gelangt. Aufgaben:

a) Ermitteln und Nachprüfen von gewährleisteten Werkstoffkennwerten, wie z.B. Zugfestigkeit, Streckgrenze oder Bruchdehnung.

b) Nachweis von Verarbeitungseigenschaften, wie z.B. Tiefziehfähigkeit, Schmiedbarkeit, Schweißbarkeit.

c) Fehlersuche an Rohlingen und Fertigteilen.

d) Überwachung der Wärmebehandlung und deren Einfluß auf Gefüge und Eigenschaften des Werkstoffes.

e) Bestimmung unbekannter Werkstoffe, Trennung von vertauschtem Material.

1. Prüfung der Härte

Härte ist der Widerstand des Gefüges gegen das Eindringen eines härteren Prüfkörpers unter einer Prüfkraft. Am zurückbleibenden Eindruck wird ein Meßwert abgenommen und daraus der Härtewert berechnet. Nach diesem Prinzip arbeiten die drei wichtigsten Prüfverfahren.

1.1 Härteprüfung nach Brinell (DIN EN 10003-1)

Eindringkörper: Sinterhartmetallkugeln mit 1; 2,5; 5;und 10 mm $\varnothing$. Der Kugel-$\varnothing$ hängt von der Härte und der Dicke s der Probe ab. Die Prüfbedingungen sind genormt:

1. Die Höhe *h* der entstehenden Kugelkalotte (Eindringtiefe *h*) soll
   höchstens 1/8 der Probendicke *s* betragen. Die Reibung auf der
   Unterlage darf den Fließvorgang nicht behindern.

Mindestdicke $s_{min} \leq 8\,h$ mit der Eindringtiefe *h*

$$h = \frac{1}{2}\left(D - \sqrt{D^2 - d^2}\right) \ .$$

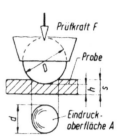

2. Die Kalotte darf nicht zu flach sein, der Eindruck-∅ *d* soll zwischen 0,24 *D* und 0,6 *D* liegen.

3. Die Meßwerte sind nur dann vergleichbar, wenn zwischen Prüfkraft F und dem Kugel-∅ im Quadrat ein festes Verhältnis besteht. Es ist der Beanspruchungsgrad und für 5 Werkstoffgruppen
   genormt (Tafel V.1. rechts).

Bild V.1.
Brinellhärteprüfung

Prüfkraft: Die am Prüfgerät einzustellende Kraft *F* wird aus Tabellen des Normblattes entnommen oder es wird nach Tafel V.1. (rechts) für den vorhandenen Werkstoff und der zu erwartenden Härte der Beanspruchungsgrad abgelesen und die Prüfkraft mit der Formel für den
Beanspruchungsgrad berechnet.

$$\textbf{Beanspruchungsgrad} = \frac{\mathbf{0{,}102\,F}}{\mathbf{D^2}}\ ; \quad \Rightarrow \quad \textbf{F} = \frac{\mathbf{D^2 \cdot Beanspruchungsgrad}}{\mathbf{0{,}102}}$$

Die genormten Kräfte liegen zwischen z. B. für Stähle mit dem Beanspruchungsgrad 30 zwischen
294,2 N und 24920 N.

Tafel V.1: Brinellhärteprüfung

Eindruck-∅ d	Mindestdicke s_{min} der Proben für die Kugel-∅ :				
	D = 1	2	2,5	5	10 mm
0,2	0,08				
1		1,07	0,83		
1,5			2,0	0,92	
2				1,67	
2,4				2,4	1,17
3				4,0	1,84
3,6					2,68
4					3,34
5					5,36
6					8,00

Werkstoffe	Brinell-bereich HB	Bean-spruchungs-grad
St, Ni, Ti		30
Guß-eisen [1]	< 140	10
	> 140	30
Cu und Legierungen	35...200	10
	> 200	30
	< 35	2,5
Leichtmetalle	< 35	2,5
	35...80	5/ 10/ 15
	> 80	10/15
Pb, Sn		1

[1] Nur mit Kugel 2,5; 5 oder 10 mm ∅

Der Kugel-∅ *D* soll so groß wie möglich gewählt werden. Dann muß nach der Härteprüfung mit
Hilfe der Tafel V.1 (links) festgestellt werden, ob für den ermittelten Eindruck-∅ *d* die Mindestdicke
s_{min} kleiner ist als die Probendicke *s*. Andernfalls ist die nächstkleinere Kugel zu verwenden.

Meßwert: Am Prüfling wird der Durchmesser *d* der entstandenen Kalotte ausgemessen, bei unrunden
Eindrücken als Mittelwert aus zwei Durchmessern, die senkrecht aufeinander stehen. Dabei ist eine
Genauigkeit von ±0,5 % erforderlich, damit der Härtewert nicht mehr als ±1 % unsicher ist.

Härtewert:

$$\text{Brinellhärte HB} = \frac{\text{Prüfkraft } F}{\text{Eindruckoberfläche } A} = \frac{0,204 \, F}{\pi D \, (D - \sqrt{D^2 - d^2})} \qquad \begin{array}{c|c|c} \text{HB} & F & D, d \\ \hline 1 & \text{N} & \text{mm} \end{array}$$

Zur schnellen Ermittlung der Brinellhärte werden Tabellen benutzt. Härtewerte sind nur dann vergleichbar, wenn sie unter gleichen Prüfbedingungen ermittelt wurden. Versuchsbedingungen werden genau gekennzeichnet:

Kurzzeichen: 350 HBW 10/3000: Brinellhärte von 350 mit Hartmetallkugel $D = 10$ mm und $F = 29\,420$ N bei der genormten Einwirkdauer von 10 ... 15 s gemessen.

Für unterperlitische Stähle bestehen eine durch Versuche gefundene angenäherte Beziehung zwischen Brinellhärte HB und der beim Zugversuch ermittelten Zugfestigkeit R_m.

$$R_m \approx 3,5 \, \text{HB} \, 10/3000 \qquad \begin{array}{c|c} R_m & \text{HB} \\ \hline \text{N/mm}^2 & 1 \end{array}$$

Anwendungsbereich:

a) Härtemessung an Werkstoffen und einer Härte bis 450 HBW. Bei härteren Stoffen tritt eine Abplattung der Kugel ein, wodurch ein weicherer Stoff vorgetäuscht wird.

b) Härtemessung an Werkstoffen mit Gefügebestandteilen von unterschiedlicher Härte. Durch die 10-mm-Kugel wird eine mittlere Härte sämtlicher Kristallarten gemessen (Lagermetalle, Grauguß).

c) Nachprüfung der Zugfestigkeit an wärmebehandelten Werkstücken ohne wesentliche Beschädigung.

Das Verfahren ist nicht geeignet zur Härtemessung an dünnen, harten Schichten.

1.2 Härteprüfung nach Vickers (DIN EN ISO 6507-2)

Eindringkörper: Vierseitige Diamantpyramide mit 136° Spitzenwinkel.

Prüfkraft: Betrag der Kraft ohne Einfluß auf den Härtewert, wenn der Eindruck mehrere Kristalle erfaßt. Bevorzugt angewendete Kräfte sind die in Bild VII.2 angeführten. Für dünne harte Schichten sind in Blatt 2 weitere 7 von 49 N ... 1,96 N angeführt. Damit die Schicht nicht in den Grundwerkstoff eingedrückt wird, muß sie mindestens das 1,5fache der Eindruckdiagonale (Meßwert) an Dicke aufweisen.

Die Prüfkraft kann aus dem Diagramm Bild VII.2 abgelesen werden, wenn Dicke und zu erwartende Härte bekannt sind.

Ablesebeispiel: Blech von $s = 1$ mm Dicke und einer Härte von etwa 300 HV. Der Schnittpunkt der beiden Koordinaten im Diagramm liegt oberhalb der Kurve 2 (= 490 N), also ist eine Prüfkraft $F = 490$ N geeignet; sie würde in einem weicheren Werkstoff der Dicke $s = 1$ mm bis herunter zu einer Härte von 200 HV zulässig sein.

Meßwert: Mittelwert der beiden Eindruckdiagonalen. Die Ablesegenauigkeit soll 2 μm betragen. Je *härter* der Prüfling, um so *geringer* die Rauhtiefe der Probenoberfläche.

Härtewert:

$$\text{Vickershärte HV} = \frac{\text{Prüfkraft } F}{\text{Eindruckoberfläche } A} = \frac{0,189 \, F}{d^2} \qquad \begin{array}{c|c|c} \text{HV} & F & d \\ \hline 1 & \text{N} & \text{mm} \end{array}$$

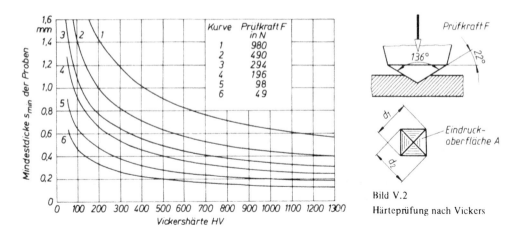

Bild V.2

Härteprüfung nach Vickers

Kurzzeichen:

640 HV 30: Vickershärte von 640 mit $F = 294$ N bei 10 ... 15 s Einwirkdauer gemessen.

180 HV 50/30: Vickershärte von 180 mit $F = 490$ N bei 30 s Einwirkdauer gemessen.

Anwendungsbereich: Die Härteprüfung nach Vickers ist sehr genau und besitzt den breitesten Meßbereich. Besonders geeignet für dünne harte Randschichten, wie sie durch z.B. Borieren, Nitrieren, Hartverchromen oder Beschichten mit Titannitrid oder -carbid entstehen.

1.3. Härteprüfung nach Rockwell (DIN EN 10109-1)

Der Härtewert wird direkt an einem Tiefenmeßgerät (Meßuhr) abgelesen. Die Prüfzeit ist kurz, das Verfahren läßt sich automatisieren.

Eindringkörper: Diamantkegel mit $120°$ Spitzenwinkel (Stahlkugel $d = \frac{1}{16}$ Zoll).

Prüfkraft: Sie ist unterteilt in eine Prüfvorkraft F_0 und eine Prüfkraft F_1.

Meßverfahren: Der Eindringkörper ist mit einem Tiefenmeßgerät gekoppelt. Er wird stoßfrei unter Wirkung der Prüfvorkraft F_0 auf den Prüfling aufgesetzt. Diese Stellung ist Bezugspunkt der Tiefenmessung (Meßbasis Bild V.3).

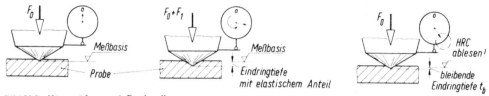

Bild V.3. Härteprüfung nach Rockwell

Unter Wirkung der Prüfkraft F_1 dringt der Eindringkörper in etwa 5 s tiefer in den Prüfling ein. Nach Stillstand der Bewegung (Fließen des Werkstoffes) wird die Prüfkraft F_1 abgeschaltet, der Werkstoff federt etwas zurück und der Eindringkörper wird wieder angehoben. Die Prüfvorkraft F_0 hält ihn in Kontakt mit dem Eindruck. Jetzt wird abgelesen.

Meßwert, Härtewert: Die Meßuhr zeigt dann die *bleibende* Eindringtiefe t_b an. Sie ist ein Maß für die Rockwellhärte. Für die Werkstoffgruppen unterschiedlicher Härte und Dicke des der Prüflinge sind verschiedene Rockwellverfahren entwickelt worden. Tafel V.2 zeigt die wichtigsten mit den zugehörigen Daten.

Tafel V.2. Rockwell-Verfahren

Prüfverfahren mit Diamantkegel						Stahlkugel	
Kurzzeichen	HRC	HRA	HR 15 N	HR 30 N	HR 45 N	HRB	HRF
Einheit von F	N	N	N	N	N	N	N
Prüfvorkraft F_0	98	98	29,4	29,4	29,4	98	98
Prüfkraft F_1	1373	490	117,6	265	412	882	490
Prüfgesamtkraft F	1471	588	147	294	441	980	588
Meßbereich	20 bis 70 HRC	60 bis 88 HRA	66 bis 92 HR 15 N	39 bis 84 HR 30 N	17 bis 75 HR 45 N	35 bis 100 HRB	60 bis 100 HRF
Härteskale	0,2 mm	0,2 mm	0,1 mm			0,2 mm	0,2 mm
Werkstoffe	Stahl, gehärtet angelassen	Wolfram-Bleche ⩾ 0,4 mm	dünne Proben ⩾ 0,15 mm, kleine Prüfflächen, dünne Oberflächen-härteschichten			Stahl, Messing, Bronze	St-Fein-blech, Messing weich
Berechnung der Härte HR	HRC, HRA = 100 - 500 t_b [1])		HRN = 100 - 1000 t_b [1])			HRB, HRF = 130 - 500 t_b [1])	

[1]) Zahlenwert von t_b in mm einsetzen

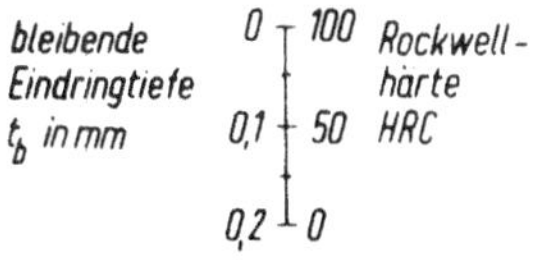

Bild V.4.
Beziehungen zwischen Eindringtiefe und Rockwellhärte

Die Dicke des Prüflings soll das 10fache der bleibenden Eindringtiefe t_b betragen. Die Härtewerte der einzelnen Rockwellverfahren sind nicht miteinander vergleichbar, deshalb muß Härteangabe immer mit Kurzzeichen des Verfahrens erfolgen (Tafel V.2 obere Zeile).

1.4. Vergleich der Härtewerte

Die Umrechnung eines Härtewertes in einen der anderen Verfahren ist nicht möglich. Durch Versuchsreihen wurden Beziehungen ermittelt und in den Härtevergleichstabellen DIN 50150 niedergelegt (Entwurf). Sie enthalten den Vergleich der Vickershärte HV mit den Werten nach HB 30, HRB, HRC, HRA und HRN in Spalten nebeneinander angeordnet und gelten für un- und niedriglegierte Stähle und Stahlguß, jedoch nicht für hochlegierte Stähle und kaltverfestigte Stähle aller Art.

Angenähert bestehen die Beziehungen:

a) Zwischen Brinell- und Vickershärte: HB = 0,9 HV.

b) Für härtere Stähle bis zu 2000 N/mm² Zugfestigkeit gilt: R_m = 0,34 HV (aus HV errechnet).

c) Die Rockwellhärte HRC beträgt im Bereich 200 ... 400 HV etwa $\frac{1}{10}$ dieser Werte.

2. Der Zugversuch (DIN EN 10002)

Durch den Zugversuch werden an genormten Zugproben folgende Werkstoffkennwerte ermittelt:

Werkstoffkennwert	Formelzeichen		Einheit	Werkstoffkennwert	Formelzeichen		Einheit
	neu	bisher			neu	bisher	
Zugfestigkeit	R_m	σ_{zB}	N/mm²	Elastizitätsmodul	E	E	N/mm²
Streckgrenze	R_e	σ_S	N/mm²	Bruchdehnung	A	$\delta_{5,10}$	%
0,2 Dehngrenze	$R_{p0,2}$	$\sigma_{0,2}$	N/mm²	Brucheinschnürung	Z	ψ	%

2.1. Zugproben

Die Norm enthält Maße und Richtlinien für die Herstellung der Proben. Sie bestehen aus einer *Versuchslänge* mit konstantem Querschnitt, an deren Enden verdickte *Einspannköpfe* (Schulter- und Gewindeköpfe, sowie Köpfe für Beißbacken) vorhanden sind. Das Verhältnis zwischen *Meßlänge* L_0 und Durchmesser d_0 (Bild V.5) ist festgelegt.

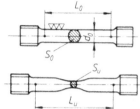

$$\text{Verhältnis} \quad L_0 = 5{,}65 \sqrt{S_0}$$
$$L_0 = 5\, d_0$$

Weitere Normen: Gußeisen DIN EN 1561, Temperguß DIN EN 1562; Druckguß 50148; Bleche DIN EN 10002-1

2.2. Versuchsablauf

Die Zugprobe wird *biegungsfrei* in die Spannvorrichtung der Prüfmaschine eingesetzt und langsam bis zum Bruch gedehnt. Die Spannungszunahme soll $10\,\text{N/mm}^2$ je Sekunde nicht überschreiten. Es werden zugeordnete Werte von Zugkraft und Verlängerung gemessen.

Bild V.5. Zugprobe nach DIN 50 125

L_0 Meßlänge, d_0 Anfangsdurchmesser, S_0 ursprünglicher Probenquerschnitt, L_u Meßlänge nach dem Bruch, S_u Probenquerschnitt nach dem Bruch

2.3. Spannungs-Dehnungs-Diagramm

Aus den gemessenen Wertepaaren von Kraft und Verlängerung läßt sich das Kraft-Verlängerungs-Diagramm aufzeichnen. Durch Division aller Kraftwerte durch den Anfangsquerschnitt S_0 der Probe und aller Verlängerungswerte durch die Anfangslänge L_0 wird daraus das *Spannungs-Dehnungs-Diagramm*. Es zeigt Werte, die von der Probengröße unabhängig sind. Das Diagramm für einen weichen Stahl (Kurve 1 in Bild V.6) zeigt folgende Abschnitte:

Geradliniger Teil = Hookesche Gerade: Gebiete *elastischer*, d.h. zurückgehender Dehnung. Spannung und Dehnung sind proportional, es gilt das *Hookesche Gesetz*

Hookesches Gesetz $\quad \sigma = E\, \epsilon$

σ, E	ϵ
$\dfrac{\text{N}}{\text{mm}^2}$	1

Nach Entlastung hat die Probe ihre Anfangslänge L_0.

Schwach gekrümmter Teil: Hier ist die *Proportionalitätsgrenze* überschritten, die zur Verlängerung der Probe nötige Kraft nimmt geringer zu. Dicht oberhalb σ_P liegt die *Elastizitätsgrenze*, diejenige Spannung, bis zu der *bleibende* Formänderungen nicht auftreten. Die zulässigen Spannungen liegen unterhalb der Elastizitätsgrenze.

σ_P und σ_E sind schwierig zu ermitteln und haben für die Technik keine Bedeutung erlangt. An ihre Stelle tritt die Streckgrenze R_e bzw. die 0,2-Dehngrenze $R_{p0,2}$.

Unstetiger Teil: Bereich stärkerer plastischer Verformung, wobei die Kraft schwankt. Der Werkstoff gibt ruckartig nach, er „fließt". Hier ist die Streckgrenze σ_S überschritten. Nach Entlastung würde eine größere, bleibende Dehnung auftreten.

Ansteigender Teil: Durch den Fließvorgang (Kaltverformung) kommt es zu wachsender Kaltverfestigung. Für eine weitere Verlängerung sind zunehmende Kräfte erforderlich.

Absteigender Teil: Im Bereich des Gipfels der Kurve tritt die *Einschnürung* auf. Die weitere Verlängerung erfolgt nur noch in diesem Teil der Probe. Zur Dehnung des kleiner werdenden Querschnittes sind abnehmende Kräfte nötig, bis der Bruch erfolgt.

2.4. Werkstoffkennwerte

Mit Hilfe der Probe und des Diagramms werden folgende Werkstoffkennwerte berechnet:

$$Zugfestigkeit\ R_{\mathrm{m}} = \frac{F_{\max}}{S_0}$$

R_{m}	$F_{\max}$	S_0
$\dfrac{\mathrm{N}}{\mathrm{mm}^2}$	N	mm^2

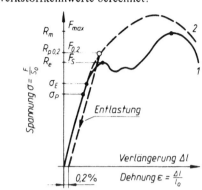

$F_{\max}$ ist die größte Kraft, die während des Versuches an der Probe wirkte. Sie kann am Schleppzeiger des Gerätes abgelesen werden.

$$Streckgrenze\ R_{\mathrm{e}} = \frac{F_{\mathrm{S}}}{S_0}$$

R_{e}	F_{S}	S_0
$\dfrac{\mathrm{N}}{\mathrm{mm}^2}$	N	mm^2

Bild V.6. Spannungs-Dehnungs-Diagramm

1 für weichen Stahl mit deutlicher Streckgrenze
2 für härteren Stahl ohne erkennbare Streckgrenze

F_{S} ist die Kraft, bei der die Kurve die erste Unstetigkeit aufweist.

Viele Werkstoffe besitzen keine *ausgeprägte* Streckgrenze, z.T. ist die Kurve stetig gekrümmt. Für diese Werkstoffe ist die 0,2-Dehngrenze zu ermitteln. Sie wird gewöhnlich auch als Streckgrenze bezeichnet und ist in Tafeln unter dieser Spalte zu finden.

$$0,2\text{-}Dehngrenze\ R_{\mathrm{p}0,2} = \frac{F_{0,2}}{S_0}$$

$R_{\mathrm{p}0,2}$	$F_{0,2}$	S_0
$\dfrac{\mathrm{N}}{\mathrm{mm}^2}$	N	mm^2

$F_{0,2}$ ist die Kraft, welche die Probe – nach Entlastung gemessen – um 0,2 % von L_0 bleibend gedehnt hat.

$$Bruchdehnung\ A = \frac{L_{\mathrm{u}} - L_0}{L_0} \cdot 100$$

A	L_{u}, L_0
%	mm

L_{u} ist der Abstand der Meßmarken an der Zugprobe nach dem Bruch (Bild V.5). Zur Messung werden die Bruchstücke sorgfältig an der Bruchfläche zusammengefaßt. Die Indizes geben an, ob ein kurzer oder langer Proportionalstab verwendet wurde. Die errechnete Bruchdehnung ist ein Mittelwert. Im Einschnürgebiet ist die Dehnung wesentlich größer als im zylindrisch gebliebenen Teil der Meßlänge.

$$Brucheinschnürung\ Z = \frac{S_0 - S_{\mathrm{u}}}{S_0} \cdot 100$$

A	S_0, S_{u}
%	mm^2

S_{u} ist die Bruchfläche, sie wird aus dem Mittelwert von zwei senkrecht aufeinanderstehenden Durchmessern berechnet.

$$Elastizitätsmodul\ E = \frac{\sigma}{\epsilon_{\mathrm{el}}}$$

E, σ	ϵ_{el}
$\dfrac{\mathrm{N}}{\mathrm{mm}^2}$	1

Zur Berechnung werden zwei zugeordnete Werte von Spannung und Dehnung im elastischen Bereich eingesetzt. Die Dehnung muß dabei mit dem Spiegelfeinmeßgerät nach Martens (DIN 50107) ermittelt werden. Der *E-Modul* ist die gedachte Spannung, die die Probe elastisch auf die doppelte Länge, also Dehnung gleich 1, dehnen würde. Er wird gebraucht, um die elastische Verformung der Bauteile unter Spannung zu berechnen.

Die angeführten Werkstoffkennwerte werden teilweise vom Hersteller *gewährleistet*. Der Verarbeiter kann sie durch den Zugversuch nachprüfen.

3. Der Kerbschlagbiegeversuch (DIN EN 10045)

Untersuchung des Werkstoffes auf seine Verformungsfähigkeit unter Bedingungen, die das Fließen behindern:

      Schlag: sehr kurze Zeit zur Verformung
      Kerbe: kleines Volumen für die Verformung
      Kerbe: mehrachsiges Spannungssystem im Kerbgrund

Zähe Werkstoffe zeigen dabei einen hohen Arbeitsaufwand zum Zerbrechen der Probe. Die *Schlagarbeit KV* wird gemessen und ist ein Maß für die Zähigkeit.

Die Meßwerte sind stark probenabhängig, deshalb Normung der Proben und Angabe im Kurzzeichen für die Schlagarbeit.

Probenformen unterscheiden sich durch Länge und Art der Kerbe (Bild V.7). Normalprobe mit spitzer Kerbe, für weniger zähe Werkstoffe auch mit runder Kerbe.

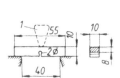

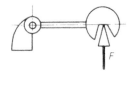

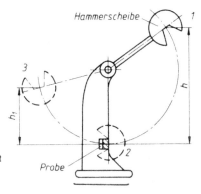

Bild V.7. Normalprobe mit
Finne 1 der Hammerscheibe

Bild V.8
Kerbschlagbiegeversuch mit
dem Pendelschlagwerk und
Ermittlung der Kraft F

3.1. Versuchsablauf

Versuch wird auf Pendelschlagwerken DIN 51222 durchgeführt, in Baugrößen von 0,5 ... 300 J genormt. Probe wird im tiefsten Punkt der Pendelbahn (Bild V.8) als Träger auf zwei Stützen mittig von der Hammerscheibe des Pendels auf Biegung beansprucht und zerschlagen. Die *Lageenergie* W_p in der Ausgangsstellung (Höhe h) wird durch die verbrauchte Schlagarbeit vermindert, so daß das Pendel nur bis zur Höhe h_1 weiterschwingt. In der Stellung 3 besitzt es die *Überschußenergie* $W_ü$.

3.2. Auswertung

Die Schlagarbeit KV wird aus der Differenz der Energien berechnet.

$$\textbf{Schlagarbeit } KV = W_p - W_ü = F(h - h_1) \qquad \frac{KV, W \;\big|\; F \;\big|\; h, h_1}{J \;\big|\; N \;\big|\; M}$$

F ist die Stützkraft bei waagerechter Stellung des Pendels gemessen (Bild V.8). Neben der Probenform und der Hammergröße werden die Meßwerte wesentlich von der Temperatur beeinflußt (Bild V.9).

Angaben der Schlagarbeit enthalten die Probenform und das Arbeitsvermögen des Hammers, das normal 300 J (ohne Angabe) beträgt und bei Abweichungen hinter das Symbol KV (KU) gesetzt wird.

Beispiele:

$KV = 40$ J $\rightarrow$ V: Spitzkerbprobe mit 300 J; KU 100 $= 40$ J U $\rightarrow$ Rundkerbprobe mit 100 J geschlagen.

Kerbschlagarbeit-Temperaturkurve (Bild V.9) zeigt den Unterschied zwischen kaltzähen kubisch-flächenzentrierten und kubisch-raumzentrierten Metallen, die im Bereich der Übergangstemperatur $t_ü$ einen Steilabfall von Werten der Hochlage zur Tieflage aufweisen. Die Lage des Steilabfalls wird durch den Gefügezustand beeinflußt und ist damit durch Wärmebehandlungen verschiebbar.

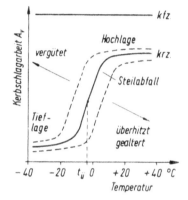

Bild V.9
Kerbschlagarbeit-Temperaturkurve

Anwendungsbereich:

a) Kontrolle der *Wärmebehandlung* des Stahles. Bei Überhitzung oder Anlaßsprödigkeit ergeben sich niedrige Zähigkeitswerte.

b) Stähle nach DIN EN 10025 mit den Anhänge-Symbolen JR, JO, J2 unterscheiden sich in der Prüftemperatur, bei der die Proben geschlagen werden, ebenso schweißbare Feinkornstähle nach DIN EN 10113 (kaltzähe Reihe, Längs- und Querproben bei – 60 °C).

Die Zähigkeit des Werkstoffes kann an der Bruchfläche der Kerbschlagprobe beurteilt werden:

a) *Verformungsbruch:* Die Bruchfläche ist zerklüftet, an den Rändern sind Stauch- und Zugzonen. Zeichen für zähen Werkstoff.

b) *Trennungsbruch:* Die Bruchfläche ist eben und zeigt glatte Ränder. Zeichen für niedrige Zähigkeit (Sprödbruch).

4. Prüfung der Festigkeit bei höheren Temperaturen

Für Temperaturen über 200 ... 350 °C ist die Berechnungsgrundlage für den Konstrukteur die *Warmstreckgrenze* nach DIN EN 10002-5. Hierbei wird der Zugversuch an beheizten Probestäben durchgeführt. Wenn Bauteile bei Temperaturen über 400 °C mechanisch beansprucht werden, so sind für ihre Auslegung die *Zeit*festigkeiten und *Zeit*dehngrenzen zugrundezulegen. Sie werden aus *Langzeitversuchen* ermittelt.

4.1. Standversuche, Zeitstandversuch (DIN 50 119/8)

Sie geben Aufschluß über das Dehnungsverhalten bei *langzeitiger* Beanspruchung. Dabei zeigen alle Werkstoffe ein *Kriechen*. Damit wird eine langsame plastische Formänderung unter Last bezeichnet, die zu Maßänderungen der Teile und u.U. zum Bruch führt, obwohl die Spannung unter der Bruchfestigkeit des Werkstoffes liegt. Die Geschwindigkeit des Kriechens wächst mit der Temperatur.

Bei Temperaturen *unter* dem Bereich der Kristallerholung kann das Kriechen durch eine Kaltverfestigung zum Stillstand kommen. Hier kann die *Dauerstandfestigkeit* σ_D ermittelt werden. Es ist die ruhende Beanspruchung, die eine Probe unendlich lange ohne Bruch ertragen kann.

Bei Temperaturen im Bereich der Kristallerholung und Rekristallisation tritt keine Kaltverfestigung ein, ein Kriechen ist nicht zu vermeiden. Hier ist kein Werkstoff „unendlich" lang haltbar, es gelten die *Zeitfestigkeiten*.

Je niedriger die verlangte Lebensdauer des Teiles, um so höher darf die Beanspruchung sein. Maßgebend sind die Zeitstandversuche.

Zeitstandversuch: Dabei werden Probestäbe bei gleichbleibender Temperatur und Belastung langzeitig (bis zu 10^5 h $\approx$ 15 Jahre) beansprucht und die bleibende Dehnung in Abständen gemessen bzw. der Bruch festgestellt. Aus vielen Proben des gleichen Werkstoffs, die bei gleicher Temperatur, aber verschiedenen Beanspruchungen gemessen wurden, ergibt sich das Zeitstandfestigkeitsschaubild (Bild V.10). Daraus lassen sich z.B. folgende Werte ablesen:

Zeitstandfestigkeit $_{550}\sigma_{B100000} = 60 \text{ N/mm}^2$

oder

Zeitstandfestigkeit $_{550}\sigma_{B1000} = 180 \text{ N/mm}^2$

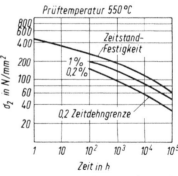

Bild V.10. Zeitstandsfestigkeits-Schaubild des Stahles 24 CrMoV 55 für 550 °C

Zeitstandfestigkeit ist die Spannung, die nach konstanter Zugbeanspruchung bei angegebener Temperatur (Index) nach der angegebenen Zeit (Index) zum Bruch führt.

Weiter können die Zeitdehngrenzen abgelesen werden:

Zeitdehngrenze $_{550}\sigma_{0,2/1000} = 90 \text{ N/mm}^2$
Zeitdehngrenze $_{550}\sigma_{1/10000} = 80 \text{ N/mm}^2$

Zeitdehngrenze ist die Spannung, die nach konstanter Zugbeanspruchung bei angegebener Temperatur (Index) nach der angegebenen Zeit (Index) eine bestimmte bleibende Dehnung hervorruft. Meist werden 0,2 % und 1 % Dehnung zugrunde gelegt.

5. Prüfung der Festigkeit bei schwingender Beanspruchung Dauerschwingversuch (DIN 50 100)

Bei dynamischer Beanspruchung eines Bauteiles (Begriffe siehe Festigkeitslehre) ist die Grundlage für den Ansatz der zulässigen Spannung nicht mehr die Streckgrenze σ_S, sondern die *Dauerfestigkeit* der jeweiligen Beanspruchungsart. Sie wird in Dauerversuchen an Proben mit *polierter* Oberfläche ermittelt.

5.1. Ermittlung der Biegewechselfestigkeit aus dem Umlaufbiegeversuch (DIN 50 113)

Der Versuch ahmt die Beanspruchung einer umlaufenden, biegebeanspruchten Welle nach. Es sind 6 ... 10 Proben des gleichen Werkstoffes von gleicher Form und Bearbeitung nötig. Die umlaufende

Probe wird mit einem konstanten Biegemoment belastet (Bild V.11). Infolge der Drehung ändert sich die Biegespannung in jeder Faser sinusförmig und durchläuft bei einer Umdrehung ein Lastspiel. Der Versuch wird bis zum Bruch fortgesetzt und die Umläufe gezählt. 5 ... 9 weitere Proben werden mit gestuften, kleineren Biegespannungen ebenso geprüft. Aus den Meßwerten ergibt sich die *Wöhlerkurve* (Bild V.12). Sie verläuft bei hohen Lastspielzahlen flacher und nähert sich einem *Grenzwert* der Spannung, der Dauerfestigkeit, hier als Biegewechselfestigkeit σ_{bW} bezeichnet. Es ist die Spannung, die sich aus der Wöhlerkurve für 10^7 Lastspiele ergibt.

Für Stahl verläuft die Kurve ab 10^7 Lastspiele waagerecht. Bei Versuchen genügt es, diese *Grenz-Lastspielzahl* zu erreichen. Für Leichtmetalle beträgt sie $5 \cdot 10^7$. Jede andere Oberflächenbeschaffenheit der Proben als „poliert" setzt die ertragbaren Lastspiele herab, d.h. senkt die Dauerfestigkeit. Bei Versuchen unter ständigem Korrosionsangriff ergibt sich ein geneigter Verlauf der Wöhlerkurve, eine Dauerfestigkeit ist dann nicht bestimmbar. Dann können nur *Zeitfestigkeiten* angegeben werden.

Kerbwirkungszahlen lassen sich auf gleiche Weise mit gekerbten oder quergebohrten Proben ermitteln. Die dann ermittelten Grenzwerte der Wöhlerkurven werden als *Gestaltfestigkeit* bezeichnet.

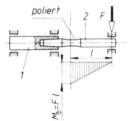

Bild V.11. Umlaufbiegeversuch

1 Spindel mit Aufnahmekonus,
2 Probe mit aufgestecktem Lager als Angriffspunkt der Kraft *F*, die das Biegemoment im eingezogenen Querschnitt hervorruft.

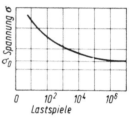

Bild V.12. Wöhlerkurve

5.2. Dauerfestigkeitsschaubild (nach Smith)

Es zeigt die ertragbare *Ober-* und *Unter*spannung für steigende *Mittel*spannungen, ohne daß es zu Dauerbrüchen kommt.

Da die Aufnahme eines solchen Schaubildes sehr viel Zeit benötigt, wird es häufig angenähert konstruiert. Es müssen vom Werkstoff bekannt sein: Streckgrenze, sowie Schwell- und Wechselfestigkeit.

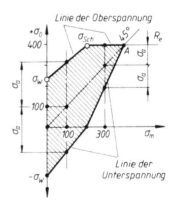

Bild V.13. Dauerfestigkeitsschaubild
Die Linie der Oberspannung zwischen σ_W und σ_{Sch} ergibt sich aus den Dauerversuchen als leicht gekrümmte Linie, sie wird angenähert als Gerade gezeichnet

Beispiel: Gegeben $R_e = 400 \text{ N/mm}^2$; $\sigma_{zSch} = 400 \text{ N/mm}^2$; $\sigma_{zW} = 240 \text{ N/mm}^2$. Ordinate und Abszisse haben gleichen Maßstab. σ_{zW} auf Ordinate zweimal abgetragen. σ_{zSch} wird über der zugehörigen Mittelspannung (Hälfte) eingetragen. Die Punkte können geradlinig verbunden werden. Da die Oberspannung σ_0 nicht die Streckgrenze überschreiten darf, wird der Bereich der zulässigen Beanspruchung nach oben durch die Gerade begrenzt. σ_m darf ebenfalls die Streckgrenze nicht überschreiten (Punkt *A*). Die Linie für die Unterspannung ergibt sich, da die Ausschlagspannung σ_a um jede Mittelspannung nach oben und unten gleich sein muß.

Solange die Beanspruchungen im schraffierten Gebiet des Schaubildes bleiben, treten keine Dauerbrüche auf.

Spanende Fertigungsverfahren (Zerspantechnik)

I. Drehen und Grundbegriffe der Zerspantechnik[1]

1. Bewegungen

Bei allen Zerspanvorgängen (Drehen, Hobeln, Fräsen ...) sind die Bewegungen *Relativbewegungen* zwischen Werkstück und Werkzeugschneide. Man unterteilt in Bewegungen, die unmittelbar die Spanbildung bewirken (*Schnitt-, Vorschub-* und resultierende *Wirkbewegung*), und solche, die nicht unmittelbar zur Zerspanung führen (*Anstell-, Zustell-* und *Nachstellbewegung*). Alle Bewegungen sind auf das ruhend gedachte Werkstück bezogen (Bild I.1). Schnitt- und Vorschubbewegung können sich aus mehreren Komponenten zusammensetzen, z.B. die Vorschubbewegung beim Drehen eines Formstückes aus Längs- und Planvorschubbewegung.

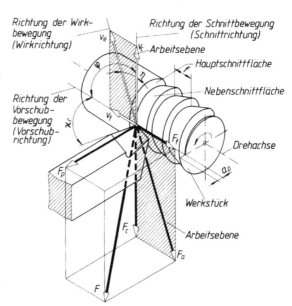

Bild I.1. Bewegungen, Geschwindigkeiten und Kräfte beim Drehen; Größenverhältnisse willkürlich angenommen; Kräfte in bezug auf das Werkzeug

F Zerspankraft
F_a Aktivkraft
F_c Schnittkraft
F_f Vorschubkraft
F_p Passivkraft
v_c Schnittgeschwindigkeit
v_f Vorschubgeschwindigkeit
v_e Wirkgeschwindigkeit
f Vorschub
a_p Schnittiefe
κ_r Einstellwinkel
φ Vorschubrichtungswinkel (beim Drehen 90°)
η Wirkrichtungwinkel

Bei einem Einstellwinkel $\kappa_r = 45°$ ist das Verhältnis der Kräfte etwa $F_c : F_p : F_f = 5 : 2 : 1$.

---

[1] Begriffe der Zerspantechnik in DIN 6580, DIN 65581, DIN 6584.

Beim *Drehen* führt die umlaufende Bewegung des Werkstückes zur *Schnittbewegung*, die geradlinige (fortschreitende) Bewegung des Werkzeuges zur *Vorschubbewegung*. Die resultierende Bewegung aus Schnitt- und Vorschubbewegung heißt *Wirkbewegung*: sie führt zur Spanabnahme, beim normalen Drehen zur *stetigen* Spanabnahme. Die eingestellte Schnittiefe a_p bleibt dann bei einem Arbeitsvorgang konstant; damit auch der eingestellte *Spanungsquerschnitt* $A = a_p f$ (Bild I.2). Diese günstigen Schnittbedingungen führten zu umfangreichen Forschungsergebnissen, die zum großen Teil auch auf andere Zerspanvorgänge übertragen werden können. Drehen wird deshalb hier ausführlich behandelt.

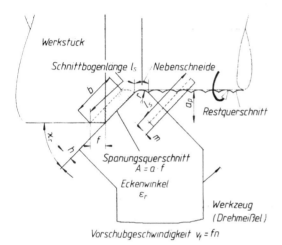

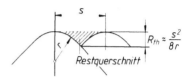

Bild I.2. Schnittgrößen und Spanungsgrößen

f	Vorschub
a_p	Schnittiefe
b	Spanungsbreite
h	Spanungsdicke
A	Spanungsquerschnitt
l_s	Schnittbogenlänge
m	Bogenspandicke
R_{th}	theoretische Rauhtiefe

Mit Hilfe der *Anstellbewegung* wird der Drehmeißel vor dem Zerspanen an das Werkstück herangeführt, durch die *Zustellbewegung* wird vor dem Schnitt die Dicke der abzunehmenden Werkstoffschicht festgelegt. Durch die *Nachstellbewegung* lassen sich die während des Schnittes auftretenden Veränderungen korrigieren (z.B. Werkzeugverschleiß, zu groß oder zu klein gewordene Schnittiefe usw.).

Entsprechend der *Schnitt-*, der *Vorschub-* und der *Wirk*bewegung wird auch zwischen den zugehörigen Geschwindigkeiten unterschieden:

Die *Schnittgeschwindigkeit* v_c ist die momentane Geschwindigkeit des betrachteten Schneidenpunktes in Schnittrichtung (Bild I.1). Beim Drehen ist v_c die Umfangsgeschwindigkeit eines Punktes am Werkstückumfang. Mit Werkstückdurchmesser d und Drehzahl n wird:

$$v_c = fn \qquad \begin{array}{c|c|c} v_c & d & n \\ \hline \dfrac{m}{min} & m & min^{-1} \end{array} \qquad (I.1)$$

Die *Vorschubgeschwindigkeit* v_f ist die momentane Geschwindigkeit des betrachteten Schneidenpunktes in Vorschubrichtung. Beim Drehen stehen v_f und v_c senkrecht aufeinander. Der Vorschubrichtungswinkel ist dann $\varphi = 90°$ (Bild I.1). Mit Vorschub f und Drehzahl n wird

$$v_f = fn \qquad \begin{array}{c|c|c} v_f & f & n \\ \hline \dfrac{mm}{min} & \dfrac{mm}{U} & min^{-1} \end{array} \qquad (I.2)$$

Die *Wirkgeschwindigkeit* v_c ist die momentane Geschwindigkeit des betrachteten Schneidenpunktes in Wirkrichtung: sie ist die resultierende Geschwindigkeit aus Schnitt-und Vorschubgeschwindigkeit. In den meisten Fällen ist (wie beim Drehen) das Verhältnis v_f/v_c so klein, daß $v_e = v_c$ angesehen werden kann. So ist z.B. bei $v_c = 50$ m/min und $v_f = f n = 0,1$ mm/U $\cdot$ 500 min^{-1} = 0,050 m/min der *Wirkrichtungswinkel* $\eta \approx 3'$ (mit tan $\eta = v_f/v_c = 0,05/50$ = 0,001). Das Beispiel gilt für Drehen, also für $\varphi = 90°$, sonst siehe Gl. (IV.1).

2. Zerspangeometrie

Wichtigste Bezugsebene für die Zerspangeometrie ist die sogenannte *Arbeitsebene* (Bild I.1). Es ist diejenige gedachte Ebene, die Schnitt- und Vorschubrichtung des betrachteten Schneidenpunktes enthält. In ihr vollziehen sich alle an der Spanbildung beteiligten Bewegungen. Alle in der Arbeitsebene liegenden Kraftkomponenten der Zerspankraft F sind an der Zerspanleistung beteiligt (siehe Zerspanleistung).

2.1. Schnitt- und Spanungsgrößen

Schnittgrößen sind z.B. *Vorschub f* und *Schnittiefe a_p*, also solche Größen, die zur Spanabnahme unmittelbar oder mittelbar eingestellt werden müssen.

Spanungsgrößen sind z.B. *Spanungsbreite b, Spanungsdicke h* und *Spanungsquerschnitt A*. Im Gegensatz dazu nennt man diejenigen Größen, die die Abmessungen der tatsächlich entstehenden Späne enthalten: *Spangrößen*.

Spanungsquerschnitt A, Schnittiefe a_p, Vorschub f, Spanungsdicke h, Spanungsbreite b und Einstellwinkel κ_r der Hauptschneide hängen nach Bild I.2 beim *Drehen* in folgender Weise voneinander ab:

$$A = a_p f = b h = m l_s \tag{I.3}$$

$$h = f \sin \kappa_r \tag{I.4}$$

A	f	a_p, h, b, m, l_s	κ_r
mm^2	$\dfrac{\text{mm}}{\text{U}}$	mm	°

$$b = \frac{a_p}{\sin \kappa_r} \tag{I.5}$$

Der *Spanungsquerschnitt A* ist der Querschnitt des abzunehmenden Spanes senkrecht zur Schnittrichtung.

Die im Schnitt befindliche *Schnittbogenlänge l_s* ist angenähert:

$$l_s = f + \frac{a_p}{\sin \kappa_r} \tag{I.6}$$

Denkt man sich die Schnittbogenlänge l_s einschließlich des Schneidenbogens mit Radius r *gestreckt*, so läßt sich ein rechteckiger Spanungsquerschnitt vorstellen, dessen Länge l_s und dessen Breite die sogenannte *Bogenspandicke m* ist (Bild I.2):

$$m = \frac{A}{l_s} = \frac{a_p f}{l_s} \text{ in } \frac{\text{mm}^2 \text{ Spanungsquerschnitt}}{\text{mm Schneidenlänge}} \tag{I.7}$$

Anders aufgefaßt ist die Bogenspandicke $m = A/l_s$ in mm^2/mm die von 1 mm Schneidenlänge abgespante Fläche, vorstellbar als *spezifische Schneidenbelastung*. Nomogramm zur Ermittlung der Bogenspandicke in AWF 121.

Beispiel: Berechne die Spanungsdicke h_1, h_2 für Vorschub $f = 1$ mm/U und $\kappa_{r1} = 60°$, $\kappa_{r2} = 10°$.

Lösung: $h_1 = f \sin \kappa_{r1} = 1 \dfrac{\text{mm}}{\text{U}} \cdot \sin 60° = 0,866$ mm

$h_2 = f \sin \kappa_{r2} = 1 \dfrac{\text{mm}}{\text{U}} \cdot \sin 10° = 0,174$ mm

Beachte: Das axiale Widerstandsmoment W des Spanungsquerschnittes wächst mit der Spanungsdicke h quadratisch ($W = b h^2/6$; siehe Festigkeitslehre), d.h. bei 3fachem h entsteht 9facher Aufbiegungswiderstand!

Beispiel: Berechne die Bogenspandicke m für Einstellwinkel $\kappa_{r1} = 90°$, $\kappa_{r2} = 45°$, $\kappa_{r3} = 5°$ bei Vorschub $f = 1$ mm/U und Schnittiefe $a_p = 3$ mm.

Lösung:
$$l_{s1} = f + \frac{a_p}{\sin \kappa_{r1}} = 1 \text{ mm} + \frac{3 \text{ mm}}{\sin 90°} = 4 \text{ mm}$$

$$l_{s2} = 1 \text{ mm} + \frac{3 \text{ mm}}{\sin 45°} = 5{,}24 \text{ mm}$$

$$l_{s3} = 1 \text{ mm} + \frac{3 \text{ mm}}{\sin 5°} = 35{,}4 \text{ mm}$$

Bogenspandicke
$$m_1 = \frac{A}{l_{s1}} = \frac{3 \text{ mm}^2}{4 \text{ mm}} = 0{,}75 \frac{\text{mm}^2 \text{ Spanungsquerschnitt}}{\text{mm Schneidenlänge}}$$

$$m_2 = \frac{A}{l_{s2}} = \frac{3 \text{ mm}^2}{5{,}24 \text{ mm}} = 0{,}57 \frac{\text{mm}^2 \text{ Spanungsquerschnitt}}{\text{mm Schneidenlänge}}$$

$$m_3 = \frac{A}{l_{s3}} = \frac{3 \text{ mm}^2}{35{,}4 \text{ mm}} = 0{,}0847 \frac{\text{mm}^2 \text{ Spanungsquerschnitt}}{\text{mm Schneidenlänge}}$$

Wird 0,75 mm²/mm = 100 % gesetzt, so ergibt sich für 0,57 mm²/min = 76 % und für 0,0847 mm²/min = 11,3 %, d.h. die spezifische Schneidenbelastung sinkt mit abnehmendem Einstellwinkel κ_r.

2.2 Schneiden, Flächen und Winkel am Drehmeißel[1])

Die geometrische Grundform der Schneide an spanenden Werkzeugen ist der *Keil*. Er erscheint sowohl bei Haupt- als auch bei Nebenschneiden. Schneiden und Flächen sind in Bild I.3 dargesellt.

Hauptschneide ist jede Schneide, deren *Wirk-Freiwinkel* (siehe unten) bei Vergrößerung des Vorschubes und damit Vergrößerung des Wirkrichtungswinkels η (Bild I.1) kleiner wird. Der Keil der Hauptschneidet weist während des Schnittes etwa in Richtung der Vorschubbewegung (Ausnahme z.B. beim Gleichlauffräsen).

Nebenschneide ist jede Schneide, die nicht Hauptschneide ist. Grenze zwischen Haupt- und Nebenschneide bei gekrümmter Schneide liegt dort, wo der Einstellwinkel κ_r gegen Null geht.

Spanfläche ist die Fläche am Schneidkeil, über die der Span abläuft. Die Breite der Spanflächenfase wird mit $b_{f\gamma}$ bezeichnet (Bild I.3).

Freiflächen sind die Flächen am Schneidkeil, die den entstehenden Schnittflächen zugekehrt sind. Die Breite der Freiflächenfase wird mit b_{fa} bezeichnet (Bild I.3).

An der *Schneidenecke* treffen Haupt- und Nebenschneide zusammen. Sie ist bei Drehmeißeln meist mit Radius r gerundet (Bild I.4). Die *Winkel an der Schneide* müssen in zwei verschiedenen Bezugssystemen gemessen werden. Man unterscheidet danach:

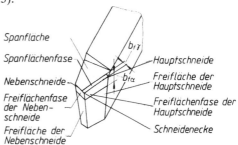

Spanfläche · Spanflächenfase · Nebenschneide · Freiflächenfase der Neben- schneide · Freifläche der Nebenschneide · $b_{f\gamma}$ · b_{fa} · Hauptschneide · Freifläche der Hauptschneide · Freiflächenfase der Hauptschneide · Schneidenecke

Bild I.3. Bezeichnung der Schneiden und Flächen an einem Drehmeißel

[1]) Nach DIN 6581.

Wirkwinkel (im Wirk-Bezugssystem gemessen), die von der Stellung Schneidwerkzeug zu Werkstück, von den Schnittgrößen und von der geometrischen Form des Werkstückes abhängig sind. Sie sind für die Beurteilung des Zerspanvorganges wichtig.

Werkzeugwinkel (im Werkzeug-Bezugssystem gemessen), die maßgeblich sind für Herstellung und Instandhaltung der Schneidwerkzeuge.

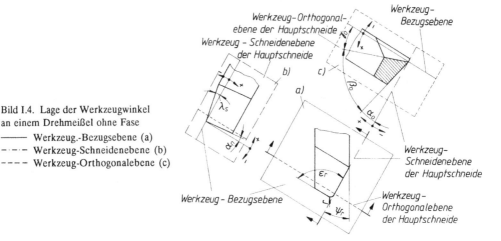

Bild I.4. Lage der Werkzeugwinkel
an einem Drehmeißel ohne Fase

———— Werkzeug.-Bezugsebene (a)

–·–·– Werkzeug-Schneidenebene (b)

– – – – Werkzeug-Orthogonalebene (c)

Das *Wirk-Bezugssystem* hat als Hauptachse die *Wirkrichtung* (Bild I.1) und besteht aus den drei senkrecht aufeinander stehenden Ebenen:

    Wirk-Bezugsebene steht senkrecht zur Richtung der *Wirkbewegung* (Bild I.1).

    Schnittebene ist die Tangentialebene an die momentan entstehende *Schnittfläche*, z.B. Hauptschnittfläche in Bild I.1.

    Wirk-Meßebene steht senkrecht auf den beiden anderen Ebenen.

Das *Werkzeug-Bezugssystem* hat als Hauptachse die *Schnittrichtung* (Bild I.1) und besteht aus den drei senkrecht aufeinander stehenden Ebenen:

    Werkzeug-Bezugsebene steht senkrecht zur Richtung der *Schnittbewegung* (Bilder I.1 und I.4); bei Dreh- und Hobelmeißeln liegt sie parallel zur Auflagefläche der Werkzeuge, bei Fräsern und Bohrern geht sie durch die Drehachse und den betrachteten Schneidenpunkt, bei Räumwerkzeugen senkrecht zur Längsachse des Werkzeuges; in anderen Fällen muß sie bezüglich der zu erwartenden Schnittrichtung besonders festgelegt werden.

    Werkzeug-Orthogonalkeilweinkelebene β_0 steht senkrecht auf den beiden anderen Elementen.

Die *Werkzeugwinkel an einem Drehmeißel ohne Fase* zeigt Bild I.4. Werte für Wirkwinkel können nicht allgemeingültig angesehen werden. Richtwerte aus AWF-Betriebsblatt 158 oder nach den Angaben der Werkzeughersteller oder aus neuesten Forschungsarbeiten.

Die folgenden geometrischen Angaben beziehen sich auf die *Werkzeug*winkel (Lage der Winkel) nach Bild I.4, die physikalischen (technologischen) Hinweise dagegen auf die Winkel als *Wirk*winkel:

Orthogonalfreiwinkel α_0 (Bild I.4) – weiterhin Freiwinkel genannt – ist Winkel zwischen der Freifläche und der Werkzeug-Schneidenebene, bestimmt in der Werkzeug-Orthogonalebene. Er muß als Wirkwinkel stets positiv sein und beeinflußt die Reibung zwischen Schnittfläche am Werkstück und Freifläche am Werkzeug. Er ist um so größer zu machen, je sauberer die

Schnittfläche sein soll, desgleichen bei weichen, plastischen Werkstoffen, und je größer Drehdurchmesser d und Vorschub f sind. $\alpha_0 \approx 4 \dots 6°$ für Hartmetall und $6 \dots 8°$ für Schnellschnittstahl (bei Stahlbearbeitung).

Orthogonalkeilwinkel β_0 (Bild I.4) – weiterhin Keilwinkel genannt – ist Winkel zwischen Frei- und Spanfläche, gemessen in der Werkzeug-Orthogonalebene. Er beeinflußt die Schneidfähigkeit der Werkzeugschneide. Großer Keilwinkel für spröde Werkstoffe und dicke Späne. Kleinerer Keilwinkel ergibt geringere Zerspankraft (Keil dringt leichter ein), schlechtere Wärmeabfuhr (Wärmestau) und damit höhere Schneidentemperatur und geringere Standzeit, Schneide hakt leichter ein. Deshalb $\beta_0 \approx 40 \dots 50°$ für weiche, dehnbare Werkstoffe; $\beta_0 \approx 55 \dots 75°$ für zähfeste Werkstoffe (Baustahl); $\beta_0 \approx 75 \dots 85°$ für spröde, hochfeste Werkstoffe. Richtwerte für verschiedene Werkstoffe siehe AWF-Blatt 158.

Orthogonalspanwinkel γ_0 (Bild I.4) – weiterhin Spanwinkel genannt – ist Winkel zwischen der Spanfläche und der Werkzeug-Bezugsebene, bestimmt in der Werkzeug-Orthogonalebene. Er ist der wichtigste Winkel an der Schneide und beeinflußt den Spanablauf und die Spanbildung (Reißspan, Fließspan) und die Zerspankraft. Je größer γ_0, um so besser läuft der Span ab (vibrieren wird vermieden) und um so geringer ist die Zerspankraft. Kleine γ_0 ergeben mehr schabende Wirkung, verringern aber die Bruchgefahr an der Schneidenecke. Negative Spanwinkel nach Bild I.5 (nur an Hartmetallschneiden!) sind bei hohen Schnittgeschwindigkeiten und sogenanntem unterbrochenem Schnitt (z.B. bei Gußhaut) und bei festen Werkstoffen wie Mangan-Hartstahl oder Hartguß günstig. Sie erhöhen in diesen Fällen die Standzeit u.U. erheblich, setzen jedoch starre, kräftige Maschinen mit hoher Antriebsleistung voraus.

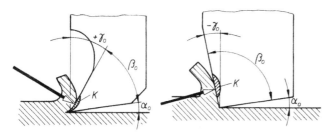

Bild I.5. Positiver und negativer Spanwinkel γ_0 (schematisch dargestellt)

Wie die schematische Darstellung in Bild I.5 zeigt, trifft der Span bei $-\gamma_0$ die Spanfläche in größerer Entfernung von der Schneidenspitze. Eine mögliche Auskolkung K ist weniger gefährlich.

Für die Werkzeug-Winkel α_0, β_0, γ_0 gilt stets: $\alpha_0 + \beta_0 + \gamma_0 = 90°$.

Eckenwinkel ε_r (Bild I.4) ist Winkel zwischen zwei zusammengehörigen Haupt- und Nebenschneiden, bestimmt in der Werkzeug-Bezugsebene. Er beeinflußt die Standzeit. Bei kleinem ε_r kann die Wärme nicht genügend gut nach hinten abfließen, weil der Querschnitt zu klein ist. Die Temperatur der Schneidenecke kann unzulässig hoch ansteigen. $\varepsilon_r = 90°$ hat sich bei Vorschüben $f < 1$ mm/U bewährt. Bei größerem f kann ε_r entsprechend größer gewählt werden.

Schneidenwinkel ψ_r ist Winkel zwischen der Werkzeug-Schneidenebene und der Hauptachse des Werkzeuges.

Einstellwinkel κ_r ist Winkel zwischen der Arbeitsebene und der Schnittebene, bestimmt in einer Ebene senkrecht zur Schnittrichtung (Bild I.1). Beim Einstechmeißel ist $\kappa_r = 0°$. Es beeinflußt die Verteilung der Zerspankraft-Komponente in der Ebene senkrecht zur Schnittrichtung (Bild I.1), die Spanform und damit die Standzeit. Bild I.6 soll schematisch, ohne Berücksichtigung der tatsächlichen Kraftgrößen, in Verbindung mit dem folgenden Beispiel die Verhältnisse erläutern.

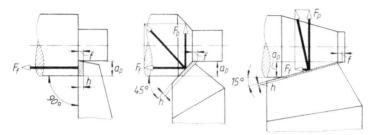

Bild I.6. Vorschubkraft F_f und Passivkraft F_p in Abhängigkeit vom Einstellwinkel κ_r (schematisch dargestellt)

Beispiel: Gegeben: Schnittiefe $a_p = 3$ mm, Vorschub $f = 1$ mm/U; damit Spanungsquerschnitt $A = a_p f = 3$ mm^2 = konstant für die drei Fälle des Bildes I.6. $\kappa_{r1} = 90°$, $\kappa_{r2} = 45°$, $\kappa_{r3} = 15°$.

Gesucht: Spanungsdicke h, Schnittbogenlänge l_s, Bogenspandicke m, Spanungsbreite b und Widerstandsmoment W für die drei Spanungsquerschnittsformen.

Lösung:

$$h_1 = f \sin \kappa_{r1} \qquad h_2 = f \sin \kappa_{r2} \qquad h_3 = f \sin \kappa_{r3}$$
$$= 1 \text{ mm} \cdot \sin 90° \qquad = 1 \text{ mm} \cdot \sin 45° \qquad = 1 \text{ mm} \cdot \sin 15°$$
$$= 1 \text{ mm} \qquad\qquad = 0,707 \text{ mm} \qquad\quad = 0,258 \text{ mm}$$

$$l_{s1} = f + \frac{a_p}{\sin \kappa_{r1}} \qquad l_{s2} = f + \frac{a_p}{\sin \kappa_{r2}} \qquad l_{s3} = f + \frac{a_p}{\sin \kappa_{r3}}$$

$$= 1 \text{ mm} + \frac{3 \text{ mm}}{\sin 90°} \qquad = 1 \text{ mm} + \frac{3 \text{ mm}}{\sin 45°} \qquad = 1 \text{ mm} + \frac{3 \text{ mm}}{\sin 15°}$$

$$= 4 \text{ mm} \qquad\qquad = 5,24 \text{ mm} \qquad\qquad = 12,6 \text{ mm}$$

$$m_1 = \frac{A}{l_{s1}} = 0,75 \frac{\text{mm}^2}{\text{mm}} \qquad m_2 = \frac{A}{l_{s2}} = 0,57 \frac{\text{mm}^2}{\text{mm}} \qquad m_3 = \frac{A}{l_{s3}} = 0,24 \frac{\text{mm}^2}{\text{mm}}$$

$$b_1 = \frac{a_p}{\sin \kappa_{r1}} = 3 \text{ mm} \qquad b_2 = \frac{a_p}{\sin \kappa_{r2}} = 4,24 \text{ mm} \qquad b_3 = \frac{a_p}{\sin \kappa_{r3}} = 11,6 \text{ mm}$$

$$W_1 = \frac{b_1 h_1^2}{6} = 0,5 \text{ mm}^3 \qquad W_2 = \frac{b_2 h_2^2}{6} = 0,35 \text{ mm}^3 \qquad W_3 = \frac{b_3 h_3^2}{6} = 0,13 \text{ mm}^3$$

Angenommen: 0,5 mm^3 = 100 %, dann sind 0,35 mm^3 = 70 % und 0,13 mm^3 = 26 %. *Zusammenfassung* (Bild I.6).

$\kappa_r = 90°$: Span ist dick und schmal, Schnittbogenlänge l_s klein, Widerstandsmoment W sehr groß und damit Verformungswiderstand groß, d.h. auch große Reibung auf der Spanfläche, hohe Erwärmung und geringere Standzeit. Da Passivkraft $F_p = 0$ ist (keine durchbiegende Komponente!) wählt man große Einstellwinkel für dünne bzw. dünnwandige Werkstücke, die sich leicht durchbiegen, jedoch *nur* für solche Fälle. Der Werkstattbrauch, immer mit großem κ_r zu arbeigen, führt zu hohen Werkzeugkosten, weil die spezifische Schneidenbelastung bei $\kappa_r = 90°$ am größten ist!

$\kappa_r = 15°$: Span ist dünn und breit, Schnittbogenlänge l_s also groß, Widerstandsmoment W klein (nur 26 % von $\kappa_r = 90°$) und damit Verformungswiderstand klein, d.h. geringere Reibung und Erwärmung und größere Standzeit. Durch die größere Trennlänge wird jedoch die Zerspankraft erhöht. Kleine Einstellwinkel deshalb z.B. für das Schruppdrehen von Hartgußwalzen ($\kappa_r \approx 5°$). Die Passivkraft F_p wird groß, dadurch größere Durchbiegung des Werkstückes möglich, eventuell Maßungenauigkeit, Rattermarken.

Beachte: Nicht dargestellt und berücksichtigt wurde die Veränderung der Zerspankraft und damit der Schnittkraft, die ebenso wie die Passivkraft mit kleiner werdendem κ_r ansteigt. Die Vorschubkraft wird zwar mit kleiner werdendem κ_r ebenfalls kleiner, sinkt aber nicht ganz auf Null ab. Vorteilhaft sind Einstellwinkel $\kappa_r = 45 \ldots 75°$.

Neigungswinkel λ_s ist Winkel zwischen der Hauptschneide und der Werkzeug-Bezugsebene (Bild I.4), bestimmt in der Werkzeug-Schneidenebene. λ_s ist positiv, wenn die Schneidenecke der Hauptschneide in Schnittrichtung vorauseilt, anderenfalls negativ. Positiver Neigungswinkel beeinflußt Spanablauf und Standzeit günstig, es entsteht ein ziehender Schnitt, der die Schneidenecke weniger belastet. $+ \lambda_s$ soll deshalb mit steigender Schneidenbelastung größer gemacht werden. Für Hartmetall stets $+ \lambda_s$ besonders bei unterbrochenem Schnitt, weil Anschnitt von hinten zur Schneidenecke läuft. Negative λ_s ergeben besseren Spanablauf und verringern die Passivkraft F_p; deshalb $- \lambda_s$ für SS-Werkzeuge und bei Werkstoffen mit kleiner spezifischer Schnittkraft (z.B. Leichtmetallegierungen).

2.3. Werkzeugstellung und Wirkwinkel

Gegenüber der Normalstellung verändert jede andere Stellung des Werkzeuges die Schneidenwinkel. Bild I.7 zeigt den Einfluß einer *Schneidenüberhöhung* h auf Freiwinkel α_0 und Spanwinkel γ_0 beim Außendrehen (beim Innendrehen sind die Verhältnisse umgekehrt):

Meißelstellung über Mitte:
Wirk-Freiwinkel $\alpha_0' = \alpha_0 - \varphi$
und $\gamma_0' = \gamma_0 + \varphi$

Meißelstellung unter Mitte:
Wirk-Freiwinkel $\alpha_0' = \alpha_0 + \varphi$
und $\gamma_0' = \gamma_0 - \varphi$

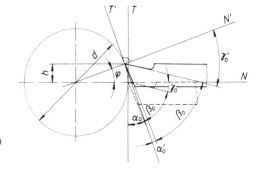

Bild I.7
Einfluß der Schneidenüberhöhung h auf Freiwinkel α_0
und Spanwinkel γ_0

Beachte: Der über die Hauptschneide hinaus verlängerte Radius, die Normale N (bzw. N'), bildet mit der zugehörigen Tangente T (bzw. T') immer einen Winkel von 90°, der die Winkel $\alpha_0 + \beta_0 + \gamma_0 = 90°$ einschließt. Beim *Innendrehen* gilt: Meißel über Mitte: α_0' größer, γ_0' kleiner; Meißel unter Mitte: α' kleiner, γ' größer.

Beispiel: Bei welcher Schneidenüberhöhung h wird der Wirk-Freiwinkel $\alpha_0' = 0°$, wenn der Winkel $\alpha_0 = 5°$ in Normalstellung beträgt und Durchmesser $d = 15$ mm ist?

Lösung: Bei $\alpha_0' = 0°$ ist Winkel $\varphi =$ Winkel α_0 und damit

$$h = \frac{d}{2} \sin \alpha_0 = \frac{15\,\text{mm}}{2} \cdot \sin 5° = 0,65\,\text{mm}$$

Meistens wird $h = 1$ bis $2\,d/100$ gemacht (über Mitte) und damit α_0 um 1° bis 2° verkleinert und γ_0 um 1° bis 2° vergrößert. Beim Ein-und Abstechen ist die Schneide genau auf Mitte zu stellen.

Bei *Schrägstellung* des Drehmeißels nach Bild I.8 ändern sich die Wirkwinkel trotz genauer Mittenstellung der Schneide in der angegebenen Weise.

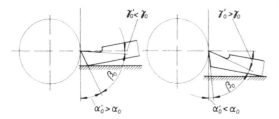

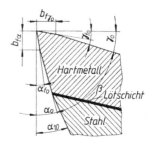

Bild I.8. Einfluß der Schrägstellung des Drehmeißels auf
Freiwinkel α_0 und Spanwinkel γ_0

Bild I.9. Winkel an einer
Hartmetallschneide

2.4. Winkel an der Hartmetallschneide

Mit zunehmendem Spanwinkel γ_0 nehmen Schnittkraft und damit Antriebsleistung beträchtlich ab. Andererseits wird die Standzeit kleiner. Zur Standzeiterhöhung trotz größerer Spanwinkel wird deshalb der eigentliche Schneidkeil an der Spitze durch eine Fase verstärkt (Bild I.9). Es wird $\gamma_{f0} < \gamma_0$ gemacht; bei zerspantechnisch schwierigen Arbeiten wird $\gamma_{f0} = 0°$ oder sogar negativ empfohlen, ebenso $\alpha_{f0} < \alpha_0$; gewöhnlich wählt man die 90°-Fase mit $\alpha_{f0} = 0°$ und $\gamma_{f0} = 0°$. Die Fase wird zweckmäßig geläppt. $b_{f\alpha_0} = 0,5 \dots 2f$; α_f etwa 2° kleiner als α_0. Für das Nachschleifen der Freifläche $\alpha_{10} \approx 2°$ größer als α_0.

3. Kräfte und Leistungen[1]

Die beim Schnitt auftretenden Widerstände (Verformung, Reibung) erzeugen die *Zerspankraft F*, die nach Bild I.1 in Richtung auf das Werkzeug wirkend betrachtet wird.

Jede in einer beliebigen Richtung oder in einer beliebigen Ebene (Arbeitsebene, Wirk-Bezugsebene ...) gesuchte Komponente der Zerspankraft *F* ergibt sich durch Projektion von *F* auf diese Richtung oder auf diese Ebene. Für die Praxis sind besonders von Bedeutung die Komponenten in der Arbeitsebene und in der Ebene senkrecht zur Schnittrichtung (Bild I.1): *Schnittkraft F_c, Vorschubkraft F_f* und *Passivkraft F_p*. Beim Drehen ist F_c meist groß gegenüber F_f und F_p. Die Schnittkraft F_c wird mit Schnittkraftmeßgeräten bestimmt und daraus für Vergleiche die *spezifische Schnittkraft k_c* angegeben. k_c ist hauptsächlich abhängig vom Vorschub *f*, wie Bild I.10 zeigt. Siehe auch AWF 158.

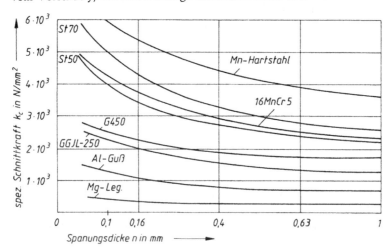

Bild I.10

Spezifische Schnittkraft k_c einiger Werkstoffe in Abhängigkeit vom Vorschub *f* und einem Einstellwinkel $\kappa_r = 45°$ (nach Prof. Dr.-Ing. *O. Kienzle* und AWF 158)

---

[1] Siehe auch DIN 6584.

Die Kurven gelten genau nur für ganz bestimmte Verhältnisse. Sie sind daher mit Vorsicht zu verwerten. Das Studium der laufend veröffentlichten Versuchsergebnisse ist unerläßlich.

Die *spezifische Schnittkraft* k_c ist diejenige Schnittkraft, die erforderlich ist, um einen Span mit der Spanungsdicke h abzuheben.

Daraus läßt sich mit k_c und Spanungsquerschnitt A die *Schnittkraft* F_c berechnen:

$$F_c = k_c \cdot A \qquad \begin{array}{c|c|c} F_c & k_c & A \\ \hline N & \dfrac{N}{mm^2} & mm^2 \end{array} \qquad (I.8)$$

k_c wächst mit der Festigkeit des Werkstoffes (Bild I.10), bei Stahl also mit zunehmendem C-Gehalt. Phosphor und Schwefel dagegen verringern k_c (Automatenstähle!).

Von größtem Einfluß ist die Form der Schneide: Großer Spanwinkel γ_0 setzt k_c stark herab, Verringerung des Einstellwinkels κ_r vergrößert k_c wegen der wachsenden Trennlänge.

Zunehmende Schnittgeschwindigkeit verringert k_c etwas bis zu einem Grenzwert, umgekehrte Veränderung nur bei Magnesium- und Zinklegierungen.

Schmiermittel setzen k_c herab, im Gegensatz zu Kühlmitteln. Mit wachsendem Spanungsquerschnitt (Vorschub) fällt k_c bei den verschiedenen Werkstoffen verschieden stark ab (Bild I.10). Auch das Verhältnis f/a_p beeinflußt k_c: Je kleiner f/a_p ist, um so größer wird k_c.

Beachte: Die angegebenen Veränderungen setzen voraus, daß alle anderen Einflußgrößen konstant gehalten werden.

Nach der allgemeinen Leistungsdefinition ist Leistung P = Kraft F mal Geschwindigkeit v. Damit ergibt sich für den Zerspanvorgang mit Schnittgeschwindigkeit v_c die *Schnittleistung*

$$\begin{aligned} P_c &= \frac{F_c v_c}{60\,000} \\[2mm] P_c &= \frac{k_c A v_c}{60\,000} \end{aligned} \qquad \begin{array}{c|c|c|c|c} P_c & F_c & v_c & k_c & A \\ \hline kW & N & \dfrac{m}{min} & \dfrac{N}{mm^2} & mm^2 \end{array} \qquad (I.9)$$

Ist die Motorleistung P_m in kW angegeben, so rechnet man unter Berücksichtigung des *Wirkungsgrades* η der Drehmaschine ($\eta = 0{,}6 \dots 0{,}95$) mit der zugeschnittenen Größengleichung:

$$\begin{aligned} P_m &= \frac{k_c A v_c}{60\,000\,\eta} \\[2mm] v_c &= \pi d n \end{aligned} \qquad \begin{array}{c|c|c|c|c|c} P_m & k_c & A & v_c & d & n \\ \hline kW & \dfrac{N}{mm^2} & mm^2 & \dfrac{m}{min} & m & min^{-1} \end{array} \qquad (I.10)$$

Beachte: Die sich als Produkt aus Vorschubkraft F_f und Vorschubgeschwindigkeit $v_f = f n$ ergebende *Vorschubleistung* P_f ist wegen der geringen Vorschubgeschwindigkeit v_f vernachlässigbar klein (siehe Beispiel).

Beispiel: Welche Schnitttiefe a_p kann maximal eingestellt werden, wenn auf einer Drehmaschine mit $P_m = 5{,}5$ kW Antriebsleistung bei 80 % Wirkungsgrad mit einer Schnittgeschwindigkeit von 140 m/min und einem Vorschub $f = 0{,}16$ mm/U eine Welle aus E360 und $d = 180$ mm Durchmesser bearbeitet werden soll?

Lösung: Die an der Maschine einstellbare Drehzahl deckt sich meistens nicht mit der zur gewählten Schnittgeschwindigkeit gehörigen Drehzahl. Hier ist

$$n = \frac{v_c}{\pi d} = \frac{140 \text{ m}}{\text{min} \cdot \pi \cdot 0{,}18 \text{ m}} = 248 \text{ min}^{-1}$$

Eingestellt wird die nächstniedere Drehzahl $n = 224$ min^{-1} (Lastdrehzahlen siehe Abschnitt Werkzeugmaschinen). Damit wird die tatsächlich vorhandene Schnittgeschwindigkeit

$$v_c = \pi dn = \pi \cdot 0,18 \text{ m} \cdot 224 \text{ min}^{-1} = 127 \text{ m/min}$$

Die spezifische Schnittkraft beträgt nach Bild I.10: $k_c \approx 4300$ N/mm^2.

Mit Spanungsquerschnitt $A = a_p f$ wird nach Gl. (I.10) die Schnittiefe

$$a_p = \frac{P\eta\, 60\,000}{k_c \cdot v_c \cdot f} \text{ mm} = \frac{5,5 \cdot 0,8 \cdot 60\,000}{4300 \cdot 127 \cdot 0,16} \text{ mm} = 3 \text{ mm}$$

Beispiel: Es wird angenommen, daß im vorhergehenden Beispiel die Vorschubkraft F_f etwa 50 % der Schnittkraft F_c beträgt. Zu berechnen ist die Vorschubleistung F_f.

Lösung: Mit $k_c = 4300$ N/mm^2, $a_p = 3$ mm, $f = 0,16$ mm/U, $n = 224$ min^{-1} wird die Schnittkraft $F_c = k_c\, a_p f = 4300$ N/mm$^2 \cdot 3$ mm $\cdot$ 0,16 mm $= 2064$ N.

Vorschubkraft $F_f = 0,5\, F_c = 1032$ N.

Vorschubleistung $P_f = F_f \cdot v_f = 1032$ N $\cdot$ 224 min$^{-1} \cdot$ 0,16 mm/U $= 36\,987$ Nmm/min

$P_f = 0,00062$ kW

Die Vorschubleistung ist demnach vernachlässigbar klein.

4. Wahl der Schnittgeschwindigkeit

Die Vielzahl der Einflußgrößen macht es unmöglich, allgemeingültige Angaben über die „richtige" Schnittgeschwindigkeit vorzulegen. Richtwerttafeln über einzustellende Schnittgeschwindigkeiten sind nur mit größter Umsicht auszuwerten, weil sie nur für ganz bestimmte Fälle gelten. Zu empfehlen sind die in AWF-Schriften niedergelegten Richtwerte (siehe Tafel I.1), die für die verschiedenen Werkstoffe nach Vorschub gestufte Mittelwerte ohne Kühlung (keine Bestwerte) angeben. Darüber hinaus sollten die Richtwerttafeln der Schneidstoffhersteller ausgewertet werden, z.B. für Hartmetall-Schneidstoffe die Angaben der Firma Friedr. Krupp Widia-Fabrik Essen.

v_{c60} ist Schnittgeschwindigkeit bei 60 min Standzeit, entsprechend v_{c240} für 240 min Standzeit. Man wählt v_{c60} für einfache, leicht auswechselbare Drehmeißel; v_{c240} für einfache Werkzeugsätze mit gegenseitiger Abhängigkeit (z.B. auf Revolvermaschinen); v_{c480} für komplizierte Werkzeugsätze, deren Auswechseln wegen der gegenseitigen Abhängigkeit und Genauigkeit der Schneiden längere Zeit erfordert (z.B. auf Vielschnittmaschinen, Drehautomaten). Gleiche Überlegungen gelten im Hinblick auf die Instandhaltung der Werkzeuge. Für Transferstraßen sind u.U. noch höhere Standzeiten vorteilhaft. Allgemein gilt: Höhere Schnittgeschwindigkeit gibt zeitgünstiges, niedrigere Schnittgeschwindigkeit gibt kostengünstigeres Zerspanen.

4.1. Einflüsse auf die Schnittgeschwindigkeit v_c

Standzeit T ist die Zeitspanne in Minuten, in der die Schneide Schnittarbeit verrichtet, bis zum nötigen Wiederanschliff. Sie hat größte wirtschaftliche Bedeutung. T ist bei gleichem Werkstoff um so kleiner, je höher v_c gewählt wird, z.B. nur wenige Minuten bei $v_c \approx 2000$ m/min. Verschiedenartige Werkstoffe erfordern zu gleicher T verschiedene v_c. Alle Betrachtungen dieser Art setzen voraus, daß die übrigen Schnittbedingungen konstant gehalten werden (Werkstoff-, Werkzeug- und Einstellbedingungen). Ändert sich auch nur eine der Bedingungen, muß auch v_c geändert werden, um zur gleichen T zu kommen. Deshalb haben nur solche Schnittgeschwindigkeitstabellen einen Sinn, aus denen möglichst sämtliche Schnittbedingungen ersichtlich sind (siehe AWF Richtwerttabellen).

Tafel I.1. Richtwerte für Schnittgeschwindigkeit v_c in m/min beim Drehen mit HS-Stahl und Hartmetall

Vorschub f in mm/U und Einstellwinkel κ_r 1) 2)

Werkstoff	Zugfestigkeit R_m in N/mm²	Schneidstoff 3)	0,063 45°	0,063 60°	0,063 90°	0,1 45°	0,1 60°	0,1 90°	0,16 45°	0,16 60°	0,16 90°	0,25 45°	0,25 60°	0,25 90°	0,4 45°	0,4 60°	0,4 90°	0,63 45°	0,63 60°	0,63 90°	1 45°	1 60°	1 90°	1,6 45°	1,6 60°	1,6 90°	2,5 45°	2,5 60°	2,5 90°
S235 JR	bis 500	SS							50	40	31,5	45	35,5	28	35,5	28	22,4	28	25	18	25	20	16	20	16	12,5	16	12,5	10
		P10	250	236	224	224	212	200	200	190	180	180	170	160	160	150	140	140	132	125	125	118	112	112	106	100	12,5	10	8
E295 C35E	500…600	SS						40	45	35,5	28	35,5	28	22,4	28	22,4	18	25	20	16	20	16	12,5	16	12,5	10	10	8	8
		P10	224	212	200	200	190	180	180	170	160	160	150	140	140	132	125	125	118	112	112	106	100	106	100	95	106	100	8
E335 C45E	600…700	SS				35,5	35,5	28	35,5	28	22,4	28	22,4	18	22,4	18		16	16	12,5	12,5	12,5	10	12,5	10	8	12,5	8	6,3
		P10	212	200	190	190	180	170	170	160	150	150	140	132	132	125	118	118	112	106	100	95	90	95	90	90	10	8	6,3
E360 C60E	700…850	SS				28	28	22,4	28	22,4	18	20	16	12,5	16	12,5	10	12,5	10	8	10	8	6,3	8	6,3	5,3	8	6,3	5
		P10	180	170	160	150	140	132	140	132	125	125	118	112	125	118	112	106	100	95	95	90	85	80	75	75	10	8	5
Mn-, CrNi-	700…850	– SS				25	25	20	20	16	12,5	16	12,5	10	12,5	10	8	10	9	9	9	7	7	7	5,6	5,6	7,5	6	4,5
		P10	180	170	160	160	150	140	140	132	125	125	118	106	106	100	95	90	85	80	85	80	75	80	75	75	9	7,5	4,5
CrMo- u.a.	850…1000	SS				20	20	16	16	14	12,5	12,5	10	10	10	9	8	8	8	7	6,3	6,3	5	5,6	5,6	4,5	5,6	4,5	3,6
		P10	140	132	125	118	112	106	100	95	90	85	80	71	71	67	63	60	56	53	53	50	47,5	45	40	40	5,6	4,5	3,6
leg. Stähle	1000…1400	SS				14	14	9	9	9	9																3,6	2,8	2,2
		P10	80	75	71	67	63	60	56	53	50	50	47,5	45	45	42,5	40	40	37,5	35,5	31,5	30	28	3,6	2,8		3,6	2,8	2,2
Nichtrost. St.	600…700	SS				56	56	50	53	47,5	45	47,5	45	40	42,5	40	31,5	33,5	31,5	28	30	28							
		P10	80	75	71	67	63	60	56	53	50	50	45	45	45	42,5	40	35,5	33,5										
Werkz.-St.	1500…1800	SS				9	9				7	5,6	5,6	4,5	4	3,6	3,2	2,5											
		P10	45	42,5	40	37,5	35,5	33,5	31,5	28	26,5	25	23,6	22,4	22,4	21	20	20	17	16	16			16					
Mn-Hartstahl		P10	35,5	33,5	31,5	30	28	25	28	26,5	25	25	23,6	22,4	20	19	18	18	17	16	16	16	16	16					
G450	300…500	SS				28	28	22,4	28	26,5	25	22	21	20	25	25	22	20	18	16	20	16	12,5	16	12,5	10	12,5	10	8
		P10	150	140	132	118	112	106	106	100	95	90	85	80	71	71	67	67	63	60	50	56	50	50	45	47,5	12,5	10	8
G520	500…700	SS				28	28	18	28	22	18	20	16		18	16		10	11	11	11	10	8	10	9	9	9	7	5,6
		P10	106	100	95	90	85	80	80	75	71	71	67	63	63	60	56	56	53	50	56	50	47,5	45	42,5	42,5	8	7	5,6
GJL-150	HB…2000	SS				37,5	45	35,5	35,5	33,5	33,5	28	25	22	22	20	16	12,5	12,5	11	11	10	9	11	10	8	9	8	6,3
		P10	125	118	112	112	106	100	95	90	85	85	80	75	75	71	67	67	63	60	60	56	53	53	50	47,5	10	8	6,3
GGJL-250	HB 2000…2500	SS				15	15	13,2	13,2	11,8	11,8	11,8	10,6	10,6	9,5	8	8	7,5	8	8	8	6,3	8	6,7	5,3	6	5,3	4,25
		K10	315	300	280	280	265	250	250	236	224	224	212	200	200	190	180	170	160	150	140	132	125	125	132	140	42,5	40	37,5
GJMB GJMW		K10/P10	95	90	85	85	75	37,5	28	25	28	25	22	20	18	17	16	16	45	47,5	45	45	42,5	40	42,5	40	25	23,6	8
		K10	19	18	17	16	15	15	75	71	67	67	63	60	56	50	47,5	45	50	47,5	45	11	11	11	11	10	9	9	8
Hartguß	RC 420…570	SS									13,2	11,8	10,6	9,5	12,5	11,8	10,6	10	12	12,5	11	10	9,5	9	8,5	8	9	8,5	
		K20	425	400	375	280	265	250	236	224	212	212	200	190	190	180	170	160	150	140	150	132	125	140	132	125	25	23,6	22,4
Gußbronze DIN EN 1982		SS	315	300	280	280	250	236	250	236	224	224	212	200	200	190	180	180	170	160	160	150	140	140	132	125	28	26,5	25
		K20	425	400	375	400	375	355	355	335	315	315	300	280	300	280	265	265	250	236	250	236	224	212	224	212	140	132	125
Rotguß DIN EN 1982		SS	500	475	450	475	450	425	450	425	400	400	375	355	355	335	315	315	300	280	280	265	250	250	236	236	280	265	250
		K20	125	118	112	100	95	85	75	71	67	67	63	60	67	63	60	63	60	56	45	40	37,5	40	26,5	25	26,5	25	23,6
Messing DIN EN 1982		SS	250	236	224	224	212	200	200	190	180	170	160	150	150	140	132	132	170	160	140	150	140	140	132	132	112	106	100
		K20	850	800	750	800	750	710	710	670	630	630	600	560	560	530	500	500	560	530	560	560	530	530	500	500	530	500	475
AlGuß DIN EN 1706	300…420	SS	250	236	224	224	212	200	200	190	180	170	160	150	150	140	132	132	125	118	112	118	112	118	112	106	100	95	90
		K20	850	800	750	800	750	710	750	710	670	670	630	600	600	560	530	530	560	560	560	560	530	530	500	500	530	500	475
Mg-Leg. DIN EN 1753		SS	1600	1500	1400	1400	1320	1250	1250	1180	1120	1120	1060	1000	1000	950	900	900	850	800	800	750	710	710	670	630	630	600	560
		K20	1600	1500	1400	1320	1250	1250	1250	1180	1120	1120	1000	1000	1000	950	900	900	850	800	750	750	710	710	630	630	630	600	560

1) Die eingetragenen Werte gelten für Spanungstiefe a_p bis 2,24 mm. Über 2,24 mm bis 7,1 mm sind die Werte um 1 Stufe der Reihe R10 um angenähert 20 % zu kürzen. Über 7,1 mm bis 22,4 mm sind die Werte um 1 Stufe der Reihe R5 um angenähert 40 % zu kürzen.

2) Die Werte v_c müssen beim Abdrehen einer Kruste, Gußhaut oder bei Sandeinschlüssen um 30 … 50 % verringert werden.

3) Standzeit th für Hartmetall P10, K10, K20 = 240 min; für Schnellstahl SS = 60 min.

Richtwerte aus AWF 158 und Thiele-Staelin Betriebstechnisches Praktikum abgeleitet.

Werkstoff: Bei bestimmter Standzeit ändert sich v_c für jeden Werkstoff in Abhängigkeit vom Spanungsquerschnitt verschieden. Eine Verdoppelung des Spanungsquerschnittes setzt z.B.bei Messing v_c stärker herab als bei Grauguß. Schnittgeschwindigkeitstabellen für verschiedene Werkstoffe ohne Angabe der zugehörigen Spanungsquerschnitte sind also nutzlos.

Schneidstoff: Bei bestimmter Standzeit kann v_c vergrößert werden, wenn der Schneidstoff eine höhere zulässige Schneidentemperatur besitzt. Stufung: Werkzeugstahl, Schnellstahl, Hartmetall, Diamant. Siehe Werkstoffkunde.

Spanungsquerschnitt A: Die Schnittgeschwindigkeit wird sowohl von der *Größe* als auch von der *Form* (Verhältniss f/a_p) des Spanungsquerschnittes beeinflußt. Je größer A, um so kleiner muß v_c werden, bei gleicher T. Je kleiner f/a_p, um so größer kann bei gleicher T die Schnittgeschwindigkeit v_c sein. Mit f/a_p hängt der Einstellwinkel κ_r zusammen. Bei gleicher T kann v_c um so größer sein, je kleiner κ_r ist. Trotzdem wird häufig mit $\kappa_r = 90°$ gearbeitet, was zu hohem Schneidstoffverbrauch führt. $\kappa_r = 90°$ ist nur dann zulässig, wenn bei kurzer Drehlänge anschließend ohne Umspannen plangezogen werden soll. In Richtwerttafeln werden die Schnittgeschwindigkeiten in Abhängigkeit vom Vorschub f aufgetragen, weil die Schnitttiefe im allgemeinen die v_c-Werte weniger beeinflußt.

Maschinenleistung: Sie kann um so eher ausgenutzt werden, je niedriger v_c und je größer A gewählt wird, weil der geringeren v_c ein größerer A entspricht, der außerdem wegen der absinkenden spezifischen Schnittkraft k_c noch weiter vergrößert werden kann.

Kühlung und Schmierung erhöhen bei gleicher T die Schnittgeschwindigkeit unter Umständen erheblich.

a) *Schneidenkühlung* mit Kühlmittel wie Soda- und Seifenwasser sowie Bohrölemulsionen (bis 1:10 verdünnt, Menge ca. 10 l/min) nach DIN 6558, erhöhen die Standzeit (5...10fach) oder v_c (um 40 %) durch Einhaltung bestimmter Schneidentemperaturen; besonders beim Schruppen mit Schnellstahl zweckmäßig. Bei Hartmetallen besteht Gefahr der Rißbildung infolge ungleichmäßiger Abkühlung der Schneidflächen.

b) *Schmierung* und Kühlung mit Schneidölen (Rüböl, Sonderöle usw. nach DIN 6557) verringern den Kraftbedarf und den Verschleiß an der Schneide, erhöhen die Oberflächengüte, schützen Werkstück und Maschine gegen Rosten, besonders zu empfehlen für harte und zähe Werkstoffe, für Schlichtarbeiten, für das Drehen mit Formstählen, für das Gewindeschneiden, für die Zahnflankenbearbeitung und für Arbeiten auf Automaten und Revolverdrehmaschinen.

Beachte: Unterbrochene Schnitte haben auch Kühlwirkung. Öle begünstigen die Bildung der Aufbauschneide. Für Kupfer und Kupferlegierungen dürfen wegen der hierbei auftretenden Fleckenbildung keine mit Schwefel behandelten Öle verwendet werden. Bei Magnesiumlegierungen. darf wegen der Brandgefahr kein Wasser verwendet werden.

5. Berechnung der Hauptnutzungszeit t_h

Die Hauptnutzungszeit ist reine Schnittzeit; Rücklaufzeiten werden als Nebenzeiten berücksichtigt.

Hauptnutzungszeit t_h *beim Langdrehen* (Bild I.11)

$$t_h = \frac{L}{nf} i \qquad (I.11)$$

$$L = l_s + l_a + l_w + l_\ddot{u} \qquad (I.12)$$

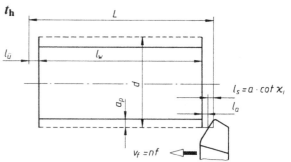

Bild I.11. Zur Berechnung der Hauptnutzungszeit beim Langdrehen

Hauptnutzungszeit t_h *beim Plandrehen*
(Bild I.12)

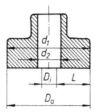

Bild I.12
Zur Hauptnutzungszeit-
berechnung beim
Plandrehen

$$t_h = \frac{L}{nf} i \qquad (I.13)$$

$$L = \frac{D_a - D_i}{2} = \frac{d_1 - d_2}{2} + l_a + l_s + l_ü \quad (I.14)$$

d, d_1	Außendurchmesser	mm	L Vorschubweg	mm
d_2	Innendurchmesser	mm	l_a Anlaufweg	mm
v_c	Schnittgeschwindigkeit	m/min	$l_ü$ Überlaufweg	mm
n	Drehzahl $= 318 \cdot v_c/D_a$	min^{-1}	l_s Schneidenzugabe	mm
f	Vorschub	mm/U	i Anzahl der Schnitte	mm

Beispiel: Eine Welle aus St 70 mit $l_w = 350$ mm, $d = 90$ mm soll mit Einstellwinkel $\kappa_r = 60°$, Vorschub $f = 0,63$ mm/U, Schnittiefe $a_p = 5$ mm mit Hartmetallwerkzeug P10 in einem Schnitt langgedreht werden. Der Wirkungsgrad sei $\eta = 0,8$.
Gesucht: Schnittgeschwindigkeit v_{c240}, einzustellende Drehzahl n, spezifische Schnittkraft k_c, Schnittkraft F_c, erforderliche Antriebsleistung P_m, Hauptnutzungszeit t_h.

Lösung: Schnittgeschwindigkeit $v_{c240, \kappa = 60°}$ nach Tafel I.1 $v_{c240} = 90$ m/min

Einzustellende Drehzahl $n = \dfrac{v_{c240}}{\pi d} = \dfrac{90 \text{ m}}{\text{min} \cdot 0,09 \text{ m} \cdot \pi} = 318$ min^{-1}

eingestellt $n_e = 315$ min^{-1} nach Maschinenkarte.
Spezifische Schnittkraft $k_c = 2700$ N/mm^2 nach Bild I.10
Schnittkraft $F_c = k_c \cdot a_p \cdot f = 2700$ N/mm$^2 \cdot 5$ mm $\cdot 0,63$ mm
$F_c = 8505$ N

Erforderliche Antriebsleistung $P_m = \dfrac{k_c a_p f v_c}{\eta \, 60\,000}$

$$P_m = \frac{k_c a_p f d \pi n_e}{\eta \cdot 60\,000 \cdot 1000} = \frac{2700 \cdot 5 \cdot 0,63 \cdot 90 \cdot \pi \cdot 315}{0,8 \cdot 60\,000 \cdot 1000} \text{ kW}$$

$P_m = 15,781$ kW

Hauptnutzungszeit $t_h = \dfrac{L}{nf} i = \dfrac{l_s + l_a + l_w + l_ü}{n_e s} i = \left(\dfrac{3 + 4 + 350 + 3}{315 \cdot 0,63} \cdot 1 \right)$ mm

$t_h = 1,81$ min

Beispiel: Ein Flansch von 850 mm Außen- und 200 mm Innendurchmesser soll mit einer Drehzahl $n = 15$ min^{-1} und mit einem Vorschub $f = 0,25$ mm/U plangedreht werden. Die Schnittiefe beträgt $a_p = 3$ mm, der Einstellwinkel $\kappa_r = 45°$. Bestimme die Hauptnutzungszeit t_h für $l_a = 5$ mm und $l_ü = 3$ mm!

$$L = \frac{d_1 - d_2}{2} + l_a + l_s + l_ü$$

$$L = \left(\frac{850 - 200}{2} + 5 + 3 + 3 \right) \text{ mm} = 336 \text{ mm}$$

$$t_h = \frac{L}{nf} i = \left(\frac{336}{115 \cdot 0,25} \cdot 1 \right) \text{ min} = 89,6 \text{ min}$$

II. Hobeln und Stoßen

1. Bewegungen[1]

Im Gegensatz zum Drehen ist die Schnittbewegung bei Maschinen mit hin- und hergehender Bewegung *nicht gleichförmig* (Hobel-, Stoß- und Räummaschinen). Die *mittlere Rücklaufgeschwindigkeit* v_{mr} ist meist größer als die *mittlere Geschwindigkeit beim Arbeitshub* v_{ma}, z.B. beim Antrieb durch schwingende Kurbelschleife ($v_m : v_{ma}$ etwa 1,4 ... 1,8). Außerdem sind die Geschwindigkeiten in Hubmitte größer als gegen Ende des Hubes. Beschleunigung und Verzögerung durch Umsteuern und An- und Auslauf sind besonders bei kleinen Hublängen zu berücksichtigen. Es wird mit der *mittleren Geschwindigkeit* v_m gerechnet:

$$v_m = 2 \frac{v_{ma} v_{mr}}{v_{ma} + v_{mr}} \tag{II.1}$$

Mit n = Anzahl der Doppelhübe je min (DH/min) und L = Hublänge in mm ergeben sich außerdem die zugeschnittenen Größengleichungen:

$$v_m = \frac{2Ln}{1000}$$

$$n = \frac{v_m \, 1000}{2L}$$

v_m	L	n
$\frac{m}{min}$	mm	min^{-1}

(II.2)

Herleitung der Gleichung: Mit t_a = Zeit für einen Arbeitshub in min, t_r = Zeit für einen Rückhub in min, t_L = Zeit für einen Doppelhub in min, L = Hublänge in mm wird:

$$t_a = \frac{L}{v_{ma}}; \quad t_r = \frac{L}{v_{mr}}; \quad t_L = \frac{2L}{v_m}; \quad t_L = t_a + t_r$$

$$t_L = \frac{L}{v_{ma}} + \frac{L}{v_{mr}} = \frac{2L}{v_m} \quad \text{und daraus:} \quad v_m = 2 \frac{v_{ma} v_{mr}}{v_{ma} + v_{mr}}$$

Beispiel: Bestimme die mittlere Geschwindigkeit v_m einer Langhobelmaschine, wenn für einen Doppelhub eine Zeit von 14,6 s mit der Stoppuhr gemessen wurde (Zeit für einen Arbeitshub, einen Rücklauf und zwei Umsteuerungen). Hublänge L = 2200 mm.

Lösung: $t_L = \frac{14{,}6}{60} \text{ min} = 0{,}243 \text{ min}$

$$v_m = \frac{2L}{t_L \, 1000} = \frac{2 \cdot 2200}{0{,}243 \cdot 1000} \frac{m}{min} = 18{,}1 \frac{m}{min}$$

Beispiel: Bestimme die mittlere Geschwindigkeit v_m, wenn mit der Stoppuhr die Anzahl der Doppelhübe in einer Minute aufgenommen wurde: $n = 4{,}1 \text{ min}^{-1}$, L = 2200 mm.

Lösung: $v_m = \frac{2Ln}{1000} = \frac{2 \cdot 2200 \cdot 4{,}1}{1000} \frac{m}{min} = 18 \frac{m}{min}$

---

[1] Siehe allgemeine Hinweise über Bewegungen, Geschwindigkeiten, Schnitt- und Spanungsgrößen beim Drehen

2. Zerspangeometrie[1)]

Die Spanabnahme ist beim Drehen, Hobeln und Stoßen gleichartig, es gelten daher die im entsprechenden Kapitel für Drehen gemachten Angaben. Zweckmäßige Winkelwerte: Freiwinkel $\alpha_0 = 8°$; Spanwinkel γ_0 meist 20°, Neigungswinkel $\lambda_0 = 10°$. Vorschübe beim Schruppen bis 3 mm/DH (bei HS-Stahl höher), beim Breitschlichten bis 10 mm/DH. Hartmetalle müssen beim Rückhub angehoben werden.

3. Kräfte und Leistungen[1)]

Es gelten die entsprechenden Angaben unter I. Drehen.

4. Wahl der Schnittgeschwindigkeit

Es gelten die entsprechenden Angaben unter I. Drehen. Mit den üblichen Bauarten der Hobelmaschinen sind höhere Werte als $v_c = 60 \ldots 80$ m/min nicht erreichbar; bei Waagerecht- und Senkrechtstoßmaschinen etwa $v_c = 25 \ldots 30$ m/min.

5. Berechnung der Hauptnutzungszeit t_h

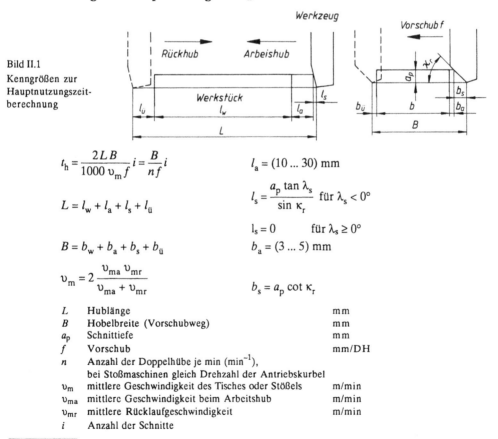

Bild II.1
Kenngrößen zur
Hauptnutzungszeit-
berechnung

$$t_h = \frac{2LB}{1000\, v_m f} i = \frac{B}{n f} i$$

$$l_a = (10 \ldots 30)\ \text{mm}$$

$$L = l_w + l_a + l_s + l_ü$$

$$l_s = \frac{a_p \tan \lambda_s}{\sin \kappa_r} \quad \text{für } \lambda_s < 0°$$

$$l_s = 0 \qquad \text{für } \lambda_s \geq 0°$$

$$B = b_w + b_a + b_s + b_ü$$

$$b_a = (3 \ldots 5)\ \text{mm}$$

$$v_m = 2\, \frac{v_{ma}\, v_{mr}}{v_{ma} + v_{mr}}$$

$$b_s = a_p \cot \kappa_r$$

L	Hublänge	mm
B	Hobelbreite (Vorschubweg)	mm
a_p	Schnittiefe	mm
f	Vorschub	mm/DH
n	Anzahl der Doppelhübe je min (min^{-1}), bei Stoßmaschinen gleich Drehzahl der Antriebskurbel	
v_m	mittlere Geschwindigkeit des Tisches oder Stößels	m/min
v_{ma}	mittlere Geschwindigkeit beim Arbeitshub	m/min
v_{mr}	mittlere Rücklaufgeschwindigkeit	m/min
i	Anzahl der Schnitte	

[1)] Siehe allgemeine Hinweise über Bewegungen, Geschwindigkeiten, Schnitt- und Spanungsgrößen, Kräfte und Leistungen beim Drehen.

Beispiel: Auf einer Langhobelmaschine wird eine rechteckige Platte aus E295 bearbeitet. $B = 1000$ mm. Hublänge des Tisches mit An- und Überlauf $L = 2200$ mm. Vorschub $f = 1,5$ mm/DH, mittlere Arbeitsgeschwindigkeit $v_{ma} = 12$ m/min, mittlere Rücklaufgeschwindigkeit $v_{mr} = 36$ m/min, Schnittiefe $a_p = 10$ mm, Schnittzahl $i = 2$. Bestimme Schnittkraft, Schnittleistung und Hauptnutzungszeit.

Lösung: a) Schnittkraft F_c wie beim Drehen aus der spezifischen Schnittkraft k_c und Spanungsquerschnitt

$A = a_p f$; $k_c = 2 \cdot 10^3$ N/mm² (geschätzt aus weitergeführter Kurve in Bild I.10),

Spanungsquerschnitt $A = a_p k_c = 10$ mm $\cdot$ 1,5 mm $= 15$ mm²

Schnittkraft $F_c = k_c A = 2 \cdot 10^3$ N/mm² $\cdot$ 15 mm² $= 30 \cdot 10^3$ N $= 30$ kN

b) Schnittleistung P_c aus der Schnittkraft F_c und der mittleren Geschwindigkeit v_m:

mittlere Geschwindigkeit $v_m = 2 \dfrac{v_{ma} v_{mr}}{v_{ma} + v_{mr}}$

$v_m = 2 \dfrac{12 \cdot 36}{12 + 36} \dfrac{\text{m}}{\text{min}} = 18 \dfrac{\text{m}}{\text{min}}$

Schnittleistung $P_c = F_c v_m = 30 \cdot 10^3$ N $\cdot \dfrac{18\ \text{m}}{60\ \text{s}}$

$P_c = 9 \cdot 10^3$ W $= 9$ kW

Hauptnutzungszeit $t_h = \dfrac{2LB}{1000\, v_m f} i = \dfrac{2 \cdot 2200 \cdot 1000}{1000 \cdot 18 \cdot 1,5} \cdot 2$ min

$t_h = 326$ min

III. Räumen

1. Bewegungen[1])

Verzahnte stangenförmige (Innenräumer, Räumnadel) oder plattenförmige (Außenräumer) Werkzeuge, deren Zähne vom Anschnitt nach hinten ansteigen, werden durch die Bohrung des Werkstückes gezogen oder gestoßen oder an der Außenfläche des Werkstückes vorbeibewegt. Dadurch wird am vorgearbeiteten Werkstück das gewünschte Innen- oder Außenprofil mit vorgeschriebener Maßtoleranz (meist ISO-Qualität 7) und Oberflächengüte hergestellt. Die Vorschubbewegung entfällt, sie liegt durch die Konstruktion des Werkzeuges fest. Das Profil wird meist in einem Hub gewonnen; nur bei sehr großer Spantiefe wird die gesamte Zerspanarbeit auf mehrere Werkzeuge aufgeteilt.

---

[1]) Siehe allgemeine Hinweise über Bewegungen, Geschwindigkeiten, Schnitt- und Spanungsgrößen, Kräfte und Leistungen beim Drehen.

Bei schraubenförmigem Profil (Steigungswinkel = 45 ... 90°) kreist Werkzeug oder Werkstück beim Durchziehen. Bei Steigungswinkel = 45 ... 70°) ist zwangsläufige Drehung erforderlich, darüber hinaus kann ohne zwangsläufige Drehung geräumt werden.

2. Zerspangeometrie[1]

Eine *Räumnadel* mit festen Zähnen nach DIN 1415 zeigt Bild III.1. Das Werkzeug wird am Schaft vom Zugorgan der Räummaschine aufgenommen und in der Ringnute verriegelt. Der Zubringerkopf der Maschine nimmt das Endstück auf. Die Aufnahme am Werkzeug soll das Werkstück zentrieren, das Führungsstück führt es beim Durchgang der letzten Schneiden.

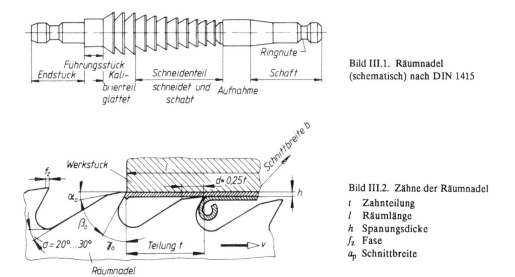

Bild III.1. Räumnadel
(schematisch) nach DIN 1415

Bild III.2. Zähne der Räumnadel

t Zahnteilung
l Räumlänge
h Spanungsdicke
f_z Fase
a_p Schnittbreite

Die *Zähne* der Räumnadel sind wie Fräserzähne ausgebildet (Bild III.2); ebenso wie dort müssen große, gut gerundete Spankammern die Aufnahme des Spanvolumens ohne Zwängen sichern, da freier Spanablauf selten möglich ist. Das Spanvolumen ist mindestens dreimal so groß wie das Ursprungsvolumen.

Die *Zahnteilung* t ist außer vom Werkstoff, Profil und Zahntiefe hauptsächlich von der Räumlänge l abhängig. Erfahrungswert: $t = (1{,}7 ... 1{,}8) \sqrt{l}$; sonst $t = 3 \sqrt{lhx}$ mit h Spanungsdicke in mm/Zahn, Räumlänge l in mm und Werkstofffaktor $x = 3 ... 5$ für bröckelige Späne, $x = 5 ... 8$ für langspanenden Werkstoff. Außerdem sollen mindestens zwei Zähne im Eingriff sein, u.U. werden mehrere Werkstücke hintereinander gespannt, jedoch steigt die Durchzugskraft mit der Zähnezahl. Schräg zur Zugrichtung verlaufende Zähne arbeiten ruhiger. Spannuten bei breiten Zähnen teilen die Späne auf. Beim Schruppen soll Zahnteilung gleichmäßig sein, beim Schlichten um ± 20 % schwankend.

Freiwinkel α_0 wird beim Schruppen 2 ... 3°, beim Schlichten 0,5° und für zylindrische Endzähne (Kalibrierzähne) ebenfalls 0,5° gewählt. *Spanwinkel* γ_0 siehe Tafel III.1.

Die *Fasenbreite* f_z für Schruppen 0 ... 0,1 mm, für Schlichten 0,1 mm, für zylindrische Endzähne 0,2 ... 0,3 mm.

---

[1] Siehe allgemeine Hinweise über Bewegungen, Geschwindigkeiten, Schnitt- und Spanungsgrößen, Kräfte und Leistungen beim Drehen.

Tafel III.1. Mittelwerte für Räumen

Werkstoff	Spanungsdicke h in mm/Zahn für			Schnitt-geschwindig-keit in m/min	Spanwinkel	spezifische Schnitt-kraft k_c in N/mm^2
	Räumen	Schlicht-räumen	Schrupp-räumen			
E295	0,025 ... 0,06	0,004 ... 0,015	bis 0,1	4 ... 8	15 ... 20°	4000
E360	0,03 ... 0,065	0,004 ... 0,015	bis 0,12	3 ... 6	12 ... 15°	5000
GJL-200	0,05 ... 0,12	0,004 ... 0,015	bis 0,25	4 ... 8	4 ... 8°	2300
Messing	0,03 ... 0,1	0,004 ... 0,015	bis 0,2	5 ... 10	0 ... 5°	2000
Al-Leg.	0,025 ... 0,1	0,004 ... 0,015	bis 0,2	8 ... 15	15 ... 25°	1160

3. Schnittkraft (Räumkraft)

Die Schnittkraft F_c wird um so größer, je größer Spanungsquerschnitt A und spezifische Schnittkraft k_c sind. k_c-Werte in Tafel III.1.

Mit Spanungsdicke h (je Zahn), Schnittbreite b der Spanschicht und Anzahl der im Schnitt stehenden Zähne $z_e = l/t$ (= Räumlänge l/Teilung t) wird der *Spanungsquerschnitt*

$$A = bhz_e = bh\frac{l}{t} \qquad \begin{array}{c|c|c} A & b, h, l, t & z \\ \hline \mathrm{mm}^2 & \mathrm{mm} & 1 \end{array} \tag{III.1}$$

Damit ergibt sich die Schnittkraft

$$F_c = Ak_c = bhz_e k_c$$

$$F_c = bhk_c\frac{l}{t} \qquad \begin{array}{c|c|c} F_c & A & k_c \\ \hline \mathrm{N} & \mathrm{mm}^2 & \dfrac{\mathrm{N}}{\mathrm{mm}^2} \end{array} \tag{III.2}$$

Die erforderliche *Durchzugskraft* F_{max} der Maschine ist um den Faktor 1,3 (für Fasenreibung) größer. Ergibt sich durch Kraftmessung ein größerer Faktor, so ist das Werkzeug zu schärfen.

$$F_{max} = 1,3 F_c \tag{III.3}$$

Der *gefährdete Querschnitt* A_{gef} des Räumwerkzeuges wird auf Zug beansprucht. Mit $\sigma_z = F_{max}/A_{gef}$ und $F_{max} = 1,3\,bhz_e k_c$ wird die *Zugspannung*

$$\sigma_z = 1,3\frac{bhz_e k_c}{A_{gef}} \le \sigma_{z\,zul} \qquad \begin{array}{c|c|c|c} \sigma_z, k_c & b, h, l, t & z & A_{gef} \\ \hline \dfrac{\mathrm{N}}{\mathrm{mm}^2} & \mathrm{mm} & 1 & \mathrm{mm}^2 \end{array} \tag{III.4}$$

Da die *Zahnteilung* $t = l/z$ ist, wird auch

$$t_{erf} = 1,3\frac{bhk_c l}{A_{gef}\,\sigma_{z\,zul}} \tag{III.5}$$

4. Wahl der Schnittgeschwindigkeit

Die Schnittgeschwindigkeit v_c ist wegen des schwierigen Zerspanvorganges bei allen Werkstoffen niedrig und zwar um so niedriger, je geringer die Zerspanbarkeit des Werkstoffes ist, je verwickelter das zu räumende Profil und je größer die Räumlänge l ist. Richtwerte aus Tafel III.1.

Standzeit und Oberflächengüte werden durch geeignete Schneidflüssigkeit stark beeinflußt: Erprobung ist zweckmäßig. Schneidöle lassen höhere Standzeit, Emulsionen bessere Oberfläche erwarten. Für schwierige Profile und Werkstoffe werden geschwefelte Schneidöle empfohlen.

Räumwerkzeuge besitzen gegenüber anderen Zerspanwerkzeugen höhere Standzeit und Lebensdauer wegen der niedrigeren Schnittgeschwindigkeit und wegen des geringeren Arbeitsaufwandes je Zahn.

5. Berechnung der Hauptnutzungszeit t_h

Mit Hublänge L und mittlerer Geschwindigkeit v_m wird die Hauptnutzungszeit

$$t_h = \frac{2L}{v_m \, 1000}$$

t_h	L	v_m
min	mm	$\dfrac{m}{min}$

(III.6)

Ermittlung von v_m siehe Hobeln und Stoßen.

Beispiel: Die Innennute einer GG-Buchse (Schnittbreite $b = 12$ mm, Tiefe 3,7 mm, Länge $l = 100$ mm) wird auf einer Waagerecht-Räummaschine hergestellt. Hublänge $L = 1000$ mm, $v_a = 3$ m/min, $v_r = 4$ m/min.

Bestimme spezifische Schnittkraft k_c, Zahnteilung t, Schnittkraft F_c, Durchzugskraft F_{max} und Hauptnutzungszeit t_h!

Lösung: a) Spezifische Schnittkraft $k_c = 2300$ N/mm² nach Tafel III.1

b) Spanungsdicke $h = 0,12$ mm nach Tafel III.1

c) Zahnteilung $t = 3\sqrt{h l x} = 3\sqrt{0,12 \text{ mm} \cdot 100 \text{ mm} \cdot 4} = 20,8$ mm

d) Zähnezahl z_e je Räumlänge l: $z_e = \dfrac{l}{t} = \dfrac{100 \text{ mm}}{20,8 \text{ mm}} = 4$

e) Spanungsquerschnitt $A = b h z_e = 12 \text{ mm} \cdot 0,12 \text{ mm} \cdot 4 = 5,76 \text{ mm}^2$

f) Schnittkraft $F_c = A k_c = 5,76 \text{ mm}^2 \cdot 2300 \text{ N/mm}^2 = 13,2 \cdot 10^3 \text{ N}$

g) Durchzugskraft $F_{max} = 1,3 \, F_c = 1,3 \cdot 13,2 \cdot 10^3 \text{ N} = 17,2 \cdot 10^3 \text{ N}$

h) Mittlere Geschwindigkeit des Räumwerkzeuges

$$v_m = 2 \frac{v_a \, v_r}{v_a + v_r} = 2 \cdot \frac{3 \cdot 4}{3 + 4} \text{ m/min} = 3,43 \text{ m/min}$$

i) Hauptnutzungszeit $t_h = \dfrac{2L}{v_m \, 1000} = \dfrac{2 \cdot 1000}{3,43 \cdot 1000} \text{ min} = 0,59 \text{ min}$

IV. Fräsen

1. Bewegungen[1]

Es gelten die unter I. Drehen dargelegten Grundbegriffe der Zerspantechnik in Verbindung mit den Bildern IV.1, IV.2 und IV.6. Beim *Fräsen* führt die umlaufende Bewegung des Werkzeuges (des Fräsers) zur *Schnittbewegung* mit der *Schnittgeschwindigkeit* v_c und die

---

[1] Siehe allgemeine Hinweise über Bewegungen, Geschwindigkeiten, Schnitt- und Spanungsgrößen unter I. Drehen.

geradlinige (fortschreitende) Bewegung des Werkstückes (des Tisches) zur *Vorschub-bewegung* mit der *Vorschubgeschwindigkeit* v_f. Die resultierende Bewegung ist wieder die *Wirkbewegung* mit der *Wirkgeschwindigkeit* v_e (Bild IV.6); sie führt zur Spanabnahme und ist die momentane Geschwindigkeit des betrachteten Schneidenpunktes in Wirkrichtung.

Im Gegensatz zum Drehen mit $\varphi = 90°$ ändert sich beim Fräsen der *Vorschubrichtungswinkel* φ während des Schneidvorganges des einzelnen Zahnes laufend (Bilder IV.1 und IV.2). Beim *Gegenlauffräsen* ist $\varphi < 90°$, beim Gleichlauffräsen dagegen ist $\varphi > 90°$, wie Bild IV.6 deutlich zeigt. Der *Wirkrichtungswinkel* η ist wieder der Winkel zwischen Wirk- und Schnittrichtung. Im allgemeinen Falle ($\varphi \gtrless 90°$), wie beim Fräsen ist

$$\tan \eta = \frac{\sin \varphi}{\dfrac{v_c}{v_f} + \cos \varphi} \tag{IV.1}$$

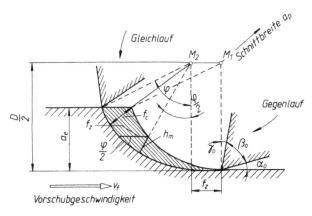

Bild IV.1. Walzen mit Walzenfräser, dargestellt in der Arbeitsebene

$\overline{M_1 M_2}$ ergibt Zahnvorschub f_z
h_m Mittenspanungsdicke beim halben
          Vorschubrichtungswinkel $\varphi/2$
a_e Schnittiefe
f_c Schnittvorschub

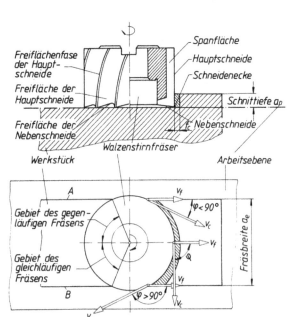

Bild IV.2. Stirnen mit Walzen-stirnfräser bei symmetrischer Einstellung des Werkzeuges
a_p Schnittiefe
a_e Schnittbreite
φ Vorschubrichtungswinkel
v_c Schnittgeschwindigkeit
v_f Vorschubgeschwindigkeit

Beim Drehen ist $\varphi = 90°$ und damit $\tan \eta = \upsilon_f / \upsilon_c$ (siehe Drehen). Auch beim Fräsen ist in den meisten Fällen das Verhältnis υ_f / υ_c so klein, daß mit $\upsilon_e = \upsilon_c$ gerechnet werden kann.

Mit Fräserdurchmesser d, Fräserdrehzahl n und Vorschub f je Fräserumdrehung, Zahnvorschub f_z und Zähnezahl z werden *Schnitt*- und *Vorschubgeschwindigkeit* errechnet:

$$\upsilon_c = \pi d n$$

υ_c	d	n
$\dfrac{\text{m}}{\text{min}}$	m	min^{-1}

(IV.2)

$$\upsilon_f = nf = nf_z z$$

υ_f	n	f	f_z	z
$\dfrac{\text{mm}}{\text{min}}$	min^{-1}	$\dfrac{\text{mm}}{\text{U}}$	$\dfrac{\text{mm}}{\text{Zahn}}$	1

(IV.3)

2. Zerspangeometrie[1]

Es gelten grundsätzlich die beim Drehen angegebenen Begriffsbestimmungen. Wichtigste Bezugsebene ist auch hier die *Arbeitsebene*, in der sich alle an der Spanbildung beteiligten Bewegungen vollziehen.

Sowohl beim *Walzen* (mit Walzen-. Scheiben-, Schaft- und Formfräsern) als auch beim *Stirnen* (mit Walzstirnfräsern und Messerköpfen) wird die Zerspanarbeit durch die Umfangszähne aufgebracht, die Stirnzähne reiben und glätten nur. Walzenfräsen mit scheibenartigen hartmetallbestückten Messerköpfen wird deshalb auch als *Umfangsfräsen* bezeichnet.

Beim *Walzen* (Bild IV.1) entsteht ein kommaförmiger Span mit ungleichförmiger Querschnittsbelastung der Schneide. Der Schnittwiderstand wächst im Gegensatz zum Drehen von Null bis auf einen Höchstwert und fällt dann plötzlich wieder auf Null ab, entsprechend dem laufend veränderten Vorschubrichtungswinkel φ (beim Drehen ist $\varphi = 90° = $ konstant). Die Schnittkraftschwankungen werden vermindert durch schräge Zähne, wenn zugleich mehrere Zähne im Eingriff stehen und Zähnezahl z, Fräserdurchmesser d und Neigungswinkel λ_s im bestimmten Verhältnis zur Schnittbreite a_p stehen. Der Neigungswinkel läßt sich bestimmen aus:

$$\cot \lambda_s = \frac{a_p z}{d \pi}$$

(IV.4)

Allgemein gilt:

Für harte Werkstoffe und Schlichten kleinerer Schneidenwinkel und feinere Zahnteilung, für Maschinenbaustähle bis 700 N/mm² Zugfestigkeit größere Schneidenwinkel und größere Zahnteilung, für Leichtmetalle große Schneidenwinkel und große Zahnteilung.

Beim *Gegenlauffräsen* reibt der Zahn vor dem Eindringen in den Werkstoff, wodurch er leichter abstumpft. Die während des Reibweges entstehende erhebliche Wärmemenge muß durch reichliches Kühlen abgeführt werden.

Beim *Gleichlauffräsen* dringt der Zahn sofort in das volle Material ein. Moderne Walzfräsmaschinen arbeiten im Gleichlauf, besonders Verzahnungsmaschinen. Über Kräfte beim Gegen- und Gleichlauffräsen orientiert Bild IV.6.

---

[1] Siehe allgemeine Hinweise über Bewegungen, Geschwindigkeiten, Schnitt- und Spanungsgrößen unter I. Drehen.

Der *Vorschubrichtungswinkel* φ beim *Walzfräsen* (Bild IV.1) läßt sich bestimmen aus:

$$\cos \varphi = \frac{d/2 - a_e}{d/2} = 1 - \frac{2a_e}{d} \tag{IV.5}$$

oder mit Hilfe der geometrischen Beziehung

$$\sin \frac{\varphi}{2} = \frac{\sqrt{a_e(d - a_e)}}{\sqrt{a_e(d - a_e) + (d - a_e)^2}}$$

und nach einigen Umformungen aus

$$\sin \frac{\varphi}{2} = \sqrt{\frac{a_e}{d}} \tag{IV.6}$$

Für $\varphi \leq 60°$ ergibt er sich auch aus

$$\varphi° = \frac{360°}{\pi} \sqrt{\frac{a_e}{d}} \tag{IV.7}$$

Beim *Stirnen* (Bild IV.2) ist der Spanungsquerschnitt wie beim Drehen ein Rechteck oder Parallelogramm. Auch der Schlankheitsgrad des abgenommenen Spanes ist ähnlich, so daß wesentliche Erkenntnisse vom Drehen übernommen werden können. Allerdings ändert sich beim Stirnfräsen wie beim Walzfräsen der Schnittvorschub f_c fortlaufend; beim Stirnfräsen jedoch geringfügiger als beim Walzfräsen. Daher ist beim Stirnen die Querschnittsbelastung der Schneide gleichmäßiger als beim Walzen.

Infolge des größeren Vorschubrichtungswinkels φ sind beim Stirnfräsen mehr Zähne im Eingriff. Die spezifische Spanungsleistung ist größer als beim Walzfräsen; Stirnen ist daher wirtschaftlicher.

Die Entscheidung zwischen Gegen- und Gleichlauffräsen ist beim Stirnfräsen nicht nötig, weil nach Bild IV.2 im gleichen Schnitt sowohl gegen- als auch gleichläufiges Fräsen auftritt, jedenfalls solange die Fräserachse zwischen Eintritts- und Austrittsebene (*A–B*) liegt.

Der *Vorschubrichtungwinkel* φ beim symmetrischen *Stirnfräsen* läßt sich bestimmen aus:

$$\sin \frac{\varphi}{2} = \frac{a_e/2}{d/2} = \frac{a_e}{d} \tag{IV.8}$$

2.1. Schnitt- und Spanungsgrößen

Zu den beim Drehen gemachten Angaben kommen noch folgende Begriffsbestimmungen hinzu:

Zahnvorschub f_z ist der Vorschubweg zwischen zwei unmittelbar nacheinander entstehenden Schnittflächen, also der Vorschub je Zahn oder je Schneide (Bild IV.1).

Mit z Anzahl der Zähne des Fräsers und f Vorschubweg je Fräserumdrehung ist der *Zahnvorschub*

$$f_z = \frac{f}{z} \qquad \begin{array}{c|c|c} f_z & f & z \\ \hline \dfrac{mm}{Zahn} & \dfrac{mm}{U} & 1 \end{array} \tag{IV.9}$$

Der *Schnittvorschub* f_c ist der Abstand von zwei unmittelbar nacheinander entstehenden Schnittflächen, gemessen in der Arbeitsebene und senkrecht zur Schnittrichtung (Bilder IV.1 und IV.2).

Annähernd wird mit Zahnvorschub f_z und Vorschubrichtungswinkel φ der *Schnittvorschub*

$$f_c = f_z \cdot \sin \varphi \tag{IV.10}$$

Beim Drehen und Hobeln war $\varphi = 90°$ und damit auch $f_c = f_z$ und mit Gl. (IV.9) mit $z = 1$ auch $f_c = f_z = f$.

Schnittiefe a_p bzw. *Schnittbreite* a_e ist die Tiefe bzw. Breite des Eingriffs der Hauptschneide *senkrecht zur Arbeitsebene* gemessen (Bilder IV.1 und IV.2). Arbeitsebene ist die gedachte Ebene, die Schnitt- und Vorschubbewegung des betrachteten Schneidenpunktes enthält (Bilder IV.1 und IV.6).

Beim *Walzenfräsen* entspricht a_p der *Breite* des Eingriffs (Schnittbreite) nach Bild IV.2.

Beim *Stirnfräsen* entspricht a_p der *Tiefe* des Eingriffs (Schnittiefe) nach Bild IV.2.

Schnittbreite a_e ist die Größe des Eingriffs der Schneide (des Zahnes) je Umdrehung, *gemessen in der Arbeitsebene und senkrecht zur Vorschubrichtung* (Bilder IV.1 und IV.2). *Spanungsquerschnitt A* ist der Querschnitt des abzunehmenden Spanes senkrecht zur Schnittrichtung. In den meisten Fällen gilt

$$A = a_p \cdot f_c = b\,h, \quad b \text{ Spanungsbreite}, \quad h \text{ Spanungsdicke}. \tag{IV.11}$$

Beachte: Der Spanungsquerschnitt A ergibt sich stets als Produkt aus der Schnittiefe bzw. Schnittbreite a_p und dem Schnittvorschub f_c. Da f_c in der Arbeitsebene (bzw. parallel zu ihr) gemessen wird, muß die Schnittiefe senkrecht zur Arbeitsebene gemessen werden. Die Schnittbreite darf nicht mit der Schnittiefe verwechselt werden; sie steht senkrecht zur Schnittiefe und senkrecht zur Vorschubrichtung (siehe Bild IV.2).

Wichtige Bezugsgröße für die mittlere spezifische Schnittkraft k_c ist die sogenannte *Mittenspanungsdicke* h_m (Bild IV.1). Für Walz- und Stirnfräsen gilt bei $a_e/d \le 0,3$

$$h_m = f_z \sqrt{\frac{a_e}{d}} \sin \kappa_w$$

$$h_m = \frac{v_f}{n\,z} \sqrt{\frac{a_e}{d}} \sin \kappa_w$$

h_m, a_e, d	f_z	v_f	n	z	κ_w
mm	$\dfrac{\text{mm}}{\text{Zahn}}$	$\dfrac{\text{mm}}{\text{min}}$	min^{-1}	1	°

Darin ist beim Walzfräsen $\kappa_w = 90° - \delta$, mit δ = Drallwinkel.

Der Begriff Mittenspanungsdicke ist in DIN 6580 nicht enthalten, läßt sich jedoch mit Gl. (IV.10) als Schnittvorschub f_c berechnen, wenn für φ der maximale Vorschubrichtungswinkel eingesetzt wird (Bild IV.1):

$$h_m = f_c \sin \kappa_w = f_z \sin \frac{\varphi}{2} \sin \kappa_w$$

Beispiel: Walzfräsen im Gleichlauf mit Fräserdurchmesser $d = 110$ mm ergibt nach Tafel IV.3 die Zähnezahl 8. Für eine Schnittbreite $a_p = 60$ mm ergibt sich aus

$$\cot \delta = \frac{a_p z}{d\pi} = \frac{60\,\text{mm} \cdot 8}{110\,\text{mm} \cdot \pi} = 1,4 \quad \text{ein Drallwinkel } \delta \approx 35°.$$

Tafel IV.2 gibt für Stahl den Zahnvorschub $f_z = 0,1 \dots 0,25$ mm an; gewählt für Schnittiefe $a_e = 4$ mm wird Zahnvorschub $fz = 0,2$ mm/Zahn.

Lösung: Mittenspanungsdicke

$$h_m = f_z \sqrt{\frac{a_e}{d}} \sin \kappa_w = 0,2\,\text{mm} \sqrt{\frac{4\,\text{mm}}{110\,\text{mm}}} \sin 55° = 0,0312\,\text{mm}$$

Vorschubrichtungswinkel

$$\varphi = \frac{360°}{\pi} \sqrt{\frac{a_e}{d}} = \frac{360°}{\pi} \sqrt{\frac{4\,\text{mm}}{110\,\text{mm}}} \approx 22°; \quad \text{aus} \quad \cos \varphi = 1 - \frac{2a_e}{d} = 0,927; \quad \varphi = 22°$$

Vorschubweg je Fräserumdrehung $f = f_z \cdot z = 0,2\,\text{mm} \cdot 8 = 1,6\,\dfrac{\text{mm}}{\text{U}}$

Spanungsquerschnitt bei $\dfrac{\varphi}{2}$: $A = a_p \cdot f_c = a_p \cdot h_m = 60\,\text{mm} \cdot 0,031\,\text{mm} = 1,86\,\text{mm}^2$

2.2. Flächen und Winkel am Fräserzahn

Es gelten die unter I.2.2 dargelegten Begriffe.

Beim Stirnfräsen lassen sich die Begriffe vom Drehmeißel leicht auf die Schneide des Zahnes übertragen.

Grundsätzlich wird nach Bild IV.3 unterschieden zwischen Fräsern mit geschliffener oder gefräster Freifläche und Fräsern mit hinterdrehter Freifläche (Formfräser). Letztere haben vielfach Spanwinkel von 0°, der beim Scharfschleifen eingehalten werden muß, weil sonst Profilverzerrung auftritt.

Steigungshöhe h beim Formfräser ist die Höhe der Hinterdrehkurve, die wegen konstantem Steigungswinkel logarithmische Spirale ist. Nach Bild IV.3 ergibt sich aus dem Dreieck ABC: $\tan\alpha_0 = hz/d\pi$ und daraus

$$h = \frac{\pi d \tan\alpha_0}{z} \qquad\qquad\qquad\qquad (IV.14)$$

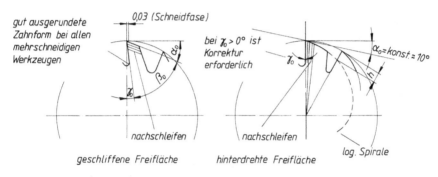

gut ausgerundete Zahnform bei allen mehrschneidigen Werkzeugen

0,03 (Schneidfase)

bei $\gamma_0 > 0°$ ist Korrektur erforderlich

$\alpha_0 = konst. \approx 10°$

nachschleifen

nachschleifen

log. Spirale

geschliffene Freifläche   hinterdrehte Freifläche

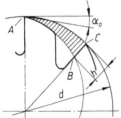

Bild IV.3
Fräser mit geschliffener und hinterdrehter Freifläche

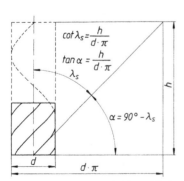

$$\cot\lambda_s = \frac{h}{d\cdot\pi}$$

$$\tan\alpha = \frac{h}{d\cdot\pi}$$

$$\alpha = 90° - \lambda_s$$

Bild IV.4. Neigungswinkel λ_s und Steigungswinkel α beim schrägverzahnten Fräser

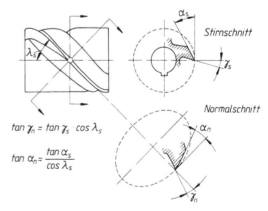

Stirnschnitt

Normalschnitt

$$\tan\gamma_n = \tan\gamma_s \cdot \cos\lambda_s$$

$$\tan\alpha_n = \frac{\tan\alpha_s}{\cos\lambda_s}$$

Bild IV.5. Freiwinkel α und Spanwinkel γ (Werkzeugwinkel) im Normal- und Stirnschnitt

Beim *schrägverzahnten Walzenfräser* sind die Zähne um den *Neigungswinkel* λ_s gegenüber der Fräserachse geneigt. Steigungswinkel $\alpha = 90° - \lambda_s$. Das Abwicklungsdreieck in Bild IV.4 zeigt

$$\cot \lambda_s = \frac{h}{d\pi} \qquad \text{(IV.15)} \qquad\qquad \tan \alpha = \frac{h}{d\pi} \qquad \text{(IV.16)}$$

Wegen der Neigung der Zähne ist zwischen den Schneidwinkeln im Normalschnitt (Index n) und im Stirnschnitt (Index s) zu unterscheiden (Bild IV.5). Für Spanwinkel γ und Freiwinkel α gilt:

$$\tan \gamma_n = \tan \gamma_s \cos \lambda_s$$
$$\tan \alpha_n = \frac{\tan \alpha_s}{\cos \lambda_s} \qquad\qquad\qquad\qquad\qquad\qquad\qquad \text{(IV.17)}$$

Bei Fräsern mit geraden Zähnen ist $\lambda_s = 0°$ und damit $\gamma_n = \gamma_s = \gamma$, $\alpha_n = \alpha$.

2.3. Wahl der Werkzeugwinkel

Freiwinkel α_0 und *Spanwinkel* γ_0 hängen vom zu bearbeitenden Werkstoff und Fräserart ab. Wirtschaftlich ist bei HS-Werkzeugen Beschränkung auf Freiwinkel $\alpha_0 = 5° \ldots 8°$ und Spanwinkel $\gamma_0 = 10° \ldots 15°$ für Gusseisen und Stahl bis $R_m = 900$ N/mm². Beim Gleichlauffräsen etwa doppelt so große Werte.

Formfräser werden normal mit Spanwinkel $\gamma_0 = 0°$ ausgeführt. Zerspanungstechnisch besser ist wenigstens kleiner positiver Spanwinkel $\gamma_0 = 2° \ldots 5°$ bei entsprechend korrigiertem Profil. Spanwinkel $\gamma_0 \neq 0°$ müssen auf dem Fräser vermerkt und beim Scharfschleifen eingehalten werden, um Profilverzerrungen zu vermeiden. Formfräser können so oft an der Spanfläche nachgeschliffen werden (Bild IV.3), solange sie festigkeitsmäßig den Schnittwiderstand aufnehmen.

Neigungswinkel $\lambda_s = 20° \ldots 40°$, je nach Werkstoff.

Für *Messerköpfe* mit Hartmetallschneiden $\alpha_0 = 3° \ldots 8°$, $\gamma_0 = 6° \ldots 15°$, Schneidenneigungswinkel $\lambda_s = 7°$ für leicht und 12° für schwer bearbeitbare Stähle.

Richtwerte für *Zahnvorschub* f_z siehe Tafel IV.2, für *Zähnezahl* z siehe Tafel IV.3. Je kleiner die Fräserzähnezahl, um so kleiner ist der Kraftaufwand, um so größer ist der Zahnvorschub f_z und um so niedriger ist spezifische Schnittkraft.

3. Kräfte und Leistungen[1]

Bild IV.6 zeigt die in der Arbeitsebene liegenden Geschwindigkeiten und Kräfte am einzelnen Fräserzahn beim Gegenlauf- und Gleichlauffräsen mit Walzenfräser. Die Kräfte sind in bezug auf das Werkzeug eingetragen. Ein Vergleich mit Bild I.1 zeigt den Unterschied zwischen Drehen und Fräsen. Beim *Drehen* ist der Vorschubrichtungswinkel $\varphi = 90° =$ konstant und damit die Stützkraft F_{st} identisch mit der der Schnittkraft F_c. Beim *Fräsen* dagegen ist $\varphi < 90°$ beim Gegenlauffräsen, $\varphi > 90°$ beim Gleichlauffräsen. Bei einem Zahneingriff ändert sich φ laufend während des Schneidens. Es erscheint die *Stützkraft* F_{st} als Projektion der (meist räumlich liegenden) Zerspankraft F (siehe Bild I.1) auf eine in der Arbeitsebene liegende Senkrechte zur Vorschubrichtung *und* die *Schnittkraft* F_c als Projektion von F auf die Schnittrichtung. Die Resultierende von Stütz- und Vorschubkraft ist die *Aktivkraft* F_a. Sie ist zugleich die Projektion der Zerspankraft F auf die Arbeitsebene. Die *Wirkkraft* F_e ist die Projektion der Zerspankraft F auf die Wirkrichtung, d.h. auf die in der Arbeitsebene liegende Wirklinie der Wirkgeschwindigkeit v_e, F_c und F_e sind zugleich

---

[1] Siehe auch DIN 6584

Komponenten der Aktivkraft F_a (Bild IV.6). Die *Stützkraft* F_{st} versucht beim *Gegen*lauffräsen das Werkstück von seiner Unterlage abzuheben („Ansaugen" des Fräsers), beim *Gleich*lauffräsen dagegen preßt die Stützkraft F_{st} das Werkstück auf den Tisch und den Tisch auf seine Führung. Der Fräser versucht dabei auf das Werkstück zu „klettern". Vorsicht bei dünnwandigen oder schlecht zu spannenden Werkstücken!

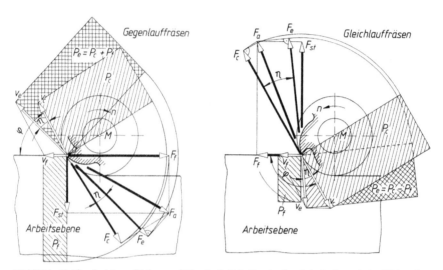

Bild IV.6. Kräfte, Leistungsflächen und Geschwindigkeiten in der Arbeitsebene beim Walzenfräsen im Gegen- und Gleichlauf; Kräfte in bezug auf den Fräser; Größenverhältnisse willkürlich angenommen; P_e Wirkleistung, P_c Schnittleistung, P_f Vorschubleistung

Die *Vorschubkraft* F_f wirkt beim *Gegen*lauffräsen der Vorschubrichtung entgegen, beim *Gleich*lauffräsen dagegen *in* Vorschubrichtung. Die Wirkleistung P_e ist damit auch beim Gegenlauffräsen gleich der *Summe* aus Schnittleistung P_c und Vorschubleistung P_f; beim Gleichlauffräsen dagegen ist die Wirkleistung P_e die *Differenz* der beiden Leistungen (Bild IV.6). Das ergibt beim Gleichlauffräsen eine Ersparnis bis etwa 15 % von der Gesamtleistung. Der gleiche Richtungssinn von Vorschubkraft und Vorschubgeschwindigkeit beim Gleichlauffräsen macht spielfreie Anordnung der Tischvorschubspindel und wegen Keilwirkung („Klettern" des Fräsers) sicheres Festspannen von Werkstück und Spannvorrichtung erforderlich.

Zur *Bestimmung der Kräfte* werden Vorschubkraft F_f und Stützkraft F_{st} mit Meßgeräten bestimmt. Sie können zur resultierenden *Aktivkraft* F_a zusammengesetzt werden:

$$F_a = \sqrt{F_f^2 + F_{st}^2} \tag{IV.18}$$

Obwohl der Betrag der Komponenten gemessen werden kann, ist der Angriffspunkt der Schnittkraft noch nicht bekannt. Dazu wird das Drehmoment M gemessen. Daraus ergibt sich mit dem Fräserdurchmesser d die mittlere Schnittkraft F_c (= Umfangskraft) zu

$$F_c = \frac{2M}{d} \qquad\qquad M = F_c \frac{d}{2} \qquad\qquad \begin{array}{c|c|c} F_c & M & d \\ \hline N & Nmm & mm \end{array} \tag{IV.19}$$

Aus der Schnittleistung P_c und der Schnittgeschwindigkeit v_c läßt sich F_c ebenfalls berechnen:

$$F_c = 60\,000\,\frac{P_c}{v_c}$$

F_c	P_c	v_c
N	kW	$\dfrac{\text{m}}{\text{min}}$

(IV.20)

Damit läßt sich auch die auf den Fräsermittelpunkt M wirkende Radialkraft F_r berechnen (in Bild IV.6 nicht eingetragen):

$$F_r = \sqrt{F_a^2 - F_c^2}$$ (IV.21)

Bei Fräsern mit Neigung der Schneiden ergibt sich die Zerspankraft F aus den drei Komponenten in Richtung des räumlichen Achsenkreuzes

$$F = \sqrt{F_{st}^2 + F_f + F_p^2}$$ (IV.22)

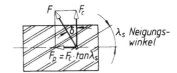

Die *Passivkraft* F_p (siehe Bild I.1) ist nach Bild IV.7 aus der Schnittkraft F_c und dem Neigungwinkel λ_s bestimmt:

$$F_p = F_c \tan \delta$$ (IV.23)

Bild IV.7. Passivkraft F_p (Axialkraft) und Neigungswinkel λ_s beim Fräser mit schrägen Zähnen

Die mittlere *Schnittleistung* P_c an der Frässpindel ist abhängig von der spezifischen Schnittkraft k_c (Bild IV.8), von Schnittbreite a_e und Schnittiefe a_p sowie von der Vorschubgeschwindigkeit v_f:

$$P_c = \frac{k_c\,a_p\,a_e\,v_f}{6 \cdot 10^7}$$

P_c	k_c	a_p, a_e	v_f
kW	$\dfrac{\text{N}}{\text{mm}^2}$	mm	$\dfrac{\text{mm}}{\text{min}}$

(IV.24)

Die *Antriebsleistung* P_m ist um den Wirkungsgrad η größer als P_c. $\eta = 0{,}6 \dots 0{,}9$; $P_m = P_c/\eta$.
Die *spezifische Schnittkraft* k_c ist abhängig vom zu fräsenden Werkstoff, von der Zerspangeometrie und von der Mittenspanungsdicke h_m. Richtwerte siehe Bild IV.8.

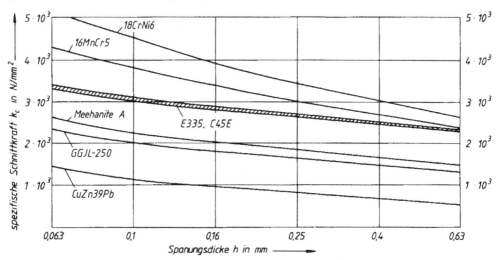

Bild IV.8. Spezifische Schnittkraft k_c in Abhängigkeit von der Spanungsdicke h

Es ist $h_\mathrm{m} = f_\mathrm{z}\sqrt{a_\mathrm{e}/d}$ d.h. je größer d, um so kleiner h_m, damit aber auch k_c größer, also ungünstiger.

Eine *vereinfachte Berechnung der Schnittleistung* P_c ist möglich mit Richtwerten für das spezifische (zulässige) Spanungsvolumen V_spez in $\mathrm{cm^3/kW\,min}$. V_spez ist dasjenige Spanungsvolumen in $\mathrm{cm^3}$, das mit 1 kW Leistung in einer Minute erzielt werden kann:

$$V_\mathrm{spez} = \frac{a_\mathrm{p}\,a_\mathrm{e}\,v_\mathrm{f}}{1000 \cdot P_\mathrm{c}} \qquad \begin{array}{c|c|c|c} V_\mathrm{spez} & a_\mathrm{p}, a_\mathrm{e} & v_\mathrm{f} & P_\mathrm{c} \\ \hline \dfrac{\mathrm{cm^3}}{\mathrm{kW\,min}} & \mathrm{mm} & \dfrac{\mathrm{mm}}{\mathrm{min}} & \mathrm{kW} \end{array} \qquad \text{(IV.25)}$$

Darin ist das *Spanungsvolumen V* je Minute:

$$V = \frac{a_\mathrm{p}\,a_\mathrm{e}\,v_\mathrm{f}}{1000} \qquad\qquad\qquad \text{(IV.26)}$$

und damit die Schnittleistung

$$P_\mathrm{c} = \frac{V}{V_\mathrm{spez}} \qquad \begin{array}{c|c|c} P_\mathrm{c} & V & V_\mathrm{spez} \\ \hline \mathrm{kW} & \dfrac{\mathrm{cm^3}}{\mathrm{min}} & \dfrac{\mathrm{cm^3}}{\mathrm{kW\,min}} \end{array} \qquad \text{(IV.27)}$$

Richtwerte für das spezifische Spanungsvolumen V_spez siehe Tafele IV.4.

4. Wahl der Schnittgeschwindigkeit und Grundregeln für Fräsen

Richtwerte siehe Tafel IV.1 mit Bemerkungen. Durch zu hohe Schnittgeschwindigkeit v_c werden die Schneiden übermäßig erwärmt und Standzeit vermindert.

Grundregeln: Schnittgeschwindigkeit v_c beim Schruppen klein, beim Schlichten größer (siehe Tafel IV.1); Vorschubgeschwindigkeit v_f beim Schruppen stabiler Werkstücke durch Maschinenleistung und zulässige Schnittkräfte, beim Schlichten durch Oberflächengüte begrenzt, siehe Tafel IV.2; Walzen möglichst vermeiden, Stirnen ist wirtschaftlicher, dem Drehen ähnlich; auf guten Rundlauf der Fräser achten; Fräser dicht am Spindelkopf oder am Fräsdornstützlager befestigen; mit Kühlflüssigkeit „schwemmen"; möglichst kleiner Fräserdurchmesser und großer Fräsdorndurchmesser; Schneidenwinkel richtig wählen; Fräser oft schärfen.

Beispiel: Es soll Werkstoff E335 mit Walzenfräser von 110 mm Durchmesser, $z = 8$ Zähne (Tafel IV.3) gefräst werden. Gewählt:

$$v_\mathrm{c} = 16\,\frac{\mathrm{m}}{\mathrm{min}}\ \text{(Tafel IV.1)}, \quad f_\mathrm{z} = 0{,}25\,\frac{\mathrm{mm}}{\mathrm{Zahn}}\ \text{(Tafel IV.2)}$$

Schnittiefe $a_\mathrm{e} = 3$ mm, Schnittbreite $a_\mathrm{p} = 120$ mm.

Lösung: Fräserdrehzahl $n = \dfrac{v_\mathrm{c}}{\pi d} = \dfrac{16\ \mathrm{m}}{\mathrm{min} \cdot \pi \cdot 0{,}11\ \mathrm{m}} = 46{,}3\ \mathrm{min}^{-1}$

eingestellt $\quad n = 45\ \mathrm{min}^{-1}$

Vorschub je Fräserumdrehung $f = f_\mathrm{z}\,z = 0{,}25 \cdot 8$ mm $= 2$mm

Vorschubgeschwindigkeit $v_\mathrm{f} = f n = 2 \cdot 45\,\dfrac{\mathrm{mm}}{\mathrm{min}} = 90\,\dfrac{\mathrm{mm}}{\mathrm{min}}$

eingestellt $\qquad\qquad v_\mathrm{f} = 90\,\dfrac{\mathrm{mm}}{\mathrm{min}}$

Mittenspanungsdicke $h_\mathrm{m} = f_\mathrm{z}\sqrt{\dfrac{a_\mathrm{e}}{d}} = 0{,}25 \cdot \sqrt{\dfrac{3}{110}}$ mm

$$h_\mathrm{m} = 0{,}0412\ \mathrm{mm} \approx 0{,}040\ \mathrm{mm}$$

Mittlere spezifische Schnittkraft $k_c = 4{,}4 \cdot 10^3 \, \dfrac{N}{mm^2}$

Antriebsleistung $P_m = \dfrac{P_c}{\eta} = \dfrac{k_c a_p a_e v_f}{60 \cdot 10^6 \, \eta} = \dfrac{4400 \cdot 120 \cdot 3 \cdot 90}{60 \cdot 10^6 \cdot 0{,}8} \, kW = 2{,}97 \, KW$

Spanungsvolumen $V = \dfrac{a_p a_e v_f}{1000} = \dfrac{3 \cdot 120 \cdot 90}{1000} \, \dfrac{cm^3}{min} = 32{,}4 \, \dfrac{cm^3}{min}$

Spezifisches Spanungsvolumen $V_{spez} = 14 \, \dfrac{cm^3}{kW\,min}$ (Tafel IV.4)

Schnittleistung $P_c = \dfrac{V}{V_{spez}} = \dfrac{32{,}4}{14} \, kW = 2{,}31 \, kW$

Antriebsleistung $P_m = \dfrac{P_c}{\eta} = \dfrac{2{,}31}{0{,}8} \, kW = 2{,}9 \, kW$

Mittlere Schnittkraft $F_c = 6 \cdot 10^4 \, \dfrac{P_c}{\eta} = 6 \cdot 10^4 \cdot \dfrac{2{,}31}{16} \, N = 8680 \, N$

Tafel IV.1. Richtwerte für Schnittgeschwindigkeiten v_c in m/min mit Schnellarbeitsstahl und Hartmetall beim Gegenlauffräsen

Werkzeug	Stahl	Werkstoffe Gusseisen	Al-Leg. ausgehärtet	Mg-Leg.
Walzen- und Walzenstirnfräser	10 ... 25	10 ... 22	150 ... 350	300 ... 500
hinterdrehte Formfräser	15 ... 24	10 ... 20	150 ... 250	300 ... 400
Kreissägen	35 ... 40	20 ... 30	200 ... 400	300 ... 500
Messerkopf mit SS	15 ... 30	12 ... 25	200 ... 300	400 ... 500
Messerkopf mit HM	100 ... 200	30 ... 100	300 ... 400	800 ... 1000

Niedere Werte für Schruppen; für Stirnfräser etwas höhere Werte als für Walzenfräser zulässig; Frästiefe 3 mm bzw. 5 mm bei Walzen- bzw. Stirnfräser, bei Messerkopf bis 8 mm. Höhere Werte für Schlichten. Für Gewindefräsen: Langgewinde 1,3 × Wert für hinterdrehte Formfräser, Kurzgewinde 1,5 × Wert für hinterdrehte Formfräser. Für Gleichlauffräser Werte × 1,75.

Tafel IV.2. Richtwerte für Zahnvorschub f_z in mm/Zahn für HS-Stahl und Hartmetall beim Gegenlauffräsen

Werkzeug	Stahl	Werkstoffe Gusseisen	Al-Leg. ausgehärtet	Mg-Leg.
Walzen- und Walzenstirnfräser	0,1 ... 0,25	0,1 ... 0,25	0,05 ... 0,08	0,1 ... 0,15
hinterdrehte Formfräser	0,03 ... 0,04	0,02 ... 0,04	0,02	0,03
Messerkopf mit SS	0,3	0,1 ... 0,3	0,1	0,1
Messerkopf mit HM	0,1	0,15 ... 0,2	0,06	0,06

Werte gelten für Frästiefen: 3 mm bei Walzenfräsern, 5 mm bei Walzenstirnfräsern, bis 8 mm bei Messerköpfen, bei Kreissägen für 3 mm Blattbreite bei 10 mm Schnittiefe, Werte für Messerköpfe mit HM bei St und GG verdoppeln, wenn Maschinenleistung hoch genug ist.

Tafel IV.3 Richtwerte für Zähnezahlen an Schnellstahlfräsern

Werkzeug	Fräserdurchmesser d in mm										
	10	40	50	60	75	90	110	130	150	200	300
Walzenfräser		6	6	6	6	8	8	10	10		
Walzenstirnfräser		8	8	8	10	12	12	14	16		
Scheibenfräser			8	8	10	12	12	14	16	18	
hinterdreht Formfräser		8	10	10	10	12	14	16	18		
Schaftfräser	4	6									
Messerköpfe							8	10	10	12	16

Zähnezahlen gelten für normale Werkstoffe. Bei zähen und harten Werkstoffen obige Werte etwa × 1,5; bei Leichtmetallen etwa × 0,8.

Tafel IV.4 Richtwerte für spezifisches Spannungsvolumen V_{spez}

Werkstoff	V_{spez} in $\dfrac{cm^3}{kW\,min}$	Werkstoff	V_{spez} in $\dfrac{cm^3}{kW\,min}$
E295	14...18	GGJL-250	20...30
E335	12...16	GJS-600-3	20...25
E360	10...12	CuZn-Gußleg.	35...50
Cr-Ni-Stahl	10...12	Al-Gußleg.	45...65

5. Berechnung der Hauptnutzungszeit t_h

5.1. Walzfräsen und Stirnfräsen

$$t_h = \frac{L}{v_f} i = \frac{L}{nf} i \qquad \text{(IV.28)}$$

$$v_f = nf$$

$$f = f_z z$$

$$i = \frac{h}{a_e} \quad \text{beim Walzen}$$

$$i = \frac{h}{a_p} \quad \text{beim Stirnen} \qquad \text{(IV.29)}$$

$$n = 318\,\frac{v_c}{d}$$

$$l_a = \sqrt{a_e(d - a_e)} \qquad \text{(IV.30)}$$

für Walzen nach Bild IV.9

$$l_a \geq 0,5(d - \sqrt{d^2 - a_p^2}) \qquad \text{(IV.31)}$$

für Stirnen

a_e	Schnittiefe	mm
a_p	Schnittbreite	mm
d	Fräserdurchmesser	mm
h	Werkstoffzugabe	mm
i	Anzahl der Schnitte	mm
l_a	Fräseranschnittweg	mm
$l_ü$	Fräserüberlaufweg	mm
L	Arbeitsweg $= l_a + l + l_ü$	mm
n	Fräserdrehzahl	min^{-1}
f	Vorschub	mm/U
f_z	Zahnvorschub	mm/Zahl
v_f	Vorschubgeschwindigkeit	mm/min
v_c	Schnittgeschwindigkeit	m/min
z	Zähnezahl des Fräsers	

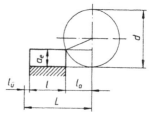

Bild IV.9
Fräseranschnittweg l_a
beim Walzenfräsen

5.2. Nutenfräsen

$$t_n = \frac{t}{v_{f1}} + \frac{L}{v_{f2}} i \qquad \text{(IV.32)}$$

$$i = \frac{t}{a_e}$$

$$L = l - d \qquad \text{(IV.33)}$$

(IV.32) und (IV.33) für Schaftfräser, sonst wie beim Walzen

5.3. Rundfräsen

$$t_h = \frac{a_e}{v_{f1}} + \frac{\pi d_1}{v_{f2}} \approx \frac{(1,2 ... 1,25) \pi d_1}{v_{f2}} \qquad \text{(IV.34)}$$

$$l_a = \sqrt{a_e(d - a_e)} \qquad \text{(IV.36)}$$

für tangentialen Anschnitt

5.4. Gewinde-und Schneckenfräsen

5.4.1. Langgewinde mit Scheibenfräser

$$t_h = \frac{L}{v_f} g \qquad \text{(IV.37)}$$

$$L = \frac{\pi d_1 l}{h} \qquad \text{(IV.38)}$$

für kleine Steigung

$$L = \frac{\pi d_1 l}{\cos \alpha \, h} = \frac{l \sqrt{\pi^2 d_1^2 + h^2}}{h} \qquad \text{(IV.39)}$$

für große Steigung

$$\tan \alpha = \frac{h}{d_1 \pi} \qquad \text{(IV.40)}$$

5.4.2. Kurzgewinde mit Rillenfräser

t_h-Formel wie oben

$$L = 3,7 \, d_1 \qquad \text{(IV.41)}$$

5.5. Zahnradfräsen

5.5.1. Teilverfahren, wie Langfräsen

5.5.2. Wälzfräsverfahren (wie Bild IV.10)

$$t_h = \frac{Lz}{fng} = \frac{Li}{fn} \qquad \text{(IV.42)}$$

$$l_a = \sqrt{h(d - h)} \qquad \text{(IV.43)}$$

$$n = 318 \frac{v_c}{d} \qquad \text{(IV.44)}$$

l Nutenlänge (Außenmaß)   mm
v_{f1} Tiefenvorschubgeschwindigkeit   mm/min
v_{f2} Längsvorschubgeschwindigkeit   mm/min
t Nutentiefe   mm

a_e Schnittiefe   mm
v_{f1} Radialvorschubgeschwindigkeit   mm/min
v_{f2} Rundvorschubgeschwindigkeit (= Umfangsgeschwindigkeit des Werkstücks)   mm/min
d_1 Werkstückdurchmesser   mm
l_a Fräseranschnittweg   mm
d Fräserdurchmesser   mm

d_1 Gewindedurchmesser (genauer mit d_2 = Flankendurchmesser)   mm
g Gangzahl des Gewindes
h Steigung   mm
l Gewindelänge (Zeichnungsmaß) mm
v_f Umfangsvorschubgeschwindigkeit am Durchmesser d mm/min
L Arbeitsweg (Länge der Schraubenlinie)   mm
α Steigungswinkel der Schraubenlinie

L Arbeitsweg = 7/6 mal Schraubganglänge bei Berücksichtigung des Anschnittes   mm

d Fräserdurchmesser   mm
g Gangzahl des Fräser
h Zahnhöhe   mm
l Breite des Zahnrades   mm
la Fräseranschnittweg   mm

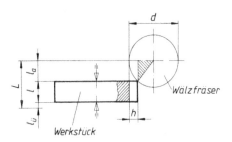

Bild IV.10. Fräseranschnittweg l_a beim Abwälzfräsen

L	Arbeitsweg des Wälzfräsers in Zahnrichtung	mm
m	Modul des Zahnrades	mm
n	Fräserdrehzahl	min^{-1}
f	Vorschub je Zahnradumdrehung	mm/U
	$i = z/g =$ Übersetzungsverhältnis von Zahnradrohling/ Frässchnecke	
v_c	Schnittgeschwindigkeit des Wälzfräsers	m/min
z	Zähnezahl des Zahnrades	

5.6. Schneckenradfräsen (Wälzverfahren)

5.6.1. Radialfräsen (Tauchfräsen)

$$t_h = \frac{a_f z}{f_r n g} \qquad (IV.45)$$

5.6.2. Axialfräsen

$$t_h = \frac{a_w z}{f_a n g} \qquad (IV.46)$$

g	Gangzahl des Wälzfräsers	
f_a	Axialvorschub je Radumdrehung	mm/U
f_r	Radialvorschub je Radumdrehung	mm/U
a_f	Radialzustellung	mm
a_w	Axialzustellung	mm
l_a	Fräseranschnittweg	mm

Beispiel: Eine Fläche von 600 mm Länge und 180 mm Breite (Fräsbreite) soll mit Stirnmesserkopf von 200 mm Durchmesser in drei Schnitten gefräst werden. Werkstoff GG-26. SS-Werkzeug. Schnittiefe $a_p = 5$ mm. Gesucht: Hauptnutzungszeit t_h und erforderliche Schnittleistung P_c überschlägig.

Lösung: Schnittgeschwindigkeit $v_c = 20\,\dfrac{m}{min}$ nach Tafel IV.1

Zahnvorschub $f_z = 0{,}2\,\dfrac{mm}{Zahn}$ nach Tafel IV.2

Drehzahl des Messerkopfes $n = 318\,\dfrac{v_c}{d} = 318 \cdot \dfrac{20}{200}\,min^{-1} = 31{,}8\,min^{-1}$

Zähnezahl des Messerkopfes $z = 12$ nach Tafel IV.3

Vorschub je Fräserumdrehung $f = f_z z = 0{,}2 \cdot 12\,\dfrac{mm}{U} = 2{,}4\,\dfrac{mm}{U}$

Vorschubgeschwindigkeit $v_f = nf = 31{,}8 \cdot 2{,}4\,\dfrac{mm}{min} = 76{,}3\,\dfrac{mm}{min}$

Fräseranschnittweg $l_a = 0{,}5(d - \sqrt{d^2 - a_e^2}) = 0{,}5 \cdot (200 - \sqrt{200^2 - 180^2})$ mm $= 56{,}5$ mm

Arbeitsweg $L = l_a + l + l_ü = 56{,}5$ mm $+ 600$ mm $+ 3{,}5$ mm $= 660$ mm

Hauptnutzungszeit $t_h = \dfrac{L}{v_f}\,i = \dfrac{660}{76{,}3} \cdot 3$ min $= 26$ min

Spezifisches Spanungsvolumen $V_{spez} = 30\,\dfrac{cm^3}{kW\,min}$ nach Tafel IV.4

Spanungsvolumen $V = \dfrac{cm^3}{min} = \dfrac{5 \cdot 180 \cdot 76{,}3}{1000}\,\dfrac{cm^3}{min} = 68{,}7\,\dfrac{cm^3}{min}$

Schnittleistung $P_c = V/V_{spez} = (68{,}7/30)\,kW = 2{,}28\,kW$

V. Bohren

1. Bewegungen[1]

Die umlaufende Bewegung des Werkzeuges führt zur *Schnittbewegung*, seine in Achsrichtung fortschreitende Bewegung ergibt die *Vorschubbewegung*. Beide Bewegungen stehen wie beim Drehen unter dem *Vorschubrichtungswinkel* $\varphi = 90°$ (Bild V.1). Beide Bewegungen ergeben wieder die unter dem *Wirkrichtungswinkel* η zur Schnittrichtung geneigte *Wirkbewegung*. Entsprechend der *Schnitt-*, *Vorschub-* und *Wirk*bewegung ist auch hier zu unterscheiden zwischen *Schnittgeschwindigkeit* v_c, *Vorschubgeschwindigkeit* v_f und *Wirkgeschwindigkeit* v_e.

Mit Bohrerdurchmesser d, Drehzahl n und Vorschub f wird

$$v_c = \pi d n$$
$$v_f = n s$$

v_c	d	n	v_f	s
$\dfrac{m}{min}$	m	min^{-1}	$\dfrac{mm}{min}$	$\dfrac{mm}{U}$

(V.1)

Bei dem meist sehr kleinen Verhältnis v_f/v_c kann auch hier $v_e = v_c$ gesetzt werden.

Alle Bewegungen liegen wiederum in der sogenannten Arbeitsebene (Bild V.1).

Bohren ist auch der Sammelbegriff für Senken, Reiben, Gewindeschneiden, Bohren mit Drehmeißel u.a., so daß eine Vielzahl von Werkzeugen und Maschinen zu diesem Zerspanvorgang gehören, z.B. Ständer-, Reihen-, Radial-, Koordinaten-, Gelenkspindel-, Vielspindel-, Sonderbohrmaschinen, Horizontalbohrwerke, Lehrenbohrwerke, Tieflochbohrmaschinen, CNC-Fräsmaschinen.

2. Zerspangeometrie[1]

Das Bohren mit dem *Spiralbohrer* ist Schruppen mit der Stirnseite eines zweischneidigen Werkzeugs ($z = 2$); daher sind nur geringe Anforderungen an Formgenauigkeit und Maßhaltigkeit der Bohrungen und an die Oberflächengüte möglich. Höhere Oberflächengüte wird durch anschließendes Reiben erreichbar.

Die Bezeichnungen und Lage der Schneiden, Flächen, Werkzeugwinkel, Geschwindigkeiten und Kräfte zeigt Bild V.1. Der Zerspanvorgang an den beiden Hauptschneiden ähnelt dem Drehen. Jede Hauptschneide wird bei vertikal stehendem Werkzeug schräg nach unten (in Wirkrichtung) unter dem Wirkrichtungswinkel η vorgeschoben.

Mit *Vorschub* f und *Werkzeug-Durchmesser* d wird $\tan\eta = f/(d\pi)$. Der *Werkzeug-Spanwinkel* γ_0 des Spiralbohrers liegt durch den *Neigungswinkel* fest. Da dieser nach der Bohrermitte hin abnimmt, wird auch γ_0 zur Seele hin kleiner. Der *Wirk-Spanwinkel* hängt außerdem vom *Wirkrichtungswinkel* η ab, wie bei jedem Zerspanvorgang. Mit kleiner werdendem Durchmesser d (nach Bohrermitte zu) wird η immer größer. Dadurch verändern sich *Wirk-Freiwinkel* α_0 und *Wirk-Spanwinkel* γ_0. Sollen beide Winkel an jeder Durchmesserstelle gleich groß sein, so muß der *Hinterschliffwinkel* an der Freifläche zur Mitte zu größer werden. Üblich ist ein Hinterschliffwinkel von 6° am Außendurchmesser, zur Spitze zu auf über 20° ansteigend. Exakte Ausführung ist daher nur auf Spiralbohrer-Schleifmaschinen möglich, nicht von Hand.

Spitzenwinkel und *Neigungswinkel* sind für die verschiedenen Werkstoffe aus der Erfahrung heraus festgelegt worden, z.B. für Stahl $\sigma = 118°$ Spitzenwinkel. Der *Querschneidenwinkel* ψ ist abhängig von der Art des Hinterschliffes. Günstig ist ein Winkel $\psi = 55°$. Jede andere Lage der Querschneide vergrößert die Vorschubkraft F_f, ohne das Drehmoment wesentlich zu verändern.

---

[1] Siehe auch allgemeine Hinweise beim Drehen, ebenso DIN 6580.

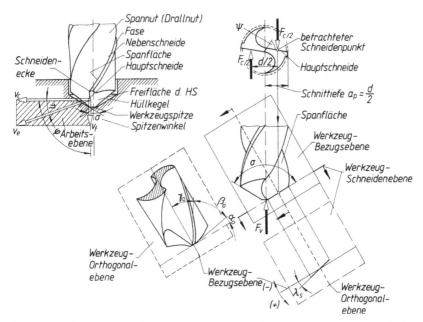

Bild V.1. Flächen, Schneiden, Werkzeugwinkel, Geschwindigkeiten und Kräfte am Spiralbohrer
φ Vorschubrichtungswinkel, η Wirkrichtungswinkel, v_c Schnittgeschwindigkeit, v_f Vorschubgeschwindigkeit,
v_e Wirkgeschwindigkeit

Die ungünstigen Zerspanverhältnisse unter der Querschneide (mehr „Reiben" als „Schnei-
den") erfordern bei Stahl und zähen Werkstoffen *Ausspitzen* der Bohrerspitze, so daß die
Querschneide verkürzt wird. Dadurch kann die *Vorschubkraft* F_f (Axialkraft) bis auf ein
Drittel verringert werden.

Für zähe und harte Werkstoffe ist Verjüngung des Bohrers nach dem Schaft zu nötig, etwa
0,1 ... 0,15 mm auf 100 mm Länge, sonst besteht Gefahr des Anfressens der Fasen, der Bohrer
knirscht.

Der *Spanungsquerschnitt A* für *eine* Hauptschneide ergibt sich auch beim Bohrern aus
Schnittiefe a_p und *Vorschub f*:

$$A = a_p f_s = \frac{d}{2} \cdot \frac{f}{2} = \frac{df}{4} \qquad (V.3)$$

Die obige Gleichung ergibt sich wieder aus der für alle Zerspanvorgänge gültigen
Begriffsbestimmung der Schnittiefe als derjenigen Tiefe des Eingriffes der Hauptschneide,
die *senkrecht zur Arbeitsebene gemessen* wird. Nach Bild V.1 ist demnach $a_p = d/2$, und mit
$f_s = f_z \sin φ$ (Gl. (IV.10)) wird bei φ = 90°, $f_c = f_z = f/2$ (siehe unter Fräsen). Für *beide*
Hauptschneiden wird dann $2A = df/2$.

Der *Spanungsquerschnitt A* je Hauptschneide ergibt sich auch aus der Berechnung des
minutlich gebohrten Spanungsvolumens V. Mit Vorschubgeschwindigkeit $v_f = nf$ und Bohrerdurchmesser d ist das *Spanungsvolumen*

$$V = \frac{d^2 \pi}{4} v_f = \frac{d^2 \pi}{4} nf \qquad (V.4)$$

Außerdem ist V auch das Produkt aus dem je Hauptschneide erzeugten Spanungsquerschnitt A und der am halben Bohrerdurchmesser herrschenden Schnittgeschwindigkeit v_{cm}:

$$V = 2A\,v_{cm} = 2A\,\frac{d}{2}\,\pi n \qquad v_{cm} = \frac{\pi d n}{2} \qquad\qquad\qquad (V.5)$$

Werden beide Gleichungen gleichgesetzt, so ergibt sich für den *Spanungsquerschnitt A* je Hauptschneide:

$$\frac{\pi d^2}{4}\,nf = 2\pi A\,\frac{d}{2}\,n \qquad\qquad A = \frac{df}{4}$$

In Bild V.1 wurden von der die Hauptschneide und die Bohrerachse enthaltenden Werkzeug-Bezugsebene ausgehend die Ansichten des Werkzeuges in den anderen Ebenen entwickelt. Siehe auch Bild I.4 und Erläuterngen unter I. Drehen.

3. Kräfte und Leistungen

Für das Bohren ins Volle mit ausgespritzen Spiralbohrern geben die Bohrmaschinenhersteller die Bohrleistungen und Kräfte an. Drehmomente und Vorschubkräfte werden mit Hilfe besonderer Meßeinrichtungen durch Versuche bestimmt. Der Berechnung liegen folgende vom Drehen hergeleitete Überlegungen zugrunde.

Mit der *spezifischen Schnittkraft k_c beim Bohren* wird wie beim Drehen die *Schnittkraft*
$F_c = 2A\,k_c = 2\,\frac{df}{4}\,k_c$ und daraus

$$F_c = \frac{df}{2}\,k_c$$

F_c	d	f	k_c
N	mm	$\dfrac{mm}{U}$	$\dfrac{N}{mm^2}$

$$\qquad\qquad (V.6)$$

Werte für die spezifische Schnittkraft k_c beim Bohren können mit ausreichender Genauigkeit Bild I.10 entnommen werden.

Die *Vorschubkraft F_f* läßt sich nicht in gleicher Weise wie die *Schnittkraft F_c* bestimmen, weil der Spanungsquerschnitt unter der Querschneide geometrisch schwer zu erfassen ist und F_f stark von der Geometrie der Querschneide abhängt. Man rechnet deshalb mit versuchsmäßig aufgestellten Gleichungen, z.B. für St 50 in Abhängigkeit vom Bohrerdurchmesser d in mm nach (Gl. (V.11), siehe unten): $F_f = 108\,d\sqrt[3]{d}$.

Greift die Schnittkraft F_c nach Bild V.1 je zur Hälfte an der Mitte der Hauptschneiden an, so ergibt sich das für die Schnittleistung P_c maßgebende *Drehmoment (Bohrmoment)*:

$$M = \frac{F_c}{2}\cdot\frac{d}{2} = \frac{F_c d}{4}$$

$$F_c = \frac{4M}{d}$$

M	F_c	d
Nmm	N	mm

$$\qquad\qquad (V.7)$$

Mit Gl. (V.6) ergibt sich auch

$$M = \frac{df}{2}\,k_c\,\frac{d}{4} = \frac{d^2 k_c f}{8} \qquad\qquad\qquad (V.8)$$

Aus der allgemeinen Beziehung: Leistung P = Drehmoment M × Winkelgeschwindigkeit ω kann die zugeschnittene Größengleichung für die *Schnittleistung* P_c entwickelt werden:

$$P_c = \frac{Mn}{9{,}55 \cdot 10^6} = \frac{F_c \upsilon_{cm}}{6 \cdot 10^4}$$

P_c	M	n	F_c	υ_{cm}
kW	Nmm	min^{-1}	N	$\dfrac{m}{min}$

(V.9)

Die *Vorschubleistung* P_f ergibt sich aus der Vorschubkraft F_f und der Vorschubgeschwindigkeit $\upsilon_f = nf$ zu

$$P_f = \frac{F_f nf}{6 \cdot 10^7}$$

P_f	F_f	n	f
kW	N	min^{-1}	$\dfrac{mm}{U}$

(V.10)

Da die Vorschubgeschwindigkeit $\upsilon_f = nf$ meist sehr klein ist, kann die Vorschubleistung P_f vernachlässigt werden. Die Antriebsleistung kann dann unter Berücksichtigung des Wirkungsgrades η allein aus der Schnittleistung berechnet werden.

Da die Schnittkraft von vielen Faktoren abhängt, insbesondere von der noch nicht genügend erforschten spezifischen Schnittkraft, werden nachstehend einige empirisch gewonnene Gleichungen zur Berechnung der Kräfte, Momente und Leistungen angegeben (M in Nmm, F_f in N, P_c in kW, d in mm):

$$M = 44\, d^2 \sqrt[3]{d} \qquad \text{(für St 50)}$$
$$M = 21\, d^2 \sqrt[3]{d} \qquad \text{(für GG)}$$
$$F_f = 108\, d \sqrt[3]{d} \qquad \text{(für St 50)}$$
$$F_f = 49\, d \sqrt[3]{d} \qquad \text{(für GG)}$$
$$P_c = 0{,}052\, d \sqrt[3]{d} \qquad \text{(für St 50)}$$
$$P_c = 0{,}018\, d \sqrt[3]{d} \qquad \text{(für GG)}$$

(V.11)

Eine Übersicht über die prozentualen Anteile von Drehmoment M und Vorschubkraft Ff gibt die folgende Zusammenstellung:

	Anteil in % mit steigendem Vorschub	
	M	F_f
Hauptschneiden	70...90	50...40
Querschneiden	10...5	45...58
Fasen- und Spanreibudng	20...5	5...2

Der erhebliche Anteil der Querschneide an der Vorschubkraft muß durch Ausspitzen oder Vorbohren vermindert werden.

4. Wahl von Schnittgeschwindigkeit und Vorschub

Richtwerte für allgemeine Bohrarbeiten werden folgender Tafel V.1 entnommen.

Tafel V.1. Richtwerte für allgemeine Bohrarbeiten (Werkzeuge aus Schnellarbeitsstahl)

Werkstoff	Arbeitsstufe	Art des Werkzeuges	Schnittgeschwindigkeit v_c in m/min	Vorschübe f in mm/U — Werkzeugdurchmesser in mm												
				5	6,3	8	10	12,5	16	20	25	31,5	40	50	63	80
Grauguss bis GGJL-250	Bohren ins Volle	Spiralbohrer	28…18	0,16	0,18	0,2	0,22	0,25	0,28	0,32	0,36	0,4	0,45	0,5	0,56	0,63
	Senken	Senker	20…16	0,25	0,28	0,28	0,32	0,32	0,36	0,36	0,4	0,4	0,45	0,45	0,5	0,5
	Abflächen	Abflächmesser oder Zapfensenker	12,5…10	0,05	0,056	0,06	0,07	0,08	0,09	0,1	0,11	0,12	0,14	0,16	0,18	0,2
	Reiben	Reibahle	12,5…10	0,8	0,8	0,9	0,9	1,0	1,0	1,12	1,12	1,25	1,25	1,4	1,4	1,6
	Ausbohren, Schruppen	Bohrstange	20	—	—	—	—	—	—	—	—	0,28	0,32	0,36	0,36	0,36
	Ausbohren, Schlichten	Bohrstange	25	—	—	—	—	0,18	0,2	0,22	0,25	0,28	0,32	0,36	0,4	0,45
	Feinbohren	Bohrstange mit eing. Stählen	31,5	—	—	—	—	0,16	0,18	0,18	0,2	0,2	0,22	0,22	0,25	0,25
E335	Bohren ins Volle	Spiralbohrer	28…25	0,11	0,12	0,14	0,16	0,18	0,2	0,22	0,25	0,28	0,32	0,36	0,4	0,45
	Senken	Senker	22,4	0,36	0,36	0,4	0,4	0,45	0,45	0,5	0,5	0,56	0,56	0,63	0,63	0,7
	Abflächen	Abflächmesser oder Zapfensenker	12,5…10	0,05	0,056	0,06	0,07	0,08	0,09	0,1	0,11	0,12	0,14	0,16	0,18	0,2
	Reiben	Reibahle	8…6,3	0,4	0,45	0,5	0,56	0,63	0,71	0,8	0,9	1,0	1,1	1,25	1,4	1,6
	Ausbohren, Schruppen	Bohrstange	31,5	—	—	—	—	—	—	—	—	0,28	0,28	0,32	0,36	0,36
	Ausbohren, Schlichten	Bohrstange	40	—	—	—	—	0,14	0,16	0,18	0,2	0,22	0,25	0,28	0,32	0,36
	Feinbohren	Bohrstange mit eing. Stählen	50	—	—	—	—	0,12	0,14	0,16	0,18	0,2	0,22	0,22	0,25	0,26
Messing, Rotguß, Kupfer, Bronze	Bohren ins Volle	Spiralbohrer	56…35,5	0,12	0,14	0,16	0,18	0,2	0,22	0,25	0,28	0,32	0,36	0,4	0,45	0,5
	Senken	Senker	31,5	0,36	0,36	0,4	0,4	0,45	0,45	0,5	0,5	0,56	0,56	0,63	0,63	0,7
	Abflächen	Abflächmesser oder Zapfensenker	25…20	0,05	0,056	0,06	0,07	0,08	0,09	0,1	0,11	0,12	0,14	0,16	0,18	0,2
	Reiben	Reibahle	14	0,8	0,8	0,9	0,9	1,0	1,0	1,12	1,12	1,25	1,25	1,4	1,4	1,6
	Ausbohren, Schruppen	Bohrstange	50	—	—	—	—	—	—	—	0,28	0,28	0,32	0,32	0,36	0,36

Tafel V.1. (Fortsetzung)

Werkstoff	Arbeitsstufe	Art des Werkzeuges	Schnittgeschwindigkeit v_c in m/min	Vorschübe f in mm/U Werkzeugdurchmesser in mm												
				5	6,3	8	10	12,5	16	20	25	31,5	40	50	63	80
Leichtmetall, Al-Leg.	Bohren ins Volle	Spiralbohrer	160...125	0,16	0,18	0,2	0,22	0,25	0,28	0,32	0,36	0,4	0,45	0,5	0,56	0,63
	Senken	Senker	80...63	0,25	0,28	0,28	0,32	0,32	0,36	0,36	0,4	0,4	0,45	0,45	0,5	0,5
	Abflächen	Abflächmesser oder Zapfensenker	50...28	0,05	0,056	0,06	0,07	0,08	0,09	0,1	0,11	0,12	0,14	0,16	0,18	0,2
	Reiben	Reibahle	25	0,8	0,8	0,9	0,9	1,0	1,0	1,12	1,12	1,25	1,25	1,4	1,4	1,6
	Ausbohren, Schruppen	Bohrstange mit eing. Stählen	140...125	–	–	–	–	–	–	0,25	0,25	0,28	0,28	0,32	0,32	0,36
	Ausbohren, Schlichten		80...63	–	–	–	–	0,14	0,16	0,18	0,2	0,22	0,25	0,28	0,32	0,36
	Feinbohren		140...125	–	–	–	–	0,12	0,14	0,16	0,18	0,2	0,2	0,22	0,22	0,22

Bei der Drehzahlermittlung sind für die kleinen Bohrerdurchmesser die hohen, für die großen Bohrerdurchmesser die niedrigen Schnittgeschwindigkeiten zugrunde zu legen.

Beim Bohren tiefer Löcher sind die Vorschübe nach folgender Aufstellung herabzusetzen.

Bohrerdurchmesser	Bohrtiefe bis zum	Bohrtiefe vom	Bohrtiefe über
bis 20 mm	≈ 5fachen Bohrerdurchmesser	5 ... 8fachen Bohrerdurchmesser	8fachen Bohrerdurchmesser
bis 32 mm	≈ 4fachen Bohrerdurchmesser	4 ... 6,3fachen Bohrerdurchmesser	6,3fachen Bohrerdurchmesser
bis 50 mm	≈ 3,15fachen Bohrerdurchmesser	3,15 ... 5fachen Bohrerdurchmesser	5fachen Bohrerdurchmesser
bis 80 mm	≈ 2,5fachen Bohrerdurchmesser	2,5 ... 4fachen Bohrerdurchmesser	4fachen Bohrerdurchmesser
	(1facher Vorschubwert)	(0,8facher Vorschubwert)	(0,5facher Vorschubwert)

5. Berechnung der Hauptnutzungszeit t_h (Maschinenlaufzeit)

$$t_h = \frac{L}{v_f} i = \frac{L}{nf} i \qquad \text{(V.12)}$$

für gestufte Drehzahlreihe

$$t_h = \frac{d\pi}{v_c} \cdot \frac{L}{f} i \qquad \text{(V.13)}$$

für stufenloses Antrieb

L	Arbeitsweg $= l_a + l_w + l_{\ddot{u}}$	mm
	(einschließlich An- und Überlauf)	
n	Drehzahl	min^{-1}
f	Vorschub	mm/U
v_c	Schnittgeschwindigkeit	m/min
d	Bohrerdurchmesser	m
i	Schnittzahl	
v_f	Vorschubgeschwindigkeit	mm/min

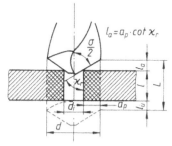

Bild V.2

Stoff	σ	κ_r	$\cot \kappa_r$	$l_a = a_p \cot \kappa_r$
Stahl und GG	118°	59°	0,6	$\frac{1}{3}(d - d_i)$
Alu.-Leg.	140°	70°	0,365	$\frac{1}{5}(d - d_i)$
Mg.-Leg.	100°	50°	0,839	$\frac{1}{2}(d - d_i)$
Marmor	80°	40°	1,192	$\frac{2}{3}(d - d_i)$
Hartgummi	30°	15°	3,732	$2(d - d_i)$

Zur Bestimmung des Arbeitsweges L sind folgende Zuschläge für An- und Überlaufweg bei durchgehenden Bohrungen zu machen:

Arbeitsvorgang	An- und Überlaufweg
Bohren mit Spiralbohrer ins Volle	$\frac{1}{3}$ Bohrerdurchmesser + 2 mm
Senken oder Aufbohren	$\frac{1}{10}$ Werkzeugdurchmesser + 2 mm
Reiben mit Maschine Gewindeschneiden mit Maschine Ausbohren mit Meißel	Länge des Führungsteiles der Reibahle Länge des Gewindeteiles des Bohrers 3 ... 4 mm

Beispiel: Es ist ein Sackloch von 30 mm Durchmesser und 45 mm Tiefe aus dem Vollen in GG zu bohren. Hauptnutzungszeit und Schnittleistung sind zu bestimmen.

Lösung: Vorschub $f = 0,4 \dfrac{\text{mm}}{\text{U}}$, nach Tafel V.1

Schnittgeschwindigkeit $v_c = 22 \dfrac{\text{m}}{\text{min}}$, gewählt nach Tafel V.1

Drehzahl $n = 318 \dfrac{v_c}{d} = 318 \cdot \dfrac{22}{30}$ min^{-1} = 233 min^{-1}, einstellbar

$n = 250$ min^{-1} nach Drehzahlreihe

Arbeitsweg $L = l_a + l_w + l_{\ddot{u}}$ = 10 mm + 45 mm + 2 mm = 57 mm

Hauptnutzungszeit $t_h = \dfrac{L}{nf} = \dfrac{57}{0,4 \cdot 250}$ min = 0,57 min $\approx$ 0,6 min

Schnittleistung $P_c = 0,018 \, d \sqrt[3]{d} = 0,018 \cdot 30 \cdot \sqrt[3]{30}$ kW = 1,68 kW

Bohrmoment $M = 21 \, d^2 \sqrt[3]{d} = 21 \cdot 30^2 \cdot \sqrt[3]{30}$ Nmm = 58 727 Nmm

Vorschubkraft $F_f = 49 \, d \sqrt[3]{d} = 49 \cdot 30 \cdot \sqrt[3]{30}$ N = 4567 N

Maschinenelemente

I. Normzahlen und Passungen

1. Allgemeines

Wichtige Voraussetzungen für eine wirtschaftliche Fertigung, besonders für die Massen- und Serienfertigung, sind:

1. Sinnvolle Abstufungen von Bauabmessungen und anderen technischen und physikalischen Größen durch Normzahlen und Normmaße.
2. Herstellung von betrieblich zusammenpassenden Bauteilen nach einem genormten Passungssystem.

Man erreicht leichtere Ersatzteilbeschaffung, Austauschbarkeit von Teilen und Beschränkung der Anzahl von Herstellungswerkzeugen und Meßgeräten.

2. Normzahlen

Normzahlen sind geometrisch gestufte Zahlenreihen, deren Werte der sinnvollen Abstufung von technischen und physikalischen Größen wie Maßen, Drehzahlen usw. dienen. Vorgesehen sind vier *Grundreihen* mit verschiedenen Stufungsfaktoren q und damit verschieden feiner Stufung:

Reihe R 5: $q_5 = \sqrt[5]{10} \approx 1,6$

Reihe R 10: $q_{10} = \sqrt[10]{10} \approx 1,25$

Reihe R 20: $q_{20} = \sqrt[20]{10} \approx 1,12$

Reihe R 40: $q_{40} = \sqrt[40]{10} \approx 1,06$

Der Buchstabe R weist auf *Renard* hin, der die Normzahlen entwickelt hat.

Die Wurzelexponenten geben die Kennzahl der Reihe und die Anzahl der Glieder je Zehnerstufe an. Im Maschinenbau genügen meist die Zahlenwerte der Reihen R 10 und R 20 (Tafel I.1).

3. Gerundete Normzahlen

Gerundete Normzahlen sind eine Auswahl der Normzahlen, die möglichst als Maße von Bauteilen zu verwenden sind. Sie sollen willkürliche Abmessungen weitgehend einschränken (Tafel I.2).

Die gerundeten Normzahlen ersetzen die früher in DIN 3 erfaßten „Normmaße".

Tafel I.1. Normzahlen

Grundreihe			
R 5	R 10	R 20	R 40
1,00	1,00	1,00	1,00
			1,06
		1,12	1,12
			1,18
	1,25	1,25	1,25
			1,32
		1,40	1,40
			1,50
1,60	1,60	1,60	1,60
			1,70
		1,80	1,80
			1,90
	2,00	2,00	2,00
			2,12
		2,24	2,24
			2,36
2,50	2,50	2,50	2,50
			2,65
		2,80	2,80
			3,00
	3,15	3,15	3,15
			3,35
		3,55	3,55
			3,75
4,00	4,00	4,00	4,00
			4,25
		4,50	4,50
			4,75
	5,00	5,00	5,00
			5,30
		5,60	5,60
			6,00
6,30	6,30	6,30	6,30
			6,70
		7,10	7,10
			7,50
	8,00	8,00	8,00
			8,50
		9,00	9,00
			9,50
10,00	10,00	10,00	10,00

Tafel I.2. Gerundete Normzahlen

bis 1 mm	0,1 0,125 0,16 0,2 0,25 0,3 0,4 0,5 0,6 0,8 1,0
von 1 mm bis 10 mm	1,0 1,1 1,25 1,4 1,6 1,8 2,0 2,2 2,5 2,8 3,2 3,5 4,0 4,5 5,0 6,0 7,0 8,0 9,0 10
von 10 mm bis 100 mm	10 11 12 14 16 18 20 22 25 28 32 35 40 45 50 56 63 71 80 90 100
von 100 mm bis 1000 mm	100 105 110 115 120 125 130 140 150 160 170 180 190 200 210 220 240 250 260 280 300 320 340 360 380 400 420 450 480 500 560 600 630 670 710 750 800 850 900 950 1000

4. ISO-Passungen

4.1. Grundbegriffe

Unter *Passung* versteht man die Art des Zusammenspieles zweier zusammengehöriger Teile, wie sie sich aus deren Maßunterschieden ergibt. Eine Auswahl für Passungen, Toleranzfelder, Spiele und Übermaße gibt die Formelsammlung.

Bezeichnungen:

N Nennmaß, G_o Höchstmaß, G_u Mindestmaß, I Istmaß, A_o oberes Grenzabmaß, A_u unteres Grenzabmaß, T Maßtoleranz, P_s Spiel, $P_\ddot{u}$ Übermaß, P_o Höchstpassung, P_u Mindestpassung.

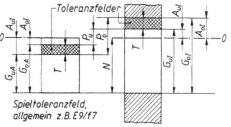

Spieltoleranzfeld, allgemein z.B. E9/f7

Bild I.1. Darstellungen der wichtigsten Passungsgrundbegriffe

Berechnungen	oberes Grenzabmaß	=	Höchstmaß	−	Nennmaß
	A_o	=	G_o	−	N
	unteres Grenzabmaß	=	Mindestmaß	−	Nennmaß
	A_u	=	G_u	−	N
	Höchstpassung	=	Höchstmaß Bohrung	−	Mindestmaß Welle
	P_o	=	G_{oI}	−	G_{uA}
	P_o	=	A_{oI}	−	A_{uA}
	Mindestpassung	=	Mindestmaß Bohrung	−	Höchstmaß Welle
	P_u	=	G_{uI}	−	G_{oA}
	P_u	=	A_{uI}	−	A_{oA}

Spiel P_s (positive Passung) liegt vor, wenn die Differenz der Maße von Innen- und Außenpaßfläche positiv ist.

Übermaß $P_\ddot{u}$ (negative Passung) liegt vor, wenn die Differenz der Maße von Innen- und Außenpaßfläche negativ ist.

4.2. Toleranzsystem

4.2.1. Toleranzgröße. Ein genaues Einhalten des Nennmaßes ist aus Herstellungsgründen nicht möglich und meistens auch nicht erforderlich. Die Toleranzgröße (Qualität) ist abhängig von der Abmessung des Werkstückes und dem Verwendungszweck und ist ein Vielfaches der Toleranzeinheit i:

$$i = 0,45 \sqrt[3]{D} + 0,001\, D \qquad \text{(Zahlenwertgleichung)} \qquad \frac{i \quad D}{\mu m \quad mm} \qquad (1.1)$$

$$D = \sqrt{D_1 \cdot D_2}$$

D geometrisches Mittel des Nennmaßbereiches nach Tafel I.3.

Es sind 18 ISO-Qualitäten vorgesehen: IT 1 (kleinste Toleranz = größte Genauigkeit) bis IT 18 (größte Toleranz = kleinste Genauigkeit), IT = ISO-Toleranz.

Nach DIN 7151 sind außerdem noch IT 01 und IT 0 als feinere Qualitäten aufgenommen, die jedoch in Tafel I.3 nicht mit aufgeführt sind.

Jeder Qualität entspricht eine bestimmte Anzahl Toleranzeinheiten, deren Zunahme ab IT 5 nach der geometrischen Reihe R 5 mit dem Stufungsfaktor $q_5 \approx 1,6$ erfolgt (Tafel I.3).

Beispiel: Nennmaßbereich 50 mm bis 80 mm

$$D = \sqrt{D_1 \cdot D_2} = \sqrt{(50 \cdot 80)}\ mm = 63,245 \ldots\ mm$$

$$i = 0,45 \cdot \sqrt[3]{D} + 0,001 \cdot D = (0,45 \cdot \sqrt[3]{63,245} \ldots + 0,001 \cdot 63,245 \ldots)\ \mu m$$

$$i = 1,856 \ldots\ \mu m$$

Grundtoleranz T für IT 10: $T = 64 \cdot i = 64 \cdot 1,856 \ldots\ \mu m = 118,793 \ldots\ \mu m$

$$T \approx 120 \ \mu m \ \text{(siehe Tafel I.3)}$$

Tafel I.3. Grundtoleranzen der Nennmaßbereiche in μm

Qua-lität	ISO Tole-ranz	Nennmaßbereich in mm													Tole-ran-zen in i
		1 bis 3	über 3 bis 6	über 6 bis 10	über 10 bis 18	über 19 bis 30	über 30 bis 50	über 50 bis 80	über 80 bis 120	über 120 bis 180	über 180 bis 250	über 250 bis 315	über 315 bis 400	über 400 bis 500	
01	IT 01	0,3	0,4	0,4	0,5	0,6	0,6	0,8	1	1,2	2	2,5	3	4	
0	IT 0	0,5	0,6	0,6	0,8	1	1	1,2	1,5	2	3	4	5	6	
1	IT 1	0,8	1	1	1,2	1,5	1,5	2	2,5	3,5	4,5	6	7	8	—
2	IT 2	1,2	1,5	1,5	2	2,5	2,5	3	4	5	7	8	9	10	—
3	IT 3	2	0,5	2,5	3	4	4	5	6	8	10	12	13	15	—
4	IT 4	3	4	4	5	6	7	8	10	12	14	16	18	20	—
5	IT 5	4	5	6	8	9	11	13	15	18	20	23	25	27	≈ 7
6	IT 6	6	8	9	11	13	16	19	22	25	29	32	36	40	10
7	IT 7	10	12	15	18	21	25	30	35	40	46	52	57	63	16
8	IT 8	14	18	22	27	33	39	46	54	63	72	81	89	97	25
9	IT 9	25	30	36	43	52	62	74	87	100	115	130	140	155	40
10	IT 10	40	48	58	70	84	100	120	140	160	185	210	230	250	64
11	IT 11	60	75	90	110	130	160	190	220	250	290	320	360	400	100
12	IT 12	90	120	150	180	210	250	300	350	400	460	520	570	630	160
13	IT 13	140	180	220	270	330	390	460	540	630	720	810	890	970	250
14	IT 14	250	300	360	430	520	620	740	870	1000	1150	1300	1400	1550	400
15	IT 15	400	480	580	700	840	1000	1200	1400	1600	1850	2100	2300	2500	640
16	IT 16	600	750	900	1100	1300	1600	1900	2200	2500	2900	3200	3600	4000	1000
17	IT 17	—	—	1500	1800	2100	2500	3000	3500	4000	4600	5200	5700	6300	1600
18	IT 18	—	—	—	2700	3300	3900	4600	5400	6300	7200	8100	8900	9700	2500

4.2.2. Lage der Toleranz: Die Lage der Toleranz wird durch Buchstaben gekennzeichnet: Große Buchstaben für Innenmaße, kleine Buchstaben für Außenmaße.

Für Bohrungen: A B C D E F G H J K M N P R S T U V X Y Z   ZA ZB ZC
für Wellen: a b c d e f g h j k m n p r s t u v x y z   za zb zc

Nach Bild I.2 haben die A(a)-Felder bzw. Z(z)-Felder den größten Abstand zur Nullinie, wobei für Bohrungen das A-Feld oberhalb, das Z-Feld unterhalb der Nullinie liegt. Die Toleranzfelder für Wellen liegen entsprechend umgekehrt.

Die Abstände der Toleranzfelder von der Nullinie sind nach DIN 7150 festgelegt. Eine Auswahl nach DIN 7157 steht in der Formelsammlung.

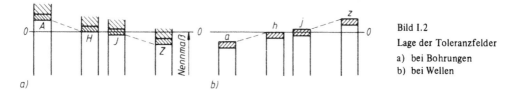

Bild I.2

Lage der Toleranzfelder

a) bei Bohrungen
b) bei Wellen

4.3. Paßsysteme

Zur Vermeidung willkürlicher Passungskombinationen sind zwei Passungssysteme, Einheitsbohrung und Einheitswelle, vorgesehen.

4.3.1. Einheitsbohrung. Sämtliche Bohrungstoleranzen werden in ihrer Lage nach dem Feld H bestimmt, während die Wellentoleranzen je nach Sitzart verschieden liegen. Vorteile: Vereinfachte Lagerhaltung für Reibahlen und Kaliberdorne, da sich Bohrungen schlechter herstellen und messen lassen als Wellen. Anwendung im allgemeinen Maschinenbau, Kraftfahrzeug-, Werkzeugmaschinen-, Elektromaschinenbau usw. Normalerweise wird das System Einheitsbohrung bevorzugt.

4.3.2. Einheitswelle. Sämtliche Wellentoleranzen werden in ihrer Lage nach dem Feld h bestimmt, so daß für verschiedene Sitzarten die Bohrungen variiert werden müssen. Nur wenn eindeutig fertigungstechnische Vorzüge dafür sprechen, sollte dieses System verwendet werden, eventuell bei Landmaschinen, Verpackungs- und Textilmaschinen, ferner Transmissionen mit vielen durchgehenden glatten Wellen (blankgezogene Wellen), auf welchen mehrere Teile fest, drehend oder gleitend sitzen müssen; dadurch Vermeidung von Wellen mit vielen Absätzen.

4.4. Passungsarten

Nach den Kombinationsmöglichkeiten der Passungen unterscheidet man drei Gruppen von Paßtoleranzfeldlagen: *Spieltoleranzfeld, Übergangstoleranzfeld* und *Übermaßtoleranzfeld*, die für das System Einheitsbohrung in Bild I.3 dargestellt sind.

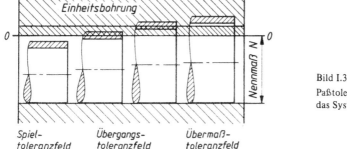

Bild I.3

Paßtoleranzfeldlagen, dargestellt für das System Einheitsbohrung

Eine allgemein ausreichende Paßtoleranzfeldauswahl ist nach Erfahrung aus der Praxis in Bild I.4 dargestellt. Eine umfangreiche Auswahl nach DIN 7157 mit Angabe der Höchst- und Mindestpassungen steht in der Formelsammlung.

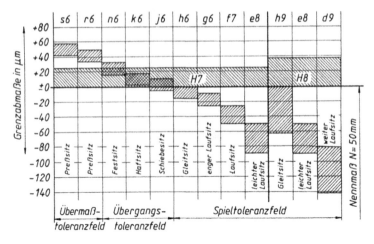

Bild I.4

Paßtoleranzfeldlagen für Einheitsbohrung, dargestellt für das Nennmaß 50 mm

5. Maßtoleranzen

Grundsätzlich läßt sich jedes Maß mit einem Passungskurzzeichen versehen. Dies ist jedoch unzweckmäßig bei Maßen, die keine große Genauigkeit erfordern, in keiner Beziehung zu anderen Teilen stehen oder sich mit Rachenlehren oder Grenzlehrdornen nicht messen lassen. In diesen Fällen werden Maßtoleranzen vorgesehen. Hierbei werden zum Nennmaß die Abmaße in mm hinzugefügt. Beispiele zeigt Bild I.5. Maße ohne Toleranzangabe unterliegen den Vorschriften nach DIN 7168 über Freimaßtoleranzen.

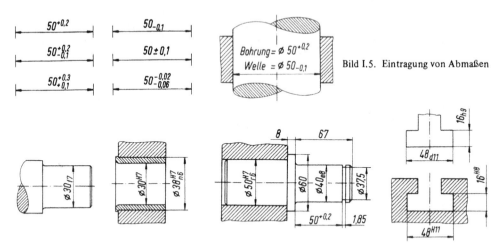

Bild I.5. Eintragung von Abmaßen

Bild I.6. Eintragung von ISO-Toleranzfeldkurzzeichen

6. Eintragung von Toleranzen in Zeichnungen

Die Maßeintragung in Zeichnungen ist in DIN 406 festgelegt:

1. Abmaße und ISO-Toleranzfeldkurzzeichen sind hinter der Maßzahl des Nennmaßes einzutragen (Bild I.5 und I.6).
2. Bei Abmaßen steht das obere Abmaß höher, das untere Abmaß tiefer als das Nennmaß.
3. ISO-Toleranzfeldkurzzeichen für Innenmaße stehen über denen für Außenmaße.

7. Anwendungsbeispiele für Passungen

Passungs-bezeichnung	Kennzeichnung, Verwendungsbeispiele, sonstige Hinweise
	Übermaß- und Übergangstoleranzfelder
H 7/x 8 H 7/s 6 H 7/r 6	*Preßsitz:* Teile unter großem Druck mit Presse oder durch Erwärmen oder Kühlen fügbar; Bronzekränze auf Zahnradkörpern, Lagerbuchsen in Gehäusen, Radnaben, Hebelnaben, Kupplungen auf Wellenenden; zusätzliche Sicherung gegen Verdrehen nicht erforderlich.
H 7/n 6	*Festsitz:* Teile unter Druck mit Presse fügbar; Radkränze auf Radkörpern, Lagerbuchsen in Gehäusen und Radnaben, Laufräder auf Achsen, Anker auf Motorwellen, Kupplungen und Wellenenden; gegen Verdrehen sichern.
H 7/k 6	*Haftsitz:* Teile leicht mit Handhammer fügbar; Zahnräder, Riemenscheiben, Kupplungen, Handräder, Bremsscheiben auf Wellen; gegen Verdrehen zusätzlich sichern.
H 7/j 6	*Schiebesitz:* Teile mit Holzhammer oder von Hand fügbar; für leicht ein- und auszubauende Zahnräder, Riemenscheiben, Handräder, Buchsen; gegen Verdrehen zusätzlich sichern.
	Spieltoleranzfelder
H 7/h 6 H 8/h 9	*Gleitsitz:* Teile von Hand noch verschiebbar; für gleitende Teile und Führungen, Zentrierflansche, Wechselräder, Reitstock-Pinole, Stellringe, Distanzhülsen.
H 7/g 6 G 7/h 6	*Enger Laufsitz:* Teile ohne merkliches Spiel verschiebbar; Wechselräder, verschiebbare Räder und Kupplungen.
H 7/f 7	*Laufsitz:* Teile mit merklichem Spiel beweglich; Gleitlager allgemein, Hauptlager an Werkzeugmaschinen, Gleitbuchsen auf Wellen.
H 7/e 8 H 8/e 8 E 9/h 9	*Leichter Laufsitz:* Teile mit reichlichem Spiel; mehrfach gelagerte Welle (Gleitlager), Gleitlager allgemein, Hauptlager für Kurbelwellen, Kolben in Zylindern, Pumpenlager, Hebellagerungen.
H 8/d 9 F 8/h 9 D 10/h 9 D 10/h 11	*Weiter Laufsitz:* Teile mit sehr reichlichem Spiel; Transmissionslager, Lager für Landmaschinen, Stopfbuchsenteile, Leerlaufscheiben.

II. Schraubenverbindungen

1. Allgemeines

Einteilung der Schrauben nach ihrem Verwendungszweck in *Befestigungsschrauben* für lösbare Verbindungen von Bauteilen, *Bewegungsschrauben* zur Umwandlung von Drehbewegungen in Längsbewegungen, *Dichtungsschrauben* für Ein- und Auslauföffnungen, z.B. bei Ölwannen, *Einstellschrauben*, *Spannschrauben* u.a.

2. Gewinde

Die Gewinde werden durch ihr Profil (Dreieck, Trapez), die Steigung, Gangzahl (ein- oder mehrgängig) und den Windungssinn (rechts- oder linkssteigend) bestimmt. Die gebräuchlichsten Profilformen zeigt Bild II.1.

2.1. Gewindearten

Metrisches ISO-Gewinde, DIN 13 Bl. 1; Durchmesser 1 ... 68 mm; international genormt; Anwendung für Befestigungsschrauben und Muttern aller Art; Abmessungen siehe Formelsammlung — *Metrisches ISO-Feingewinde*, DIN 13 Bl. 2 ... 11; Durchmesser 3 ... 300 mm bei 0,2 ... 8 mm Steigung; Anwendung als Befestigungsgewinde, als Dichtungsgewinde, für Meß- und Einstellschrauben.

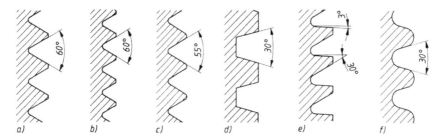

Bild II.1. Grundformen der gebräuchlichsten Gewinde, a) metrisches Gewinde, b) metrisches Feingewinde, c) Whitworth-Rohrgewinde, d) Trapezgewinde, e) Sägengewinde, f) Rundgewinde

Whitworth-Rohrgewinde, DIN 259 und DIN 2999; Flankenwinkel 55°; Anwendung nur als Dichtungsgewinde bei Rohren und Rohrteilen; Bezeichnung nach Nennweite (Innendurchmesser) des Rohres, auf das das Gewinde als Außengewinde vorgesehen ist. Nicht für Neukonstruktionen verwenden.

Metrisches ISO-Trapezgewinde, DIN 103 Bl. 1 und 4; Anwendung als Bewegungsgewinde bei Spindeln von Drehmaschinen, Schraubstöcken, Ventilen, Pressen u.dgl.; Abmessungen siehe Formelsammlung. *Rundgewinde*, DIN 405; Anwendung als Bewegungsgewinde bei rauhem Betrieb, z.B. Kupplungsspindeln. *Sägengewinde*, DIN 513 bis 515; Anwendung als Bewegungsgewinde bei hohen einseitigen Belastungen, z.B. bei Hubspindeln.

2.2. Gewindeabmessungen

Aus der Abwicklung eines Gewindeganges (Bild II.2) ergibt sich der *Steigungswinkel* α, bezogen auf den Flankendurchmesser d_2 aus

$$\tan\alpha = \frac{P}{d_2\,\pi} \qquad\qquad (II.1)$$

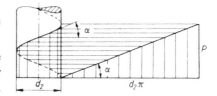

Bild II.2. Entstehung der Schraubenlinie

P Gewindesteigung, für die bei mehrgängigem Gewinde $P = zP$ zu setzen ist, darin ist P der Abstand zweier Gänge im Längsschnitt, z die Anzahl der Gewindegänge.

3. Schrauben und Muttern

3.1. Schraubenarten

Unterscheidung hauptsächlich durch die Form ihres Kopfes. Ausführliche Übersicht siehe DIN-Taschenbuch 10 des Deutschen Normenausschuß. Gebräuchliche Schraubenarten siehe Bild II.3. Hauptabmessungen von Sechskantschrauben siehe Formelsammlung.

Sechskantschrauben, DIN 558, 601, 931, 933, 7990, sind die am häufigsten verwendeten; Ausführung mit metrischem, teilweise auch mit metrischem Feingewinde. *Innensechskantschrauben,* DIN 912, 6912; platzsparend durch versenkten Kopf mit Innensechskant; gefälliges Aussehen; Ausführung vielfach aus hochfesten Stählen. *Halbrund-, Senk-, Zylinder-* und *Linsenschrauben* mit Schlitz oder Kreuzschlitz werden vielseitig im Maschinen-, Fahrzeug-, Apparate- und Gerätebau verwendet. *Stiftschrauben,* DIN 833 bis 836 und DIN 938 bis 940 dienen vorwiegend zu Verschraubungen von Gehäuseteilen bei Getrieben, Turbinen, Motoren usw.; Einschraubende b_1 richtet sich nach dem Werkstoff, in den dieses eingeschraubt ist: $b_1 \approx d$ bei St, GS und Bz, $b_1 \approx 1,25\,d$ bei GG, $b_1 \approx 2\,d$ bei Al-Legierungen, $b_1 \approx 2,5\,d$ bei Weichmetallen. *Gewindestifte* mit Zapfen, Ringschneide, Spitze oder Kegelkuppe werden zum Befestigen von Naben, Buchsen, Radkränzen und dergleichen verwendet.

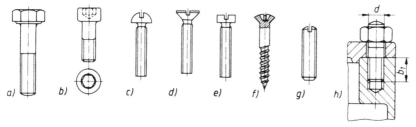

Bild II.3. Schraubenarten, a) Sechskantschraube, b) Innensechskantschraube, c) Halbrundschraube, d) Senkschraube, e) Zylinderschraube, f) Linsensenkholzschraube mit Kreuzschlitz, g) Gewindestift mit Kegelkuppe, h) Stiftschraube (Einbauspiel)

3.2. Mutterarten

Einige gebräuchliche Arten zeigt Bild II.4. Am häufigsten verwendet werden *Sechskantmuttern* mit normaler Höhe ($m \approx 0,8\,d$), DIN 555 und 934; flache Sechskantmuttern ($m \approx 0,5\,d$), DIN 439 und 936, bei kleineren Schrauben und metrischem Feingewinde. *Vierkantmuttern,* DIN 557 und 562, werden vorwiegend mit Flachrundschrauben (Schloßschrauben) zum Verschrauben von Holzteilen verwendet.

Hutmuttern, DIN 917 und 1587, schützen das Schraubengewinde vor Beschädigungen und verhüten Verletzungen. *Nut-* und *Kreuzlochmuttern*, DIN 1804 und 1806, mit Feingewinde dienen vielfach zum Befestigen von Wälzlagern auf Wellen. *Schlitz-* und *Zweilochmuttern* werden als Senkmuttern verwendet. *Kronenmuttern, Sicherungsmuttern* und *selbstsichernde Muttern* dienen der Sicherung von Schraubenverbindungen, siehe auch 4.2.

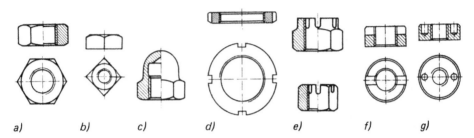

Bild II.4. Muttern, a) Sechskantmutter, b) Vierkantmutter, c) Hutmutter (hohe Form), d) Nutmutter, e) Kronenmuttern, f) Schlitzmutter, g) Zweilochmutter

3.3. Ausführung und Werkstoffe

Für Maßgenauigkeit, Oberflächenbeschaffenheit, Werkstoffeigenschaften und Prüfung sind die Bedingungen nach DIN 267 maßgebend. Hinsichtlich Oberflächengüte und Toleranzen sind Ausführungen m (mittel), mg (mittelgrob) und g (grob) vorgesehen.

Als Werkstoff kommen insbesondere St, Ms und Al-Legierungen in Frage. Bezeichnungen und Festigkeitseigenschaften der Schraubenstähle siehe Tafel II.1. Werkstoff-Kennzeichen z.B. 5.8 bedeutet: 5 Kennzahl der Mindestzugfestigkeit ($500\,\text{N/mm}^2$). 8 Kennzahl für das Verhältnis $(R_e/R_m) \cdot 10$. Hochfeste Schrauben (und Muttern) ab 6.6 sind auf dem Schraubenkopf entsprechend gekennzeichnet, einschließlich Firmenzeichen.

Tafel II.1. Festigkeitseigenschaften der Schraubenstähle

Kennzeichen	4.6	4.8	5.6	5.8	6.6	6.8	6.9	8.8	10.9	12.9
Mindest-Zugfestigkeit R_m in N/mm²	400		500		600			800	1000	1200
Mindest-Streckgrenze R_e oder $R_{p0,2}$-Dehngrenze in N/mm²	240	320	300	400	360	480	540	640	900	1080
Bruchdehnung A_5 in %	25	14	20	10	16	8	12	12	9	8

4. Schraubensicherungen

4.1. Kraft-(reib-)schlüssige Sicherungen

Gebräuchliche Sicherungen siehe Bilder II.5a bis II.5f. *Federring*, DIN 127 und 7980; *Fächerscheibe*, DIN 6798; *Zahnscheibe*, DIN 6797 und *Federscheibe*, DIN 137, erzeugen teils durch ihre Federwirkung hohe Reibung im Gewinde und an der Auflagefläche, teils durch Eindrücken in die Oberflächen noch zusätzlichen Formschluß. Zu beachten ist, daß damit wohl die Mutter, aber nicht unbedingt die Schraube und damit die Verbindung ausreichend gesichert ist. Reine Reibschlußsicherungen sind die *Gegenmutter*, heute meist durch die wirksamere und platzsparende

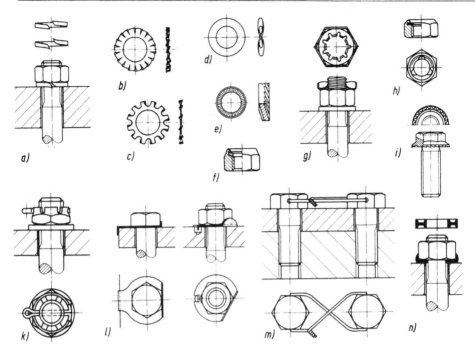

Bild II.5. Schraubensicherungen. a) Federring, b) Flächenscheibe, c) Zahnscheibe, d) Federscheibe, e) Schnorr-Sicherung, f) selbstsichernde Sechskantmutter, g) Sicherungsmutter, h) Spring-Stopp Sechskantmutter, i) TEN-SILOCK Sicherungsschraube, k) Kronenmutter mit Splint, l) Sicherungsbleche, m) Drahtsicherung, n) Kunststoffsicherungsring (Dubo-Sicherung)

Sicherungsmutter, DIN 7969, ersetzt; ferner die *selbstsichernde Mutter*, DIN 985 und 986, mit einem sich in das Schraubengewinde einpressenden Fiber- oder Kunststoffring und die *geschlitzte Mutter*, bei der die an der Schlitzstelle „versetzten" Gewindegänge beim Aufschrauben sich federnd in das Schraubengewinde pressen.

4.2. Formschlüssige Sicherungen

Häufigste und wirksamste Sicherung ist die mit *Kronenmutter*, DIN 533, 534 und 535, und Splint (Bild II.5k), bei der Schraube *und* Mutter gleichzeitig gesichert sind. *Sicherungsbleche* verschiedener Ausführung (Bild II.5l) sind als Muttersicherung nicht unbedingt ausreichend für die ganze Verbindung. Dicht zusammensitzende Schrauben können gegenseitig durch *Drahtbügel* gesichert werden.

5. Scheiben

Sie sollen nur dann verwendet werden, wenn die Oberfläche der verschraubten Teile weich oder uneben ist oder auch z.B. poliert ist und nicht beschädigt werden soll: *Blanke* und *rohe Scheiben*, DIN 125, 126 und 433, für Sechskant-, Zylinder- und Halbrundschrauben; *Vierkant-* oder *runde Scheiben* mit großem Außendurchmesser, DIN 436 und 440. Zum Ausgleich der Flanschschrägen bei U- und I-Trägern sind *Vierkantscheiben*, DIN 434 bzw. 435 vorgesehen.

6. Berechnung von Befestigungsschrauben

6.1. Kräfte und Verformungen in vorgespannten Schraubenverbindungen bei axial wirkender Betriebskraft F_A (Verspannungsschaubild)

Eine Schraubenverbindung besteht aus der Schraube, der Mutter und den aufeinanderzupressenden Teilen (Platten), zum Beispiel zwei Flanschen. Diese Verbindung kann im Betrieb eine axial wirkende *Betriebskraft F_A* oder eine Querkraft F_Q oder beide gemeinsam aufzunehmen haben. Beispiele: Die Schraubenverbindungen am Zylinkerkopf haben eine in Achsrichtung wirkende Betriebskraft F_A aufzunehmen, hervorgerufen durch den Gasdruck im Zylinder. Die Schraubenverbindung am Tellerrad des Ausgleichsgetriebes dagegen muß ein Drehmoment übertragen, dessen Kräftepaar quer zur Schraubenachse wirkt.

Das Kräftespiel mit den Formänderungen bei axial wirkender Betriebskraft F_A macht man sich mit dem *Verspannungsschaubild* klar (Bild II.6). Es entsteht, wenn über den elastischen Formänderungen (Verlängerung und Verkürzung) der Schraube und der verspannten Teile die axial wirkenden Kräfte aufgetragen werden.

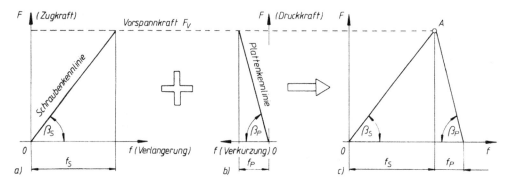

Bild II.6. Verspannungsschaubilder a) der Schraube, b) der Platten (der verspannten Teile), c) der Schraubenverbindung

Das Anziehen der Schraubenverbindung bewirkt eine Zugkraft F in der Schraube und eine gleichgroße Druckkraft in den Flanschen. Die Schraube verlängert sich wie eine Zugfeder entsprechend dem Hookeschen Gesetz (siehe Festigkeitslehre I.5). Zugleich verkürzen sich die Platten wie eine Druckfeder. Beim Erreichen der Vorspannkraft F_V nach dem Anziehen hat sich die Schraube um f_S verlängert, die Platten haben sich um f_P verkürzt. Das zeigen die Verspannungsschaubilder II.6a) und b). Die „Druckfläche" der Platten ist größer als die „Zugfläche" in der Schraube, daher ist stets $f_P < f_S$ und $\beta_P > \beta_S$. Man kann auch sagen: Die „Zugfeder Schraube" ist weicher als die „Druckfeder Platten". Es fördert das Verständnis für die Formänderungsvorgänge, wenn man sich die Schraube als Schraubenzugfeder, die Platten als Schraubendruckfeder vorstellt, die beide parallelgeschaltet ineinander greifen (Federmodell der Verbindung). Das übliche Verspannungsschaubild einer Schraubenverbindung (Bild II.6c) entsteht durch Zusammenfügen der beiden Schaubilder a) und b) für Schraube und Platten. Die Winkel β_S und β_P sind die Neigungswinkel der beiden Kennlinien (Federkennlinien siehe IV.2.).

Nach dem Anziehen der Schraubenverbindung wirkt die Vorspannkraft F_V als Zugkraft in der Schraube, als Druckkraft in den verspannten Platten (Flanschen). Im Betrieb hat die Verbindung die axiale Betriebskraft F_A aufzunehmen, hervorgerufen beispielsweise durch den ansteigenden Druck der Verbrennungsgase im Zylinder eines Verbrennungsmotors. Sie bewirkt folgendes (Bild II.7): Die Schraube wird zusätzlich zugbelastet und um den Längenbetrag Δf verlängert.

Dabei steigt die Zugkraft in der Schraube von der Vorspannkraft F_V (Punkt A) längs der Schraubenkennlinie auf die Schraubenkraft F_S an (Punkt B). Wenn die Schraube um Δf verlängert wird, können sich die Platten um den gleichen Längenbetrag wieder ausdehnen (Vorstellung: Federmodell). Dabei sinkt die Druckkraft in den Platten vom Betrag der Vorspannkraft F_V (Punkt A) längs der Plattenkennlinie auf die theoretisch übrig bleibenden Klemmkraft F_{K1} (Punkt C). Sinkt nun die axiale Betriebskraft auf Null ab, dann stellt sich der ursprüngliche Kraft-Verformungszustand wieder ein (Punkt A).

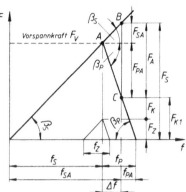

Die Oberflächenrauhigkeiten der zusammengepreßten Flächen einer Schraubenverbindung (Gewindegänge, Kopf- und Mutterauflage, Trennfugen der Platten) verformen sich schon beim Anziehen plastisch (bleibend). Dieses „Setzen" vermindert die elastische Längenänderung $f_S + f_P$ um den Setzbetrag f_Z, auch wenn es sich nur um wenige μm handelt. Damit vermindert sich auch die tatsächlich wirksame Vorspannkraft F_V um die *Setzkraft* F_Z (Bild II.7). Im Betrieb steht dann auch nicht mehr die theoretische Klemmkraft F_{K1} zur Verfügung, sondern die *Klemmkraft* $F_K = F_{K1} - F_Z$, zum Beispiel als Dichtkraft.

F_V	Vorspannkraft der Schraube	F_{PA}	Axialkraftanteil der verspannten Teile
F_A	axiale Betriebskraft	f_S	Verlängerung der Schraube nach der Montage
F_K	Klemmkraft (Dichtkraft)	f_P	Verkürzung der verspannten Teile nach der Montage
F_{K1}	theoretische Klemmkraft	f_{SA}, f_{PA}	entsprechende Formänderungen nach Aufbringen
F_Z	Vorspannkraftverlust durch Setzen während der Betriebszeit		der Betriebskraft F_A
		f_Z	Setzbetrag (bleibende Verformung durch „Setzen")
F_S	Schraubenkraft	Δf	Längenänderung nach dem Aufbringen von F_A
F_{SA}	Axialkraftanteil (Betriebskraftanteil) der Schraube	β_S, β_P	Neigungswinkel der Kennlinie

Bild II.7. Verspannungsschaubild einer vorgespannten Schraubenverbindung nach dem Aufbringen der axialen Betriebskraft F_A

Im allgemeinen Betriebsfall wird die axiale Betriebskraft nach Bild II.8 bis zu einem Maximalwert $F_{A\,max}$ aufgebaut und fällt dann auf den kleineren Wert $F_{A\,min}$ ab und so fort (dynamisch schwellende Belastung). Die Schraubenbelastung schwingt also mit der *Ausschlagkraft* F_a um eine gedachte Mittelkraft F_m.

$F_{SA\,max}$ und $F_{SA\,min}$ sind die Axialkraftanteile in der Schraube.

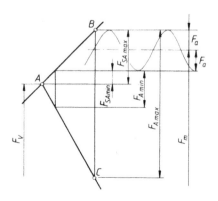

Bild II.8. Ausschnitt aus dem Verspannungsschaubild

6.2. Herleitung der Kräfte- und Formänderungsgleichungen

Zur Herleitung der Gleichungen für die Berechnung einer Schraubenverbindung bei axial wirkender Betriebskraft wird das Verspannungsschaubild II.9 ausgewertet. Die Betriebskraft F_A ist durch die Betriebsbedingungen bekannt (z.B. über den Öldruck in einem Hydraulikzylinder). Außerdem muß eine Mindestklemmkraft $F_{K\,erf}$ bekannt sein oder angenommen werden, zum Beispiel als erforderliche Dichtkraft.

Betriebskraft F_A und erforderliche Klemmkraft $F_{K\,erf}$ sind daher die Ausgangsgrößen für die Berechnung vorgespannter Schraubenverbindungen.

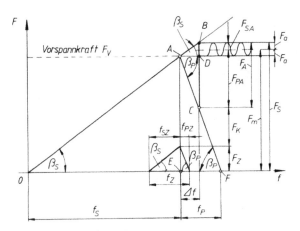

Bild II.9.

Verspannungsschaubild der vorgespannten und durch eine axial wirkende Betriebskraft F_A belasteten Schraubenverbindung

Zunächst wird als Hilfsgröße die *Nachgiebigkeit* δ (Delta) definiert: Sie ist das Verhältnis der Längenänderung (Verlängerung, Verkürzung) zur jeweiligen Zug- oder Druckkraft und damit zugleich der Kehrwert der *Federsteifigkeit* $C = 1/\delta$ (früher: Federrate C, siehe auch IV.2.). Es gilt also für die Schraube $\delta_S = f_S/F_V$ und $\delta_P = f_P/F_V$. Dieser Quotient ist in den rechtwinkligen Dreiecken, O, E, A und A, D, B sowie E, F, A und A, C, D der Kotangens (= 1/Tangens) der Neigungswinkel β_S und β_P. Damit lassen sich Gleichungen für die *Nachgiebigkeiten* δ_S und δ_P aufstellen:

$$\delta_S = \frac{f_S}{F_V} = \frac{\Delta f}{F_{SA}} = \frac{1}{C_S} \quad \text{(II.2)} \qquad \delta_P = \frac{f_P}{F_V} = \frac{\Delta f}{F_{PA}} = \frac{\Delta f}{F_A - F_{SA}} = \frac{1}{C_P} \quad \text{(II.3)}$$

Nachgiebigkeit der Schraube   Nachgiebigkeit der Platten
nach Aufbringen der Vorspannkraft F_V

Beide Gleichungen können nach Δf aufgelöst und gleichgesetzt werden. Daraus läßt sich eine Gleichung für den *Axialkraftanteil* F_{SA} in der Schraube entwickeln:

$$\Delta f = \delta_S F_{SA} = \delta_P (F_A - F_{SA})$$
$$\delta_S F_{SA} = \delta_P F_A - \delta_P F_{SA}$$
$$F_{SA}(\delta_S + \delta_P) = \delta_P F_A$$

$$F_{SA} = F_A \frac{\delta_P}{\delta_P + \delta_S} \quad \text{und mit} \quad \frac{\delta_P}{\delta_P + \delta_S} = \Phi$$

$$F_{SA} = \Phi F_A \qquad\qquad \text{Axialkraft in der Schraube} \qquad\qquad \text{(II.4)}$$

Der Quotient $\delta_P/(\delta_P + \delta_S)$ aus den Nachgiebigkeiten spielt als Kenngröße bei Schraubenberechnungen eine Rolle. Nach Gleichung (II.4) ist er das Verhältnis des Axialkraftanteils F_{SA} zur Axialkraft (Betriebskraft) F_A. Er heißt daher *Kraftverhältnis* Φ (Phi):

$$\Phi = \frac{\delta_P}{\delta_P + \delta_S} = \frac{F_{SA}}{F_A} \qquad \text{Kraftverhältnis der Schraubenverbindung} \atop \text{(siehe auch 6.3.3)} \qquad (II.5)$$

Das Verspannungsschaubild zeigt $F_{PA} = F_A - F_{SA}$. Nach Gleichung (II.5) ist $F_{SA} = F_A\,\Phi$. Das ergibt eine Gleichung für den *Axialkraftanteil* F_{PA} in den verspannten Platten (Flanschen):

$$F_{PA} = F_A\,(1 - \Phi) \qquad \text{Axialkraftanteil in den Platten} \qquad (II.6)$$

Die Neigungswinkel β_S und β_P der Kennlinien treten auch in den beiden kleinen rechtwinkligen Dreiecken mit der Setzkraft F_Z auf. Analog zu den Gleichungen (II.2) und (II.3) wird damit:

$$\delta_S = \frac{f_{SZ}}{F_Z} \quad \text{und} \quad \delta_P = \frac{f_{PZ}}{F_Z} \quad\Longrightarrow\quad f_{SZ} = \delta_S\,F_Z \quad \text{und} \quad f_{PZ} = \delta_P\,F_Z$$

Die Summe der beiden Teilsetzbeträge ist gleich dem *Setzbetrag* F_Z, also wird

$$f_Z = f_{SZ} + f_{PZ}$$
$$f_Z = \delta_S\,F_Z + \delta_P\,F_Z = F_Z\,(\delta_P + \delta_S)$$

Die Summe der Nachgiebigkeiten $(\delta_P + \delta_S)$ kann nach Gleichung (II.5) durch δ_P/Φ ausgedrückt und damit eine Gleichung für die *Setzkraft* F_Z entwickelt werden. Die Setzkraft F_Z ist der Vorspannungskraftverlust durch Setzen während der Betriebszeit:

$$F_Z = f_Z\,\frac{\Phi}{\delta_P} \qquad \text{Setzkraft} \qquad (II.7)$$

Nach Bild II.9 ist die *Klemmkraft* $F_K = F_V - F_Z - F_{PA}$. In Verbindung mit Gleichung (II.6) wird dann:

$$F_K = F_V - F_Z - F_A\,(1 - \Phi) \qquad \text{Klemmkraft} \qquad (II.8)$$

Kann die Klemmkraft als bekannt vorausgesetzt werden, zum Beispiel durch die Annahme einer notwendigen Dichtkraft, dann läßt sich die *Vorspannkraft* F_V ermitteln:

$$F_V = F_Z + F_K + F_A\,(1 - \Phi) \qquad \text{Vorspannkraft} \qquad (II.9)$$

Zur Bestimmung der größten Zugbeanspruchung in der Schraube wird die größte Zugkraft, die *Schraubenkraft* F_S, gebraucht. Unter Zuhilfenahme des Verspannungsschaubildes II.9 und der Gleichungen (II.4) und (II.9) ergibt sich:

$$F_S = F_V + F_{SA} \qquad\qquad\qquad (II.10)$$
$$F_S = F_V + \Phi\,F_A \qquad\qquad\qquad (II.11)$$

$$\underbrace{F_S = F_Z + F_K + \overbrace{(1 - \Phi)\,F_A + \Phi\,F_A}^{}}_{} \qquad (II.12)$$

| Vorspannkraft F_V |
| Schrauben-kraft | Setz-kraft | Klemm-kraft | Axialkraft-anteil der verspannten Teile | Axialkraft-anteil der Schraube |

axiale Betriebskraft F_A

In dynamisch schwellend belasteten Schraubenverbindungen muß die Dauerfestigkeit der Schraube bestätigt werden. Ausgangsgröße für diese Berechnungen ist die *Ausschlagkraft* F_a, die um die *Mittelkraft* F_m schwingt. Im Hinblick auf die axiale Betriebskraft F_A können zwei unterschiedliche Betriebsbedingungen auftreten:

Fällt die Betriebskraft F_A immer wieder auf den Wert Null zurück, dann gilt nach Bild II.9 in Verbindung mit Gleichung (II.4):

$$F_a = \frac{F_{SA}}{2} \tag{II.13}$$

Ausschlagkraft

$$F_a = \frac{\Phi}{2} F_A \tag{II.14}$$

$$F_m = F_V + F_a \qquad \text{Mittelkraft} \tag{II.15}$$

Schwankt die axiale Betriebskraft dagegen zwischen einem Größtwert $F_{A\,max}$ und einem Kleinstwert $F_{A\,min} \neq 0$, dann läßt sich aus Bild II.8 ablesen:

$$F_a = \frac{F_{SA\,max} - F_{SA\,min}}{2} \tag{II.16}$$

Nach Gleichung (II.4) ist $F_{SA} = \Phi F_A$. Folglich gilt auch $F_{SA\,max} = \Phi F_{A\,max}$ und $F_{SA\,min} = \Phi F_{A\,min}$. Dies in Gleichung (II.16) eingesetzt und das Kraftverhältnis Φ ausgeklammert führt zu

$$F_a = \frac{\Phi}{2} (F_{A\,max} - F_{A\,min}) \qquad \text{Ausschlagkraft} \tag{II.17}$$

$$F_m = F_V + \Phi F_{A\,min} + F_a \qquad \text{Mittelkraft} \tag{II.18}$$

6.3. Berechnung der Nachgiebigkeiten δ und des Kraftverhältnisses Φ

Für die elastische Formänderung von Zug- und Druckstäben gilt das Hookesche Gesetz, also auch für die Schraube und die Platten (Flansche) einer vorgespannten Schraubenverbindung (siehe Festigkeitslehre, II.1.2.1). Schreibt man das Hookesche Gesetz in der Form $\Delta l / F = l_0 / (A\,E)$ und setzt anstelle der allgemeinen die speziellen Bezeichnungen für die Schraubenverbindung ein, dann erhält man zwei Gleichungen für die *Nachgiebigkeiten* δ_S und δ_P:

$\sigma = \epsilon E$	F Zug- oder Druckkraft $\hat{=} F_V$
$\dfrac{F}{A} = \dfrac{\Delta l}{l_0} E$	A Zug- oder Druckfläche $\hat{=} A_S$ und A_P
	Δl elastische Verlängerung oder Verkürzung $\hat{=} f_S$ und f_P
	E Elastizitätsmodul
$\dfrac{\Delta l}{F} = \dfrac{l_0}{A\,E} = \delta$	l_0 federnde Länge $\hat{=} l_S$ und l_P

$$\delta_S = \frac{f_{SV}}{F_V} = \frac{l_S}{A_S\,E_S} \qquad \begin{array}{l}\text{Nachgiebigkeit (allgemein)}\\ \text{der Schraube}\end{array} \tag{II.19}$$

$$\delta_P = \frac{f_{PV}}{F_V} = \frac{l_P}{A_P\,E_P} \qquad \begin{array}{l}\text{Nachgiebigkeit (allgemein)}\\ \text{der Platten}\end{array} \tag{II.20}$$

Die Gleichungen für die Nachgiebigkeiten δ_S und δ_P enthalten noch Größen, die eine genauere Betrachtung erfordern. Das soll für Schraube und Platten gesondert geschehen.

6.3.1. Nachgiebigkeit δ_S der Schraube

An einer Sechskantschraube (Bild II.10) gibt es die Dehnlänge l_1 mit dem *Schaftquerschnitt A* und die Dehnlänge l_2 mit dem *Spannungsquerschnitt A_S* nach Tafel II.7. Als zusätzliche Dehnlänge im Mutter- und Kopfbereich legt man aus der Erfahrung heraus $l_3 = 0,4 d$ fest und als zugehörigen Querschnitt vereinfachend den Spannungsquerschnitt A_S.

Das entsprechende Federmodell besteht also aus drei hintereinander geschalteten Zugfedern, deren Einzel-Nachgiebigkeiten sich addieren: $\delta_S = \delta_{S1} + \delta_{S2} + 2 \cdot \delta_{S3}$. Entsprechend Gleichung (II.19) ist $\delta_{S1} = l_1/(A E_S)$, $\delta_{S2} = l_2/(A_S E_S)$ und $\delta_{S3} = 2l_3/(A_S E_S) = 2 \cdot 0,4\,d/(A_S E_S)$. Damit kann eine zusammenfassende Gleichung für die *Nachgiebigkeit* δ_S für die Sechskantschraube entwickelt werden.

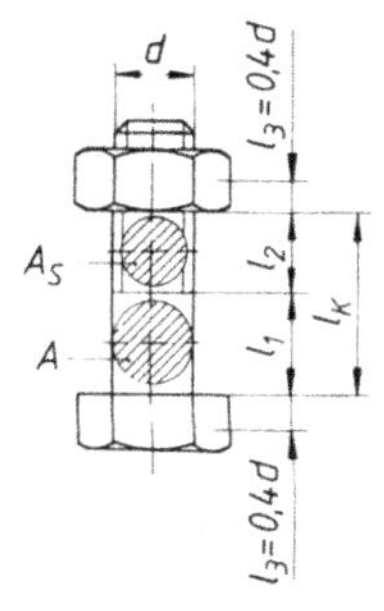

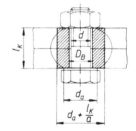

Bild II.10. Dehnquerschnitte und Dehnlängen an der Sechskantschraube

$$\delta_S = \delta_{S1} + \delta_{S2} + 2 \cdot \delta_{S3}$$

$$\delta_S = \frac{l_1}{A\,E_S} + \frac{l_2}{A_S\,E_S} + 2 \cdot \frac{0,4\,d}{A_S\,E_S}$$

$$\delta_S = \frac{\dfrac{l_1}{A} + \dfrac{l_2 + 0,8\,d}{A_S}}{E_S} \qquad \begin{array}{c|c|c|c} \delta_S & l_1, l_2, d & A, A_S & E_S \\ \hline \dfrac{mm}{N} & mm & mm^2 & \dfrac{N}{mm^2} \end{array} \qquad \text{(II.21)}$$

Nachgiebigkeit einer
Sechskantschraube

Die Nachgiebigkeit einer *Dehnschraube* wird auf die gleiche Art ermittelt. Konstruktionsformen, Verhalten, Vor- und Nachteile von Dehnschrauben werden eingehend in der Literatur behandelt.

6.3.2. Nachgiebigkeit der Platten (Flansche)

Die federnde Länge l_P der druckbelasteten Plattenzonen ist die Klemmlänge l_K der Schraubenverbindung ($l_P = l_K$). Nicht so einfach ist es, die Druckfläche A_P des federnden Druckkörpers in den Platten zu finden. Bei der Schraube sind die federnden Teile eindeutig begrenzte Kreiszylinder, innerhalb der Platten dagegen sind die Druckzonen tonnenförmig nicht eindeutig erfaßbar (Bild II.11).

Ersatzweise arbeitet man daher mit der Vorstellung von einem Ersatz-Hohlzylinder, dessen Kreisringquerschnitt als Ersatzquerschnitt $A_P = A_{ers}$ bezeichnet wird. Nach Forschungsergebnissen gilt heute mit den Bezeichnungen in Bild II.11:

Bild II.11. Druckkörper und Ersatz-Hohlzylinder in den Platten

$$A_{ers} = \frac{\pi}{4}\left[\left(d_a + \frac{l_K}{a}\right)^2 - D_B^2\right] \qquad \begin{array}{l} \text{für Stahl } a = 10 \\ \text{für GG } a = 8 \\ \text{für Al-Legierung } a = 6 \end{array} \qquad \text{(II.22)}$$

Ersatzquerschnitt der Platten
(Flansche)

d_a Außendurchmesser der Kopf- oder Mutterauflage (siehe Formelsammlung)
D_B Durchmesser der Durchgangsbohrung (siehe Formelsammlung)
l_K Klemmlänge
a Werkstoffkennwert

Nach Gleichung (II.20) kann nun mit den Bezeichnungen $l_P = l_K$ und $A_P = A_{ers}$ die Gleichung zur Berechnung der *Nachgiebigkeit* δ_P der Platten (Flansche) geschrieben werden:

$$\delta_P = \frac{l_K}{A_{ers}\,E_P} \qquad \text{Nachgiebigkeit der Platten (Flansche)} \qquad \text{(II.23)}$$

Mit den beiden Nachgiebigkeiten δ_S und δ_P, der Vorspannkraft F_V und der axialen Betriebskraft F_A läßt sich das Verspannungsschaubild maßstäblich aufzeichnen.

6.3.3. Berechnung des Kraftverhältnisses Φ

Mit den Gleichungen für die Nachgiebigkeiten und für den Ersatzquerschnitt (II.21), (II.22) und (II.23) läßt sich eine Gleichung entwickeln, die zur direkten Berechnung des *Kraftverhältnisses* Φ für Sechskantschrauben nach Bild II.10 verwendet werden kann (siehe auch 6.5.6):

$$\Phi = \frac{\delta_P}{\delta_P + \delta_S} = \frac{F_{SA}}{F_A} \tag{II.24}$$

$$\Phi = \frac{\dfrac{l_K}{A_{ers}\,E_P}}{\dfrac{l_K}{A_{ers}\,E_P} + \dfrac{\dfrac{l_1}{A} + \dfrac{l_2 + 0{,}8\,d}{A_S}}{E_S}}$$

$$\Phi = \frac{l_K}{l_K + \dfrac{A_{ers}\,E_P}{E_S}\left(\dfrac{l_1}{A} + \dfrac{l_2 + 0{,}8\,d}{A_S}\right)}$$

$$\Phi = \frac{1}{1 + \dfrac{\pi\,E_P\left[\left(d_a + \dfrac{l_K}{a}\right)^2 - D_B^2\right]}{4 \cdot l_K\,E_S}\left(\dfrac{l_1}{A} + \dfrac{l_2 + 0{,}8\,d}{A_S}\right)} = \frac{F_{SA}}{F_A} \tag{II.25}$$

l_K Klemmlänge nach Bild II.10

E_P Elastizitätsmodul der Platten (siehe Festigkeitslehre Tafel I.1)

E_S Elastizitätsmodul der Schraube für Stahl ist $E_S = 21 \cdot 10^4$ N/mm²

d_a Außendurchmesser der Mutter- oder Kopfauflage

a Werkstoffkennwert nach Gleichung (II.22)

D_B Durchmesser der Durchgangsbohrung

l_1, l_2 Teillängen der Schraube

d Gewindenenndurchmesser

A Schaftquerschnitt der Schraube

A_S Spannungsquerschnitt der Schraube

Die geometrischen Schraubengrößen können der Formelsammlung entnommen werden.

6.3.4. Berechnungsbeispiele für das Kraftverhältnis Φ

1. Für eine bereits ausgelegte Schraubenverbindung (Gewinde M12) soll das Kraftverhältnis Φ berechnet werden.

Gegeben:

l_K	= 60 mm	l_1	= 50 mm
$E_P = E_S$	= 21 · 10⁴ N/mm²	l_2	= 10 mm
d_a	= 19 mm	d	= 12 mm
a	= 10	A	= 113 mm²
D_B	= 13,5 mm	A_S	= 84,3 mm²

Lösung: Da die Elastizitätsmoduln gleich groß sind ($E_P = E_S = 21 \cdot 10^4$ N/mm² für Stahl), können die beiden Größen in Gleichung (II.25) gekürzt werden:

$$\Phi = \frac{1}{1 + \dfrac{\pi\left[\left(19\text{ mm} + \dfrac{60\text{ mm}}{10}\right)^2 - 13{,}5^2\text{ mm}^2\right]}{4 \cdot 60\text{ mm}}\left(\dfrac{50\text{ mm}}{113\text{ mm}^2} + \dfrac{10\text{ mm} + 0{,}8 \cdot 12\text{ mm}}{84{,}3\text{ mm}^2}\right)}$$

$$\Phi = 0{,}204$$

2. Das Kraftverhältnis Φ soll für den Fall berechnet werden, daß die Flansche der Schraubenverbindung aus GG bestehen ($E_P = 10^5 \, \text{N/mm}^2$).

Lösung: Mit den geänderten Größen $E_P = 10^5 \, \text{N/mm}^2$ und $a = 8$ für GG erhält man

$$\Phi = 0{,}314 > 0{,}204$$

Das Kraftverhältnis ist bei Gusseisen-Flanschen größer als bei Stahlflanschen. Da Φ einerseits das Verhältnis F_{SA}/F_A ist, andererseits aber die Ausschlagkraft $F_a = F_{SA}/2$ ist, bedeutet ein größeres Kraftverhältnis auch eine größere Ausschlagkraft F_a. Das läßt sich am Verspannungsschaubild erkennen (Bild II.8). Die Sicherheit gegen Dauerbruch wird kleiner.

3. Es soll untersucht werden, wie sich das Kraftverhältnis Φ gegenüber dem Ergebnis im Beispiel 1 ändert, wenn eine Schraube mit dem Gewinde M10 unter sonst gleichen Bedingungen verwendet wird.

Lösung: Für die Schraube mit dem Gewinde M10 lassen sich folgende Größen ermitteln:

$$d = 10 \, \text{mm} \qquad\qquad d_a = 17 \, \text{mm}$$
$$A = 78{,}5 \, \text{mm}^2 \qquad\quad\; D_B = 11 \, \text{mm}$$
$$A_S = 58 \, \text{mm}^2$$

Die Rechnung ergibt

$$\Phi = 0{,}165 < 0{,}204$$

Das Kraftverhältnis $\Phi = F_{SA}/F_A$ für die Schraube mit dem Gewinde M10 ist demnach kleiner als im Beispiel 1 mit M12, weil die Dehnquerschnitte A und A_S kleiner sind und damit die Nachgiebigkeit δ_S größer wird. Die Kennlinie der Schraube ist flacher geneigt. Nach den Erläuterungen im Beispiel 2 wird die Sicherheit gegen Dauerbruch hier größer.

6.4. Krafteinleitungsfaktoren n (Tafel VII.2) und Kraftverhältnis Φ_n

Bei der Besprechung der Kräfte und Formänderungen in einer vorgespannten Schraubenverbindung (Abschnitt 6.1) war stillschweigend angenommen worden, daß die axiale Betriebskraft F_A unter dem Schraubenkopf und in der Mutterauflagefläche angreift. Das Verspannungsschaubild II.7 zeigt die dadurch hervorgerufene Längenänderung Δf, um die sich die Schraube zusätzlich dehnt. Um den gleichen Betrag können sich die zusammengedrückten Platten wieder entspannen, und zwar auf der gesamten Klemmlänge l_K.

Untersuchungen an ausgeführten Schraubenverbindungen zeigen dagegen, daß die Betriebskraft F_A häufiger zwischen zwei Punkten *innerhalb* der Klemmlänge l_K angreift, wodurch sich die Kraft- und Formänderungsverhältnisse ändern. Tafel II.2 zeigt schematisiert vier angenommene Fälle für die Einleitung der Betriebskraft F_A (I, II, III und IV).

Im Unterschied zum Einleitungsfall I, bei dem sich die Platten über der ganzen Klemmlänge l_K entspannen, federn sie in den anderen Fällen nur in den *längsgestrichenen* Bereichen der Klemmlänge zurück (Bilder in der Tafel II.2). Diese Teillänge wird mit $l_{K1} = n l_K$ bezeichnet, wobei n der *Krafteinleitungsfaktor* ist. Er ist stets kleiner als Eins ($n < 1$, z.B. $n = \frac{1}{2}$ im Einleitungsfall III). Im Bereich der *quergestrichenen* Plattenzonen dagegen bewirkt die dort eingeleitete Betriebskraft F_A kein Entspannen, sondern ein weiteres Zusammenpressen.

Daraus folgt:

Der Schraube sind beim allgemeinen Krafteinleitungsfall (II, III oder IV) federnde Plattenzonen vorgeschaltet. Ein entsprechendes Schraubenfedermodell besteht aus zwei hintereinandergeschalteten Schraubenfedern, die die gleiche Kraft zu übertragen haben, die Betriebskraft F_A, allerdings einmal als Druckkraft (in den quergestrichenen Plattenzonen) und einmal als Zugkraft (in der

Schraube). Der „Zugfeder" Schraube ist eine „Druckfeder" entsprechend den quergestrichenen Plattenzonen vorgeschaltet. Im Federversuch wird nachgewiesen, daß zwei hintereinandergeschaltete Federn „weicher" sind als jede der beiden Einzelfedern. Die Kennlinie eines solchen Federsystems verläuft flacher, weil bei gleicher Belastung der Federweg größer ist. Im Verspannungsbild in der Tafel II.2 ist das an der gestrichelten Kennlinie erkennbar. Die Nachgiebigkeit δ zweier hintereinandergeschalteten Federn, das heißt nach Gleichung (II.2) die Verlängerung je Krafteinheit (f/F), ist also in den Fällen II, III, IV größer als im Einleitungsfall I. Man nennt die Nachgiebigkeit unter diesen Betriebsbedingungen die Betriebsnachgiebigkeit δ_{SB}. Gegenüber dem Krafteinleitungsfall I mit der Nachgiebigkeit δ_S ist also stets $\delta_{SB} > \delta_S$.

Für die längsgestrichenen Plattenzonen (Tafel II.2), die sich beim allgemeinen Krafteinleitungsfall teilweise entspannen, ist die federnde Länge kürzer als im Einleitungsfall I mit den Angriffspunkten unter dem Schraubenkopf und der Mutterauflage ($n\,l_K < l_K$). Nach Gleichung (II.20) ergibt diese Änderung auch eine Verringerung der Nachgiebigkeit der Platten. Es ist also stets die Betriebsnachgiebigkeit $\delta_{PB} < \delta_P$. Im Verspannungsschaubild verläuft die Kennlinie der Platten steiler. Es gilt die gestrichelte Linie im Verspannungsschaubild in Tafel II.2. Die Veränderung $\delta_{SB} > \delta_S$ der Schraube führt zu $f_{SB} > f_{SV}$. Entsprechend folgt aus $\delta_{PB} < \delta_P$ der Platten $f_{PB} < f_{PV}$. Abschließend ist darauf hinzuweisen, daß die Betriebskräfte in Schraubenverbindungen ebenso wie in anderen technischen Bauteilen nie punktförmig angreifen. Vielmehr werden sie durch ein räumliches Spannungs- und Formänderungssystem in den Teilen weitergeleitet.

Mit dem Krafteinleitungsfaktor $n < 1$ wird die Klemmlänge l_K entsprechend den Bildern in Tafel II.2 aufgeteilt

> in die Teillänge $l_{K1} = n\,l_K$ für die Plattenzonen, die durch die axiale Betriebskraft etwas entlastet werden und
>
> in die restliche Teillänge l_{K2} für die Plattenzonen, die noch stärker zusammengedrückt werden, als sie es nach dem Anziehen schon waren.

Die Summe beider Teillängen ergibt die Schraubenklemmlänge $l_K = l_{K1} + l_{K2}$. Daraus folgt mit

$$l_{K1} = n\,l_K$$

$$l_{K2} = l_K - n\,l_K \tag{II.26}$$

$$l_{K2} = l_K(1-n) = (1-n)\,l_K \tag{II.27}$$

Wie die Gleichungen (II.19) und (II.20) zeigen, ist die Nachgiebigkeit δ von Zug- oder Druckfedern bei sonst gleichbleibenden Größen der federnden Länge proportional (größere Federlänge ergibt größere Nachgiebigkeit und umgekehrt).

Für die *Betriebsnachgiebigkeit* δ_{PB} der entlasteten Plattenzonen mit der federnden Länge $l_{K1} = n\,l_K$ gilt daher die Proportion

$$\frac{\delta_P}{\delta_{PB}} = \frac{l_K}{n\,l_K} \quad \Longrightarrow \quad \delta_{PB} = n\,\delta_P \tag{II.28}$$

Für die *Betriebsnachgiebigkeit* $\delta_{PB\,rest}$ der restlichen Plattenzonen mit der federnden Länge $l_{K2} = (1-n)\,l_K$ wird

$$\frac{\delta_P}{\delta_{PB\,rest}} = \frac{l_K}{(1-n)\,l_K} \quad \Longrightarrow \quad \delta_{PB\,rest} = (1-n)\,\delta_P \tag{II.29}$$

Tafel II.2. Krafteinleitungsfaktoren n

Krafteinleitungsfall	I	II	III	IV
entlastete Klemmlänge	l_k; $n=1$	$\frac{3}{4} l_k$; $n=\frac{3}{4}$	$\frac{1}{2} l_k$; $n=\frac{1}{2}$	$\frac{1}{4} l_k$; $n=\frac{1}{4}$
Krafteinleitung Durchsteckschraube				
Krafteinleitung Kopfanziehschraube				
schematisiertes Konstruktionsbeispiel	seltener Fall			
Kraftverhältnisse $\Phi_n = n \cdot \Phi$	$1 \cdot \Phi$	$\frac{3}{4} \cdot \Phi$	$\frac{1}{2} \cdot \Phi$	$\frac{1}{4} \cdot \Phi$

Verspannungs-Schaubilder ohne Berücksichtigung der Setzkraft		
  $F_{SA}=F_A \dfrac{\delta_P}{\delta_P+\delta_S}=F_A\Phi$ $F_{PA}=F_A\left(1-\dfrac{\delta_P}{\delta_P+\delta_S}\right)$ $F_{PA}=F_A(1-\Phi)$	 $\delta_{SB}=\delta_S+(1-n)\,\delta_P$ $\delta_{PB}=n\,\delta_P$	$F_{SA}=F_A\dfrac{\delta_{PB}}{\delta_{PB}+\delta_{SB}}=F_A n\Phi$ $F_{PA}=F_A\left(1-\dfrac{\delta_{PB}}{\delta_{PB}+\delta_{SB}}\right)=F_A(1-n\Phi)$ C_{SB} Betriebsnachgiebigkeit der spannenden Teile C_{PB} Betriebsnachgiebigkeit der durch die Betriebskraft entlasteten Teile Die gestrichelten Kennlinien für Schraube und Teile kennzeichnen die Krafteinleitungsfälle für $n<1$

Längenänderungen f	$f_S=F_V\delta_S$; $f_P=F_V\delta_P$	$f_{SB}=F_V\delta_{SB}$; $f_{PB}=F_V\delta_{PB}$

Anmerkung: Das Produkt $n \cdot l_K$ gibt an, in welchem Klemmlängenanteil die verspannten Teile von der Axialkraft entlastet sind. Im Fall III beispielsweise ist die Hälfte der Flanschendicke entlastet, d.h. der Abstand der axialen Betriebskräfte beträgt $n = l_K/2$.

Die tatsächliche Lage der Krafteinleitungsebenen kann nur durch Messungen an der ausgeführten Konstruktion ermittelt werden. Zur Berechnung einer Schraubenverbindung wird $n = \frac{1}{2}$ empfohlen.

Vorteilhaft sind Konstruktionen mit Krafteinleitungsebenen, die in Höhe der Trennebene liegen (Fall IV).

Die *Betriebsnachgiebigkeit* δ_{SB} der Schraube ist die Summe aus der Nachgiebigkeit δ_S der Schraube nach Gleichung (II.21) und der Betriebsnachgiebigkeit $\delta_{PB\,rest}$, weil sich die Nachgiebigkeiten hintereinandergeschalteter Federn addieren:

$$\delta_{SB} = \delta_S + \delta_{PB\,rest}$$

$$\delta_{SB} = \delta_S + (1-n)\,\delta_P \tag{II.30}$$

Das *Betriebskraftverhältnis* Φ_n für den allgemeinen Krafteinleitungsfall wird aus den Betriebsnachgiebigkeiten δ_{SB} und δ_{PB} ermittelt, wie das bereits für den Einleitungsfall I in Gleichung (II.5) geschehen ist:

$$\Phi_n = \frac{\delta_{PB}}{\delta_{PB} + \delta_{SB}} = \frac{F_{SA}}{F_A} \tag{II.31}$$

Mit Hilfe der Gleichungen (II.28) und (II.29) erhält man außerdem eine Beziehung zwischen dem Betriebskraftverhältnis Φ_n und dem Kraftverhältnis Φ nach Gleichung (II.5):

$$\Phi_n = \frac{n\,\delta_P}{n\,\delta_P + \delta_S + (1-n)\,\delta_P} = \frac{n\,\delta_P}{n\,\delta_P + \delta_S + \delta_P - n\,\delta_P}$$

$$\Phi_n = n\,\frac{\delta_P}{\delta_P + \delta_S} = n\,\Phi = \frac{F_{SA}}{F_A} \tag{II.32}$$

Aus der vorstehenden Gleichung läßt sich in Verbindung mit dem gestrichelt gezeichneten Verspannungsschaubild in Tafel II.2 ablesen:

Je kleiner der Krafteinleitungsfaktor n wird, um so kleiner wird auch das Kraftverhältnis F_{SA}/F_A, das ist das Verhältnis der zusätzlich von der Schraube aufzunehmenden Kraft (Axialkraftanteil) zur axialen Betriebskraft F_A. Im Falle $n = 0$ hat die Schraube überhaupt keine Zusatzkraft F_{SA} aufzunehmen, wenn die Betriebskraft wirkt. Die höchste Zugkraft in der Schraube, die Schraubenkraft F_S, ist dann gleich der Vorspannkraft $F_V = F_S$. Krafteinleitungsfaktor $n = 0$ bedeutet, daß die Krafteinleitungsebenen mit der Teilungsebene der Flansche (Platten) zusammenfällt. In diesem Sinne sind die Konstruktionsbeispiele in Tafel II.2 zu verstehen. Allerdings liegen noch keine Untersuchungsergebnisse vor, die zur Berechnung der Lage der Krafteinleitungsebenen führen könnten. In der Literatur wird empfohlen, mit dem Krafteinleitungsfaktor $n = \frac{1}{2}$ zu rechnen.

6.5. Zusammenstellung der Berechnungsformeln für vorgespannte Schraubenverbindungen bei axial wirkender Betriebskraft F_A

Die Schraubenverbindung hat äußere Kräfte aufzunehmen, die zu einer statisch oder dynamisch auftretenden Betriebskraft F_A in der Schraube führen. Die Betriebskraft wirkt als Schraubenlängskraft (axial). Die Verbindung wird mit einer Montagevorspannkraft F_{VM} angezogen, die in der Schraubenachse wirkt. Die Funktion der Verbindung soll durch eine erforderliche Klemmkraft $F_{K\,erf}$ sichergestellt werden. Eine senkrecht zur Schraubenachse wirkende Querkraft F_Q (Betriebskraft) tritt nicht auf.

Gegebene Größen: axiale Betriebskraft F_A
erforderliche Klemmkraft $F_{K\,erf}$
Festigkeitsklasse der Schraube

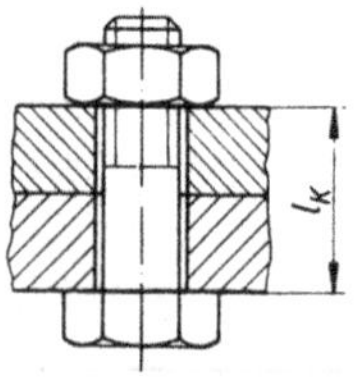

Die zu wählenden oder anzunehmenden Größen werden in den folgenden Abschnitten besprochen.

Bild II.12

6.5.1. Spannungsquerschnitt A_S und Festlegen des Gewindes

Beim Anziehen wird die Schraube durch die Vorspannkraft F_V auf Zug, durch das Gewindereib-moment M_{RG} auf Torsion beansprucht. Beide Größen können erst später berechnet werden. Aus diesem Grund wird zunächst reine Zugbeanspruchung angenommen, hervorgerufen durch die Zug-kraft (Schraubenkraft) $F_S = F_{K\,erf} + F_A$ (siehe Verspannungsschaubild Tafel II.2).

Die zulässige Zugspannung $\sigma_{z\,zul}$ setzt man gleich dem ν-fachen (mit $\nu < 1$) der 0,2-Dehngrenze des Schraubenwerkstoffes ($\sigma_{z\,zul} = \nu\,R_{p\,0,2}$). Die Zug-Hauptgleichung

$$\sigma_z = \frac{F}{A} = \frac{(F_{K\,erf} + F_A)}{A_S} = \nu\,R_{p\,0,2}$$

führt dann mit dem Anziehfaktor α_A zu der Gleichung für den *erforderlichen Spannungsquer-schnitt* A_S der Schraube:

$$A_{S\,erf} = \frac{\alpha_A\,(F_{K\,erf} + F_A)}{\nu\,R_{p\,0,2}}$$

$A_{S\,erf}$	$F_{K\,erf}, F_A$	α_A, ν	$R_{p\,0,2}$
mm^2	N	1	$\dfrac{\mathrm{N}}{\mathrm{mm}^2}$

(II.33)

$A_{S\,erf}$ erforderlicher Spannungsquerschnitt

α_A Anziehfaktor

$F_{K\,erf}$ erforderliche Klemmkraft (zum Beispiel Dichtkraft)

F_A axiale Betriebskraft

ν Ausnutzungsbeiwert für die Streckgrenze R_e oder für die 0,2-Dehngrenze $R_{p\,0,2}$, zweckmäßig wird $\nu = 0,6...0,8$ gesetzt (Erfahrungswert)

$R_{p\,0,2}$ 0,2-Dehngrenze nach Tafel II.1

Mit dem *Anziehfaktor* α_A wird die Streuung der Vorspannkraft bei den verschiedenen Anzieh-verfahren berücksichtigt. In der Bezugsliteratur werden Richtwerte angegeben:

$\alpha_A = 1$ bei genausten Anziehverfahren (geringste Streuung des Anziehdrehmomentes M_A) wie beim Winkelanziehverfahren (Drehwinkel ist Maß für Schraubenverlängerung)

$\alpha_A = 1,25...1,8$ beim Anziehen mit Drehmomentschlüssel[1]) oder Drehschrauber

$\alpha_A = 1,6...2$ beim Anziehen mit Schlagschrauber mit Einstellkontrolle[1])

$\alpha_A = 3...4$ beim Anziehen mit Schlagschrauber ohne Einstellkontrolle

[1]) kleinere Werte für kleinere, größere Werte für größere Reibzahlen

Aus der Gewindetafel wählt man das metrische ISO-Gewinde mit einem Spannungsquerschnitt, der annähernd so groß ist wie der berechnete erforderliche Spannungsquerschnitt ($A_{S,\,Tabelle} \approx A_{S\,erf}$). Nach der Festlegung des Gewindes sollten alle Größen aus der Formelsammlung zusammengestellt werden, die für die weiteren Berechnungen erforderlich sind. Dazu kann man nach der folgenden Aufstellung vorgehen:

6.5.2. Zusammenstellung geometrischer Größen der Schraube

Bezeichnung der Schraube		Gewindedurchmesser	d
Außendurchmesser der Mutter- oder Kopfauflage	d_a	Flankendurchmesser	d_2
Schraubenlänge	l	Steigungswinkel	α
Gewindelänge	b	Spannungsquerschnitt	A_S
Durchgangsbohrung	D_B	Schaftquerschnitt	A
Kopfauflagefläche	A_p	polares Widerstandsmoment	W_{pS}

6.5.3. Nachgiebigkeit δ_S der Schraube

Zur Berechnung der *Nachgiebigkeit* δ_S einer Sechskantschraube wird die in 6.3.1 hergeleitete Gleichung (II.21) verwendet:

$$\delta_S = \frac{\dfrac{l_1}{A} + \dfrac{l_2 + 0{,}8\,d}{A_S}}{E_S} \qquad \begin{array}{c|c|c|c} \delta_S & E_S & A, A_S & l_1, l_2 \\ \hline \dfrac{mm}{N} & \dfrac{N}{mm^2} & mm^2 & mm \end{array} \qquad (II.34)$$

E_S Elastizitätsmodul des Schraubenwerkstoffes
      ($E_{Stahl} = 21 \cdot 10^4$ N/mm²)

A Schaftquerschnitt der Schraube

A_S Spannungsquerschnitt

l_1, l_2 federnde Teillängen an der Schraube

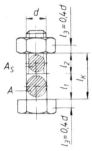

Mit den Angaben aus der Formelsammlung gilt für Durchsteckschrauben:

$$l_1 = l - b \quad \text{und} \quad l_2 = l_K - l_1$$

6.5.4. Querschnitt A_{ers} des Ersatz-Hohlzylinders der Platten (Flansche)

Bild II.13. Schraubenlängen und Schraubenquerschnitte

Für den *Ersatzquerschnitt* A_{ers}, der zur Berechnung der Nachgiebigkeit δ_P der Platten gebraucht wird, steht die in 6.3.2 hergeleitete Gleichung zur Verfügung:

$$A_{ers} = \frac{\pi}{4}\left[\left(d_a + \frac{l_K}{a}\right)^2 - D_B^2\right] \qquad (II.35)$$

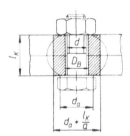

d_a Außendurchmesser der Kopf- oder Mutterauflage

D_B Durchmesser der Durchgangsbohrung

l_K Klemmlänge

$a = 10$ für Stahl, $a = 8$ für Grauguß, $a = 6$ für AL-Legierungen

Bild II.14 Geometrische Größen am Ersatz-Hohlzylinder der Platten (Flansche)

6.5.5. Nachgiebigkeit δ_P der Platten (Flansche)

Es gilt die in 6.3.2 hergeleitete Gleichung für die *Nachgiebigkeit* δ_P der aufeinandergepreßten Flansche:

$$\delta_P = \frac{l_K}{A_{ers}\,E_P} \qquad \begin{array}{c|c|c|c} \delta_P & E_P & A_{ers} & l_K \\ \hline \dfrac{mm}{N} & \dfrac{N}{mm^2} & mm^2 & mm \end{array} \qquad (II.36)$$

E_P Elastizitätsmodul der verspannten Teile (siehe Abschnitt Festigkeitslehre, Tafeln I.2 und I.3)

l_K Klemmlänge

A_{ers} Querschnitt des Ersatz-Hohlzylinders

6.5.6. Kraftverhältnis Φ und $\Phi_n = n\,\Phi$

$$\Phi = \frac{\delta_P}{\delta_P + \delta_S} \qquad\qquad \begin{array}{l} n \text{ Krafteinleitungsfaktor nach Tafel II.2} \\ \text{empfohlener Richtwert: } n = 0{,}5 \end{array} \qquad (II.37)$$

$$\Phi_n = n\,\Phi$$

Zur Kontrolle des Kraftverhältnisses Φ kann für Sechskantschrauben auch die in 6.3.3 hergeleitete Gleichung (II.25) verwendet werden. Mit dieser Gleichung wurden die folgenden Überschlag-

Überschlagswerte für Stahlflansche mit $E_P = 21 \cdot 10^4$ N/mm² und GG 30-Flansche (Klammerwerte) mit $E_P = 12 \cdot 10^4$ N/mm² in Abhängigkeit von l_K/d berechnet:

$l_K/d =$	1	2	3	4	5	6	7	8	9	10
$\Phi =$	0,21 (0,31)	0,23 (0,32)	0,22 (0,30)	0,20 (0,28)	0,19 (0,26)	0,18 (0,24)	0,16 (0,22)	0,15 (0,20)	0,14 (0,19)	0,13 (0,17)
$l_K/d =$	11	12	13	14	15	16	17	18	20	
$\Phi =$	0,12 (0,16)	0,11 (0,15)	0,10 (0,14)	0,097 (0,13)	0,091 (0,12)	0,086 (0,11)	0,081 (0,105)	0,076 (0,099)	0,068 (0,088)	

Berechnet nach Gleichung (II.25) mit den Vereinfachungen: $d_a = 1,6 d$; $D_B = 1,1 d$; $d_S = 0,85 d$ (für A_S); $l_1 = 0,7 l_K$; $l_2 = 0,3 l_K$

6.5.7. Setzkraft F_Z

Es gilt die in Abschnitt 6.2 hergeleitete Gleichung (II.7). Mit dem Setzbetrag f_Z (bleibende Verformung durch Setzen), dem Kraftverhältnis Φ und der Nachgiebigkeit δ_P der Platten wird die *Setzkraft* F_Z (Vorspannkraftverlust durch Setzen):

$$F_Z = \frac{\Phi}{\delta_P} \qquad (II.38)$$

Richtwerte für den *Setzbetrag* f_Z in mm in Abhängigkeit vom Klemmlängenverhältnis l_K/d sind zum Beispiel in der Literatur für drei bis sieben Trennfugen zu finden:

$l_K/d = 1$	2,5	5	10
$f_Z = 0,003$	0,005	0,006	0,008

6.5.8. Montagevorspannkraft F_{VM}

Wie das Verspannungsschaubild II.9 zeigt, ist die Vorspannkraft F_V die Summe aus der Setzkraft F_Z, der Klemmkraft F_K und dem Axialkraftanteil $F_{PA} = F_A (1 - \Phi)$ nach Gleichung (II.6). Es ist also $F_V = F_Z + F_K + F_A (1 - \Phi)$. Die *Montagevorspannkraft* F_{VM} ist gegenüber der (theoretischen) Vorspannkraft F_V um den *Anziehfaktor* $\alpha_A > 1$ größer ($F_{VM} = \alpha_A F_V$), um bei den unterschiedlichen Anziehverfahren sicher zu gehen, daß die gewünschte Vorspannkraft tatsächlich erreicht wird. Entsprechend den Erläuterungen in Abschnitt 6.4 in Verbindung mit Tafel II.2 muß anstelle des Kraftverhältnisses Φ mit dem *Krafteinleitungsfaktor* n gerechnet werden, also mit $\Phi_n = n \Phi$:

$$F_{VM} = \alpha_A [F_Z + F_{K\,erf} + F_A (1 - n \Phi)] \qquad (II.39)$$

α_A Anziehfaktor nach 6.5.1 einsetzen

n Krafteinleitungsfaktor nach Tafel II.2; empfohlen wird $n = 0,5$.

6.5.9. Schraubenkraft F_S

Die Schraubenkraft F_S ist die größte Zugkraft in der Schraube (siehe Verspannungsschaubild II.9 und andere). Sie ist um den Axialkraftanteil $F_{SA} = \Phi F_A$ größer als die Montagekraft F_V (siehe Gleichungen (II.4) und (II.12)). Gleichung (II.39), für die Montagevorspannkraft F_{VM}, muß daher ebenfalls den Summanden $n \Phi F_A = F_{SA}$ erhalten:

$$F_S = F_{VM} + \overbrace{n \Phi F_A}^{F_{SA}} \qquad (II.40)$$

$$F_S = \alpha_A [F_Z + F_{K\,erf} + F_A (1 - n \Phi)] + n \Phi F_A \qquad (II.41)$$

6.5.10. Kräftevergleich $F_S \leqslant F_{0,2}$

Zur ersten Festigkeitskontrolle wird die größte Schraubenzugkraft, die Schraubenkraft F_S, der *Streckgrenzkraft* $F_{0,2}$ gegenübergestellt. Das ist diejenige Zugkraft in der Schraube, bei der die Zugspannung σ_z im Spannungsquerschnitt A_S gerade die Streckgrenze R_e oder die 0,2-Dehngrenze $R_{p0,2}$ nach Tafel II.1 erreicht. Mit $F_{0,2} = A_S R_{p0,2}$ muß dann gewährleistet sein:

$$F_S \leqslant A_S R_{p0,2} \tag{II.42}$$

A_S Spannungsquerschnitt
$R_{p0,2}$ 0,2-Dehngrenze nach Tafel II.1

Ist diese Bedingung nicht erfüllt, muß die Rechnung mit dem nächstgrößeren Schraubendurchmesser d wiederholt werden.

6.5.11. Anziehdrehmoment M_A

Um die Montagevorspannkraft F_{VM} nach Gleichung (II.39) aufzubringen, ist es erforderlich, zum Beispiel mit dem Drehmomentenschlüssel ein entsprechendes *Anziehdrehmoment* M_A einzuleiten. Die Gleichung für M_A wird im Abschnitt Mechanik eingehend hergeleitet.

$$M_A = F_{VM}\,\frac{d_2}{2}\tan(\alpha + \rho') + \mu_A \cdot 0,7d \qquad \begin{array}{c|c|c|c} M_A & F_{VM} & d_2, d & \mu_A \\ \hline \text{Nmm} & \text{N} & \text{mm} & 1 \end{array} \tag{II.43}$$

F_{VM} Montagevorspannkraft
d_2 Flankendurchmesser am Gewinde
d Gewindedurchmesser
α Steigungswinkel am Gewinde
ρ' Reibwinkel am Gewinde
μ_A Gleitreibzahl der Kopf- oder Mutterauflagefläche nach Abschnitt Statik, Tafel I.2
$\mu_A \approx 0,1$ für St/St, trocken   ($\approx 0,05$ geölt)
$\mu_A \approx 0,15$ für St/GG, trocken ($\approx 0,05$ geölt)

Richtwerte für Reibzahlen μ' und Reibwinkel ρ' für metrisches ISO-Regelgewinde

Reibungs-verhältnisse / Behandlungsart	trocken		geschmiert		MoS$_2$-Paste	
	μ'	ρ'	μ'	ρ'	μ'	ρ'
ohne Nachbehandlung	0,16	9°	0,14	8°		
phosphatiert	0,18	10°	0,14	8°		
galvanisch verzinkt	0,14	8°	0,13	7,5°	0,1	6°
galvanisch verkadmet	0,1	6°	0,09	5°		

6.5.12. Montagevorspannung σ_{VM}

Beim Anziehen der Schraubenverbindung tritt im Spannungsquerschnitt A_S die *Montagevorspannung* σ_{VM} auf. Sie ist der Quotient aus der Montagevorspannkraft F_{VM} und dem Spannungsquerschnitt A_S:

$$\sigma_{VM} = \frac{F_{VM}}{A_S} \qquad \begin{array}{c|c|c} \sigma_{VM} & F_{VM} & A_S \\ \hline \dfrac{\text{N}}{\text{mm}^2} & \text{N} & \text{mm}^2 \end{array} \tag{II.44}$$

6.5.13. Torsionsspannung τ_t

Das Anziehdrehmoment M_A nach Gleichung (II.43) setzt sich zusammen aus dem Gewindereibmoment $M_{RG} = F_{VM} d_2 \tan(\alpha + \rho')/2$ und dem Mutterauflagereibmoment $M_{RA} = F_{VM} \mu_A \cdot 0,7 d$ (siehe Abschnitt Mechanik). Das Gewindereibmoment M_{RG} ruft in der Schraube die *Torsionsspannung* τ_t hervor:

$$\tau_t = \frac{M_{RG}}{W_{ps}}$$

$$\tau_t = \frac{F_{VM} d_2 \tan(\alpha + \rho')}{2 W_{ps}}$$

τ_t	F_{VM}	d_2	W_{ps}
$\frac{N}{mm^2}$	N	mm	mm^3

(II.45)

M_{RG} Gewindereibmoment

d_2 Flankendurchmesser

$W_{ps} = \frac{\pi}{16} d_s^3$ polares Widerstandsmoment der Schraube

d_s Durchmesser des Spannungsquerschnittes A_S

α Steigungswinkel des Gewindes aus $\tan \alpha = P/\pi d_2$

P Gewindesteigung

ρ' Reibwinkel nach 6.5

6.5.14. Vergleichsspannung σ_{red} (reduzierte Spannung)

Das beim Anziehen in der Schraube auftretende räumliche Spannungssystem wird ersetzt durch die *Vergleichsspannung* σ_{red} entsprechend der Hypothese der größten Gestaltänderungsenergie (siehe Abschnitt Festigkeitslehre III.3.1):

$$\sigma_{red} = \sqrt{\sigma_{VM}^2 + 3\tau_t^2} \leqslant 0,9 \cdot R_{p\,0,2} \qquad (II.46)$$

$R_{p\,0,2}$ 0,2-Dehngrenze nach Tafel II.1

Ist die Bedingung $\sigma_{red} \leqslant 0,9 \cdot R_{p\,0,2}$ nicht erfüllt, muß die Schraubenberechnung mit einem größeren Schraubendurchmesser d oder mit einer höheren Festigkeitsklasse wiederholt werden.

6.5.15. Ausschlagkraft F_a

Zur Ermittlung der bei dynamisch wirkender Betriebskraft F_A in der Schraube auftretenden Ausschlagspannung σ_a wird die *Ausschlagkraft* F_a gebraucht. Hierzu können die in Abschnitt 6.2 entwickelten Gleichungen verwendet werden:

$$F_a = \frac{F_{SA\,max} - F_{SA\,min}}{2} = \frac{F_{A\,max} - F_{A\,min}}{2} n\,\Phi \qquad (II.47)$$

$$F_a = \frac{F_{SA}}{2} \text{ bei } F_{SA\,min} = 0 \qquad (II.48)$$

Beachte: Nach Gleichung (II.40) ist $F_{SA} = n\,\Phi F_A$.

6.5.16. Ausschlagspannung σ_a

Die *Ausschlagspannung* σ_a ist der Quotient aus der Ausschlagkraft F_a und dem Spannungsquerschnitt A_S. Sie soll gleich oder kleiner sein als 90 % der *Ausschlagfestigkeit* σ_A des Schraubenwerkstoffes:

$$\sigma_a = \frac{F_a}{A_S} \leqslant 0,9 \cdot \sigma_A \qquad (II.49)$$

Ausschlagfestigkeit $\pm \sigma_A$ in N/mm²

Festigkeitsklasse	Gewinde			
	< M 8	M 8 ... M 12	M 14 ... M 20	> M 20
4.6 und 5.6	50	40	35	35
8.8 bis 12.9	60	50	40	35
10.9 und 12.9 schlußgerollt	100	90	70	60

Eingehende Betrachtungen und Untersuchungen zur Dauerhaltbarkeit von Schraubenverbindungen in der Literatur.

6.5.17. Flächenpressung p

In der Kopf- und Mutterauflagefläche tritt Flächenpressung auf. Daher ist der Nachweis erforderlich, daß die *Flächenpressung* p in der gepreßten *Auflagefläche* A_p gleich oder kleiner ist als die *Grenzflächenpressung* p_G. Maßgebend ist die größte Zugkraft in der Schraube, die Schraubenkraft F_S:

$$p = \frac{F_S}{A_p} \leqslant p_G \qquad \begin{array}{c|c|c} p, p_G & F_S & A_p \\ \hline \dfrac{N}{mm^2} & N & mm^2 \end{array} \qquad (II.50)$$

Richtwerte für die Grenzflächenpressung p_G

Anziehart	Grenzflächenpressung p_G in N/mm² bei Werkstoff der Teile						
	St 37 St 42	St 50 St 60	C 45	Stahl, vergütet	Stahl, einsatz- gehärtet	GG-25 GG-30	GK-AlSiCu
motorisch	200	350	600	–	–	500	120
von Hand (drehmoment- gesteuert)	300	500	900	ca. 1000	ca. 1500	750	180

6.6. Berechnungsbeispiel einer dynamisch belasteten Flanschverschraubung mittels Schaftschraube

Die beiden Flansche einer dynamisch axial belasteten, vorgespannten Schraubenverbindung sollen mit Durchsteckschrauben verbunden werden (Schaftschrauben mit metrischem ISO-Regelgewinde). Die Berechnung soll dem Arbeitsplan nach 6.5 folgen.

Gegeben: axiale Betriebskraft $F_{A\,max}$ = 6 kN

                                          $F_{A\,min}$ = 0

            Mindestklemmkraft $F_{K\,erf}$ = 6 kN

            Belastungsart   dynamisch schwellen

            Krafteinleitungsfaktor n = 0,5 (angenommen)

            Festigkeitsklasse   8.8

            Flanschwerkstoff GG30 mit E_P = 12 · 10⁴ N/mm²

            Klemmlänge l_K = 40 mm

            Anziehen der Schraube mit Drehmomentenschlüssel
            (Anziehfaktor α_A = 1,4 angenommen),
            Gewinde ohne Nachbehandlung, trocken.

Lösung:

1. Erforderlicher Spannungsquerschnitt $A_{S\,erf}$ und Gewindedurchmesser d

$$A_{S\,erf} = \frac{\alpha_A (F_{K\,erf} + F_A)}{\nu\,R_{p\,0,2}}$$

$\alpha_A = 1,4$ (angenommen)

$F_A = 6000\,N$

$$A_{S\,erf} = \frac{1,4\,(6000\,N + 6000\,N)}{0,7 \cdot 660\,\dfrac{N}{mm^2}}$$

$F_{K\,erf} = 6000\,N$

$\nu = 0,7$ (gewählt)

$$A_{S\,erf} = 36,4\,mm^2$$

$R_{p\,0,2} = 660\,N/mm^2$ nach Tafel II.1

Nach der Gewindetafel wird M8 gewählt mit $A_S = 36,6\,mm^2 \approx A_{S\,erf} = 36,4\,mm^2$.

2. Zusammenstellung geometrischer Größen der Schraube

Gewindedurchmesser $d = 8\,mm$	Bezeichnung der Schraube: M8 × 50 DIN 931 −8.8
Flankendurchmesser $d_2 = 7,188\,mm$	Durchmesser der Kopfauflage $d_a = 13\,mm$
Steigungswinkel $\alpha = 3,17°$	Schraubenlänge (gewählt) $l = 50\,mm$
Spannungsquerschnitt $A_S = 36,6\,mm^2$	Gewindelänge $b = 22\,mm$
Schaftquerschnitt $A = 50,3\,mm^2$	Durchgangsbohrung $D_B = 9\,mm$
polares Widerstandsmoment $W_{pS} = 62,46\,mm^3$	Kopfauflagefläche $A_p = 69,1\,mm^2$

3. Nachgiebigkeit δ_S der Schraube

$$\delta_S = \frac{\dfrac{l_1}{A} + \dfrac{l_2 + 0,8\,d}{A_S}}{E_S}$$

$l_1 = l - b = (50 - 22)mm = 28\,mm$

$$\delta_S = \frac{\dfrac{28\,mm}{50,3\,mm^2} + \dfrac{12\,mm + 0,8 \cdot 8\,mm}{36,6\,mm^2}}{21 \cdot 10^4\,\dfrac{N}{mm^2}}$$

$l_2 = l_K - l_1 = (40 - 28)mm = 12\,mm$

$A = 50,3\,mm^2$

$A_S = 36,6\,mm^2$

$E_S = 21 \cdot 10^4\,N/mm^2$

$$\delta_S = 5 \cdot 10^{-6}\,\frac{mm}{N}$$

4. Querschnitt A_{ers} des Ersatz-Hohlzylinders der Flansche

$$A_{ers} = \frac{\pi}{4}\left[\left(d_a + \frac{l_K}{a}\right)^2 - D_B^2\right]$$

$d_a = 13\,mm$

$$A_{ers} = \frac{\pi}{4}\left[\left(13\,mm + \frac{40\,mm}{8}\right)^2 - (9\,mm)^2\right]$$

$l_K = 40\,mm$

$a = 8$ für GG

$D_B = 9\,mm$

$$A_{ers} = 191\,mm^2$$

5. Nachgiebigkeit δ_P der Flansche

$$\delta_P = \frac{l_K}{A_{ers}\,E_P} = \frac{40\,mm}{191\,mm^2 \cdot 12 \cdot 10^4\,\dfrac{N}{mm^2}} = 1,75 \cdot 10^{-6}\,\frac{mm}{N}$$

6. Kraftverhältnis Φ

$$\Phi = \frac{\delta_P}{\delta_P + \delta_S} = \frac{1,75 \cdot 10^{-6}\,\dfrac{mm}{N}}{(1,75 + 5) \cdot 10^{-6}\,\dfrac{mm}{N}} = 0,259$$

$$\Phi_n = n\,\Phi = 0,5 \cdot 0,259 = 0,123$$

7. *Setzkraft F_Z*

$$F_Z = f_Z \frac{\Phi}{\delta_P} = 0,006 \text{ mm} \frac{0,259}{1,75 \cdot 10^{-6} \frac{\text{mm}}{\text{N}}}$$

Für $l_K/d = 40\text{mm}/8\text{mm} = 5$ ist nach 6.5.7 der Setzbetrag $f_Z = 0,006$ mm .

$$F_Z = 888 \text{ N}$$

8. *Montagevorspannkraft F_{VM}*

$$F_{VM} = \alpha_A \Big[F_Z + F_{K\,erf} + F_A(1 - n\,\Phi) \Big] = 1,4 \Big[888\text{N} + 6000\text{N} + 6000\text{N}(1 - 0,5 \cdot 0,259) \Big]$$

$$F_{VM} = 16\,955\text{N} \approx 17 \text{ kN}$$

9. *Schraubenkraft F_S*

$$F_S = F_{VM} + n\,\Phi\,F_A = 16\,955\text{N} + 0,5 \cdot 0,259 \cdot 6000\text{N}$$

$$F_S = 17\,732\text{N} \approx 17,7 \text{ kN}$$

10. *Kräftevergleich $F_S \leqslant F_{0,2}$*

$$F_{0,2} = A_S\,R_{p\,0,2} = 36,6\,\text{mm}^2 \cdot 660\,\frac{\text{N}}{\text{mm}^2} = 24\,156\text{N} \approx 24,2 \text{ kN}$$

$$F_S = 17,7\,\text{kN} < 24,2\,\text{kN} \text{ (Bedingung erfüllt)}$$

11. *Anziehdrehmoment M_A*

$$M_A = F_{VM} \left[\frac{d_2}{2} \tan(\alpha + \rho') + \mu_A \cdot 0,7\,d \right]$$

$$M_A = 16\,955\text{N} \left[\frac{7,188\,\text{mm}}{2} \tan(3,17° + 9°) + 0,1 \cdot 0,7 \cdot 8\,\text{mm} \right]$$

$$M_A = 22\,636\,\text{Nmm} \approx 22,6 \text{ Nm}$$

$d_2 = 7,188$ mm
$\alpha = 3,17°$
$\rho' = 9°$
$\mu_A = 0,1$
$d = 8$ mm

12. *Montagevorspannung σ_{VM}*

$$\sigma_{VM} = \frac{F_{VM}}{A_S} = \frac{16\,955\,\text{N}}{36,6\,\text{mm}^2} = 463\,\frac{\text{N}}{\text{mm}^2}$$

13. *Torsionsspannung τ_t*

$$\tau_t = \frac{F_{VM}\,d_2 \tan(\alpha + \rho')}{2\,W_{pS}} = \frac{16\,955\text{N} \cdot 7,188\,\text{mm} \tan(3,17° + 9°)}{2 \cdot 62,46\,\text{mm}^3} = 210\,\frac{\text{N}}{\text{mm}^2}$$

14. *Vergleichsspannung σ_{red}*

$$\sigma_{red} = \sqrt{\sigma_{VM}^2 + 3\,\tau_t^2} = \sqrt{\left(463\,\frac{\text{N}}{\text{mm}^2}\right)^2 + 3\left(210\,\frac{\text{N}}{\text{mm}^2}\right)^2} = 589\,\frac{\text{N}}{\text{mm}^2}$$

$$\sigma_{red} = 589\,\frac{\text{N}}{\text{mm}^2} < 0,9\,R_{p\,0,2} = 0,9 \cdot 660\,\frac{\text{N}}{\text{mm}^2} = 594\,\frac{\text{N}}{\text{mm}^2} \text{ (Bedingung erfüllt)}$$

15. Ausschlagkraft F_a

$$F_a = \frac{F_{SA}}{2} = \frac{n\,\Phi\,F_A}{2} \qquad F_{SA} = n\,\Phi\,F_A \text{ nach Gleichung (II.40)}$$

$$F_a = \frac{0{,}5 \cdot 0{,}259 \cdot 6000\,\text{N}}{2} = 389\,\text{N}$$

16. Ausschlagspannung σ_a

$$\sigma_a = \frac{F_a}{A_S} = \frac{389\,\text{N}}{36{,}6\,\text{mm}^2} = 10{,}6\,\frac{\text{N}}{\text{mm}^2}$$

$$\sigma_a = 10{,}6\,\frac{\text{N}}{\text{mm}^2} < 0{,}9\,\sigma_A = 0{,}9 \cdot 50\,\frac{\text{N}}{\text{mm}^2} = 45\,\frac{\text{N}}{\text{mm}^2} \text{ (Bedingung erfüllt)}$$

17. Flächenpressung p

$$p = \frac{F_S}{A_p} = \frac{17\,732\,\text{N}}{69{,}1\,\text{mm}^2} = 257\,\frac{\text{N}}{\text{mm}^2}$$

$$p = 257\,\frac{\text{N}}{\text{mm}^2} < p_G = 750\,\frac{\text{N}}{\text{mm}^2} \text{ (Bedingung erfüllt)}$$

6.7. Berechnung vorgespannter Schraubenverbindungen bei Aufnahme einer Querkraft

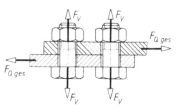

Bild II.15. Querbeanspruchte Schraubenverbindung

Die Schraubenverbindung überträgt die gesamte statisch oder dynamisch wirkende Querkraft $F_{Q\,ges}$ allein durch Reibungsschluß: Reibkraft $F_R = F_{Q\,ges}$. Die erforderliche Vorspannkraft F_V (Schraubenlängskraft) setzt sich zusammen aus der erforderlichen Klemmkraft $F_{K\,erf}$ und der Setzkraft F_Z. Eine axiale Betriebskraft F_A tritt nicht auf ($F_A = 0$).

6.7.1. Erforderliche Klemmkraft $F_{K\,erf}$ je Schraube

Die Reibkraft F_R zwischen den verspannten Platten (Flansche) muß gleich oder größer sein als die gesamte Querkraft $F_{Q\,ges}$, die von der Verbindung zu übertragen ist ($F_R \geqslant F_{Q\,ges}$). Ist n die *Anzahl der Schrauben*, dann hat jede Schraube $F_{Q\,ges}/n$ aufzunehmen. Die dazu erforderliche Reibkraft ist das Produkt aus der Normalkraft (hier Vorspannkraft F_V) und der Reibzahl μ (siehe Mechanik I.5). Wie das Verspannungsbild II.7 zeigt, setzt sich bei $F_A = 0$ die Vorspannkraft F_V aus der Klemmkraft F_K und der Setzkraft F_Z zusammen. Diese läßt sich aber erst ermitteln, wenn der Gewindedurchmesser und die Nachgiebigkeit δ_P der Platten bekannt sind, wie Gleichung (II.38) zeigt. Daher wird zunächst nur die erforderliche Klemmkraft $F_{K\,erf}$ berechnet und auch zur Ermittlung des erforderlichen Spannungsquerschnittes $A_{S\,erf}$ verwendet (6.7.3). Als Reibzahl wird zur Sicherheit mit der *Gleitreibzahl* μ_A zwischen den Bauteilen gerechnet.

Mit $F_{K\,erf}\,\mu_A \geqslant F_{Q\,ges}/n$ ergibt sich die *erforderliche Klemmkraft* $F_{K\,erf}$:

$$F_{K\,erf} \geqslant \frac{F_{Q\,ges}}{n\,\mu_A}$$

$F_{K\,erf}, F_{Q\,ges}$	n, μ_A
N	1

(II.51)

μ_A nach Tafel I.2 im Abschnitt Statik

n Anzahl der Schrauben

Hat die Schraubenverbindung ein *Drehmoment M* zu übertragen (siehe Berechnungsbeispiel 6.8), so gelten die gleichen physikalischen Überlegungen wie bei der Herleitung der Gleichung (II.51). Darüber hinaus hilft die Vorstellung weiter, daß das Drehmoment M durch die am Lochkreis tangential wirkende Querkraft F_{Qges} weitergeleitet wird. Der Wirkabstand ist der Lochkreisradius $r_L = d_L/2$ und damit $M = F_{Qges} \, d_L/2$. Löst man diese Gleichung nach F_{Qges} auf und setzt den gefundenen Ausdruck in Gleichung (II.51) ein, so erhält man auch für den Fall der Drehmomentenübertragung eine Gleichung für die *erforderliche Klemmkraft* F_{Kerf}:

$$F_{Kerf} \geqslant \frac{2M}{n\,\mu_A\,d_L}$$

F_{Kerf}	M	d_L	n, μ_A	
N	Nmm	mm	1	(II.52)

6.7.2. Spannungsquerschnitt A_S und Festlegen des Gewindes

Grundsätzlich gelten die im Abschnitt 6.5.1 angestellten Überlegungen und damit auch die Gleichung (II.33), wenn berücksichtigt wird, daß bei der vorliegenden Schraubenverbindung keine axiale Betriebskraft auftritt ($F_A = 0$). Damit ergibt sich für den *erforderlichen Spannungsquerschnitt* A_{Serf}:

$$A_{Serf} = \frac{\alpha_A \, F_{Kerf}}{\nu \, R_{p\,0,2}}$$ (II.53)

Erläuterungen und Tafelhinweise in Abschnitt 6.5.1.

6.7.3. Fortgang der Berechnung

Die gewählte Schraube (Gewindenenndurchmesser d und Festigkeitsklasse) wird nun nach Abschnitt 6.5 überprüft. Wegen der fehlenden axialen Betriebskraft gelten die Gleichungen mit $F_A = 0$. Beispielsweise wird die Montagevorspannkraft nach Gleichung (II.39): $F_{VM} = \alpha_A \, (F_Z + F_{Kerf})$; siehe auch Berechnungsbeispiel 6.8.

6.8. Berechnungsbeispiel einer querbeanspruchten Schraubenverbindung

Das Tellerrad an einem Ausgleichsgetriebe soll mit Schaftschrauben mit metrischem ISO-Regelgewinde befestigt werden.[1]

Gegeben:

zu übertragendes Drehmoment $\quad M = 2300$ Nm
Lochkreisdurchmesser $\qquad\qquad d_L = 130$ mm
Anzahl der Schrauben $\qquad\qquad\; n = 12$ (angenommen)
Klemmlänge $\qquad\qquad\qquad\quad\; l_K = 20$ mm
Festigkeitsklasse $\qquad\qquad\qquad\; 12.9$
Werkstoff der verspannten Teile $\quad$ Stahlguß
Anziehen der Schrauben von Hand mit Drehmomentenschlüssel

Gesucht sind alle wichtigen Größen der vorgespannten Schraubenverbindung unter der Bedingung, daß eine axial wirkende Betriebskraft nicht auftritt ($F_A = 0$).

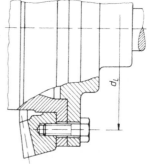

Bild II.16. Tellerradverbindung am Kraftfahrzeug

---

[1] Aufgabe entnommen: *A. Böge*, Arbeitshilfen und Formeln für das technische Studium, Band 2, Konstruktion, Vieweg 1983.

Lösung:

1. Erforderliche Klemmkraft F_{Kerf} je Schraube

$$F_{Kerf} = \frac{2M}{n\,\mu_A\,d_L}$$

$M = 2300 \cdot 10^3$ Nmm

$n = 12$

$$F_{Kerf} = \frac{2 \cdot 2300 \cdot 10^3\,\text{Nmm}}{12 \cdot 0{,}1 \cdot 130\,\text{mm}} = 29\,490\,\text{N}$$

$d_L = 130$ mm

$\mu_A = 0{,}1$ für St/St (angenommen)

2. Erforderlicher Spannungsquerschnitt A_{Serf} und Schraubendurchmesser d

$$A_{Serf} \geqslant \frac{\alpha_A\,F_{Kerf}}{\nu\,R_{p0,2}}$$

$\alpha_A = 1{,}6$ nach 6.5.1

$R_{p\,0,2} = 1100$ N/mm² (Tafel II.1)

$$A_{Serf} \geqslant \frac{1{,}6 \cdot 29\,490\,\text{N}}{0{,}6 \cdot 1100\,\frac{\text{N}}{\text{mm}^2}} = 71{,}5\,\text{mm}^2$$

$\nu = 0{,}6$ nach 6.5.1 (angenommen)

Nach der Gewindetafel wird M12 gewählt mit $A_S = 84{,}3$ mm² $> A_{Serf} = 71{,}5$ mm².

3. Nachgiebigkeit δ_S der Schraube

$$\delta_S = \frac{\dfrac{l_1}{A} + \dfrac{l_2 + 0{,}8\,d}{A_S}}{E_S}$$

$l_1 = 15$ mm (angenommen)

$l_2 = 5$ mm

$A = 113$ mm²

$$\delta_S = \frac{\dfrac{15\,\text{mm}}{113\,\text{mm}^2} + \dfrac{5\,\text{mm} + 0{,}8 \cdot 12\,\text{mm}}{84{,}3\,\text{mm}^2}}{21 \cdot 10^4\,\frac{\text{N}}{\text{mm}^2}} = 1{,}46 \cdot 10^{-6}\,\frac{\text{mm}}{\text{N}}$$

4. Querschnitt A_{ers} des Ersatz-Hohlzylinders

$$A_{ers} = \frac{\pi}{4}\left[\left(d_a + \frac{l_K}{a}\right)^2 - D_B^2\right] = \frac{\pi}{4}\left[\left(19\,\text{mm} + \frac{20\,\text{mm}}{10}\right)^2 - 13{,}5^2\,\text{mm}^2\right] = 203{,}2\,\text{mm}^2$$

Zu den eingesetzten Größen siehe 6.5.4.

5. Nachgiebigkeit δ_P der verspannten Teile

$$\delta_P = \frac{l_K}{A_{ers}\,E_P} = \frac{20\,\text{mm}}{203{,}2\,\text{mm}^2 \cdot 21 \cdot 10^4\,\frac{\text{N}}{\text{mm}^2}} = 0{,}47 \cdot 10^{-6}\,\frac{\text{mm}}{\text{N}}$$

6. Kraftverhältnis Φ

$$\Phi = \frac{\delta_P}{\delta_P + \delta_S} = \frac{0{,}47 \cdot 10^{-6}\,\frac{\text{mm}}{\text{N}}}{(0{,}47 + 1{,}46) \cdot 10^{-6}\,\frac{\text{mm}}{\text{N}}} = 0{,}244$$

7. *Setzkraft F_Z*

$$F_Z = f_Z \frac{\Phi}{\delta_P}$$

f_Z in Abhängigkeit von l_K/d nach 6.5.7

$$F_Z = 0{,}004\,\text{mm} \cdot \frac{0{,}244}{0{,}47 \cdot 10^{-6}\,\frac{\text{mm}}{\text{N}}}$$

$$\frac{l_K}{d} = \frac{20\,\text{mm}}{12\,\text{mm}} = 1{,}7 \Rightarrow f_Z \approx 0{,}004\,\text{mm}$$

$$F_Z = 2077\,\text{N}$$

8. *Montagevorspannkraft F_{VM}*

$$F_{VM} = \alpha_A \left[F_{K\,erf} + F_Z + (1 - n\,\Phi)F_A \right]$$

$$F_{VM} = 1{,}6 \cdot (29\,490\,\text{N} + 2077\,\text{N}) = 50\,507\,\text{N}$$

Beachte: $F_A = 0$!

9. *Schraubenkraft F_S*

$$F_S = F_{VM} + n\,\Phi\,F_A \quad \text{mit } F_A = 0 \text{ wird daraus}$$

$$F_S = F_{VM} = 50\,507\,\text{N}$$

10. *Kraftnachweis zur ersten Kontrolle*

Mit $F_S = F_{VM}$ sowie $R_{p\,0{,}2} = 1100\,\text{N/mm}^2$ erhält man:

$$F_{0{,}2} = A_S\,R_{p\,0{,}2} = 84{,}3\,\text{mm}^2 \cdot 1100\,\frac{\text{N}}{\text{mm}^2} = 92\,730\,\text{N}$$

$$F_S = F_{VM} = 50\,507\,\text{N} < F_{0{,}2} = 92\,730\,\text{N}$$

Die Rechnung zeigt, daß die größte Schraubenzugkraft $F_S = F_{VM}$ kleiner ist als die Streck-grenzkraft $F_{0{,}2}$ für die Festigkeitsklasse 12.9 der Schraube. Das gewählte Gewinde M12 kann also beibehalten werden.

11. *Erforderliches Anziehdrehmoment M_A*

$$M_A = F_{VM} \left[\frac{d_2}{2} \tan(\alpha + \rho') + \mu_A \cdot 0{,}7\,d \right]$$

$$M_A = 50\,507\,\text{N} \left[\frac{10{,}863\,\text{mm}}{2} \cdot \tan(2{,}94° + 9°) + 0{,}1 \cdot 0{,}7 \cdot 12\,\text{mm} \right] = 100\,436\,\text{Nmm}$$

$$M_A \approx 100\,\text{Nm}$$

12. *Spannungen und Flächenpressung*

Die folgenden Größen werden wie im Beispiel 6.6 berechnet. Man erhält:

Montagevorspannung $\sigma_{VM} = 599\,\dfrac{\text{N}}{\text{mm}^2}$ Torsionsspannung $\tau_t = 266\,\dfrac{\text{N}}{\text{mm}^2}$

Vergleichsspannung $\sigma_{red} = 756\,\dfrac{\text{N}}{\text{mm}^2} < 0{,}9\,R_{p\,0{,}2} = 990\,\dfrac{\text{N}}{\text{mm}^2}$

Flächenpressung $p = 361\,\dfrac{\text{N}}{\text{mm}^2} < p_G = 500\,\dfrac{\text{N}}{\text{mm}^2}$

Die Rechnung zeigt, daß unter den gegebenen Bedingungen die gewählte Schraube M12 bei-behalten werden kann.

III. Bolzen-, Stiftverbindungen und Sicherungselemente

1. Allgemeines

Bolzen und Stifte dienen der gelenkigen oder festen Verbindung von Bauteilen, der Lagensicherung, Zentrierung, Führung usw. Bei losen Verbindungen müssen die Bolzen, Stifte oder Bauteile gegen Verschieben gesichert werden, z.B. durch Stellringe, Splinte, Querstifte usw. Formen und Abmessungen dieser Verbindungselemente sind weitgehend genormt.

2. Bolzen

2.1. Formen und Verwendung

Bolzen ohne Kopf, DIN 1433, Bolzen mit kleinem oder großen Kopf, DIN 1434 bis 1436 (Bilder III.1 bis III.1c) werden als Gelenkbolzen verwendet, z.B. bei Laschenketten, Stangenverbindungen, Ketten usw.

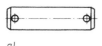
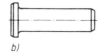

a)   b)   c)   d)

Bild III.1. Bolzen. a) Bolzen ohne Kopf (mit Splintlöchern), b) Bolzen mit Kopf, c) Bolzen mit Gewindezapfen, d) Senkbolzen mit Nase

Bolzen mit Gewindezapfen DIN 1439 (Bild III.1c) und Senkbolzen mit Nase, DIN 1439 (Bild III.1d) werden als festsitzende Lager- und Achsbolzen z.B. bei Laufrollen, Türscharnieren usw. benutzt.

Für die Bolzen wird als Toleranz h 11, für die Bohrung H8 bis H 11 empfohlen, andere Toleranzen sind jedoch für besondere Fälle zulässig.

2.2. Berechnung der Bolzenverbindungen

Bolzenverbindungen werden normalerweise auf Biegung und Flächenpressung berechnet, Schubbeanspruchung kann meist vernachlässigt werden.

Im gefährdeten Querschnitt $A-B$ des Bolzens (Bild III.2) muß die *vorhandene Biegespannung* sein:

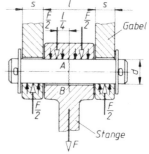

Bild III.2. Kraftwirkungen am Bolzen

$$\sigma_b = \frac{M_b}{W} \leq \sigma_{bzul}$$

σ_b	M_b	W
$\frac{N}{mm^2}$	Nmm	mm³

(III.1)

M_b maximales Biegemoment für den Bolzen, das sich im vorliegenden Fall bei Streckenlast ergibt aus $M_b = F/2\,(s/2 + l/4)$; $W \approx 0,1\,d^3$ axiales Widerstandsmoment; σ_{bzul} zulässige Biegespannung (siehe Festigkeitslehre).

Ferner darf die *vorhandene Flächenpressung* die zulässige nicht überschreiten:

$$p = \frac{F}{A_{proj}} \leq p_{zul}$$

p	F	A_{proj}
$\frac{N}{mm^2}$	N	mm²

F Stangenzug-(druck-)Kraft; A_{proj} projizierte Bolzenfläche, für den Stangenkopf: $A_{proj} = d\,l$, für die Gabel: $A_{proj} = 2\,d\,s$, für die Nachprüfung ist die kleinere Fläche maßgebend; p_{zul} zulässige Flächenpressung nach Tafel III.1 oder Tafel VI.1.

Tafel III.1. Richtwerte für zulässige Beanspruchungen bei Bolzen- und Stiftverbindungen bei annähernd ruhender Beanspruchung (Werte gelten für nicht gleitende Flächen oder nur geringe Bewegungen)

Werkstoff	Art des Bolzens, Stiftes, Bauteils	zulässige Beanspruchungen in N/mm^2		
		$p_{zul} \approx$	$\sigma_{b\,zul} \approx$	$\tau_{a\,zul} \approx$
E295	Kegel-, Zylinderstifte, Bolzen, Wellen	160	130	90
E335	Bolzen, Kerbstifte, Wellen	240	200	140
Federstahl	Spannstifte, Spiralstifte	–		300
G450	Naben	120	–	–
GJL-200	Naben	90	–	–

Bei Schwellbelastung sind die Werte mit $\approx 0{,}7$, bei Wechselbelastung mit $\approx 0{,}4$ malzunehmen.

3. Stifte

3.1. Kegelstifte

Kegelstifte, DIN 1 (Bild III.3a) werden hauptsächlich zur Lagensicherung und Zentrierung von Bauteilen, z.B. im Vorrichtungsbau verwendet. Die Verbindung ist form- und reibschlüssig. Sie ist teuer, da Löcher aufgerieben und Stifte eingepaßt werden müssen, hat aber den Vorteil, daß auch bei häufigem Ausbau die Lagenzentrierung wieder genau hergestellt wird.

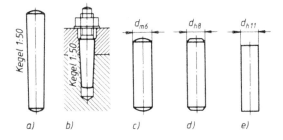

Bild III.3
Kegel- und Zylinderstifte
a) Kegelstifte
b) Kegelstift mit Gewindezapfen
c) bis e) Zylinderstifte

Kegelstifte mit Gewindezapfen und Lösemutter, DIN 7977 (Bild III.3b) werden bei Sacklöchern verwendet. Werkstoff normal E295.

3.2. Zylinderstifte

Zylinderstifte werden ähnlich wie Kegelstifte verwendet. Ungehärtete Stifte, DIN 7 (Bilder III.3c bis III.3e) sind mit Toleranz m6 für feste Verbindungen, mit h8 und h11 für lose Verbindungen vorgesehen (beachte Kuppenform!). Gehärtete Zylinderstifte, DIN 6325, mit Toleranz m6 werden hauptsächlich bei hochbeanspruchten Teilen im Werkzeugmaschinen- und Vorrichtungsbau verwendet. Werkstoffe wie für Kegelstifte: St 50 K oder 9 S 20 K.

3.3. Kerbstifte, Kerbnägel

Kerbstifte haben am Umfang mehrere Wulstkerben und ermöglichen dadurch einen festen Sitz auch in normal gebohrten Löchern. Verschiedene Ausführungen zeigen die Bilder VIII.4a bis III.4e. Anwendung wie Kegel- und Zylinderstifte bei geringeren Ansprüchen an Genauigkeit, vielfach auch als Lager- und Gelenkbolzen.

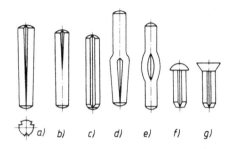

Bild III.4. Kerbstifte und Kerbnägel
a) Kegelkerbstift DIN 1471
b) Paßkerbstift DIN 1472
c) Zylinderkerbstift DIN 1473
d) Steckkerbstift DIN 1474
e) Knebelkerbstift DIN 1475
f) Halbrundkerbnagel DIN 1476
g) Senkkerbnagel DIN 1477

Kerbnägel (Bilder III.4f und III.4g) dienen zur einfachen und schnellen Befestigung von Teilen wie Rohrschellen, Schilder u.dgl.

Als Werkstoff ist für Kerbstifte der Schraubenstahl 6.8, für Kerbnägel 4.6 vorgesehen.

3.4. Spannstifte

Spannstifte (Spannhülsen), DIN 1481 (schwere Ausführung) und DIN 7346 (leichte Ausführung) sind längsgeschlitzte Hülsen aus Federstahl (Bild III.5a) und ergeben durch größeres Übermaß ($\approx 0,2 \ldots 0,5$ mm) einen kräftigen Festsitz in normalen Bohrungen. Anwendung ähnlich wie Kerbstifte, besonders zur Aufnahme hoher Scherkräfte.

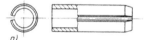 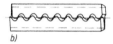 

Bild III.5. Spannstifte. a) Spannstift, b) Connex-Stift, c) Spiral-Stift

Sonderformen stellen der *Connex-Spannstift* [1] (Bild III.5b), der sich durch härtere Federung auszeichnet und der *Spiral-Stift* [2] (Bild III.5c) dar, der sich durch seine Federeigenschaften zur Aufnahme hoher dynamischer Stoßbelastungen eignet.

4. Bolzensicherungen

Sicherungsringe für Wellen, DIN 471, und für Bohrungen, DIN 472 (Bilder III.6a und III.6b) dienen zur Sicherung von Bauteilen gegen axiales Verschieben, z.B. von Wälzlagern, Naben, Buchsen u.dgl. Durch ihre besondere Form bleiben die aus Federstahl bestehenden Ringe beim Einbau (Auf- bzw. Zusammenbiegen) rund und pressen sich in die Nuten gleichmäßig fest ein. Wegen hoher Kerbwirkung durch die Nuten möglichst nur an Bolzen- oder Wellenenden anordnen.

Sprengringe, DIN 5417 (Bild III.6c) werden dort verwendet, wo ein gleichbleibender Ringquerschnitt aus Einbaugründen erforderlich ist, z.B. bei Kugellageraußenringen (Bild III.11).

---

[1] *Hersteller:* Gebr. Eberhardt, Ulm

[2] *Hersteller:* W. Prym GmbH., Stollberg (Rhld.)

Bei kleinen Bolzen in der Feinmechanik werden *Sicherungsscheiben*, DIN 6799 (Bild III.6d) bevorzugt, z.B. bei Plattenspielern.

Splinte, DIN 94 (Bild III.6e) werden besonders bei losen Bolzenverbindungen und zur Sicherung von Kronenmuttern verwendet.

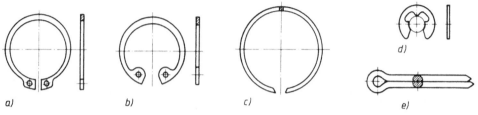

Bild III.6. Sicherungselemente. a) Außensicherung, b) Innensicherung, c) Sprengring, d) Sicherungsscheibe, e) Splint

Stellringe, DIN 703 und DIN 705 (Bild III.7) sollen das axiale Spiel von Bolzen und Wellen begrenzen oder bewegliche Teile (Hebel, Räder) seitlich führen. Befestigung durch Gewindestift oder bei schweren Ringen durch Kegelstift.

Achshalter, DIN 15058, sichern Achsen und Bolzen gleichzeitig gegen Verschieben und Drehen (siehe Bild III.8).

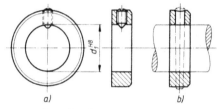

Bild III.7. Stellringe
a) Stellring mit Gewindestift, b) mit Kegelstift

5. Gestaltung der Bolzen- und Stiftverbindungen

Rollenlagerung (Bild III.8): Bolzensicherung durch beidseitige Achshalter, entgegen der Kraftübertragungsstelle angeordnet. Toleranzen z.B.: Bolzen d9, Bohrungen H8.

Hebellagerung (Bild III.9): Bolzensicherung durch Stellringe mit Kegelstift. Bolzen sitzt in beiden Teilen lose. Passung z.B. H9/h11.

Laufradlagerung (Bild III.10): Knebelkerbstift sitzt fest in der Nabenbohrung und lose in der Gabel. Alle Bohrungen können ohne Nacharbeit mit Spiralbohrer gebohrt werden.

Wälzlagerung (Bild III.11): Sprengring sichert Kugellager gegen axiales Verschieben im Gehäuse. Innenring ist auf Welle durch Sicherungsring festgelegt.

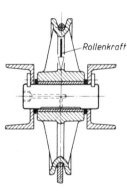

Bild III.8. Gleitlagerung
einer Seilrolle

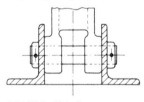

Bild III.9. Hebellagerung

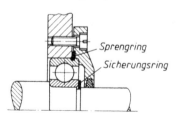

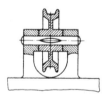

Bild III.10
Laufradlagerung

Bild III.11
Wälzlagerung

IV. Federn

1. Allgemeines

Mit Federn werden elastische Verbindungen hergestellt. Sie verformen sich unter Einwirkung äußerer Kräfte, speichern dabei Energie und geben diese bei Entlastung durch Rückfederung wieder ab. Anwendung als Arbeitsspeicher, zur Stoß- und Schwingungsdämpfung, als Rückholfedern, zur Kraftmessung und als Spannelemente. Nach ihrer Gestalt unterscheidet man Blatt-, Schrauben-, Teller-, Stabfedern usw.

2. Federkennlinien, Federungsarbeit

Die Federeigenschaften werden nach Kennlinien beurteilt. Diese zeigen die Abhängigkeit des Federweges von der Federkraft und können progressiv (ansteigend gekrümmt), gerade oder degressiv (abfallend gekrümmt) verlaufen (Bild IV.2). Den Tangens des Steigungswinkels der Kennlinien bezeichnet man als *Federsteifigkeit c* (Federrate). Sie ist bei gerader Kennlinie das konstante Verhältnis der Federkraft F zum Federweg f:

$$c = \frac{F_1}{f_1} = \frac{F_2}{f_2} = \frac{F_2 - F_1}{f_2 - f_1} \mathrel{\hat=} \tan \alpha$$

F_1, F_2	f_1, f_2	c
N	mm	$\dfrac{\text{N}}{\text{mm}}$

(IV.1)

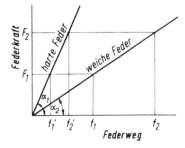

Bild IV.1. Gerade Kennlinien einer weichen und einer harten Feder

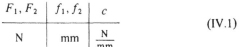
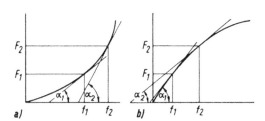

Bild IV.2. Gekrümmte Kennlinien
a) progressive, b) degressive Kennlinie

Federn aus Werkstoffen, für die das Hookesche Gesetz gilt, zeigen bei reibungsfreier Federung lineare (gerade) Kennlinien; Federweg und Federkraft sind proportional (Bild IV.1).

Die Fläche unter der Kennlinie stellt die *Federungsarbeit* dar, sie beträgt bei annähernd geradem Kennlinienverlauf (siehe auch Mechanik):

$$W_f = \frac{Ff}{2} = \frac{cf^2}{2}$$

W_f	F	f	c
Nmm	N	mm	$\dfrac{\text{N}}{\text{mm}}$

(IV.2)

3. Federwerkstoffe

Federwerkstoffe sind meist hochlegierte Stähle.

Nichteisenmetalle nur bei besonderen Anforderungen, z.B. an Korrosionsbeständigkeit oder magnetische Eigenschaften, DIN 17 741 (Ni-Be-Legierung), 17 660 bis 17 663 (Cu-Legierungen). Nichtmetallische Federn, hauptsächlich aus Gummi, zur Schwingungsdämpfung, als Kupplungsglieder oder in Schnittwerkzeugen.

4. Drehbeanspruchte Metall-Federn

4.1. Drehstabfedern

Drehstabfedern sind gerade, auf Torsion (Verdrehung) beanspruchte Stäbe mit meist rundem, seltener quadratischem Querschnitt oder auch Bündel von Federbändern. Verwendung bei Kraftfahrzeugen zur Achsfederung (Bild IV.3), für Drehmoment-Schraubenschlüssel und zur Drehkraftmessung.

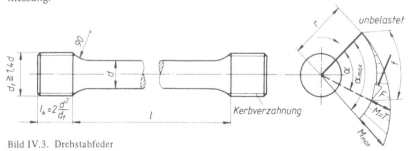

Bild IV.3. Drehstabfeder

Berechnung: Genormt nach DIN 2091. Für die durch ein Torsionsmoment T beanspruchte Stabfeder mit Durchmesser d nach Bild IV.3 gilt für die *Torsionsspannung*

$$\tau_t = \frac{T}{W_p} = \frac{T}{0{,}2\,d^3} \le \tau_{t\,zul}$$

τ_t	T	d
$\dfrac{N}{mm^2}$	Nmm	mm

(IV.3)

im Abstand l ergibt sich ein *Verdrehwinkel*

$$\alpha = \frac{180°}{\pi} \cdot \frac{Tl}{I_p G}$$

α	T	l, d	G
°	Nmm	mm	$\dfrac{N}{mm^2}$

(IV.4)

Zulässige Torsionsspannung $\tau_{t\,zul}$ und Schubmodul G siehe Formelsammlung. Mit $T = Fr$ ergibt sich ein *Federweg* gleich der von F beschriebenen Bogenlänge $f = \widehat{r\alpha}$, worin $\widehat{\alpha} = Tl/(I_p G)$.
Für die *Federrate* c gilt bei Drehstabfedern $c = T/\alpha$.

4.2. Schraubenfedern

4.2.1. Allgemeines. Schraubenfedern, als Zug- und Druckfedern, sind die am meisten verwendeten Federn. Sie sind als schraubenförmig gewundene Drehstabfedern aufzufassen, meist aus Rund-, seltener aus Quadrat- oder Rechteckstäben hergestellt.

Verwendete Federstähle siehe Formelsammlung. Drahtdurchmesser nach DIN 2076: $d = 0{,}5$ 0,56 0,63 0,7 0,8 0,9 1,0 1,25 1,4 1,6 1,8 2,0 2,25 2,5 2,8 3,2 3,6 4,0 4,5 5,0 5,6 6,3 7,0 8,0 9,0 10 11 12,5 14 16 mm für kaltgeformte Federn; nach DIN 2077: $d = 16$ 18 20 22,5 25 28 32 36 40 45 50 mm für warmgeformte Federn.

Anwendung sehr vielseitig, z.B. als Ventilfedern, Spannfedern, Achsfedern bei Fahrzeugen, Polsterfedern usw.

4.2.2. Ausführung der Schraubenfedern mit Kreisquerschnitt

Zugfedern, Richtlinien für die Ausführung nach DIN 2097. Zugfedern werden allgemein rechtsgewickelt und bis $d = 17$ mm kaltgeformt mit aneinanderliegenden Windungen (Vorspannung!).

Federn mit $d > 17$ mm werden warmgeformt, wobei die Windungen einen vom Wickelverhältnis $w = D_m/d$ abhängigen Abstand haben. Ösenformen nach DIN 2097; die gebräuchlichste „ganze deutsche Öse" zeigt Bild IV.4.

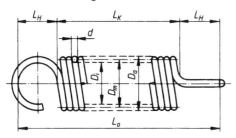

Bild IV.4

Ausführung einer
Schrauben-Zugfeder

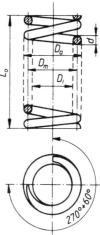

Bild IV.5. Ausführung einer
Schrauben-Druckfeder

Tafel IV.1. Ermittlung der Summe der Mindestabstände
nach DIN 2095 bei kaltgeformten Druckfedern

Drahtdurchmesser d in mm	Berechnungsformel für S_a in mm	x-Werte in $1/$mm bei Wickelverhältnis w			
		$4...6$	$>6...8$	$>8...12$	>12
$0.07...0.5$	$S_a = 0.5 \cdot d + x \cdot d^2 \cdot i_f$	0,50	0,75	1,00	1,50
über $0.5...1.0$	$0.4 \cdot d + x \cdot d^2 \cdot i_f$	0,20	0,40	0,60	1,00
über $1.0...1.6$	$0.3 \cdot d + x \cdot d^2 \cdot i_f$	0,05	0,15	0,25	0,40
über $1.6...2.5$	$0.2 \cdot d + x \cdot d^2 \cdot i_f$	0,035	0,10	0,20	0,30
über $2.5...4.0$	$1 + x \cdot d^2 \cdot i_f$	0,02	0,04	0,06	0,10
über $4.0...6.3$	$1 + x \cdot d^2 \cdot i_f$	0,015	0,03	0,045	0,06
über $6.3...10$	$1 + x \cdot d^2 \cdot i_f$	0,01	0,02	0,030	0,04
über 10 $...17$	$1 + x \cdot d^2 \cdot i_f$	0,005	0,01	0,018	0,022

Druckfedern. Ausführungsrichtlinien für kaltgeformte Federn ($d \le 17$ mm) nach DIN 2095, für warmgeformte nach DIN 2096. Druckfedern werden normal rechtsgewickelt. Die Drahtenden werden bei $d > 0.5$ mm plangeschliffen (Bild IV.5). Die Windungssteigung ist so zu wählen, daß auch bei Höchstlast noch ein Mindestabstand zwischen den Windungen vorhanden ist, der vom Drahtdurchmesser d und Wickelverhältnis w abhängig ist. Die Summe der Mindestabstände S_a errechnet sich bei kaltgeformten Federn nach Tafel IV.1, bei warmgeformten Druckfedern beträgt die Summe der Mindestabstände nach DIN 2096 $S_a \approx 0.17\, d\, i_f$.

Für die Festlegung der Bauabmessungen ist die Länge der Feder bei aneinanderliegenden Windungen, die Blocklänge L_{Bl} und die Länge der unbelasteten Feder L_0 wichtig. Bei kaltgeformten Federn mit plangeschliffenen Enden beträgt:

$$L_{Bl} \approx (i_f + 1.5)\, d + 0.5\, d \approx i_g\, d \qquad \begin{array}{c|c} L_{Bl}, d & i_f, i_g \\ \hline mm & 1 \end{array} \qquad (IV.5)$$

Bei warmgeformten Federn, deren Enden ausgeschmiedet und geschliffen werden, ist:

$$L_{Bl} \approx (i_f + 1)\, d + 0.2\, d \approx (i_g - 0.3)\, d \qquad \begin{array}{c|c} L_{Bl}, d & i_f, i_g \\ \hline mm & 1 \end{array} \qquad (IV.6)$$

i_g Gesamtzahl der Windungen:

für (IV.5) $i_g = i_f + 2$, für (IV.6) $i_g = i_f + 1.5$

$$L_0 = L_{Bl} + f_n + S_a \qquad \begin{array}{c} L_0, L_{Bl}, f_n, S_a \\ \hline mm \end{array} \qquad (IV.7)$$

Unter f_n ist der Federweg zu verstehen, der zur maximalen Federkraft F_n gehört.

4.2.3. Berechnung der Schrauben-Zugfedern. Die Berechnung ist nach DIN 2089 genormt. Ohne Berücksichtigung der Spannungserhöhung durch die Drahtkrümmung ergibt sich die *ideelle Torsionsspannung*

$$\tau_i = \frac{8 F D_m}{\pi d^3} \leq \tau_{i\,zul} \qquad (\text{IV}.8)$$

τ_i	F	d, D_m
$\dfrac{N}{mm^2}$	N	mm

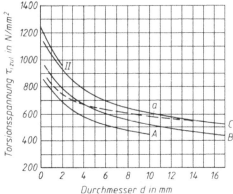

Bild IV.6. Zulässige Torsionsspannung für kaltgeformte Zugfedern aus Federstahldraht II, A, B und C nach DIN 2076 und ölvergütetem Federstahl (Kurve a) nach DIN 17 223

D_m mittlerer Windungsdurchmesser;
$\tau_{i\,zul}$ zulässige ideelle Torsionsspannung nach Schaubild IV.6.

Überschlägige Ermittlung des Drahtdurchmessers d nach Leitertafel, Bild IV.13.

Bei Federn, die ohne innere Vorspannung gewickelt sind, ergibt sich der *Federweg*

$$f = \frac{8 D_m^3 i_f F}{G d^4}$$

f, D_m, d	F	G	i_f
mm	N	$\dfrac{N}{mm^2}$	1

$$(\text{IV}.9)$$

i_f Anzahl der federnden Windungen; G Schubmodul des Federwerkstoffe (siehe Formelsammlung).

Bei Federn mit innerer Vorspannung ist für F die Differenz $F - F_0$ zu setzen. Die zum Öffnen der aneinanderliegenden Windungen bei vorgespannten Federn erforderliche *innere Vorspannkraft* ergibt sich aus

$$F_0 = F - \frac{G d^4 f}{8 D_m^3 i_f}$$

F_0, F	G	d, f, D_m	i_f
N	$\dfrac{N}{mm^2}$	mm	1

$$(\text{IV}.10)$$

Hiermit ist nachzuprüfen, daß die *innere Torsionsspannung*

$$\tau_{i0} \approx \frac{F_0 D_m}{0,4 \, d^3} \leq \tau_{i0\,zul}$$

τ_{i0}	F_0	D_m, d
$\dfrac{N}{mm^2}$	N	mm

$$(\text{IV}.11)$$

Werte für $\tau_{i0\,zul}$ nach Tafel IV.2.

Tafel IV.2. Richtwerte für die innere Torsionsspannung $\tau_{i0\,zul}$ für Federstahldraht nach DIN 2076 und ölvergüteten Federstahl nach DIN 17 223

Herstellungsverfahren		Wickelverhältnis	
		$w = \dfrac{D_m}{d} = 4 \ldots 10$	$w = \dfrac{D_m}{d}$ über $10 \ldots 15$
kaltgeformt	auf Wickelbank	$0,25 \, \tau_{izul}$	$0,14 \, \tau_{izul}$
	auf Automat	$0,14 \, \tau_{izul}$	$0,07 \, \tau_{izul}$

Die *Federsteifigkeit* ergibt sich aus

$$c = \frac{F}{f} = \frac{F - F_0}{f} = \frac{G\,d^4}{8\,D_m^3\,i_f}$$

c	F, F_0	f, d, D_m	G	i_f
$\dfrac{N}{mm}$	N	mm	$\dfrac{N}{mm^2}$	1

(IV.12)

Die *Gesamtzahl der Windungen* bei Federn mit aneinanderliegenden Windungen wird

$$i_g = \frac{L_K}{d} - 1$$

i_g	L_K, d
1	mm

(IV.13)

L_K Länge des unbelasteten Federkörpers.

Bei Federn ohne bzw. mit innerer Vorspannung ist die *Federungsarbeit*

$$W_f = \frac{F\,f}{2} \quad \text{oder} \quad W_f = \frac{(F + F_0)\,f}{2}$$

W_f	F, F_0	f
Nmm	N	mm

(IV.14)

Die vorstehende Berechnung gilt für vorwiegend ruhend belastete, kaltgeformte Federn. Bei warmgeformten Federn soll $\tau_{izul} \approx 600\,N/mm^2$ nicht überschreiten. Schwingend belastete Zugfedern sind zu vermeiden, da deren Dauerfestigkeit weitgehend von der Ösenform und deren Übergang zum Federkörper abhängt und nur schwer zu erfassen ist.

4.2.4. Berechnung der Schrauben-Druckfedern. Die Berechnung ist wie die der Zugfedern nach DIN 2089 genormt. Es gelten die gleichen Berechnungsgleichungen, da Zug- und Druckfedern im Federungs- und Festigkeitsverhalten weitgehend übereinstimmen. Jedoch liegen für Druckfedern umfangreiche Dauerfestigkeitswerte vor. Die im folgenden benutzten Formelzeichen stimmen mit denen für die Berechnung der Zugfedern unter 4.2.3 überein.

Für überwiegend *ruhend* belastete Druckfedern gilt für die *ideelle Torsionsspannung*

$$\tau_i \approx \frac{F\,D_m}{0{,}4\,d^3} \leq \tau_{izul}$$

(IV.15)

Werte für τ_{izul} nach Schaubild IV.7. Überschlägige Ermittlung des Drahtdurchmessers d nach Leitertafel Bild IV.13.

Bei überwiegend *schwingend* belasteten Federn wird unter Berücksichtigung der durch die Drahtkrümmung entstehenden Spannungserhöhung die

$$\textit{Torsionsspannung } \tau_k \approx k\,\frac{F\,D_m}{0{,}4\,d^3} \leq \tau_{k\,zul}$$

(IV.16)

und die

$$\textit{Hubspannung} \quad \tau_{kh} \approx k\,\frac{\Delta F\,D_m}{0{,}4\,d^3} \leq \tau_{kH}$$

(IV.17)

Beiwert k berücksichtigt die Spannungserhöhung durch die Drahtkrümmung; Werte, abhängig vom Wickelverhältnis $w = D_m/d$ nach Schaubild IV.8. Werte für $\tau_{k\,zul}$ und τ_{kH} nach Dauerfestigkeitsschaubildern IV.9 bis IV.11.

Der *Federweg f*, die *Federrate c* und die *Federungsarbeit* W_f ergeben sich aus:

$$f = \frac{8\,D_m^3\,i_f\,F}{G\,d^4}$$

(IV.18)

$$c = \frac{F}{f} = \frac{\Delta F}{\Delta f} = \frac{G\,d^4}{8\,D_m^3\,i_f}$$

(IV.19)

$$W_f = \frac{F\,f}{2}$$

(IV.20)

Bei längeren Federn ist die Knicksicherheit zu prüfen. Ein seitliches Ausknicken tritt nicht ein, wenn die Kurven im Schaubild IV.12 nicht überschritten werden. Maßgebend sind der Schlankheitsgrad L_0/D_m und die Federung f_{max}/L_0 100 in %.

Längere Federn sind in einer Hülse oder auf einem Dorn zu führen.

● **Beispiel:** Es ist eine zylindrische Schrauben-Druckfeder (Ventilfeder) mit unbegrenzter Lebensdauer aus ölvergütetem, gestrahltem Ventilfederdraht nach DIN 17 223 für die Federkräfte F_1 = 350 N, F_2 = 700 N, bei einem Hub $h \hat{=} \Delta f$ = 12 mm, zu berechnen. Der innere Windungsdurchmesser D_i darf 20 mm nicht unterschreiten.

Lösung: Berechnung auf Dauerfestigkeit, Belastung: allgemein dynamisch, schwellend. Bei der Betrachtung des Dauerfestigkeitsschaubildes IV.11 stellt man fest, daß die ertragbare Hubspannung τ_{kH} nahezu konstant und von der Vorspannung $\tau_{kl} \hat{=} \tau_{kv}$ fast unabhängig ist. $\tau_{kH} \approx 500$ N/mm², gewählt: $\tau_{kH\,zul}$ = 325 N/mm², die Wahl des Wickelverhältnisses w ist für die Größe der Spannungserhöhung an der Innenseite durch den Faktor k entscheidend; $w = D_m/d = 6 \hat{=} k = 1,27$ nach Schaubild IV.8.

Mit diesen Voraussetzungen läßt sich der Drahtdurchmesser d nach (IV.16 und IV.17) wie folgt berechnen:

Aus $\qquad \tau_k \approx k \dfrac{F D_m}{0,4\, d^3}$ wird $\tau_{kh} \approx k \dfrac{\Delta F D_m}{0,4\, d^3} \approx k \dfrac{\Delta F\, 6\, d}{0,4\, d^3} \leq \tau_{kH\,zul}$

$$d \approx \sqrt{1,27 \frac{(700\ \text{N} - 350\ \text{N}) \cdot 6}{0,4 \cdot 325\ \dfrac{\text{N}}{\text{mm}^2}}} = 4,53\ \text{mm, gewählt: } d = 4,5\ \text{mm}$$

$$D_m = 6\, d = 6 \cdot 4,5\ \text{mm} = 27\ \text{mm}, \quad D_i = D_m - d = 27\ \text{mm} - 4,5\ \text{mm} = 22,5\ \text{mm}$$

Überprüfung auf Dauerhaltbarkeit:

$$\tau_{k1} \approx 1,27 \frac{350\ \text{N} \cdot 27\ \text{mm}}{0,4 \cdot 4,5^3\ \text{mm}^3} = 329,3\ \frac{\text{N}}{\text{mm}^2}$$

$$\tau_{k2} = \tau_{k1} \cdot \frac{F_2}{F_1} = 329,3\ \frac{\text{N}}{\text{mm}^2} \frac{700\ \text{N}}{350\ \text{N}} = 658,6\ \frac{\text{N}}{\text{mm}^2}$$

$$\tau_{kh} = \tau_{k2} - \tau_{k1} = 658,6\ \frac{\text{N}}{\text{mm}^2} - 329,3\ \frac{\text{N}}{\text{mm}^2} = 329,3\ \frac{\text{N}}{\text{mm}^2}$$

nach Dauerfestigkeitsschaubild IV.11 liegen alle Werte im zulässigen Bereich.

Festlegung der Federrate c, der federnden Windungen i_f und der Gesamtwindungszahl i_g. Nach (IV.19) ist:

$$c = \frac{\Delta F}{\Delta f} = \frac{G\, d^4}{8\, D_m^3\, i_f}; \qquad c = \frac{F_2 - F_1}{\Delta f} = \frac{700\ \text{N} - 350\ \text{N}}{12\ \text{mm}} = 29,17\ \frac{\text{N}}{\text{mm}}$$

$$c\, i_f = \frac{G\, d^4}{8\, D_m^3} = \frac{83\,000 \cdot 4,5^4\ \text{mm}^4}{8 \cdot 27^3\ \text{mm}^3} = 216,2\ \frac{\text{N}}{\text{mm}}; \qquad i_f = \frac{216,2\ \dfrac{\text{N}}{\text{mm}}}{29,17\ \dfrac{\text{N}}{\text{mm}}} = 7,4$$

gewählt: i_f = 7,5 und damit $i_g = i_f + 2 = 7,5 + 2 = 9,5$ Windungen nach (IV.5).

$$c_{vorh} = \frac{216,2\ \dfrac{\text{N}}{\text{mm}}}{7,5} = 28,83\ \frac{\text{N}}{\text{mm}}$$

die endgültigen Federwege betragen:

$$f_1 = \frac{F_1}{c_{\text{vorh}}} = \frac{350 \text{ Nmm}}{28,83 \text{ N}} = 12,1 \text{ mm}, \quad f_2 = \frac{F_2}{c_{\text{vorh}}} = \frac{700 \text{ Nmm}}{28,83 \text{ N}} = 24,3 \text{ mm}$$

$$\Delta f \approx 12,2 \text{ mm}$$

Die Blocklänge der Feder wird nach (IV.5): $L_{\text{Bl}} \approx i_g d = 9,5 \cdot 4,5 \text{ mm} = 42,8 \text{ mm}$. Unter Berücksichtigung eines Mindestabstandes zwischen den einzelnen Windungen wird die Länge der unbelasteten Feder: $L_0 = L_{\text{Bl}} + f_2 + S_a$; S_a nach Tafel IV.1:

$$S_a \approx 1 + x \, d^2 \, i_f = 1 + 0,015 \cdot 4,5^2 \cdot 7,5 = 3,3 \text{ mm},$$

$$L_0 \approx 42,8 \text{ mm} + 24,3 \text{ mm} + 3,3 \text{ mm}, \quad L_0 \approx 70,0 \text{ mm}$$

Abschließend ist die Knicksicherheit zu prüfen:

$$\text{Schlankheitsgrad} \quad \frac{L_0}{D_m} = \frac{70 \text{ mm}}{27 \text{ mm}} = 2,6$$

$$\text{Federung} \quad \frac{f_2}{L_0} \, 100 \, \% = \frac{24,3 \text{ mm}}{70 \text{ mm}} \cdot 100 \, \% = 35 \, \%$$

mit diesen Werten wird keine der Kurven in Bild IV.12 erreicht, d.h., die Feder ist knicksicher.

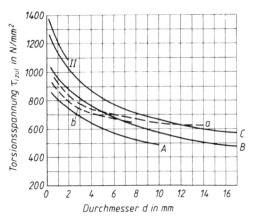

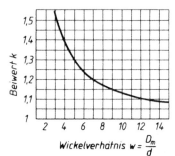

Bild IV.8. Beiwert k in Abhängigkeit vom Wickelverhältnis w

Bild IV.7. Zulässige Torsionsspannung für kaltgeformte Druckfedern aus Federstahldraht II, A, B und C nach DIN 2076, ölvergütetem Federstahl (Kurve a) und ölvergütetem Ventilfederdraht (Kurve b) nach DIN 17 223

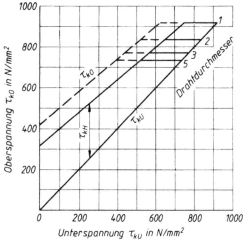

Bild IV.10. Dauerfestigkeitsschaubild für kaltgeformte Druckfedern aus ölvergütetem Federstahldraht nach DIN 17 223, nicht gestrahlt (ausgezogene Linien) und gestrahlt (gestrichelte Linien)

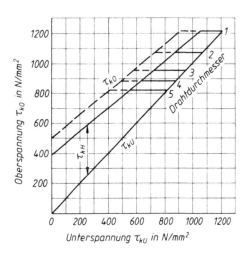

Bild IV.9. Dauerfestigkeitsschaubild für kaltgeformte Druckfedern aus Federstahldraht C nach DIN 2076, nicht gestrahlt (ausgezogene Linien) und gestrahlt (gestrichelte Linien)

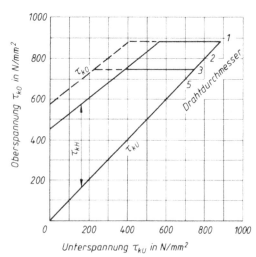

Bild IV.11. Dauerfestigkeitsschaubild für kaltgeformte Druckfedern aus ölvergütetem Ventilfederdraht nach DIN 17 223, nicht gestrahlt (ausgezogene Linien) und gestrahlt (gestrichelte Linien)

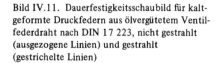

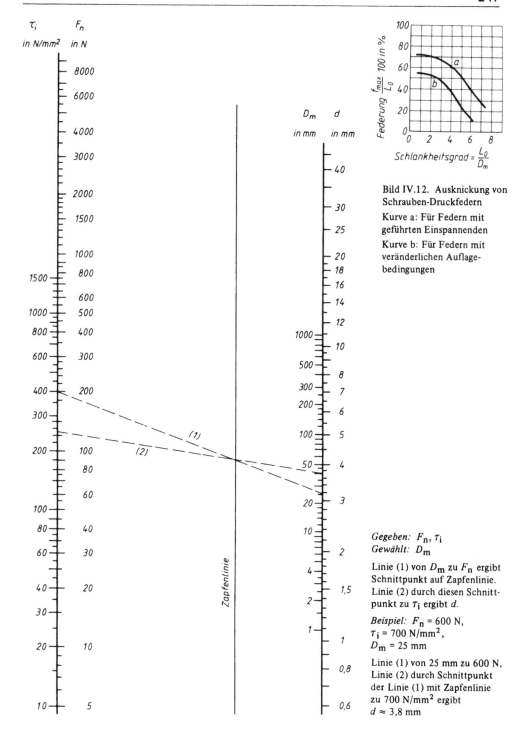

Bild IV.12. Ausknickung von
Schrauben-Druckfedern

Kurve a: Für Federn mit
geführten Einspannenden

Kurve b: Für Federn mit
veränderlichen Auflage-
bedingungen

Gegeben: F_n, τ_i
Gewählt: D_m

Linie (1) von D_m zu F_n ergibt
Schnittpunkt auf Zapfenlinie.
Linie (2) durch diesen Schnitt-
punkt zu τ_i ergibt d.

Beispiel: F_n = 600 N,
τ_i = 700 N/mm²,
D_m = 25 mm

Linie (1) von 25 mm zu 600 N,
Linie (2) durch Schnittpunkt
der Linie (1) mit Zapfenlinie
zu 700 N/mm² ergibt
$d \approx 3,8$ mm

Bild IV.13. Leitertafel zur Entwurfsberechnung zylindrischer Schraubenfedern

V. Achsen, Wellen und Zapfen

1. Allgemeines

Achsen dienen zum Tragen und Lagern von Laufrädern, Seilrollen, Hebeln usw. und werden hauptsächlich auf Biegung beansprucht. Sie übertragen kein Drehmoment. *Feststehende Achsen* werden nur ruhend oder schwellend auf Biegung beansprucht, sind also festigkeitsmäßig günstiger als *umlaufende Achsen,* bei denen die Biegung wechselnd auftritt. *Wellen* laufen ausschließlich um. Sie übertragen über Riemenscheiben, Zahnräder, Kupplungen usw. Drehmomente, werden also auf Verdrehung und meist zusätzlich auf Biegung beansprucht.

Zapfen sind die zum Tragen und Lagern, meist abgesetzten Achsen- und Wellenenden oder auch Einzelelemente (Spurzapfen, Kurbelzapfen).

2. Werkstoffe, Normen

Für Achsen und Wellen von Getrieben, Hebezeugen und Werkzeugmaschinen werden Baustähle, DIN EN 10025, verwendet z. B. E295 und E335, für höhere Beanspruchungen bei Kraftfahrzeugen, Motoren, Turbinen und schweren Werkzeugmaschinen die Vergütungsstähle, DIN EN 10083, z. B. 25 CrMo4, 27 MnSi5, für Beanspruchungen auf Verschleiß die Einsatzstähle DIN EN 10084, z. B. C 15, 18CrNi8. Gegebenenfalls sind bei der Werkstoffwahl noch zu beachten: Schweißbarkeit, Schmiedbarkeit, Korrosionsverhalten, magnetische Eigenschaften und Lieferform (Blöcke, Stangen). Siehe auch Abschnitt Werkstofftechnik.

Normen: Rundstähle nach DIN 668 mit Toleranz h 11, nach DIN 670 mit h 8 und DIN 671 mit h 9; Oberfläche kaltgezogen und geschält oder geschliffen. Stahlwellen, DIN 669, mit Toleranz h 9, Oberfläche kaltgezogen und poliert. Bei anderen Toleranzen und teils unbearbeiteter Oberfläche wird warmgewalzter Rundstahl, DIN 1013, verwendet.

Achsen und Wellen größerer Abmessungen oder besonderer Formen, z.B. Achsen von Kraftfahrzeugen oder Kurbelwellen, werden gepreßt, vorgeschmiedet oder auch gegossen.

3. Berechnung der Achsen

Beanspruchung auf Biegung; zusätzliche Schubbeanspruchung ist meist gering und wird vernachlässigt. Für die vorhandene *Biegespannung* σ_b gilt

$$\sigma_b = \frac{M_b}{W} \leq \sigma_{b\,zul} \qquad \begin{array}{c|c|c} \sigma_b & M_b & W \\ \hline \dfrac{N}{mm^2} & Nmm & mm^3 \end{array} \qquad (V.1)$$

M_b Biegemoment; W axiales Widerstandsmoment; mit $W \approx 0{,}1\,d^3$ wird der erforderliche *Durchmesser d* für Vollachsen:

$$d \geq \sqrt[3]{\frac{M_b}{0{,}1\,\sigma_{b\,zul}}} \qquad \begin{array}{c|c|c} d & M_b & \sigma_{b\,zul} \\ \hline mm & Nmm & \dfrac{N}{mm^2} \end{array} \qquad (V.2)$$

Zulässige Biegespannung $\sigma_{b\,zul}$ je nach Belastungsfall, siehe Festigkeitslehre.

4. Berechnung der Wellen

4.1. Torsionsbeanspruchte Wellen

Reine Torsionsbeanspruchung tritt selten auf, z.B. bei direkt mit Motor gekuppelten Wellen von Lüftern, Kreiselpumpen oder Planetengetrieben.

Vorhandene *Torsionsspannung*

$$\tau_t = \frac{M_T}{W_p} \leq \tau_{tzul}$$

τ_t	M_T	W_p
$\dfrac{N}{mm^2}$	Nmm	mm^3

(V.3)

M_T zu übertragendes Torsionsmoment; bei gegebener Leistung P in kW und Drehzahl n in min^{-1} ist $T = 9{,}55 \cdot 10^6 \, P/n$, W_p polares Widerstandsmoment. Mit $W_p = 0{,}2 \, d^3$ wird der erforderliche Wellendurchmesser

$$d \geq \sqrt[3]{\frac{M_T}{0{,}2 \, \tau_{tzul}}}$$

d	M_T	τ_{tzul}
mm	Nmm	$\dfrac{N}{mm^2}$

Zulässige Torsionsspannung τ_{tzul} je nach Belastungsfall, siehe Festigkeitslehre.

4.2. Torsions- und biegebeanspruchte Wellen

Gleichzeitige Torsions- und Biegebeanspruchung liegt bei Wellen am häufigsten vor, z.B. bei Wellen mit Zahnrädern, Riemenscheiben, Hebeln u.dgl. Durch die Zahn-, Riemenzug- und sonstigen Kräfte treten Biegespannungen und noch meist vernachlässigbar kleine Schubspannungen auf (Bild V.1). Häufig ist das Biegemoment vorerst nicht bekannt. Der *Wellendurchmesser* wird dann überschlägig berechnet aus der Zahlenwertgleichung

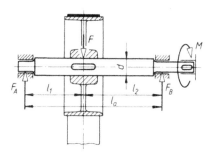

Bild V.1. Welle mit gleichzeitiger Torsions- und Biegebeanspruchung

$$d \approx c_1 \sqrt[3]{M_T} \approx c_2 \sqrt[3]{\frac{P}{n}}$$

d	c_1, c_2	M_T	P	n
mm	1	Nmm	kW	min^{-1}

(V.5)

Beiwerte c_1 und c_2 abhängig von der zulässigen Torsionsspannung; man setze: $c_1 = 0{,}69$ bzw. $c_2 = 146$ bei S235JR, $c_1 = 0{,}625$ bzw. $c_2 = 133$ bei E295, E335 und jeweils vergleichbaren Stählen, $c_1 = 0{,}58$ bzw. $c_2 = 123$ für Stähle höherer Festigkeit.

Nach überschlägiger Berechnung nach (V.5) lassen sich die erforderlichen Abmessungen (Radabstände, Lagerabstände usw.) genügend genau festlegen, und damit die Biegemomente und Biegespannungen ermitteln. Die Welle wird dann auf Biegung und Torsion nachgeprüft.

Dabei muß die *Vergleichspannung* σ_v sein:

$$\sigma_v = \sqrt{\sigma_b^2 + 3(\alpha_0\,\tau_t)^2} \le \sigma_{b\,zul} \qquad \begin{array}{c|c} \sigma_v, \sigma_b, \tau_t & \alpha_0 \\ \hline \dfrac{N}{mm^2} & 1 \end{array} \qquad (V.6)$$

σ_b vorhandene Biegespannung, τ_t vorhandene Torsionsspannung; Anstrengungsverhältnis

$\alpha_0 = \dfrac{\sigma_{b\,zul}}{1,73\,\tau_{t\,zul}}$. Man setzt $\alpha_0 \approx 1,0$ wenn σ_b und τ_t im gleichen Belastungsfall (z.B. beide wechselnd) auftreten, $\alpha_0 \approx 0,7$ wenn σ_b wechselnd und τ_t schwellend oder ruhend auftritt (häufigster Fall). $\sigma_{b\,zul}$ zulässige Biegespannung je nach Belastungsfall, siehe Abschnitt Festigkeitslehre.

Sind Torsionsmoment und Biegemoment bekannt, dann läßt sich der Wellendurchmesser mit dem *Vergleichsmoment* M_v berechnen:

$$M_v = \sqrt{M_b^2 + 0,75(\alpha_0 M_T)^2} \qquad \begin{array}{c|c} M_v, M_b, M_T & \alpha_0 \\ \hline Nmm & 1 \end{array} \qquad (V.7)$$

Mit M_v ergibt sich der *Wellendurchmesser*

$$d \ge \sqrt[3]{\dfrac{M_v}{0,1\,\sigma_{b\,zul}}} \qquad \begin{array}{c|c|c} d & M_v & \sigma_{b\,zul} \\ \hline mm & Nmm & \dfrac{N}{mm^2} \end{array} \qquad (V.8)$$

4.3. Lange Wellen

Bei langen Wellen, z.B. bei Transmissionswellen, Fahrwerkwellen von Kranen u.dgl. ist meist die *Formänderung* für die Berechnung maßgebend. Erfahrungsgemäß soll der Verdrehwinkel $\varphi = 0,25\ldots0,5°$ je m Wellenlänge nicht überschreiten. Ein größerer Verdrehwinkel ergibt eine kleine kritische Drehzahl und führt damit leicht zu Schwingungen. Aus der Berechnungsgleichung für den *Verdrehwinkel*

$$\varphi = \frac{180°}{\pi} \cdot \frac{l\,\tau_t}{r\,G} \le 0,25° \qquad\qquad (V.9)$$

ergibt sich für $\varphi = 0,25°$, $l = 1000$ mm, $r = \dfrac{d}{2}$, $\tau_t = \dfrac{M_T}{0,2\,d^3}$ und $G = 80\,000$ N/mm² der *Wellendurchmesser d* aus der Zahlenwertgleichung

$$d \approx 2,33 \sqrt[4]{M_T} \approx 130 \sqrt[4]{\frac{P}{n}} \qquad \begin{array}{c|c|c|c} d & M_T & P & n \\ \hline mm & Nmm & kW & min^{-1} \end{array} \qquad (V.10)$$

M_T zu übertragendes Torsionsmoment; P zu übertragende Leistung; n Drehzahl der Welle. Die mit (V.10) berechnete Welle ist zweckmäßig mit (V.3) oder (V.6) zu überprüfen, nach nach vorliegender Beanspruchung.

Beachte: Die Verwendung eines Stahles hoher Festigkeit zum Erreichen eines kleinen Verdrehwinkels bringt keinen Gewinn, da die Formänderung vom Schubmodul G abhängig ist, der für alle Stähle annähernd gleich groß ist. Der *Lagerabstand* bei langen Wellen wird erfahrungsgemäß gewählt: $l_a \approx 300\,\sqrt{d}$ in mm, d Wellendurchmesser in mm.

5. Auszuführende Achsen- und Wellendurchmesser

Die endgültigen Durchmesser der nach vorstehenden Gleichungen berechneten Achsen und Wellen sind nach Normmaßen festzulegen.
Dabei sind gegebenenfalls genormte Abmessungen von Lagern, Stell-
ringen, Dichtungen u.dgl. sowie etwaige Nuten, Eindrehungen und
sonstige Querschnittsverminderungen zu berücksichtigen.

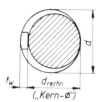

Bild V.2. Rechnerischer
Wellendurchmesser

Der endgültige Durchmesser ist so zu wählen, daß nach Abzug der zuge-
hörigen Nut-, Eindrehungstiefen usw. der berechnete Durchmesser als
„Kerndurchmesser" übrigbleibt (Bild V.2). Wellennuttiefe t_w nach
Formelsammlung.

6. Berechnung der Zapfen

6.1. Achszapfen

Achszapfen werden auf Biegung beansprucht, und zwar Lagerzapfen umlaufender Achsen wechselnd,
Tragzapfen feststehender Achsen ruhend oder schwellend. Zapfendurchmesser werden meist konstruktiv festgelegt und dann nachgeprüft. Für den gefährdeten Querschnitt $A-B$ (Bild X.3) muß
die *Biegespannung* σ_b sein:

$$\sigma_b = \frac{M_b}{W} = \frac{F\frac{l}{2}}{0,1\,d_1^3} \le \sigma_{b\,zul}$$

σ_b	F	l, d_1
$\frac{N}{mm^2}$	N	mm

(V.11)

zulässige Biegespannung $\sigma_{b\,zul}$ je nach Belastungsfall, siehe Abschnitt Festigkeitslehre.

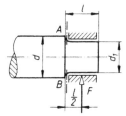

Bild V.3. Achszapfen

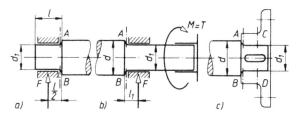

Bild V.4. Wellenzapfen. a) biegebeansprucht, b) torsions- und
biegebeansprucht, c) torsionsbeansprucht

6.2. Wellenzapfen

Die zur Lagerung dienenden Wellenzapfen (*Lagerzapfen*, Bild V.4a) werden fast ausschließlich
wechselnd auf Biegung beansprucht; Berechnung wie Achszapfen nach (V.11). *Antriebszapfen*
nach Bild V.4b werden auf Biegung und Verdrehung beansprucht; für den gefährdeten Querschnitt
$A-B$ ist die Vergleichspannung sinngemäß nach (V.6) nachzuprüfen. Antriebszapfen nach Bild
V.4c übertragen nur ein Drehmoment; gefährdete Querschnitte sind $A-B$ und $C-D$; Nachprüfung
auf Verdrehung sinngemäß nach (V.3) praktisch nur für nutgeschwächten Querschnitt $C-D$;
beachte „Kerndurchmesser" (Bild V.2).

Normen: Zylindrische Wellenenden nach DIN 748; kegelige Wellenenden mit langem Kegel (1 : 10)
und Gewindezapfen nach DIN 749, mit kurzem Kegel und Gewindezapfen nach DIN 1448 (siehe
Formelsammlung).

7. Gestaltung

7.1. Allgemeine Richtlinien

Gedrängte Bauweise mit kleinen Rad- und Lagerabständen anstreben, dadurch kleine Biegemomente und kleinere Wellendurchmesser.

Zapfenübergänge gut runden: $r \approx d/10 \dots d/20$ (Bild V.5a). Nuten nicht bis an Übergänge heranführen (Kerbwirkung!). Festigkeitsmäßig am günstigsten sind Korbbogen-Übergänge: $r \approx d/20$, $R \approx d/5$ (Bild V.5b). Bei geschliffenen Flächen Freistiche vorsehen (Bilder V.5c und V.5d).

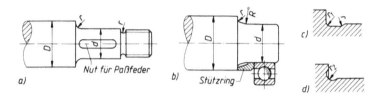

Bild V.5

Gestaltung der Zapfenübergänge

a) normaler Übergang
b) Korbbogenübergang
c) und d) Freistiche

Räder und Scheiben gegen axiales Verschieben durch Distanzhülsen oder Wellenschultern sichern (Bilder V.6a und V.6b), nicht durch Sicherungsringe (Kerbwirkung!). Nuten immer kürzer als Naben (Abstand a), wegen Ausgleich von Einbauungenauigkeiten und um Zusammenfallen der „Kerbebenen" zu vermeiden.

Möglichst Fertigwellen verwenden (siehe unter 2.), um Bearbeitung zu ersparen.

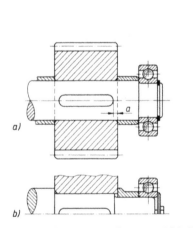

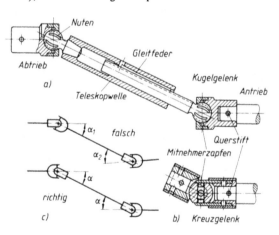

Bild V.6. Festlegung von Rädern und Scheiben
a) durch Distanzhülsen,
b) durch Wellenschultern

Bild V.7. Gelenkwelle, a) mit Kugelgelenken, b) Kreuzgelenk, c) falsche und richtige Anordnung der Gelenke

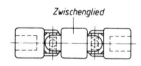

Bild V.8. Doppel-Gelenk

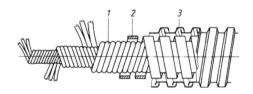

Bild V.9. Biegsame Welle mit Metallschutzschlauch

7.2. Die wichtigsten DIN-Normen zum Konstruktionsentwurf einer Getriebewelle

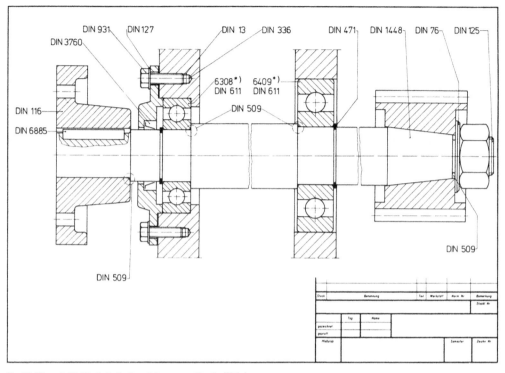

*) 63 08 und 64 09 sind die Bezeichnungen für die Wälzlager

Bild V.10. Getriebewelle (Entwurf)

DIN 13 Teil 1	Metrisches ISO-Gewinde, Regelgewinde
DIN 76 Teil 1	Gewindeausläufe, Gewindefreistiche für Metrisches ISO-Gewinde
DIN 116	Antriebselemente; Scheibenkupplungen, Maße, Drehmomente, Drehzahlen
DIN 125	Scheiben
DIN 127	Federringe
DIN 336 Teil 1	Durchmesser für Bohrwerkzeuge für Gewindekernlöcher
DIN 471 Teil 1	Sicherungsringe für Wellen
DIN 509	Freistiche
DIN 611	Wälzlagerteile, Wälzlagerzubehör und Gelenklager
DIN 931	Sechskantschrauben
DIN 1448 Teil 1	Kegelige Wellenenden mit Außengewinde
DIN 3760	Radial-Wellendichtringe
DIN 6885 Teil 1	Paßfedern, Nuten

7.3. Sonderausführungen

Gelenkwellen: Anwendung zum Verbinden von nicht fluchtenden, in der Lage veränderlichen Wellenteilen, z.B. bei Fräsmaschinen, Mehrspindelbohrmaschinen, Kraftfahrzeugen. Für kleinere Drehmomente Ausführung mit Kugelgelenken (Bilder V.7a und V.7b). Richtige Anordnung der Gelenke beachten (Bild V.7c), um ungleichförmigen Lauf der Abtriebswelle zu vermeiden.

Zum Verbinden zweier zueinander geneigter Wellen dienen Doppelgelenke (Bild V.8). Das Zwischenglied hat dabei die Funktion der Zwischenwelle.

Normen: Einfach- und Doppel-Kreuzgelenke, DIN 7551, mit Ablenkwinkel bis 45° bzw. 90° für allgemeine Zwecke; Wellengelenke, DIN 808, vorwiegend für Werkzeugmaschinen. Ausführung ähnlich den in Bild V.7 dargestellten.

Biegsame Wellen: Anwendung hauptsächlich zum Antrieb ortsveränderlicher Elektrowerkzeuge mit kleineren Leistungen (Bild V.9). Schraubenförmig in mehreren Lagen gewickelte Stahldrähte (1) sind vielfach noch durch gewundenen Flachstahl (2) verstärkt und von beweglichem Metallschutzschlauch (3) umhüllt.

Normen: Biegsame Wellen, DIN 44 713; Anschlüsse (Lötmuffen), DIN 42 995.

■ **Beispiel:** Der Durchmesser der Antriebswelle eines Becherwerkes, Bild V.11 ist zu berechnen. Antriebsleistung $P = 6{,}6$ kW; Drehzahl $n = 80$ min^{-1}; Gurtscheibendurchmesser $D_S = 800$ mm; Lagerabstand $l_a = 580$ mm; Zugkraft im aufsteigenden Trum $F_1 = 12\,000$ N; im absteigenden Trum $F_2 = 10\,000$ N; Welle aus E295.

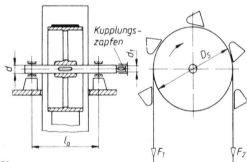

Bild V.11

Antriebswelle eines Becherwerkes

Lösung: Welle wird schwellend auf Verdrehung und wechselnd auf Biegung beansprucht. Drehmoment und Biegemoment können bestimmt werden, Berechnung daher mit Vergleichsmoment nach (V.7):

$$M_v = \sqrt{M_b^2 + 0{,}75\,(\alpha_0\,M_T)^2}$$

Maximales Biegemoment tritt in Mitte Gurtscheibe auf. Scheibenkraft $F = F_1 + F_2 = 12\,000$ N $+ 10\,000$ N $= 22\,000$ N; Lagerkräfte $F_A = F_B = F/2 = 11\,000$ N (Bild V.12). Hiermit $M_b = F_A\,l_a/2 = 11\,000$ N $\cdot 290$ mm $= 319 \cdot 10^4$ Nmm.

Drehmoment $M = 9{,}55 \cdot 10^6\,P/n = 78{,}8 \cdot 10^4$ Nmm $=$ Torsionsmoment M_T.

Anstrengungsverhältnis $\alpha_0 \approx 0{,}7$ für M_b wechselnd und M_T schwellend, siehe zu (V.6). Damit wird

$$M_v = \sqrt{(319 \cdot 10^4\ \text{Nmm})^2 + 0{,}75\,(0{,}7 \cdot 78{,}8 \cdot 10^4\ \text{Nmm})^2} = 323{,}5 \cdot 10^4\ \text{Nmm}$$

Hiermit Wellendurchmesser nach (V.8):

$$d = \sqrt[3]{\frac{M_v}{0{,}1\,\sigma_{b\,\text{zul}}}}$$

Zulässige Biegespannung bei dynamischer Belastung und bekannter Kerbwirkung, siehe Abschnitt Festigkeitslehre.

$$\sigma_{b\,zul} = \frac{\sigma_{bW}\, b_1 b_2}{\beta_k\, \nu}$$

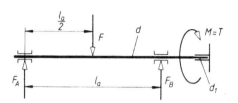

Bild V.12. Kräfte an der Antriebswelle

Für St 50 nach Dauerfestigkeitsschaubild: $\sigma_{bW} = 260\ \text{N/mm}^2$; Sicherheit $\nu = 1{,}5$ gewählt; Oberflächenbeiwert für gezogene (entspricht etwa geschliffene) Oberfläche: $b_1 \approx 0{,}9$; Größenbeiwert für geschätzten Durchmesser ≈ 80 mm: $b_2 \approx 0{,}75$; Kerbwirkungszahl für Paßfedernut: $\beta_k \approx 1{,}7$; damit wird

$$\sigma_{b\,zul} = \frac{260\ \dfrac{\text{N}}{\text{mm}^2}}{1{,}7 \cdot 1{,}5} \cdot 0{,}9 \cdot 0{,}75 \approx 68\ \frac{\text{N}}{\text{mm}^2}\quad \text{und hiermit}$$

$$d = \sqrt[3]{\frac{323{,}5 \cdot 10^4\ \text{Nmm}}{0{,}1 \cdot 68\ \dfrac{\text{N}}{\text{mm}^2}}} = \sqrt[3]{476{,}4 \cdot 10^3\ \text{mm}^3} \approx 78\ \text{mm}$$

Unter Berücksichtigung der Nuttiefe wird nach (V.5) gewählt: $d = 90$ mm. Hierfür beträgt die Nuttiefe nach Tafel VI.4: $t_1 = 9$ mm. Der „Kerndurchmesser" wird damit

$$d - t_1 = 90\ \text{mm} - 9\ \text{mm} = 81\ \text{mm} > 78\ \text{mm}\quad \text{(rechnerischer Durchmesser)}$$

VI. Nabenverbindungen

1. Übersicht

Die Hauptaufgabe einer Welle ist das Weiterleiten von Drehmomenten. Das geschieht über aufgesetzte Maschinenelemente wie Zahnräder, Riemenscheiben, Kupplungsscheiben, Hebel aller Art und andere Bauteile. Das Verbindungssystem zwischen der Welle und dem angeschlossenen Maschinenelement zur Weiterleitung des Drehmoments heißt *Nabenverbindung*. Die Nabe ist der Teil des Zahnrades, der Scheibe oder des Hebels, der die Drehmomentenübernahme von der Welle zu gewährleisten hat. Technische Bauteile können Kräfte und Drehmomente durch den Reibungseffekt zwischen festen Körpern, durch das Ineinandergreifen der beteiligten Bauteile oder durch einen verbindenden Stoff erhalten (Klebstoffe aller Art). Läßt man die Klebverbindungen außer acht, dann kann man die Vielzahl der inzwischen gängigen Elemente zum Verbinden von Welle und Nabe in zwei Gruppen einteilen.

Die eine Gruppe umfaßt alle Nabenverbindungen, die durch *Haftreibung* zwischen Welle und Nabe das zu übertragende Drehmoment weiterleiten. Das sind die *kraftschlüssigen* oder reibschlüssigen Verbindungen. Zur zweiten Gruppe gehören diejenigen Nabenverbindungen, bei denen Welle und angeschlossenes Bauteil ineinandergreifen. Das sind die *formschlüssigen* Verbindungen.

Die bekanntesten *kraftschlüssigen* Nabenverbindungen sind: zylindrische oder keglige Preßverbindungen (Preßsitzverbindungen), Klemmsitzverbindungen, Keilsitzverbindungen und Spannverbindungen.

Zu den *formschlüssigen* Nabenverbindungen gehören: Stiftverbindungen, Paßfederverbindungen und Profilwellenverbindungen.

Eine Übersicht mit Anwendungsbeispielen geben die Tafeln VI.2. und VI.3.

Tafel VI.1. Richtwerte für Nabenabmessungen

Verbindungsart	Nabendurchmesser D		Nabenlänge L	
	Naben aus GG	St oder GS	GG	St oder GS
Kegelverbindung, Preßpassung	2,2 ... 2,6 d	2 ... 2,5 d	1,2 ... 1,5 d	0,8 ... 1 d
Klemm-, Keilverbindung	2 ... 2,2 d	1,8 ... 2 d	1,6 ... 2 d	1,2 ... 1,5 d
Keilwelle, Kerbverzahnung	1,8 ... 2 d_1	1,6 ... 1,8 d_1	0,8 ... 1 d_1	0,6 ... 0,8 d_1
Paßfederverbindungen	1,8 ... 2 d	1,6 ... 1,8 d	1,8 ... 2 d	1,6 ... 1,8 d
längsbewegliche Naben	1,8 ... 2 d	1,6 ... 1,8 d	2 ... 2,2 d	1,8 ... 2 d
sich drehende Naben	1,8 ... 2 d	1,6 ... 1,8 d	2 ... 2,2 d	

Werte für Keilwelle und Kerbverzahnung sind Mindestwerte (d_1 „Kerndurchmesser"). Bei größeren Scheiben oder Rädern mit seitlichen Kippkräften ist die Nabenlänge noch zu vergrößern.

Tafel VI.1. Kraftschlüssige (reibschlüssige) Nabenverbindungen (Beispiele)

Hauptvorteil: Spielfreie Übertragung wechselnder Drehmomente

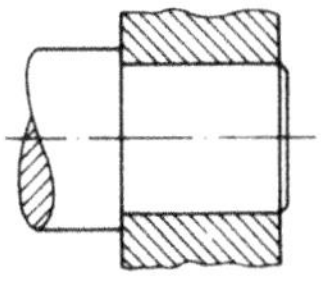 zylindrischer Preßverband	Preßverband (Preßsitzverbindung)	Vorwiegend für nicht zu lösende Verbindung und zur Aufnahme großer, wechselnder und stoßartiger Drehmomente und Axialkräfte. *Verbindungsbeispiele:* Riemenscheiben, Zahnräder, Kupplungen, Schwungräder, im Großmaschinenbau, aber auch in der Feinwerktechnik. Ausführung als Längs- und Querpreßverband (Schrumpfverbindung). Besonders wirtschaftliche Verbindungsart.
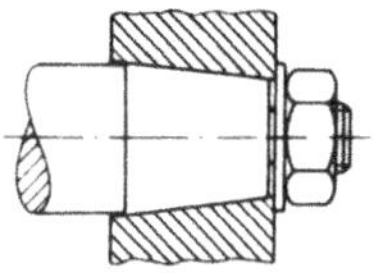 kegliger Preßverband (Wellenkegel) kegliger Preßverband (Kegelbuchse)		Leicht lösbare und in Drehrichtung nachstellbare Verbindung auf dem Wellenende zur Aufnahme großer, wechselnder und stoßartiger Drehmomente. *Verbindungsbeispiele:* Wie beim zylindrischen Preßverband, außerdem bei Werkzeugen und in den Spindeln von Werkzeugmaschinen und bei Wälzlagern mit Spannhülse und Abziehhülse. Wegen der Herstellwerkzeuge und der Lehren möglichst genormte Kegel verwenden (siehe keglige Wellenenden mit Kegel 1 : 10 nach DIN 1448). Die Naben werden durch Schrauben oder Muttern aufgepreßt, die Werkzeuge durch die Axialkraft beim Fertigen (zum Beispiel Bohrer). Kegelbuchsen sind meist geschlitzt.
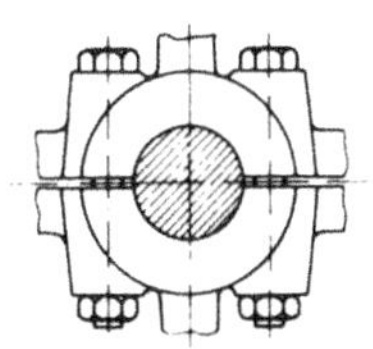 geteilte Nabe	Klemmsitzverbindung	Leicht lösbare und in Längs- und Drehrichtung nachstellbare Verbindung zur Aufnahme wechselnder kleinerer Drehmomente. Bei größerer Drehmomentenaufnahme werden zusätzlich Paßfedern oder Tangentkeile angebracht. *Verbindungsbeispiele:* Riemen- und Gurtscheiben, Hebel auf glatten Wellen. Die Nabe ist geschlitzt oder geteilt.
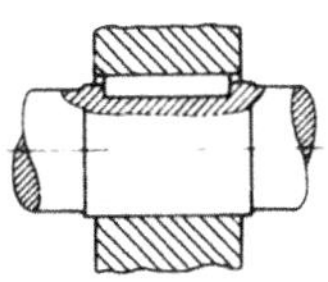 Einlegekeil	Keilsitzverbindung	Lösbare Verbindung zur Aufnahme wechselnder Drehmomente. Kleinere Drehmomentaufnahme beim Flach- und Hohlkeil, große und stoßartige Drehmomentenaufnahme beim Tangentkeil. Die Keilneigung beträgt meistens 1 : 100. *Verbindungsbeispiele:* Schwere Scheiben, Räder und Kupplungen, im Bagger- und im Landmaschinenbau, insgesamt bei schwererem und rauhem Betrieb. Die Verbindung mit dem Hohlkeil ist nachstellbar.
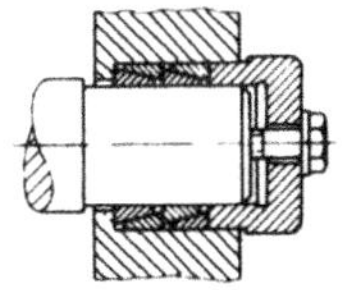 Ringfederspannelement	Ringfeder-Spannverbindung	Leicht lösbare und in Längs- und Drehrichtung nachstellbare Verbindung zur Aufnahme großer, wechselnder und stoßartiger Drehmomente. Das übertragbare Drehmoment ist abhängig von der Anzahl der Spannelemente. Hierzu sind die Angaben der Herstellerfirmen zu beachten, zum Beispiel Fa. Ringfeder GmbH, Krefeld-Uerdingen.

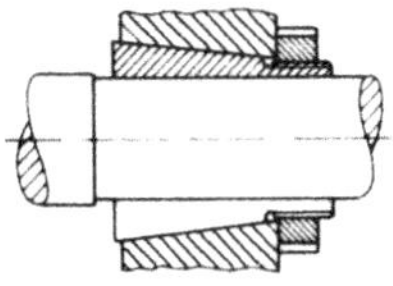

Tafel VI.2. Formschlüssige Nabenverbindungen (Beispiele)

Hauptvorteil: Lagesicherung

Querstiftverbindung **Längsstiftverbindung**	**Stiftverbindung**	Lösbare Verbindung zur Aufnahme meist richtungskonstanter kleinerer Drehmomente. *Verbindungsbeispiele:* Bunde an Wellen, Stellringe, Radnaben, Hebel, Buchsen. Verwendet werden Kegelstifte nach DIN 1 mit Kegel 1 : 50, Zylinderstifte nach DIN 7, für hochbeanspruchte Teile auch gehärtete Zylinderstifte nach DIN 6325. Hinzu kommen Kerbstifte und Spannhülsen.
Einlegepaßfeder	**Paßfederverbindung**	Leicht lösbare und verschiebbare Verbindung zur Aufnahme richtungskonstanter Drehmomente. *Verbindungsbeispiele:* Riemenscheiben, Kupplungen, Zahnräder. Gegen axiales Verschieben ist eine zusätzliche Sicherung vorzusehen (Wellenbund, Axialsicherungsring). *Gleitpaßfedern* werden zum Beispiel bei Verschieberädern in Getrieben verwendet.
Polygonprofil **Kerbzahnprofil** **Vielnutprofil**	**Profilwellenverbindung**	Profilwellenverbindungen sind Formschlußverbindungen für hohe und höchste Belastungen. Das *Polygonprofil* ist nicht genormt. Hierzu sind die Angaben der Hersteller zu verwenden, zum Beispiel: Fortuna-Werke, Stuttgart-Bad Cannstadt oder Fa. Manurhin, Mühlhausen (Elsaß). Das *Kerbzahnprofil* ist nach DIN 5481 genormt. Die Verbindung ist leicht lösbar und feinverstellbar. Verwendung zum Beispiel bei Achsschenkeln und Drehstabfedern an Kraftfahrzeugen. Ein Sonderfall ist die Stirnverzahnung (Hirthverzahnung) als Plan-Kerbverzahnung. Hersteller: A. Hirth AG, Stuttgart-Zuffenhausen. Das *Vielnutprofil* ist als „Keilwellenprofil" genormt. Die Bezeichnung „Keilwellenprofil" ist irreführend, weil die Wirkungsweise der Paßfederverbindung (Formschluß) entspricht, nicht aber der Keilverbindung. Die Verbindung ist leicht lösbar und verschiebbar. Verwendung zum Beispiel bei Verschieberädergetrieben, bei Kraftfahrzeugkupplungen und Antriebswellen von Fahrzeugen.

2. Zylindrische Preßverbände

Normen (Auswahl)

DIN 7190   Berechnung und Anwendung von Preßverbänden
DIN 4768   Ermittlung der Rauhheitsmeßgrößen R_a, R_z, R_{max}

2.1. Begriffe an Preßverbänden

Preßverband ist eine kraftschlüssige (reibschlüssge) Nabenverbindung ohne zusätzliche Bauteile wie Paßfedern und Keile.

Außenteil (Nabe) und Innenteil (Welle) erhalten eine *Preß*passung, sie haben also vor dem Fügen immer ein Übermaß U. Nach dem Fügen stehen sie unter einer Normalspannung σ mit der Fugenpressung p_F in der Fuge.

Preßpassung ist eine Passung, bei der stets ein Übermaß U vorhanden ist. Das Größtmaß der Bohrung G_B ist also stets kleiner als das Kleinstmaß der Welle K_W ($G_B < K_W$). Zur Preßpassung zählt auch der Fall $U_k = 0$ (Kleinstübermaß gleich Null).

Herstellen von Preßverbänden (Fügeart)

durch Einpressen (Längseinpressen des Innenteils): Längspreßverband

durch Erwärmen des Außenteils (Schrumpfen des Außenteils)   ⎫
durch Unterkühlen des Innenteils (Dehnen des Innenteils)   ⎬   Querpreßverbände
durch hydraulisches Fügen und Lösen (Dehnen des Außenteils)   ⎭

Durchmesserbezeichnungen und Fugenlänge l_F

d_F Fugendurchmesser
(ungefähr gleich dem Nenndurchmesser der Passung)

d_{Ii} Innendurchmesser des Innenteils I (Welle)

d_{Ia} Außendurchmesser des Innenteils I, $d_{Ia} \approx d_F$

d_{Aa} Außendurchmesser des Außenteils A

d_{Ai} Innendurchmesser des Außenteils A (Nabe),
$d_{Ai} \approx d_F$

l_F Fugenlänge ($l_F < 1{,}5\, d_F$)

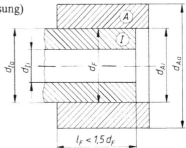

Durchmesserverhältnis Q

$$Q_A = \frac{d_F}{d_{Aa}} < 1 \qquad\qquad Q_I = \frac{d_{Ii}}{d_F} < 1$$

Übermaß U ist die Differenz des Außendurchmessers des Innenteils I und des Innendurchmessers des Außenteils A:

$$U = d_{Ia} - d_{Ai}$$

Glättung G ist der Übermaßverlust $\Delta U = G$, der beim Fügen durch Glätten der Fügeflächen auftritt:

$$G \approx 0{,}8\,(R_{zAi} + R_{zIa}) \qquad R_z \text{ gemittelte Rauhtiefe nach DIN 4768 Teil 1}$$

Wirksames Übermaß Z (Haftmaß) ist das um $G = \Delta U$ verringerte Übermaß, also das Übermaß nach dem Fügen:

$$Z = U \quad G$$

Fugenpressung p_F ist die nach dem Fügen in der Fuge
auftretende Flächenpressung.

Fasenlänge l_e und Fasenwinkel φ

$$l_e = \sqrt[3]{d_F}$$

2.2. Zusammenstellung der Berechnungsformeln für zylindrische Preßverbände

2.2.1. Erforderliche Fugenpressung p_F

Die Fugenpressung p_F zwischen Außenteil (Nabe) und Innenteil (Welle) ist gleichmäßig über die Fugenfläche $A_F = \pi d_F l_F$ verteilt. Wie bei der Flächenpressung p (Festigkeitslehre II.5) ergibt sich die Normalkraft $F_N = p_F A_F = p_F \pi d_F l_F$. Im Hinblick auf die Haftkraft F_H kann sie an jedem beliebigen Punkt des Kreisumfangs angesetzt werden, beispielsweise so, wie es das Bild zeigt.

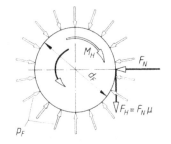

Als Reibkraft ist die Haftkraft $F_H = F_N \mu = p_F \pi d_F l_F \mu$ (siehe Statik I.5).

M Drehmoment, M_H Haftmoment
F_N Normalkraft, F_H Haftkraft (Reibkraft)

Das Haftmoment ergibt sich aus $M_H = F_H d_F/2$. Es wirkt dem eingeleiteten Drehmoment M entgegen und muß mindestens gleich dem zu übertragenden Drehmoment sein ($M_H \geqslant M$). Zusammenfassend führt diese Entwicklung zu einer Gleichung für die erforderliche Fugenpressung p_F:

$$M_H = F_H \frac{d_F}{2} = \frac{\pi}{2} p_F d_F^2 l_F \mu \geqslant M$$

$$p_F \geqslant \frac{2M}{\pi d_F^2 l_F \mu} \leqslant p_{zul}$$

p_F	M	d_F, l_F	μ
$\dfrac{N}{mm^2}$	Nmm	mm	1

(VI.1)

Das Drehmoment M in Nmm kann aus der Wellenleistung P in kW und der Wellendrehzahl n in min^{-1} berechnet werden. Die zulässige Flächenpressung p_{zul} wird aus der Elastizitätsgrenze R_e, der 0,2-Dehngrenze $R_{p0,2}$ oder der Zugfestigkeit R_m ermittelt. Sie kann ebenso wie der Haftbeiwert μ den folgenden Zusammenstellungen entnommen werden:

Anhaltswerte für p_{zul}

Belastung	Stahl	Gusseisen
ruhend und schwellend	$p_{zul} = \dfrac{R_e}{1,5}$	$p_{zul} = \dfrac{R_m}{3}$
wechselnd und stoßartig	$p_{zul} = \dfrac{R_e}{2,5}$	$p_{zul} = \dfrac{R_m}{4}$

R_e (oder $R_{p0,2}$) sowie R_m aus der Formelsammlung

Haftbeiwert μ und Rutschbeiwert μ_e (Mittelwerte)

Der Rutschbeiwert μ_e wird zur Berechnung der Einpreßkraft F_e gebraucht (3.2)

Längspreßverband

Werkstoffe Welle/Nabe	Haftbeiwert μ (Rutschbeiwert μ_e)	
	trocken	geschmiert
St/St St/GS	0,1 (0,1)	0,08 (0,06)
St/GG	0,12 (0,1)	0,06
St/G-AlSi12	0,07 (0,03)	0,05

Querpreßverband

Werkstoffe, Fügeart, Schmierung		Haftbeiwert μ
St/St	hydraulisches Fügen, Mineralöl	0,12
St/St	hydraulisches Fügen, entfettete Fügeflächen, Glyzerin aufgetragen	0,18
St/St	Schrumpfen des Außenteils	0,14
St/GJL-200	hydraulisches Fügen, Mineralöl	0,1
St/GJL-200	hydraulisches Fügen, entfettete Fügeflächen	0,16

2.2.2. Formänderungs-Hauptgleichung für Preßverbände

Die folgende Gleichung beschreibt die Formänderung von zwei Hohlzylindern unterschiedlicher Werkstoffe (Hohlwelle und Nabe), die durch Preßsitz miteinander verbunden sind. Sie kann hier nur angegeben werden. Die Entwicklung dieser Gleichung ist zum Beispiel in dem Buch „Festigkeitslehre" von *M. M. Filonenko-Boroditsch* (Verlag Technik, Ausgabe 1952, Band 2) zu finden.

$$Z = p_F\, d_F \left[\frac{1}{E_A} \left(\frac{1 + Q_A^2}{1 - Q_A^2} + \nu_A \right) + \frac{1}{E_I} \left(\frac{1 + Q_I^2}{1 - Q_I^2} - \nu_I \right) \right] \qquad (\text{VI.2})$$

Z, d_F	p_F, E_A, E_I	Q_A, Q_I, ν_A, ν_I
mm	$\dfrac{N}{mm^2}$	1

Z	wirksames Übermaß nach dem Fügen (auch Haftmaß genannt)
p_F	Fugenpressung (Flächenpressung in den Fügeflächen)
l_F	Fugenlänge
E_A, E_I	Elastizitätsmodul des Außenteils A (Nabe) und des Innenteils I (Welle)
ν_A, ν_I	Querdehnzahl des Außenteils A (Nabe) und des Innenteils I (Welle)
Q_A, Q_I	Durchmesserverhältnis: $Q_A = d_F/d_{Aa} < 1$ $Q_I = d_{Ii}/d_F < 1$

Die Querdehnzahl ν ist das Verhältnis der Querdehnung ϵ_q eines zugbeanspruchten Stabes zur Längsdehnung ϵ ($\nu = \epsilon_q/\epsilon$) und hat somit die Einheit 1 (siehe Festigkeitslehre I.4). Die Querdehnung ist stets kleiner als die Längsdehnung, folglich ist stets $\nu < 1$ (Beispiel: $\nu_{stahl} \approx 0,3$). Nach DIN 1304 steht der griechische Buchstabe μ sowohl für die Querdehnzahl als auch für die Reibungszahl an erster Stelle. Zur Unterscheidung wird hier der Buchstabe ν für die Querdehnzahl verwendet. Er wird in DIN 1304 als zweites Formelzeichen vorgeschlagen.

Elastizitätsmodul E und Querdehnzahl ν (Mittelwerte):

Werkstoff	Elastizitäts-modul E $\dfrac{N}{mm^2}$	Querdehnzahl ν Einheit 1
Stahl	210 000	0,3
GJL-200	105 000	0,25
GGJL-250	150 000	0,28
Bronze, Rotguß	80 000	0,35
Al-Legierungen	70 000	0,33

2.2.3. Formänderungsgleichungen für Preßverbände mit Vollwelle

Setzt sich der Preßverband aus *Vollwelle* und Nabe zusammen, dann wird das Durchmesserverhältnis $Q_I = d_{Ii}/d_F = 0$, weil der Innendurchmesser d_{Ii} des Innenteils (Welle) gleich Null ist. Bei unterschiedlichen Werkstoffen beider Verbindungselemente vereinfacht sich Gleichung (VI.2) mit $Q_{Ii} = 0$ und man erhält für das *wirksame Übermaß* Z die Form:

$$Z = p_F\, d_F \left[\frac{1}{E_A} \left(\frac{1 + Q_A^2}{1 - Q_A^2} + \nu_A \right) + \frac{1}{E_I} (1 - \nu_I) \right] \qquad (\text{VI.3})$$

Z, d_F	p_F, E_A, E_I	Q_A, ν_A, ν_I
mm	$\dfrac{N}{mm^2}$	1

Bestehen *Vollwelle* und Nabe aus gleichelastischen Werkstoffen, zum Beispiel aus Stahl, dann sind die Elastizitätsmoduln gleich groß ($E_A = E_I = E$) und die Formänderungs-Hauptgleichung (VI.2) für das *wirksame Übermaß* Z vereinfacht sich weiter:

$$Z = \frac{2\, p_F\, d_F}{E(1 - Q_A^2)} \qquad\qquad \begin{array}{c|c|c} Z, d_F & p_F, E & Q_A \\ \hline mm & \dfrac{N}{mm^2} & 1 \end{array} \qquad (\text{VI.4})$$

2.2.4. Übermaß U und Glättung G

Mit den Gleichungen (VI.2) bis (VI.4) kann je nach vorliegendem Fall das Übermaß Z errechnet werden, mit dem die zur Drehmomentenübertragung erforderliche Fugenpressung p_F erreicht wird. Nun wird beim Einpressen (Fügen) der beiden Fügeteile die Oberfläche von Welle und Nabenbohrung geglättet, was zu einem Übermaßverlust ΔU führt. Diese nur schätzbare *Glättung G* muß also dem gewünschten wirksamen Übermaß Z hinzugezählt werden, wenn man das erforderliche *Übermaß U* haben will.

$$U \quad = \quad Z \quad + \quad G \tag{VI.5}$$

gemessenes	wirksames	Glättung
Übermaß vor	= Übermaß	+ (Übermaßverlust ΔU
dem Fügen	(Haftmaß)	beim Fügen der Teile)

$$G = 0,8\,(R_{z\,Ai} + R_{z\,Ia}) \qquad R_z \text{ gemittelte Rauhtiefe nach DIN 4768 Teil 1} \tag{VI.6}$$

Beispiele für G (Mittelwerte):

polierte Oberfläche	$G = 0,002$ mm $= \ 2\,\mu$m
feingeschliffene Oberfläche	$G = 0,005$ mm $= \ 5\,\mu$m
feingedrehte Oberfläche	$G = 0,010$ mm $= 10\,\mu$m

2.2.5. Einpreßkraft F_e

Beim Fügen des Preßverbandes muß die Reibung F_R zwischen Innen- und Außenteil überwunden werden. Die Gleichungen für die Fugenfläche A_F und für die Reibkraft F_R wurden bereits in Abschnitt 2.2.1 hergeleitet. Damit wird für die *Einpreßkraft F_e*:

$$F_e = p_{Fg}\,\pi\,d_F\,l_F\,\mu_e$$

F_e	p_{Fg}	d_F, l_F	μ_e
N	$\dfrac{\text{N}}{\text{mm}^2}$	mm	1

(VI.7)

p_{Fg} größte vorhandene Fugenpressung
d_F Fugendurchmesser
l_F Fugenlänge
μ_e Rutschbeiwert nach 2.2.1

Herleitung der Gleichung:

$F_R = F_N\,\mu_e; \ \ F_N = p_{Fg}\,A_F$
$A_F = \pi\,d_F\,l_F$
$F_e = F_R = p_{Fg}\,\pi\,d_F\,l_F\,\mu_e$

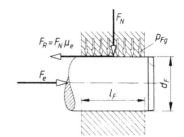

2.2.6. Spannungsverteilung und Spannungsgleichungen

Das Spannungsbild zeigt die tatsächliche und die vereinfachte Spannungsverteilung im Innen- und Außenteil eines Preßverbandes aus Hohlwelle und Nabe. Für Überschlagsrechnungen reicht es aus, eine gleichmäßige Spannungsverteilung über den Querschnitten anzunehmen.

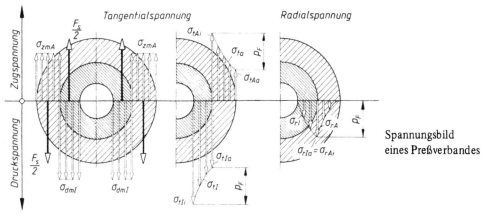

Spannungsbild
eines Preßverbandes

vereinfachte Spannungsverteilung   wirkliche Spannungsverteilung

σ_{zmA} mittlere tangentiale Zugspannung im Außenteil
σ_{dmI} mittlere tangentiale Druckspannung im Innenteil
F_S Nabensprengkraft

σ_{tA} Tangentialspannung im Außenteil σ_{rA} Radialspannung im Außenteil
σ_{tI} Tangentialspannung im Innenteil σ_{rI} Radialspannung im Innenteil

Tangentialspannung σ_t		Radialspannung σ_r	
Außenteil	Innenteil	Außenteil	Innenteil
$\sigma_{tAi} = p_F \dfrac{1+Q_A^2}{1-Q_A^2}$	$\sigma_{tIi} = p_F \dfrac{2}{1-Q_I^2}$	$\sigma_{rAi} = p_F$	$\sigma_{rIi} = 0$
$\sigma_{tAa} = p_F \dfrac{2Q_A^2}{1-Q_A^2}$	$\sigma_{tIa} = p_F \dfrac{1+Q_I^2}{1-Q_I^2}$	$\sigma_{rAa} = 0$	$\sigma_{rIa} = p_F$

$$(VI.8)$$

2.2.7. Mittlere tangentiale Zugspannung σ_{zmA} und Druckspannung σ_{dmI}

Bei Annahme einer gleichmäßigen Spannungsverteilung gilt die Zug- und die Druck-Hauptgleichung.
Mit den Gleichungen für den jeweiligen Querschnitt und der Nabensprengkraft $F_S = p_F\,d_F\,l_F$
ergeben sich die folgenden Spannungsgleichungen:

$$\sigma_{zmA} = \frac{F_S}{A_{Nabe}} = \frac{p_F\,d_F\,l_F}{(d_{Aa}-d_{Ai})\,l_F}$$

$$\sigma_{zmA} = \frac{p_F\,d_F}{d_{Aa}-d_{Ai}} \approx \frac{p_F\,d_F}{d_{Aa}-d_F} \qquad (VI.9)$$

$$\sigma_{dmI} = \frac{F_S}{A_{Welle}} = \frac{p_F\,d_F\,l_F}{(d_F-d_{Ii})\,l_F}$$

$$\sigma_{dmI} = \frac{p_F\,d_F}{d_F-d_{Ii}} \qquad (VI.10)$$

Für die *Voll*welle gilt mit $d_{Ii} = 0$:

$$\sigma_{dmI} = \frac{p_F\,d_F}{d_F-0} = p_F \qquad (VI.11)$$

2.2.8. Fügetemperatur Δt für Schrumpfen

$$\Delta t = \frac{U_g + S}{\alpha \, d_F}$$

U_g Größtübermaß in mm
S erforderliches Fügespiel in mm   (VI.12)
α Längenausdehnungskoeffizient des Werkstoffes:

$$S \geqslant \frac{d_F}{1000}$$

$\alpha_{\text{Stahl}} = 11 \cdot 10^{-6} \ 1/°C$
$\alpha_{GG} = 9 \cdot 10^{-6} \ 1/°C$ (VI.13)

Herleitung einer Gleichung:

Mit dem Längenausdehnungskoeffizienten α in m/(m °C) = 1/°C beträgt die Verlängerung Δl eines Metallstabes der Ursprungslänge l_0 bei seiner Erwärmung um die Temperaturdifferenz Δt:

$$\Delta l = \alpha \, \Delta t \, l_0 \, .$$

Für das Außenteil (Nabe) eines Preßverbandes ist $\Delta l = U_g + S$ und $l_0 = d_F$. Damit wird analog zu $\Delta l = \alpha \, \Delta t \, l_0$:

$$U_g + S = \alpha \, \Delta t \, d_F$$

und daraus die obige Gleichung für Δt.

2.2.9. Festlegen der Preßpassung

Bei Einzelfertigung kann man die Nabenbohrung ausführen und nach deren Istmaß die Welle für das errechnete Übermaß U fertigen. Bei Serienfertigung müssen größere Toleranzen zugelassen werden. Man muß also eine Preßpassung festlegen. Eine Auswahl der ISO-Toleranzlagen und -Qualitäten für das im Maschinenbau übliche System der Einheitsbohrung steht in der Formelsammlung.

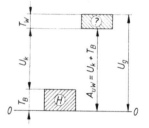

Da sich kleinere Toleranzen bei Wellen leichter einhalten lassen als bei Bohrungen, wählt man zweckmäßig:

Bohrung H7 mit Wellen der Qualität 6
Bohrung H8 mit Wellen der Qualität 7 usw.

Hat man sich für ein Toleranzfeld für die Bohrung entschieden, zum Beispiel Bohrung H7, dann findet man das Toleranzfeld für eine Welle folgendermaßen:

Man setzt das errechnete Übermaß gleich dem Kleinstübermaß U_k und addiert die Toleranz der Bohrung T_B. Damit hat man das vorläufige untere Abmaß A_{uW} der Welle:

$$A_{uW} = U_k + T_B \qquad U_k = U_{\text{rechnerisch}} = U$$

Mit diesem Wert geht man in der Toleranzfeldtafel in die Zeile für den vorliegenden Nennmaßbereich und wählt dort für die vorher festgelegte Qualität ein Toleranzfeld für die Welle, bei dem das angegebene untere Abmaß dem errechneten am nächsten kommt (siehe Beispiele).

■ **Beispiel:**

Nennmaßbereich	35 mm
Toleranzfeld für die Bohrung	H7
Qualität für die Welle	6
Toleranz der Bohrung	$T_B = 25 \ \mu m$
errechnetes Übermaß	$U = 60 \ \mu m = U_k$

unteres Abmaß der Welle: $A_{uW} = U_k + T_B = 60 \ \mu m + 25 \ \mu m = 85 \ \mu m$
Toleranzfeld der Welle: x6 mit $A_{uW} = 80 \ \mu m$ und $A_{oW} = 96 \ \mu m$

Damit können das Größtübermaß U_g und das Kleinstübermaß U_k berechnet werden:

$$U_g = A_{uB} - A_{oW} = 0 - 96 \ \mu m = -96 \ \mu m$$

$$U_k = A_{oB} - A_{uW} = 25 \ \mu m - 80 \ \mu m = -55 \ \mu m$$

2.3. Berechnungsbeispiel eines zylinderischen Preßverbandes

In einem Getriebe sollen Vollwelle und Zahnrad als Längspreßverband gefügt werden. Der Konstrukteur soll dazu die erforderliche Preßpassung festlegen. Es ist schwellende Belastung zu erwarten. Die Rechnungen werden nach Abschnitt 2.2 durchgeführt.

Gegeben:

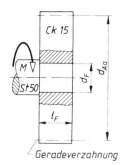

Wellendrehmoment	$M = 2000$ Nm
Fugendurchmesser	$d_F = \quad 63$ mm
Fugenlänge	$l_F = \quad 50$ mm
Außendurchmesser des Außenteils	$d_{Aa} = \quad 160$ mm

Wellenwerkstoff: E295
Zahnradwerkstoff: Einsatzstahl C35E
Fügeflächen mit den gemittelten Rauhtiefen $R_{zAi} = R_{zIa} = 6\ \mu\text{m}$

Geradeverzahnung

Lösung:

1. Erforderliche Fugenpressung p_F

$$p_F = \frac{2M}{\pi\, d_F^2\, l_F\, \mu} \leqslant p_{zul}$$

$M = 2000$ Nm $= 2 \cdot 10^3$ Nm
$M = 2 \cdot 10^6$ Nmm
$d_F = 63$ mm
$l_F = 50$ mm

$\mu_{St/St} = 0{,}08$ angenommen nach 2.2.1 für geschmierte Oberflächen

$$p_{zul,E295} = \frac{R_{e(E295)}}{1{,}5} = \frac{300\,\dfrac{\text{N}}{\text{mm}^2}}{1{,}5} = 200\,\frac{\text{N}}{\text{mm}^2}$$

$$p_F = \frac{2 \cdot 2 \cdot 10^6\,\text{Nmm}}{\pi \cdot 63^2\,\text{mm}^2 \cdot 50\,\text{mm} \cdot 0{,}08} = 80{,}2\,\frac{\text{N}}{\text{mm}^2}$$

$$p_F = 80{,}2\,\frac{\text{N}}{\text{mm}^2} < p_{zul,St\,50} = 200\,\frac{\text{N}}{\text{mm}^2}$$

2. Durchmesserverhältnis Q_A

$$Q_A = \frac{d_F}{d_{Aa}} = \frac{63\,\text{mm}}{160\,\text{mm}} = 0{,}394 \approx 0{,}4$$

3. Wirksames Übermaß Z (nach Gleich (VI.4))

$$Z = \frac{2\,p_F\,d_F}{E\,(1 - Q_A^2)} = \frac{2 \cdot 80{,}2\,\dfrac{\text{N}}{\text{mm}^2} \cdot 63\,\text{mm}}{21 \cdot 10^4\,\dfrac{\text{N}}{\text{mm}^2}\,(1 - 0{,}394^2)} = 0{,}057\,\text{mm} = 57\,\mu\text{m}$$

4. Übermaß U

Das erforderliche Übermaß U setzt sich zusammen aus dem wirksamen Übermaß Z und der Glättung G:

$U = Z + G$ $\qquad G = 0{,}8\,(R_{zAi} + R_{zIa}) = 0{,}8\,(6\,\mu\text{m} + 6\,\mu\text{m})$
$U = 57\,\mu\text{m} + 10\,\mu\text{m} = 67\,\mu\text{m}$ $\qquad G = 9{,}6\,\mu\text{m} \approx 10\,\mu\text{m}$

5. Festlegen der Preßpassung

Sind alle in den Rechnungen gegebenen und angenommenen Größen tatsächlich vorhanden, vor allem auch der Haftbeiwert μ, dann würde der Preßverband das Drehmoment $M = 2000\,\mathrm{Nm}$ übertragen können, wenn vor dem Fügen das Übermaß $U = 67\,\mu\mathrm{m}$ vorliegt.

Nach den Erläuterungen in Abschnitt 2.2.9 wird aus der Tafel die Preßpassung H7/x6 gewählt:

$$A_{uB} = 0 \qquad\qquad\qquad A_{uW} = 122\,\mu\mathrm{m}$$
$$A_{oB} = 30\,\mu\mathrm{m} \qquad\qquad A_{oW} = 141\,\mu\mathrm{m}$$

Damit ergeben sich die Übermaße:

Größtübermaß $\quad U_g = A_{uB} - A_{oW} = 0 - 141\,\mu\mathrm{m} = -141\,\mu\mathrm{m}$

Kleinstübermaß $\quad U_k = A_{oB} - A_{uW} = 30\,\mu\mathrm{m} - 122\,\mu\mathrm{m} = -92\,\mu\mathrm{m}$

Das Kleinstübermaß $U_k = 92\,\mu\mathrm{m}$ liegt um ca. 37 % über dem errechneten Übermaß $U = 67\,\mu\mathrm{m}$. Folglich kann bei Vorliegen des Kleinstübermaßes der Preßverband das Drehmoment $M = 2750\,\mathrm{Nm}$ übertragen, immer vorausgesetzt, alle Annahmen waren richtig.

6. Spannungsnachweise (siehe 2.2.6. Spannungsbild)

Den hier verwendeten Formänderungsgleichungen (VI.2) und (VI.4) liegt das Hookesche Gesetz $\sigma = \varepsilon E$ zugrunde. Sie gelten also nur im sogenannten elastischen Bereich. Die größte vorhandene Normalspannung σ_{vorh} darf also die Proportionalitätsgrenze nicht überschreiten. Praktisch kann als Grenzspannung die Streckgrenze R_e oder die 0,2-Dehngrenze $R_{p0,2}$ (bei Werkstoffen ohne ausgeprägte Streckgrenze, z. B. bei Vergütungsstählen) herangezogen werden. Für die Werkstoffe E295 für die Welle und C15E für die Nabe (Zahnrad) sind die Werte gleich:

$$R_{e(St\,50)} = 300\,\frac{\mathrm{N}}{\mathrm{mm}^2} \qquad\qquad R_{e(Ck\,15)} = 300\,\frac{\mathrm{N}}{\mathrm{mm}^2}$$

Ausgangsgrößen für die Berechnung der vorhandenen Spannungen sind das größte wirksame Übermaß Z_g und die sich dabei einstellende größte Fugenpressung p_{Fg}.

6.1. Größtes wirksames Übermaß Z_g

$$Z_g = U_g - G = 141\,\mu\mathrm{m} - 10\,\mu\mathrm{m} = 131\,\mu\mathrm{m} = 0,131\,\mathrm{mm}$$

6.2. Größte Fugenpressung p_{Fg}

$$p_{Fg} = \frac{Z_g\,E\,(1 - Q_A^2)}{2\,d_F}$$

$$p_{Fg} = \frac{0,131\,\mathrm{mm} \cdot 210\,000\,\frac{\mathrm{N}}{\mathrm{mm}^2} \cdot (1 - 0,394^2)}{2 \cdot 63\,\mathrm{mm}}$$

$$p_{Fg} = 184\,\frac{\mathrm{N}}{\mathrm{mm}^2} < p_{zul} = 200\,\frac{\mathrm{N}}{\mathrm{mm}^2}$$

$Z_g = 0,131\,\mathrm{mm}$
$E = 210\,000\,\mathrm{N/mm}^2$
$Q_A = 0,394$
$d_F = 63\,\mathrm{mm}$

6.3. Tangentialspannungen σ_t und Radialspannungen σ_r

$$\sigma_{tAi} = p_{Fg}\frac{1+Q_A^2}{1-Q_A^2} = 184\ \frac{N}{mm^2}\cdot\frac{1+0,394^2}{1-0,394^2} = 252\ \frac{N}{mm^2}$$

Kontrollrechnung:

$$\sigma_{tAi} - \sigma_{tAa} = p_{Fg}$$

(siehe Spannungsbild)

$$\sigma_{tAa} = p_{Fg}\frac{2Q_A^2}{1-Q_A^2} = 184\ \frac{N}{mm^2}\cdot\frac{2\cdot0,394^2}{1-0,394^2} = 68\ \frac{N}{mm^2}$$

$$(252-68)\ \frac{N}{mm^2} = 184\ \frac{N}{mm^2}$$

$$\sigma_{tIi} = p_{Fg}\frac{2}{1-Q_I^2} = p_{Fg}\frac{2}{1-0} = 2\,p_{Fg} = 2\cdot184\ \frac{N}{mm^2} = 368\ \frac{N}{mm^2} > R_{e(I)} = 300\ \frac{N}{mm^2}$$

$$\sigma_{tIa} = p_{Fg}\frac{1+Q_I^2}{1-Q_I^2} = p_{Fg}\frac{1+0}{1-0} = p_{Fg} = 184\ \frac{N}{mm^2}$$

$$\sigma_{rAi} = p_{Fg} = 184\ \frac{N}{mm^2} \qquad \sigma_{rAa} = 0 \qquad \sigma_{rIi} = 0 \qquad \sigma_{rIa} = p_{Fg} = 184\ \frac{N}{mm^2}$$

6.4. Mittlere tangentiale Zugspannung σ_{zmA}

$$\sigma_{zmA} = \frac{p_{Fg}\,d_F}{d_{Aa}-d_F} = \frac{184\ \frac{N}{mm^2}\cdot63\ mm}{160\ mm - 63\ mm} = 120\ \frac{N}{mm^2}$$

6.5. Mittlere tangentiale Druckspannung σ_{dmI}

$$\sigma_{dmI} = p_{Fg} = 184\ \frac{N}{mm^2}$$

7. Spannungsvergleiche und festigkeitstechnische Anmerkungen

a) Die größten Tangentialspannungen treten an den Innenseiten der Fügeteile auf:

tangentiale Zugspannung $\quad \sigma_{tAi} = 252\ \frac{N}{mm^2} > \sigma_{tAa} = 68\ \frac{N}{mm^2}$

tangentiale Druckspannung $\quad \sigma_{tIi} = 368\ \frac{N}{mm^2} > \sigma_{tIa} = 184\ \frac{N}{mm^2}$.

b) Die Spannung σ_{tIi} ist größer als die Streckgrenze $R_e = 300\,N/mm^2$ für die Werkstoffe von Welle und Nabe. Die Werkstoffteilchen in den entsprechenden Ringzonen der Fügeteile verformen sich also nicht mehr nach dem Hookeschen Gesetz elastisch sondern plastisch.

c) Die hier errechneten Spannungen treten bei Größtübermaß auf. In diesem Falle sind Überschreitungen der Streckgrenze zulässig, solange der Werkstoff in diesen Ringzonen nicht geschädigt wird. Das ist hier nicht der Fall, denn es ist

$$\sigma_{tIi} < R_m \approx 500\ \frac{N}{mm^2}\ \text{(Zugfestigkeit der Werkstoffe)}$$

8. Größte Einpreßkraft F_e

$$F_e = p_{Fg}\,\pi\,d_F\,l_F\,\mu_e$$

$$F_e = 184\ \frac{N}{mm^2}\cdot\pi\cdot63\ mm\cdot50\ mm\cdot0,06$$

$$F_e = 109\,252\ N \approx 109\ kN$$

$p_{Fg} = 184\ N/mm^2$
$d_F = 63\ mm$
$l_F = 50\ mm$
$\mu_e = 0,06$ (nach 2.2.1 für St/St, geschmiert)

3. Keglige Preßverbände (Kegelsitzverbindungen)

Normen (Auswahl)

DIN 254   Kegel
DIN 1448, 1449 Keglige Wellenenden
DIN 7178   Kegeltoleranz- und Kegelpaßsystem
ISO 3040   Eintragung von Maßen und Toleranzen für Kegel

3.1. Begriffe am Kegel

Kegelmaße:

Kegel im technischen Sinne sind keglige Werkstücke mit Kreisquerschnitt (spitze Kegel und Kegelstümpfe).

Bezeichnung eines Kegels mit dem Kegelwinkel $\alpha = 30°$: Kegel $30°$
Bezeichnung eines Kegels mit dem Kegelverhältnis $C = 1:10$: Kegel $1:10$

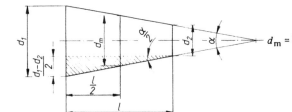

d_1, d_2 Kegeldurchmesser

$d_m = \dfrac{d_1 + d_2}{2}$ mittlerer Kegeldurchmesser

l Kegellänge

α Kegelwinkel

$\dfrac{\alpha}{2}$ Einstellwinkel zum Fertigen und Prüfen des Kegels

Kegelverhältnis C:

$$C = \frac{d_1 - d_2}{l}$$

$$C = 1 : x = \frac{1}{x}$$

$$d_2 = d_1 - C\,l$$

Das Kegelverhältnis C wird in der Form $C = 1 : x$ angegeben, zum Beispiel $C = 1 : 5$

Kegelwinkel α und Einstellwinkel $\alpha/2$:

Aus dem schraffierten rechtwinkligen Dreieck läßt sich ablesen:

$$\tan \frac{\alpha}{2} = \frac{d_1 - d_2}{2\,l} \Rightarrow C = 2 \tan \frac{\alpha}{2}$$

$$\frac{\alpha}{2} = \arctan \frac{C}{2}$$

$$\alpha = 2 \arctan \frac{C}{2}$$

$$d_2 = d_1 - 2\,l \tan \frac{\alpha}{2}$$

Vorzugswerte für Kegel:

Kegelverhältnis $C = 1 : x$	Kegelwinkel α	Einstellwinkel $\frac{\alpha}{2}$
1 : 0,288 675 1	120°	60°
1 : 0,5	90°	45°
1 : 1,866 025 4	30°	15°
1 : 3	18°55′29″ ≈ 18,925°	9°27′44″
1 : 5	11°25′16″ ≈ 11,421°	5°42′38″
1 : 10	5°43′29″ ≈ 5,725°	2°51′45″
1 : 20	2°51′51″ ≈ 2,864°	1°25′56″
1 : 50	1° 8′45″ ≈ 1,146°	34′23″
1 : 100	34′22″ ≈ 0,573°	17′11″

Werkzeugkegel und Aufnahmekegel an Werkzeugmaschinenspindeln, die sogenannten Morsekegel (DIN 228), haben ein Kegelverhältnis von ungefähr 1 : 20.

3.2. Zusammenstellung der Berechnungsformeln für keglige Preßverbände

Die erforderliche Fugenpressung p_F wird durch das Anziehen der Mutter hervorgerufen. Für die Untersuchung des Kräftegleichgewichts in der Preßverbindung ist es erlaubt, sich einen einzigen Angriffspunkt A an der Welle oder an der Nabe herauszugreifen, weil auch die Reibkraft $F_R = F_N \mu$ von Größe und Form der Berührungsfläche unabhängig ist (siehe Statik I.5). Es sind zwei Zustände zu untersuchen: Beim Aufpressen der Nabe auf das keglige Wellenende, bei dem sich am freigemachten Wellenteilchen W das Kräftesystem an der schiefen Ebene einstellt (siehe Statik I.5.4) und der Betriebszustand, bei dem die Reibkraft $F_{Ru} = F_R$ in tangentialer Richtung wirkt.

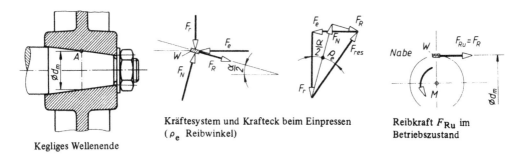

Kegliges Wellenende

Kräftesystem und Krafteck beim Einpressen (ρ_e Reibwinkel)

Reibkraft F_{Ru} im Betriebszustand

Das am Wellenteilchen W angreifende zentrale Kräftesystem beim Einpressen besteht aus der Normalkraft F_N, der Reibkraft F_R, der Radialkraft F_r und der Einpreßkraft F_e. Aus den rechtwinkligen Dreiecken im Krafteck können die Beziehungen abgelesen werden:

$$\sin\left(\frac{\alpha}{2} + \rho_e\right) = \frac{F_e}{F_{res}} \implies F_e = F_{res} \sin\left(\frac{\alpha}{2} + \rho_e\right)$$

$$\cos\rho_e = \frac{F_N}{F_{res}} \implies F_{res} = \frac{F_N}{\cos\rho_e}$$

Mit der Einsetzungsmethode erhält man daraus:

$$F_e = F_N \frac{\sin\left(\frac{\alpha}{2} + \rho_e\right)}{\cos\rho_e}$$

Für den Betriebsfall würde an Stelle des Rutschbeiwertes μ_e der Haftbeiwert μ wirksam. Sicherheitshalber wird aber auch hier mit dem Rutschbeiwert μ_e gerechnet, also mit $F_R = F_N \mu_e$.

$$M = F_R \frac{d_m}{2} = F_N \mu_e \frac{d_m}{2} \Rightarrow F_N = \frac{2M}{\mu_e d_m}$$

$$F_e = \frac{2M}{\mu_e d_m} \cdot \frac{\sin\left(\frac{\alpha}{2} + \rho_e\right)}{\cos \rho_e}$$

Für übliche Reibwinkel ρ_e wird $\cos \rho_e \approx 1$, so daß vereinfacht werden kann:

$$F_e = \frac{2M}{\mu_e d_m} \cdot \sin\left(\frac{\alpha}{2} + \rho_e\right)$$

Mit der Fugenpressung p_F und der Fugenfläche A_F wird die Normalkraft $F_N = p_F A_F$. Die Fugenfläche A_F kann nach der Guldinschen Regel ausgedrückt werden durch

$$A_F = 2\pi \frac{d_m}{2} \cdot \frac{l_F}{\cos\left(\frac{\alpha}{2}\right)} = \frac{\pi d_m l_F}{\cos\left(\frac{\alpha}{2}\right)}$$

Bringt man außerdem $F_N = 2M/\mu_e d_m$ ein, dann ergibt sich:

$$\frac{2M}{\mu_e d_m} = \frac{p_F \pi d_m l_F}{\cos\left(\frac{\alpha}{2}\right)}$$

und daraus die Gleichung für die Fugenpressung

$$p_F = \frac{2M \cos\left(\frac{\alpha}{2}\right)}{\pi \mu_e d_m^2 l_F}$$

Beachte: Für den Fall $\cos(\alpha/2) = 0$ liegt der zylindrische Preßverband vor. Dann ergibt sich mit $\cos 0° = 1$ und $d_m = d_F$ die Gleichung (VI.1).

Die Herleitung ergibt die folgenden Gleichungen zur Berechnung von kegligen Preßverbänden:

Erforderliche Einpreßkraft F_e

$$F_e = \frac{2M}{d_m \mu_e} \cdot \sin\left(\frac{\alpha}{2} + \rho_e\right)$$

F_e	M	d_m, l_F	μ_e	P	n	p
N	Nmm	mm	1	kW	min^{-1}	$\frac{N}{mm^2}$

(VI.14)

$$M = 9{,}55 \cdot 10^6 \frac{P}{n}$$

(VI.15)

vorhandene Fugenpressung p_F

$$p_F = \frac{2M \cos\left(\frac{\alpha}{2}\right)}{\pi \mu_e d_m^2 l_F} \leqslant p_{zul}$$

(VI.16)

Einpreßkraft F_e für eine bestimmte Fugenpressung p_F

$$F_e = \pi p_F d_m l_F \cdot \sin\left(\frac{\alpha}{2} + \rho_e\right)$$

(VI.17)

M	Drehmoment	ρ_e	Reibwinkel aus $\tan \rho_e = \mu_e$	l_F	Fugenlänge
P	Wellenleistung		$\rho_e = \arctan \mu_e$	p_{zul}	nach 2.2.1
n	Drehzahl				
$\frac{\alpha}{2}$	Einstellwinkel	μ_e	Rutschbeiwert aus 2.2.1		
		d_m	mittlerer Kegeldurchmesser		

3.3. Berechnungsbeispiel eines kegligen Preßverbandes

Die skizzierte Kegelverbindung eines Zahnrades mit dem Wellenende einer Getriebewelle ist zu berechnen. Es ist schwellende Belastung anzunehmen.

Gegeben:

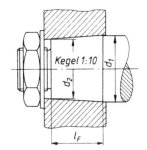

Wellendrehmoment	M	$= 2000\ \text{Nm}$
Wellendurchmesser	d_i	$= 63\ \text{mm}$
Fugenlänge	l_F	$= 50\ \text{mm}$
Wellenwerkstoff		C45E
Zahnradwerkstoff		C35E
Kegelverhältnis	C	$= 1:10$

Lösung:

1. Wellendurchmesser d_2

$$d_2 = d_1 - Cl = d_1 - Cl_F = 63\ \text{mm} - \frac{1}{10} \cdot 50\ \text{mm}$$
$$d_2 = 58\ \text{mm}$$

2. Mittlerer Kegeldurchmesser d_m

$$d_m = \frac{d_1 + d_2}{2} = \frac{63\ \text{mm} + 58\ \text{mm}}{2} = 60{,}5\ \text{mm}$$

3. Einstellwinkel $\frac{\alpha}{2}$

$$\frac{\alpha}{2} = \text{arc tan}\ \frac{C}{2} = \text{arc tan}\ \frac{1}{10 \cdot 2} = 2{,}862\ 405\ 226° = 2°51'45''$$

4. Einpreßkraft F_e

$$F_e = \frac{2\,M}{d_m\,\mu_e} \sin\left(\frac{\alpha}{2} + \rho_e\right)$$

Für den Rutschbeiwert μ_e wird nach 2.2.1 festgelegt: $\mu_e = {,}1$
Damit wird der Reibwinkel ρ_e ermittelt:
$\rho_e = \text{arc tan}\ \mu_e = \text{arc tan}\ 0{,}1 = 5{,}7°$

$$F_e = \frac{2 \cdot 2000 \cdot 10^3\ \text{Nmm}}{60{,}5\ \text{mm} \cdot 0{,}1} \cdot \sin(2{,}9° + 5{,}7°)$$

$$F_e = 98\ 866\ \text{N} = 98{,}9\ \text{kN}$$

(Ausgangsgröße zur Berechnung des Anziehdrehmomentes M_A für die Mutter)

5. Fugenpressung p_F

$$p_F = \frac{2\,M \cos\left(\frac{\alpha}{2}\right)}{\pi\,\mu_e\,d_m^2\,l_F} = \frac{2 \cdot 2000 \cdot 10^3\ \text{Nmm} \cdot \cos 2{,}9°}{\pi \cdot 0{,}1 \cdot 60{,}5^2\ \text{mm}^2 \cdot 50\ \text{mm}} = 69{,}5\ \frac{\text{N}}{\text{mm}^2}$$

6. Pressungsvergleich

Der Werkstoff mit der niedrigeren Streckgrenze R_e oder 0,2-Dehngrenze $R_{p0,2}$ ist hier der Zahnradwerkstoff C15E mit $R_e = 300\ \text{N/mm}^2$ (siehe Formelsammlung).

Die zulässige Flächenpressung wird nach 2.2.1 für schwellende Belastung angenommen:

$$p_{\text{zul,C15E}} \frac{R_{e,\text{Ck15}}}{1{,}5} = \frac{300\ \dfrac{\text{N}}{\text{mm}^2}}{1{,}5} = 200\ \frac{\text{N}}{\text{mm}^2} \quad \text{folglich ist}$$

$$p_F = 69{,}5\ \frac{\text{N}}{\text{mm}^2} < p_{\text{zul}} = 200\ \frac{\text{N}}{\text{mm}^2}$$

4. Klemmsitzverbindungen

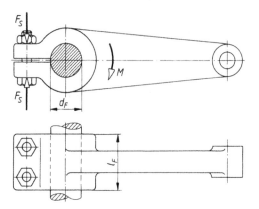

Klemmsitzverbindungen werden mit geteilter oder mit geschlitzter Nabe hergestellt.

Mit Schrauben, Schrumpfringen oder Kegelringen werden die beiden Nabenhälften so auf die Welle gepreßt, daß ohne Rutschen ein gegebenes Drehmoment M übertragen werden kann. Die dazu erforderliche Verspannkraft wird hier *Sprengkraft* F_S genannt. Die in der Fugenfläche entstehende Flächenpressung heißt *Fugenpressung* p_F. Der errechnete Betrag ist mit der zulässigen Flächenpressung für den Werkstoff mit der geringeren Festigkeit zu vergleichen.

Die beiden folgenden Gleichungen gelten unter der Annahme, daß die Spannungsverteilung bei der Klemmsitzverbindung die gleiche ist wie beim zylindrischen Preßverband. Insbesondere wird von einer gleichmäßigen Verteilung der Fugenpressung in der Fugenfläche ausgegangen. Die Berechnungsgleichungen ergeben sich dann aus der Herleitung in 2.2.1 in Verbindung mit der Gleichung für die Nabensprengkraft in 2.2.7.

Vor allem bei der geschlitzten Nabe ist eine gleichmäßige Verteilung der Fugenpressung kaum zu erzielen. Die zulässige Flächenpressung p_{zul} sollte daher kleiner angesetzt werden als beim zylindrischen Preßverband.

Sicherheitshalber ist in der Gleichung für die Sprengkraft F_S der Rutschbeiwert μ_e (siehe 2.2.1) zu verwenden, der kleiner ist als der Haftbeiwert μ, der in den Gleichungen für den zylindrischen Preßverband verwendet wird.

Sprengkraft F_S (gesamte Verspannkraft):

$$F_S = \frac{2 M}{\pi \, \mu_e \, d_F}$$

$$M = 9{,}55 \cdot 10^6 \, \frac{P}{n}$$

F_S	p_F, p_{zul}	M	d_F, l_F	μ_e	P	n
N	$\frac{\text{N}}{\text{mm}^2}$	Nmm	mm	1	kW	min^{-1}

(VI.18)

(VI.19)

Vorhandene Fugenpressung p_F:

$$p_F = \frac{F_S}{d_F \, l_F} \leqslant p_{zul} \tag{VI.20}$$

$$p_F = \frac{2 M}{\pi \, \mu_e \, d_F^2 \, l_F} \leqslant p_{zul} \tag{VI.21}$$

Zulässige Flächenpressung p_{zul}:

für St-Nabe: $\quad p_{zul} = \dfrac{R_e}{3} \;$ oder $\; \dfrac{R_{p,\,0,2}}{3}$ (VI.22)

für GG-Nabe: $\quad p_{zul} = \dfrac{R_m}{5}$ (VI.23)

5. Paßfederverbindungen (Nachrechnung)

Die beiden letzten Spalten der Paßfedertafel in der Formelsammlung enthalten Richtwerte für das übertragbare Drehmoment. Im Normalfall ist das zu übertragende Drehmoment M bekannt oder kann über die gegebene Leistung P und die Wellendrehzahl n errechnet werden. Mit dem Drehmoment M werden der Wellendurchmesser d und die zugehörige Paßfeder ($b \times h$) festgelegt.

Abgesehen von der Gleitfeder muß die Paßfederlänge l_P etwas kleiner sein als die Nabenlänge l. Werden für die Nabenlänge l die in der Richtwerttafel angegebenen Werte verwendet, dann erübrigt es sich, die Flächenpressung p zu überprüfen ($p \leqslant p_{zul}$). Nur bei kürzeren Naben ist die folgende Nachrechnung erforderlich.

Vorhandene Flächenpressung p_W an der Welle:

$$p_W = \frac{2M}{d\, l_t\, t_1} \leqslant p_{zul}$$

$$M = 9,55 \cdot 10^6 \frac{P}{n}$$

p	M	d, l_t, t_1	P	n
$\dfrac{N}{mm^2}$	Nmm	mm	kW	min^{-1}

(VI.32)

Vorhandene Flächenpressung p_N an der Nabe:

$$p_N = \frac{2M}{d\, l_t\, (h - t_1)} \leqslant p_{zul}$$

d Wellendurchmesser
t_1 Wellennuttiefe
l_t tragende Länge an der Paßfeder
$l_t = l_P$ bei den Paßfederformen A und B für die Wellennut
$l_t = l_P - b$ bei Paßfederform A für die Nabennut

Zulässige Flächenpressung p_{zul}

Mit Sicherheit ν_S gegenüber der Streckgrenze R_e oder $R_{p\,0,2}$ (0,2-Dehngrenze) und ν_B gegenüber der Bruchfestigkeit R_m des Wellen- oder Nabenwerkstoffes setzt man je nach Betriebsweise (Stoßanfall):

$$p_{zul} = \frac{R_e}{\nu_S} \qquad\qquad \text{für St und Stahlguss mit } \nu_S = 1,3 \ldots 2,5$$

$$p_{zul} = \frac{R_m}{\nu_B} \qquad\qquad \text{für Gusseisen mit } \nu_B = 3 \ldots 4$$

Herleitung der Gleichungen für die Flächenpressung p_W, p_N:

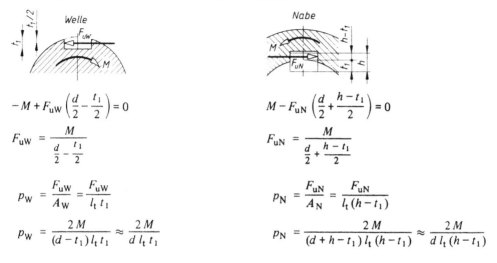

$$-M + F_{uW}\left(\frac{d}{2} - \frac{t_1}{2}\right) = 0 \qquad\qquad M - F_{uN}\left(\frac{d}{2} + \frac{h - t_1}{2}\right) = 0$$

$$F_{uW} = \frac{M}{\dfrac{d}{2} - \dfrac{t_1}{2}} \qquad\qquad F_{uN} = \frac{M}{\dfrac{d}{2} + \dfrac{h - t_1}{2}}$$

$$p_W = \frac{F_{uW}}{A_W} = \frac{F_{uW}}{l_t\, t_1} \qquad\qquad p_N = \frac{F_{uN}}{A_N} = \frac{F_{uN}}{l_t\,(h - t_1)}$$

$$p_W = \frac{2M}{(d - t_1)\, l_t\, t_1} \approx \frac{2M}{d\, l_t\, t_1} \qquad\qquad p_N = \frac{2M}{(d + h - t_1)\, l_t\,(h - t_1)} \approx \frac{2M}{d\, l_t\,(h - t_1)}$$

VII. Kupplungen

Normen und Richtlinien

DIN 115   Schalenkupplungen
DIN 116   Scheibenkupplungen
DIN 740   Nachgiebige Wellenkupplungen
DIN 43 648   Elektromagnetkupplungen und Elektromagnetbremsen (Kenngrößen)

VDI-Richtlinie 2240: Wellenkupplungen, systematische Einteilung nach ihren Eigenschaften,
                      VDI-Verlag, Düsseldorf

1. Allgemeines

Hauptaufgabe der Kupplungen ist das Weiterleiten von Rotationsleistung $P = M\omega$. Als Zusatz-
aufgabe kann das Schalten des Drehmoments M hinzukommen oder es sollen bestimmte dynamische Eigenschaften verbessert werden. Diesen Aufgaben entsprechend unterteilt man die Kupplungen:

Feste Kupplungen (drehstarrke K.) dienen der starren, fluchtenden Verbindung von Wellen und
anderen Getriebeelementen.

Bewegliche Kupplungen (drehelastische K.) verbinden die Elemente elastisch oder unelastisch,
können Fluchtfehler ausgleichen und stoß- und schwingungsdämpfend wirken.

Schaltkupplungen ermöglichen durch Unterbrechung und Wiederherstellung der Verbindung das
Schalten des Drehoments.

Sicherheitskupplungen unterbrechen die Verbindung bei Überlastung.

Anlaufkupplungen werden an schwer anlaufende Maschinen eingesetzt.

Freilauf- und Überholkupplungen verbinden die Elemente nur bei Gleichlauf und lösen die Verbindung, wenn das antreibende Element langsamer als das getriebene umläuft.

Steuerbare Kupplungen ermöglichen Drehmoment- und Drehzahländerungen während des Betriebs.

2. Feste Kupplungen

2.1. Scheibenkupplung

Anwendung und Ausführung: Zur starren Verbindung von Wellen zu langen, durchgehenden
Wellensträngen, zum Beispiel Transmissionswellen, Fahrwerkwellen von Kranen. Geeignet für einseitige und wechselseitige Drehomente.

Beide Scheiben werden möglichst durch Paßschrauben reibschlüssig verschraubt. Nach DIN 116
sind Bohrungsdurchmesser, Länge und Ausführungsform genormt: Form A mit Zentrieransatz (1),
bei der zum Lösen der Verbindung die Wellen axial verschoben werden müssen (Bild VII.1a).

Form B ermöglicht nach Herausnehmen der zweiteiligen Zwischenscheibe (2) ein Lösen ohne Axialverschiebung der Welle (Bild VII.1b). Befestigung auf Welle bei einseitigen Drehmomenten durch Paßfeder, bei wechselseitigen durch Keil.

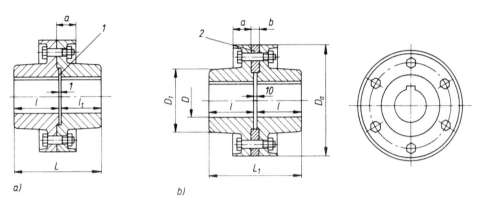

a)   b)

Bild VII.1. Scheibenkupplungen nach DIN 116. a) Form A mit Zentrieransatz, b) Form B mit zweiteiliger Zwischenscheibe. Abmessungen siehe Tafel VII.1

Vorteile gegenüber Schalenkupplungen: Bei gleicher Nenngröße (Bohrungsdurchmesser) größere und auch wechselhafte Drehmomente übertragbar; *Nachteile:* Ein- und Ausbau schwieriger, geteilte Lager, Riemenscheiben u. dgl. erforderlich.

Werkstoffe: Im allgemeinen GJL-150, in Sonderfällen auch G450.

Berechnung: Drehmoment soll durch Reibungsschluß der Scheibenflächen übertragen werden. Reibungsmoment $M_R \geq$ Drehmoment M. Mit Reibungskraft F_R, angreifend am Lochkreis D_S (gleich mittlerer Reibungsflächendurchmesser), wird nach Bild VII.2:

$$M = \frac{F_R D_S}{2} = \frac{F_N \mu D_S}{2}$$

Anpreßkraft $F_N = F_S n$ gesetzt, ergibt das *übertragbare Drehmoment*

$$M = \frac{F_S n \mu D_S}{2} \qquad \text{(VII.1)}$$

M	F_S	n, μ	D_S
Nmm	N	1	mm

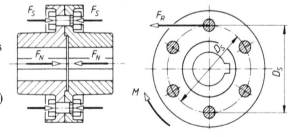

Bild VII.2. Berechnung der Scheibenkupplungen

F_S = Anpreßkraft gleich Zugkraft einer Schraube, n Schraubenzahl; μ Reibungszahl, sicherheitshalber *Gleit*reibungszahl einsetzen (siehe Abschnitt Statik).

2.2. Schalenkupplung

Anwendung und Ausführung: Verwendung wie Scheibenkupplungen, jedoch vorwiegend bei einseitigen Drehmomenten.

Schalen werden auf Wellenenden geklemmt, so daß Drehmoment durch Reibungsschluß übertragen wird. Meist zusätzliche Sicherung durch Paßfeder, nicht durch Keil, da Keilkräfte der Klemmkraft entgegenwirken.

Einfacher Ein- und Ausbau ohne gleichzeitigen Ausbau von Wellenteilen. Genormt sind nach DIN 115 Bohrungsdurchmesser, Länge und Form. Gegen Unfälle Ausführung häufig mit Schutzmantel (Bild VII.3).

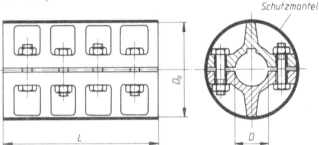

Bild VII.3

Schalenkupplung nach DIN 115
Abmessungen siehe Tafel VII.1

Berechnung: Die Verbindung entspricht der Klemmverbindung einer geteilten Scheibennabe. In Abwandlung der Gleichung (VI.1) ergibt sich das *übertragbare Drehmoment*

$$M = F_S\, n\, \mu D$$

M	F_S	n, μ	D
Nmm	N	1	mm

(VII.2)

F_S, n, μ wie zu (VII.1), D Bohrungsdurchmesser. Übertragbare Drehmomente meist nach Angabe der Hersteller, siehe Tafel VII.1.

Tafel VII.1. Hauptabmessungen und übertragbare Drehmomente von festen Kupplungen (nach Flender, Bocholt)

a) Scheibenkupplungen nach Bild VII.1   b) Schalenkupplungen, Bild VII.3

D mm	M in 10^4Nmm	D_a mm	D_1 mm	a mm	b mm	L mm	L_1 mm	l mm	Gewichtskraft Form A N	Form B N	D mm	M in 10^4Nmm	D_a mm	L mm	Gewichtskraft N
25	4,75	125	58			101	110	50	43	55	20	2,5	85	110	19
30	9	125	58	31	16	101	110	50	42	53	25	4	100	130	45
35	15	140	72			121	130	60	59	73	30	5,8	100	130	42
40	24,3	140	72			121	130	60	56	70	35	8	110	160	65
45	36,5	160	95	34		141	150	70	97	115	40	10,2	110	160	62
50	53	160	95		16	141	150	70	93	110	45	12,5	120	190	85
55	75	180	110	37		171	180	85	140	160	50	15	130	190	90
60	100	180	110			171	180	85	135	155	55	50	150	220	130
											60	85	150	220	125
70	175	200	130	41		201	210	100	210	240	65	125	170	250	185
80	272	224	145		18	221	230	110	280	320	70	170	170	250	170
90	412	250	164	54		241	250	120	410	450	80	250	190	280	270
100	600	280	180			261	270	130	530	580	90	380	215	310	410
											100	540	250	350	630
110	850	300	200	60		281	290	140	680	730	110	750	250	390	700
125	1280	335	225		18	311	320	155	910	980	125	1100	275	430	960
140	1950	375	250	70		341	350	170	1300	1350	140	1500	325	490	1600
160	3070	425	290	75		401	410	200	1900	2000	160	2300	365	560	2550
180	4620	450	325	80	20	451	460	225	2500	2650	180	3200	420	630	3200
200	6300	500	360			501	510	250	3350	3500	200	4000	500	700	5500

3. Bewegliche, unelastische Kupplungen

Verwendung dort, wo mit axialen, radialen oder wink-
ligen Wellenverlagerungen gerechnet werden muß. Die
bekanntesten dieser drehstarren Kupplungen sind die
Bogenzahnkupplungen. Bild VII.4 zeigt die Bowex-
Kupplung (Hersteller: F. Tacke KG., Rheine/Westf.).
Kupplungshülse (1) hat zwei Innenverzahnungen, in die
ballige Zähne der Naben (2) eingreifen; dadurch allseitige
Beweglichkeit. Hülse besteht aus Kunststoff (Polyamid),
Naben werden wahlweise aus Kunststoff oder Stahl aus-
geführt.

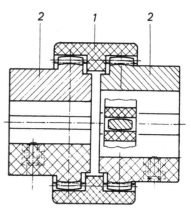

Bild VII.4. Bo-Wex-Bogenzahnkupplung

4. Elastische Kupplungen

4.1. Anwendung

Elastische Kupplungen dienen zur stoß- und schwingungsdämpfenden Verbindung bei Antrieben,
z.B. von Motor- und Getriebewelle, Getriebe- und Maschinenwelle oder auch direkt von Welle und
Riemenscheibe, Zahnrad o.dgl. Die meisten Bauarten können gleichzeitig kleinere radiale, axiale
und winklige Wellenverlagerungen ausgleichen.

4.2. Elastische Stahlbandkupplung (Malmedie-Bibby-Kupplung)

Die *Bibby-Kupplung* ist eine nicht dämpfende Ganzmetallkupplung (Bild VII.5). Kupplungsnaben
(1 und 2) sind durch schlangenförmig gewundenes Stahlband (4) verbunden. Bei Normallast liegt
Band außen an den sich nach innen erweiterten Nuten an. Mit wachsendem Drehmoment verdrehen sich die Kupplungshälften gegeneinander, die Bandanlage verschiebt sich nach innen, wodurch Stützweite der Feder verringert und Federung härter wird (Bild VII.5b). Die Kupplung zeigt
damit eine progressive Federkennlinie (siehe IV.2). Anwendung für Antriebe mit starken Dreh-
momentschwankungen, z.B. Walzwerkantriebe.

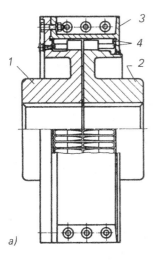

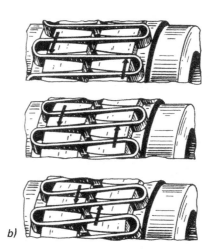

Bild VII.5. Malmedie-Bibby-Kupplung (Werkbild Malmedie & Co.)

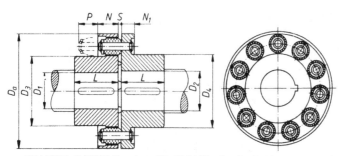

Bild VII.6. RUPEX-Kupplung (Werkbild Flender, Bocholt)

4.3 Elastische Bolzenkupplung

Allgemein gebräuchlichste elastische Kupplung für Antriebe aller Art. Die *RUPEX-Kupplung* hat als Dämpfungsglieder auf Stahlbolzen sitzende Kunststoffbuchsen (Perbunan ölfest). Sie sind zur Erhöhung der Elastizität und Winkelbeweglichkeit ballig ausgebildet (Bild VII.6).

Tafel VII.2. Hauptabmessungen und übertragbare Drehmomente von elastischen Kupplungen (RUPEX-Kupplung nach Bild VII.6, Flender, Bocholt)

Bauart REWN	Bohrungen		Maße								max. Drehzahl	Nenn-Drehmoment	Trägheitsmoment	Gewichtskraft
	von	bis												
	D_1	D_2	D_a	D_3	D_4	L	N	N_1	p	S	n	M_{max} $\cdot 10^3$ Nmm	J	G
Größe	mm	mm	mm	mm	mm	mm	mm	mm	mm	mm	min^{-1}		kgm^2	N
0,6	14	25	30	96	44	50	35	24	18	25	2 ... 6	7200	43	0,0018	18,0
1	14	30	38	104	52	60	40	24	18	25	2 ... 6	6600	72	0,0028	23,0
1,6	20	35	42	112	62	68	45	24	18	25	2 ... 6	6100	115	0,004	30,0
2,5	20	40	48	125	65	75	50	28	20	30	2 ... 6	5500	180	0,0068	42,0
4	25	45	55	140	76	88	55	28	20	30	2 ... 6	4900	290	0,0115	58,0
6,3	25	50	60	160	85	95	60	38	22	35	2 ... 6	4300	450	0,023	85,0
10	30	60	70	180	102	112	70	38	22	35	2 ... 6	3800	720	0,0405	125,0
14	35	70	80	200	120	128	80	38	22	40	2 ... 6	3400	1000	0,0728	170,0
20	40	80	90	225	134	144	90	42	28	40	4 ... 10	3000	1440	0,1235	240,0
28	45	90	100	250	154	164	100	42	28	40	4 ... 10	2700	2000	0,2025	330,0
40	50	100	110	285	166	176	110	54	35	50	4 ... 10	2400	2900	0,375	460,0
56	55	110	120	320	190	195	125	54	35	50	4 ... 10	2100	4000	0,65	650,0
80	65	120	130	360	205	210	140	68	44	60	6 ... 14	1900	5800	1,2	900,0
110	75	130	140	400	218	230	160	80	52	75	6 ... 14	1700	7900	2,025	1250,0
160	85	140	160	450	240	260	180	80	52	75	6 ... 14	1500	11500	3,375	1700,0
220	95	160	180	500	270	290	200	102	62	90	6 ... 14	1350	15800	6,125	2450,0

4.4. Hochelastische Kupplungen

Bei diesen ist Gummi der vorherrschende Werkstoff der Verbindungsglieder zwischen den Kupplungshälften. Anwendung dort, wo starke stoßartige Belastungen gedämpft werden müssen, z.B. bei Antrieben von Hobel- und Stoßmaschinen, Kranhubwerken u. dgl.

Bei der *Radaflex-Kupplung* Bild VII.7 werden beide Kupplungshälften (1) durch zweiteiligen Gummireifen (2) mit den Metallträgern (4) mit Schrauben (3) verbunden. Kupplung dadurch leicht einzubauen und Verbindung der Wellen ohne Axialverschiebung durch Abschrauben des Reifens leicht zu lösen.

Diese Kupplung ist für Drehmomente von $16 \cdot 10^3$ Nmm bis $100 \cdot 10^3$ Nmm ausgelegt.

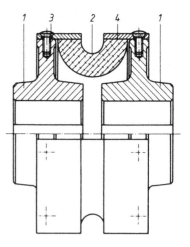

Bild VII.7. Radaflex-Kupplung (Werkbild Bolenz & Schäfer)

5. Schaltkupplungen

5.1. Mechanisch betätigte Schaltkupplungen

Eine im Stillstand schaltbare *Formschlußkuppung* ist die *Zahnkupplung* (Bild VII.8). Beide Kupplungsnaben (1 und 2) haben Außenverzahnungen, die über eine Innenverzahnung der Hülse (3) verbunden werden. Einkuppeln durch Verschieben der Hülse (im Bild nach links) mittels Schaltring (4).

Zähne werden durch Schmierkopf (5) mit Fett geschmiert. Anwendung z.B. zum Kuppeln von Zahnrädern in Werkzeugmaschinen und Kfz-Getrieben.

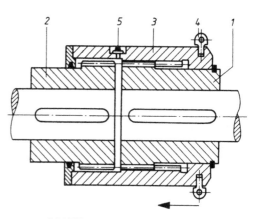

Bild VII.8. Schaltbare Zahnkupplung

Während des Betriebes ein- und ausschaltbar sind die *Reibungskupplungen*. Bei der ALMAR-Kupplung (Bild VII.9) wird Drehmoment über mehrere im Mitnehmerring (3) sitzende Reibklötze (23) übertragen, die zwischen zwei mit Kupplungsteil (1) durch Gleitfeder (19) verbundene Druckringe (4 und 5) gepreßt werden. Auskuppeln durch Verschieben des Schaltringes (6) mit Schaltmuffe (7) nach links. Dadurch wird Winkelhebel (10) frei, und beide Druckringe werden durch Druckfedern (18) auseinandergedrückt, so daß Reibungsschluß und damit Verbindung der beiden Kupplungsnaben (1 und 2) gelöst sind. Verwendung für häufig ein- und ausschaltbare Antriebe, z.B. von Förderelementen.

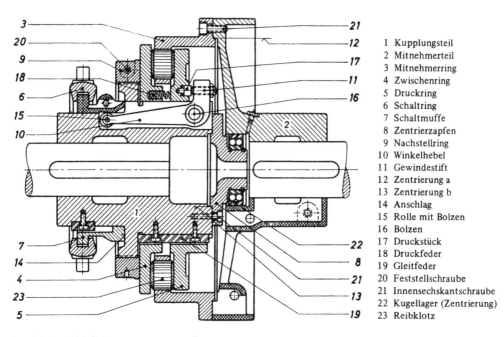

1 Kupplungsteil
2 Mitnehmerteil
3 Mitnehmerring
4 Zwischenring
5 Druckring
6 Schaltring
7 Schaltmuffe
8 Zentrierzapfen
9 Nachstellring
10 Winkelhebel
11 Gewindestift
12 Zentrierung a
13 Zentrierung b
14 Anschlag
15 Rolle mit Bolzen
16 Bolzen
17 Druckstück
18 Druckfeder
19 Gleitfeder
20 Feststellschraube
21 Innensechskantschraube
22 Kugellager (Zentrierung)
23 Reibklotz

Bild VII.9. ALMAR-Kupplung (Werkbild Flender, Bocholt)

Eine häufig verwendete Bauform schaltbarer Reibungskupplungen ist die dem Prinzip der Scheibenkupplung entsprechende *Lamellenkupplung.* Eine der bekanntesten dieser Art ist die *Sinus-Lamellenkupplung* (Bild VII.10). Die auf treibender Welle sitzende Nabe (1) trägt Außenverzahnung, in die die Zähne der gewellten „Sinus"-Innenlamellen (3) eingreifen. Die plangeschliffenen Außenlamellen (4) greifen mit Außenzähnen in die Innenverzahnung des Mantels der Nabe (2) ein. Einkuppeln durch Verschieben der Schaltmuffe (5) nach links, wodurch Winkelhebel (6) die axial verschiebbaren Federstahl-Lamellen aufeinanderpressen. Weiches Anlaufen durch allmähliche Abflachung der Lamellen bis zur Plananlage. Beim Ausschalten (Verschieben der Schaltmuffe nach rechts) federn Lamellen durch ihre Wellenform von selbst auseinander. Anpreßkraft und damit übertragbares Drehmoment durch Ringmutter (7) einstellbar, so daß Kupplung auch als Sicherheitskupplung verwendbar ist.

Lamellenkupplungen zeichnen sich durch kleinen Baudurchmesser aus und sind besonders zum Einbau in Trommeln, Riemenscheiben u. dgl. geeignet.

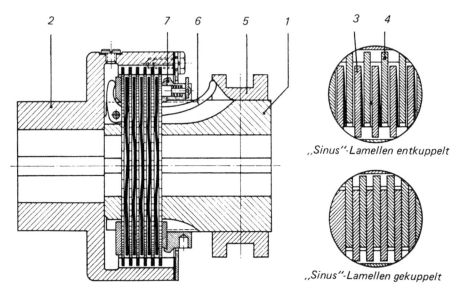

„*Sinus"-Lamellen entkuppelt*

„*Sinus"-Lamellen gekuppelt*

Bild VII.10. Sinus-Lamellenkupplung (Werkbild Ortlinghaus-Werke GmbH)

5.2. Elektrisch betätigte Schaltkupplungen

Vorteile gegenüber mechanisch geschalteten: Kleinere Bauabmessungen bei gleichem Drehmoment; Fernschaltung möglich, Schaltgestänge und Verschleißstellen entfallen; einfache Steuerung durch Endschalter oder Schaltwalzen. Nachteile: Dauernder Stromverbrauch während des Betriebes; Leistungsverlust durch Reibungs- und Stromwärme.

Anwendung vorwiegend bei Werkzeugmaschinen.

● **Beispiel**: *Elektromagnetische Einscheiben-kupplung* (Bild VII.11). Über Schleifringe (9) wird der Spule (3) Gleichspannung zugeführt. Durch magnetisches Kraftfeld wird die auf abtriebsseitige Nabe (4) axial verschiebbare Ankerscheibe (1) mit Reibbelag (6) angezogen; wird Strom unterbrochen, drücken Federn (11) die Ankerscheibe zurück.

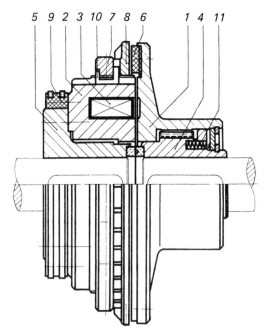

　1　Ankerscheibe
　2　Spulenkörper
　3　Spule
　4　abtriebsseitige Nabe
　5　antriebsseitige Nabe
　6　Reibbelag
　7　Nutmutter
　8　Reibring (verstellbar)
　9　Schleifringkörper
10　Einstellkeil
11　Abdrückfeder

Bild VII.11. Elektromagnetische Einscheibenkupplung (Werkbild Stromag)

5.3. Hydraulisch und pneumatisch betätigte Schaltkupplungen

Vorteile gegenüber mechanisch oder elektrisch geschalteten: Übertragbares Drehmoment durch Ändern des Öl- oder Luftdruckes leicht zu variieren; Nachstellen bei Verschleiß entfällt, da Ausgleich durch größere Kolbenwege. Nachteile: Besondere Pumpen- und Steuerungsanlagen sind erforderlich; Gefahr von Druckverlusten durch Undichtigkeiten.

Anwendung hauptsächlich bei Werkzeugmaschinen.

● **Beispiel**: *Drucköl-(oder druckluft-) geschaltete Lamellenkupplung* (Bild VII.12). Das durch Welle zugeführte Treibmittel tritt durch Bohrung (3) in Druckraum (4) und schiebt Kolben (5) mit Bolzen (6) gegen Lamellen (7), wodurch Kupplungsteile (1 und 2) reibschlüssig verbunden werden. Hört Druckwirkung auf, so wird Kolben durch Feder (8) wieder abgedrückt und Verbindung gelöst.

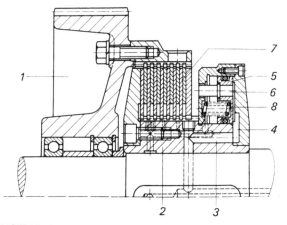

Bild VII.12. Drucköl-(oder druckluft) gesteuerte Lamellenkupplung (Werkbild Stromag)

VIII. Wälzlager

1. Allgemeines

Man unterscheidet nach Art der Bewegungsverhältnisse *Gleitlager,* bei denen eine Gleitbewegung zwischen Lager und gelagertem Teil stattfindet und *Wälzlager,* bei denen die Bewegung durch Wälzkörper übertragen wird. Nach der Richtung der Lagerkraft unterteilt man in *Radiallager* (Querlager) und *Axiallager* (Längslager), Bild VIII.1.

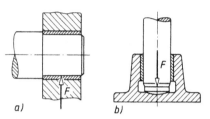

Bild VIII.1. Grundformen der Lager
a) Radiallager, b) Axiallager

2. Wälzlager

2.1. Eigenschaften, Verwendung

Wälzlager zeichnen sich durch kleines Anlauf-Reibungsmoment, geringen Schmierstoffverbrauch und Anspruchslosigkeit in Pflege und Wartung aus. Nachteilig ist die Empfindlichkeit gegen Stöße und Erschütterungen sowie gegen Verschmutzung; die Höhe der Lebensdauer und der Drehzahl ist begrenzt. Verwendung für möglichst wartungsfreie und betriebssichere Lagerungen bei normalen Anforderungen, z.B. bei Werkzeugmaschinen, Getrieben, Motoren, Fahrzeugen, Hebezeugen u.dgl.

2.2. Bauformen

Rillenkugellager, DIN 625 (Bild VIII.2a): Radial und axial in beiden Richtungen belastbar, bei liegenden Wellen und hohen Drehzahlen für Axialkräfte sogar besser geeignet als Axialrillenkugellager. Es erreicht von allen Lagern die höchsten Drehzahlen und ist von allen belastungsmäßig vergleichbaren das billigste.

Einreihiges Schrägkugellager, DIN 628 (Bild VIII.2b): Für größere Axialkräfte in einer Richtung geeignet; Einbau nur paarweise und spiegelbildlich zueinander.

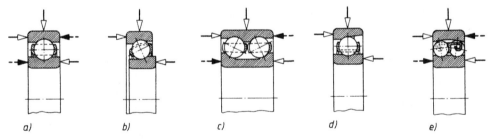

Bild VIII.2. Kugellager. a) Rillenkugellager, b) einreihiges und c) zweireihiges Schrägkugellager,
d) Schulterkugellager, e) Pendelkugellager

Zweireihiges Schrägkugellager, DIN 628 (Bild VIII.2c): Entspricht einem Paar spiegelbildlich zusammengesetzter einreihiger Schrägkugellager; radial und axial in beiden Richtungen hoch belastbar.

Schulterkugellager, DIN 615 (Bild VIII.2d): Zerlegbares Lager mit abnehmbarem Außenring mit ähnlichen Eigenschaften wie das einreihige Schrägkugellager.

Pendelkugellager, DIN 630 (Bild VIII.2e): Durch kugelige Außenringlaufbahn unempfindlich gegen winklige Wellenverlagerungen; radial und axial belastbar; dort verwendet, wo mit unvermeidlichen Einbauungenauigkeiten gerechnet werden muß.

Zylinderrollenlager, DIN 5412 (Bild VIII.3): Wegen linienförmiger Berührung zwischen Rollen und Laufbahnen radial hoch, axial jedoch nicht oder nur sehr gering belastbar. Nach Anordnung der Borde unterscheidet man Bauarten N und NU mit bordfreiem Außen- bzw. Innenring und NJ und NUP als Führungslager zur axialen Wellenführung.

Nadellager, DIN 617 (Bild VIII.4): Zeichnet sich durch kleinen Baudurchmesser aus; nur radial belastbar; unempfindlich gegen stoßartige Belastung. Verwendung vorwiegend bei kleineren Drehzahlen und Pendelbewegungen (Pleuellager, Kipphebellager).

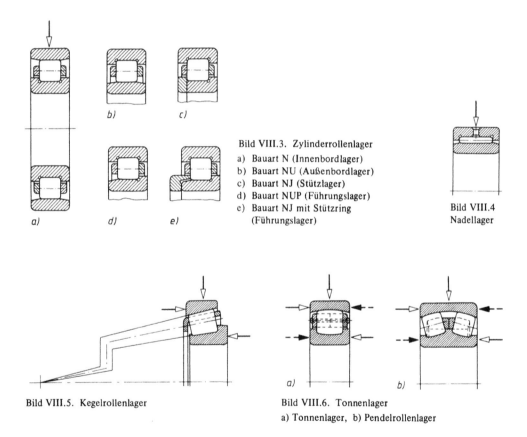

b) c)

Bild VIII.3. Zylinderrollenlager
a) Bauart N (Innenbordlager)
b) Bauart NU (Außenbordlager)
c) Bauart NJ (Stützlager)
d) Bauart NUP (Führungslager)
e) Bauart NJ mit Stützring
   (Führungslager)

Bild VIII.4
Nadellager

a) d) e)

Bild VIII.5. Kegelrollenlager

Bild VIII.6. Tonnenlager
a) Tonnenlager, b) Pendelrollenlager

Kegelrollenlager, DIN 720 (Bild VIII.5): Radial und axial hoch belastbar; Einbau nur paarweise und spiegelbildlich zueinander; Lagerspiel kann ein- und nachgestellt werden. Verwendung für Radlagerungen bei Fahrzeugen, Seilrollenlagerungen, Spindellagerungen.

Tonnen- und Pendelrollenlager, DIN 635 (Bild VIII.6): Ermöglichen durch kugelige Außenringlaufbahnen und tonnenförmige Wälzkörper den Ausgleich von winkligen Wellenverlagerungen. Anwendung wie Pendelkugellager bei höchsten Radialkräften, Pendelrollenlager auch bei hohen Axialkräften.

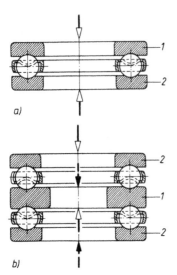

Axial-Rillenkugellager, DIN 711 (Bild VIII.7) nehmen nur Axialkräfte bei möglichst senkrechten Wellen auf, zweiseitig wirkende übertragen Kräfte in beiden Richtungen.

Axial-Pendelrollenlager, DIN 728 (Bild VIII.8) sind Fluchtfehler ausgleichende Axiallager; tonnenförmige Wälzkörper übertragen die Kraft unter $\approx 45°$ zur Lagerachse auf beide Scheiben.

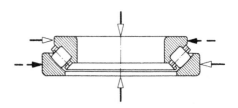

Bild VIII.7. Axial-Rillenkugellager
a) einseitig wirkend
b) zweiseitig wirkend

Bild VIII.8. Axial-Pendelrollenlager

2.3. Baumaße, Kurzzeichen

Jeder Lagerbohrung sind mehrere Außendurchmesser (Durchmesserreihen 0, 2, 3 und 4) und Breiten (Breitenreihen 0, 1, 2 und 3) zugeordnet, um möglichst großen Belastbarkeitsbereich bei Lagern gleicher Bohrung zu erreichen. Das Lagerkurzzeichen setzt sich aus Ziffern oder Buchstaben und Ziffern zur Kennzeichnung der Bauform, Breitenreihe und Durchmesserreihe zusammen. Die letzte Zifferngruppe stellt die Bohrungskennziffer dar. Bei Bohrungen ≥ 20 mm ergibt sich deren Größe durch Multiplikation der Kennziffer mit 5.

Bezeichnungsbeispiel: 2 2 3 16   (lies: zweihundertdreiundzwanzig – sechszehn)

                       └─16 × 5 = 80 mm Bohrung
                  └──Durchmesserreihe 3
               └───Breitenreihe 2
            └────Pendelrollenlager

Die wichtigsten Lagerabmessungen enthält die Wälzlagertabelle in der Formelsammlung.

2.4. Berechnung umlaufender Wälzlager

Die Wälzlager werden nach DIN 622 in Übereinstimmung mit der ISO-Recommendation R 76 und ISO-Draft-Recommendation 278 berechnet.

2.4.1. Äquivalente Lagerbelastung. Unter äquivalenter (gleichwertiger) Lagerbelastung versteht man die rein radiale, bei Axiallagern axiale Belastung, die das Lager unter den tatsächlich vorliegenden Betriebsverhältnissen auch erreicht.

Wird das Radiallager allein durch eine *Radialkraft F_r* belastet, wird die *äquivalente Lagerbelastung*

$$P = F_r \qquad\qquad \frac{P \;\big|\; F_r}{\text{N} \;\big|\; \text{N}} \qquad\qquad \text{(VIII.1)}$$

2.4. Berechnung umlaufender Wälzlager

Die Berechnung ist genormt in DIN 622, Teil 1: Tragfähigkeit von Wälzlagern; Begriffe, Tragzahlen, Berechnung der äquivalenten Belastung und Lebensdauer.

2.4.1. Dynamisch äquivalente Lagerbelastung. Unter dynamisch äquivalenter (gleichwertiger) Lagerbelastung versteht man die rein radiale, bei Axiallagern axiale Belastung, die das Lager unter den tatsächlich vorliegenden Betriebsverhältnissen auch erreicht.

Wird das Radiallager allein durch eine *Radialkraft* F_r belastet, wird die dynamisch *äquivalente Lagerbelastung*

$$P = F_r$$

$$\frac{P \mid F_r}{N \mid N} \qquad \text{(VIII.1)}$$

Für radial mit einer *Radialkraft* F_r und axial mit einer *Axialkraft* F_a belastete Radiallager beträgt die dynamisch *äquivalente Lagerbelastung*

$$P = X F_r + Y F_a$$

$$\frac{P, F_r, F_a \mid X, Y}{N \mid 1} \qquad \text{(VIII.2)}$$

Für nur axial belastete Axial-Rillenkugellager und Axial-Pendelrollenlager wird $P = F_a$. Für radial und axial belastete Axial-Pendelrollenlager ist

$$P = F_a + 1{,}2\,F_r \quad \text{für } F_r \leqslant 0{,}55\,F_a \qquad \text{(VIII.3)}$$

F_r Radialkraft; F_a Axialkraft; X Radialfaktor, berücksichtigt Verhältnis Radial- zur Axialkraft; Y Axialfaktor zum Umrechnen der Axialkraft in eine gleichwertige (äquivalente) Radialkraft; Werte für X und Y siehe Tafel VIII.2.

2.4.2. Lebensdauer, dynamische Tragzahl. Die Lebensdauer eines Lagers ist die Anzahl der Umdrehungen oder Stunden, bevor sich erste Anzeichen einer Oberflächenbeschädigung (Risse, Poren) bei Wälzkörpern und Rollbahnen zeigen. Da die Werte in weiten Grenzen schwanken, ist für die Berechnung die *nominelle Lebensdauer* maßgebend, die mindestens 90 % einer größeren Zahl gleicher Lager erreichen oder überschreiten.

Die *dynamische Tragzahl* C ist die Belastung, die eine nominelle Lebensdauer $L = 10^6$ Umdrehungen bzw. $L_h = 500\,\text{h}$ bei $n = 33\frac{1}{3}\ \text{min}^{-1}$ erwarten läßt.

Die Lebensdauer eines Lagers ergibt sich aus

$$f_L = \frac{C}{P}\,f_n\,f_t$$

f_L dynamische Kennzahl (Lebensdauerfaktor)
f_n Drehzahlfaktor (siehe Tafeln XIII.7 und XIII.8)
f_t Temperaturfaktor (siehe Tafel XIII.1)

$$\frac{f_L, f_n, f_t \mid C, P}{1 \mid N} \qquad \text{(VIII.4)}$$

Tafel VIII.1. Temperaturfaktor f_t

Betriebs-temperatur °C	Temperatur-faktor f_t
< 150	1,0
200	0,73
250	0,42
300	0,22

Tafel VIII.2. Radial- und Axialfaktoren für Rillenkugellager

F_a/C_0	e	$F_a/F_r \leqslant e$		$F_a/F_r > e$	
		X	Y	X	Y
0,025	0,22	1	0	0,56	2
0,04	0,24	1	0	0,56	1,8
0,07	0,27	1	0	0,56	1,6
0,13	0,31	1	0	0,56	1,4
0,25	0,37	1	0	0,56	1,2
0,5	0,44	1	0	0,56	1

Die statische Tragzahl C_0 wird der Tafel VIII.9 für Rillenkugellager entnommen.

2.4.3. Höchstdrehzahlen. Vorstehende Berechnungsgleichungen gelten für „normal" ausgeführte Lager, solange bestimmte Höchstdrehzahlen nicht überschritten werden. Höhere Drehzahlen führen zu Schwingungen und gefährden durch zu hohe Fliehkräfte das einwandfreie Abwälzen der Wälzkörper.

2.5. Berechnung stillstehender oder langsam umlaufender Lager

Die Berechnung gilt für Wälzlager im Stillstand, bei Pendelbewegungen oder bei kleinen Drehzahlen etwa $n \leqslant 20 \text{ min}^{-1}$.

2.5.1. Statisch äquivalente Lagerbelastung. Die statisch äquivalente Lagerbelastung ist die radiale, bei Axiallagern axiale Belastung, die an Rollbahnen und Wälzkörpern die gleiche Verformung hervorruft, wie sie bei den vorliegenden Verhältnissen auch auftritt.

Für ein- und zweireihige *Rillenkugellager* gilt für die *statisch äquivalente Lagerbelastung P_0*:

$$P_0 = F_r \qquad\qquad \text{für } \frac{F_a}{F_r} \leqslant 0{,}8 \qquad\qquad\qquad \text{(VIII.5)}$$

$$P_0 = 0{.}6 \cdot F_r + 0{,}5 \cdot F_a \quad \text{für } \frac{F_a}{F_r} > 0{,}8 \qquad\qquad \text{(VIII.6)}$$

Für die anderen Wälzlagerarten sind die Gleichungen in den Wälzlagertafeln der Formelsammlung zu verwenden.

2.5.2. Statische Tragzahl. Die statische Tragzahl ist die rein radiale, bei Axiallagern axiale Lagerbelastung, die bei stillstehenden Lagern eine bleibende Verformung von 0,01 % des Wälzkörperdurchmessers an der Berührungsstelle zwischen Wälzkörper und Rollbahn hervorruft.

Unter Berücksichtigung der Betriebsverhältnisse ergibt sich die *statische Höchstbelastung*

$$P_0 = \frac{C_0}{f_s} \qquad\qquad \begin{array}{c|c} P_0, C_0 & f_s \\ \hline N & 1 \end{array} \qquad\qquad \text{(VIII.7)}$$

Hieraus die erforderliche *statische Tragzahl*

$$C_0 = P_0 f_s \qquad\qquad\qquad\qquad\qquad\qquad \text{(VIII.8)}$$

f_s Betriebsfaktor; man setzt $f_s \geqslant 2$ bei Stößen und Erschütterungen, $f_s = 1$ bei normalem Betrieb, $f_s = 0{,}5 \ldots 1$ bei erschütterungsfreiem Betrieb. Werte für C_0 siehe Wälzlagertafeln XIII.9 und folgende.

2.6. Gestaltung der Lagerstellen

2.6.1. Passungen. Für die Wahl der Passung zwischen Innenring und Welle bzw. Außenring und Gehäuse sind Größe und Bauform der Lager, Belastung, axiale Verschiebemöglichkeit bei Loslagern (siehe 2.6.2) und besonders die *Umlaufverhältnisse* entscheidend. Hierunter versteht man die relative Bewegung eines Lagerringes zur Lastrichtung. Man unterscheidet

Umfangslast, bei der der Ring relativ zur Lastrichtung umläuft, und *Punktlast*, bei der der Ring relativ zur Lastrichtung stillsteht.

Einbauregel: Der Ring mit Umfangslast muß festsitzen, der Ring mit Punktlast kann lose (oder auch fest) sitzen.

Geeignete Passungen für häufig vorkommende Betriebsfälle siehe Tafeln VIII.4 und VIII.5.

2.6.2. Ein- und Ausbau. Bei mehrfacher Wellenlagerung darf insbesondere wegen verspannungsfreien Einbaues und Wärmedehnungen nur ein Lager, das Festlager (2), die Welle in Längsrichtung führen, die anderen Lager, die Loslager (1), müssen sich axial frei einstellen können (siehe Bild VIII.13).

Möglichkeiten des Einbaues von Innen- und Außenring bei Festlagern zeigen die Bilder VIII.9 und VIII.10. Einbaumaße für Rillenkugellager nach Tafel VIII.3.

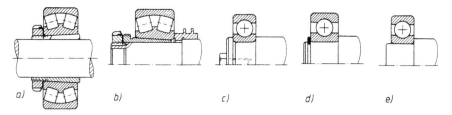

a)   b)   c)   d)   e)

Bild VIII.9. Befestigung der Lager auf Wellen
a) durch Spannhülse   b) durch Abziehhülse   c) durch Spannscheibe   d) durch Sicherungsring   e) durch Preßsitz

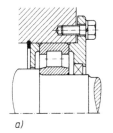 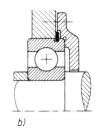

Bild VIII.10. Befestigung von Außenringen in Gehäusebohrungen

a) durch Zentrieransatz des Lagerdeckels
b) durch Ringnut und Sprengring

a)   b)

Tafel VIII.3. Einbaumaße in mm für Kugellager
(Kantenabstände nach DIN 620, Teil 6, Rundungen und Schulterhöhen nach DIN 5418)

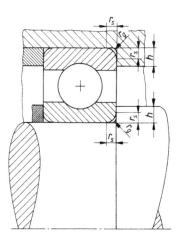

Kantenabstand $r_{s\,min}$	Hohlkehlenradius $r_{g\,max}$	Schulterhöhe h_{min}	
		Lagerreihe	
		618 / 160 / 161 / 60	62 / 63 / 42 / 43
0,15	0,15	0,4	0,7
0,2	0,2	0,7	0,9
0,3	0,3	1	1,2
0,6	0,6	1,6	2,1
1	1	2,3	2,8
1,1	1	3	3,5
1,5	1,5	3,5	4,5
2	2	4,4	5,5
2,1	2,1	5,1	6
3	2,5	6,2	7
4	3	7,3	8,5
5	4	9	10

Für den Ausbau der Lager sind, besonders bei ungeteilten Lagerstellen, geeignete konstruktive Maßnahmen zu treffen, z.B. Vorsehen von Gewindelöchern für Abdrückschrauben. Bei schweren Lagern mit Kegelsitz (Spannhülse) hat sich der hydraulische Ausbau bewährt.

2.7. Schmierung der Wälzlager

Allgemein wird *Fettschmierung* bevorzugt. Sie erfordert nur geringe Wartung und schützt gleichzeitig gegen Verschmutzung. Verwendet werden Wälzlagerfette (kein Staufferfett!). Die Lager selbst werden eingestrichen und der Gehäuseraum etwa zur Hälfte gefüllt, um Walkarbeit und Erwärmung zu vermeiden. Eigenschaften und Verwendung der Wälzlagerfette nach Empfehlung der Hersteller.

Ölschmierung kommt nur bei sehr hohen Drehzahlen und dort in Frage, wo Öl zur Schmierung anderer Elemente, z.B. der Zahnräder in Getriebegehäusen ohnehin vorhanden ist. Ölgeschmierte Lager erfordern einen höheren Aufwand an Dichtungen als fettgeschmierte. Verwendet werden Mineralöle von $\approx 6 \dots 20$ cSt Viskosität.

2.8. Lagerdichtungen

Dichtungen sollen in erster Linie die Lager gegen Eindringen von Schmutz schützen, zum anderen das Austreten des Schmiermittels verhindern.

2.8.1. Nicht schleifende Dichtungen. Bei diesen wird die Dichtwirkung enger Spalten ausgenutzt. Sie arbeiten verschleißfrei und haben dadurch eine fast unbegrenzte Lebensdauer.

Spaltdichtungen werden vorwiegend bei fettgeschmierten Lagern verwendet und vielfach bei starkem Schmutz- und Staubanfall den spaltlosen, schleifenden Dichtungen vorgeschaltet.

Bei geringer Verschmutzungsgefahr genügen einfache *Spalt-* oder *Rillendichtungen* Bilder VIII.11a und VIII.11b). Am wirksamsten sind die *Labyrinthdichtungen*, deren Gänge meist noch mit Fett gefüllt werden. Bei ungeteilten Gehäusen muß das Labyrinth axial (Bild VIII.11c) gestaltet werden, bei geteilten wird die radiale Labyrinthdichtung (Bild VIII.11d) bevorzugt, die das Fett besser hält.

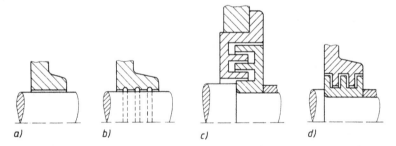

a)   b)   c)   d)

Bild VIII.11. Nichtschleifende Dichtungen (nach Kugelfischer)
a) einfache Spaltdichtung, b) Rillendichtung, c) axiale Labyrinthdichtung, d) radiale Labyrinthdichtung

2.8.2. Schleifende Dichtungen. Diese schließen das Lager spaltlos ab. Sie haben dadurch eine bessere Dichtwirkung als Spaltdichtungen und sind bei Fett- und Ölschmierung gleich gut geeignet. Schleifende Dichtungen erfordern sorgfältig bearbeitete Gleitflächen; sie haben wegen des Verschleißes jedoch eine begrenzte Lebensdauer.

In vielen Fällen genügt der *Filzring*, DIN 5419 (Bild VIII.12a), der vielfach auch als Feindichtung hinter Labyrinthen verwendet wird. Am häufigsten wird der *Radialdichtring* eingesetzt. Die Ausführung mit Gehäuse, DIN 6503, wird bevorzugt, wenn der Ring von außen zum Beispiel in einen Lagerdeckel eingeführt wird (Bild VIII.12b).

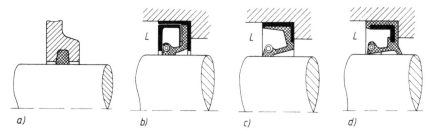

Bild VIII.12. Schleifende Dichtungen
a) Filzring, b) bis d) Radialdichtringe verschiedener Form (L Lager-Innenraum)

2.9. Einbaubeispiele

Lagerung einer Schneckenwelle (Bild VIII.13): Es treten Radialkräfte und eine hohe Axialkraft auf. Bei Ausführung a) nimmt das zweireihige Schrägkugellager (2) als *Fest*lager sowohl die Radial-kraft als auch die Axialkraft auf, das Rillenkugellager als *Los*lager nur die Radialkraft.

Bei Ausführung b) reichen Radiallager zur Aufnahme der Axialkraft nicht mehr aus. Es wird dann ein Zylinderrollenlager (4) mit einem zweiseitig wirkenden Axialrillenkugellager (3) kombiniert und mit dem Paßring (5) spielfrei eingestellt. In Bild VIII.13b zeigt die obere Hälfte den axialen Kraftfluß von links nach rechts, die untere den Kraftfluß von rechts nach links. Geschmiert wird mit Fett. Der Filzring verhindert das Eindringen von Abriebteilchen in das Gehäuseinnere.

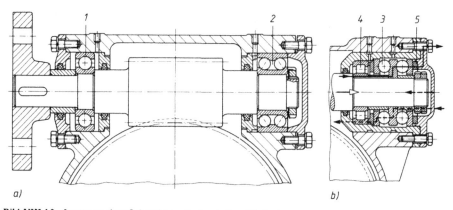

Bild VIII.13. Lagerung einer Schneckenwelle (nach Kugelfischer)

Vorderradlagerung eines Kraftwagens (Bild VIII.14): Aufzunehmen sind hohe Radial- und normale Axialkräfte. Ausführung mit spiegelbildlich zueinander eingebauten Kegelrollenlagern, die durch Kronenmutter (K) ein- und nachgestellt werden. Es liegt hier „Punktlast für den Innenring" vor, daher sitzen Innenringe lose und verschiebbar auf Achse. Vorratsschmierung mit Fett; Abdichtung durch Radial-Dichtring.

Normal-Stehlager (Bild VIII.15): Es treten Radial- und normalerweise geringere Axialkräfte auf. Gehäuse ist geteilt und fast nur mit Pendelkugellager mit Spannhülse ausgeführt. Das Bild zeigt Ausbildung als Festlager; bei Loslager werden Futterringe (F) weggelassen, Außenring ist dann frei verschiebbar. Vorratsschmierung mit Fett.

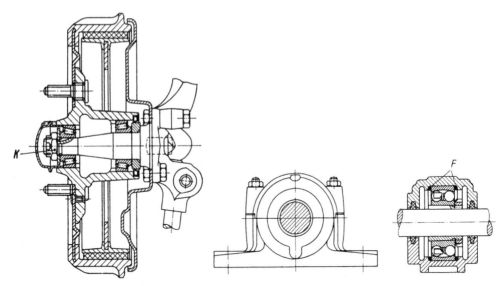

Bild VIII.14. Vorderradlagerung eines   Bild VIII.15. Normal-Stehlager
Kraftwagens (nach Kugelfischer)

2.10. Berechnungsbeispiele für Wälzlager[1])

■ **Beispiel 1:** Für das Festlager einer Kegelradwelle wird entsprechend dem vorher ermittelten Wellendurchmesser $d = 45$ mm das Rillenkugellager 6209 vorläufig festgelegt. An der Lagerstelle wirken die Stützkräfte: Radialkraft $F_r = 2200$ N und Axialkraft $F_a = 1400$ N. Die Wellendrehzahl beträgt $n = 260$ min^{-1}. Die Betriebstemperatur liegt unter 150 °C.

Es ist zu prüfen, ob das Lager für eine geforderte Lebensdauer von $L_h \geqslant 20\,000$ h ausreicht.

Lösung: Für das gewählte Lager 6209 liest man aus der Lagertafel ab (siehe Formelsammlung):

dynamische Tragzahl $C = 32{,}5$ kN $= 32\,500$ N
statische Tragzahl $C_0 = 17{,}6$ kN $= 17\,600$ N

Zur Bestimmung der Faktoren X und Y muß nach Tafel VIII.2 vorgegangen werden:

$$\frac{F_a}{C_0} = \frac{1\,400\ \text{N}}{17\,600\ \text{N}} = 0{,}0795$$

Der nächstliegende Tafelwert in Tafel VIII.2 für e beträgt $e = 0{,}27$.

Nun wird der Quatient F_a/F_r berechnet und mit dem Wert $e = 0{,}27$ verglichen:

$$\frac{F_a}{F_r} = \frac{1400\ \text{N}}{2200\ \text{N}} = 0{,}636 > e = 0{,}27$$

Für den Radialfaktor X und für den Axialfaktor Y ergeben sich nach Tafel VIII.2 die Werte:

Radialfaktor $X = 0{,}56$
Axialfaktor $Y = 1{,}6$

Damit kann die dynamisch äquivalente Lagerbelastung P errechnet werden:

$$P = X\,F_r + Y\,F_a = 0{,}56 \cdot 2\,200\ \text{N} + 1{,}6 \cdot 1400\ \text{N}$$
$$P = 3472\ \text{N} = 3{,}472\ \text{kN}$$

---

[1]) Entnommen aus: *A. Böge*, Arbeitshilfen und Formeln für das technische Studium, Band 2 Konstruktion, Vieweg Verlag.

Es sind nun alle Größen zur Berechnung der dynamischen Kennzahl f_L bekannt. Nach Gleichung (VIII.4) gilt:

$$f_L = \frac{C}{P} f_n$$

$$f_L = \frac{32,5 \text{ kN}}{3,472 \text{ kN}} \cdot 0,504 = 4,72$$

$C = 32,5$ kN

$P = 3,472$ kN

$f_n = 0,504$ nach Tafel XIII.7 für $n = 260 \text{ min}^{-1}$

Nach der Lebensdauertafel beträgt für $f_L = 4,72$ die nominelle Lebensdauer $L_h \approx 53\,000$ h. Diese Lebensdauer ist allerdings nur dann zu erwarten, wenn nicht andere Einflußgrößen dagegen sprechen, zum Beispiel Wellendurchbiegung und Fremdstoffe im Lagerbereich. Da die Betriebstemperatur unter 150 °C liegen soll, ist eine Verkleinerung der nominellen Lebensdauer nicht erforderlich (siehe Tafel VIII.1).

● **Beispiel 2:** Die Festlagerstelle einer Schneckenradwelle wird durch die Radialkraft $F_r = 1340$ N und durch die Axialkraft $F_a = 4300$ N belastet. Die Wellendrehzahl beträgt $n = 750 \text{ min}^{-1}$, die Betriebstemperatur liegt unter 150 °C.

Es ist anzunehmen, daß die relativ hohe Axialkraft von einem Rillenkugellager mit zweckmäßigem Wellendurchmesser nicht aufgenommen werden kann. Deshalb wird zunächst ein zweireihiges Schrägkugellager vorgesehen, und zwar für eine Lebensdauer von $L_h \geqslant 15\,000$ h.

Lösung: In der Lagertafel sind für die dynamisch äquivalente Lagerbelastung jeweils zwei Gleichungen für die Druckwinkel von 25° und von 35° angegeben. Entscheidet man sich für die Standardausführung B mit Polyamidkäfig und dem Druckwinkel $\alpha = 25°$, dann gelten die beiden ersten Gleichungen. In beiden Fällen ist zunächst das Verhältnis F_a/F_r zu bestimmen:

$$\frac{F_a}{F_r} = \frac{4300 \text{ N}}{1340 \text{ N}} = 3,2 > 0,68$$

Zu verwenden ist also die Gleichung

$$P = 0,67\,F_r + 1,41\,F_a$$
$$P = 0,67 \cdot 1340 \text{ N} + 1,41 \cdot 4300 \text{ N}$$
$$P = 6961 \text{ N} = 6,96 \text{ kN}$$

Nun kann mit der Gleichung aus der Tafel weitergerechnet werden. Sie wird zur Berechnung der erforderlichen dynamischen Tragzahl C_{erf} umgestellt:

$$f_L = \frac{C}{P} f_n \qquad C_{erf} = P \frac{f_L}{f_n}$$

Die dynamische Kennzahl f_L beträgt für die geforderte Lebensdauer $L_h \geqslant 15\,000$ h:

$$f_L = 3,11.$$

Nun wird der Drehzahlfaktor $f_n = 0,354$ abgelesen. Damit kann die erforderliche dynamische Tragzahl berechnet werden:

$$C_{erf} = P \frac{f_L}{f_n} = 6,96 \text{ kN} \cdot \frac{3,11}{0,354} = 61,1 \text{ kN}$$

Geht man nun in der Tafel die Spalte für die dynamische Tragzahl C von oben nach unten durch, dann erkennt man als erstes Lager, mit dem die Bedingung $C_{erf} \leqslant C$ erfüllt werden kann, das zweireihige Schrägkugellager 3308 B mit $C = 62$ kN und mit dem Wellendurchmesser $d = 40$ mm.

Im Hinblick auf die nominelle Lebensdauer gelten auch hier die Anmerkungen am Schluß von Beispiel 1.

Einführung in die Steuerungstechnik

Hans-Jürgen Küfner

Mit dem Einsetzen der Automatisierung in der Industrie begann die Bedeutung der Steuerungstechnik sprunghaft anzusteigen. Umfangreiche automatische Fertigungsanlagen verlangen immer anspruchsvollere Steuerungen. Moderne Steuerungsanlagen müssen schnell, genau und sicher reagieren.

Dazu sind komplizierte Meß- und Steuereinrichtungen notwendig, die vom Umfang und Aufwand her genauso teuer oder noch teurer sein können wie die Fertigungseinrichtungen, die sie steuern sollen.

Um diese Einrichtungen bedienen, warten und pflegen zu können, sind umfangreiche Kenntnisse über die theoretischen Grundlagen der Steuerungstechnik sowie über die wichtigsten Baueinheiten und Elemente notwendig.

Als besonderer Schwerpunkt für dieses umfangreiche und anspruchsvolle technische Gebiet gewinnt für die Zukunft die *digitale Steuertechnik* immer stärker an Bedeutung.

Je nach Art der Steuerungsbauteile unterscheidet man elektromagnetische, elektronische, hydraulische und pneumatische Steuerung.

I. Grundbegriffe der Steuerungstechnik

1. Definitionen, Bezeichnungen

Begriffe und Benennungen aus der Steuerungstechnik sind im Normblatt *DIN 19226* (Steuerungstechnik und Regelungstechnik) enthalten. Dort wird Steuerung wie folgt definiert:

> „Das Steuern – *die Steuerung* – ist der Vorgang in einem System, bei dem eine oder mehrere Größen *als Eingangsgrößen* andere Größen *als Ausgangsgrößen* auf Grund der dem System eigentümlichen Gesetzmäßigkeit beeinflussen. Kennzeichen für das Steuern ist der *offene Wirkungsablauf* über das einzelne Übertragungsglied oder die Steuerkette."

Diese Normdefinition wird oft nicht nur für den Vorgang des Steuerns selbst verwendet, sondern auch für die Gesamteinrichtung, in der die Steuerung stattfindet.

Man kann in einem *Blockschaltbild* den Vorgang des Steuerns schematisiert darstellen.

In dem rechteckig gezeichneten Feld (Block) werden die *Eingangssignale* so verarbeitet, daß das gewünschte *Ausgangssignal* entsteht.

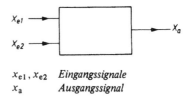

Da Steuerungseinrichtungen oft umfangreiche und komplexe Gebilde sind, werden sie oft in umfangreicheren Kettenstrukturen dargestellt.

x_{e1}, x_{e2} *Eingangssignale*
x_a *Ausgangssignal*

Kettenstruktur

(offene Steuerkette)

Neben den unverzweigten Kettenstrukturen gibt es verzweigte Systeme. In der Abbildung ist eine Kettenstruktur dargestellt, die parallele Zweige enthält.

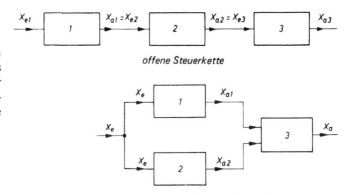

offene Steuerkette

Kettenstruktur mit Verzweigungen

Das folgende Schema stellt die Steuerungsanlage mit Steuerungseinrichtung im Blockschaltbild dar.

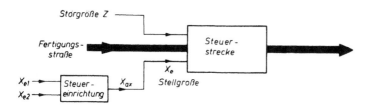

Die *Steuerstrecke* (DIN 19226) ist derjenige Teil des Wirkungsweges, welcher den aufgabengemäß zu beeinflussenden Bereich der Anlage darstellt.

Die *Steuereinrichtung* (DIN 19226) ist derjenige Teil des Wirkungsweges, welcher die aufgabengemäße Beeinflussung der Strecke über das *Stellglied* bewirkt.

Die *Stellgröße* (DIN 19226) ist die Ausgangsgröße x_a der Steuereinrichtung und Eingangsgröße x_e der Steuerstrecke.

Die *Störgröße* (DIN 19226) ist die von außen wirkende Größe, die die beabsichtigte Beeinflussung in einer Steuerung beeinträchtigt.

Es lassen sich noch weiter differenzierte Steuerketten bilden, in denen die zur Steuerung gehörenden Geräte der Steuereinrichtung benannt sind.

Steuerung

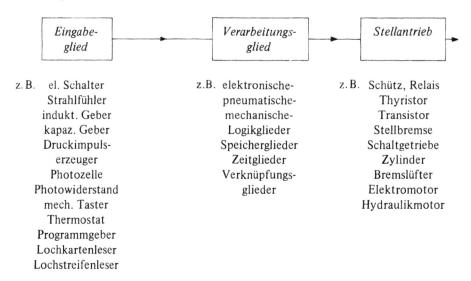

z. B.   el. Schalter
        Strahlfühler
        indukt. Geber
        kapaz. Geber
        Druckimpuls-
        erzeuger
        Photozelle
        Photowiderstand
        mech. Taster
        Thermostat
        Programmgeber
        Lochkartenleser
        Lochstreifenleser

z.B.   elektronische-
       pneumatische-
       mechanische-
       Logikglieder
       Speicherglieder
       Zeitglieder
       Verknüpfungs-
       glieder

z. B.   Schütz, Relais
        Thyristor
        Transistor
        Stellbremse
        Schaltgetriebe
        Zylinder
        Bremslüfter
        Elektromotor
        Hydraulikmotor

Die Steuerkette für die Steuereinrichtung kann mit der Steuerstrecke zu einer erweiterten Steuerkette zusammengefaßt werden.

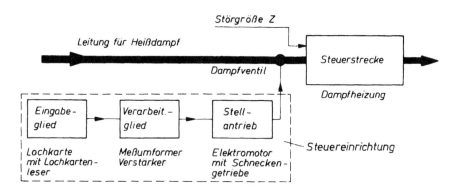

Beispiel: Dampfheizung eines Wärmebades für einen Textilbetrieb.

2. Steuerungsarten

Steuerungsarten nach DIN 19226:

1.   Führungssteuerung
2.   Haltegliedsteuerung
3.   Programmsteuerung
3.1. Zeitplansteuerung
3.2. Wegplansteuerung
3.3. Ablaufsteuerung (Folgesteuerung)

2.1. Führungssteuerung und Haltegliedsteuerung

Führungssteuerung

> Bei der *Führungssteuerung* besteht zwischen Führungsgröße und Ausgangsgröße der Steuerung im Beharrungszustand immer ein eindeutiger Zusammenhang, soweit Störgrößen keine Abweichung hervorrufen.

Beispiel: Helligkeitssteuerung einer Lampengruppe

Die Helligkeit der Lampen ist eindeutig der Stellung des Stellwiderstandes zugeordnet. Ändert man die Größe des wirksamen Widerstandes, so ändert sich gleichzeitig die Helligkeit der Lampengruppe.

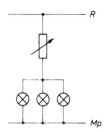

Haltegliedsteuerung (mit Speichereigenschaft)

> In einer *Haltegliedsteuerung* bleibt nach Wegnahme oder Zurücknahme der Führungsgröße, insbesondere nach Beendigung des Auslösesignals, der erreichte Wert der Ausgangsgröße erhalten. Es bedarf einer entgegengesetzten Führungsgröße oder eines entgegengesetzten Auslösesignals, um die Ausgangsgröße wieder auf einen Anfangswert zu bringen.

Beispiel: Haltegliedsteuerung eines Drehstrommotors

Nach Einschalten des Motors über b_2 (Tastschalter) zieht Schütz K an und überbrückt mit einem Hilfskontakt K_H b_2, so daß K nach Loslassen von b_2 immer noch an Spannung liegt. Erst wenn b_1 (ebenfalls Tastschalter) betätigt wird, wird der Steuerstromkreis geöffnet und K fällt ab. Damit öffnet auch K_H, so daß der Motor abgeschaltet wird.

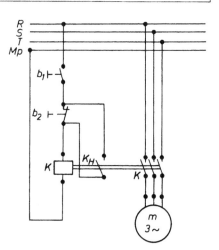

2.2. Programmsteuerungen

> Bei der *Programmsteuerung* werden die Ausgangssignale von den Eingangssignalen und einem vorgegebenen Programm erzeugt.

Zeitplansteuerung

> In einer *Zeitplansteuerung* werden die Führungsgröße (oder Führungsgrößen) von einem zeitabhängigen Programmgeber (Programmspeicher) geliefert.

Tritt eine Störung auf, so wird der Ablauf nicht unterbrochen, es sei denn, daß zusätzliche Überwachungsfunktionen eingebaut sind, die den Programmablauf unterbrechen können.

Es können verschiedene Programmspeicher verwendet werden, zum Beispiel:

Nockenwellen – zur Taktsteuerung von Verbrennungsmaschinen
Kurvenscheiben – zur Steuerung von Vorschüben an Mehrspindelautomaten
(Kurventrommeln)
Lochstreifen – zur Programmierung von numerisch gesteuerten Werkzeugmaschinen
Kopierschablone – zur Steuerung von Drehwerkzeugen an Drehmaschinen

Beispiel: Steuerung eines Werkzeugschlittens

Das Bild zeigt die Steuerung eines mit Bohrwerkzeugen versehenen Werkzeugschlittens. Die Abwicklung der Kurventrommel zeigt den Bereich des Arbeitsganges sowie den Eilvorschub und den Rücklauf. Die gefrästen Führungsstücke mit den Nutenbahnen sind auf der Trommel festgeschraubt und austauschbar.

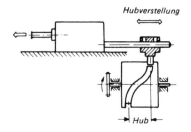

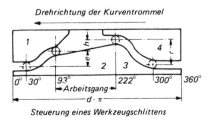

Steuerung eines Werkzeugschlittens

Beispiel: Kopiersteuerung an einer Drehmaschine

Zwei Taster *a* und *b* werden über Kopierschablonen *c* und *d* geführt. Sie übertragen des Profil der Schablonen über die zugehörigen Drehmeißel auf das Werkstück *e*. Die Kopierschablonen dienen als Programmspeicher. Diese können je nach gewünschter Form des Werkstückes ausgetauscht werden.

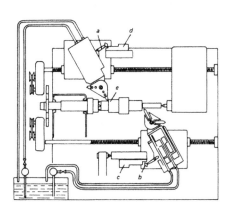

Wegplansteuerung

In einer *Wegplansteuerung* werden Führungsgrößen von einem Programmgeber (Programmspeicher) geliefert, dessen Ausgangsgrößen vom zurückgelegten Weg (der Stellung) eines beweglichen Teils der gesteuerten Anordnung abhängen.

Beispiel:

Der Geschwindigkeitswechsel von Schlittenvorschüben und Spindeldrehzahlen wird bei Werkzeugmaschinen oft von den Wegen abhängig gemacht, die die Schlitten zurücklegen. Dabei wird das Programm wegabhängig durch einstellbare Nocken oder Impulszählersignale variabel gestaltet.

Beispiel:

Ein doppelt wirkender Zylinder wird über ein 4/2-Wegeventil so gesteuert, daß der Kolben abwechselnd aus- bzw. eingefahren wird. Die Umsteuerung erfolgt über endschaltergesteuerte Ventile, die nach Erreichung eines festgelegten Weges mit Hilfe der Endschalter umgeschaltet werden.

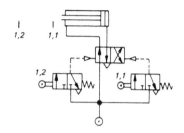

Ablaufsteuerung (Folgesteuerung)

Bei einer *Ablaufsteuerung* werden Bewegungen oder andere physikalische Vorgänge in ihrem zeitlichen Ablauf durch Schaltsysteme nach einem Programm gesteuert, das in Abhängigkeit von erreichten Zuständen in der gesteuerten Anordnung schrittweise durchgeführt wird. Dieses Programm kann fest eingebaut sein oder von Lochkarten, Lochstreifen, Magnetbändern oder anderen geeigneten Speichern abgerufen werden.

Folgesteuerungen sind spezielle Ablaufsteuerungen, bei denen fest eingebaute Programme vorhanden sind. Der Arbeitsprozeß besteht aus einer Folge von einzelnen Arbeitsschritten. Jeder Arbeitsschritt kann erst dann eingeleitet werden, wenn ein Signalgeber die Beendigung des vorangegangenen Schrittes gemeldet hat.

Beispiel: Ablaufsteuerung – Steuerung eines Aufzugs

Ein Aufzug wird durch Abrufe nacheinander in mehrere Stockwerke beordert. Die Fahrziele werden durch Betätigung von Tastschaltern eingegeben und in ihrer zeitlichen Reihenfolge gespeichert.

Der Aufzug steuert das Fahrziel an. Erst nach dem *Öffnen* und folgendem *Schließen* der Aufzugtür wird das nächste Fahrziel angesteuert usw.

Beispiel: Folgesteuerung – NC-gesteuerte Bohrmaschine

Über Lochkarte wird der Befehl zum ersten Bohrvorgang erteilt. Nach Durchführung der ersten Bohroperation wird durch eine Kontrollstation überprüft, ob der Bohrvorgang durchgeführt worden ist. Zu diesem Zweck kann z. B. ein Stößel in die Bohrung eingeführt werden. Wenn der Bohrvorgang von der Kontrollstation bestätigt worden ist, wird das Programm fortgesetzt (z. B. Reiben, Gewindeschneiden).

2.3. Gegenüberstellung von Steuerungsarten

Welche Arten von Programmsteuerungen im konkreten Fall ausgewählt werden, muß von Fall zu Fall entschieden werden. In den meisten Fällen wird die Entscheidung ein Kompromiß sein, der abhängig ist von den finanziellen Möglichkeiten, der Aufgabenstellung, der verwendeten Energieform, den Umwelteinflüssen sowie weiteren anderen Randbedingungen. Die folgende Matrix soll durch Gegenüberstellung der drei unterschiedlichen Programmsteuerungen besondere Kriterien der Steuersysteme vorstellen.

	Zeitplan-Steuerung	Wegplan-Steuerung	Ablauf-(Folge)Steuerung
Aufbau	einfach übersichtlich	da viele Endschalter und Signalgeber, Aufbau oft unübersichtlich	wegen des komplexen Aufbaus schlecht zu übersehen
Preis	im allgemeinen preiswert	im allgemeinen preiswert	oft sehr teuer
Anfälligkeit gegen Störungen	gering	groß, da viele Endschalter u. Signalgeber vorhanden, die anfällig gegen Störungen sein können	Störungen werden bei komplexen Systemen häufig auftreten
Behebung von Störungen	einfach	schwierig	oft sucht das System Fehler selbst und zeigt sie an
Sicherheit bei Ablauf-Störungen	keine Sicherheit gegeben Programm läuft weiter	Programm schaltet bei Ablaufstörungen ab	Programm schaltet bei Ablaufstörungen ab
Umstellung bei Programmwechsel	relativ einfach	oft umfangreiche Umbauarbeiten notwendig	relativ einfach

3. Graphische Darstellung von Steuerungsabläufen

Da Steuerungsabläufe an komplexen Steuersystemen oft unübersichtlich und verwirrend wirken, wenn sie nur mit Worten beschrieben werden, erweist es sich als zweckmäßig, die einzelnen Funktionsabläufe mit Hilfe von Diagrammen darzustellen.

> Es werden in der Steuertechnik drei Diagrammdarstellungen unterschieden:
> *Bewegungsdiagramme – Steuerdiagramme – Funktionsdiagramme.*

3.1. Bewegungsdiagramme

Bewegungsdiagramme stellen den Ablauf von einem oder mehreren Arbeitsschritten innerhalb von Steuerungen in digitaler Form dar. Dabei wird die zeitliche Abfolge in Einzelschritten aufgezeichnet.

Das Gerüst eines Bewegungsdiagramms zeigt in der Horizontalen die aufeinanderfolgenden Schritte und in der Vertikalen den erreichten Zustand eines Arbeits- oder Steuerelements.

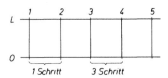

Bei dem nebenstehenden Bewegungsdiagramm wird im 1. Schritt ein Elektromotor angelassen. Zu Beginn des 2. Schrittes hat der Motor seine Nenndrehzahl erreicht. Im 4. Schritt wird der Motor wieder abgeschaltet. In dieser Form wird das Bewegungsdiagramm auch als *Weg-Schritt-Diagramm* bezeichnet.

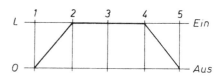

Beispiel:

Es soll das *Weg-Schritt-Diagramm* für den folgenden Steuervorgang gezeichnet werden.

Das Füllgut eines trichterförmigen Behälters soll erst dann auf das darunterliegende Förderband fallen, wenn dieses vorher in Gang gesetzt wurde. Das Förderband darf erst dann wieder still gesetzt werden, wenn vorher die Klappe des Füllbehälters geschlossen worden ist.

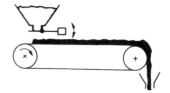

1. Schritt: Förderband wird in Gang gesetzt. Klappe
(1 - 2) ist geschlossen

2. Schritt: Klappe wird geöffnet, Förderband läuft

3. Schritt: Klappe ist geöffnet, Förderband läuft

4. Schritt: Klappe wird geschlossen, Förderband läuft

5. Schritt: Klappe ist geschlossen, Förderband wird abgestellt.

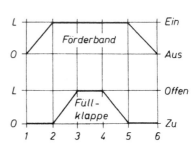

Trägt man statt der Schritte die Zeit auf der Horizontalen ab, so erhält man das *Weg-Zeit-Diagramm*. Für das vorstehende Beispiel würde folgendes Diagramm entstehen.

Aus dem *Weg-Zeit-Diagramm* wird deutlich, daß das Anlaufen des Förderbandes weniger Zeit benötigt als das Öffnen der schweren Füllklappe.

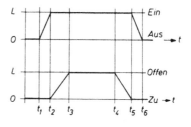

t_1 bis t_2 Förderband wird in Gang gesetzt, Klappe ist geschlossen

t_2 bis t_3 Klappe wird geöffnet, Förderband läuft

t_3 bis t_4 Klappe ist geöffnet, Förderband läuft

t_4 bis t_5 Klappe wird geschlossen, Förderband läuft

t_5 bis t_6 Klappe ist geschlossen, Förderband wird abgestellt

Beide Darstellungsformen von Bewegungsdiagrammen haben Vorteile. Während das *Weg-Schritt-Diagramm* die Zusammenhänge der Steuerung übersichtlich darstellt, können im *Weg-Zeit-Diagramm* unterschiedliche Arbeits- und Schaltgeschwindigkeiten dargestellt werden.

3.2. Funktionsdiagramme

Steuerdiagramme

Das *Steuerdiagramm* stellt den Schaltzustand eines Steuergliedes in Abhängigkeit von Schritten dar. Die Schaltzeit des Steuergliedes wird dabei vernachlässigt. Das Steuerdiagramm wird wie ein Weg-Schritt-Diagramm gezeichnet.

Das Steuerdiagramm zeigt den Schaltzustand eines Relais, das vom 2. bis zum 4. Schritt geschlossen (durchlässig) ist. Der Übergang vom geöffneten in den geschlossenen (stromführenden) Zustand wird zeitlos dargestellt, weil in der Praxis die kurzen Schaltzeiten meist vernachlässigbar sind.

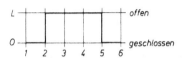

Funktionsdiagramme

Werden Steuer- und Weg-Schritt-Diagramme aufeinander abgestimmt in einem Zusammenhang dargestellt, so entsteht ein *Funktionsdiagramm*.

---

1. Schritt: Schütz für Förderband schließt, Förderband läuft an.

2. Schritt: Schütz für Füllklappe schließt, Füllklappe öffnet.

3. Schritt: Förderband läuft, Füllklappe geöffnet.

4. Schritt: Füllklappe schließt (durch Gegengewicht), Förderband läuft.

5. Schritt: Füllklappe geschlossen, Schütz für Förderband fällt ab, Förderband läuft aus.

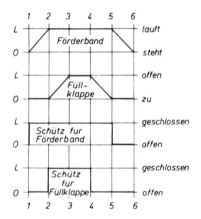

Beispiel: Funktionsdiagramm – Vorrichtung für ein Bohrwerk

An einer Tiefenbohrmaschine soll ein schwerer Rolldorn mit Hilfe einer pneumatischen Vorrichtung aus der Maschine gehoben und nach dem Werkzeugwechsel wieder eingelegt werden. Dazu müssen bei zweimaliger manueller Betätigung eines Ventils 4 Zylinder folgende Bewegungen ausführen.

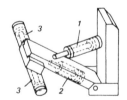

1. Betätigung

Zylinder *1* vor, Vorrichtung senken
Zylinder *2* vor, Werkzeug spannen
Zylinder *3* vor, Werkzeug ausschieben
Zylinder *1* zurück, Vorrichtung heben

2. Betätigung

Zylinder *1* vor, Vorrichtung senken
Zylinder *3* zurück, Werkzeug einschieben
Zylinder *2* zurück, Werkzeug entspannen
Zylinder *1* vor, Vorrichtung heben

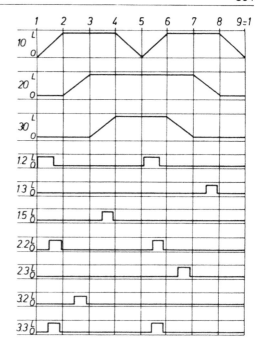

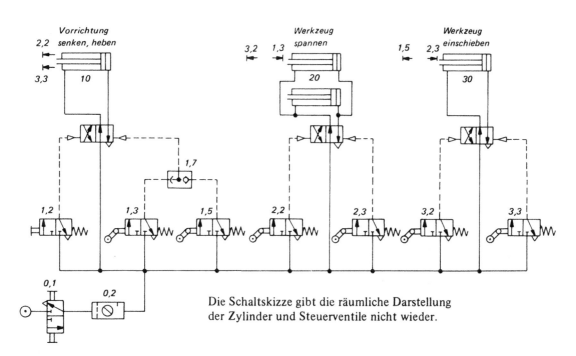

Die Schaltskizze gibt die räumliche Darstellung
der Zylinder und Steuerventile nicht wieder.

Nach *VDI-Richtlinien 3226* wird empfohlen, die Zylinder in waagerechter, reihenweiser Anordnung zu zeichnen. Die zugehörigen Steuer- und Signalglieder sind darunter gezeichnet.

Die gesamte Steuerung wird in der Reihenfolge des Ablaufs in einzelne Steuerketten aufgeteilt, und diese werden in Richtung des Energieflusses bezeichnet. Die Lage der Signalglieder ist durch einen Markierungsstrich mit Betätigungspfeil kenntlich gemacht. (Text: *Festo*)

▶ *Zur Selbstkontrolle*

1. Welches DIN-Blatt gibt Auskunft über Steuerungs- und Regelungstechnik?
2. Was versteht man unter einer *offenen Steuerkette*?
3. Erkläre die Begriffe *Steuerstrecke, Steuereinrichtung, Stellgröße* und *Störgröße*.
4. Aus welchen Elementen besteht die *Steuereinrichtung*?
5. Wodurch unterscheiden sich *Wegplansteuerung* und *Zeitplansteuerung*?
6. Welche Vorteile bietet die *Ablaufsteuerung* gegenüber einer *Zeitplansteuerung*?
7. Wodurch unterscheidet sich ein *Bewegungsdiagramm* von einem *Steuerdiagramm*?
8. Was ist eine *Hategliedsteuerung*, und wo wird sie verwendet?
9. Welche Arten von *Programmsteuerungen* gibt es nach DIN 19226?
10. Welche Vor- und Nachteile weist eine *Ablaufsteuerung* auf?

II. Grundelemente logischer Schaltungen (Funktionen)

Um logische Beziehungen (Funktionen) darstellen zu können, werden Symbole verwendet, die schon seit langer Zeit Eingang in deutsche und internationale Normen gefunden haben.

Bis heute – und vermutlich auch noch in den kommenden Jahren – existieren unterschiedliche Symbolsysteme.

Dieses Buch paßt sich an die international gültige IEC-Norm, die seit 1976 auch von den deutschen Normen übernommen wurde und in DIN 40700 ausgewiesen wird.

Die älteren Symbole – oft auch heute noch in der deutschsprachigen Fachliteratur verwendet – sollen den neuen Schaltzeichen nach JEC-DIN 40100 in der nachfolgenden Tabelle vergleichend gegenübergestellt werden.

Soweit in den folgenden Kapiteln Werksskizzen oder Werkzeichnungen übernommen wurden, sind diese unverändert belassen.

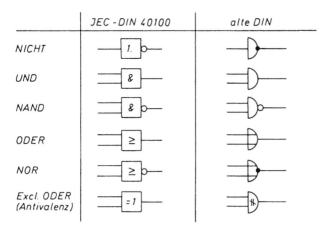

Die elektrotechnischen Schaltzeichen passen sich an DIN 40713 an. Lediglich bei der Bezeichnung der Betriebsmittel nach DIN 40719 ist abweichend hiervon für Schalter der Buchstabe *b* statt *s* verwendet worden. Dies ist deshalb geschehen, weil Verwechslungen mit Speichereingängen (*s* = setzen) nach DIN 40700 vermieden werden sollen.

Logische Funktionen

Wir haben es dann mit einer *logischen Funktion* zu tun, wenn eine oder mehrere Bedingungen erfüllt sein müssen, damit ein bestimmter Ablauf erwartet werden kann.

Die wichtigsten logischen Funktionen sind:

NICHT (*Umkehr*)   ODER – NOR

UND – NAND   Exklusiv ODER

1. NICHT (Negation)

NICHT

Bei der NICHT-*Funktion* wird ein ursprünglich vorhandenes digitales Signal – z.B. Lampe brennt – durch ein Eingangssignal – z.B. Schalter b_1 gedrückt – in sein Gegenteil verkehrt. Wird b_1 betätigt, so zieht das Relais K an und die Lampe H verlöscht, weil die Stromzufuhr über den Kontakt K unterbrochen wird.

In der digitalen Steuertechnik werden die Signale wie folgt bezeichnet:

Lampe brennt L

Lampe brennt nicht 0

Schalter b_1 gedrückt L

Schalter b_1 nicht gedrückt 0

Man ersetzt mitunter L auch mit *Ja* und 0 mit *Nein* und kommt damit zum Begriff der Negation. Die Wertetabelle gibt das logische Verhalten der NICHT-Funktion wieder.

Man kann die logische Aussage der NICHT-Funktion auch in graphischer Form darstellen. Diese Darstellung zeigt, daß immer dann, wenn am Eingang b_1 L-Signal ansteht, der Ausgang H auf 0 geschaltet ist und umgekehrt.

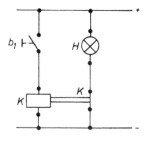

Symbol NICHT-*Funktion*

Wertetabelle

b_1	H
0	L
L	0

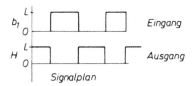

Signalplan

2. UND-NAND

UND

Ein Satzbeispiel soll die UND-Funktion zunächst einmal erläutern.

1. Bedingung   Wenn das *Wetter schön* ist

   +   und

2. Bedingung   ich *Zeit habe,*

   ↓   dann

Aussage   *gehe ich spazieren.*

Beide Bedingungen müssen erfüllt sein, wenn es zu der positiven Aussage „Spaziergang" kommen soll.

Die nebenstehende Relaisschaltung erfüllt die positive *Aussage – Lampe brennt –* nur, wenn *sowohl b_1 als auch b_2* geschlossen sind.

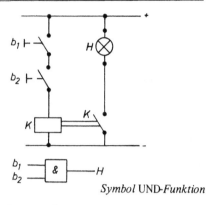

Symbol UND-*Funktion*

Die Wertetabelle drückt das gleiche aus. Ein positives Signal bei *H – Lampe brennt –* ist nur möglich in der vierten Zeile, wenn sowohl b_1 *als auch b_2* positiv sind, d.h. beide Schalter geschlossen. Ist nur ein Schalter geschlossen, so fließt über Relais K kein Strom und der Kontakt K kann nicht geschlossen werden.

Die graphische Darstellung der UND-Funktion zeigt ebenfalls, daß nur dann, wenn b_1 und b_2 gleichzeitig betätigt sind, am Ausgang H ebenfalls L-Signal anliegt.

Wertetabelle

b_1	b_2	h
0	0	0
0	L	0
L	0	0
L	L	L

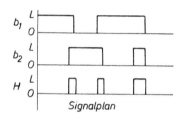

Signalplan

NAND (UND NICHT)

Satzbeispiel für die NAND-Funktion:

1. Bedingung	Wenn *es regnet*
+	und
2. Bedingung	ich *beschäftigt bin,*
↓	dann
negierte Aussage	gehe ich *nicht spazieren.*

Die NAND-Funktion ist die Umkehrung der UND-Funktion.

Die Lampe in der Relaisschaltung brennt, solange das Relais K keinen Strom führt. Nur wenn b_1 und b_2 betätigt werden, zieht K an und öffnet den Kontakt K. Gleichzeitig wird der Stromfluß für H unterbrochen.

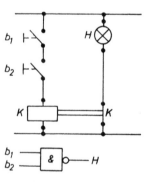

Symbol NAND-*Funktion*

Aus der Wertetabelle kann man erkennen, daß die NAND-Funktion die Aussage der UND-Funktion negiert.

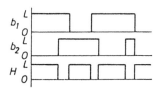

b_1	b_2	H
0	0	L
0	L	L
L	0	L
L	L	0

Auch aus dem *Signalplan* geht hervor, daß das L-Signal bei H nur dann unterdrückt wird, wenn b_1 und b_2 L-Signal führen.

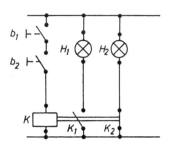

Signalplan

UND-NAND

Man kann beide Aussagen in einer UND-NAND-Schaltung unterbringen, bei der dann allerdings zwei unterschiedliche Ausgänge notwendig sind. Die Schaltung zeigt, daß eine Lampe immer L-Signal abgibt. Durch die starre Verbindung zwischen K, K_1 und K_2 ist es unmöglich, daß beide Signale gleich sind.

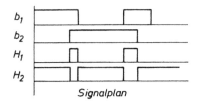

Symbol für UND/NAND-*Funktion*

Wertetabelle

b_1	b_2	H_1	H_2
0	0	0	L
0	L	0	L
L	0	0	L
L	L	L	0

Die Wertetabelle macht deutlich, daß H_2 die *Negation* von H_1 ist.

Signalplan

Bisher sind nur Logikbausteine besprochen worden, die nicht mehr als 2 Eingänge hatten. Die Anzahl der Eingänge bei Logikbauteilen hängt von der technischen Ausführung und der Aufgabenstellung ab.

UND-NAND mit 4 Eingängen

Die Schaltung weist aus, daß alle Taster gleichzeitig betätigt sein müssen, wenn die Ausgangssignale H_1 und H_2 verändert werden sollen.

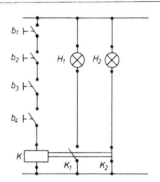

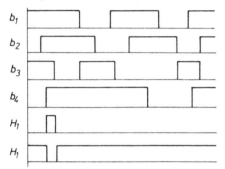

Symbol UND/NAND Element
mit 4 Eingängen und 2 Ausgängen

Die Wertetabelle weist bei 4 Eingängen $2^4 = 16$ mögliche Schaltungskombinationen aus.

Eine Änderung der Signalanzeige tritt jedoch nur ein, wenn gleichzeitig *alle Eingangssignale* betätigt werden (Fall 15).

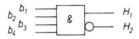

Signalplan für
UND-NAND Element mit
4 Eingängen

Wertetabelle

b_1	b_2	b_3	b_4	H_1	H_2	
0	0	0	0	0	L	– 0 –
0	0	0	L	0	L	– 1 –
0	0	L	0	0	L	– 2 –
0	0	L	L	0	L	– 3 –
0	L	0	0	0	L	– 4 –
0	L	0	L	0	L	– 5 –
0	L	L	0	0	L	– 6 –
0	L	L	L	0	L	– 7 –
L	0	0	0	0	L	– 8 –
L	0	0	L	0	L	– 9 –
L	0	L	0	0	L	– 10 –
L	0	L	L	0	L	– 11 –
L	L	0	0	0	L	– 12 –
L	L	0	L	0	L	– 13 –
L	L	L	0	0	L	– 14 –
L	L	L	L	L	0	– 15 –

3. ODER-NOR

ODER

Satzbeispiel für die ODER-Funktion:

1. Bedingung   *Wenn ich Bargeld habe*
   oder   *oder*
2. Bedingung   *das Scheckbuch mitnehme*
   ↓   *dann*
positive Aussage kann ich einkaufen.

Wenigstens *eine* der beiden Bedingungen *oder* beide müssen erfüllt sein, damit es zu einer positiven Aussage kommen kann.

Die Relaisschaltung zeigt, daß Schütz K dann an Spannung liegt, wenn b_1 oder b_2 oder beide Schalter gedrückt sind. Die Lampe H brennt nur dann nicht, wenn kein Schalter gedrückt ist.

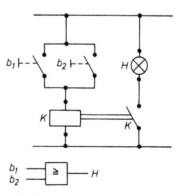

Symbol ODER-Funktion

Aus der Wertetabelle für die ODER-Funktion ergibt sich die gleiche Aussage. Ein L-Signal (Lampe brennt) ergibt sich dann, wenn mindestens eines der beiden Eingangssignale ebenfalls L zeigt.

Wertetabelle

b_1	b_2	H
0	0	0
0	L	L
L	0	L
L	L	L

Signalplan für ODER-Funktion mit 2 Eingängen

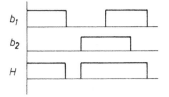

NOR(NICHT-ODER)

Satzbeispiel für die NOR-Funktion:

1. Bedingung	Wenn es *regnet*
oder	oder
2. Bedingung	*stürmt,*
↓	dann
negative Aussage	kann ich *nicht spazierengehen*

Einer der beiden Schalter muß wenigstens betätigt werden, damit das Relais K anzieht und an der Lampe 0-Signal entsteht. (Lampe brennt nicht).

Nur wenn kein Schalter betätigt wird, fließt Strom und die Lampe brennt (*L*-Signal).

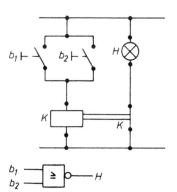

Symbol NOR-*Funktion*

b_1	b_2	h
0	0	L
0	L	0
L	0	0
L	L	0

Wertetabelle für NOR-Funktion mit 2 Eingängen

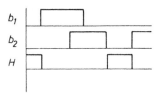

Signalplan für NOR-Funktion

ODER/NOR

Wie bei der UND/NAND-Funktion läßt sich eine Relaisschaltung aufbauen, bei der an zwei Ausgängen zwei sich stets widersprechende Signale anstehen.

Die starre mechanische Verbindung zwischen Relais K und den beiden Kontakten K_1 und K_2 verhindert, daß beide Lampen gleiches Signal anzeigen können.

Es können gleichzeitig zwei entgegengesetzte Signale an der Relaisschaltung abgenommen werden.

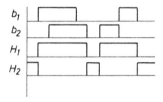

Symbol ODER/NOR-*Element mit 2 Eingängen und 2 Ausgängen*

Symbol ODER/NOR-*Funktion*

b_1	b_2	H_1	H_2
0	0	0	L
0	L	L	0
L	0	L	0
L	L	L	0

Wertetabelle für ODER/NOR-*Element mit 2 Eingängen und 2 Ausgängen*

ODER/NOR mit 5 Eingängen

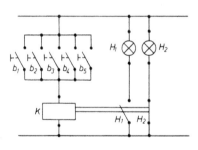

Relaisschaltung ODER/NOR *mit 5 Eingängen*

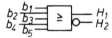

Symbol für ODER/NOR *mit 5 Eingängen*

Die Relaisschaltung besitzt 5 Eingänge. Das bedeutet, daß die Zahl der Schaltungen am Eingang $2^5 = 32$ betragen muß. In der Wertetabelle sind alle 32 Möglichkeiten aufgeführt. Das Beispiel zeigt auch, daß für die Darstellung der Zahl 32 im binären Zahlensystem 6 Stellen notwendig sind.

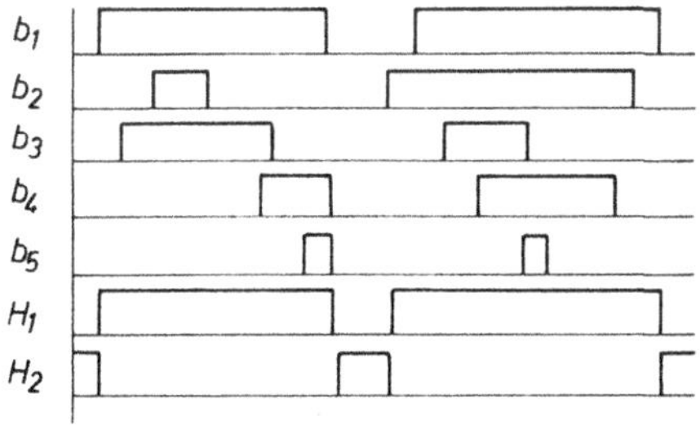

b_1	b_2	b_3	b_4	b_5	H_1	H_2	
0	0	0	0	0	0	L	0
0	0	0	0	L	L	0	1
0	0	0	L	0			2
0	0	0	L	L			3
0	0	L	0	0			4
0	0	L	0	L			5
0	0	L	L	0			6
0	0	L	L	L			7
0	L	0	0	0			8
0	L	0	0	L	↓	↓	9
0	L	0	L	0			10
0	L	0	L	L			11
0	L	L	0	0			12
0	L	L	0	L			13
0	L	L	L	0			14
0	L	L	L	L			15
L	0	0	0	0			16
L	0	0	0	L			17
L	0	0	L	0			18
L	0	0	L	L			19
L	0	L	0	0			20
L	0	L	0	L			21
L	0	L	L	0			22
L	0	L	L	L			23
L	L	0	0	0			24
L	L	0	0	L			25
L	L	0	L	0			26
L	L	0	L	L			27
L	L	L	0	0			28
L	L	L	0	L			29
L	L	L	L	0			30
L	L	L	L	L	L	0	31

Signalplan für ODER-NOR-Element mit 5 Eingängen und 2 Ausgängen

4. Exklusiv-ODER

Antivalenz

Satzbeispiel für die *Antivalenz-Funktion*:

positive Aussage,   *Wenn ich in die Stadt will,*
↓   *dann*
entweder
1. Bedingung   *fahre ich* entweder *mit dem*
        oder   *Auto*
                                 oder
2. Bedingung   *ich gehe zu Fuß*

Die Lampe H kann nur dann brennen, wenn eines der beiden Relais Strom führt und die zugehörigen Kontakte betätigt werden. Wird z.B. b_1 betätigt, so schließt K_{11} und H erhält Strom. Das gleiche geschieht, wenn b_2 betätigt wird und der Stromfluß über K_{22} K_{12} erfolgen kann. Werden gleichzeitig b_1 und b_2 betätigt, so kann kein Strom fließen, da K_{21} und K_{12} geöffnet werden. Bleiben b_1 und b_2 unbetätigt, so ist der Stromfluß ebenfalls unmöglich.

Die Wertetabelle zeigt, daß ein L-Signal am Ausgang H nur dann möglich ist, wenn ein Eingang mit L beschickt wird. Werden beide Eingänge mit L oder 0 beaufschlagt, so erscheint am Ausgang wieder 0-Signal.

Da es die Antivalenz-Funktion als Grundbaustein nicht gibt, wird die Funktion aus Grundelementen zusammengeschaltet. Eine Möglichkeit zeigt die Schaltskizze.

V Verstärkerelement

Da die in elektronischen Logikschaltungen vorkommenden Ströme im mA-Bereich liegen, ist es notwendig, die nachgeschalteten Anzeigegeräte über ein Verstärkerelement anzuschließen.

Die dargestellte Antivalenz-Schaltung besteht aus 2 NICHT-, 2 UND- sowie einem ODER-Element.

L-Signal entsteht immer dann, wenn ein Schalter (b_1 oder b_2) betätigt wird und damit kein Spannungsabfall über die Vorwiderstände R_1 und R_2 erfolgen kann. Damit sind dann die Punkte a_1 bzw. a_2 direkt an das positive Potential 1 angeschlossen. Am Ausgang der UND-Elemente entsteht immer nur dann L-Signal, wenn beide Eingänge L-Signal führen. Das ist jedoch nur dann möglich, wenn der über das NICHT-Element führende Eingang vor dem NICHT-Element 0-Signal besitzt. Dieses 0-Signal wird negiert und damit zum L-Signal. Es kann am Ausgang der beiden UND-Elemente nie L-Signal anstehen, wenn beide Eingänge (a_1 und a_2) das gleiche Signal besitzen.

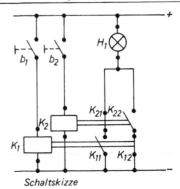

Schaltskizze

*Symbol Antivalenz (Exklusiv-*ODER)-*Funktion*

Wertetabelle

b_1	b_2	H
0	0	0
0	L	L
L	0	L
L	L	0

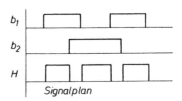

Signalplan

Signalplan für Antivalenz-Funktion

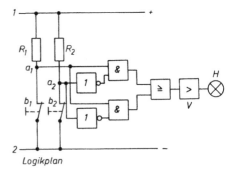

Logikplan

Äquivalenz

Eine *Antivalenz*-Funktion liegt dann vor, wenn die beiden Eingänge mit unterschiedlichen Signalen beschickt werden. Nur dann darf am Ausgang L-Signal entstehen, wenn b_1 L-Signal und b_2 0-Signal führt bzw. umgekehrt. Soll nur dann am Ausgang L-Signal anstehen, wenn beide Eingänge gleiche Signale führen, dann spricht man von der *Äquivalenz*-Funktion.

Die Schaltung für diese Funktion hat nebenstehendes Aussehen:

Die Lampe H *kann nur dann aufleuchten, wenn die Kontakte* K_{11} *und* K_{21} *oder wenn* K_{12} *und* K_{22} *geschlossen sind.* Diese Bedingungen treten jedoch nur ein, wenn entweder b_1 und b_2 unbetätigt oder beide betätigt sind.

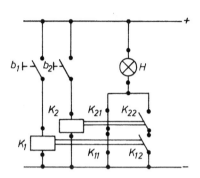

Symbol Äquivalenz-Funktion

Aus der Wertetabelle läßt sich ablesen, daß die Äquivalenzfunktion die Umkehrung der Antivalenzfunktion ist.

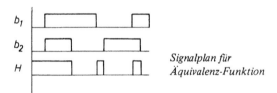

Signalplan für Äquivalenz-Funktion

Wertetabelle für Äquivalenzfunktion

b_1	b_2	H
0	0	L
0	L	0
L	0	0
L	L	L

H führt dann L-Signal, wenn eins der beiden UND-Glieder am jeweiligen Ausgang L führt. Das ist jedoch nur dann möglich, wenn beide Eingänge gleiches Eingangssignal L oder 0 führen.

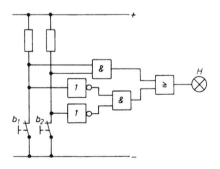

5. NOR und NAND – universelle Logikbausteine

Im vorigen Kapitel ist dargestellt worden, daß man aus unterschiedlichen Logikelementen neue logische Funktionen (z. B. Exklusiv-ODER) aufbauen kann. Im folgenden Kapitel soll gezeigt werden, daß durch Zusammenschaltung gleichartiger Elemente unterschiedliche Grundfunktionen gebildet werden können.

NICHT – ODER – UND aus NOR-Elementen

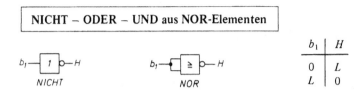

b_1	H
0	L
L	0

Beim NICHT-Element wird ein ankommendes Signal in sein Gegenteil verkehrt, es wird negiert. Die Wertetabelle stellt dies dar. Schließt man die beiden (oder mehr) Eingänge kurz, so entsteht von selbst an beiden Eingängen das gleiche Signal L oder 0. Die Wertetabelle von NOR gibt Auskunft darüber, daß, wenn beide Eingänge 0-Signal führen, der Ausgang L-Signal führt. Liegt an den Eingängen L, so wird am Ausgang 0 entstehen. Das entspricht genau der **NICHT**-Funktion.

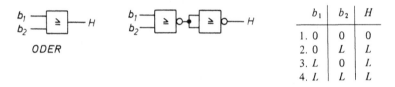

b_1	b_2	H
1. 0	0	0
2. 0	L	L
3. L	0	L
4. L	L	L

Im nächsten Beispiel entsteht durch zwei hintereinandergeschaltete NOR-Elemente eine ODER-Funktion. Durch zweimalige Negation der Eingangssignale entsteht ein positives Signal am Ausgang.

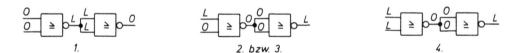

1.   2. bzw. 3.   4.

Die drei Fallskizzen zeigen, daß die Hintereinanderschaltung von 2 NOR-Elementen tatsächlich **ODER** ergibt.

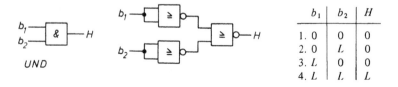

b_1	b_2	H
1. 0	0	0
2. 0	L	0
3. L	0	0
4. L	L	L

Zur Darstellung der UND-Funktion durch NOR-Elemente benötigt man 3 NOR-Glieder, die wie oben dargestellt, miteinander verkettet werden.

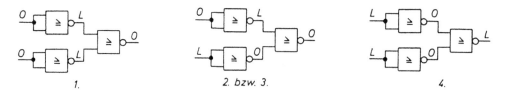

1.   2. bzw. 3.   4.

Die drei Fallskizzen machen deutlich, daß eine Wertetabelle entsteht, die der **UND**-Funktion entspricht.

NICHT − ODER − UND aus NAND-Elementen

So wie aus NOR-Elementen die drei Grundfunktionen abgeleitet werden können, ist dies auch mit NAND-Gliedern möglich.

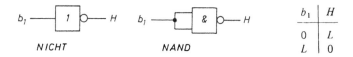

b_1	H
0	L
L	0

NICHT   *NAND*

Wird b_1 mit L-Signal angesteuert, so erhalten die beiden internen Eingänge zwangsläufig ebenfalls L-Signal und somit der Ausgang 0-Signal. Nur wenn alle internen Eingänge auf 0 stehen, erscheint am Ausgang h L-Signal. Das entspricht der **NICHT**-Funktion.

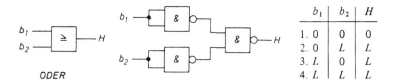

	b_1	b_2	H
1.	0	0	0
2.	0	L	L
3.	L	0	L
4.	L	L	L

ODER

Die Bedingungen der ODER-Funktion sind erfüllt, wenn man die Ausgänge zweier paralleler NAND-Elemente in ein weiteres NAND-Element eingibt und an dessen Ausgang das Endsignal abnimmt. Die nachfolgenden Fallskizzen lassen erkennen, daß die Bedingungen der Wertetabelle **ODER** erfüllt werden.

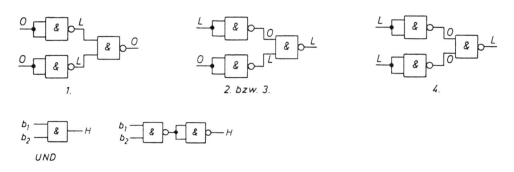

1.   2. bzw. 3.   4.

UND

Die Fallskizzen zeigen, daß aus zwei hintereinandergeschalteten NAND-Elementen die **UND**-Funktion entsteht.

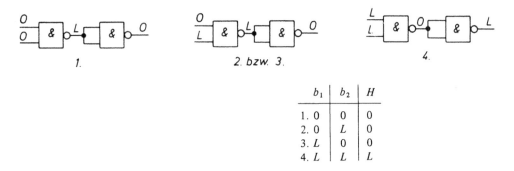

1.   2. bzw. 3.   4.

b_1	b_2	H
1. 0	0	0
2. 0	L	0
3. L	0	0
4. L	L	L

Es muß noch die Frage gestellt werden, welchen praktischen Sinn es hat, aus immer den gleichen Grundelementen andere Grundelemente und Funktionen aufzubauen, die in der Aufbaustruktur komplizierter und aufwendiger erscheinen.

Ein wesentlicher Vorteil der Darstellung logischer Grundfunktionen mit nur einem Bauteiltyp besteht darin, daß Fertigung, Lagerhaltung und Zusammenbau *wirtschaftlicher* sind, wenn nur ein Grundbauteil verwendet werden muß. Werden logische Schaltungen aus integrierten Schaltkreisen aufgebaut, so ist der scheinbar höhere Aufwand bei Verwendung von NOR- bzw. NAND-Elementen wirtschaftlich bedeutungslos. Bei Verwendung von pneumatischen oder hydraulischen Steuerelementen muß dieser dann tatsächlich höhere wirtschaftliche Aufwand bedacht werden.

6. Lehrbeispiele

Lehrbeispiel 1

Eine Schaltung mit zwei Signalgebern soll überwacht werden. Die Lampe H_1 soll brennen, wenn nur einer der beiden Signalgeber betätigt wird. Die Lampe H_2 soll brennen, wenn keiner der beiden Signalgeber betätigt wird.

Die Lampe H_3 soll brennen, wenn beide Signalgeber betätigt werden.

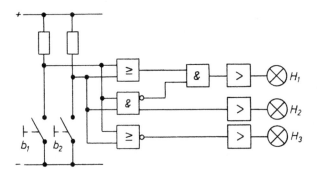

		Antivalenz	Äquivalenz	
b_1	b_2	H_1	H_2	H_3
0	0	0	L	0
0	L	L	0	0
L	0	L	0	0
L	L	0	0	L

Wirkungsweise:

Die Schaltung wird hier verwirklicht mit einem ODER-, einem NOR-, einem UND- sowie einem UND/NAND-Element.

Ein Signal entsteht dann, wenn ein Schalter geschlossen ist und damit ein Impuls die Logikglieder ansteuert.

H_1 leuchtet nur dann auf, wenn über das ODER-Element ein L-Signal an einem Eingang des UND-Gliedes ansteht und wenn über den negierten Ausgang des UND/NAND-Gliedes L-Signal ansteht. Das ist aber nur dann der Fall, wenn nicht beide Eingänge des UND/NAND-Gliedes mit L-Signal beaufschlagt werden.

H_3 kann nur dann aufleuchten, wenn beide Eingänge des UND/NAND-Gliedes mit L beschickt werden. H_2 leuchtet nur auf, wenn das NOR-Element auf beiden Eingängen 0-Signal führt.

Lehrbeispiel 2

Eine Schaltung mit zwei Eingängen soll nach folgenden Bedingungen arbeiten:

Ausgang H_1 soll L-Signal führen, wenn b_1 und b_2 0-Signal anzeigen oder wenn an b_1 0-Signal und an b_2 L-Signal anliegt oder wenn b_1 und b_2 L-Signal führen. Ausgang H_2 soll bei Äquivalenz L-Signal zeigen oder wenn nur an b_1 L-Signal ansteht.

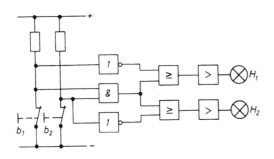

b_1	b_2	H_1	H_2
0	0	L	L
0	L	L	0
L	0	0	L
L	L	L	L

Lehrbeispiel 3

Ein Transformator wird mit Hilfe zweier Ventilatoren gekühlt. Die beiden Ventilatoren sollen in folgender Weise überwacht werden:

1. Eine Lampe soll aufleuchten, wenn weniger als zwei Ventilatoren laufen.
2. Eine Hupe soll ertönen, wenn kein Lüfter mehr läuft.

Zwei Windfahnenrelais überwachen die Luftströmung der Läufer.

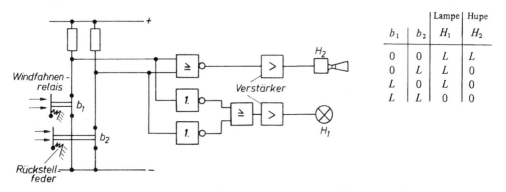

| | | Lampe | Hupe |
b_1	b_2	H_1	H_2
0	0	L	L
0	L	L	0
L	0	L	0
L	L	0	0

Wirkungsweise:

Die Schaltung wird realisiert mit einem ODER-, einem NOR- sowie zwei NICHT-Elementen.

Wenn beide Ventilatoren laufen, werden die beiden Windfahnenrelais betätigt und öffnen die Kontakte b_1 und b_2. Ist ein Ventilator defekt, so drückt die Rückstellfeder das Windfahnenrelais in die gezeichnete Ausgangsstellung, und der entsprechende Kontakt wird wieder geschlossen. Sind ein bzw. beide Kontakte geschlossen, so erhalten die Logikelemente entsprechende *negative* Impulse. Die Hupe h_2 wird dann betätigt, wenn sowohl b_1 als auch b_2 nicht geöffnet sind. Die Lampe h_1 wird aufleuchten, wenn beide oder nur ein Kontakt geschlossen sind.

Lehrbeispiel 4

Bei Auftreten eines Störsignals b_1 ertönt eine Hupe und eine Lampe blinkt. Nach Quittierung – Taste b_2 – schaltet die Hupe ab und die Lampe erhält Dauerlicht. Ist die Störung beseitigt, so erlischt die Lampe. Wird die Quittierung nach Ende der Störung betätigt, so erlöschen Hupe und Blinklicht gleichzeitig.

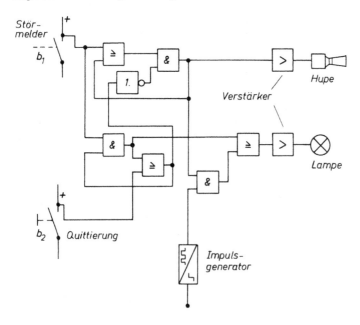

▶ *Zur Selbstkontrolle*

1. Was versteht man unter einer Wertetabelle?
2. Nenne ein Satzbeispiel für eine UND-Funktion.
3. Was kann mit Hilfe eines Signalplanes sichtbar gemacht werden?
4. Wieviel Zeilen und wieviel Spalten sind notwendig, um in einer Wertetabelle die Schaltmöglichkeiten eines ODER-Elementes mit 5 Eingängen und einem Ausgang darzustellen?
5. Erstelle ein Satzbeispiel, das die NOR-Funktion ausdrückt.
6. Wodurch unterscheiden sich die Funktionen von ODER und Exklusiv-ODER?
7. Nenne die wichtigsten Verknüpfungsarten.
8. Erkläre die NAND-Funktion und skizziere das zugehörige Schaltsymbol.
9. Was versteht man unter *Antivalenz*?
10. Erkläre den Begriff *Äquivalenz*.

III. Schaltalgebra

Mit Hilfe der *Schaltalgebra* lassen sich in der Steuerungstechnik Schaltfunktionen aufstellen. Diese stellen den Zusammenhang zwischen den Werten der Eingangs- und Ausgangssignale auf mathematische Weise dar. Alle bisher beschriebenen Schaltelemente und ihre Funktionen lassen sich mit Hilfe der Schaltalgebra darstellen.

1. Grundregeln der Schaltalgebra

UND-Verknüpfung

Die Gleichung liest sich:

 L und L und L gleich L.

Die UND-Verknüpfung kann im Ansatz mit der Rechenart *Malnehmen* verglichen werden, z. B. $1 \cdot 1 \cdot 1 = 1$; oder $1 \cdot 1 \cdot 0 = 0$.

$$L \wedge L \wedge L = L$$
$$L \wedge 0 \wedge 0 = 0$$
$$L \wedge L \wedge 0 = 0$$
$$L \wedge 0 \wedge L = 0$$
$$0 \wedge L \wedge L = 0$$
$$0 \wedge 0 \wedge 0 = 0$$

ODER-Verknüpfung

Die Gleichung liest sich:

 L oder L oder L gleich L.

Die ODER-Verknüpfung läßt sich mit der Rechenart *Zuzählen* vergleichen, wobei zu beachten ist, daß im Resultat nur *zwei Ergebnisse* möglich sind:

 0 bzw. L.

$$L \vee L \vee L = L$$
$$L \vee 0 \vee 0 = L$$
$$L \vee L \vee 0 = L$$
$$0 \vee L \vee L = L$$
$$L \vee 0 \vee L = L$$
$$0 \vee 0 \vee 0 = 0$$

Beispiel:

$$1 + 1 + 1 = 3 \rightarrow L$$
$$1 + 1 + 0 = 2 \rightarrow L$$

1.1. Inversionsgesetze (de Morgansche Regeln)

Jede ODER-Verknüpfung läßt sich in eine UND-Verknüpfung – und jede UND-Verknüpfung läßt sich in eine ODER-Verknüpfung verwandeln, indem man die Rechenzeichen verändert und die Einzelglieder sowie den Ausdruck negiert.

Umwandlung einer UND-Funktion (Konjunktion) in eine ODER-Funktion (Disjunktion)

$$(b_1 \wedge b_2) = H$$

Diese Gleichung entspricht dem Symbol einer UND-Funktion mit 2 Eingängen.

Umgewandelt lautet die Gleichung

$$\overline{(\overline{b_1} \vee \overline{b_2})} = H$$

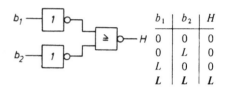

b_1	b_2	H
0	0	0
0	L	0
L	0	0
L	L	L

In der Schaltalgebra bedeutet ein *oben liegender Querstrich* eine *Negation*. In dieser Gleichung werden sowohl die Einzelglieder als auch der Gesamtausdruck negiert. Da das Rechenzeichen verändert worden ist, haben wir es mit einer ODER-Funktion zu tun. Die Schaltung besteht aus 2 NICHT-Elementen sowie einem NOR-Element.

b_1	b_2	H
0	0	0
0	L	0
L	0	0
L	L	L

Die beiden NICHT-Elemente lassen sich auch durch NOR-Glieder ersetzen (vgl. Abschnitt 2.2.5.).

Eine Überprüfung dieser beiden Gleichungen anhand der zugehörigen Wertetabellen ergibt die gleichen Aussagen in allen vorkommenden Fällen.

Daraus folgt:

$$(b_1 \wedge b_2) = \overline{(\overline{b_1} \vee \overline{b_2})}$$

Diese Aussage beschränkt sich nicht auf zwei, sondern gilt für beliebig viele Variable, z.B.:

$$(b_1 \wedge b_2 \wedge b_3) = \overline{(\overline{b_1} \vee \overline{b_2} \vee \overline{b_3})}$$

Umwandlung einer ODER-Funktion (Disjunktion) in eine UND-Funktion (Konjunktion)

$$(b_1 \vee b_2) = H$$

Gleichung für ODER-Funktion mit 2 Eingängen.

$$\overline{(\overline{b_1} \wedge \overline{b_2})} = H$$

Die mehrfach negierte UND-Funktion ergibt in der Wertetabelle die gleichen Aussagen wie die ODER-Funktion.

b_1	b_2	H
0	0	0
0	L	L
L	0	L
L	L	L

Die Schaltung besteht aus 2 NICHT-Elementen sowie einem NAND-Element. Die beiden NICHT-Elemente lassen sich durch NAND-Elemente ersetzen (vgl. Abschnitt 2.2.5.).

$$(b_1 \vee b_2) = \overline{(\overline{b_1} \wedge \overline{b_2})}$$
$$(b_1 \vee b_2 \vee b_3) = \overline{(\overline{b_1} \wedge \overline{b_2} \wedge \overline{b_3})}$$

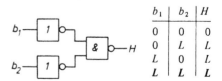

b_1	b_2	H
0	0	0
0	L	L
L	0	L
L	L	L

In der folgenden Regel läßt sich das Inversionsgesetz zusammenfassen:

> Eine Disjunktion (Konjunktion) wird in eine Konjunktion (Disjunktion) verwandelt, indem jede vorkommende Variable negiert wird und jedes Disjunktionszeichen (Konjunktionszeichen) in ein Konjunktionszeichen (Disjunktionszeichen) verwandelt wird. Dabei zählt ein Klammerausdruck ebenfalls als Variable.

Nach dieser Regel soll die Gleichung $(b_1 \wedge b_2) = H$ in eine ODER-Funktion mit gleicher Aussage umgewandelt werden.

$(b_1 \wedge b_2) = H$

$(\overline{b_1}\ \overline{b_2}) =$ *1. Schritt:* Negation der beiden Variablen

$\overline{(\overline{b_1}\ \overline{b_2})} =$ *2. Schritt:* Negation des Klammerausdrucks

$\overline{(\overline{b_1} \vee \overline{b_2})} = H$ *3. Schritt:* Umwandlung des Konjunktionszeichens in ein Disjunktionszeichen

$(b_1 \wedge b_2) = \overline{(\overline{b_1} \vee \overline{b_2})}$ *Nachweis:* Vergleich der Wertetabellen

Nach dieser Regel läßt sich auch der folgende Ausdruck umwandeln:

$(\overline{b_1} \wedge \overline{b_2}) = H$

$(b_1\ b_2) =$ *1. Schritt:* Eine weitere Negation einer bereits negierten Variablen hebt die

$\overline{(b_1\ b_2)} =$ *2. Schritt*   Negation wieder auf.

$\overline{(b_1 \vee b_2)} = H$ *3. Schritt*

$(\overline{b_1} \wedge \overline{b_2}) = \overline{(b_1 \vee b_2)}$

$(\overline{b_1} \wedge \overline{b_2}) = H$

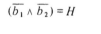
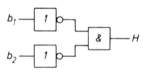

b_1	b_2	H
0	0	L
0	L	0
L	0	0
L	L	0

$\overline{(b_1 \vee b_2)} = H$

b_1	b_2	H
0	0	L
0	L	0
L	0	0
L	L	0

Aus den Wertetabellen ist zu erkennen, daß die beiden Gleichungen identisch sind.

1.2. Distributives Gesetz

In der Mathematik kann der nebenstehende zweigliedrige Ausdruck durch Ausmultiplizieren in den darunterstehenden viergliedrigen Ausdruck verwandelt werden.

$(3 + 4) \cdot (5 + 6)$
$= (3 \cdot 5) + (3 \cdot 6) + (4 \cdot 5) +$
$+ (4 \cdot 6)$

Ähnliche Gesetzmäßigkeiten gelten auch für die Schaltalgebra.

Aus der zweigliedrigen Disjunktion ist eine viergliedrige Konjunktion geworden.

$$(b_1 \wedge b_2) \vee (b_3 \wedge b_4)$$
$$= (b_1 \vee b_3) \wedge (b_1 \vee b_4) \wedge$$
$$\wedge (b_2 \vee b_3) \wedge (b_2 \vee b_4)$$

Es gilt aber auch umgekehrt: Eine zweigliedrige
Konjunktion läßt sich durch Ausmultiplizieren
in eine viergliedrige Disjunktion verwandeln.

$$(b_1 \vee b_2) \wedge (b_3 \vee b_4)$$
$$= (b_1 \wedge b_3) \vee (b_1 \wedge b_4) \vee$$
$$\vee (b_2 \wedge b_3) \vee (b_2 \vee b_4)$$

Zunächst ist nicht einzusehen, welchen schal-
tungsmäßigen Vorteil Umwandlungen haben,
bei denen zweigliedrige Ausdrücke durch um-
fangreichere viergliedrige Ausdrücke ersetzt werden können.

Es gilt weiterhin:

$$b_1 \wedge (b_2 \vee b_3)$$
$$= (b_1 \wedge b_2) \vee (b_1 \wedge b_3)$$

sowie:

$$b_1 \vee (b_2 \wedge b_3)$$
$$= (b_1 \vee b_2) \wedge (b_2 \vee b_3)$$

An zwei Beispielen soll erläutert werden, daß es durch Umwandlungen bei in der Praxis
immer wiederkehrenden Aufgabenstellungen schaltalgebraischer Art sehr wohl zu Vereinfachungen kommen kann, die von den Kosten und der Fertigung gesehen günstiger sind.

1. Beispiel:

Diese Disjunktion wird nach dem distributiven
Gesetz zunächst in eine Konjunktion verwandelt.

$$(b_1 \wedge \overline{b_2}) \vee (\overline{b_1} \wedge b_2) = L$$

$$(\underline{b_1} \vee \overline{b_1}) \wedge (\underline{b_1} \vee b_2)$$
$$\wedge (\overline{b_2} \vee \overline{b_1}) \wedge (\overline{b_2} \vee b_2) = L$$

Der *erste* und *vierte* Ausdruck der Konjunktion
sollen näher betrachtet werden.

In der nebenstehenden Schaltung fließt in jedem Fall Strom. Es spielt keine Rolle, in welcher der beiden Schaltstellungen b_1 sich befindet. Diese Schaltung entspricht dem Ausdruck
$b_1 \vee \overline{b_1}$.

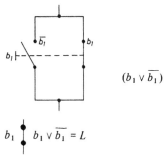

$$(b_1 \vee \overline{b_1})$$

$$b_1 \quad b_1 \vee \overline{b_1} = L$$

Wenn durch Umschaltung von b_1 keine Schal-
tungsveränderung eintritt, dann wirkt $b_1 \vee \overline{b_1}$
wie ein fest verdrahteter ständig geschlossener
Kontakt, der ständig L-Signal führt.

Was für $b_1 \vee \overline{b_1}$ gilt, hat auch Gültigkeit für
$b_2 \vee \overline{b_2}$, so daß sich die Konjunktion wie folgt
darstellt.

$$L_1 \wedge (b_1 \vee b_2) \wedge (\overline{b_2} \vee \overline{b_1}) \wedge L = L$$

Die Gleichung kann reduziert werden auf den
zweiten und dritten Ausdruck, so daß daraus
wird:

$$(b_1 \vee b_2) \wedge (\overline{b_2} \vee \overline{b_1}) = L$$

Nach den Inversionsgesetzen kann der zweite
Ausdruck weiter vereinfacht werden.

$$(b_1 \vee b_2) \wedge (\overline{b_2 \wedge b_1}) = L$$

Vergleicht man die Ausgangsgleichung mit dem
zuletzt durch zwei Umwandlungen gefundenen
Wert, so kann man tatsächlich eine schaltungs-
technische Vereinfachung erkennen. Es werden
zwei NICHT-Elemente eingespart.

Antivalenz

$$(b_1 \wedge \overline{b_2}) \vee (\overline{b_1} \wedge b_2) = L$$

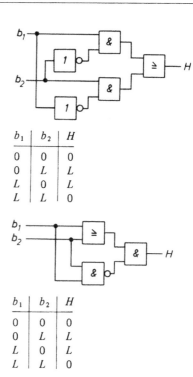

b_1	b_2	H
0	0	0
0	L	L
L	0	L
L	L	0

$$(b_1 \vee b_2) \wedge (\overline{b_2 \wedge b_1}) = L$$

b_1	b_2	H
0	0	0
0	L	L
L	0	L
L	L	0

2. Beispiel:

Mit Hilfe der distributiven Gesetze sowie der Inversionsgesetze soll eine Konjunktion in eine Disjunktion verwandelt werden.

Bei der vereinfachten Schaltung ergibt sich eine Einsparung von zwei Negations-Elementen.

$$(b_1 \vee \overline{b_2}) \wedge (\overline{b_1} \vee b_2) = L$$
$$(b_1 \wedge \overline{b_1}) \vee (b_1 \wedge b_2) \vee$$
$$\vee \; (\overline{b_1} \wedge \overline{b_2}) \vee (b_2 \wedge \overline{b_2}) = L$$

Die Skizze zeigt die Verschaltung des Ausdrucks $(b_1 \wedge \overline{b_1})$.

In jedem Fall ist einer der beiden in Reihe geschalteten Kontakte geöffnet. Stromfluß bzw. L-Signal sind damit ausgeschlossen.

Erster und vierter Ausdruck der Konjunktion werden 0, so daß sich die Funktion auf zwei Ausdrücke reduziert.

$$(b_1 \wedge \overline{b_1}) = 0$$

Die vereinfachte Gleichung wird nach *de Morgan* weiter vereinfacht, so daß die Gleichung ihre endgültige Form erhält.

$$(b_1 \wedge b_2) \vee (\overline{b_1} \wedge \overline{b_2}) = L$$

Baut man für diese Gleichung die Schaltung auf, so können durch den Einsatz eines NOR-Elementes an Stelle eines ODER-Elementes ebenfalls zwei Negationselemente eingespart werden.

$$(b_1 \wedge b_2) \vee (\overline{b_1 \vee b_2}) = L$$

$(b_1 \vee \overline{b_2}) \wedge (\overline{b_1} \vee b_2) = L$

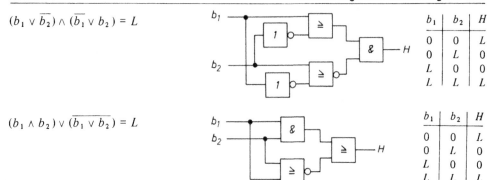

b_1	b_2	H
0	0	L
0	L	0
L	0	0
L	L	L

$(b_1 \wedge b_2) \vee (\overline{b_1 \vee b_2}) = L$

b_1	b_2	H
0	0	L
0	L	0
L	0	0
L	L	L

Aus den Wertetabellen geht hervor, daß beide Gleichungen tatsächlich gleichwertig sind.

Das distributive Gesetz bietet genauso wie die Regeln nach *de Morgan* Möglichkeiten, Schaltungen so zu vereinfachen, daß einfachere Elemente und weniger Schaltungsaufwand möglich werden.

Zusammenstellung der wichtigsten schaltalgebraischen Gesetze und Verknüpfungsregeln

Grundgesetze

NICHT $\quad L = \overline{0}$ $\qquad$ ODER $\qquad$ $0 \vee 0 = 0$ $\qquad$ UND $\qquad$ $0 \wedge 0 = 0$

$\qquad\qquad 0 = \overline{L}$ $\qquad\qquad\qquad\qquad 0 \vee L = L$ $\qquad\qquad\qquad\qquad 0 \wedge L = 0$

$\qquad\qquad\qquad\qquad\qquad\qquad\qquad L \vee 0 = L$ $\qquad\qquad\qquad\qquad L \wedge L = L$

$\qquad\qquad\qquad\qquad\qquad\qquad\qquad L \vee L = L$

Verknüpfungsregeln

$b_1 \vee b_2 = b_2 \vee b_1$

$b_1 \wedge b_2 = b_2 \wedge b_1$

$b_1 \vee b_2 \vee b_3 = (b_1 \vee b_2) \vee b_3 = b_1 \vee (b_2 \vee b_3)$

$b_1 \wedge b_2 \wedge b_3 = (b_1 \wedge b_2) \wedge b_3 = b_1 \wedge (b_2 \wedge b_3)$

$b_1 \vee (b_1 \wedge b_2) = b_1$

$b_1 \wedge (b_1 \vee b_2) = b_1$

$b_1 \vee (\overline{b_1} \wedge b_2) = b_1 \vee b_2$

$b_1 \wedge (\overline{b_1} \vee b_2) = b_1 \wedge b_2$

$(b_1 \vee b_2) \wedge (b_1 \vee b_3) = b_1 \vee (b_2 \wedge b_3)$

$(b_1 \wedge b_2) \vee (b_1 \wedge b_3) = b_1 \wedge (b_2 \vee b_3)$

$(b_1 \wedge b_2) \vee (b_3 \wedge b_4) = (b_1 \vee b_3) \wedge (b_2 \vee b_3) \wedge (b_1 \vee b_4) \wedge (b_2 \vee b_4)$

$(b_1 \vee b_2) \wedge (b_3 \vee b_4) = (b_1 \wedge b_3) \vee (b_2 \wedge b_3) \vee (b_1 \wedge b_4) \vee (b_2 \wedge b_4)$

$\qquad\qquad b_1 \vee b_2 = \overline{\overline{b_1} \wedge \overline{b_2}}$

$\qquad\qquad b_1 \wedge b_2 = \overline{\overline{b_1} \vee \overline{b_2}}$

$\qquad\qquad \overline{b_1} \vee \overline{b_2} = \overline{b_1 \wedge b_2}$

$\qquad\qquad \overline{b_1} \wedge \overline{b_2} = \overline{b_1 \vee b_2}$

Lehrbeispiel 1

Die folgende Gleichung soll mit Hilfe der Regeln nach *de Morgan* so umgewandelt werden, daß die Anzahl der Logik-Elemente möglichst klein gehalten wird und einfache Elemente mit wenig Eingängen benutzt werden können.

Ausgangsgleichung

$$(\overline{b_1} \wedge \overline{b_2} \wedge b_3 \wedge \overline{b_4}) \vee (b_1 \wedge b_2 \wedge \overline{b_3} \wedge \overline{b_4}) = H$$

Am Ausgang H soll nur dann L-Signal anstehen, wenn b_3 einen L-Impuls führt und die anderen drei Variablen nicht, oder wenn an b_1 und b_2 L-Signale anstehen und an b_3 und b_4 nicht.

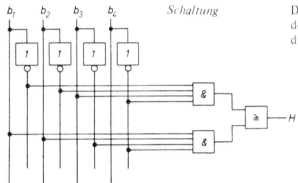

Schaltung

Die Schaltung enthält, wenn sie nach der Ausgangsgleichung aufgebaut wird, die folgenden Elemente:

4 × NICHT
2 × UND mit 4 Eingängen
1 × ODER mit 2 Eingängen

7 Elemente

1. Teilumformung

$$\overline{b_1} \wedge \overline{b_2} \wedge b_3 \wedge \overline{b_4} = \overline{b_1 \vee b_2 \vee \overline{b_3} \vee b_4}$$

2. Teilumformung

$$b_1 \wedge b_2 \wedge \overline{b_3} \wedge \overline{b_4} = b_1 \wedge b_2 \wedge (\overline{b_3 \vee b_4})$$

Gleichung nach der Umformung nach de Morgan:

$$(\overline{b_1 \vee b_2 \vee \overline{b_3} \vee b_4}) \vee (b_1 \wedge b_2 \wedge [\overline{b_3 \vee b_4}]) = H$$

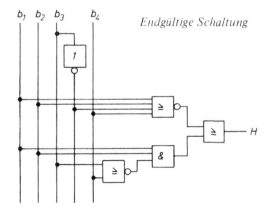

Endgültige Schaltung

Nach der Umformung enthält die vereinfachte Schaltung nur noch 5 Elemente:

1 NICHT
1 NOR mit 4 Eingängen
1 ODER mit 2 Eingängen
1 NOR mit 2 Eingängen
1 UND mit 3 Eingängen

5 Elemente

Lehrbeispiel 2

Am Ausgang einer Steuerungsschaltung soll ein *L*-Signal anstehen, wenn einer von zwei Gebern *L*-Signal führt (*Antivalenz*). Die Ausgangsgleichung heißt

$$(\bar{b}_1 \wedge b_2) \vee (b_1 \wedge \bar{b}_2) = H.$$

Für die Realisierung der Ausgangsgleichung würden 5 Logikelemente benötigt werden.

Eine Umwandlung nach *de Morgan* scheint zunächst keine Vereinfachung zu ermöglichen.

Es ist aber auch möglich, die Umkehrgleichung zu bilden. Darunter soll verstanden werden, unter welchen Bedingungen kein *L*-Signal am Ausgang *H* erscheinen darf bzw. unter welchen Bedingungen 0-Signal erwartet werden muß.

Die Wertetabellen verdeutlichen die beiden Aussagen der Ausgangs- bzw. Umkehrgleichung. Die Umkehrgleichung müßte dann lauten

$$(\bar{b}_1 \wedge \bar{b}_2) \vee (b_1 \wedge b_2) = \bar{H}$$

Der erste Ausdruck läßt sich wie folgt umformen:

$$\bar{b}_1 \wedge \bar{b}_2 = \overline{b_1 \vee b_2}$$

daraus folgt

$$\overline{(b_1 \vee b_2)} \vee (b_1 \wedge b_2) = \bar{H}$$

Werden beide Seiten der Gleichung negiert, dann wird aus dem doppelt negierten $\bar{\bar{H}}$ wieder ein einfaches *H*

$$\overline{\overline{(b_1 \vee b_2)} \vee (b_1 \wedge b_2)} = \bar{\bar{H}}$$

$$\overline{\overline{(b_1 \vee b_2)} \vee (b_1 \wedge b_2)} = H$$

Baut man eine Schaltung nach dieser Gleichung auf, so benötigt man insgesamt 3 Logikelemente. Die Wertetabelle zeigt, daß diese vereinfachte Schaltung die Ausgangsgleichung realisiert.

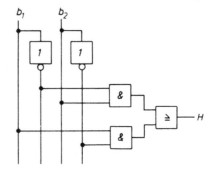

b_1	b_2	H
0	0	0
0	L	L
L	0	L
L	L	0

b_1	b_2	$\bar{H}$
0	0	L
0	L	0
L	0	0
L	L	L

$H \sim 0$
Äquivalenz

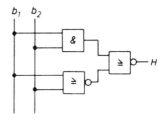

b_1	b_2	H
0	0	0
0	L	L
L	0	L
L	L	0

2. Karnaugh-Diagramme

Die Schaltalgebra bietet eine Reihe von Möglichkeiten, Gleichungen so umzustellen, daß einfachere oder weniger Bauteile verwendet werden können. Das ist nicht nur im Hinblick auf die Wirtschaftlichkeit von Bedeutung, sondern auch wichtig in bezug auf die Reparaturanfälligkeit von Steuerungsanlagen. Die Anzahl der für diese Umstellungen notwendigen Rechenregeln ist groß, und es gehört außerdem einige Geschicklichkeit dazu, diese richtig und sinnvoll einzusetzen.

Aus diesen Gründen hat *Karnaugh* im Jahre 1953 ein graphisches Lösungsverfahren entwickelt, mit dessen Hilfe man schnell zu sinnvollen Vereinfachungen kommen kann. Die Anwendung des Karnaugh-Diagramms erfordert nur wenige Regeln, um Gleichungen mit mehreren Variablen zu vereinfachen. Dieses Verfahren soll im folgenden dargestellt werden.

Der Umfang des Karnaugh-Diagramms richtet sich nach der Anzahl der in einer Gleichung vorkommenden Variablen. Das Diagramm enthält immer so viele Felder, daß alle möglichen Vollkonjunktionen in das Diagramm eingebracht werden können. Eine Vollkonjunktion ist eine UND-Funktion, die alle vorkommenden Variablen der· Funktion entweder in direkter oder negierter Form enthält.

2.1. Karnaugh-Diagramm für zwei Variable

Die Felder der ersten Zeile (1 und 2) enthalten die Variable b_1 in negierter Form. Die Felder der zweiten Zeile (3 und 4) enthalten die Variable b_1 in direkter Form.

Die Felder der ersten Spalte (1 und 3) drücken die Variable b_2 in negierter Form aus. Die Felder der zweiten Spalte (2 und 4) enthalten die Variable b_2 in direkter Form.

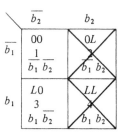

Beispiel: $(b_1 \wedge b_2) \vee (\overline{b_1} \wedge b_2) = L$

Die beiden Schaltungsbedingungen, unter denen ein L-Signal am Ausgang h vorhanden sein soll, werden in den Feldern 4 und 2 erfaßt. Bei 2 Variablen wären insgesamt 4 Vollkonjunktionen möglich. Die beiden betroffenen Felder sind durch Kreuze markiert.

Im Karnaugh-Diagramm sind die beiden in der Gleichung enthaltenen Vollkonjunktionen benachbart, denn sie liegen in der gleichen Spalte (Spalte 2).

Zwei direkt benachbarte Vollkonjunktionen unterscheiden sich dadurch voneinander , daß eine der beiden Variablen ihren Wert ändert, während die andere in beiden Feldern den gleichen Wert behält. Im Beispiel ändert sich der Wert der Variablen b_1. Klammert man die in beiden Feldern unverändert gebliebene Variable aus, so entsteht der nebenstehende Ausdruck. Der Ausdruck $b_1 \vee \overline{b_1}$ ergibt L (Kap. 2.3.1.2.), so daß sich die Gleichung auf folgenden Ausdruck reduziert.

Es wird nach dieser Funktion immer dann L-Signal anstehen, wenn b_2 in direkter Form vorhanden ist.

Sind in einem Karnaugh-Diagramm zwei Vollkonjunktionen benachbart, so können immer Vereinfachungen durchgeführt werden. Benachbart heißt, daß sie nebeneinander in einer Zelle bzw. untereinander in einer Spalte angeordnet sind.

b_1	b_2	H
0	0	0
0	L	L
L	0	0
L	L	L

$$b_2 \wedge (b_1 \vee \overline{b_1}) = L$$
$$b_1 \vee \overline{b_1} = L$$
$$b_2 \wedge L = L$$

$$\boxed{b_2 = L}$$

2.2. Karnaugh-Diagramm für drei Variable

Bei drei Variablen sind $2^3 = 8$ Vollkonjunktionen möglich, denn die vier Vollkonjunktionen bei zwei Variablen können einmal mit der direkten dritten Variablen b_3 kombiniert werden, aber auch mit der negierten dritten Variablen $\overline{b_3}$. Es entstehen zwei Diagramme mit je vier Feldern, die zu einem Diagramm mit acht Feldern zusammengeschoben werden können.

Es enthalten:

Zeile 1	$\overline{b_1}, \overline{b_2}, b_3$ und $\overline{b_3}$
Zeile 2	$\overline{b_1}, b_2, b_3$ und $\overline{b_3}$
Zeile 3	b_1, b_2, b_3 und $\overline{b_3}$
Zeile 4	$b_1, \overline{b_2}, b_3$ und $\overline{b_3}$
Spalte 1	b_1 und $\overline{b_1}$, b_2 und $\overline{b_2}$, $\overline{b_3}$
Spalte 2	b_1 und $\overline{b_1}$, b_2 und $\overline{b_2}$, b_3

Beispiel:

$$(\overline{b_1} \wedge b_2 \wedge \overline{b_3}) \vee (b_1 \wedge \overline{b_2} \wedge b_3)$$
$$\vee\ (b_1 \wedge b_2 \wedge \overline{b_3}) \vee (b_1 \wedge b_2 \wedge b_3) = L$$

Die vier angekreuzten Felder zeigen die Lage der in der Gleichung vorkommenden Vollkonjunktion im Karnaugh-Diagramm an.

Wird die Ausgangsgleichung in eine Schaltung umgesetzt, so benötigt man dazu

1 ODER-Element mit 4 Eingängen,
4 UND-Elemente mit 3 Eingängen und
3 NICHT-Elemente.

Die Wertetabelle zeigt die vier vorgegebenen Lösungen der Ausgangsgleichung.

Die Ausgangsgleichung soll nun mit Hilfe des Karnaugh-Diagramms vereinfacht werden.

Die im Diagramm benachbarten Blöcke werden zu zweit zusammengefaßt. Hierbei ergeben sich folgende Möglichkeiten:

1. Feld 3 und Feld 5
2. Feld 5 und Feld 6
3. Feld 6 und Feld 8

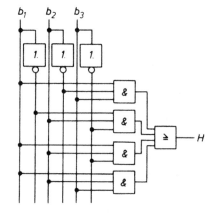

b_1	b_2	b_3	H
0	0	0	0
0	0	L	0
0	L	0	L
0	L	L	0
L	0	0	0
L	0	L	L
L	L	0	L
L	L	L	L

Welche Zusammenfassung für die Vereinfachung ausgewählt wird, ist im Prinzip gleichgültig. In diesem Beispiel sollen die beiden vertikalen Blöcke ausgewählt werden.

Feld 3 und Feld 5:

Die beiden Vollkonjunktionen haben $b_2 \wedge \overline{b_3}$ gemeinsam. Sie unterscheiden sich in $\overline{b_1}$ bzw. b_1.

$b_2 \wedge \overline{b_3}$ können ausgeklammert werden.

Der Klammerausdruck entfällt, so daß von beiden Fehlern nur die Vereinfachung $b_2 \wedge \overline{b_3} = L$ übrigbleibt.

Im zweiten Schritt sollen die Blöcke 6 und 8 vereinfacht werden:

$b_1 \wedge b_3$ können ausgeklammert werden.

$b_2 \wedge \overline{b_2}$ ergibt L, so daß als Rest der Zusammenfassung $b_1 \wedge b_3$ übrigbleiben.

Zusammenfassung von 3 und 5 sowie 6 und 8:

Die vier in der Ausgangsgleichung enthaltenen Vollkonjunktionen sind in beiden Zweiergruppen zusammengefaßt und vereinfacht worden.

Als Rest der Ausgangsgleichung bleibt übrig:

Aus der ursprünglichen Schaltung mit vier UND-, drei NICHT- und einem ODER-Element sind in der vereinfachten Schaltung zwei UND-, ein NICHT- sowie ein ODER-Element mit jeweils nur zwei Eingängen übriggeblieben.

Feld 3 und Feld 5

$$(\overline{b_1} \wedge b_2 \wedge \overline{b_3}) \vee$$
$$(b_1 \wedge b_2 \wedge \overline{b_3}) = L$$

$$b_2 \wedge \overline{b_3} \wedge (\overline{b_1} \wedge b_1) = L$$

$$(\overline{b_1} \wedge b_1) = L$$

$$b_2 \wedge \overline{b_3} \wedge L = L$$

$$b_2 \wedge \overline{b_3} = L$$

Feld 6 und Feld 8

$$(b_1 \wedge b_2 \wedge b_3) \vee$$
$$(b_1 \wedge \overline{b_2} \wedge b_3) = L$$

$$b_1 \wedge b_3 \wedge (b_2 \wedge \overline{b_2}) = L$$

$$b_1 \wedge b_3 = L$$

$$(b_2 \wedge \overline{b_3}) \vee (b_1 \wedge b_3) = L$$

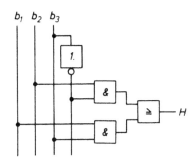

Vereinfachte Schaltskizze

Die Wertetabelle weist aus, daß die vereinfachte Gleichung die Ausgangsbedingungen der Ursprungsgleichung erfüllt.

b_1	b_2	b_3	H
0	0	0	
0	0	L	
0	L	0	L
0	L	L	
L	0	0	
L	0	L	L
L	L	0	L
L	L	L	L

$b_2 \wedge \overline{b_3}$

$b_1 \wedge b_3$

2.3. Karnaugh-Diagramm für vier Variable

Bei vier Variablen sind $2^4 = 16$ Vollkonjunktionen möglich. Das Karnaugh-Diagramm für vier Variable hat damit 16 Felder, wie die nebenstehende Abbildung zeigt.

Der Aufbau des Diagramms in der Anordnung von Zeilen und Spalten entspricht im wesentlichen dem Diagramm mit drei Variablen. Durch die zusätzliche Variable b_4 wird das Diagramm doppelt so umfangreich.

An dem folgenden Beispiel soll eine Vereinfachung einer Schaltung mit Hilfe der Karnaugh-Tafel durchgeführt werden.

	$\overline{b_3}$	$\overline{b_3}$	b_3	b_3	
$\overline{b_1}$	0000 1	000L 2	00LL 3	00L0 4	$\overline{b_2}$
$\overline{b_1}$	5 0L00	6 0L0L	7 0LLL	8 0LL0	b_2
b_1	9 LL00	10 LL0L	11 LLLL	12 LLL0	b_2
b_1	13 L000	14 L00L	15 L0LL	16 L0L0	$\overline{b_2}$
	$\overline{b_4}$	b_4	b_4	$\overline{b_4}$	

Beispiel:

$$(\overline{b_1} \wedge b_2 \wedge \overline{b_3} \wedge \overline{b_4}) \vee (\overline{b_1} \wedge b_2 \wedge \overline{b_3} \wedge b_4) \vee (\overline{b_1} \wedge b_2 \wedge b_3 \wedge b_4) \vee (\overline{b_1} \wedge b_2 \wedge b_3 \wedge \overline{b_4})$$
$$\vee \; (b_1 \wedge \overline{b_2} \wedge b_3 \wedge b_4) \vee (b_1 \wedge b_2 \wedge \overline{b_3} \wedge b_4) \vee (b_1 \wedge b_2 \wedge b_3 \wedge b_4) = L$$

Wird die Schaltung nach der Ausgangsgleichung aufgebaut, so werden sieben UND-Elemente mit je vier Eingängen, vier NICHT-Elemente und ein ODER-Element mit sieben Eingängen benötigt.

Im Karnaugh-Diagramm sind die sieben Vollkonjunktionen angekreuzt. Es ist zu sehen, daß die Felder eng zusammenliegen. Daraus ergibt sich, daß entsprechende Vereinfachungen möglich sind.

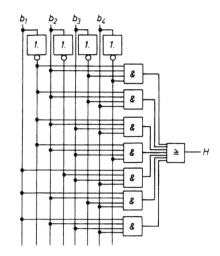

Die Felder 5, 6, 7 und 8 liegen alle in einer Zeile, so daß sie zu einem Block zusammengefaßt werden können.

Die Felder 6, 7, 10 und 11 sind entweder durch Spalten- oder Zeilennachbarschaft bestimmt. Sie bilden ebenfalls einen Block.

Die Felder 11 und 15 befinden sich untereinander in der gleichen Spalte. Sie bilden den dritten Block. Damit sind alle angekreuzten Felder in mindestens einen Block einbezogen.

Block 1
$$(\overline{b_1} \wedge b_2 \wedge \overline{b_3} \wedge \overline{b_4}) \vee (\overline{b_1} \wedge b_2 \wedge \overline{b_3} \wedge b_4)$$
$$\vee \; (\overline{b_1} \wedge b_2 \wedge b_3 \wedge b_4) \vee (\overline{b_1} \wedge b_2 \wedge b_3 \wedge \overline{b_4})$$

Block 2
$$(\overline{b_1} \wedge b_2 \wedge \overline{b_3} \wedge b_4) \vee (\overline{b_1} \wedge b_2 \wedge b_3 \wedge b_4)$$
$$\vee \; (b_1 \wedge b_2 \wedge \overline{b_3} \wedge b_4) \vee (b_1 \wedge b_2 \wedge b_3 \wedge b_4)$$

Block 3
$$(b_1 \wedge b_2 \wedge b_3 \wedge b_4) \vee (b_1 \wedge \overline{b_2} \wedge b_3 \wedge b_4)$$

Die Blöcke werden der Reihe nach auf Vereinfachungen untersucht.

Der Block 1 wird zunächst in zwei Teile zerschnitten und die beiden ersten Vollkonjunktionen untersucht.

Durch Ausklammern von $\overline{b_1}$, b_2 und $\overline{b_3}$ wird b_4 überflüssig, so daß nur $\overline{b_1} \wedge b_2 \wedge \overline{b_3}$ übrigbleiben.

Der zweite Teil des 1. Blocks wird nach der gleichen Methode behandelt.

Von der 2. Hälfte des 1. Blocks bleibt nur der Ausdruck $\overline{b_1} \wedge b_2 \wedge b_3$ übrig.

Die beiden Teilergebnisse von Block 1 werden zusammengefaßt. Nach dem distributiven Gesetz können $\overline{b_1} \wedge b_2$ ausgeklammert werden.

Als Restausdruck bleibt für den gesamten 1. Block bestehen

Auch Block 2 wird in 2 Teile zerschnitten.

1. Teil

Von der 1. Hälfte von Block 2 bleibt der nebenstehende Ausdruck zurück.

2. Teil

Die beiden Teilvereinfachungen werden zusammengefaßt.

Die Variablen b_1 und b_3 sind damit für den 1. Block völlig entfallen. Es bleiben bestehen $b_2 \wedge b_4$ in direkter Form.

Block 1

$(\overline{b_1} \wedge b_2 \wedge \overline{b_3} \wedge \overline{b_4}) \vee (\overline{b_1} \wedge b_2 \wedge \overline{b_3} \wedge b_4)$

$(\overline{b_1} \wedge b_2 \wedge \overline{b_3}) \vee (b_4 \wedge \overline{b_4})$

$(b_4 \wedge \overline{b_4}) = 0$

$\boxed{(\overline{b_1} \wedge b_2 \wedge \overline{b_3})}$

$(\overline{b_1} \wedge b_2 \wedge b_3 \wedge \overline{b_4}) \vee (\overline{b_1} \wedge b_2 \wedge b_3 \wedge \overline{b_4})$

$(\overline{b_1} \wedge b_2 \wedge b_3) \vee (b_4 \wedge \overline{b_4})$

$(b_4 \wedge \overline{b_4}) = 0$

$\boxed{(\overline{b_1} \wedge b_2 \wedge b_3)}$

$(\overline{b_1} \wedge b_2 \wedge \overline{b_3}) \vee (\overline{b_1} \wedge b_{2\,1} \wedge b_3)$

$(\overline{b_1} \wedge b_2) \vee (b_3 \wedge \overline{b_3})$

$(b_3 \wedge \overline{b_2}) = 0$

$\boxed{\overline{b_1} \wedge b_2}$

Block 2

$(\overline{b_1} \wedge b_2 \wedge \overline{b_3} \wedge b_4) \vee (\overline{b_1} \wedge b_2 \wedge b_3 \wedge b_4)$

$(\overline{b_1} \wedge b_2 \wedge b_4) \vee (b_3 \wedge \overline{b_3})$

$(b_3 \wedge \overline{b_3}) = 0$

$\boxed{(\overline{b_1} \wedge b_2 \wedge b_4)}$

$(b_1 \wedge b_2 \wedge \overline{b_3} \wedge b_4) \vee (b_1 \wedge b_2 \wedge b_3 \wedge b_4)$

$(b_1 \wedge b_2 \wedge b_4) \vee (b_3 \wedge \overline{b_3})$

$(b_3 \wedge \overline{b_3}) = 0$

$\boxed{(b_1 \wedge b_2 \wedge b_4)}$

$(\overline{b_1} \wedge b_2 \wedge b_4) \vee (b_1 \wedge b_2 \wedge b_4)$

$(b_2 \wedge b_4) \vee (b_1 \wedge \overline{b_1})$

$(b_1 \wedge \overline{b_1}) = 0$

$\boxed{(b_2 \wedge b_4)}$

Block 3 umfaßt die Felder 11 und 15. Hier ist auch nur eine einfache Zusammenfassung möglich.

Block 3

$$(b_1 \land b_2 \land b_3 \land b_4) \lor (b_1 \land \overline{b_2} \land b_3 \land b_4)$$

$$(b_1 \land b_3 \land b_4) \lor (b_2 \land \overline{b_2})$$

$$(b_2 \land \overline{b_2}) = 0$$

Restausdruck von Block 3 $\boxed{(b_1 \land b_3 \land b_4)}$

Die Vereinfachungsmethode mit Hilfe der Karnaugh-Tafel zeigt, daß die Vereinfachungsmöglichkeiten umso größer sind, je mehr Zeilen- und Spaltennachbarschaften vorliegen und je mehr Felder zusammenfaßbar sind. Die umfangreiche Ausgangsgleichung wird durch die wesentlich einfachere Restgleichung ersetzt.

$$(\overline{b_1} \land b_2) \lor (b_2 \land b_4) \lor (b_1 \land b_3 \land b_4) = L$$

Rest	Rest	Rest
Block 1	Block 2	Block 3

Nach dieser Gleichung wird die neue Schaltung aufgebaut. Sie besteht nur noch aus einem NICHT-Element, drei UND-Elementen mit zwei bzw. drei Eingängen sowie einem ODER-Element mit drei Eingängen. Die Verdrahtung wird wesentlich einfacher und übersichtlicher, als dies bei der Ausgangsschaltung möglich war.

Die Werttabelle zeigt, daß die Lösungsfälle der Ausgangsgleichung mit denen der vereinfachten Restgleichung identisch sind.

Den 7 Lösungsmöglichkeiten der Ausgangsgleichung entsprechen 10 Lösungsmöglichkeiten der drei Restblöcke. Von diesen 10 Lösungen sind jedoch drei doppelt vertreten, so daß auch hier insgesamt nur sieben unterschiedliche Lösungen vorkommen.

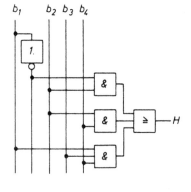

					Block 1	Block 2	Block 3	
b_1	b_2	b_3	b_4	H	$\overline{b_1} \land b_2$	$b_2 \land b_4$	$b_1 \land b_3 \land b_4$	
0	0	0	0	0				
0	0	0	L	0				
0	0	L	0	0				
0	0	L	L	0				
0	L	0	0	L	L			1
0	L	0	L	L	L	L		2
0	L	L	0	L	L			3
0	L	L	L	L	L	L		4
L	0	0	0	0				
L	0	0	L	0				
L	0	L	0	0				
L	0	L	L	L			L	5
L	L	0	0	0				
L	L	0	L	L		L		6
L	L	L	0	0				
L	L	L	L	L		L	L	7

Lehrbeispiel

Schaltalgebraische Gleichung mit vier Variablen

$$(\overline{b_1} \wedge \overline{b_2} \wedge \overline{b_3} \wedge \overline{b_4}) \vee (\overline{b_1} \wedge \overline{b_2} \wedge \overline{b_3} \wedge b_4) \vee (\overline{b_1} \wedge b_2 \wedge \overline{b_3} \wedge b_4) \vee (\overline{b_1} \wedge b_2 \wedge b_3 \wedge b_4)$$
$$\vee (b_1 \wedge b_2 \wedge b_3 \wedge b_4) \vee (b_1 \wedge b_2 \wedge b_3 \wedge \overline{b_4}) \vee (b_1 \wedge \overline{b_2} \wedge b_3 \wedge \overline{b_4}) \vee (b_1 \wedge \overline{b_2} \wedge \overline{b_3} \wedge \overline{b_4}) = L$$

4 NICHT-Elemente,
8 UND-Elemente mit je 4 Eingängen,
1 ODER-Element mit 8 Eingängen und
ca. 100 Kontaktstellen.

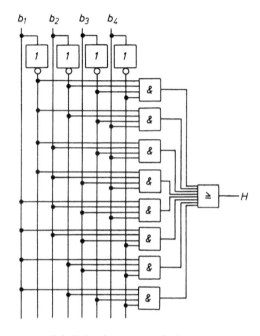

Schaltplan für Ausgangsgleichung

Die Felder 13 und 16 sind ebenfalls benachbart, wenn man die Karnaugh-Tafel zu einem senkrecht stehenden Zylinder formt. In diesem Fall grenzt 13 an 16.

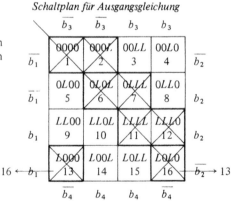

	$\overline{b_3}$	$\overline{b_3}$	b_3	b_3	
$\overline{b_1}$	0000 / 1	000L / 2	00LL / 3	00L0 / 4	$\overline{b_2}$
$\overline{b_1}$	0L00 / 5	0L0L / 6	0LLL / 7	0LL0 / 8	b_2
b_1	LL00 / 9	LL0L / 10	LLLL / 11	LLL0 / 12	b_2
16 ← b_1	L000 / 13	L00L / 14	L0LL / 15	L0L0 / 16	b_2 → 13
	$\overline{b_4}$	b_4	b_4	$\overline{b_4}$	

Block 1 (Feld 1 und 2)

$$(\overline{b_1} \wedge \overline{b_2} \wedge \overline{b_3} \wedge \overline{b_4}) \vee (\overline{b_1} \wedge \overline{b_2} \wedge \overline{b_3} \wedge b_4)$$
$$(\overline{b_1} \wedge \overline{b_2} \wedge \overline{b_3}) \vee (b_4 \wedge \overline{b_4})$$

Rest von Block 1

$$\boxed{(\overline{b_1} \wedge \overline{b_2} \wedge \overline{b_3})}$$

Block 2 (Feld 6 und 7)

$$(\overline{b_1} \wedge b_2 \wedge \overline{b_3} \wedge b_4) \vee (\overline{b_1} \wedge b_2 \wedge b_3 \wedge b_4)$$
$$(\overline{b_1} \wedge b_2 \wedge b_4) \vee (b_3 \wedge \overline{b_3})$$

Rest von Block 2 $\boxed{(\overline{b_1} \wedge b_2 \wedge b_4)}$

Block 3 (Feld 11 und 12) $(b_1 \wedge b_2 \wedge b_3 \wedge b_4) \vee (b_1 \wedge b_2 \wedge b_3 \wedge \overline{b_4})$

                                                      $(b_1 \wedge b_2 \wedge b_3) \vee (b_4 \wedge \overline{b_4})$

Rest von Block 3 $\boxed{(b_1 \wedge b_2 \wedge b_3)}$

Block 4 (Feld 13 und 16) $(b_1 \wedge \overline{b_2} \wedge \overline{b_3} \wedge \overline{b_4}) \vee (b_1 \wedge \overline{b_2} \wedge b_3 \wedge \overline{b_4})$

                                                      $(b_1 \wedge \overline{b_2} \wedge \overline{b_4}) \vee (b_3 \wedge \overline{b_3})$

Rest von Block 4 $\boxed{(b_1 \wedge \overline{b_2} \wedge \overline{b_4})}$

Vereinfachte Gleichung:

$$(\overline{b_1} \wedge \overline{b_2} \wedge \overline{b_3}) \vee (\overline{b_1} \wedge b_2 \wedge b_4) \vee (b_1 \wedge b_2 \wedge b_3) \vee (b_1 \wedge \overline{b_2} \wedge \overline{b_4}) = L$$

4 NICHT-Elemente,
4 UND-Elemente mit je 3 Eingängen,
1 ODER-Element mit 4 Eingängen und
ca. 45 Kontaktstellen.

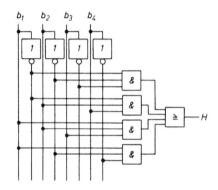

Vereinfachter Schaltplan nach Karnaugh

Weitere Vereinfachungsmöglichkeit nach Anwendung der Inversionsgesetze

Nach den Inversionsgesetzen ist es möglich, eine Konjunktion in eine Disjunktion zu verwandeln bzw. umgekehrt. Wir wenden diese Gesetze auf die vereinfachte Gleichung an.

$$(\overline{b_1} \wedge \overline{b_2} \wedge \overline{b_3}) \vee (\overline{b_1} \wedge b_2 \wedge b_4) \vee$$
$$(b_1 \wedge b_2 \wedge b_3) \vee (b_1 \wedge \overline{b_2} \wedge \overline{b_4}) = L$$

$$(\overline{b_1} \wedge \overline{b_2} \wedge \overline{b_3}) = (\overline{b_1 \vee b_2 \vee b_3})$$

$$(b_1 \wedge \overline{b_2} \wedge \overline{b_4}) = [b_1 \wedge (\overline{b_2 \vee b_4})]$$

Eingesetzt in die Ausgangsgleichung ergibt sich:

$$(\overline{b_1 \vee b_2 \vee b_3}) \vee (\overline{b_1} \wedge b_2 \wedge b_4) \vee$$
$$(b_1 \wedge b_2 \wedge b_3) \vee [b_1 \wedge (\overline{b_2 \vee b_4})] = L$$

Setzt man diese Gleichung in eine Schaltung um, so ergeben sich weitere Einsparungen an Elementen.

1 NICHT-Element,
2 UND-Elemente, 2 NOR-Elemente,
1 ODER-Element mit 4 Eingängen und
ca. 37 Kontaktstellen.

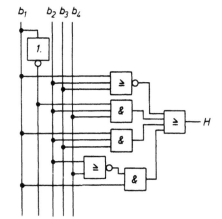

Die Wertetabelle weist die Identität der möglichen
8 Lösungen in der Ausgangsgleichung und der
nach *Karnaugh* vereinfachten Gleichung nach.

b_1	b_2	b_3	b_4	H	$\overline{b_1} \wedge \overline{b_2} \wedge \overline{b_3}$	$\overline{b_1} \wedge b_2 \wedge b_4$	$b_1 \wedge b_2 \wedge b_3$	$b_1 \wedge \overline{b_2} \wedge \overline{b_4}$
0	0	0	0	L	L			
0	0	0	L	L	L			
0	0	L	0	0				
0	0	L	L	0				
0	L	0	0	0				
0	L	0	L	L		L		
0	L	L	0	0				
0	L	L	L	L		L		
L	0	0	0	L				L
L	0	0	L	0				
L	0	L	0	L				L
L	0	L	L	0				
L	L	0	0	0				
L	L	0	L	0				
L	L	L	0	L			L	
L	L	L	L	L			L	

2.4. Karnaugh-Diagramm für fünf Variable

In einem weiteren Beispiel soll eine schaltalgebraische Gleichung mit 5 Variablen dargestellt
und mit Hilfe des Karnaugh-Diagramms vereinfacht werden. Die Lösung der Vereinfachung
soll nur angedeutet und nicht im Detail durchgeführt werden, da dies den in diesem Lehrbuch zur Verfügung stehenden Raum sprengen würde.

$$(\overline{b_1} \wedge b_2 \wedge b_3 \wedge b_4 \wedge b_5) \vee (\overline{b_1} \wedge \overline{b_2} \wedge b_3 \wedge \overline{b_4} \wedge b_5) \vee (\overline{b_1} \wedge \overline{b_2} \wedge b_3 \wedge \overline{b_4} \wedge b_5)$$

$$\vee (\overline{b_1} \wedge \overline{b_2} \wedge b_3 \wedge b_4 \wedge b_5) \vee (\overline{b_1} \wedge b_2 \wedge \overline{b_3} \wedge b_4 \wedge b_5) \vee (\overline{b_1} \wedge b_2 \wedge \overline{b_3} \wedge \overline{b_4} \wedge b_5)$$

$$\vee (\overline{b_1} \wedge b_2 \wedge \overline{b_3} \wedge b_4 \wedge \overline{b_5}) \vee (\overline{b_1} \wedge b_2 \wedge b_3 \wedge \overline{b_4} \wedge b_5) \vee (\overline{b_1} \wedge b_2 \wedge b_3 \wedge \overline{b_4} \wedge b_5)$$

$$\vee (\overline{b_1} \wedge b_2 \wedge b_3 \wedge b_4 \wedge \overline{b_5}) \vee (b_1 \wedge \overline{b_2} \wedge b_3 \wedge \overline{b_4} \wedge b_5) \vee (b_1 \wedge b_2 \wedge \overline{b_3} \wedge \overline{b_4} \wedge \overline{b_5})$$

$$\vee (b_1 \wedge b_2 \wedge \overline{b_3} \wedge \overline{b_4} \wedge b_5) \vee (b_1 \wedge b_2 \wedge b_3 \wedge \overline{b_4} \wedge \overline{b_5}) \vee (b_1 \wedge \overline{b_2} \wedge b_3 \wedge b_4 \wedge b_5) = L$$

Man kann aus der Gleichung erkennen, daß ohne Vereinfachung der Aufbau der Schaltung mit viel Aufwand verbunden wäre. Folgende Elemente wären dazu nötig:

5 NICHT-Elemente,
15 UND-Elemente mit je 5 Eingängen,
1 ODER-Element mit 15 Eingängen und
ca. 200 Kontaktstellen.

Das Karnaugh-Diagramm für eine Schaltgleichung mit fünf Variablen setzt sich zusammen aus zwei Diagrammen für je vier Variable. Das erste Diagramm würde die Variablen b_1, b_2, b_3 und b_4 in direkter sowie negierter Form enthalten, während b_5 nur in direkter Form vorkommen dürfte.

Das zweite Diagramm müßte alle Vollkonjunktionen enthalten, in denen b_5 in negierter Form enthalten ist. Zusammen werden $2^5 = 32$ Felder benötigt.

Die unterstrichenen Vollkonjunktionen enthalten die fünfte Variable b_5 in direkter Form. Sie befinden sich deshalb alle im oberen Diagramm, während die übrigen Vollkonjunktionen mit $\overline{b_5}$ im unteren Diagramm enthalten sind.

Es werden die folgenden Blöcke gebildet:

Block 1:   Felder 3, 4, 7, 8
Block 2:   Felder 15, 16
Block 3:   Felder 5, 9, 21, 25 (beide Diagramme einbeziehend)
Block 4:   Felder 17, 18, 21, 22
Block 5:   Felder 23, 24
Block 6:   Felder 25, 28

Nach der Zusammenfassung bleiben als Restausdrücke übrig:

$\overline{b_1} \wedge b_3 \wedge b_5$ Block 1

$b_1 \wedge \overline{b_2} \wedge b_3 \wedge b_5$ Block 2

$b_2 \wedge \overline{b_3} \wedge \overline{b_4}$ Block 3

$\overline{b_1} \wedge \overline{b_3} \wedge \overline{b_5}$ Block 4

$\overline{b_1} \wedge b_2 \wedge b_3 \wedge \overline{b_5}$ Block 5

$b_2 \wedge b_3 \wedge \overline{b_4} \wedge \overline{b_5}$ Block 6

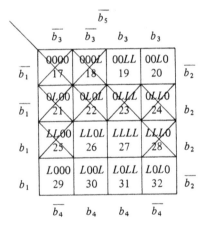

Die mit Hilfe der Karnaugh-Diagramme vereinfachte Gleichung lautet:

$$(\overline{b_1} \wedge b_3 \wedge b_5) \vee (b_1 \wedge \overline{b_2} \wedge b_3 \wedge b_5) \vee (b_2 \wedge \overline{b_3} \wedge \overline{b_4}) \vee (\overline{b_1} \wedge \overline{b_3} \wedge \overline{b_5})$$
$$\vee (\overline{b_1} \wedge b_2 \wedge b_3 \wedge \overline{b_5}) \vee (b_2 \wedge b_3 \wedge \overline{b_4} \wedge \overline{b_5}) = L$$

Diese Gleichung wird mit Hilfe der Inversionsregeln so verändert, daß weitere schaltungsalgebraische Vereinfachungen möglich sind.

$$(\overline{b_1} \wedge b_3 \wedge b_5) \vee (b_1 \wedge \overline{b_2} \wedge b_3 \wedge b_5) \vee [b_2 \wedge (\overline{b_3 \vee b_4})] \vee (\overline{b_1 \vee b_3 \vee b_5})$$
$$\vee [b_2 \wedge b_3 \wedge (\overline{b_1 \vee b_5})] \vee [b_2 \wedge b_3 \wedge (\overline{b_4 \vee b_5})] = L$$

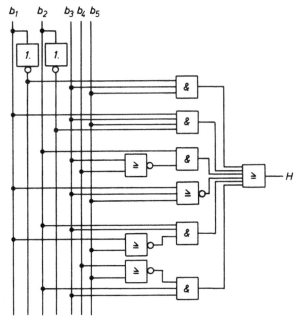

Für diese Schaltung sind nur noch 5 UND-Elemente, 2 NICHT-Elemente, 4 NOR-Elemente sowie 1 ODER-Element notwendig. Der Verdrahtungsaufwand ist gegenüber der unvereinfachten Ausgangsgleichung ebenfalls beträchtlich geringer.

Sind mehr als fünf Variable vorhanden, so wird sich der Aufwand in bezug auf den Umfang der Karnaugh-Tafeln ebenfalls vergrößern. Bei z. B. sechs Variablen wird man zweckmäßigerweise vier Karnaugh-Diagramme mit je vier Variablen bilden müssen.

Lehrbeispiel 1:

Der Füllkolben einer Spritzgußmaschine darf nur unter folgenden Bedingungen betätigt werden:

a) die Form ist geschlossen, die notwendige Temperatur ist erreicht, das Füllgut befindet sich im Falltrichter, das Schutzgitter ist geschlossen (Produktionsbedingungen)
b) die Form ist nicht beheizt und offen, der Fülltrichter ist leer, das Schutzgitter ist geöffnet. (Reparaturarbeiten bzw. Einstellarbeiten an Maschine)
c) wie bei a), nur der Fülltrichter ist leer (Leerfahren der Maschine)
d) wie bei b), nur die Form ist aufgeheizt (Überwachungsarbeiten an Form)

Es soll die schaltalgebraische Gleichung aufgestellt werden und diese soweit wie möglich vereinfacht werden. Danach soll eine Schaltung aufgebaut werden.

Lösung:

Die Gleichung muß vier Variable enthalten:
b_1 *Form*
b_2 *Temperatur*
b_3 *Füllgut*
b_4 *Schutzgitter*

Daraus ergibt sich die Ausgangsgleichung:

$(b_1 \wedge b_2 \wedge b_3 \wedge b_4) \vee (\overline{b_1} \wedge \overline{b_2} \wedge \overline{b_3} \wedge \overline{b_4}) \vee (b_1 \wedge b_2 \wedge \overline{b_3} \wedge b_4)$

$\vee (\overline{b_1} \wedge b_2 \wedge \overline{b_3} \wedge \overline{b_4}) = H$

Würde man die Schaltung nach dieser Gleichung aufbauen, so wären

4 UND-Glieder mit 4 Eingängen, 4 NICHT-Glieder und 1 ODER-Glied mit 4 Eingängen notwendig. Insgesamt also 9 Elemente.

Vereinfachung mit Hilfe des Karnaugh-Diagramms:

	$\overline{b_3}$	$\overline{b_3}$	b_3	b_3	
$\overline{b_1}$	0000	000L	00LL	00L0	b_2
$\overline{b_1}$	0L00	0L0L	0LLL	0LL0	b_2
b_1	LL00	LL0L	LLLL	LLL0	b_2
b_1	L000	L00L	L0LL	L0L0	$\overline{b_2}$
	$\overline{b_4}$	b_4	b_4	$\overline{b_4}$	

Daraus ergeben sich die folgenden Zusammenfassungen:

Block 1:

$(\overline{b_1} \wedge \overline{b_2} \wedge \overline{b_3} \wedge \overline{b_4}) \vee (\overline{b_1} \wedge b_2 \wedge \overline{b_3} \wedge \overline{b_4}) \rightarrow (\overline{b_1} \wedge \overline{b_3} \wedge \overline{b_4})$

Block 2:

$(b_1 \wedge b_2 \wedge \overline{b_3} \wedge b_4) \vee (b_1 \wedge b_2 \wedge b_3 \wedge b_4) \rightarrow (b_1 \wedge b_2 \wedge b_4)$

Es bleibt als vereinfachte Gleichung:

$(\overline{b_1} \wedge \overline{b_3} \wedge \overline{b_4}) \vee (b_1 \wedge b_2 \wedge b_4) = H$

An Hand der Wertetabelle soll nachgewiesen werden, daß die in der Ausgangsgleichung und der vereinfachten Endgleichung vorkommenden Bedingungen einander entsprechen.

Die Wertetabelle zeigt, daß die Lösungsfälle in beiden Gleichungen gleich sind.

				Ausgangs-gleichung	vereinfachte Gleichung	
b_1	b_2	b_3	b_4	H	$\overline{b_1} \wedge \overline{b_3} \wedge \overline{b_4}$	$b_1 \wedge b_2 \wedge b_4$
0	0	0	0	L	L	
0	0	0	L			
0	0	L	0			
0	0	L	L			
0	L	0	0	L	L	
0	L	0	L			
0	L	L	0			
0	L	L	L			
L	0	0	0			
L	0	0	L			
L	0	L	0			
L	0	L	L			
L	L	0	0			
L	L	0	L	L		L
L	L	L	0			
L	L	L	L	L		L

Die nach Karnaugh vereinfachte Gleichung läßt sich nach den Regeln von *de Morgan* weiter umbauen und vereinfachen.

$$(\overline{b_1} \wedge \overline{b_3} \wedge \overline{b_4}) = \overline{(b_1 \wedge b_3 \vee b_4)}$$

Daraus folgt:

$$\overline{(b_1 \vee b_3 \vee b_4)} \vee (b_1 \wedge b_2 \wedge b_4) = H$$

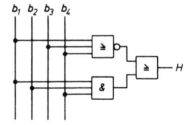

Aus dieser Gleichung ergibt sich die vereinfachte Schaltung, die nur noch drei Logikelemente enthält.

Lehrbeispiel 2:

Die Transporteinheit einer Transferstraße, die Zylinderblöcke herstellt, soll gesteuert werden. Die Transporteinheit kann unter folgenden Bedingungen betätigt werden:

a) wenn Bohreinheit und Gewindeeinheit ihre Operationen durchgeführt haben, wenn die Prüfstation die Voroperation geprüft hat und wenn die Kühlmittelpumpe läuft
b) wenn die Transferstraßeneinheit leergefahren wird
c) wenn Bohreinheit und Gewindeeinheit ihre Operationen durchgeführt haben
d) wie c, außerdem soll die Voroperation geprüft sein (z. B. bei der Bearbeitung von Graugußrohlingen)

Es soll eine möglichst einfache Schaltung aufgebaut werden.

Lösung:

Die Gleichung enthält vier Variable

b_1　*Bohreinheit*
b_2　*Gewindeschneideeinheit*
b_3　*Prüfstation*
b_4　*Kühlmittelpumpe*

Gleichung:

$$(b_1 \wedge b_2 \wedge b_3 \wedge b_4) \vee (\overline{b_1} \wedge \overline{b_2} \wedge \overline{b_3} \wedge \overline{b_4}) \vee (b_1 \wedge b_2 \wedge \overline{b_3} \wedge \overline{b_4}) \vee (b_1 \wedge b_2 \wedge b_3 \wedge \overline{b_4}) = H$$

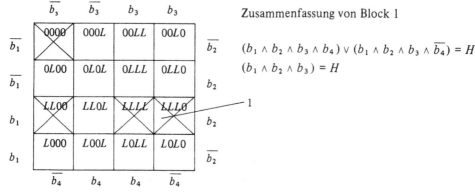

Zusammenfassung von Block 1

$(b_1 \wedge b_2 \wedge b_3 \wedge b_4) \vee (b_1 \wedge b_2 \wedge b_3 \wedge \overline{b_4}) = H$

$(b_1 \wedge b_2 \wedge b_3) = H$

vereinfachte Gleichung:

$$(b_1 \wedge b_2 \wedge b_3) \vee (\overline{b_1} \wedge \overline{b_2} \wedge \overline{b_3} \wedge \overline{b_4}) \vee (b_1 \wedge b_2 \wedge \overline{b_3} \wedge \overline{b_4}) = H$$

Weitere Vereinfachung nach *de Morgan*:

$$(\overline{b_1} \wedge \overline{b_2} \wedge \overline{b_3} \wedge \overline{b_4}) = (\overline{b_1 \vee b_2 \vee b_3 \vee b_4})$$

$$(b_1 \wedge b_2 \wedge \overline{b_3} \wedge \overline{b_4}) = (b_1 \wedge b_2 \wedge [\overline{b_3 \vee b_4}])$$

Endgültige vereinfachte Gleichung:

$$(b_1 \wedge b_2 \wedge b_3) \vee (\overline{b_1 \vee b_2 \vee b_3 \vee b_4}) \vee (b_1 \wedge b_2 \wedge [\overline{b_3 \vee b_4}]) = H$$

Nach dieser Gleichung wird die Schaltung aufgebaut. Auch diese Schaltung bringt wesentliche Vereinfachungen gegenüber der Schaltung der Ausgangsgleichung.

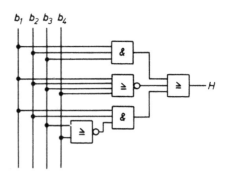

▶ *Zur Selbstkontrolle*

1. Stelle mit Hilfe von NOR-Symbolen eine ODER-Funktion auf.
2. Stelle mit Hilfe von NAND-Symbolen eine NICHT-Funktion auf.
3. Welche Gründe sprechen dafür, komplette Logikschaltungen in NOR-Technik zu realisieren?
4. Was versteht man unter einer *Konjunktion* und was unter einer *Disjunktion*?
5. Welchen Vorteil bietet die Anwendung der Inversionsgesetze in der digitalen Steuertechnik?
6. Wieviel Felder in einem Karnaugh-Diagramm benötigt eine schaltalgebraische Gleichung mit fünf vorkommenden Variablen?
7. Unter welchen Bedingungen lassen sich mit Hilfe des Karnaugh-Diagramms Vereinfachungen in Schaltgleichungen durchführen?
8. Wie müssen in einem Karnaugh-Diagramm die betroffenen Felder liegen, damit die Vereinfachungsmöglichkeiten möglichst groß sind?
9. Welches schaltalgebraische Gesetz ist im Karnaugh-Diagramm erfaßt und graphisch dargestellt?

3. Der Speicher als Element der Schaltalgebra

Das vorangegangene Kapitel hat gezeigt, daß auch umfangreiche und komplizierte logische Aussagen mit Hilfe von Karnaugh-Diagrammen und anderen schaltalgebraischen Regeln stark vereinfacht werden können.

Ein Problem der digitalen Steuerungstechnik ist bisher noch nicht behandelt worden: Wird ein bestimmtes Signal auf den Eingang einer Steuerungseinrichtung gegeben, so geschieht dies oft in Form eines Impulses, der nur für eine sehr kurze Zeit bestehen bleibt und danach gelöscht wird.

Ein Beispiel soll dies deutlich machen: Es gibt elektrische Kaffeemahlwerke, die durch einen Druckknopfschalter betätigt werden müssen. Es genügt nicht, den Druckknopfschalter einmal zu betätigen und dann wieder loszulassen. In diesem Fall würde der Motor der Kaffeemühle anlaufen und sofort wieder aussetzen. Die Hausfrau muß den Schalter so lange gedrückt halten, bis der Vorgang des Mahlens beendet ist. Das Signal *Kaffeemahlen* muß gespeichert werden. In diesem Beispiel wird durch den Dauerdruck auf den Druckschalter der Befehl gespeichert.

Diese Art der Speicherung ist nur dann sinnvoll, wenn die Speicherzeit auf einige Sekunden beschränkt ist. Soll ein Signal (Befehl) längere Zeit gespeichert werden, so verwendet man andere Befehlsgeber, z. B. mechanisch schaltende Kippschalter. Diese Kippschalter speichern den Befehl, indem sie mit Hilfe einer Druckfeder einen elektrischen Kontakt so lange aufrechterhalten, bis durch äußere Einwirkung (z. B. Fingerdruck) die Federkraft überwunden und damit der elektrische Kontakt beseitigt wird. Kippschalter werden z. B. als Schalter für kleinere Beleuchtungs- und Geräteanlagen verwendet. Sollen Schaltbefehle an leistungsstarken elektrischen Anlagen und Maschinen gespeichert werden, so werden Schütze mit Selbsthaltung verwendet.

3.1. Statische Speicher

Das nebenstehende Bild zeigt eine Schützschaltung mit Selbsthaltung. b_2 schließt den Strom-
kreis, so daß das Schütz K an Spannung liegt und
anzieht. Gleichzeitig werden mit Hilfe des
Schützes die Kontakte K_1 und K_2 geschlossen.
Damit erhält die Lampe H Spannung und leuchtet auf. Der Kontakt K_1 überbrückt die Kontakte 1 und 2, so daß Schütz K auch dann noch
an Spannung liegt, wenn b_2 in die gezeichnete
Ruhelage zurückgekehrt ist. Die Überbrückung
von b_2 wird als Selbsthaltung bezeichnet.

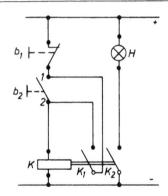

Die Selbsthaltung sorgt dafür, das das Signal *Lampe eingeschaltet* gespeichert wird. Erst
wenn b_1 gedrückt wird, erfolgt eine Unterbrechung des Stromflusses für K. Das Signal
Lampe ein wird gelöscht.

Eine Selbsthaltungsschaltung ist ein elektromechanischer Speicher. Es kommt in der Praxis
oft vor, daß für bestimmte Funktionsabläufe mehrere Signale gespeichert werden müssen.

Soll ein Personenaufzug aus der 5. Etage in die 1. Etage geholt werden, so darf der Befehl
erst wirksam werden, wenn z. B. die Tür geschlossen ist. Der Befehl muß dann solange gespeichert werden, bis der Aufzug die 1. Etage erreicht hat. Auf dem Wege dorthin wird ein
zweiter Befehl gegeben, der den Aufzug in die 2. Etage beordert. Es wäre unwirtschaftlich,
wenn der Aufzug diesen Befehl ignorieren würde und weiter die 1. Etage ansteuerte. Die
sinnvollste und wirtschaftlichste Lösung bestünde darin, daß der Aufzug auf dem Wege
nach unten in der zweiten Etage anhielte und nach Aufnahme der Mitfahrer wieder die
1. Etage ansteuerte. Um das möglich zu machen, ist es notwendig, daß ein 2. Befehl gespeichert wird, ohne daß damit der 1. Befehl gelöscht wird. Es sind mehrere Speicher notwendig.

Ein anderes Beispiel soll die Notwendigkeit mehrerer Speicher deutlich machen. In einigen
Parlamenten gibt es sogenannte Abstimmungsanlagen, die das Ergebnis einer Abstimmung in
kürzester Zeit ausrechnen. Jeder Abgeordnete hat vor seinem Sitz drei Drucktaster, von
denen je einer Ja, Nein oder Enthaltung angibt.

Damit ein sinnvolles Ergebnis möglich wird, müßten zu einem bestimmten Zeitpunkt, der
genau festgelegt werden muß, alle Abgeordneten gleichzeitig das Signal ihrer Wahl durch
Druck auf den Tastschalter geben. Diejenigen, die ihre Entscheidung zu früh oder zu spät
abgäben, könnten nicht damit rechnen, daß ihre Stimmabgabe berücksichtigt würde.

Wenn jede Wahlentscheidung in einem Speicher aufbewahrt würde, dann könnte der Zähl-
vorgang nach der letzten Stimmabgabe erfolgen und keine Stimme ginge verloren. Hierzu
wären entweder Speicher an jedem Abgeordnetenplatz notwendig oder aber ein Zentral-
speicher, der alle Entscheidungen speichern kann.

Speicherelemente können nicht nur *elektromechanisch* wie bei der herkömmlichen Selbsthaltung, sondern auch aus *digitalen Logikelementen* aufgebaut werden.

Speicherelement aus ODER-, NICHT- und UND-Elementen

Das Speicherelement besitzt zwei Eingänge E_1 und E_2 sowie den Ausgang A_1. Wird E_1 mit L-Signal beaufschlagt, so steht am Ausgang ebenfalls L-Signal. Das L-Signal bei A_1 entsteht aber nur, wenn E_2 0-Signal führt, denn nur dann führt die Leitung 2 L-Signal, so daß das UND-Element durchsteuert. Über die Rückleitung R (entspricht der Selbsthaltung) wird das Ausgangssignal auf E_1 zurückgekoppelt, so daß nach Erlöschen des Eingangssignals an E_1 das L-Signal am Ausgang A_1 über die Leitung 1 erhalten bleibt, solange E_2 0-Signal führt und über Leitung 2 ebenfalls L-Signal auf das UND-Element gegeben wird.

Erhält der Löscheingang E_2 L-Signal, so wird über Leitung 2 0-Signal auf das UND-Element gegeben. Damit entsteht an Punkt 3 0-Signal, das über R auf das ODER-Element zurückwirkt. Erst ein neuer L-Impuls auf E_1 bewirkt wieder L-Signal an A_1.

Werden beide Eingänge mit L-Signal beaufschlagt, so entsteht an A_1 auf jeden Fall 0-Signal. Das Löschsignal setzt sich in diesem Fall durch.

Diese Schaltung entspricht in ihrer Wirkungsweise einer *Schützschaltung mit Selbsthaltung*.

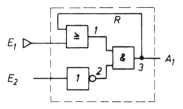

E_1 Setzeingang
E_2 Löscheingang
A_1 Ausgang

E_1	E_2	A_1
0	0	0
L	0	L
0	L	0
L	L	0

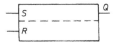

Symbol für einen statischen Speicher

S Setzeingang (E_1)
R Löscheingang (E_2)
Q Ausgang

Das schwarze Feld im Speichersymbol deutet die Vorzugslage des Speichers an.

3.2. Speicherelement aus NOR-Elementen

Speicher lassen sich wie die Grundbausteine UND, ODER und NICHT aus NOR- oder NAND-Elementen aufbauen. Bei der Verwendung von NOR-Elementen kommt man zu technischen Ausführungen, die einfacher sind, als wenn unterschiedliche Bauteile verwendet werden.

Die Wertetabelle zeigt, daß an A_1 immer nur dann L-Signal ansteht, wenn der Setzeingang E_1 mit L beaufschlagt wird und der Löscheingang E_2 0-Signal führt.

Im folgenden sollen die aus der Wertetabelle ersichtlichen Schaltzustände einzeln besprochen werden. Zu diesem Zweck wird die Speicherschaltung so gezeichnet, daß die Schaltstellungen besser zu erklären sind.

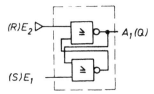

$(S)E_1$	$(R)E_2$	A_1
0	0	0
L	0	L
0	L	0
L	L	0

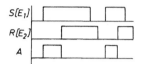

Signalplan für Speicher aus NOR-*Elementen*

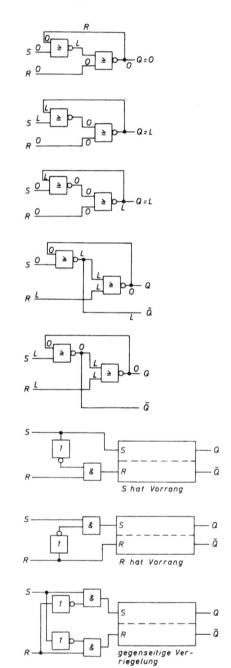

Zustand vor einer neuen Signaleingabe: Beim Einschalten der Spannung wird der vorher vorhandene Zustand am Ausgang nicht verändert.

Erhält S L-Signal, so wird der Speicher gesetzt. Über die Rückkopplung R bleibt der Speicher gesetzt.

Erscheint an S ein weiteres L-Signal, so ändert sich am Schaltzustand des Speichers nichts.

Auch wenn L am S-Eingang wieder verschwindet, bleibt das L-Signal am Ausgang erhalten.

Wird R auf L gesetzt, so entsteht an Q 0-Signal. Verschwindet das L-Signal an R, so bleibt der ursprüngliche Zustand ($Q = L$) erhalten.

Werden beide Eingänge des Speichers mit L beaufschlagt, so erscheint am Ausgang $Q = 0$.

Diese Kombination ist verboten, sie muß unterbunden werden. Wenn trotzdem die Möglichkeit besteht, daß z. B. R schon einen L-Impuls erhält, während auch an S noch L ansteht, so kann dieser Fall mit einer entsprechenden Vorschaltung verhindert werden.

Bei dieser Vorschaltung hat S Vorrang. Ein L-Signal bei S ruft 0-Signal in einem Eingang des UND-Elementes hervor, so daß R auf jeden Fall verriegelt wird.

Das nächste Bild zeigt Vorrang für R. Ein L-Signal bei R blockt auf jeden Fall L bei S ab.

Bei der gegenseitigen Verriegelung sorgt die Vorschaltung dafür, daß das zuerst ankommende Signal an einem Eingang den zweiten Eingang blockiert.

4. Zählspeicher

Neben dem statischen gibt es ein weiteres Speicherelement, das in der Computertechnik eine große Bedeutung erlangt hat, den sogenannten *Zähl*speicher. Der Zählspeicher ist aus dem statischen Speicher entwickelt worden.

Dabei wird dem normalen Speicherelement ein sogenanntes *Impulsgatter* vorgeschaltet, das den eigentlichen Speicher steuert. Dieses Impulsgatter soll in seiner Wirkungsweise beschrieben werden.

Am Ausgang A des Impulsgatters erscheint nur dann ein Signal, wenn an beiden Eingängen L anliegt und wenn am Eingang V dieses L-Signal schon vor Eintreffen des L-Signals an T bestanden hat.

Symbol für ein Impulsgatter

V Vorbereitungseingang
T Zählimpulseingang
A Ausgang

Es müssen also drei Bedingungen erfüllt sein, bevor an A ein L-Signal erscheinen kann.

1. Am Zählimpulseingang muß L-Signal anliegen.
2. Am Vorbereitungseingang V muß L-Signal bestehen.
3. Das L-Signal an V muß bereits bestehen, wenn L an T erscheint.

Das Ausgangssignal an A ist kein Dauersignal, sondern wird nur als kurzzeitiger Nadelimpuls abgegeben, der sehr schnell wieder zu 0 wird. Über das L-Signal am Vorbereitungseingang V kann der eigentliche Zählimpuls, der auf den Eingang T aufläuft, nach Bedarf durchgelassen oder gesperrt werden.

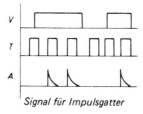

Signal für Impulsgatter

Setzt man zwei solcher Impulsgatter parallel vor ein Speicherelement, so erhält man einen Zählspeicher.

Die beiden Impulsgatter werden so mit dem Speicher verschaltet, daß der Vorbereitungseingang V_1 mit dem negierten Ausgang $\bar{A}$ verbunden wird. T_1 und T_2 werden mit einer Brücke verbunden. Auf den Brückeneingang T laufen die Zählimpulse auf.

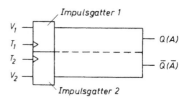

Wir nehmen an, daß der Ausgang A mit 0-Signal und der Ausgang $\bar{A}$ mit L-Signal beaufschlagt ist. Das 0-Signal von A wird über R_1 auf R gegeben, so daß R gesperrt wird. Gleichzeitig bereitet das L-Signal über R_2 den Setzeingang S vor. S hat die Funktion von V_1 des Impulsgatters übernommen. An S steht damit ein Vorbereitungssignal an.

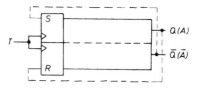

Zählschalter mit internen Rückkopplungen

Wird über T ein Zählimpuls eingegeben, so wird über das Impulsgatter 1 der Speicher auf L-Signal gesetzt. Da V_2 gesperrt ist, muß R auf 0-Signal bleiben. Damit haben sich die Ausgangssignale an A und $\bar{A}$ verändert. An A liegt L- und an $\bar{A}$ 0-Signal.

Gleichzeitig damit wird R (V_2) über R_1 mit L-Signal und S (V_1) über R_2 mit 0-Signal beschickt.

Läuft ein zweiter Zählimpuls auf T auf, so ist R (V_2) gesetzt und S (V_1) gesperrt.

Der Speicher fällt am Ausgang auf 0-Signal zurück (0-Signal an A, L-Signal an $\bar{A}$).

Der nächste Impuls an T wird den Speicher wieder setzen usw.

Mit jedem zweiten Zählimpuls wird der Speicher gesetzt bzw. zurückgesetzt. Man spricht deshalb auch von einem *Untersetzer* oder von einer *Binärstufe*.

Symbol für Zählspeicher

4.1. Logikplan von Zählspeichern

Der nebenstehende Logikplan zeigt den logischen Aufbau eines Zählspeichers mit einem Ausgang. An diesem Beispiel sollen die logischen Funktionen des Zählspeichers noch einmal durchgespielt werden:

Ein Eingangsimpuls (Zählimpuls) erreicht 0_1, N_1 und U_1. Er wird über 0_1 nach U_2 weitergegeben. An beiden Eingängen von U_2 steht L an, weil am Ausgang von U_1 ein 0-Signal über N_2 in ein L-Signal umgewandelt wird. U_2 gibt damit das L-Signal an A weiter. Die Rückkopplung R_1 garantiert, daß nach Verlöschen des Eingangsimpulses das L-Signal an A erhalten bleibt. U_3 gibt L-Signal an 0_2 und von dort an den Eingang von U_1, solange kein neuer Eingangsimpuls wirksam wird. Wird auf E ein zweiter Zählimpuls gegeben, so bewirken N_1 und N_2, daß das L-Signal an A in ein 0-Signal umgewandelt wird. Erst ein weiterer Zählimpuls stellt A wieder auf L-Signal um.

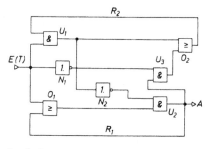

Logikplan

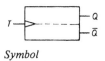

Symbol

Der Signalplan des Zählspeichers zeigt, daß der Ausgang A nach jedem zweiten Zählimpuls umsetzt.

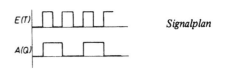

Signalplan

Oft werden Zählspeicher benötigt, die über mehrere Ausgänge verfügen. Man spricht dann von Binärstufen mit positivem und negativem Ausgang. Ein Eingangssignal wird wechselweise auf die Ausgänge A_1 und A_2 bzw. A_3 und A_4 geschaltet. Am Ausgang A_1 und A_2 erfolgt der Wechsel beim Übergang von L auf 0, am Ausgang A_3 und A_4 beim Übergang von 0 auf L. Die nachstehende Abbildung zeigt den Logikplan.

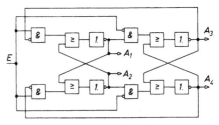

Logikplan für Zählerspeicher mit mehreren Ausgängen (2 × 2)

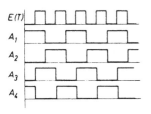

Signalplan für Zählspeicher (Binärstufe) mit 2 × 2 Ausgängen

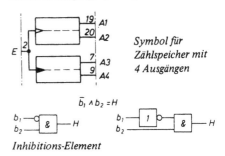

Symbol für Zählspeicher mit 4 Ausgängen

Inhibitions-Element

4.2. Aufbau eines Dualzählers

Die Tatsache, daß in einem Zählspeicher nur jeder zweite Impuls den Speicher setzt bzw. löscht, nutzt man aus, um aus mehreren hintereinandergeschalteten Zählspeichern einen Dualzähler aufzubauen.

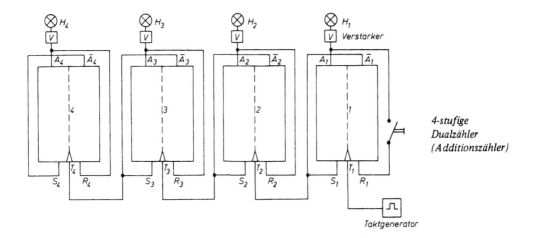

4-stufige Dualzähler (Additionszähler)

Arbeitsweise:

Der vom Taktgenerator ausgehende *1. Zählimpuls* setzt den Zählspeicher 1. An A_1 erscheint L-Signal. Dieses Signal wird so verstärkt, daß an H_1 ein Lichtsignal entsteht. $\bar{A}_1$ führt 0-Signal. Damit kann T_2 kein L-Signal erhalten. Die Lampe H_2 bleibt dunkel.

Der *2. Impuls* setzt den Zählspeicher 1 auf 0 zurück. Am Ausgang $\bar{A}_1$ erscheint L-Signal, am Ausgang A_1 0-Signal. Damit erlischt das Lichtsignal an H_1. Gleichzeitig erhält T_2 jetzt L-Signal. Damit wird Zählspeicher 2 gesetzt und H_2 leuchtet auf.

Der *3. Impuls* setzt Zählspeicher 1, während Zählspeicher 2 gesetzt bleibt. Es erscheinen gleichzeitig Lichtsignale an H_1 und H_2.

Der *4. Impuls* setzt die Zählspeicher 1 und 2 zurück, und gleichzeitig setzt er Zählspeicher 3. H_1 und H_2 verlöschen, während H_3 brennt. Mit dem *5. Impuls* wird Zählspeicher 1 wieder gesetzt usw.

Man kann die Vorgänge am Dualzähler in einer Wertetabelle sichtbar machen:

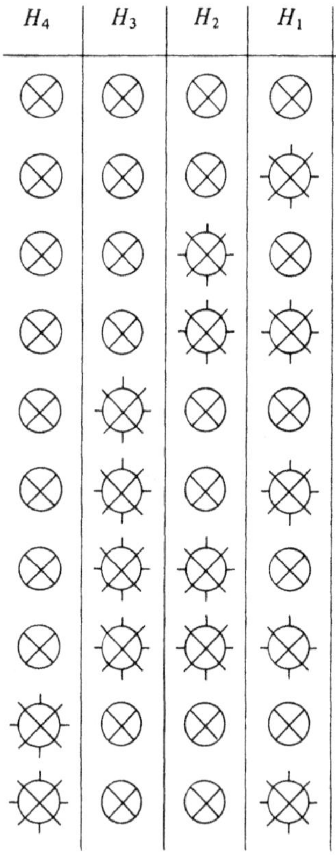

H_4	H_3	H_2	H_1	Impulse ⊓	Dualsystem				Dezimalsystem
⊗	⊗	⊗	⊗	0	0	0	0	0	0
⊗	⊗	⊗	✳	1	0	0	0	L	1
⊗	⊗	✳	⊗	2	0	0	L	0	2
⊗	⊗	✳	✳	3	0	0	L	L	3
⊗	✳	⊗	⊗	4	0	L	0	0	4
⊗	✳	⊗	✳	5	0	L	0	L	5
⊗	✳	✳	⊗	6	0	L	L	0	6
⊗	✳	✳	✳	7	0	L	L	L	7
✳	⊗	⊗	⊗	8	L	0	0	0	8
✳	⊗	⊗	✳	9	L	0	0	L	9

Signalplan eines vierstufigen Additionszählers

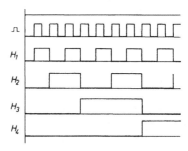

4.3. Umsetzung des Dualzählers in das Dezimalsystem

In elektronischen Rechnern und digitalen Zählschaltungsanlagen wird die Rechenoperation im dualen System mit Binärzählerelementen (Zählspeichern) durchgeführt. Es erweist sich dann allerdings als zweckmäßig, das Ergebnis einer Operation wieder in das gebräuchliche Zehnersystem zu übertragen.

Die Methode der Umsetzung vom Dual- in das Zehnersystem soll mit Hilfe eines Beispiels angedeutet werden.

Um die Übersichtlichkeit der Skizze zu gewährleisten, ist die Umsetzung aus dem dualen in das Zehnersystem nur an den Beispielen 2, 4 und 9 durchgeführt worden. Als Umsetzungselemente wurden UND-Elemente benutzt. Es besteht natürlich auch die Möglichkeit, mit Hilfe der Inversionsgesetze die UND-Elemente durch NOR-, NAND- und ODER-Glieder zu ersetzen.

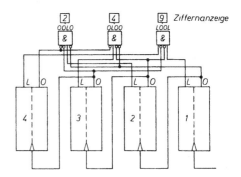

Lehrbeispiel 1

Für eine Verpackungsmaschine ist eine Zählschaltung zu entwickeln, die nach einer vorwählbaren Impulszahl ein Ausgangssignal liefert, das z.B. über eine Weichenstellung nach einer bestimmten Zahl die zu verpackenden Werkstücke in Gruppen zu je 25 Teilen aufteilt. Gleichzeitig mit dem Ausgangssignal muß die Zählschaltung auf 0 zurückgesetzt werden, um erneut eine Gruppe von 25 Teilen zusammenzustellen.

Lösung:

Die Zählkapazität einer mehrstufigen Zählschaltung läßt sich rechnerisch nach folgender Formel errechnen:

$$Kap = 2^n - 1,$$

wobei *n* die Zahl der Zählstufe darstellt.

Danach ergibt sich die Zählkapazität einer 5-stufigen Zählschaltung:

$$Kap = 2^5 - 1$$
$$= 32 - 1$$
$$Kap = 31$$

Ermittlung der Dezimalzahl für die Dualzahl 25:

$$25 : 2 = 12 \qquad \text{Rest} \quad 1$$
$$12 : 2 = 6 \qquad \text{Rest} \quad 0$$
$$6 : 2 = 3 \qquad \text{Rest} \quad 0$$
$$3 : 2 = 1 \qquad \text{Rest} \quad 1$$
$$1 : 2 = 0 \qquad \text{Rest} \quad 1$$

Der umrandete Teil ergibt von unten nach oben gelesen die Dualzahl 11001.

Die Zahl 11001 setzt sich zusammen aus:

$$\begin{array}{lll} 1 \cdot 2^4 = 16 & = A\,5 \\ + \ 1 \cdot 2^3 = 8 & = A\,4 \\ + \ 0 \cdot 2^2 = 0 & = A\,3 \\ + \ 0 \cdot 2^1 = 0 & = A\,2 \\ + \ 1 \cdot 2^0 = \underline{1} & = A\,1 \\ 25 \end{array}$$

Das Bild zeigt eine 5-stufige Zählschaltung, die mit Hilfe von 5 Wahlschaltern über ein UND-Element mit 5 Eingängen jede beliebige Zahl zwischen 0 und 31 ansteuern kann. Das Ausgangssignal bewirkt die Rückstellung nach Erreichen der Zahl 25 in die Startstellung. Außerdem bewirkt das Signal bei Erreichen der Zahl 25 ein Umschalten der Weiche auf der Transporteinrichtung.

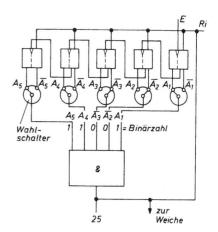

UND-Verknüpfung einer addierenden Zählschaltung für ein Ausgangssignal bei 25 Eingangsimpulsen

Werden Logikelemente verwendet, die nur UND-Glieder mit 2 Eingängen im Fertigungsprogramm haben, so müßte eine Schaltung verwendet werden, die dem nebenstehenden Bild entspricht. Dabei müßten allerdings 5 UND-Elemente eingesetzt werden.

Dieser Aufwand kann nach den Regeln von *de Morgan* verringert werden, wenn man an Stelle der UND-Elemente NOR-Glieder verwendet.

$$1 \quad 1 \quad 0 \quad 0 \quad 1 \ = 25$$
$$(A_5 \wedge A_4 \wedge \overline{A_3} \wedge \overline{A_2} \wedge A_1)$$
$$\overline{\overline{([\overline{A_5} \vee \overline{A_4} \vee A_3] \vee A_2 \vee \overline{A_1})}}$$

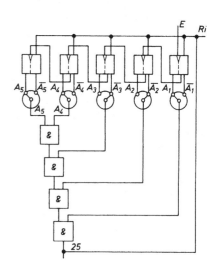

Bei der Verwendung von ODER/NOR-Elementen
sind nur noch 2 ODER/NOR-Elemente mit je 3
Eingängen notwendig.

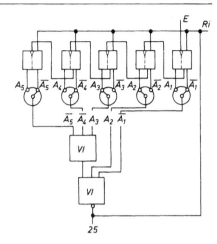

Lehrbeispiel 2

Mit Hilfe eines pneumatisch-mechanischen Impulszählers und einer Stoppuhr soll die Dreh-
zahl einer Welle kontrolliert werden, welche $12\,000\,\mathrm{min}^{-1}$ oder $200\,\mathrm{s}^{-1}$ ausführt. Da der
betreffende pneumatisch-mechanische Impulszähler nur in der Lage ist, max. 25 Impulse/s
zu zählen, wird dem Impulszähler eine vierstufige Fluidik-Zählschaltung vorgeschaltet, die
nur jeden achten Impuls an den Zähler weitergibt.

Die Signaleingabe geschieht durch eine auf der
Antriebswelle befestigte Codierscheibe, die bei
einer Wellenumdrehung über den Frei- oder Ge-
genstrahlfühler einen pneumatischen Impuls erzeugt. Während die Stoppuhr gestartet wird, wird
gleichzeitig die Zählschaltung durch Signal Ri
und der Impulszähler durch Betätigen der Rück-
stelltaste auf Null gestellt. Hat der Impulszähler
nach Ablauf einer Minute bis 1500 gezählt, ergibt sich daraus die Drehzahl der kontrollierten
Welle mit $1500\,\mathrm{min}^{-1} \cdot 8 = 12\,000\,\mathrm{min}^{-1}$.

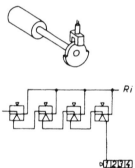

▶ *Zur Selbstkontrolle*

1. Welche Schaltzustände können die Ausgänge eines statischen Speichers annehmen?
2. Welche Logikelemente sind notwendig, um daraus einen statischen Speicher aufzubauen?
3. Skizziere ein Speicherelement, bei dem das Setzsignal Vorrang hat.
4. Was versteht man unter einem *Zählspeicher*?
5. Skizziere das Symbol für einen Zählspeicher.
6. Woraus wird ein Dualzähler aufgebaut?
7. Zeichne den Signalplan eines vierstufigen Additionszählers.
8. Welche Logikelemente werden verwendet, um aus einem dualen Zählwerk die Umsetzung ins Dezimalsystem zu vollziehen?
9. Skizziere einen Zählspeicher, der ausschließlich aus NOR-Elementen aufgebaut ist.
10. Was versteht man unter einem *Impulsgatter*?

IV. Technische Ausführung von digitalen Steuerelementen

Logische Schaltungen lassen sich nicht nur durch elektromechanische Bauelemente ausführen, so wie es beispielhaft in den vorigen Kapiteln dargestellt worden ist. Weitaus häufiger werden elektronische Elemente verwendet, man denke nur an den großen Bereich der Taschenrechner sowie den Bereich der Computertechnik. Aber auch pneumatisch gesteuerte Bauteile haben in den letzten Jahrzehnten ihren Anteil vergrößern können. Daneben haben sich in den letzten Jahren – beeinflußt durch die Satellitentechnik – die sogenannten Fluidik-Schaltglieder auf bestimmten Sektoren einen beträchtlichen Marktanteil erobern können.

Alle aufgeführten Systeme haben ihre Berechtigung auf den ihnen gemäßen Anwendungsgebieten nachweisen können. Jedes System hat Vor- und Nachteile, die festlegen, zu welchen Zwecken sich welches System besonders gut oder weniger gut eignet. Es muß immer am konkreten Fall entschieden werden, welches System sich als besonders geeignet erweist. Das schließt nicht aus, daß die verschiedenen Systeme bei bestimmten Aufgabenstellungen in Konkurrenz zueinander treten können. Oft wird der kombinierte Einsatz mehrerer Systeme ein Weg sein, der zu sinnvollen und wirtschaftlichen Lösungen führt.

Die Entwicklung von logischen Steuerschaltungen wird oft so verlaufen, daß das Steuerungsproblem zunächst logisch erfaßt und verarbeitet wird, und man sich erst danach – abhängig von den Betriebsbedingungen – für das eine oder andere System oder eine Kombination aus mehreren Systemen entscheidet.

In einer graphischen Darstellung soll versucht werden, die wesentlichen Eigenschaften der verschiedenen Systeme gegenüberzustellen und Entscheidungshilfen für die eine oder andere Lösung anzubieten.

Schaltsysteme:

1 Integrierte Schaltkreise, IC-Bausteine
2 Transistortechnik
3 Schaltröhrentechnik
4 Fluidiks
5 elektromechanische Relais bzw. Schützschaltung
6 Pneumatik (Kolbenpneumatik)
7 Hydraulik
8 Mechanik

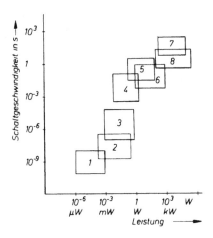

Das Diagramm stellt auf der vertikalen Achse den Bereich der möglichen Schaltgeschwindigkeit für die einzelnen Systeme dar.

Auf der horizontalen Achse wird die umsetzbare Leistung angegeben.

Die folgende Matrix soll auf einen Blick Vor- und Nachteile eines Systems deutlich machen und einen groben Vergleich zwischen mehreren Systemen möglich machen.

Gegenüberstellung der verschiedenen Schaltsysteme

Schaltsystem	Schaltzeit	Bauteilgröße	Energieverbrauch	Temperaturempfindlichkeit	Wartung	Preis	Verstärker erforderlich	Verschleiß	Komplexe Schaltung möglich	Schaltelement Lebensdauer
1	sehr klein +++	sehr klein +++	sehr klein ++	sehr empfindlich −−	kaum Wartung nötig ++	sehr billig +++	ja −	kein ++	ja ++	sehr hoch ++
2	klein ++	klein ++	sehr klein bis klein ++	sehr empfindlich −−	kaum Wartung nötig ++	sehr billig ++	ja −	kein ++	ja +	sehr hoch ++
3	klein +	mittel	mittel	empfindlich −	Wartung erforderlich	mittel	ja −	mittel	ja +	mittel +
4	klein bis mittel +	klein bis mittel +	groß da Luft sehr teuer −−	unempfindlich +++	keine Wartung erforderlich +++	mittel	ja −	kein ++	bedingt ja +	sehr hoch +++
5	mittel	mittel	mittel	unempfindlich +	Wartung erforderlich	mittel	nein ++	mittel	schwierig −	niedrig −
6	groß −−	groß −−	groß da Luft sehr teuer ++	unempfindlich ++	Wartung erforderlich −	teuer	nein ++	mittel	schwierig −	mittel bis niedrig +
7	sehr groß −−	sehr groß −−−	mittel	empfindlich	Wartung erforlich −−	sehr teuer	nein ++	groß −−	nein −	niedrig −
8	groß −	groß −−	groß −	unempfindlich	Wartung erforderlich −	teuer	nein ++	groß −−	nein −	niedrig −

+++ ideal

++ gut

+ brauchbar

− }

−− } schwierig

−−− }

Die Matrix enthält keine quantitativen Aussagen. Diese müssen den Herstellerangaben oder Tabellen- und Nachschlagewerken entnommen werden.

1. Elektromechanische Bauteile

Digitalsteuerungen auf der Basis *elektromechanischer* Bauteile haben in den letzten Jahrzehnten an Bedeutung eingebüßt. Elektronische- und Fluidikelemente haben den Marktanteil der elektromechanischen Elemente stark eingeengt.

Trotzdem hat die elektromechanische Relaistechnik auf einigen Gebieten ihre Bedeutung bis heute erhalten können.

Die Gründe hierfür sind:

– Es können vielfältige physikalische Eingangsgrößen direkt verarbeitet werden.
– Die Ausführungen von Verknüpfungs- und Speicherschaltungen sind einfach und überschaubar.
– Eingangs- und Ausgangskreise können vollständig getrennt werden.

Nachteilig wirken sich aus:

– Mechanischer Verschleiß begrenzt Schalthäufigkeit und Lebensdauer.
– Umfangreiche digitale Steuerungen würden einen hohen Platz- und Energieaufwand erfordern.
– Der Preis für größere Steuerungsanlagen liegt dadurch bedingt beträchtlich über dem vergleichbarer elektronischer Steuerungen.

Da in Abschnitt II die einzelnen logischen Funktionen wegen ihrer Anschaulichkeit schon als elektromechanische Relaisschaltungen dargestellt wurden, soll hier ausführlicher nur auf die Schaltungen eingegangen werden, die dort noch nicht behandelt wurden.

1.1. Elektromechanische NICHT-Stufe

S_1	H
0	L
L	0

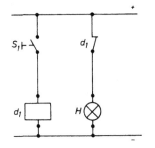

Schaltung

1.2. Elektromechanische ODER-NOR-Stufe

S_1	S_2	H_1	$\overline{H_2}$
0	0	0	L
0	L	L	0
L	0	L	0
L	L	L	0

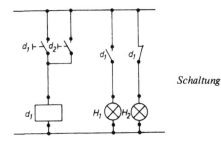

Schaltung

1.3. Elektromechanische UND-NAND-Stufe

S_1	S_2	H_1	H_2
0	0	0	L
0	L	0	L
L	0	0	L
L	L	L	0

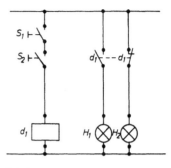

Schaltung

1.4. Elektromechanisches Exklusiv-ODER-Element (Antivalenz – Äquivalenz)

Die beiden hintereinanderliegenden Tastschalter sind mechanisch fest miteinander verbunden, so daß immer nur einer der beiden geschlossen bzw. geöffnet sein kann.

Wirkungsweise

Wird a_1 gedrückt und a_2 nicht, so ist der Stromfluß zum Relais d_1 unterbrochen. Der Kontakt d_1 bleibt in Ruhestellung. H_2 leuchtet auf, H_1 bleibt dunkel. Wird a_2 gedrückt, während a_1 unbetätigt bleibt, so bleibt d_1 ebenfalls ohne Stromfluß. Werden beide Taster a_1 und a_2 betätigt, so erhält d_1 Strom, und der Kontakt d_1 versorgt H_1 mit Strom. H_2 wird abgetrennt und erlischt. Das gleiche gilt, wenn weder a_1 noch a_2 betätigt werden. Auch in diesem Fall kann über die Paralleltaster Strom fließen und d_1 betätigt werden.

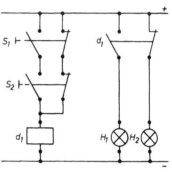

Schaltung

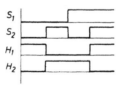

Signalplan

Wertetabelle

S_1	S_2	H_1 Äquivalenz	H_2 Antivalenz Exklusiv, ODER
0	0	L	0
0	L	0	L
L	0	0	L
L	L	L	0

1.5. Elektromechanischer Speicher (Flip-Flop)

Speicherelement: *Löschen vorrangig*

S_1	S_2	H_1	H_2
0	0	0	L
0	L	0	L
L	0	L	0
L	L	0	L

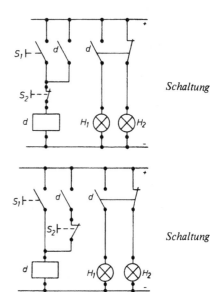

Schaltung

Speicherelement: *Setzen vorrangig*

S_1	S_2	H_1	H_2
0	0	0	L
0	L	0	L
L	0	L	0
L	L	L	0

Schaltung

1.6. Elektromagnetische Zeitschalter (Zeitrelais)

Zeitrelais haben die Aufgabe, nach Ablauf einer vorher eingestellten Zeit einen oder mehrere eingebaute Schalter zu betätigen. Viele Zeitrelais besitzen eine automatische Rückstellung, die bei Stromunterbrechung (nach oder während des Arbeitsablaufs) in ihre Ausgangsstellung (0-Stellung) zurückgeht. Beim Motor-Zeitrelais dient als Zeitbasis ein Synchronmotor. Das mit dem Motor verbundene Getriebe – eventuell umschaltbar – bestimmt den Zeitbereich. Eine elektromagnetische Kupplung überträgt die Ausgangsdrehzahl des Getriebes auf die Schaltnocke. Es ergeben sich zwei mögliche Arbeitsweisen:

Anzug verzögert: Das Zeitrelais beginnt seinen Ablauf mit dem Schließen eines Steuerschalters.

Abfall verzögert: Das Zeitrelais beginnt seinen Ablauf mit dem Öffnen eines Steuerschalters.

Es gibt daneben Sonderformen von Zeitrelais, bei denen ohne weitere äußere Eingriffe Abläufe mehrfach wiederholt werden können.

Das dargestellte Zeitrelais kann auf Verzögerungszeiten von 4,5 s bis 90 min eingestellt werden.

Symbol für Relais mit Anzugsverzögerung

Symbol für Relais mit Abfallverzögerung

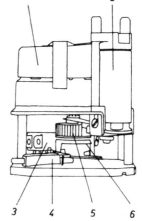

1 Getriebemotor
2 Kupplungsmagnet
3 Verzögerungsumschalter
4 Endschalter (Motor-Abschaltung)
5 Kupplung
6 Schaltnocke

1.7. Elektromagnetische Verzögerungsschaltung

Einschaltverzögerung mit anzugsverzögerndem Relais und Schließer als Einschalt- und Arbeitskontakt.

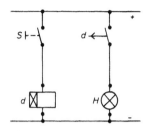

Schaltung

Eine Einschaltverzögerung läßt sich auch mit abfallverzögerndem Relais durchführen. Dann muß jedoch statt des Schließers ein Öffner als Arbeitskontakt verwendet werden.

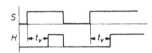

Signalplan

t_v Zeitverzögerung (Anlaufverzögerung)

Ausschaltverzögerung mit abfallverzögerndem Relais und Schließer als Ausschalt- und Arbeitskontakt.

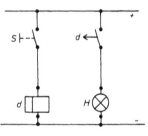

Schaltung

Ähnlich wie bei der Einschaltverzögerung läßt sich die Ausschaltverzögerung auch mit anzugsverzögerndem Relais durchführen. Statt des Schließers muß dann ein Öffner verwendet werden.

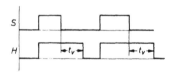

Signalplan

t_v *Ausschaltverzögerungszeit*

1.8. Elektromagnetischer Impulswandler (Monoflop)

Monoflop für Impulsverkürzung bzw. Impulsverlängerung. Die Schaltung besteht aus zwei Relais sowie einem anzugsverzögerndem Zeitschalter.

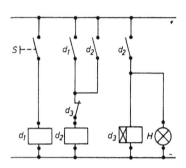

Wirkungsweise:

Über S wird ein Impuls beliebiger Länge eingegeben. Relais d_1 zieht an und betätigt den Kontakt d_1, der das Relais d_2 ansprechen läßt. Relais d_2 wird zusätzlich über eine Selbsthaltung unabhängig von d_1 erregt. Relais d_2 betätigt über einen zweiten Kontakt das Verzögerungsrelais d_3 und damit die Lampe H. Nach der eingestellten Verzögerungszeit t_i trennt d_3 über den Kontakt d_3 den Stromfluß nach d_2, so daß nach d_2 auch d_3 abgeschaltet wird. Auf diese Weise entstehen unabhängig von der zeitlichen Länge des Eingangssignals S immer gleich Signalimpulse gleicher Länge an der Lampe H.

Schaltung

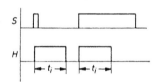

Signalplan

t_i Impulsdauer

1.9. Impulserzeuger (astabile Kippstufe)

Die elektromagnetische astabile Kippstufe besteht aus einem Relais, zwei anzugsverzögernden Zeitschaltern sowie zwei Signalgebern.

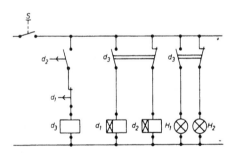

Schaltung:
Elektromechanischer Impulserzeuger

Wirkungsweise:

Der Impulserzeuger wird durch den Schalter a in Gang gesetzt. Die Lampe H_2 leuchtet auf ($H_2 = L$). Gleichzeitig wird d_2 betätigt und schaltet nach der Zeit t_{d_2} über den Kontakt d_2 das Relais d_3. Die beiden von d_3 gesteuerten Kontakte schalten d_2 ab und d_1 an sowie H_2 ab und H_1 an ($H_1 = L$). Nach der Zeit t_{d_1} wird d_3 wieder abgeschaltet – Kontakt d_1 öffnet. Damit wird d_2 wieder eingeschaltet, und die Lampe H_1 verlöscht, während H_2 erneut angeht usw.

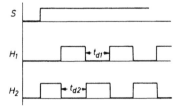

Signalplan

2. Elektronische Bauteile

2.1. Der Transistor als Schalter

Auf den Aufbau des Transistors soll an dieser Stelle nicht näher eingegangen werden, da die Halbleiterelektronik ein Teilgebiet der Elektrotechnik und nicht der Steuerungstechnik ist. Der Transistor ist ein in sich abgeschlossenes Subsystem, das innerhalb des Systems Steuerungstechnik seinen Platz hat.

Ein Transistor besitzt von außen gesehen drei Anschlüsse, von denen einer als Eingang (*Kollektor*), der andere als Ausgang (*Emitter*) und der Dritte als Steueranschluß (*Basis*) betrachtet werden kann. Der Steueranschluß beeinflußt den Stromdurchfluß vom Eingang zum Ausgang. Je nach Größe und Polarität des Steuerstromes bzw. der Steuerspannung läßt sich der Stromfluß zwischen Eingang und Ausgang drosseln bzw. vergrößern.

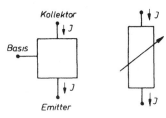

In seiner Wirkungsweise läßt sich der Transistor mit einem stufenlos regelbaren Widerstand vergleichen, wobei die Stellung des Abgriffs auf dem Widerstandsmaterial mit der Funktion des Steuerstromes bzw. der Steuerspannung vergleichbar ist. Beim Transistor lassen sich mit Hilfe von sehr *kleinen* Steuerströmen (10^{-6} bis 10^{-3} A) Durchgangsströme bis in den Amperebereich steuern.

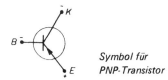

Symbol für
PNP-Transistor

Diese Fähigkeit erklärt die Bedeutung des Transistors als *Verstärkerelement* in der *Analogtechnik*. In der *digitalen* Steuertechnik wird der Transistor als zeitlos arbeitender *Schalter* benutzt, der nur zwei Schaltzustände kennt: *gesperrt* und *geöffnet*.

In der Digitaltechnik werden im wesentlichen zwei Typen von Transistoren benutzt:

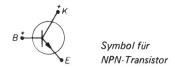

Symbol für
NPN-Transistor

    PNP-Transistor
    Transistoren aus dem Halbleitermaterial Germanium.

    NPN-Transistor:
    Transistoren aus dem Halbleitermaterial Silizium.

Bevor der Aufbau elektronischer Logikbauteile im einzelnen besprochen wird, soll der Transistor als *kontaktloser* Schalter mit minimalen Schaltzeiten in seiner Wirkung dargestellt werden.

PNP-Transistor

Beim PNP-Transistor wird die Basis mit negativem Potential angesteuert.

NPN-Transistor

Beim NPN-Transistor wird die Basis mit positivem Potential angesteuert.

Der Transistor kennt zwei Schaltstellungen:

1. Er *sperrt* – wirkt wie ein geöffneter Schalter.
2. Er ist *durchlässig* – wirkt wie ein geschlossener Schalter.

Diese beiden Zustände sollen zunächst besprochen werden. Zur Darstellung wird ein NPN-Transistor benutzt, dessen Basis mit positivem Potential angesteuert wird. Bei der Verwendung eines PNP-Transistors müßte die Polarität der Betriebsspannung geändert werden.

Schaltzustände des Transistors:

1. Transistor *gesperrt* $R_{Rr} \sim \infty \, \Omega$
2. Transistor voll *geöffnet* $R_{Tr} \sim 0 \, \Omega$

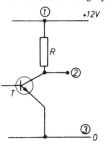

Die Basis des Transistors liegt an 0-Potential. Der Transistor ist gesperrt. Sein Widerstand ist unendlich groß. Durch den Widerstand R kann kein Strom fließen. An R kann deshalb auch kein Spannungsabfall auftreten, da das Produkt $U_{12} = IR$ zu 0 wird, wenn $I = 0$. Das hat zur Folge, daß am Punkt ② das gleiche Potential liegen muß, wie an ① . Zwischen ② und ③ fällt in diesem Fall die volle Spannung U_{23} = 12 V ab.

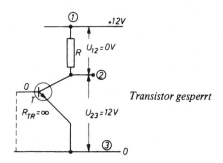

Transistor gesperrt

Die Basis des Transistors liegt an positivem Potential. Der Transistor ist durchlässig. Sein Widerstand ist gleich 0. In diesem Fall fließt ein Strom, der nur durch R begrenzt wird über R und T von ① nach ③. Die gesamte Spannung von 12 V wird am Widerstand R abfallen, denn $U_{12} = I \cdot R$ ist ein endlicher Wert. Zwischen ② und ③ kann keine Spannung abfallen, da das Produkt $U_{23} = I R_{TR}$ zu 0 wird, denn $R_{TR} = 0$.

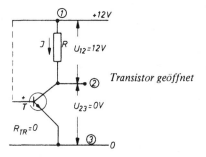

Transistor geöffnet

Wir können unterschiedliche Spannungszustände zwischen ① , ② und ③ ablesen. Im ersten Fall liegt die volle Spannung von 12 V zwischen ② und ③. Zwischen ① und ② beträgt die Spannung 0V.

Im zweiten Fall fällt die gesamte Spannung zwischen ① und ② ab. Damit muß die Spannung zwischen ② und ③ 0V betragen. Diese unterschiedlichen Spannungszustände zwischen den Bezugspunkten können als Signale benutzt werden. So bedeutet eine Spannung innerhalb gewisser festgelegter Grenzen L-Signal. Wird die Spannung unter eine vorgegebene Spannung abfallen und gegen Null gehen, so gilt das als 0-Signal.

Tatsächlich wird kein NPN- oder PNP-Transistor die Zustände 0 Ω oder $\infty \, \Omega$ annehmen. Im gesperrten Zustand wird der Widerstand nicht unendlich groß werden, weil ein sehr kleiner Sperrstrom fließen kann, der für die Signalwirkung jedoch keine Bedeutung hat. Das gleiche gilt für den durchlässigen Zustand. Auch hier wird ein sehr kleiner Restwiderstand übrigbleiben, der das entsprechende Signal jedoch nicht verfälschen kann.

2.2. Elektronische NICHT-Stufe

Solange b_1 nicht betätigt wird, fließt ein Strom
von ① über R_2, e und b_1 nach ③. Dieser Strom
wird bestimmt durch die anliegende Betriebsspannung sowie den Widerstand R_2. Da der
Widerstand des geschlossenen Schalters b_1 mit 0
angenommen werden kann, fällt über R_2 die gesamte Spannung ab, so daß am Punkt e 0-Po-
tential anliegt. Die Basis des Transistors ist über
R_3 mit dem Punkt e verbunden. Damit erhält
der Punkt e ebenfalls 0-Potential. Der Transistor ist gesperrt.

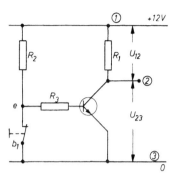

e	U_{23}
0	L
L	0

Zwischen ② und ③ liegt die volle Spannung. Liegen zwischen ② und ③ mehr als 10 V, so sprechen wir von L-Signal. Wird b_1 betätigt und damit geöffnet, so kann, da R_3 sehr groß gewählt
wird, ein sehr kleiner Strom über R_2 und R_3 in
die Basis des Transistors fließen. Der Spannungsabfall an R_2 ist sehr klein, so daß e positives
Potential erhält. Positives Potential an der Basis
des Transistors steuert diesen durch, so daß die
Betriebsspannung an R_1 abfällt und die Spannung
U_{23} gegen 0 geht.

2.3. Elektronische ODER-NOR-Stufe

Das elektronische ODER-NOR-Element besteht aus einer Umkehr-Stufe (NICHT), die auf
der Eingangsseite durch einen zweiten parallelen Signalgeber b_2 erweitert ist und an deren
Ausgang eine zweite Transistorstufe angeschlossen ist.

An die Basis von T_1 kann durch Betätigen von b_1 oder b_2, oder b_1 und b_2 positives
Potential gelegt werden, so daß T_1 öffnet und zwischen ② und ③ 0-Potential entsteht
($U_{23} = 0$V).

Da dieses 0-Potential über R_6 mit der Basis von T_2 verbunden ist, sperrt der Transistor T_2,
und zwischen ② und ③ ($U_{2a3} \approx 12$ V) liegt die volle Spannung. Die Transistoren T_1 und
T_2 zeigen entgegengesetztes Verhalten. Ist T_1 gesperrt, so ist T_2 durchlässig bzw. umgekehrt.

Immer wenn zwischen ② und ③ L-Signal anliegt, besteht zwischen ② und ③ 0-Signal.
Werden beide Ausgänge ② und ② benutzt, so erhält man ein kombiniertes ODER-NOR-
Element. Die beiden Dioden D_1 und D_2 sollen einen Kurzschluß zwischen den Strängen 1
und 2 verhindern.

e_1	e_2	②	ⓐ
0	0	L	0
0	L	0	L
L	0	0	L
L	L	0	L

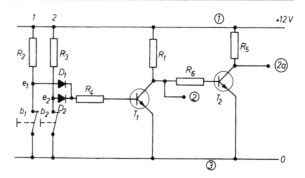

2.4. Elektronische UND-NAND-Stufe

Die elektronische UND-NAND-Stufe kann man mit drei Transistoren realisieren. Um am Ausgang ② 0-Signal zu erhalten, müssen beide in Reihe geschaltete Transistoren T_1 und T_2 durchsteuern. Das ist nur möglich, wenn b_1 und b_2 betätigt werden und damit an e_1 und e_2 positives Potential vorhanden ist, das über R_4 und R_5 an die Basen von T_1 und T_2 gelangt. An ⓐ liegt jeweils das Umkehrsignal von ②.

e_1	e_2	②	ⓐ
0	0	L	0
0	L	L	0
L	0	L	0
L	L	0	L

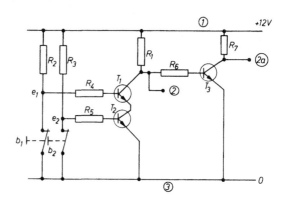

2.5. Elektronischer Speicher (Flip-Flop)

Die elektronische Speicherschaltung, auch *bistabile Kippstufe* genannt, verfügt über zwei Eingänge e_1 und e_2 sowie über zwei Ausgänge ② und ⓐ. Beide Ausgänge ② und ⓐ sind rückgekoppelt auf die Basen der beiden Transistoren. Damit sind die Ausgänge gleichzeitig auf die beiden Eingänge zurückgeführt.

ⓐ ist über R_3 mit der Basis von T_1 und dem Eingang e_1 verbunden, ② über R_4 mit der Basis von T_2 und dem Eingang e_2. Die Widerstände R_3 und R_4 sollen den in die Basen fließenden Steuerstrom begrenzen. Die Diode D_1 soll mit Hilfe ihrer Schwellspannung sicherstellen, daß bei In-

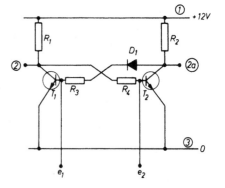

betriebnahme der Schaltung T_1 immer zuerst durchsteuert und T_2 über die Rückkopplung gesperrt wird.

Im folgenden soll die Wirkungsweise des elektronischen Speichers erklärt werden.

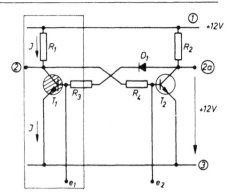

T_1 ist durchgesteuert. An R_1 tritt der Spannungsabfall $U_v = IR_1$ auf. An ② liegt gegenüber ③ 0-Potential. Die Basis von T_2 ist über R_4 mit dem 0-Potential verbunden, so daß T_2 so lange gesperrt bleibt, wie die volle Spannung U_v über R_1 abfällt. Zwischen ②ª und ③ fällt die volle Spannung von +12 V ab, da der Widerstand von T_2 sehr groß ist und über R_2, T_2 kein Strom fließen kann. Die Basis von T_1 ist über R_3, D_1 mit ②ª verbunden und liegt damit an positivem Potential. T_1 bleibt so lange geöffnet, solange an ②ª das positive Potential bestehen bleibt. Die Speicherstufe verbleibt in dieser stabilen Lage.

Erhält die Basis von T_2 über e_2 (Löscheingang R) einen positiven Impuls, so wird T_2 schlagartig durchgesteuert. An R_2 tritt der Spannungsabfall $U_v = IR_2$ auf. Damit liegt an ②ª 0-Potential gegenüber ③. Die Basis von T_1 ist damit über R_3 und D_1 mit 0-Potential verbunden. T_1 wird schlagartig hochohmig, so daß der Stromfluß aufhört und an ② wieder positives Potential gegenüber ③ ansteht.

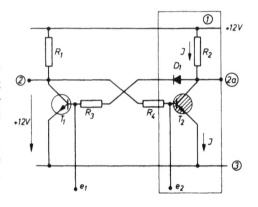

Dieses positive Potential ist über R_4 mit der Basis von T_2 verbunden, so daß T_2 geöffnet bleibt, solange über e_1 kein weiterer positiver Impuls die Sperrung von T_1 aufhebt. Die Spannung von ca. 12 V liegt nun zwischen ② und ③ und kann dort als L-Signal abgenommen werden. Ein positiver Impuls über e_1 (Setzeingang) würde die Spannungszustände wieder ändern und damit den Speicher erneut setzen.

Ohne neue Setz- oder Löschimpulse bleibt der einmal erreichte Zustand erhalten. Man nennt diesen elektronischen Speicher auch *bistabile Kippstufe*.

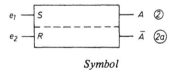

Symbol

2.6. Elektronischer Zählspeicher (Untersetzer)

Die Abbildung zeigt die Schaltung eines Binär-
speichers mit 2 statischen und einem dynamischen Eingang. e_1 und e_2 sind die statischen Eingänge R bzw. S, siehe Kapitel 2.3.4. e_{22} bildet den
dynamischen Eingang, der bei der Verwendung
als Zählspeicher benutzt wird. Die Ausgänge ②
und ②ª sind über Rückkopplungsleitungen extern
über die Kondensatoren C_1 und C_2 mit dem
dynamischen Eingang e_{22} verbunden (siehe Abschnitt 2.3.4.).

Wirkungsweise:

Am Eingang e_{22} steht L-Signal an. Damit ist C_2
aufgeladen; C_1 ist nicht aufgeladen, da Z und der
Eingang beide das gleiche Potential führen. Verschwindet das L-Signal am Eingang e_{22}, so wird
der Punkt Y negativ und T_1 über D_1 gesperrt.
Die Potentiale an den Ausgängen springen um.
Erhält e_{22} wiederum einen positiven Impuls, so
wird dieser über D_1 und D_2 abgeblockt. Es erfolgt keine Umschaltung an den Ausgängen. Es
wird durch das positive Signal an e_{22} allerdings
C_2 aufgeladen, da an ②ª 0-Potential ansteht.

Beim erneuten Umschalten des Eingangssignals
e_{22} von L auf 0 wird die Basis von T_2 negativ.
Die Schaltung kippt um. An ② steht 0- und an
②ª L-Signal an usw.

Die Zählstufe untersetzt eine am Eingang auftretende Impulsfolge im Verhältnis 2 : 1. Der
Signalplan zeigt dieses Verhalten.

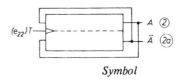

Symbol

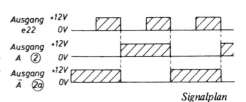

Signalplan

2.7. Elektronisches Zeitrelais (monostabile Kippstufe)

In der Steuerungstechnik werden häufig Schaltelemente benötigt, die einen zeitlich begrenz-
ten Steuerungsvorgang nach einer festgelegten Zeit beginnen, beenden oder umschalten. So
soll z. B. ein Aufzug, der eine angesteuerte Position erreicht hat, nicht sofort wieder abgerufen werden können, sondern es soll eine gewisse Zeit zur Verfügung stehen, bis z. B. die
Mitfahrer ausgestiegen sind und die Tür wieder geschlossen ist usw. Dieser Vorgang läßt sich
u. a. auch über Zeitrelais mit eingebauter Zeituhr oder aber mit elektronischen Bauteilen
realisieren.

Die monostabile Kippstufe ist im Aufbau dem elektronischen Flip-Flop sehr ähnlich. Vor der Basis von T_1 liegt jedoch ein Koppelkondensator C_K, der über R_B mit dem positivem Potential fest verbunden ist. Die Basis von T_2 ist über R_2 fest mit dem 0-Potential verbunden.

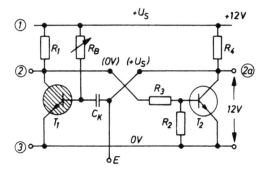

In Ruhelage wird deshalb T_1 ständig durchsteuern. Da an R_1 die gesamte Spannung abfällt, entsteht bei ② ebenfalls 0-Potential. Dieses Potential ist über R_3 mit der Basis von T_2 verbunden und sperrt T_2. Zwischen ②ⓐ und ③ wird im Ruhezustand die volle Spannung von 12 V liegen, während die Spannung zwischen ② und ③ 0 beträgt.

Wird über den Eingang E ein kurzzeitiger negativer Impuls wirksam, so werden beide Kondensatorplatten stark negativ. Damit erhält die Basis von T_1 ebenfalls negatives Potential und sperrt T_1. Über R_1 fließt kein Strom mehr, so daß der Spannungsabfall $U_v = I R_1$ zu 0 wird. An ② entsteht positives Potential, das über R_3 mit der Basis von T_2 verbunden ist. T_2 steuert durch. Die Zeitstufe kippt um, und die volle Spannung liegt nun zwischen ② und ③, während zwischen ②ⓐ und ③ die Spannung gegen 0 V geht.

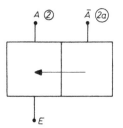

Symbol für elektronische Zeitstufe
(Monoflop)

Dieser Zustand ist jedoch nicht von Dauer, da der Kondensator über R_B mit positivem Potential verbunden ist und sich auflädt. Solange dieser Ladevorgang anhält, wird an R_B Spannung abfallen und die Basis von T_1 negativ bleiben. Erst wenn der Kondensator aufgeladen ist, hört der Stromfluß über R_B auf, und der Spannungsabfall an R_B verschwindet, so daß die Basis von T_1 wieder positiv wird. Damit steuert T_1 durch und sperrt T_2. Der Ausgangszustand ist wieder erreicht. Die Ladezeit des Kondensators und damit die Schaltzeit des Zeitrelais kann über die Kapazität von C_K und den Widerstand R_B stufenlos eingestellt werden.

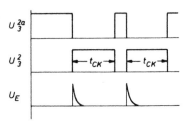

Signalplan für elektronisches Zeitrelais

t_{CK} Ladezeit des Koppelkondensators

2.8. Elektronischer Taktgeber (astabile Kippstufe)

Setzt man nicht nur vor die Basis von T_1 einen
Koppelkondensator, sondern auch vor die Basis
von T_2, so wird aus der monostabilen eine
astabile Kippstufe, die ihre Schaltzustände dauernd verändert. Man spricht dann von einem
elektronischen Taktgeber, der z.B. Zählschaltungen als Impulsgeber dienen kann.

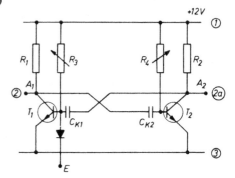

astabile Kippstufe

Die Kondensatoren werden wechselweise über
ihre Vorwiderstände und den jeweils geöffneten Transistor geladen und umgeladen. Genau wie
bei der Zeitstufe sind die zugehörigen Transistoren während der Ladezeit des Kondensators gesperrt und öffnen wechselweise nach erfolgter
Ladezeit.

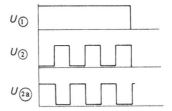

Signalplan für astabile Kippstufe

Wenn die Vorwiderstände R_3 und R_4 sowie die
Kapazitäten von C_{K1} und C_{K2} gleich groß sind,
so entstehen an den Ausgängen A_1 und A_2
Spannungen, die zeitlich um $180°$ versetzt sind,
Rechteckform besitzen sowie eine gleichmäßige
Impulsdauer haben. Die Frequenz kann über
die Vorwiderstände R_3 und R_4 verändert werden.
E ist ein Sperreingang, mit dessen Hilfe der Taktgeber abgeschaltet werden kann, indem man einen negativen Dauerimpuls auf die Basis von T_1
gibt.

Dadurch wird T_1 dauernd gesperrt, während T_2
geöffnet bleibt. Die pulsierende Rechteckspannung
wird unterbrochen.

Der Logikplan zeigt einen elektronischen Taktgeber, der aus NAND-Elementen aufgebaut ist.
An Stelle der Koppelkondensatoren könnten im
Logikplan auch die Symbole von Zeitstufen ein-
gezeichnet werden.

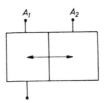

Symbol für elektronische astabile Kippstufe

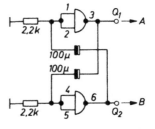

Logikplan eines elektronischen Taktgebers

2.9. Integrierte Schaltungen (IC)

Da für die elektronische Digitalschaltungen oft sehr viele gleichartige logische Grundelemente benötigt werden, hat man die Fertigung rationalisiert, indem man die Bauelemente in standardisierter Form ausgeführt hat. Dabei werden die Digitalbausteine auf Schaltplatinen oder in noch zusammengefaßterer Form in vergossenen Blöcken in Großserien hergestellt. Man spricht bei dieser Fertigungsmethode von integrierten Schaltungen und verwendet dabei die Abkürzung IC *(Integrated Circuit).* Die Plättchen, auf denen logische Schaltelemente untergebracht sind, haben einen Platzbedarf von nur wenigen mm². Daraus ergibt sich, daß der Platzbedarf für recht umfangreiche Schaltungen sehr klein ist. Man spricht in diesem Fall von *Miniaturisierung.* Das ist z.B. bei der Herstellung von elektronischen Taschenrechnern ein wesentlicher Vorteil. Ein weiterer Vorteil ergibt sich daraus, daß durch die vollautomatische Fertigung die Betriebssicherheit erhöht wird und bei entsprechend großen Stückzahlen die Kosten wesentlich gesenkt werden können.

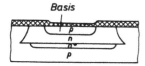

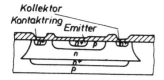

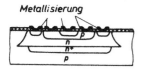

Schnitt durch integrierte Schaltelemente

Die Zeichnungen sind stark vergrößert dargestellt.

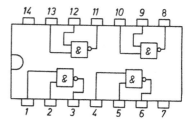

Baustein einer integrierten Schaltung Typ SN 7400

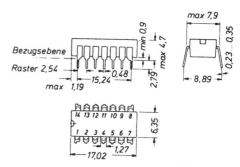

Maßzeichnung des IC-Bausteins SN 7400

3. Fluidik-Elemente

Der Name *Fluidik* ist international festgelegt für die Technologie, die sich mit Elementen befaßt, deren Grundlage die *Strömungsdynamik* (freier Luftfluß) ist. Der Begriff Fluidiks hat in den letzten Jahren insofern eine Ausweitung erfahren, als auch die pneumatischen und hydraulischen Elemente und Schaltungen als Fluidiks bezeichnet werden, die in einem System zu Steuerungszwecken eingesetzt werden und die nicht der Übertragung von Kräften dienen, sondern Signale verarbeiten. Dabei spielt der Anteil hydraulischer Steuerungen eine so geringe Rolle, daß er hier vernachlässigt werden kann.

Es müssen zwei Systeme von Fluidik-Elementen unterschieden werden:

Dynamische Fluidik-Systeme, bei denen keine beweglichen Teile innerhalb der Elemente vorhanden sind, die auch keinem mechanischen Verschleiß unterliegen, die aber ständig mit Luft versorgt werden müssen (z.B. Wandstrahlelemente, Pneumistoren u.a.),

Statische Fluidik-Systeme, die mit beweglichen Teilen – z.B. Kolben, Klappen, Schiebern, Membranen – arbeiten, die auch mechanischen Verschleiß aufweisen, deren Energieverbrauch (Druckluft) sich aber auf die sehr kurzzeitige Schaltdauer der Signalglieder beschränkt (z. B. Doppelrückschlagventile, Wegeventile u.a.).

Im Gegensatz zu rein pneumatischen Steuerungen wird bei Fluidikschaltungen der Informationsteil wie bei elektrisch-mechanischen Schaltungen in einem geschlossenen Steuerschrank zusammengefaßt. Vorgefertigte Steckkarten mit den darin enthaltenen Logikelementen, in serienmäßig zusammengestellten Funktionseinheiten, werden in Einschüben zusammengestellt und bilden damit den Grundstock eines Fluidik-Steuerschrankes. Je nach Anzahl der Elemente und der logischen Verknüpfungen wird die Größe des Steuerschrankes ausgewählt.

Dynamische Fluidiks enthalten keine beweglichen Teile, sie arbeiten deshalb verschleiß- und reibungslos. Der für das Funktionieren dieses Logik-Systems notwendige Druck ist sehr niedrig. Die Bauteile sind relativ klein und sehr kompakt. Da mit niedrigen Drücken gearbeitet wird, müssen Verstärkerelemente nachgeschaltet werden, um verwendbare Schaltleistungen zu erhalten.

Besonders geeignet sind Fluidik-Elemente für den Einsatz in explosionsgefährdeten Räumen, weil kaum Wärme entstehen kann. Ein wesentlicher Vorteil dieser Elemente besteht auch darin, daß sie temperaturunempfindlich sind. Einige Bauarten von Fluidik-Elementen sollen in ihrer Wirkungsweise dargestellt werden. Von Nachteil ist, daß sie ständig Luft verbrauchen, auch wenn keine Signale verarbeitet werden.

Schaltlogik nach Coanda – Wandstrahlelemente

Wenn ein laminarer Strahl nahe an einer Wand vorbeiströmt, so legt sich dieser Strahl an die Wand an. Zwischen Wand und Strahl entsteht ein Unterdruck, der den Strahl an die Wand ansaugt. Man kann die Strömungskanäle so ausrichten, daß ohne äußere Beeinflussung der Strahl immer den Ausgang 1 passiert.

Es genügt allerdings schon ein sehr schwacher Steuerstrahl, der über einen senkrecht zum Hauptkanal liegenden Seitenkanal geführt wird, um den Hauptstrahl in den Ausgang 2 abzulenken. Verschwindet das Signal am Steuerkanal, so durchströmt der Hauptstrahl wieder den Ausgang 1. Auf der Basis dieses Grundprinzips sind die verschiedenen Fluidiklogikelemente entwickelt worden.

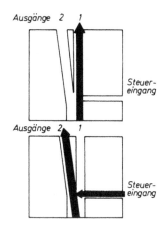

3.1. Fluidik-ODER-NOR-Stufe

Das Bild stellt ein ODER/NOR-Element mit drei Eingängen dar. Je nachdem an welchem der beiden Ausgänge der Hauptstrahl austritt, kann ODER- bzw. NOR-Signal abgenommen werden. Das ODER/NOR-Element kann auch als NICHT-Element benutzt werden, wenn nur ein Steuereingang benutzt wird.

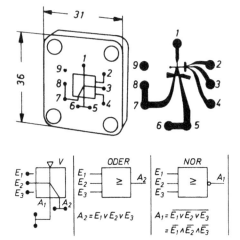

$$A_2 = E_1 \vee E_2 \vee E_3$$

$$A_1 = \overline{E_1 \vee E_2 \vee E_3}$$
$$= \overline{E_1} \wedge \overline{E_2} \wedge \overline{E_3}$$

Eingänge			Ausgänge	
E_1	E_2	E_3	A_1	A_2
0	0	0	0	1
0	0	1	1	0
0	1	0	1	0
0	1	1	1	0
1	0	0	1	0
1	0	1	1	0
1	1	1	1	0

3.2 Fluidik-UND-NAND-Stufe

Das UND/NAND-Element ist so ausgelegt, daß eine Ablenkung des Hauptstrahls nur möglich ist, wenn beide Steuereingänge beaufschlagt werden.

Am Ausgang A_2 wird die UND-Antwort, an A_1 die NAND-Antwort abgenommen.

Die Skizze zeigt, daß am Steuereingang $S.E.$ nur dann ein Eingangssignal ankommen kann, wenn eine geometrische Addition von 1 und 2 stattfinder.

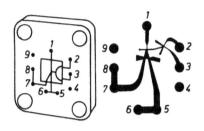

Es lassen sich auch UND/NAND-Elemente mit mehr als zwei Steuereingängen konstruktiv ausführen. Diese Elemente reagieren jedoch auf Druckschwankungen empfindlicher und werden deshalb selten verwendet.

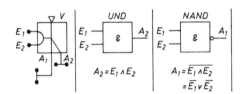

$$A_2 = E_1 \wedge E_2$$

$$A_1 = \overline{E_1 \wedge E_2} = \overline{E_1} \vee \overline{E_2}$$

Eingänge		Ausgänge	
E_1	E_2	A_2	A_1
0	0	0	1
0	1	0	1
1	0	0	1
1	1	1	0

3.3 Fluidik-Speicherelement (Flip-Flop)

Das Speicherelement ist so konstruiert, daß der Hauptstrahl beide Ausgänge A_1 und A_2 benutzen kann. Es genügt ein kurzer Impuls über einen der Steuereingänge, um die Richtung des Hauptstrahles zu beeinflussen. Hat der Hauptstrahl seine neue Richtung gefunden, so legt sich der Strahl an die Wandung an, und seine Richtung bleibt so lange stabil, bis ihn ein entgegengesetztes Signal ablenkt.

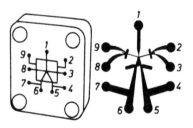

Eingänge		Ausgänge	
E_1	E_2	A_1	A_2
0	0	0	1
0	0	1	0
1	0	1	0
0	1	0	1

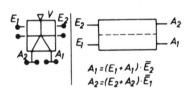

$$A_1 = (E_1 + A_1) \cdot \overline{E_2}$$

$$A_2 = (E_2 + A_2) \cdot \overline{E_1}$$

Binärzähler

Das Binärzählerelement wird hauptsächlich für addierende und subtrahierende Zählschaltungen eingesetzt.

Wirkungsweise:

Durch kurzzeitige Eingabe des Signals E_1 (Eingang 3) entsteht ein Ausgangssignal A_1 (Ausgänge 6 und 7). Durch kurzzeitige Eingabe des Signals E_2 (Eingang 8) entsteht ein Ausgangssignal A_2 (Ausgänge 4 und 5). Jedes kurzzeitig eingegebene Signal E_3 (Eingang 2) bewirkt einen Wechsel des Signalausganges von A_2 nach A_1 oder umgekehrt. Sind beide Eingangssignale E_1 und E_2 gleichzeitig vorhanden, dominiert das zuerst eingegebene Signal. Sind E_1 oder E_2 und E_3 gleichzeitig vorhanden, dominieren E_1 oder E_2.

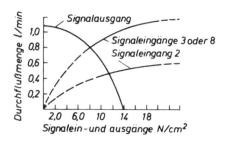

Technische Daten:

Betriebsdruck (Versorgung)	5 bis 10 N/cm²
Max. Betriebstemperatur	bis 65 °C
Schaltfrequenz	bis 100 Hz
Mittlerer Luftverbrauch bei	7 N/cm² 4,5 l/min
Signaldruckbereich	
Schaltdruck	10 % des Betriebsdruckes
Schaltunwirksamer Druck	< 75 mm WS
Max. zul. Druck	30 % des Betriebsdruckes

4. Schaltlogik mit Hilfe des Pneumistors

Der *Pneumistor*, auch *Turbulenzverstärker* genannt, ist ein Fluidik-Element, das in seiner Wirkungsweise leicht verständlich ist. Bei diesem tritt aus einem Richtkanal ein laminarer Luftstrahl aus, der eine offene Strecke überbrückt und dann in den Ausgangskanal eintritt. Der Druckabfall auf der von dem Luftstrahl (Signalstrahl) zu überwindenden Strecke ist dabei gering.

Wird jedoch durch einen um 90° zur Eingangsöffnung versetzt liegenden Steuereingang ein Steuerstrahl senkrecht auf den Signalstrahl gelenkt, so wird die laminare Strömung unterbrochen. Der Signalstrahl wird verwirbelt – man spricht von Turbulenz – und die Luft entweicht aus der Abluftöffnung. Der Druck am Ausgang bricht zusammen, so daß sich das L-Signal am Ausgang in ein 0-Signal ändert.

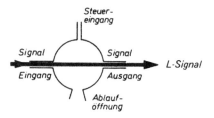

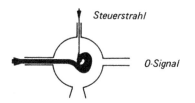

Dabei benötigt der Steuerstrahl nur ca. 15 % des Druckes, der für den Signalstrahl notwendig ist (ca. 2,5 mbar gegenüber 15 mbar).

Wird der Steuerstrahl unterbrochen, so baut sich die laminare Strömung des Signalstrahles wieder auf, und im Ausgangskanal entsteht erneut der für das L-Signal notwendige Druck. Schaltlogisch betrachtet ist der Pneumistor ein NICHT-Element bzw. eine Umkehrstufe.

Pneumistoren können als Schaltelemente sehr klein ausgeführt werden.

Der Durchmesser der Düsen beträgt ca. 1 mm. Der Druckluftverbrauch liegt pro Baueinheit bei 8–12 l/h. Es werden Schaltgeschwindigkeiten von ca. 50 m/s erreicht.

Technische Ausführung des Pneumistors

Die laminare Strömung wird mit Hilfe zweier Hohlkehlen umgelenkt, ohne daß dabei der Druck so stark absinkt, daß er nicht mehr als Signal zu verwerten ist. Um das Ausgangssignal schalttechnisch verwerten zu können, müßten genau wie bei den Wandstrahlelementen Verstärker etwa in Form von 3/2 Wegeventilen eingesetzt werden.

Ein Ausgangssignal eines Pneumistors kann benutzt werden, um damit bis zu 5 weitere Pneumistoren auszusteuern.

Werden mehrere parallel liegende Steuereingänge zur Beeinflussung des Signalstrahls angebracht und benutzt, so wird aus dem NICHT-Element ein NOR-Element.

Aus NOR-Elementen lassen sich alle anderen Grundfunktionen aufbauen.

4.1. ODER-Stufe

Benutzt man zwei Pneumistoren, indem man den Ausgang des ersten mit einem Steuereingang des zweiten Pneumistors verbindet – der zweite Steuereingang des zweiten Pneumistors muß verschlossen werden –, so erhält man die ODER-Funktion.

Die in der Praxis verwirklichte Form der ODER-Funktion besteht aus zwei Pneumistoren, die auf einer Steuerplatte nebeneinander montiert sind. In die Steuerplatte sind die notwendigen Steuerkanäle eingearbeitet.

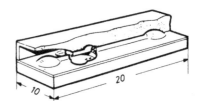

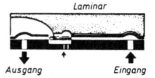

Laminar

Ausgang   Eingang

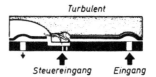

Turbulent

Steuereingang   Eingang

Schnittzeichnung Pneumistor

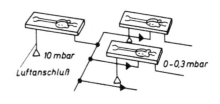

△ 10 mbar

Luftanschluß   0 – 0,3 mbar

$$b_1, b_2 \geq H$$

ODER *aus 2 mal* NOR

$$b_1, b_2 \geq 1 \; H$$

ODER *aus* NOR/NICHT

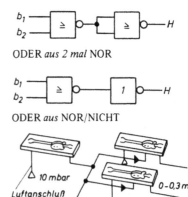

△ 10 mbar

Luftanschluß   0 – 0,3 mbar

4.2. UND-Stufe

Mit 3 Pneumistoren läßt sich die UND-Funktion realisieren. Zwei parallele Pneumistoren, deren zweite Steuereingänge verschlossen werden, sind mit ihren Ausgängen auf die Steuereingänge des dritten Pneumistors geführt. Am Ausgang des dritten Pneumistors entsteht bei entsprechenden Bedingungen UND-Signal.

Durch Hinzuschalten eines vierten Pneumistors, dessen Steuereingang mit dem Ausgang des dritten Pneumistors verbunden sein müßte, entstünde am Ausgang NAND-Signal.

In der Realisierung ist ein *Dreifachpneumistor* auf einer vorgestanzten Steuerkanalplatte aufgesetzt und verschraubt. Die Zweitsteuereingänge werden mit Verschlußkappen verschlossen.

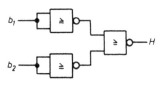

UND aus 3 NOR-Elementen

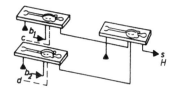

Pneumistor UND-*Funktion*

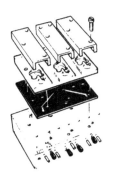

4.3. Speicherelement (Flip-Flop)

Die Speicherfunktion kann genau wie mit 2 NOR-Gattern mit 2 Pneumistoren verwirklicht werden. Die Ausgänge der beiden Pneumistoren werden jeweils mit einem Steuereingang des anderen Pneumistors verbunden.

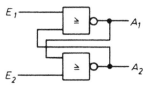

Speicher aus 2 NOR-Gattern

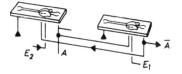

Pneumistor – Speicher-Funktion

Die konstruktive Lösung wird aus einem doppelten Pneumistor und zwei Steuerkanalplatten gebildet. Bei der Montage auf den Schaltblock bleiben nur zwei Nippel für die Steuereingänge offen. Die beiden anderen Nippel müssen verschlossen werden, da diese bereits durch die Kanalplatten miteinander verbunden sind.

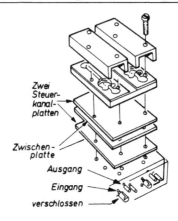

Zwei Steuer-kanal-platten

Zwischen-platte

Ausgang

Eingang

verschlossen

Die Symbole für Speicherelemente sind nicht einheitlich. Aus diesem Grund ist hier ein Speichersymbol vorgestellt, wie es von einem Hersteller für Pneumistortechnik verwendet wird.

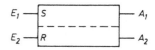

Symbol: Flip-Flop

Mit der Pneumistortechnik lassen sich durch Kombination verschiedener Elemente Zeitglieder, Impulswandler, Binärzähler u. a. herstellen. Es würde zu weit führen, all diese Realisierungsmöglichkeiten hier darzustellen.

5. Steuerschaltungen mit Fluidik-Elementen

Anwendungsbeispiel 1

Aufgabenstellung:

Drei einfach wirkende Zylinder mit Federrückstellung sind durch je 2 Signaltaster ein- und auszuschalten. Jeder Zylinder soll nur betätigt werden können, wenn die beiden anderen Zylinder abgeschaltet sind. Bei Einschalten der Druckluft sollen alle Zylinder ausgeschaltet sein. Die Schaltung ist ohne Signalfühler auszuführen.

Anwendung beispielsweise an Werkzeugmaschinen, um zu verhindern, daß mehrere Arbeitsgänge gleichzeitig ausgeführt werden. In chemischen Betrieben für Räume, die als Schleuse verwendet werden, um zu gewährleisten, daß jeweils nur eine Tür geöffnet ist.

Lösung: Logik-Schaltplan

Das Signal zur Betätigung eines Zylinders wird gleichzeitig in ein Flip-Flop-Element und gemeinsam mit dem Ausgang des Flip-Flop-Elementes in ein NOR-Element eingegeben. Solange das Eingangssignal vorhanden ist, ist der Ausgang Null. Liegen gleichzeitig keine Ausgangssignale von den beiden anderen NOR-Elementen vor, dann sind alle drei Eingangssignale des NOR-Elementes = Null, und es entsteht ein Ausgangssignal, welches über dem Verstärker den zugeordneten Kolben betätigt.

Der Logik-Schaltplan kann mit Wandstrahlelementen realisiert werden.

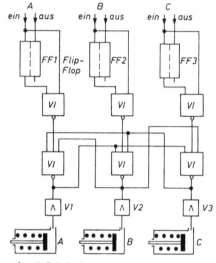

Logik-Schaltplan

Wirkungsweise:

Das Funktionsschaltbild läßt folgende Einzelheiten erkennen:

Die Druckluft wird gefiltert und dann in einen Arbeitsstrang und in einen Steuerungsstrang geteilt. Die für die Steuerung verwendete Druckluft wird nochmals in einem Filter mit einer Porenweite von 5 μm gereinigt. Der Druckregler für die Steuerung wird auf ca. 7 N/cm^2 eingestellt. Die Einstellung des Druckreglers für die Arbeitsluft ist vom nachgeschalteten Druckzylinder abhängig.

Bei Betätigen des Signaltasters A „Ein" erfolgt ein Eingang in 5 des Flip-Flop-Elementes und in 6 des NOR-Elementes. Während das Direktsignal auf das NOR-Element nur eine kurzzeitige Umschaltung auf Ausgang 2 bewirkt, liefert der Ausgang 2 des Flip-Flop-Elementes eine Dauer-Schaltung auf Ausgang 2 des NOR-Elementes. Ausgang 1 und Eingang 18 des NOR-Elementes haben kein Signal.

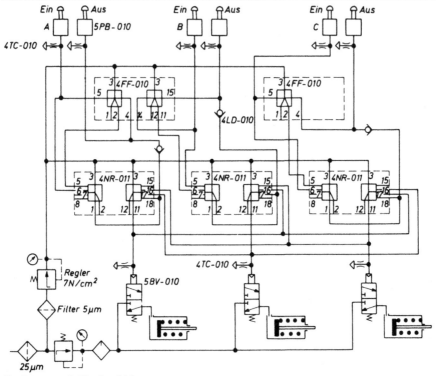

Realisierung mit Wandstrahlelementen

Die Signaltaster von *B* und *C* sind ausgeschaltet, deshalb hat das zweite und dritte Flip-Flop-Element über 3 des dritten bzw. fünften NOR-Elementes und über das nachgeschaltete Rückschlagventil einen Signaleingang bei 15 bzw. 4 und einen Signalausgang bei 12 bzw. 1. Das vierte und sechste NOR-Element hat einen Ausgang bei 12, wodurch in 16 und 17 des zweiten NOR-Elementes kein Signaleingang vorhanden ist. Der Verstärker wird über Ausgang 11 des zweiten NOR-Elementes betätigt, und die Arbeitsluft drückt den Zylinder in seine Endstellung.

Anwendungsbeispiel 2

Aufgabenstellung:

Zählschaltung für eine Verpackungsmaschine (siehe Lehrbeispiel 1, Abschnitt 2.3.4.3.).

Lösung:

Die Zählschaltung ist bereits in dem obengenannten Lehrbeispiel dargestellt und besprochen worden.

An dieser Stelle soll der Fluidik-Geräteschaltplan mit der Realisierung durch Wandstrahlelemente dargestellt werden.

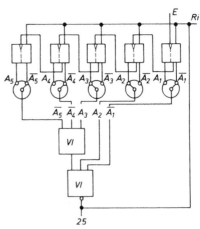

Zählschaltung

Der Fluidik-Geräteschaltplan zeigt:

Das Ausgangssignal betätigt einen Binärzähler, dessen Ausgangssignale, über Fluidik-Verstärker verstärkt, einen doppeltwirkenden Zylinder betätigen, der seinerseits die Weiche stellt. Das Rückschaltsignal wird durch ein aus Drossel und Volumen bestehendes Zeitglied einschaltverzögert an das Verstärkerventil weitergegeben.

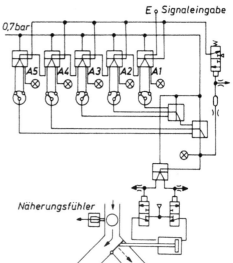

Fluidik-Geräteschaltplan für addierende Zählschaltungen

6. Pneumatische Elemente

Pneumatische Steuerelemente gehören mit zu den Fluidik-Steuerungen, da auch hier strömende Medien verwendet werden. Rein pneumatische Steuerungen oder auch solche, bei denen zusätzlich elektrische Elemente verwendet werden, haben sich überall dort bewährt, wo es darauf ankommt, trotz äußerer Einflüsse wie elektromagnetische Felder, auftretende Feuchtigkeit, stärkere Temperaturunterschiede, Erschütterungen u. a. sichere und eindeutige Steuersignale umzusetzen. Ein wesentlicher Vorteil bei der Verwendung pneumatischer Bauteile in digitalen Steuerungsanlagen besteht darin, daß ohne zusätzliche Verstärkerelemente kräftige und unmißverständliche Signale gegeben werden können.

Von Nachteil ist, daß Steuerungen mit pneumatischen Elementen nicht auf engem Raum unterzubringen sind. Selbst einfache, wenig komplizierte Anlagen sind recht voluminös. Sie benötigen oft den gleichen Raum wie die zu steuernde Maschine. Das bedeutet, daß der finanzielle Aufwand für die Anlage selbst und für die benötigte Energie recht hoch sein kann. Nachteilig sind auch die hohen Schaltzeiten, die keinen Vergleich mit elektronischen oder Fluidik-Elementen aushalten. Trotzdem haben sich Steuerungen, die mit pneumatischen Elementen betrieben werden, vor allem im Maschinenbau durchsetzen können. Weitere Anwendungsbereiche finden sich bei Verpackungsmaschinen, in der Lebensmittelherstellung, in der chemischen Industrie, bei Transportmitteln, in Bergbaubetrieben, an Lade-, Entlade- und Positioniereinrichtungen für Transferstraßen und an Werkzeugmaschinen.

6.1. Pneumatische NICHT-Stufe

Im Ruhezustand ist das 3/2-Wegeventil auf Durchlaß geschaltet. An A entsteht Druck und damit L-Signal.

Wird das 3/2-Wegeventil umgeschaltet und gegen den Federdruck betätigt, so wird die Versorgungsluftzufuhr abgetrennt, und der Druck bei A bricht zusammen. Es entsteht an A 0-Signal. Erst wenn das Steuersignal a verschwindet, drückt die Feder das Ventil in die Ausgangslage, und an A entsteht erneut L-Signal.

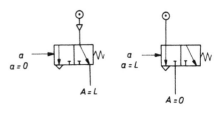

a	A
0	L
L	0

6.2. Pneumatische ODER-NOR-Stufe

Die Grundschaltung für ODER bzw. NOR besteht aus einem Doppelrückschlagventil, dessen Ausgang ein 3/2-Wegeventil steuert.

Im Ruhezustand wird das 3/2-Wegeventil durch Federkraft gehalten. Bei der ODER-Schaltung ist die Versorgungsluft abgetrennt, und am Ausgang A steht kein Druck an (0-Signal). Bei der NOR-Schaltung ist das Ventil auf Durchlaß geschaltet. An B entsteht Druck und damit L-Signal.

Entsteht an a_1 oder an a_2 oder an beiden Eingängen des Doppelrückschlagventils Druck, so wird dieser Druck (L-Signal) das 3/2-Wegeventil umschalten und die Ausgangssignale an A bzw. B umkehren.

Sind a_1 und a_2 mit Druck beaufschlagt, so wird sich das stärkere Signal durchsetzen. Auf jeden Fall wird auch dann das 3/2-Wegeventil umgeschaltet.

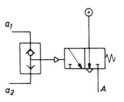

ODER-*Schaltung*

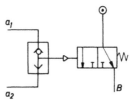

NOR-*Schaltung*

a_1	a_2	A	B
0	0	0	L
0	L	L	0
L	0	L	0
L	L	L	0

6.3. Pneumatische UND-NAND-Stufe

UND-Stufe

Die UND-Schaltung besteht aus zwei 3/2-Wegeventilen, die hintereinandergeschaltet sind. Ein L-Signal am Ausgang A kann erst dann erreicht werden, wenn beide Ventile auf Durchlaß geschaltet sind, d. h. wenn beide Ventile über a_1 und a_2 betätigt werden.

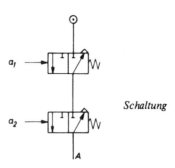

Schaltung

Als UND-Stufe kann auch ein einfaches Zwei-druckventil benutzt werden. Der Ausgang A erhält nur dann Druck, wenn beide Eingänge a_1 und a_2 beaufschlagt werden.

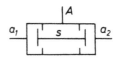

In diesem Falle wird die verschiebbare Schließ-klappe S an der Seite verschlossen, an der das stärkere Eingangssignal anlegt. Die andere Seite bleibt offen, so daß der Druck von dort bis zum Ausgang A aussteht.

Ist nur ein Eingang beaufschlagt, so wird dadurch die Schließklappe so verschoben, daß dieser Eingang gesperrt wird.

NAND-Stufe

Die NAND-Schaltung benötigt in der darge-stellten Form zwei 3/2-Wegeventile, die beide an Druckluft angeschlossen sein müssen. An B entsteht nur dann kein Druck, wenn sowohl a_1 als auch a_2 betätigt werden.

In jedem anderen Fall entsteht an B Druck und damit L-Signal.

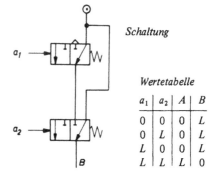

Schaltung

Wertetabelle

a_1	a_2	A	B
0	0	0	L
0	L	0	L
L	0	0	L
L	L	L	0

6.4. Pneumatische Speicherschaltungen (Flip-Flop)

*Statisches Speicherelement – **Löschen vorrangig***

Der Speicher besteht aus zwei 3/2-Wegeventilen sowie einem Doppelrückschlagventil. Der Arbeits-ausgang A_1 könnte einen einfach wirkenden Zy-linder mit Rückstellfeder ansteuern.

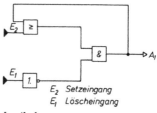

E_2 Setzeingang
E_1 Löscheingang

Logikplan

Wirkungsweise:

Wird weder E_1 noch E_2 beaufschlagt, so bleibt die dargestellte Ruhelage erhalten. Das obere Ventil sperrt die Druckluftzufuhr zum Arbeits-ausgang, $A_1 = 0$. Erhält der Setzeingang E_2 Druckluft, so schaltet der Druck über das untere 3/2-Wegeventil das obere um. Dadurch wird A_1 direkt mit der Druckquelle verbunden, und A_1 erhält L-Signal. Über die Rückkopplungsleitung (*Selbsthaltung*) wird die Durchschaltung des oberen 3/2-Wegeventils aufrechterhalten, auch wenn das Setzsignal an E_2 verschwindet. Erst ein Löschimpuls über E_1 unterbricht den Druck

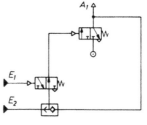

Schaltung

in der Steuerleitung, so daß das obere 3/2-Wege-
ventil in die Ausgangslage zurückfällt. Ein Lösch-
signal über E_1 wird den Speicher in jedem Fall
auf 0 setzen, auch wenn gleichzeitig ein neues
Setzsignal über E_2 erscheint.

Jede Herstellerfirma von logischen Bauteilen benutzt ihre eigenen Symbole. Eine einheitliche
Norm hat sich bisher nicht durchsetzen können.

Wertetabelle

E_2	E_1	A_1
0	0	0
L	0	L
0	L	0
L	L	0

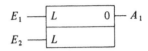

Symbol Speicher – Löschen vorrangig

Statisches Speicherelement – **Setzen vorrangig**

Der Speicher *Setzen vorrangig* besteht aus den
gleichen Elementen wie der Speicher *Löschen
vorrangig*.

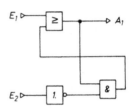

Logikplan

Wirkungsweise:

Der Löscheingang E_2 kann nur die Rückkopplungsleitung (*Selbsthaltung*) unterbrechen. Dadurch wird sich das Setzsignal immer durchsetzen. Solange an E_1 *L*-Signal ansteht, zeigt A_1
ebenfalls *L*-Signal. Auch wenn gleichzeitig an E_2
ein Löschsignal erscheint, verändert dies *L* am
Ausgang A_1 nicht.

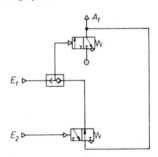

Schaltung

Wertetabelle

E_1	E_2	A_1
0	0	0
L	0	0
0	L	L
L	L	L

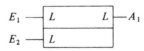

Symbol Speicher – Setzen vorrangig

6.5. Pneumatische Zählspeicher (Untersetzerstufe)

Der Logikschaltplan ist bereits dargestellt und erklärt worden. (S. 105)

Wirkungsweise:

Erhält E einen Impuls, so setzt sich dieser über R_2, W_3 als Steuerimpuls auf $S4$ fort. W_4 wird auf Durchlaß geschaltet, so daß am Ausgang A ein positiver Impuls (L-Signal) ansteht.

Gleichzeitig schaltet der Eingangsimpuls W_1 um, so daß die Rückkopplung h_2 unwirksam wird. Erlischt der Eingangsimpuls, so sorgt die Rückkopplung h_1 dafür, daß das Ausgangssignal A bestehen bleibt.

Ein Übergang von 0- auf L-Signal bei E verändert am Ausgang A das Signal, während der Abfall von L- auf 0-Signal den Zustand bei A unverändert läßt.

Der nächste L-Impuls bei E steuert W_3 über W_2 und S_3 um, so daß W_4 in Ruhestellung zurückgeht und an A kein L-Signal mehr ansteht.

Der nächste Wechsel von L auf 0 an E bewirkt keine Änderung an A. Erst ein neues L-Signal an E verändert das Ausgangssignal bei A wieder.

Es ergibt sich eine Untersetzung von $E/A = 2/1$.

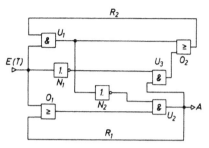

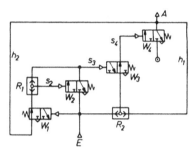

Logikplan

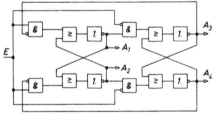

Schaltung

Symbol Zählspeicher

Pneumatische Zählstufe mit positiven und negativen Ausgängen

Die Impulslänge am Eingang E ist beliebig. Ein Eingangssignal wird wechselweise auf die Ausgänge A_1 und A_2 bzw. A_3 und A_4 geschaltet. Am Ausgang A_1 und A_2 erfolgt der Wechsel beim Übergang von L auf 0, an den Ausgängen A_3 und A_4 beim Übergang von 0 auf L. Man benutzt diese Art von Zählstufen, um Zehnerzähler aufzubauen.

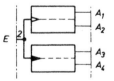

Logikplan

Symbol für Zählstufe mit positiven und negativen Ausgängen

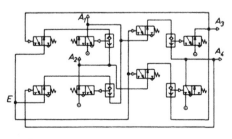

Schaltung

Numerisch gesteuerte Werkzeugmaschinen

Rainer Ahrberg / Jürgen Voss

I. Aufbau numerisch gesteuerter Werkzeugmaschinen

1. Fräs- und Drehmaschinen

An CNC-Werkzeugmaschinen (CNC = Computerized Numerical Control) werden die für die Zerspanung notwendigen Werkzeugbewegungen durch einen Computer gesteuert. Durch den Einsatz der Mikroelektronik im Werkzeugmaschinenbau ist es möglich, Werkstücke bei gleichbleibender Qualität zu reproduzieren.

Um diese Fertigungsqualität zu sichern, sind an den Werkzeugmaschinen Bauelemente notwendig, die eine Wiederholgenauigkeit von 1/1000 mm ermöglichen.

Die Bilder I.1 und I.2 zeigen den Aufbau von CNC-Fräs- und Drehmaschinen.

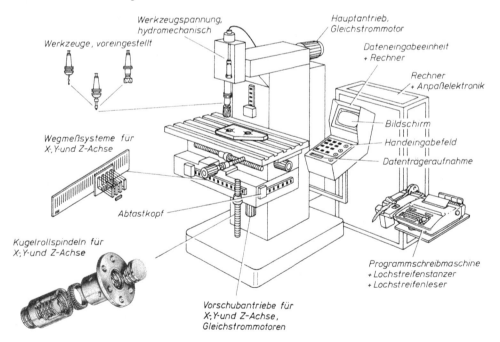

Werkzeugspannung, hydromechanisch

Hauptantrieb, Gleichstrommotor

Werkzeuge, voreingestellt

Dateneingabeeinheit + Rechner

Rechner + Anpaßelektronik

Bildschirm

Handeingabefeld

Datenträgeraufnahme

Wegmeßsysteme für X-, Y-und Z-Achse

Abtastkopf

Kugelrollspindeln für X-, Y-und Z-Achse

Programmschreibmaschine + Lochstreifenstanzer + Lochstreifenleser

Vorschubantriebe für X-, Y-und Z-Achse, Gleichstrommotoren

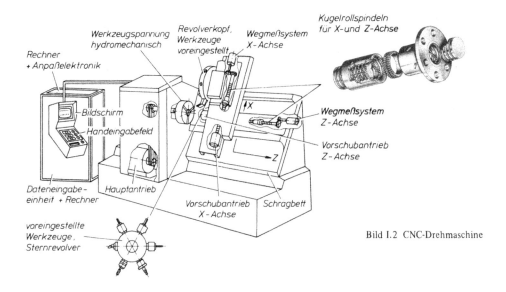

Bild I.2 CNC-Drehmaschine

2. Wegmeßsysteme an CNC-Werkzeugmaschinen

2.1. Aufgabe der Wegmeßsysteme

Die Vorschubantriebe einer Werkzeugmaschine setzen alle geometrischen Daten (Weginformationen) in Achsschlittenpositionen um.

Um die geforderte Fertigungsgenauigkeit einhalten zu können, müssen die Werkzeugbewegungen den Programmierwerten entsprechen.

Hierzu muß die Ausführung der Wegbefehle überwacht werden. Das geschieht durch den ständigen Vergleich des Positions-Sollwertes (programmierter Wert) mit dem Positions-Istwert (Schlittenposition des Werkzeugschlittens oder Winkellage eines Drehtisches), wobei die Positions-Istwerte durch Wegmeßsysteme erfaßt werden.

Ein System mit ständigem Soll-Ist-Vergleich wird auch Lageregelkreis genannt (Bild I.3).

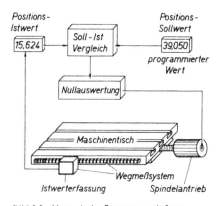

Bild I.3. Numerische Steuerung mit Lageregelkreis

2.2. Prinzipien der Wegmeßverfahren

Die Wegmeßsysteme CNC-gesteuerter Werkzeugmaschinen werden nach dem Wegmeßverfahren, nach der Meßwerterfassung und nach der Meßwertabnahme unterschieden.

Die Meßwerterfassung kann digital oder analog, die Meßwertabnahme translatorisch (geradlinig) oder rotatorisch (kreisförmig) erfolgen.

Tafel I.1.

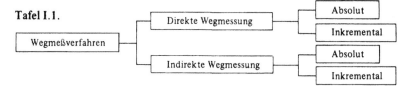

2.3. Direkte Wegmessung

Bei der direkten Wegmessung werden die Meßwerte ohne mechanische Zwischenglieder (Über-
setzungsgetriebe) erfaßt. Bei der geradlinigen
Bewegung eines Fräsmaschinentisches wird der
durchfahrene Weg unmittelbar erfaßt. Die
Meßwertabnahme erfolgt translatorisch. Das
Prinzip der direkten Wegmessung ist in Bild I.4
dargestellt.

Die direkte Wegmessung wird bei Fräsmaschinen
verwendet. Als Fehlerquellen können sich Tei-
lungsfehler im Glasmaßstab auf den Meßwert
auswirken.

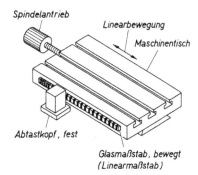

Bild I.4. Direkte Wegmessung

2.4. Indirekte Wegmessung

Bei der indirekten Wegmessung werden die
Meßwerte über mechanische Zwischenglieder
erfaßt. Dabei wird die Drehbewegung einer
Tischspindel durch ein Zwischengetriebe über-
setzt und als Maß des Verstellweges erfaßt. Die
Meßwertabnahme erfolgt somit rotatorisch.

Bild I.5 zeigt das Prinzip der indirekten Wegmessung.

Die indirekte Wegmessung wird hauptsächlich bei
Drehmaschinen angewendet. Steigungsfehler der
Spindel, vorhandenes Spindelspiel und elastische
Verformungen können sich negativ auf die
Genauigkeit des Meßwertes auswirken.

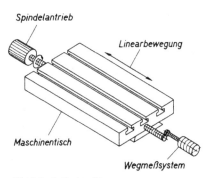

Bild I.5. Indirekte Wegmessung

2.5. Digitale Meßwerterfassung

Digitale Meßsysteme arbeiten meist nach dem
optoelektrischen Prinzip. Die Abtastung eines
Glasmaßstabes oder einer Impulsscheibe erfolgt
nach dem Auflicht- oder dem Durchlichtverfahren.

Bild I.6 zeigt ein Meßsystem, das nach dem
Durchlichtverfahren arbeitet. Bei diesem System
bilden ein Glasmaßstab und ein Abtastkopf mit
einer Auswertelektronik die Hauptelemente.

Das von einer Lampe ausgesandte Licht fällt
durch das Strichgitter des Glasmaßstabes und
durch das Gegengitter eines Abtastkopfes. Der
Lampe gegenüberliegend befinden sich Fotozellen, auf die das Licht auftrifft. Die durch die
Hell-Dunkel-Felder des Strichgitters erzeugten
Helligkeitswechsel werden in den Fotozellen in
elektrische Impulse umgesetzt, die dann elektro-
nisch verstärkt und gezählt werden.

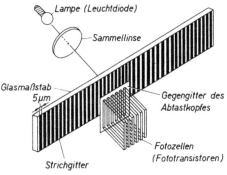

Bild I.6. Meßprinzip des Glasmaßstabes

Die Gitterkonstante des Strichgitters (Abstand und Breite der Hell-Dunkel-Felder) beträgt je nach Hersteller der Maßstäbe 200 μm, 40 μm, 20 μm oder 5 μm.

Um einen Wegschritt (Inkrement) von 1 μm messen zu können, sind die Fotozellen gegeneinander versetzt angeordnet. Hieraus ergibt sich bei den elektrischen Signalen ein Phasenversatz, der mit Hilfe einer elektronischen Schaltung die gewünschte Auflösung erzeugt.

Zusätzlich ist auch eine Richtungsunterscheidung (Tischbewegung nach rechts oder nach links) möglich, die dann richtungsabhängig positive oder negative Wegschritte festlegt.

2.6. Digital-inkrementale Wegmeßsysteme

Digital-inkrementale Wegmeßsysteme arbeiten sowohl nach dem translatorischen als auch nach dem rotatorischen Prinzip (Bild I.7 und Bild I.8)

Bei der digital-inkrementalen Wegmessung ist der (beliebige) Startpunkt des Werkzeugschlittens im Einschaltzustand auch der Nullpunkt der Wegmessung. Da für die Programmierung von Achsbewegungen feste Bezugspunkte an einer Werkzeugmaschine vorhanden sein müssen, sind auf dem Glasmaßstab neben der Gitterteilung zusätzlich ein oder mehrere Bezugspunkte festgelegt, sogenannte Maschinen-Referenzpunkte (Bild I.8).

Beim Einrichten der Werkzeugmaschine wird durch Überfahren eines Referenzpunktes ein Null-Signal erzeugt, das der Zähleinrichtung für diese Achsposition den Wert Null zuordnet. Beim weiteren Verfahren des Werkzeugschlittens werden dann die durch das Strichgitter erzeugten Impulse im elektronischen Zähler als Wegschritte aufsummiert.

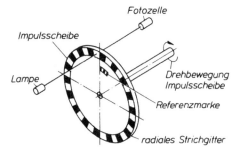

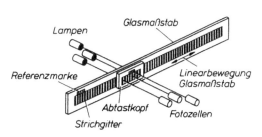

Bild I.7. Prinzip der rotatorischen Wegmessung (digital-inkremental)

Bild I.8. Prinzip der translatorischen Wegmessung (digital-inkremental)

Aus der vorstehenden Beschreibung wird deutlich, daß bei Inbetriebnahme einer Werkzeugmaschine mit digital-inkrementalem Wegmeßsystem vor Produktionsbeginn der Nullpunkt des Wegmeßsystems durch Anfahren der Referenzpunkte aufgesucht werden muß.

2.7. Digital-absolute Wegmeßsysteme

Digital-absolute Wegmeßsysteme arbeiten nach dem translatorischen oder rotatorischen Prinzip (Bild I.9 und I.10).

Bei der digital-absoluten Wegmessung ist jeder Verfahrweg unmittelbar auf einen festen Nullpunkt bezogen. Das Bild I.9 zeigt einen Glasmaßstab mit fünf Codespuren, die binär gestufte Teilungen besitzen.

Diese Teilungen sind wie beim inkrementalen Strichgitter Hell-Dunkel-Felder, die aber auf jeder Codespur unterschiedlichen Abstand und unterschiedliche Breite haben. Dadurch ist jeder Schlittenposition ein Abtastsignal zugeordnet, das sich von den Signalen aller anderen Positionen eindeutig unterscheidet. Ermittelt wird es aus den abgetasteten Werten der Hell-Dunkel-Felder der einzelnen Codespuren. Diesen Feldern sind von oben nach unten gelesen die Wertigkeiten 2^0, 2^1, 2^2, 2^3 und 2^4 zugeordnet.

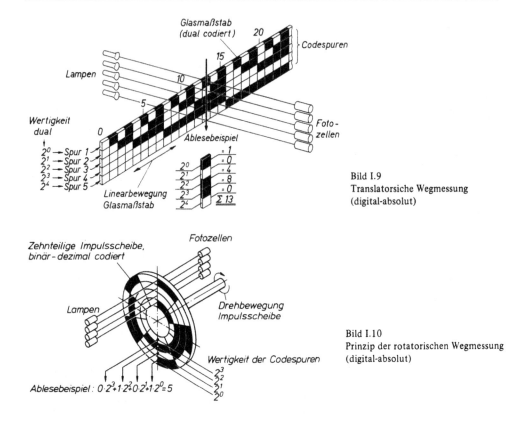

Bild I.9
Translatorsiche Wegmessung
(digital-absolut)

Bild I.10
Prinzip der rotatorischen Wegmessung
(digital-absolut)

Im Ablesebeispiel (Bild I.9) ergibt sich für die Schlittenposition die dezimale Wertigkeit: 2^0 + $0 + 2^2 + 2^3 + 0 = 1 + 4 + 8 = 13$.

Ein helles Feld ergibt stets den Wert Null.

Nähere Erläuterungen zur Dualcodierung siehe Abschnitt III.3.

2.8. Analoge Meßwerterfassung

Analoge Wegmeßsysteme arbeiten nach dem Ohmschen- oder Induktionsprinzip. Ausgenutzt wird bei beiden Prinzipien die analoge Umsetzung eines Verfahrweges in ein elektrisches Signal (elektrische Spannung).

Analog bedeutet, daß sich bei einer Weg- oder Winkeländerung auch das Meßsignal kontinuierlich ändert.

Beim Ohmschen Meßprinzip wird der elektrische Widerstand eines Drahtes zur Umsetzung in ein Wegmeßsignal ausgenutzt.

Hierbei wird nach dem Potentiometerprinzip von einem Widerstandsdraht die elektrische Spannung abgegriffen, deren Größe von der Drahtlänge abhängt. Dadurch kann einer bestimmten Weglänge oder Winkelgröße (Drahtlänge) eine analoge elektrische Spannung zugeordnet werden. Bild I.11 zeigt die einfachste Anordnung für eine translatorische Wegmessung, bei der die Spannung eines Widerstandsdrahtes in Abhängigkeit von der Schlittenposition gemessen wird.

Nachteilig ist bei diesem Verfahren, daß durch den Schleifer nicht kontakt- und verschleißfrei gemessen wird. Außerdem reicht die Auflösung des Systems nicht aus, Weginkremente von 1 µm messen zu können. Deshalb ist dieses Meßprinzip bei CNC-Werkzeugmaschinen nur bedingt anwendbar.

Beim Induktionsprinzip wird über eine Wechselspannung im Meßsystem ein Magnetfeld induziert (Elektromagnetismus).

Dieses Magnetfeld erzeugt wiederum in einer
Leiterschleife (Spule) eine elektrische Spannung.

Da sich die Leiterschleife gleichzeitig relativ zum
übrigen Meßsystem bewegt (translatorisch oder
rotatorisch), hängt die in ihr induzierte Spannung auch von ihrer eigenen Stellung ab. Durch
diesen Effekt wird mit Hilfe geeigneter elektronischer Schaltungen ein Wegmeßsignal gewonnen.

Beim Resolver handelt es sich im Prinzip um
einen kleinen Wechselstrommotor (Bild I.12).

Das in der Rotorwicklung durch den eingespei-
sten Wechselstrom induzierte Magnetfeld erzeugt
in ̇der zweiphasigen Statorwicklung Wechsel-
spannungen, die zur Meßwertbildung und damit
zur Wegmessung benutzt werden.

Ein Induktosyn (Linearinduktosyn) entspricht
im Prinzip einem Resolver, wobei jedoch Rotor-
und Statorwicklung in einer Ebene abgewickelt
sind. Die beiden Hauptteile dieses Meßsystems
sind das Lineal und der Gleiter (Slider), die
beide mit rechteckigen mäanderförmigen Leiterschleifen versehen sind. Bild I.13 zeigt das
Prinzip des Induktosyn.

Lineal und Gleiter sind getrennt am Werkzeug-
schlitten und am Maschinenbett angebracht und
bewegen sich berührungsfrei aneinander vorbei
(Luftspalt ca. 0,3 mm).

Die in der Leiterschleife des Lineals eingespeiste
hochfrequente Wechselspannung induziert in
den beiden getrennten Gleiterschleifen Meßspannungen, die zur Meßwertbildung, also
wiederum zur Wegmessung, benutzt werden.
Die gewünschte Auflösung des Meßsystems wird
dadurch erreicht, daß die beiden Leiterschleifen
des Gleiters um ein Viertel Polteilung versetzt
nebeneinander angeordnet sind.

Der sich daraus ergebende Phasenversatz der
Meßspannungen U1 und U2 beträgt 90°.
Hierdurch und durch die nachfolgende elektronische Auswertung läßt sich eine Auflösung von
1 μm erzeugen.

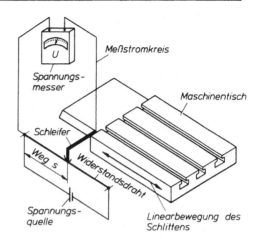

Bild I.11. Ohmsches Meßprinzip (Potentiometerprinzip)

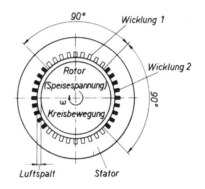

Bild I.12. Resolver

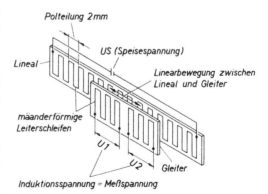

Bild I.13. Induktosyn

II. Geometrische Grundlagen für die Programmierung

1. Koordinatensystem

Um die Zerspanbewegungen einer Werkzeugmaschine festlegen zu können, ist ein Koordinatensystem erforderlich. Verwendet wird das kartesische Koordinatensystem mit den drei Hauptachsen X, Y und Z.

Neben der Lage der Koordinatensysteme sind auch die Achsrichtungen an Werkzeugmaschinen in DIN 66217 festgelegt.

Sind außer den Verfahrensmöglichkeiten auch Dreh- oder Schwenkbewegungen möglich (Drehtische, Schwenkeinrichtungen von Werkzeug- und Werkstückträger), werden diese zusätzlichen Drehbewegungen den entsprechenden Achsen mit der Angabe des Drehwinkels zugeordnet. Die Drehrichtungen sind im Koordinatensystem wie folgt angegeben:

Drehwinkel A $\longrightarrow$ Drehung um die X-Achse
Drehwinkel B $\longrightarrow$ Drehung um die Y-Achse
Drehwinkel C $\longrightarrow$ Drehung um die Z-Achse

Ein positiver Drehsinn liegt vor, wenn in positiver Achsrichtung gesehen die Drehung im Uhrzeigersinn erfolgt.

Negativer Drehsinn liegt vor, wenn in positiver Achsrichtung gesehen die Drehung im Gegenuhrzeigersinn erfolgt.

Bild II.1. zeigt das rechtwinklige Koordinatensystem mit dem Beispiel einer Punktdefinition im Raum.

Bei der Programmierung von CNC-Werkzeugmaschinen geht der Programmierer immer von einem feststehend gedachten Werkstück aus und bezieht hierauf sein Koordinatensystem.

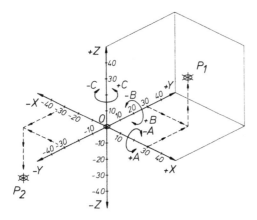

Beispiel:	P_1	P_2
X	= + 30	X = − 30
Y	= + 30	Y = − 30
Z	= + 30	Z = − 30

Bild II.1
Rechtwinkliges, rechtshändiges Koordinatensystem

2. Lage der Achsrichtungen

Die Lage der Achsrichtungen an CNC-Werkzeugmaschinen ist durch DIN 66217 festgelegt.

Die Z-Achse einer Werkzeugmaschine ist durch die Lage der Arbeitsspindel bestimmt.

Der positive Bereich der Z-Achse zeigt vom aufgespannten Werkstück in Richtung der Arbeitsspindel. Entfernt sich das Werkzeug vom Werkstück, findet eine Maßvergrößerung statt. Ist die Z-Bewegung positiv, vergrößert sich der Z-Koordinatenwert. Man spricht hier auch von einer **Plusbewegung**.

Bewegt sich das Werkzeug auf das Werkstück zu, findet eine Z-Bewegung in den negativen Bereich statt. Es entsteht ein Maßverkleinerung. Der zu programmierende Z-Wert ist negativ. Man spricht hier auch von einer **Minusbewegung**.

Die Achsbewegungen in der Z-Achse sind wegen der Gefahr der Kollision zwischen Spindel und Fräsmaschinentisch besonders sorgfältig zu beachten.

Die X-Achse des Koordinatensystems liegt parallel zur Aufspannfläche des Werkstückes und ist in den meisten Fällen in horizontaler Richtung angeordnet.

Aus der Festlegung der Z- und der X-Achse ergibt sich die Lage der Y-Achse.

Für die Festlegung der Achsrichtungen bei Drehmaschinen ist zu unterscheiden, ob das Werkzeug *vor* der Drehmitte liegt (Drehmaschinen mit Flachbett) oder *hinter* der Drehmitte (Drehmaschinen mit Schrägbett).

Liegt das Werkzeug vor der Drehmitte, zeigt die (für das Drehen nicht benötigte) Hauptachse +Y nach *unten*.

Liegt das Werkzeug hinter der Drehmitte, zeigt die Hauptachse +Y nach *oben*.

3. Bezugspunkte im Arbeitsbereich einer CNC-Werkzeugmaschine

Um den Beginn einer Zerspanbewegung festlegen zu können, sind im Arbeitsraum einer Werkzeugmaschine verschiedene Bezugspunkte notwendig.

Der Ursprung des Koordinatensystems der Werkzeugmaschine ist der Maschinennullpunkt. Er wird vom Werkzeugmaschinenhersteller unveränderlich festgelegt.

Der Maschinennullpunkt ist Bezugspunkt für alle weiteren Koordinatensysteme im Arbeitsfeld der Maschine. Er kann nicht immer auf allen Achsen angefahren werden. Um einen Ausgangspunkt für eine Bearbeitung zu erhalten, ist es notwendig, einen zweiten Punkt, den Referenzpunkt, festzulegen.

Der Referenzpunkt wird als Referenzmarke auf den Wegmeßsystemen angegeben und liegt häufig auf der äußeren Grenze des Arbeitsraumes einer Werkzeugmaschine.

Der Referenzpunkt befindet sich stets in gleichem Abstand zum Maschinennullpunkt. Er dient gleichzeitig zur Eichung der auf den drei Achsen liegenden Wegmeßsysteme. Diese Eichung wird auch „Nullung" der Wegmeßsysteme genannt.

Eine nachträgliche Änderung des Abstandes zwischen Maschinennullpunkt und Referenzpunkt ist nur durch Einbau neuer Glasmaßstäbe möglich.

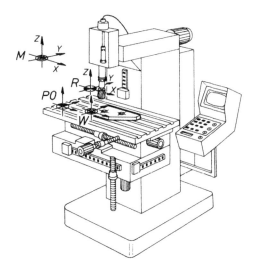

Bild II.2
Bezugspunkte an einer CNC-Fräsmaschine

Das Werkstück wird für die Fräsbearbeitung auf dem Maschinentisch frei aufgespannt. Der Nullpunkt des Werkstückes wird vom Programmierer frei gewählt. Er stellt den Ursprung des Werkstückkoordinatensystems dar.

Der Werkstücknullpunkt wird an einen Eckpunkt des Werkstückes gelegt. Vom Werkstücknullpunkt aus werden in der Fertigungszeichnung alle Maße der Werkstückgeometrie angegeben.

Bei Drehmaschinen liegt der Werkstücknullpunkt auf der Rotationsachse des Maschinensystems an der Maßbezugskante des Werkstückes.

Bei der Bearbeitung eines Werkstückes werden oft mehrere Werkzeuge eingesetzt. Da ausreichend Platz zum Werkzeugwechsel vorhanden sein muß, wird ein Werkzeugwechselpunkt WWP außerhalb des Werkstückes gewählt. Der Beginn eines CNC-Programms wird mit dem Programmnullpunkt P0 festgelegt. Am Programmnullpunkt befindet sich das Werkzeug zu Beginn der Bearbeitung. Bild II.2 zeigt Bezugspunkte an einer CNC-Fräsmaschine.

Tafel II.1 Bezugspunkte im Arbeitsbereich einer CNC-Werkzeugmaschine

Die festgelegten Bezugspunkte sind für die Programmierung, die Werkstückbemaßung, die Werkstückaufspannung, den Werkzeugwechsel, das Eichen der Wegmeßsysteme und den Fertigungsablauf unerläßlich.

Darstellung	Bezugspunkte	Erläuterung
DIN 55003	Maschinennullpunkt M	Ursprung des Koordinatensystems der Werkzeugmaschine
DIN 55003	Referenzpunkt R	Der Referenzpunkt ist jederzeit in allen drei Achsen anfahrbar. Er wird zur „Nullung" der Wegmeßsysteme benötigt.
	Werkstücknullpunkt W (nicht genormt)	Nullpunkt des Werkstückkoordinatensystems
	Programmnullpunkt P0 (nicht genormt)	Beginn des CNC-Programms. Werkzeugstandort vor Beginn der Bearbeitung.
	Hilfspunkt HP (nicht genormt)	Anfahrpunkt um Bedingungen zum „Eintauchen" in eine Kontur einzuhalten.
	Werkzeugwechselpunkt WWP (nicht genormt)	Punkt an dem das Werkzeug gewechselt werden kann. Der WWP muß nicht immer in P0 liegen.
	Spannmittelnullpunkt F (nicht genormt)	F liegt in der Anschlagebene des Werkstückes an ein Spannmittel, z. B. Spannfutter.
	Werkzeugbezugspunkt WZ (nicht genormt)	Bezugspunkt für das Werkzeug bezogen auf den Werkzeugträger.

Bei vielen CNC-Steuerungen sind für das Anfahren an eine Kontur Anfahrbedingungen zu beachten. Diese Anfahrbedingungen (Anfahren an die Kontur im Halbkreis) gewährleisten die Herstellung der programmierten Kontur. Für das Anfahren an eine Kontur wird ein Hilfspunkt HP gewählt.

Bei der Fertigung mit CNC-Drehmaschinen sind zusätzlich ein Spannmittelnullpunkt F und ein Werkzeugbezugspunkt WZ erforderlich.

Durch den Spannmittelnullpunkt wird die Lage des Spannmittels (Spannfutter) zum Werkstücknullpunkt festgelegt.

Durch den Werkzeugbezugspunkt wird die Lage der Schneideecke des Drehmeißels bezogen auf den Werkzeugträger festgelegt.

Die Bezugspunkte im Arbeitsbereich einer CNC-Werkzeugmaschine sind in Tafel II.1. dargestellt.

4. Bezugspunktverschiebung

Verschiedene Bezugspunkte im Arbeitsbereich einer Werkzeugmaschine ermöglichen dem Programmierer unabhängig von der Lage des Werkstückrohlings auf dem Maschinentisch das CNC-Programm zu erstellen.

Der Maschinenbediener erhält das Teileprogramm und beginnt die Maschine einzurichten.

Die Steuerung der Werkzeugmaschine kennt den Standort der Achsschlitten nach dem Einschalten nicht. Der Maschinennullpunkt muß erst vom Bediener im Einrichtbetrieb gesucht werden. Hierzu wird die Werkzeugmaschine solange in X-, Y- und Z-Achse verfahren, bis die Referenzmarken der Wegmeßsysteme überfahren werden. Die damit gefundenen Abstände vom Referenzpunkt zum Maschinennullpunkt werden in einem Speicher abgelegt, und die Bildschirmanzeige wird auf Null gesetzt.

Nach der „Nullung" der Wegmeßsysteme bestimmt der Maschinenbediener die Lage des eingespannten Werkstückrohlings durch eine Nullpunktverschiebung. Dazu wird der Abstand des Werkstücknullpunkts zum Maschinennullpunkt in allen Achsen mit Hilfe eines Kantentasters oder Einrichtmikroskops ermittelt und in einem Speicher abgelegt (Wegbefehle G54—G59).

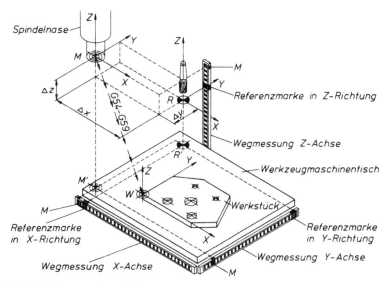

Bild II.3. Bezugspunktverschiebung

Zusammenhang zwischen   Maschinennullpunkt M
                        Referenzpunkt   R   und
                        Werkstücknullpunkt W

Wenn mehrere gleiche Werkstücke in einer Aufspannung hergestellt werden sollen, kann der Programmierumfang durch weitere Bezugspunkt- (Nullpunkt-) verschiebungen verringert werden.

Das Programm für eine Werkstückbearbeitung wird nur einmal erstellt und über die Nullpunktverschiebung auf den jeweiligen Werkstücknullpunkt verschoben.

Der Maschinennullpunkt liegt in der X-Y-Ebene immer so, daß bei einer Verschiebung stets positive Koordinaten angegeben werden können.

Das Prinzip der Bezugspunktverschiebung ist in Bild II.3. dargestellt. Bild II.4. zeigt eine Bezugspunktverschiebung am Beispiel eines Bohrbildes.

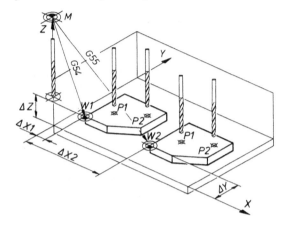

Arbeitsraum eines Fräsmaschinentisches

W = Werkstücknullpunkt

Bild II.4
Nullpunktverschiebung am Beispiel
eines Bohrbildes

5. Zeichnerische Grundlagen für die Programmierung

Für die Bemaßung von Werkstückzeichnungen unter Verwendung eines kartesischen oder polaren Koordinatensystems sind in DIN 406 unterschiedliche Maßsysteme vorgesehen.

5.1. Absolutbemaßung

Bei der Absolutbemaßung wird zwischen einer Bemaßung mit einem Pfeil und der steigenden Bemaßung unterschieden.

Bemaßt wird immer ausgehend von Bezugskanten. Bei der steigenden Bemaßung werden alle Maße steigend auf einer Maßlinie mit entsprechendem Begrenzungspfeil angetragen.

Die Absolutbemaßung ist in Bild II.5. und II.6. dargestellt.

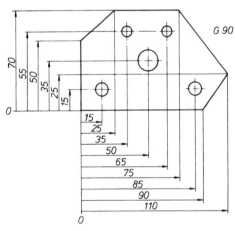

Bild II.5. Absolutbemaßung mit einem Pfeil

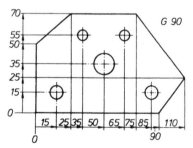

Bild II.6. Absolutbemaßung in steigender
Bemaßung

Damit der Steuerung einer Werkzeugmaschine bekannt wird, in welchem System die Übertragung der geometrischen Informationen stattfindet, wird für die Absolutbemaßung (Absolutprogrammierung) der Wegbefehl G90 eingegeben.

5.2. Inkrementalbemaßung (Relativbemaßung)

Bei der Inkrementalbemaßung, auch Kettenbemaßung genannt, wird der erste Bearbeitungspunkt vom Werkstücknullpunkt aus angegeben.

Für alle weiteren Bearbeitungspunkte ist der vorangegangene definierte Punkt Nullpunkt für die folgende Maßeintragung.

Das bedeutet, daß bei der Inkrementalbemaßung (Inkrementalmaßprogrammierung) das Koordinatensystem des Werkstücknullpunktes gedanklich in die folgenden Bearbeitungspunkte verschoben wird und somit für folgende Maße ein neuer Nullpunkt maßgebend ist.

Der Steuerung ist diese Bemaßungsart mit dem Wegbefehl G91 mitzuteilen. Der Wegbefehl ist so lange wirksam, bis er durch G90 abgelöst wird.

Bild II.7. zeigt das Prinzip der Inkrementalbemaßung. Bild II.8. zeigt den Unterschied zwischen einer Absolut- und Inkrementalbemaßung.

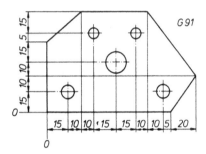

Bild II.7

Inkrementalbemaßung. Zuwachsbemaßung mit Maßkette

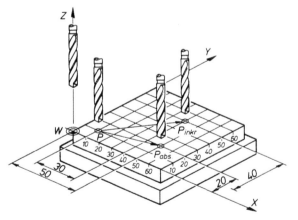

Absolutmaßprogrammierung:
Die x- und y-Koordinaten sind immer auf den Werkstücknullpunkt W bezogen

$P_{abs.}$	G 90	X 50	Y 20

Inkrementalmaßprogrammierung:
Die x- und y-Koordinaten beziehen sich immer auf den zuletzt angefahrenen Punkt P

$P_{inkr.}$	G 91	X 30	Y 40

Bild II.8.

Unterschied zwischen Absolutmaß- und Inkrementalmaßprogrammierung

5.3. Bemaßung durch Polarkoordinaten

Polarkoordinatenbemaßung wird hauptsächlich bei der Beschreibung symmetrischer Elemente oder bei der Programmierung umfangreicher Bohrbilder verwendet.

Bei Polarkoordinatenbemaßung werden die Bearbeitungspunkte durch einen Leitstrahl R und einen Polarwinkel φ angegeben.

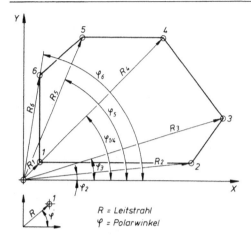

Polarkoordinatentabelle

Leitstrahl R in mm	Polarwinkel φ in Grad
R_1	φ_1
R_2	φ_2
R_3	φ_3
R_4	φ_4
R_5	φ_5
R_6	φ_6

Bild II.9

Bemaßung durch Polarkoordinaten

R = Leitstrahl
φ = Polarwinkel

Der Polarwinkel wird von der positiven X-Achse ausgehend angegeben und verläuft im Gegenuhrzeigersinn durch die Quadranten des Koordinatensystems.

Bild II.9. zeigt die Bemaßung durch Polarkoordinaten.

5.4. Bemaßung mit Hilfe von Tabellen

Bei umfangreichen Werkstückgeometrien wird die erforderliche Bemaßung aus der Fertigungszeichnung herausgezogen.

Die Maßeintragung erfolgt in einer Bemaßungstabelle, in der alle erforderlichen Koordinaten angegeben sind.

Bei der Bemaßung in Tabellen werden auch unterschiedliche Bemaßungssysteme und verschieden positionierte Koordinatensysteme verwendet.

In Bild II.10. ist die Möglichkeit der Bemaßung mit kartesischen und polaren Koordinaten dargestellt.

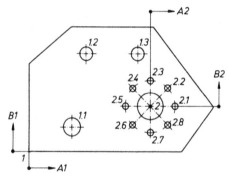

Bild II.10. Bemaßung mit Hilfe von Tabellen

Bemaßungstabelle

Koordinaten-Nullpunkt	Koordinatentabelle					
	Nr.	A	B	R	φ	$\emptyset$
1	1	0	0			
1	1.1	15	15			10 H7
1	1.2	35	55			8 H7
1	1.3	65	55			8 H7
2	2	70	25			20
2	2.1			20	0°	4
2	2.2			20	45°	4
2	2.3			20	90°	4
2	2.4			20	135°	4
2	2.5			20	180°	4
2	2.6			20	235°	4
2	2.7			20	270°	4
2	2.8			20	315°	4

1: Kartesische Koordinaten   2: Polarkoordinaten

III. Informationsfluß bei der Fertigung

1. Informationsverarbeitung und Informationsträger

Bei der Fertigung mit CNC-Werkzeugmaschinen muß der Programmierer alle Informationen zur Herstellung des Werkstückes in einem Programmblatt festhalten.

Programmierung bedeutet das Erstellen und die Eingabe eines Teileprogramms in eine Steuerung nach bestimmten Regeln.

Für die Programmierung sind die Informationsquellen und damit auch die Informationsträger von Bedeutung.

In einem CNC-Programm werden nicht nur geometrische und technologische Daten, sondern auch Zusatzdaten wie Werkzeugkenngrößen, Korrekturwerte, Maschineneinrichtdaten und Werkzeug-befehle festgehalten. Hierzu ist die Programmieranleitung des jeweiligen Steuerungsherstellers zu beachten, da die Programmiernorm DIN 66025 einen Spielraum für steuerungsabhängige Program-miertechniken zuläßt.

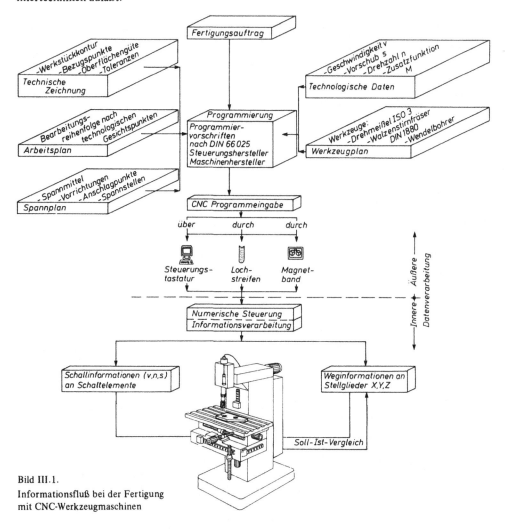

Bild III.1.
Informationsfluß bei der Fertigung
mit CNC-Werkzeugmaschinen

Bei der **manuellen Programmierung** werden alle Informationen in Buchstaben, Zahlen und Sonderzeichen ausgedrückt und in derart verschlüsselter Form in die Steuerung der Werkzeugmaschine eingegeben.

Eine Möglichkeit, der Steuerung ein Fertigungsprogramm zu übermitteln, ist die Handeingabe über eine Dateneingabeeinheit.

Diese Möglichkeit wird als Werkstattprogrammierung bezeichnet.

In der Steuerung findet eine Informationsverarbeitung statt, die die Schaltinformationen an Schaltelemente und Weginformationen an die Stellglieder weiterleitet.

Ein **Soll-Istwert-Vergleicher** überwacht, ob die eingelesenen Wegbedingungen von der Werkzeugmaschine exakt ausgeführt werden und eine entsprechende Lageregelung durchgeführt wird.

Bild III.1. stellt den Informationsfluß bei der Fertigung mit CNC-Werkzeugmaschinen dar.

Als Informationsträger zur Datenübertragung können Lochstreifen, Magnetbänder oder Disketten verwendet werden.

In der Werkstatt wird vorzugsweise ein Einmallochstreifen aus Papier eingesetzt.

2. Informationsquellen

Als Informationsquellen werden die **technische Zeichnung**, der **Bearbeitungsplan**, die **technologischen Daten** (Bedienungsanleitung der Werkzeugmaschine), der **Werkzeugplan** und die **Spannmittelkartei** bezeichnet. Die technische Zeichnung beschreibt die Geometrie des Werkstückes. Ihr können außerdem Werkstoffangaben und die geforderte Oberflächenqualität sowie alle Toleranzangaben entnommen werden.

Der Bearbeitungsplan beschreibt die nach technologischen und betriebswirtschaftlichen Gesichtspunkten sinnvolle Bearbeitungsreihenfolge unter Beachtung der Herstellungsfaktoren Werkzeugmaschine, Werkzeug und Werkstoff. Die einzusetzenden Werkzeuge werden in einem Werkzeugplan genau beschrieben, um Standzeitbedingungen und somit die Fertigungsqualität festzulegen. Er enthält außerdem Informationen über die Reihenfolge der einzusetzenden Werkzeuge, über die voreingestellten Maße zum Werkzeugträger sowie erforderliche Zerspandaten.

Aus der Geometrie des Werkstückes und den geplanten Werkzeugverfahrwegen können sich Kollisionsmöglichkeiten zwischen Werkstück(en), Werkzeug und Spannmittel ergeben. Verhindert wird dies durch einen Spannplan, mit Hilfe dessen der Programmierer optimale Verfahrwege festlegen kann.

Die technologischen Daten wie Geschwindigkeiten, Vorschübe, Drehzahlen und andere Spanungsgrößen, können Tabellen entnommen werden.

3. Lochstreifen

Elektronische Bauteile verfügen nicht über eine eigene „Intelligenz", sondern können nur Anweisungen ausführen, die in zwei sich gegenseitig ausschließende Schaltzustände verschlüsselt sind.

Die beiden Schaltzustände „**Strom fließt**" (L oder 1) und „**Strom fließt nicht**" (0) müssen alle notwendigen Daten beschreiben.

Diese Übertragungsmöglichkeit wird als **Bit**darstellung oder binäre (binär = zweiwertig) Darstellung bezeichnet.

Bei der Übertragung der beiden Schaltzustände auf einen Lochstreifen wird zum Zustand „L" ein Loch gestanzt, beim Zustand „0" nicht.

Um die erforderliche Anzahl der Daten übermitteln zu können, bietet ein 8-Spur-Lochstreifen 256 Kombinationsmöglichkeiten.

Als Lochstreifen werden Datenträger nach dem EIA (Electronics Industries Association) mit der Bezeichnung RS-244-A und dem ISO-Code (International Standards Organisation) nach DIN 66024 verwendet.

Der Lochstreifen besteht meistens aus Papier. Seine Breite ist mit einem **Zoll** genormt, und er erlaubt eine Datenaufnahme von 400 Zeichen pro Meter. Er kann mechanisch mit einer Geschwindigkeit bis 120 Zeichen pro Sekunde oder auch fotoelektrisch bis 1000 Zeichen pro Sekunde gelesen werden.

Bild III.2. zeigt den Aufbau eines 8-Spur-Lochstreifens nach dem ISO-Code.

Bei der Beschreibung eines Fertigungsablaufes müssen Zahlen, Buchstaben und Sonderzeichen verwendet werden.

Um diese Zeichen unterscheiden zu können, erfolgt auf der 6. Spur des Lochstreifens eine Lochung für alle Sonderzeichen.

Für die Darstellung eines Zeichens können 7 Lochungen verwendet werden, wodurch 127 Zeichen darstellbar sind. Die achte Lochung ist jeweils einem Paritäts- oder Prüfbit vorbehalten.

Im Gegensatz zum EIA-Code benötigt der ISO-Code eine gerade Anzahl von Lochungen, welches gegebenenfalls durch die Paritätslochung erreicht wird.

Um alle Informationen eines Fertigungsablaufes zu codieren, muß ein einfaches Codesystem verwendet werden.

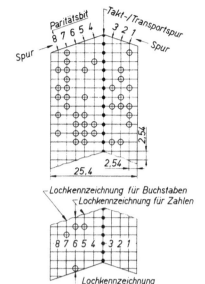

Bild III.2
Aufbau eines 8-Spur-Lochstreifens

Zur Datenübertragung hat sich eine Kombination aus den Vorteilen des dezimalen und binären Zahlensystems, dem binär codierten Dezimalcode (BCD-Code), als ideal erwiesen.

Im BCD-Code läßt sich jeder beliebige Zahlenwert einfach darstellen. Die Entwicklung des BCD-Codes wird in den Tafeln III.1 bis III.4 dargestellt.

Tafel III.1.

Dezimalzahl	2×10^2	+	5×10^1	+	1×10^0	
Stellenwert	200	+	50	+	1	$\rightarrow$ 251

Das Dezimalsystem stellt Zahlenwerte der Summe der Zehnerpotenzen dar.

Tafel III.2. Codierung der Zahl 251 im Dualsystem

Dualzahl	1×2^7	+	1×2^6	+	1×2^5	+	1×2^4	+	1×2^3	+	0×2^2	+	1×2^1	+	1×2^0	
Stellenwert	128	+	64	+	32	+	16	+	8	+	0	+	2	+	1	$\rightarrow$ 251

Die Darstellung eines Zahlenwertes im Dualsystem erfolgt aus der Summe der Zweierpotenzen
Für die Steuerung einer Werkzeugmaschine muß der Zahlenwert 251 in Schaltzustände umgewandelt werden. Die Umwandlung erfolgt aus dem Dualsystem mit binärer Darstellung.

Tafel III.3. Codierung der Zahl 251 im binär codierten Dualsystem

Dualzahl	1×2^7	+	1×2^6	+	1×2^5	+	1×2^4	+	1×2^3	+	1×2^2	+	1×2^1	+	1×2^0	
Schaltzustand	1		1		1		1		1		0		1		1	
	L		L		L		L		L		0		L		L	$\rightarrow$ 251

Tafel III.4 Darstellung des Zahlenwertes 251 im binär codierten Dezimalcode (BCD)

Alle Buchstaben des Alphabets, die Ziffern 0–9 und alle erforderlichen Sonderzeichen können binär codiert werden.

Duale Darstellung	2^3	2^2	2^1	2^0		
	0	0	L	0	$\hat{=}$ 2	
Schaltzustand	0	L	0	L	$\hat{=}$ 5	Dezimale Darstellung
	0	0	0	L	$\hat{=}$ 1	mit Stellenwert

Bild III.3. zeigt die Übertragung des BCD-Codes auf einen Lochstreifen mit entsprechenden Lochkombinationen.

Eine Zeile des 8-Spur-Lochstreifens hat eine Speicherkapazität von 8 Bits (1 Byte). Das 8. Bit wird aber jeweils nur für die Paritätsprüfung verwendet. Also sind durch die Verknüpfungsmöglichkeiten von 7 Bits 128 verschiedene Zeichenbelegungen möglich.

Da der erste Codierungsfall in einer Zeile keine Lochung darstellt, wird auch kein Zeichen ausgewertet. Demzufolge können nur $2^7 - 1 = 127$ Zeichen codiert werden.

Die Speicherkapazität von CNC-Steuerungen wird in K-Byte angegeben. Ein Kilobyte beinhaltet $2^{10} = 1024$ Bytes.

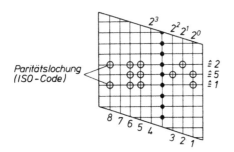

Paritätslochung (ISO-Code)

Alle möglichen Zahlenwerte sind auf den ersten 4 Spuren eines Lochstreifens darstellbar. Da auch Buchstaben und Zeichen für die Darstellung eines Fertigungsablaufes notwendig sind, müssen Zahlen durch eine Lochung auf den Spuren 5 und 6 kenntlich gemacht werden

Bild III.3
Darstellung des Zahlenwertes 251 auf einem Lochstreifen durch entsprechende Lochkombinationen

IV. Steuerungsarten und Interpolationsmöglichkeiten

In der zerspanenden Fertigung lassen sich die meisten Bearbeitungsprobleme aus den drei Geometrieelementen Punkt, Gerade und Kreis darstellen.

Die notwendigen Steuerungsvorgänge werden über das Teileprogramm durch die Werkzeugmaschinensteuerung den Antriebselementen übermittelt.

Dazu bedient man sich bestimmter Steuerungsgrundelemente, die in Tafel IV.1. dargestellt sind.

Tafel IV.1. Einteilung der Steuerungsarten

1. Punktsteuerungsverhalten

Beim Punktsteuerungsverhalten wird das Werkzeug im Eilgang vom Startpunkt an den entsprechenden Zielpunkt gefahren, ohne dabei im Eingriff zu sein. Die Weginformation für das Verfahren im Eilgang außerhalb der Werkstückgeometrie wird im Teileprogramm mit G00 angegeben. Das Bewegen an den Zielpunkt kann je nach Steuerung in jeder Achse allein nacheinander erfolgen oder in allen Achsen gleichzeitig.

Wird bei der Bearbeitung ein Positionieren im Eilgang notwendig und besitzt die Werkzeugmaschine eine Bahnsteuerung, so wird das Werkzeug unter einem Winkel von 45° bis zum Auftreffen auf eine Achse verfahren, um dann achsparallel den definierten Punkt zu erreichen.

Eine Bearbeitung findet erst am definierten Punkt statt.

Das Punktsteuerungsverhalten wird hauptsächlich beim Bohren und seinen Folgeverfahren, beim Punktschweißen und Stanzen angewandt.

Bild IV.1. zeigt das Punktsteuerungsverhalten am Beispiel eines Bohrbildes.

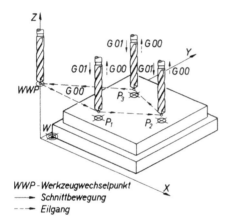

1. Anfahren an P1 im Eilgang   (WWP –→ P1)
2. Bohren von P1 und Auftauchen aus der Kontur   (↓↑)
3. Anfahren an P2 im Eilgang   (P1 –→ P2)
4. Bearbeiten P2 und Auftauchen aus der Kontur   (↓↑)
5. Anfahren an P3 im Eilgang   (P2 –→ P3)
6. Bearbeiten an P3 und Auftauchen aus der Kontur (↓↑)
7. Anfahren des WWP im Eilgang   (P3 –→ WWP)

WWP - Werkzeugwechselpunkt
——▸ Schnittbewegung
----▸ Eilgang

Bild IV.1
Punktsteuerungsverhalten beim Bohren

2. Streckensteuerung

Bei der Streckensteuerung befindet sich das eingesetzte Werkzeug beim Verfahren ständig im Eingriff. Es lassen sich nur achsparallele Konturen erzeugen.

Bei der Bearbeitung in einer Achsrichtung befinden sich die anderen Achsen in Ruhestellung.

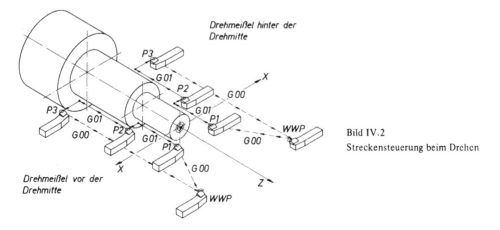

Bild IV.2
Streckensteuerung beim Drehen

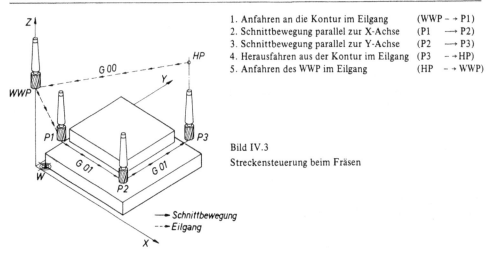

1. Anfahren an die Kontur im Eilgang   (WWP – → P1)
2. Schnittbewegung parallel zur X-Achse   (P1   ⟶ P2)
3. Schnittbewegung parallel zur Y-Achse   (P2   ⟶ P3)
4. Herausfahren aus der Kontur im Eilgang (P3   – →HP)
5. Anfahren des WWP im Eilgang   (HP   – → WWP)

Bild IV.3
Streckensteuerung beim Fräsen

Das Anfahren an die Kontur erfolgt wiederum im Eilgang. Eine Schnittbewegung zur Erzeugung einer achsparallelen Geraden muß der Steuerung mit dem Wegbefehl G01 mitgeteilt werden.
Das Prinzip der Streckensteuerung beim Drehen und Fräsen wird in den Bildern IV.2. und IV.3. dargestellt.

3. Bahnsteuerung

Wenn die Geometrie eines Werkstückes eine Bearbeitung in zwei oder mehr Achsen erfordert, sind die Tisch- und Werkzeugbewegungen nur durch eine Bahnsteuerung möglich.
Hierbei sind für jede Achse getrennte Antriebsmotoren notwendig, wobei jeweils ein eigener Lageregelkreis vorhanden sein muß.
Die Bewegungen innerhalb der Achsrichtungen werden relativ zueinander gesteuert. Damit kann jede beliebige Bahnkurve hergestellt werden.
Bild IV.4. zeigt die Bahnsteuerung bei Drehmaschinen mit Flachbett- und Schrägbettführung.
Die Bilder IV.5. und IV.6. stellen die Bahnsteuerung beim Fräsen einer Geraden und einer beliebigen Kreisbahn dar.

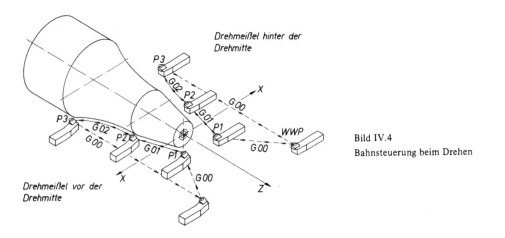

Bild IV.4
Bahnsteuerung beim Drehen

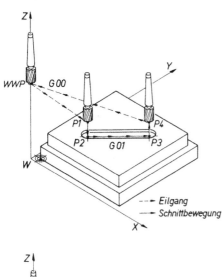

1. Anfahren an die zu erzeugende Kontur im Eilgang
                                                        (WWP --→ P1)
2. Eintauchen in die Kontur   (P1 → P2)
3. Schnittbewegung gleichzeitig in X- und Y-Achse
                                                        (P2 → P3)
4. Auftauchen aus der Kontur   (P3 → P4)
5. Anfahren des WWP im Eilgang   (P4 --→ WWP)

Bild IV.5

Bahnsteuerung beim Fräsen

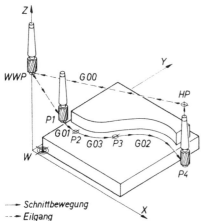

1. Anfahren an die Kontur im Eilgang   (WWP --→ P1)
2. Schnittbewegung parallel zur X-Achse (G01)
                                                  (P1 → P2)
3. Schnittbewegung im Gegenuhrzeigersinn (G03)
                                                (P2 P3)
4. Schnittbewegung im Uhrzeigersinn (G02)
                                                (P3 P4)
5. Auftauchen aus der Kontur auf HP   (P4 →HP)
6. Anfahren des WWP im Eilgang   (HP --→ WWP)

Bild IV.6

Bahnsteuerung beim Fräsen

Nach der Anzahl der gleichzeitig in einem Funktionszusammenhang stehenden Achsen unterscheidet man die 2-Achsen-Bahnsteuerung, die 2- aus 3-Achsen-Bahnsteuerung, die 3-Achsen-Bahnsteuerung und die 5-Achsen-Bahnsteuerung (s. Tafel IV.2.)

Tafel IV.2. Bearbeitungsmöglichkeiten der Bahnsteuerung

2-Achsen-Bahnsteuerung	Bei Bearbeitung gleichzeitig in 2 Achsen können beliebige Bahnen in einer Ebene (X/Y, X/Z, Y/Z) hergestellt werden.
2- aus 3-Achsen-Bahnsteuerung	Zusätzlich zu der Möglichkeit, beliebige Bahnkurven in einer Ebene herzustellen, ist eine lineare Zustellung der 3. Achse möglich.
3-Achsen-Bahnsteuerung	Es besteht ein ständiger Funktionszusammenhang zwischen den drei Achsen. Es kann eine räumliche Bahn erzeugt werden.
5-Achsen-Bahnsteuerung	Es kann jede beliebige räumliche Bahn hergestellt werden. Der Werkzeughalter und Werkstückträger sind schwenkbar.

Da bei einer Bahnsteuerung jeder Achse ständig neue Positionswerte vorgegeben werden, ist eine programmierbare Rechenschaltung (Interpolator) notwendig, die alle Achsbewegungen über einen Geschwindigkeitsregler der Antriebsmotoren so koordiniert, daß die gewünschte Bahn erzeugt wird.

4. Interpolationsarten

Da auf numerisch gesteuerten Dreh- und Fräsmaschinen gefertigte Werkstücke selten ausschließlich achsparallele Konturen aufweisen, hat der Interpolator die Aufgabe, einem Lageregelkreis den für die Konturerzeugung erforderlichen Lagesollwert vorzugeben.

Die Antriebsmotoren für die Vorschubbewegung der Achsschlitten werden über einen Geschwindigkeitsregler so koordiniert, daß eine programmierte Bahn möglichst fehlerfrei nachgefahren wird.

Neue Werkzeugmaschinensteuerungen beinhalten Interpolatoren, die eine Linear- und Zirkularinterpolation ermöglichen.

Wird die Zirkularinterpolation in einer Hauptebene mit einer senkrecht zu dieser Ebene verlaufenden Linearinterpolation verknüpft, handelt es sich um die Schraubenlinieninterpolation.

4.1. Linearinterpolation

Bei der Linearinterpolation wird eine Gerade durch das Verfahren einer oder mehrerer Achsen gleichzeitig in einer Arbeitsebene hergestellt. Nach DIN 66025 wird die Linearinterpolation (Bild IV.7.) mit dem Wegbefehl G01 gekennzeichnet.

Die Bilder IV.8. und IV.9. zeigen die Linearinterpolation am Beispiel eines Drehteiles und eines Fräswerkstückes.

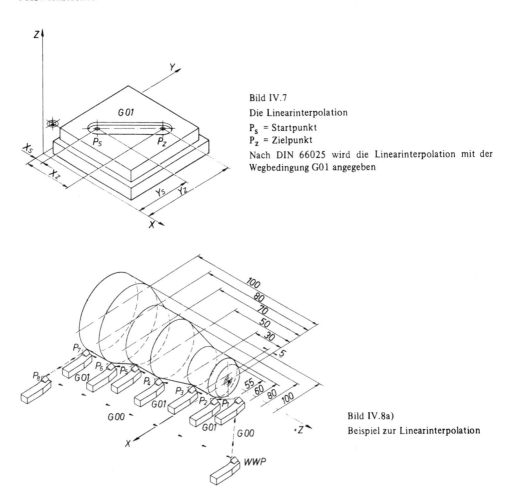

Bild IV.7

Die Linearinterpolation

P_s = Startpunkt
P_z = Zielpunkt

Nach DIN 66025 wird die Linearinterpolation mit der Wegbedingung G01 angegeben

Bild IV.8a)

Beispiel zur Linearinterpolation

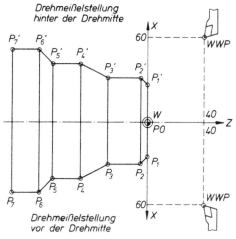

Bild IV.8b. Beispiel zur Linearinterpolation
Drehen

Aufgabe: Beschreibung der dargestellten Kontur in Absolutmaßprogrammierung (ϕ-Programmierung). Der Drehmeißel befindet sich im WWP und soll im Eilgang auf W/P0 fahren. Nach erzeugter Kontur soll der Drehmeißel im Eilgang zum WWP zurückfahren.

Satz-Nr. N	Wegbe-dingung G	Koordinaten X	Z	Erklärung
N10	G90			Absolutmaß-programmierung
N20	G00	X 0	Z 0	Eilgang WWP – – → P0
N30	G01	X 55	(Z 0)	Vorschub P0 → P_1
N40	G01	X 60	Z-5	Vorschub P_1 → P_2
N50	G01	(X 60)	Z-30	Vorschub P_2 → P_3
N60	G01	X 80	Z-50	Vorschub P_3 → P_4
N70	G01	(X 80)	Z-70	Vorschub P_4 → P_5
N80	G01	X 100	Z-80	Vorschub P_5 → P_6
N90	G01	X 100	Z-100	Vorschub P_6 → P_7
N100	G00	X 120	(Z-100)	Eilgang P_7 – – → P_8
N110	G00	(X 120)	Z + 40	Eilgang P_8 – – → WWP

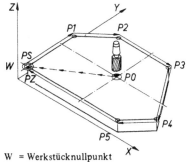

W = Werkstücknullpunkt
P0 = Programmnullpunkt
PS = Startpunkt
PZ = Zielpunkt

Bild IV.9. Beispiel zur Linearinterpolation

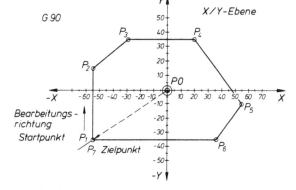

Aufgabe: Beschreibung der dargestellten Kontur in Absolut-maßprogrammierung (Absolutbemaßung)

Definition der dargestellten Kontur über die Punkte P_1 – P_7. Das Werkzeug befindet sich in P0 und soll im Eilgang zum Startpunkt P_1 fahren. Nach erzeugter Kontur soll das Werkzeug zum Nullpunkt P0 im Eilgang zurückfahren.

Satz-Nr. N	Wegbedingung G	Koordinaten X	Y	Erklärung
N10	G17			Anwählen der x/y-Ebene
N20	G90			(Absolutmaßeingabe) Absolutprogrammierung (-bemaßung)
N30	G00	X-55	Y-35	Eilgang P0 → Startpunkt P_1
N40	G01	(X-55)	Y 15	Vorschub P_1 → P_2
N50	G01	X-30	Y 35	Vorschub P_2 → P_3
N60	G01	X 20	(Y 35)	Vorschub P_3 → P_4
N70	G01	X 55	Y-10	Vorschub P_4 → P_5
N80	G01	X 35	Y-35	Vorschub P_5 → P_6
N90	G01	X-55	(Y-35)	Vorschub P_6 → Zielpunkt P_7
N100	G00	X 0	Y 0	Eilgang P_7 – – → P0

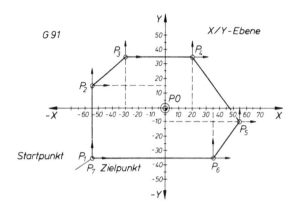

Aufgabe: Beschreibung der dargestellten Kontur in Relativprogrammierung (Inkrementalbemaßung)

Bild IV.9

Beispiel einer Linearinterpolation

Definition der dargestellten Kontur über die Punkte P_1 ... P_7. Das Werkzeug befindet sich in P0 und soll im Eilgang zum Startpunkt P_1 fahren. Nach erzeugter Kontur soll das Werkzeug zum Nullpunkt P0 im Eilgang zurückfahren.

Satz-Nr. N	Wegbedingung G	Koordinaten X	Y	Erklärung
N10	G17			Ebenenauswahl (x/y-Ebene)
N20	G91			Relativprogrammierung (-maßeingabe)
N30	G00	X-55	Y-35	Eilgang P0 $\longrightarrow$ P_1 (Startpunkt)
N40	G01	(X 0)	Y 50	Vorschub $P_1 \rightarrow P_2$
N50	G01	X 25	Y 20	Vorschub $P_2 \rightarrow P_3$
N60	G01	X 50	(Y 0)	Vorschub $P_3 \rightarrow P_4$
N 70	G01	X 35	Y-45	Vorschub $P_4 \rightarrow P_5$
N90	G01	X-20	Y-25	Vorschub $P_5 \rightarrow P_6$
N90	G01	X-90	(Y 0)	Vorschub $P_6 \rightarrow P_7$ (Zielpunkt)
N100	G00	X 55	Y 35	Eilgang P_7 (Zielpunkt) $\longrightarrow$ P0

4.2. Zirkularinterpolation

Mit Hilfe der Linearinterpolation lassen sich theoretisch beliebige Kreisbahnen programmieren. Durch die Bestimmung von Anfangs- und Endpunkten eines Polygonzuges kann durch eine dichte Punktefolge eine Annäherung an die gewünschte Bahn erfolgen.

Das erfordert hohen Programmieraufwand und wird durch die Zirkularinterpolation (Kreisinterpolation) ersetzt.

Unter Zirkularinterpolation versteht man das Verfahren eines Werkzeuges auf einer kreisförmigen Bahn.

Um eine Kreisbahn in einem zweidimensionalen Koordinatensystem festlegen zu können, ist der Kreismittelpunkt durch entsprechende Koordinaten zu definieren. Diese Koordinaten werden als Kreisinterpolationsparameter I, J, und K bezeichnet. Zusätzlich ist innerhalb einer Geometrie der Start- und Zielpunkt der Kreisbahn festzulegen. Außerdem muß der Steuerung die Bearbeitungsrichtung mitgeteilt werden.

Eine Schnittbewegung im Uhrzeigersinn wird über den Wegbefehl G02 und eine Schnittbewegung im Gegenuhrzeigersinn über G03 festgelegt.

Hierzu schaut man immer aus Richtung einer positiven Hauptachse senkrecht auf diejenige Hauptebene, in der die Arbeitsbewegung stattfinden soll. Sowohl die Bewegungsrichtungen als auch die
Hilfsparameter sind in DIN 66025 festgelegt.

Bild IV.10. zeigt das Prinzip der Zirkularinterpolation.

Im Regelfall werden Interpolationsparameter inkremental vom Anfangspunkt der Kreisbahn aus
angegeben (siehe 4.4.5. Kreisinterpolationsparameter). Eine Absolutprogrammierung der Hilfsparameter stellt nur den Ausnahmefall dar.

Bei Drehmaschinen ist für die korrekte Festlegung der Wegbedingungen zu unterscheiden, ob das
Werkzeug *vor* der Drehmitte (Drehmaschine mit Flachbett) oder *hinter* der Drehmitte (Drehmaschine mit Schrägbett) liegt.

Die Bilder IV.11. und IV.12. zeigen das Prinzip der Zirkularinterpolation beim Drehen für Drehmaschinen mit Flach- und Schrägbett.

Die Bilder IV.13. und IV.14. beschreiben die Kontur eines Drehteiles und eines Fräswerkstückes
mit Hilfe der Linear- und Zirkularinterpolation in Absolut- und Relativmaßprogrammierung.

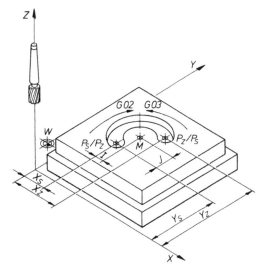

P$_S$ = Startpunkt
P$_Z$ = Zielpunkt

Definition des Start- und Zielpunktes:
P$_S$ (X$_S$/Y$_S$)
P$_Z$ (X$_Z$/Y$_Z$)

Hilfsparameter nach DIN 66025:
I = Kreismittelpunkt in X-Richtung
J = Kreismittelpunkt in Y-Richtung
K = Kreismittelpunkt in Z-Richtung

Bearbeitungsrichtung:
G02 = Zirkularinterpolation im Uhrzeigersinn
G03 = Zirkularinterpolation im Gegenuhrzeigersinn

Bild IV.10

Die Zirkularinterpolation beim Fräsen

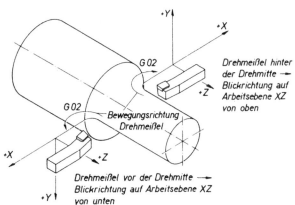

Drehmeißel hinter
der Drehmitte →
Blickrichtung auf
Arbeitsebene XZ
von oben

Bild IV.11

Zirkularinterpolation im Uhrzeigersinn
beim Drehen – Wegbedingung G02

Drehmeißel vor der Drehmitte →
Blickrichtung auf Arbeitsebene XZ
von unten

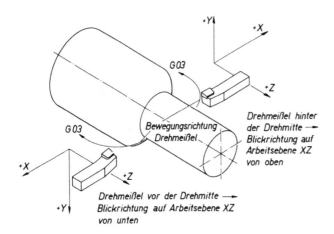

Bild IV.12
Zirkularinterpolation im Gegenuhrzeigersinn – Wegbedingung G03

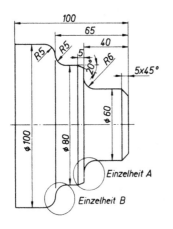

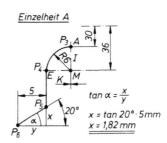

Einzelheit A

$\tan \alpha = \dfrac{x}{y}$

$x = \tan 20° \cdot 5mm$

$\underline{x = 1,82\, mm}$

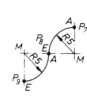

Einzelheit B

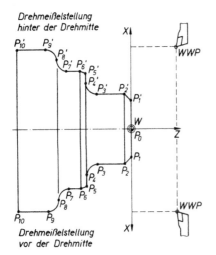

Bild IV.13
Beispiel zur Zirkularinterpolation Drehen

Aufgabe: Beschreibung der dargestellten Kontur in Absolutmaßprogrammierung. Der Drehmeißel befindet sich im WWP und soll im Eilgang auf W/PO fahren. Nach erzeugter Kontur soll im Eilgang zum WWP zurück-fahren.

Beispiel Drehen/Zirkularinterpolation/Absolutmaßprogrammierung

Satz-Nr.	Wegbedingung	Koordinaten		Interpolations-parameter		Erläuterung
N	G	X	Z	I	K	
N10	G90					Absolutmaß-programmierung
N20	G00	X0	Z0			Eilgang (WWP--→P0)
N30	G01	X50	Z0			Schnittbewegung P0→P1
N40	G01	X60	Z-5			Schnittbewegung P1→P2
N50	G01	X60	Z-34			Schnittbewegung P2→P3
N60	G02	X72	Z-40	I6	K0	Zirkularinterpolation im Uhr-zeigersinn P3⌒P4
N70	G01	X76.36	Z-40			Schnittbewegung P4→P5
N80	G01	X80	Z-45			Schnittbewegung P5→P6
N90	G01	X80	Z-60			Schnittbewegung P6→P7
N100	G02	X90	Z-65	I5	K0	Zirkularinterpolation im Uhr-zeigersinn P7⌒P8
N110	G03	X100	Z-70	I0	K-5	Zirkularinterpolation im Gegenuhrzeigersinn P8⌒P9
N120	G01	X100	Z-100			Schnittbewegung P9→P10
N130	G00	X120	Z40			Eilgang (P10--→WWP)

Aufgabe: Beschreibung der dargestellten Kontur in Relativmaßprogrammierung. Der Drehmeißel befindet sich im WWP und soll im Eilgang auf W/PO fahren. Nach erzeugter Kontur soll der Werkzeug im Eilgang zum WWP zurückfahren.

Beispiel Drehen/Zirkularinterpolation/Relativ-/Inkrementalmaßprogrammierung

Satz-Nr.	Wegbedingung	Koordinaten		Interpolations-parameter		Erläuterung
N	G	X	Z	I	K	
N10	G91					Relativmaßprogrammierung
N20	G00	X0	Z0			Eilgang WWP--→P0
N30	G01	X25	Z0			Schnittbewegung P0→P1
N40	G01	X5	Z-5			Schnittbewegung P1→P2
N50	G01	X0	Z-29			Schnittbewegung P2→P3
N60	G02	X-6	Z-6	I6	K0	Zirkularinterpolation im Uhr-zeigersinn P3⌒P4
N70	G01	X2.18	Z0			Schnittbewegung P4→P5
N80	G01	X1.82	Z-5			Schnittbewegung P5→P6
N90	G01	X0	Z-15			Schnittbewegung P6→P7
N100	G02	X5	Z-5	I5	K0	Zirkularinterpolation im Uhr-zeigersinn P7⌒P8
N110	G03	X5	Z-5	I0	K-5	Zirkularinterpolation im Gegenuhrzeigersinn P8⌒P9
N120	G01	X0	Z-30			Schnittbewegung P9→P10
N130	G00	X10	Z140			Eilgang P10--→WWP

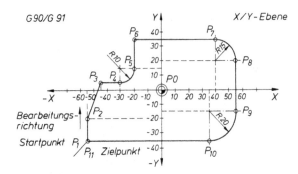

Aufgabe: Beschreibung der Kontur einer
Fräsmittelpunktsbahn in
Absolutmaß- und Relativmaß-
programmierung

Bild IV.14
Beispiel zur Zirkularinterpolation

Definition der dargestellten Kontur (Fräsmittelpunktsweges) über die Punkte $P_1 - P_{11}$. Das Werkzeug befindet sich in P0 und soll im Eilgang zum Startpunkt P_1 fahren. Nach erzeugter Kontur soll das Werkzeug zum Nullpunkt P0 im Eilgang zurückfahren.

Satz-Nr.	Wegbedingung	Koordinaten		Interpolations-parameter		Erklärung
N	G	X	Y	I	J	
N10	G17					Ebenenauswahl (x/y-Ebene)
N20	G90					Absolutmaßeingabe
N30	G00	X-55	Y-35			Eilgang P – → Startpunkt P_1
N40	G01	(X-55)	Y-20			Vorschub $P_1 \to P_2$
N50	G01	X-45	Y 5			Vorschub $P_2 \to P_3$
N60	G01	X-30	(Y 5)			Vorschub $P_3 \to P_4$
N70	G03	X-20	Y 15	I0	J 10	Vorschub, Kreisinterpolation im Gegenuhrzeigersinn $P_4 \frown P_5$
N80	G01	X-20	Y 35			Vorschub $P_5 \to P_6$
N90	G01	X 40	(Y 35)			Vorschub $P_6 \to P_7$
N100	G02	X 55	Y 20	I0	J-15	Vorschub, Kreisinterpolation im Uhrzeigersinn $P_7 \frown P_8$
N110	G01	(X 55)	Y-15			Vorschub $P_8 \to P_9$
N120	G02	X 35	Y-35	I-20	J 0	Vorschub, Kreisinterpolation im Uhrzeigersinn $P_9 \frown P_{10}$
N130	G01	X-55	Y-35			Vorschub P_{10} – Zielpunkt P_{11}
N140	G00	X 0	Y 0			Eilgang $P_{11} \longrightarrow P0$

Definition der dargestellten Kontur (Fräsermittelpunktsweg) über die Punkte P_1 – P_{11}. Das Werkzeug befindet sich in P0 und soll im Eilgang zum Startpunkt P_1 fahren. Nach erzeugter Kontur soll das Werkzeug zum Nullpunkt P0 im Eilgang zurückfahren.

Satz-Nr.	Wegbedingung	Koordinaten		Interpolations-parameter		Erklärung
N	G	X	y	I	J	
N10	G17					Ebenenauswahl (x/y-Ebene)
N20	G91					Relativmaßeingabe
N30	G00	X-55	Y-35			Eilgang P0 – → Startpunkt P_1
N40	G01	X 0	Y 15			Vorschub $P_1 \rightarrow P_2$
N50	G01	X 10	Y 25			Vorschub $P_2 \rightarrow P_3$
N60	G01	X 15	Y 0			Vorschub $P_3 \rightarrow P_4$
N70	G03	X 10	Y 10	I 0	J 10	Vorschub $P_4 \curvearrowright P_5$ Zirkularinterpolation im Gegenuhrzeigersinn
N80	G01	X 0	Y 20			Vorschub $P_5 \rightarrow P_6$
N90	G01	X 60	Y 0			Vorschub $P_6 \rightarrow P_7$
N100	G02	X 15	Y-15	I 0	J-15	Vorschub $P_7 \curvearrowright P_8$ Zirkularinterpolation im Uhrzeigersinn
N110	G01	X 0	Y-35			Vorschub $P_8 \rightarrow P_9$
N120	G02	X-20	Y-20	I-20	J 0	Vorschub $P_9 \curvearrowright P_{10}$ Zirkularinterpolation im Uhrzeigersinn
N130	G01	X-90	Y 0			Vorschub $P_{10} \rightarrow P_{11}$
N140	G00	X 55	Y 35			Eilgang P_{11} Zielpunkt – → P0

5. Ebenenauswahl

In einem CNC-Teileprogramm muß neben den Angaben wie Absolut- und Relativbemaßung und Eilgang- oder Schnittbewegung die Hauptebene, in der die Bearbeitung erfolgt, festgelegt werden. Die XY-Ebene wird mit G17, die XZ-Ebene mit G18 und die YZ-Ebene mit G19 programmiert. Bild IV.15. zeigt die Auswahl der Bearbeitungsebenen beim Fräsen.

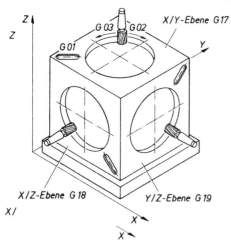

Bild IV.15
Auswahl der Bearbeitungsebenen beim Fräsen

V. Manuelles Programmieren

1. Kurzbeschreibung

Bei der manuellen Programmierung werden von einem Teileprogrammierer auf einem Programmierblatt von Hand (manuell) alle für die Maschinensteuerung erforderlichen Anweisungen (Steuerungsbefehle) niedergeschrieben.

Die Anweisungen werden in Einzelschritte untergliedert, um den fertigungsgerechten Ablauf der Werkstückherstellung sicherzustellen.

Die Anweisungen bestehen aus geometrischen und technologischen Daten (Werkstückmaße, Schnittgeschwindigkeit, Vorschub usw.).

Das so erarbeitete CNC-Steuerungsprogramm wird auch Teileprogramm genannt.

2. Aufbau eines CNC-Programms

Der Programmaufbau numerisch gesteuerter Werkzeugmaschinen ist genormt in DIN 66025, Teil 1. Die Hauptbestandteile eines CNC-Steuerungsprogramms sind

- der Programmanfang mit einer Programmnummer oder einem Programmnamen
- eine Folge von Sätzen mit den Fertigungsanweisungen und
- das Programmende

2.1. Programmanfang

Der Programmanfang ist durch das Prozentzeichen (%) zu kennzeichnen. Hinter das Programmanfangszeichen kann eine Programmnummer oder ein Programmname geschrieben werden. Programmnummer oder Programmname werden aus alphanumerischen Zeichen (A, B, C, ..., 0, 1, 2, ...) zusammengesetzt.

Beispiel: %490306 oder %PROGFRAES003

2.2. Programmende

Das Programmende wird der Steuerung anhand von Hilfsfunktionen mitgeteilt. Die beiden Hilfsfunktionen für „Programmende" sind die Anweisungen M02 oder M30. Die Programmende-Anweisung muß im letzten Satz als letzte Anweisung stehen.

2.2.1. Unterschied M02—M30

Programmende-Anweisung M02 bedeutet, daß die Maschine und die Zusatzfunktionen (Spindeldrehung, Kühlschmierung usw.) abgeschaltet werden. Die Maschine wird abschließend in ihren Ausgangszustand, der vor Bearbeitungsbeginn bestand, zurückgesetzt.

Programmende-Anweisung M30 hat dieselbe Wirkung wie M02. Zusätzlich wird das gesamte Programm an den Programmanfang zurückgesetzt. Bei Steuerung mittels Lochstreifen wird der Lochstreifen zum Programmanfang zurückgespult.

Beispiel: N24 G00 X130 Z90 M02 LF   oder   N24 G00 X130 Z90 M30 LF

3. Gliederung eines CNC-Programms

Das CNC-Steuerungsprogramm besteht aus einer Folge von Sätzen (Programmsätze, Programmzeilen oder Blöcke), die in fertigungstechnisch richtiger Reihenfolge die erforderlichen Bearbeitungsangaben für die Steuerung enthalten.

Die Sätze bestehen wiederum aus Wörtern. Ein Wort setzt sich aus Adresse und Adreßwert zusammen. Bild V.1 zeigt den Zusammenhang von Programm-, Satz- und Wortaufbau.

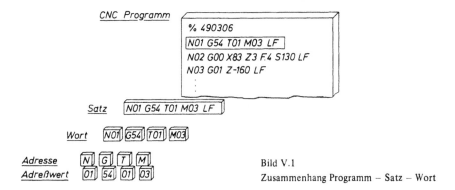

Bild V.1
Zusammenhang Programm – Satz – Wort

3.1. Satz (Programmsatz)

Programmsätze beginnen mit dem Adreßbuchstaben N und einer zugeordneten Zahl, der Satznummer.

Beispiel: N12 G03 X40 Z-10 I0 K-10 LF

3.2. Ausblendsatz

Je nach Bearbeitungsaufgabe kann es sinnvoll sein, speziell gekennzeichnete Sätze im Programm vorzusehen. Es handelt sich hierbei um Ausblendsätze. Die Steuerung erkennt einen Ausblendsatz durch einen dem Adreßbuchstaben N vorangestellten Schrägstrich (/).

Beispiel: /N60 G00 X350 Z450 M00 LF

Ein Programm darf mehrere Ausblendsätze enthalten. Das Ausblenden (gleichbedeutend mit Überlesen) eines Satzes geschieht nur dann, wenn vor dem Programmstart die Bedienfeldtaste „Satz überlesen" an der Steuerungskonsole aktiviert wird. Ausblendsätze werden dann programmiert, wenn bestimmte Fertigungsschritte einmalig oder nicht bei jedem Werkstück vorgesehen sind.

3.3. Programmkommentare

Zur Dokumentation eines CNC-Steuerungsprogramms kann es sinnvoll sein, einzelne Programmschritte mit Klartext-Erläuterungen zu versehen. Diese Erläuterungen müssen in Klammern gesetzt am Ende des zu kommentierenden Satzes noch vor dem Satzendezeichen eingefügt werden.

Beispiel: N60 M00 (Programmstop zum Nachmessen) LF

4. Satzaufbau

Ein Satz (Programmzeile oder Block) besteht aus einer Folge von Anweisungen, den Wörtern, die wiederum die Teilinformationen für die CNC-Steuerung enthalten. Diese Teilinformationen enthalten:

– programmtechnische Informationen : Satzanfang oder -ende
– Fahranweisungen : linear oder kreisförmig verfahren
  geometrische Informationen : Koordinaten, Winkel
– Hilfsparameter : Kreismittelpunktskoordinaten, ...
– Korrekturen : Nullpunkte, Werkzeugabmessungen
– Schaltinformationen : Vorschub, Drehzahl
– Zusatzfunktionen : Kühlschmierstoff EIN/AUS, Spindeldrehsinn, ...

Korrekturen, Schaltinformationen sowie Zusatzfunktionen werden auch technologische Informationen genannt.

Die Anzahl der Teilinformationen ist von Satz zu Satz unterschiedlich, die Satzlänge somit variabel. Wie beim Programm besteht ein einzelner Satz ebenfalls aus Satzanfang- und Satzendezeichen.

4.1. Satzanfang

Der Satzanfang wird durch den Buchstaben N und der Satznummer definiert.

Beispiel: N10 ... LF

4.2. Satzende

Das Satzende wird durch das Satzendezeichen LF (= line feed) definiert.

Beispiel: N10 G54 X120 LF

4.3. Wortaufbau

Die kleinste Informationseinheit in einem CNC-Programm ist das Wort. Ein Wort besteht immer aus einer Adresse (Adreßbuchstabe) und dem Adreßwert (Zahlenwert).

Beispiel:

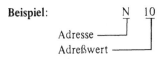

Die Adresse legt fest, welche Funktion der Steuerung aufgerufen wird, der Adreßwert gibt den von der Steuerung zu verarbeitenden Zahlenwert vor.

Bei den Adreßwerten ist nochmals zu unterscheiden in direkt oder verschlüsselt zu programmierende Zahlen.

4.3.1. Schlüsselzahlen

Schlüsselzahlen können nochmals unterschieden werden in frei verschlüsselte Zahlen sowie mathematisch definierte Schlüsselzahlen.

Den frei verschlüsselten Zahlen sind willkürlich bestimmte Funktionen zugeordnet worden.

Beispiel: M03 bedeutet Spindeldrehung im Uhrzeigersinn

Die mathematisch definierten Schlüsselzahlen werden nur im Zusammenhang mit gestuften Drehzahlen und Vorschüben benutzt.

Dabei wird jeweils einer Schlüsselzahl (erste Schlüsselzahl: 00, letzte Schlüsselzahl: 99) ein bestimmter Zahlenwert der Normzahlreihe R20 zugeordnet (siehe Kapitel Maschinenelemente, Normzahlen).

Beispiel: S70 bedeutet, daß der zugeordnete Zahlenwert zur Schlüsselzahl 70 n = 315 1/min ist.

Schlüsselzahlen werden bei modernen CNC-Steuerungen kaum noch verwendet.

4.3.2. Direkt programmierte Zahlen

Koordinaten, Winkel, Drehzahlen und Vorschübe sind direkt zu programmierende Zahlenwerte. Je nach Steuerungsfabrikat werden dezimale Zahlenwerte entweder mit Dezimalpunkt oder als Festkommazahl eingegeben.

Bei den Koordinaten- und Winkelwerten ist die Verfahr- oder Drehrichtung eventuell durch ein positives oder negatives Vorzeichen anzugeben. Dies kann auch für die Spindeldrehzahl zutreffen, wobei ein positives Vorzeichen Rechtsdrehung, ein negatives Vorzeichen Linksdrehung festlegt.

Dezimalpunkteingabe

Bei der Dezimalpunkteingabe können in der Regel nachlaufende und führende Nullen weggelassen werden.

Beispiele: X300
Y.751
Z24.9

Festkomma-Eingabe

Bei der Festkomma-Eingabe hängt die Zahl der einzugebenden Stellen von der Eingabefeinheit der Steuerung sowie von der maximal zulässigen Stellenzahl ab.

Beispiel: Eingabefeinheit 1/1000 mm (= 1 μm = Mikrometer), maximale Dezimalstellenzahl sechs
0.001 mm =   1
100   mm = 100000
845.132 mm = 845132

Vorzeichen bei Koordinaten und Winkeln

Bei positiven Koordinaten oder Winkeln kann ein positives Vorzeichen zwischen Adresse und Adreßwert geschrieben werden (Angabe optional).
Bei negativen Koordinaten oder Winkeln muß ein negatives Vorzeichen zwischen Adresse und Adreßwert geschrieben werden.
Ein positives Vorzeichen bei Winkeln bedeutet eine Winkeldrehung gegen den Uhrzeigersinn, ein negatives Vorzeichen eine Winkeldrehung im Uhrzeigersinn.

Beispiele: Koordinaten
X42.75   oder   X + 42.75
Z – 103.8
Winkel
A45   oder A + 45
B – 60

4.4. Satzformat

Unter dem Begriff Satzformat ist die in DIN 66025 festgelegte Vereinbarung zu verstehen, die Adressen (Adreßbuchstaben) immer in einer feststehenden Reihenfolge im Satz anzuordnen. Die Reihenfolge ist dabei wie folgt festgelegt:

N   – Satznummer (N = number)
G   – Wegbedingung (G = go)
X, Y, Z
U, V, W   – Koordinaten
R
A, B, C   – Winkel
I, J, K   – Interpolationsparameter
F   – Vorschub (F = feed rate)
S   – Spindeldrehzahl (S = spindle speed)
T, D   – Werkzeugnummer und -korrekturen (T = tool, D = diameter)
M   – Zusatzfunktion (M = miscellaneous functions)

Nicht aufgeführten Buchstaben werden steuerungsspezifisch von den Herstellern unterschiedliche Funktionen zugeordnet. Hierauf wird in den Programmierbeispielen eingegangen.

Tafel V.1. Bedeutung der Adressen nach DIN 66025

A	Drehbewegung um die X-Achse
B	Drehbewegung um die Y-Achse
C	Drehbewegung um die Z-Achse
D	Werkzeugkorrekturspeicher (*)
E	zweiter Vorschub (*)
F	Vorschub
G	Wegbedingung
H	(*)
I	Interpolationsparameter oder Gewindesteigung parallel zur X-Achse
J	Interpolationsparameter oder Gewindesteigung parallel zur Y-Achse
K	Interpolationsparameter oder Gewindesteigung parallel zur Z-Achse
L	(*)
M	Zusatzfunktion
N	Satznummer
O	(*)
P	dritte Bewegung parallel zur X-Achse (*)
Q	dritte Bewegung parallel zur Y-Achse (*)
R	dritte Bewegung parallel zur Z-Achse oder Bewegung im Eilgang in Richtung der Z-Achse (*)
S	Spindeldrehzahl
T	Werkzeugspeicher
U	zweite Bewegung parallel zur X-Achse (*)
V	zweite Bewegung parallel zur Y-Achse (*)
W	zweite Bewegung parallel zur Z-Achse (*)
X	Bewegung in Richtung der X-Achse
Y	Bewegung in Richtung der Y-Achse
Z	Bewegung in Richtung der Z-Achse

Mit Sternchen (*) versehene Adressen sind frei belegbar oder können mit einer anderen als der vorgesehenen Funktion belegt werden.

Bei einigen Steuerungsfabrikaten besteht die Möglichkeit, Adressen mehrfach in einem Satz zu verwenden. Dies trifft vornehmlich auf Wegbedingungen, Zusatzfunktionen oder Werkzeugspeicher zu. Aus Gründen der Übersichtlichkeit bei der Programmierung sollte darauf verzichtet werden.
Die meisten Wegbedingungen (Adresse G) und Zusatzfunktionen (Adresse M) bleiben — einmal programmiert - solange wirksam, wie sie nicht geändert werden. Diese Eigenschaft wird modal (selbsthaltend) genannt.
Einige wenige Wegbedingungen und Zusatzfunktionen sind jedoch nur in dem Satz wirksam, in welchem sie programmiert sind. Diese Eigenschaft wird „satzweise wirksam" genannt.

4.4.1. Satznummer N

Die Satznummer wird mit der Adresse N programmiert. Der Zweck ist die übersichtliche Gestaltung eines CNC-Programms (Bild V.1.)

Beispiel:

Bei der Satznumerierung ist folgendes zu beachten: CNC-Steuerungen besitzen für das Editieren (Verändern) eines im Programmspeicher stehenden CNC-Programms einen Einfügemodus. Das Programm kann in diesem Fall beginnend mit der Satznummer N1 fortlaufend in 1er-Schritten numeriert werden.

Wenn nachträglich ein Satz mit der Nummer N4 in das Programm eingefügt werden soll, wird der im Programmspeicher stehende Satz N4 automatisch zum Satz N5, und die nachfolgenden Sätze werden ebenfalls um eins hochnumeriert.

Ist die zuvor beschriebene Funktion der automatischen Zeilennumerierung nicht gegeben, so sollte die Zeilennumerierung in 10er-Sprüngen vorgenommen werden. Zwischen jeweils zwei im Speicher vorhandene Sätze können dann je nach Erfordernis bis zu neun weitere Sätze zusätzlich eingefügt werden.

4.4.2. Wegbedingung G

Die Wegbedingung wird mit der Adresse G programmiert. Bei den Adreßwerten handelt es sich um zweistellige, freiverschlüsselte Zahlen, denen Funktionen zugeordnet sind (Tafel V.2).

Die Wörter für die Wegbedingungen legen zusammen mit den Wegbefehlen, also den Koordinaten- oder Winkelwerten, im wesentlichen die geometrischen Informationen im Steuerungsprogramm fest.

Die Wegbedingungen G umfassen verschiedene Funktionsarten. Im einzelnen werden damit folgende Funktionsgruppen festgelegt:

- Interpolationsarten : G00–G03, G06, G33–G35
- Ebenenauswahlen : G17- G19
- Werkzeugkorrekturen : G40- G44
- Nullpunkt-Verschiebungen : G53–G59
- Arbeitszyklen : G80–G89
- Vermaßungsangaben : G90, G91
- Vorschubvereinbarungen : G93- G95
- Spindeldrehzahl-Vereinbarungen : G96, G97
- Maßeinheiten : G70, G71

Zusätzlich gibt es Wegbedingungen, deren Belegung vorläufig oder auf Dauer freigestellt ist. Für diese Wegbedingungen können die Steuerungshersteller frei Funktionen festlegen.

Tafel V.2 zeigt alle in DIN 66025, Teil 2 genormten Verschlüsselungen der Wegbedingungen G.

Tafel V.2. Wegbedingungen G und zugeordnete Funktionen

Wegbedingung		Funktion
G00		Steuerung von Punkt zu Punkt im Eilgang
G01		Linear-Interpolation
G02		Kreis-Interpolation im Uhrzeigersinn
G03		Kreis-Interpolation im Gegenuhrzeigersinn
G04	*	programmierbare Verweilzeit
G05	v	
G06		Parabel-Interpolation
G07	v	
G08	*	Geschwindigkeitszunahme
G09	*	Geschwindigkeitsabnahme
G10–G16	v	
G17		Hauptebene XY
G18		Hauptebene XZ
G19		Hauptebene YZ
G20–G24	v	
G25–G29	s	
G30–G32	v	
G33		Gewindeschneiden mit konstanter Steigung
G34		Gewindeschneiden mit konstant zunehmender Steigung
G35		Gewindeschneiden mit konstant abnehmender Steigung
G36–G39	s	

Wegbedingung		Funktion
G40		Aufheben der Werkzeugkorrektur
G41		Werkzeugbahnkorrektur in Vorschubrichtung links von der Kontur
G42		Werkzeugbahnkorrektur in Vorschubrichtung rechts von der Kontur
G43		Werkzeugkorrektur in Richtung der positiven Koordinatenachsen
G44		Werkzeugkorrektur in Richtung der negativen Koordinatenachsen
G45–G52	v	
G53		Aufheben aller programmierten Nullpunktverschiebungen
G54–G59		6 Speicherplätze für programmierte Nullpunktverschiebungen
G60–G62	v	
G63	*	Gewindebohren
G64–G69	v	
G70		Maßangaben in Zoll (inch)
G71		Maßangaben in Millimeter
G72 G73	v	
G74	*	Anfahren des Referenzpunktes
G75–G79	v	
G80		Aufheben aller Arbeitszyklen
G81 G89		9 Arbeitszyklen
G90		Maßangaben absolut
G91		Maßangaben inkremental
G92	*	Speicher setzen oder ändern
G93		zeitreziproke Vorschubverschlüsselung
G94		Vorschubgeschwindigkeit in mm/min oder inch/min
G95		Vorschub in mm/Umdrehung oder inch/Umdrehung
G96		konstante Schnittgeschwindigkeit
G97		Angabe der Spindeldrehzahl in 1/min
G98–G99	v	

Ohne Kennzeichnung : modal (selbsthaltend)	v: vorläufig frei verfügbar
* : satzweise wirksam	s: ständig frei verfügbar

4.4.3. Koordinaten X, Y, Z/U, V, W/P, Q, R

Zur Beschreibung der Relativbewegungen zwischen Werkzeug und Werkstück dienen die Adressen X, Y, Z/U, V, W/P, Q, R.

X, Y und Z sind die Hauptachsen eines räumlichen rechtwinkligen Koordinatensystems. Die Angabe einer Koordinatenachse zusammen mit einem Koordinatenwert bedeutet, daß eine Bewegung parallel zur Achse um den angegebenen Weg erfolgt. Zusätzlich muß der Steuerung mitgeteilt werden, welche Maßangabe gelten oder welche Fahranweisung ausgeführt werden soll.

Als Maßangabe sind absolute Maße (G90) oder inkrementale Maße (G91) programmierbar.

Als Fahranweisungen können z. B. lineares Verfahren im Eilgang (G00), lineares Verfahren mit definiertem Vorschub (G01) oder kreisförmige Bewegungen (G02, G03) programmiert werden.

Beispiel: G90 → Einschaltzustand der Steuerung
N60 G00 X100 LF
lineares Verfahren im Eilgang auf die Position X100
bezogen auf den Werkstücknullpunkt

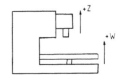

Die Achsen U, V, W sowie P, Q, R sind zusätzliche Achsen, die je nach Werkzeugmaschinenbauart als parallele Achsen zu den Hauptachsen programmiert werden können.

Beispiel: Senkrecht-Konsolfräsmaschine

4.4.4. Winkel A, B, C

Zur Beschreibung der Drehbewegungen von Werkzeug- oder Werkstückträgern werden die Adressen A, B und C benutzt.

Die Drehbewegung wird durch Winkelmaße, der Drehsinn durch positive oder negative Vorzeichen festgelegt.

Angegeben werden die Winkelmaße als Dezimalzahlen mit der Einheit Grad oder als dezimale Bruchteile einer Umdrehung.

Beispiele: A75 oder A + 75 → Drehung um X-Achse im Uhrzeigersinn
B–102   → Drehung um Y-Achse im Gegenuhrzeigersinn
C317.4   → Drehung um Z-Achse im Uhrzeigersinn

4.4.5. Kreisinterpolationsparameter I, J, K

Bei der Programmierung von Vollkreisen oder Kreisbögen ist neben der Angabe der Wegbedingung (G02 oder G03) die Angabe der Mittelpunktkoordinaten notwendig. Die Adressen der Kreisinterpolationsparameter sind I, J und K. Sie werden auch Hilfskoordinaten genannt.

Die Koordinate I bezieht sich auf die X-Achse, J auf die Y-Achse und K auf die Z-Achse.

Die Koordinatenwerte für I, J und K können absolut oder inkremental programmiert werden. In der Praxis ist jedoch von fast allen Steuerungsherstellern die inkrementale Maßangabe festgelegt.

a) I, J, K inkremental programmiert

Zur eindeutigen geometrischen Beschreibung eines Kreises oder Kreisbogens sind der Startpunkt PS, der Zielpunkt PZ sowie der Mittelpunkt M erforderlich.

Bei einem Vollkreis fallen Anfangs- und Endpunkt zusammen.

I legt den inkrementalen Koordinatenwert vom Kreis-anfangspunkt zum Kreismittelpunkt in X-Richtung fest.

J legt den inkrementalen Koordinatenwert vom Kreis-anfangspunkt zum Kreismittelpunkt in Y-Richtung fest.

K legt den inkrementalen Koordinatenwert vom Kreis-anfangspunkt zum Kreismittelpunkt in Z-Richtung fest.

Das Vorzeichen für I, J und K ergibt sich aus der Lage des Kreisanfangspunktes zum Kreismittelpunkt. Wird vom Kreisanfangspunkt jeweils in positiver Achsrichtung zum Kreismittelpunkt gegangen, so erhält der entsprechende Interpolationsparameter ein positives Vorzeichen, wird in negativer Achsrichtung gegangen, so erhält der Interpolationsparameter ein negatives Vorzeichen.

Für einen Kreis oder Kreisbogen in einer Hauptebene sind jeweils nur zwei Interpolationsparameter zur Angabe des Kreismittelpunktes erforderlich.

Bild V.2. zeigt das Prinzip zur vorzeichengerechten Ermittlung der Interpolationsparameter I, J und K.

Zu beachten ist, daß die Kreisinterpolationsparameter nur im jeweils programmierten Satz wirksam sind.

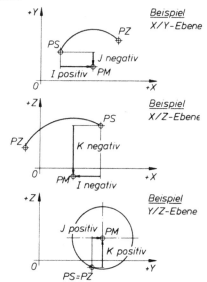

PS : Startpunkt ⎤
PZ : Zielpunkt   ⎦ Kreisbogen
PM : Kreis(-bogen)mittelpunkt

Bild V.2

Kreisinterpolationsparameter – inkremental

b) I, J, K absolut programmiert

Seltener angewandt wird die absolute Programmierung der Kreisinterpolationsparameter I, J und K. Alle Kreismittelpunkte werden in diesem Fall vom Werkstücknullpunkt aus bemaßt.

Bild V.3 zeigt das Prinzip der absoluten Programmierung der Kreisinterpolationsparameter.

Zu beachten ist in diesem Zusammenhang, daß eine programmierte Maßangabe (G90, Absolutbemaßung oder G91, Inkrementalbemaßung) keinen Einfluß auf die Maßangabe der Interpolationsparameter hat. Die für die Kreisinterpolationsparameter I, J und K steuerungsintern festgelegte Maßangabe bleibt stets gültig. Außer der beschriebenen Kreisdefinition kann ein Kreis oder Kreisbogen auch durch seinen Radius sowie Anfangs- und Endwinkel des Kreisbogens beschrieben werden.

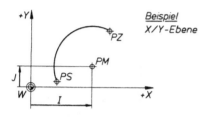

Beispiel
X/Y-Ebene

PS : Startpunkt ⎫
PZ : Zielpunkt ⎬ Kreisbogen
PM : Kreis(-bogen)mittelpunkt ⎭

Bild V.3
Kreisinterpolationsparameter – absolut

4.4.6. Vorschub F

Der Vorschub wird mit der Adresse F programmiert. Der Zahlenwert für den Vorschub kann entweder mathematisch verschlüsselt angegeben oder direkt programmiert werden.

Bei der direkten Programmierung des Vorschubes gibt es drei Möglichkeiten:

a) Zeitreziproke Vorschubverschlüsselung, festgelegt durch die Wegbedingung G93.
b) Direkte Angabe des Vorschubes in mm/min oder inch/min, festgelegt durch die Wegbedingung G94.
c) Direkte Angabe des Vorschubes in mm/U oder inch/U, festgelegt durch die Wegbedingung G95.

Beispiele: mathematische Verschlüsselung
F46 → Vorschub 20 mm/min

direkt programmierter Vorschub
F0.8 → Vorschub 0.8 mm/U

4.4.7. Spindeldrehzahl S

Die Spindeldrehzahl wird mit der Adresse S programmiert. Der Zahlenwert für die Spindeldrehzahl kann entweder mathematisch verschlüsselt angegeben oder direkt programmiert werden.

Bei der direkten Programmierung gibt es zwei Möglichkeiten:

a) Programmierung einer konstanten Schnittgeschwindigkeit in m/min oder ft/min, festgelegt durch die Wegbedingung G96.
b) Direkte Programmierung der Spindeldrehzahl in 1/min, festgelegt durch die Wegbedingung G97.

Beispiele: konstante Schnittgeschwindigkeit
S12.5 → Schnittgeschwindigkeit 12.5 m/min

direkte Programmierung der Spindeldrehzahl
S1000 → Spindeldrehzahl 1000 1/min

4.4.8. Werkzeugaufruf und Werkzeugkorrekturen T, D

Die Adresse für das Werkzeug ist der Buchstabe T, für die Werkzeugkorrektur der Buchstabe D. Als Adressen für Korrekturen werden von den Steuerungsherstellern häufig auch andere oder zusätzliche Adressen verwendet, z. B. H, P, Q oder R.

Adreßwert ist die Nummer eines Werkzeugs oder Werkzeugspeichers oder eines Korrekturspeicherplatzes. Die Anzahl der speicherbaren Werkzeuge und Werkzeugkorrekturen ist abhängig von den reservierten Speicherplätzen. Üblich sind 16 oder 32 Speicherplätze für Werkzeuge und Werkzeugkorrekturen.

Grundsätzlich können mit den Adressen T und D zwei Möglichkeiten unterschieden werden:

a) Verwendung nur von T oder
b) Verwendung von T *und* D.

a) Werkzeugaufruf T

Die Werkzeugnummer legt das Werkzeug fest.

Beispiel: T03 → ruft z. B. einen Schaftfräser mit Durchmesser 10 mm und Länge 60 mm auf

Automatischer Werkzeugwechsel

Besitzt die Werkzeugmaschine einen Werkzeugspeicher (Werkzeugmagazin) mit einer Werkzeugwechseleinrichtung, so wird bei Aufruf eines Werkzeugs das Werkzeug automatisch dem Magazin entnommen und der Werkzeugaufnahme zugeführt.

Manueller Werkzeugwechsel

Besitzt die Werkzeugmaschine kein Werkzeugmagazin, so muß bei Aufruf eines Werkzeugs das der Werkzeugnummer zugeordnete Werkzeug von Hand der Werkzeugaufnahme zugeführt werden.

Im Werkzeugspeicher sind außerdem Korrekturangaben zur Werkzeuglänge und zum Werkzeugdurchmesser (Bohren/Fräsen) oder zum Schneidenradius (Drehen) abgespeichert. Bei einigen Steuerungen wird an die Werkzeugnummer zusätzlich eine zweistellige Nummer für den Korrekturspeicher angehängt. Werkzeugnummer und Korrekturspeicher müssen nicht identisch sein.

Beispiel:

b) Werkzeugaufruf T und Werkzeugkorrektur D

Der Werkzeugspeicher (T) legt das Werkzeug fest, der Werkzeugkorrekturspeicher (D) enthält die Korrekturdaten (Länge, Durchmesser, Schneidenradius).

Beispiel:

4.4.9. Zusatzfunktionen M

Die Zusatzfunktionen werden mit der Adresse M programmiert. Bei den Adreßwerten handelt es sich um zweistellige frei verschlüsselte Zahlen, denen frei Funktionen zugeordnet sind.

Die Zusatzfunktionen enthalten vorwiegend technologische Informationen, sofern diese nicht unter den Adressen F, S oder T programmierbar sind.

Tafel V.3 zeigt alle in DIN 66025, Teil 2 genormten Verschlüsselungen der Zusatzfunktionen M.

Tafel V.3. Zusatzfunktionen M und zugeordnete Funktionen

M00	*, e	Programmierter Halt
M01	*, e	Wahlweiser Halt
M02	*, e	Programmende
M03	m, a	Spindeldrehung im Uhrzeigersinn
M04	m, a	Spindeldrehung im Gegenuhrzeigersinn
M05	m, e	Spindel Halt
M06	*	Werkzeugwechsel
M07	m, a	Kühlschmiermittel Nr. 2 EIN
M08	m, a	Kühlschmiermittel Nr. 1 EIN
M09	m, e	Kühlschmiermittel AUS
M10	m	Klemmen
M11	m	Lösen
M12–M18	v	
M19	m, e	Spindel Halt mit definierter Endstellung
M20–M29	s	
M30	*, e	Programmende mit Rücksetzen zum Programmanfang
M31	*	Aufhebung einer Verriegelung
M32–M39	v	
M40–M45	v	
M46–M47	v	
M48	m, e	Überlagerungen wirksam
M49	m, a	Überlagerungen unwirksam
M50 M57	v	
M58	m, a	Konstante Spindeldrehzahl AUS
M59	m, a	Konstante Spindeldrehzahl EIN
M60	*, e	Werkstückwechsel
M61–M89	v	
M90–M99	s	

m: modal (selbsthaltend)	a: sofort wirksam	v: vorläufig frei
*: satzweise wirksam	e: am Satzende wirksam	s: ständig verfügbar

5. Kreisprogrammierung beim Drehen und Fräsen

Der gängige Satzaufbau für die Kreis(-bogen)programmierung sowohl beim Drehen als auch beim Fräsen enthält die Angaben:

Satznummer	(N ...)
Wegbedingung	(G ...)
Koordinaten des Kreis(-bogen)-Zielpunktes	(X ..., Y ..., Z ...)
Kreisinterpolationsparameter	(I ..., J ..., K ...)
evtl. technologische Angaben	(F ..., S ..., T ..., M ...)

Vor dem Programmieren von Kreisen oder Kreisbögen muß festgelegt werden, ob das Werkzeug im Uhrzeigersinn (G02) oder im Gegenuhrzeigersinn (G03) fahren soll. Hierzu schaut man immer aus Richtung einer positiven Hauptachse senkrecht auf diejenige Hauptebene, in der die Arbeitsbewegung stattfindet.

5.1. Kreisprogrammierung beim Drehen

Der Satzaufbau für die Kreisprogrammierung beim Drehen enthält die Adressen:

$$N ... G ... X ... Z ... I ... K ...$$

5.1.1. Wegbedingungen G02 und G03

Für die korrekte Festlegung der Wegbedingung bei der Kreisinterpolation ist zu unterscheiden, ob das Werkzeug *vor* der Drehmitte oder *hinter* der Drehmitte liegt.

5.1.2. Koordinaten des Kreisbogen-Zielpunktes PZ

Nach der Wegbedingung werden die Koordinaten des Kreisbogen-Zielpunktes PZ programmiert.

Als Koordinatenwert in X-Richtung wird bei Absolutbemaßung (G90) bei fast allen Drehmaschinensteuerungen der *Durchmesser* programmiert, bei Inkrementalbemaßung (G91) dagegen die Maßänderung des *Radius*.

Der Koordinatenwert in Z-Richtung wird bei Absolutbemaßung immer auf den Werkstücknullpunkt bezogen programmiert, bei Inkrementalbemaßung dagegen als Relativmaß.

5.1.3. Kreisinterpolationsparameter

Nach den Koordinaten des Kreisbogen-Endpunktes werden die Kreisbogeninterpolationsparameter I und K programmiert, mit denen der Kreismittelpunkt auf den Kreisanfangspunkt bezogen festgelegt wird, siehe Abschnitt 4.4.5., Kreisinterpolationsparameter.

Bilder V.4 und V.5 zeigen die Kreisprogrammierung beim Drehen im Uhrzeigersinn und im Gegenuhrzeigersinn.

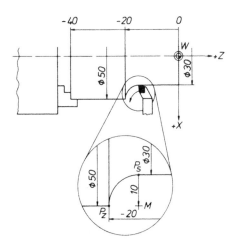

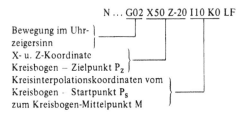

N ... G02 X50 Z-20 I10 K0 LF

Bewegung im Uhr- ⎱
zeigersinn ⎰
X- u. Z-Koordinate
Kreisbogen – Zielpunkt P_z
Kreisinterpolationskoordinaten vom
Kreisbogen - Startpunkt P_s
zum Kreisbogen-Mittelpunkt M

Bild V.4
Kreisprogrammierung im Uhrzeigersinn (G02) beim
Drehen. Bemaßung absolut (G90)

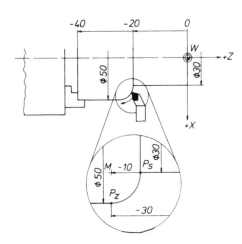

N ... G03 X50 Z-30 I0 K-10 LF

Bewegung im Gegen- ⎱
uhrzeigersinn ⎰
X- u. Z-Koordinate Kreisbogen-
Zielpunkt Pz
Kreisinterpolationskoordinaten vom
Kreisbogen-Startpunkt P_s zum
Kreisbogen-Mittelpunkt M

Bild V.5
Kreisprogrammierung im Gegenuhrzeigersinn (G03)
beim Drehen. Bemaßung absolut (G90)

5.2. Kreisprogrammierung beim Fräsen

Die Wahl der Adressen und damit der Satzaufbau hängt beim Fräsen davon ab, in welcher Hauptebene die Kreisinterpolation erfolgen soll, sofern die Steuerung eine 2 aus 3 D- oder 3 D-Interpolation erlaubt.

In diesem Fall muß beim Fräsen im Gegensatz zum Drehen zusätzlich diejenige der drei Hauptebenen programmiert werden, in der ein Kreis(-bogen) gefahren werden soll.

Programmiert wird die Ebenenauswahl der Hauptebene XY durch die Wegbedingung G17, die der Hauptebene XZ durch G18 und die der Hauptebene YZ durch G19.

Damit ergeben sich für die Kreisprogrammierung beim Fräsen drei Möglichkeiten des Satzaufbaus.

a) Kreis(bogen) in der XY-Ebene (G17)

   N ... G ... X ... Y ... I ... J ...

b) Kreis(bogen) in der XZ-Ebene (G18)

   N ... G ... X ... Z ... I ... K ...

c) Kreis(bogen) in der YZ-Ebene (G19)

   N ... G ... Y ... Z ... J ... K ...

5.2.1. Wegbedingungen G02 und G03

Blickt man aus Richtung einer positiven Hauptachse senkrecht auf eine Hauptebene, so gilt für alle drei Hauptebenen:

→ Bewegung im *Uhrzeigersinn*   → Wegbedingung G02 ⎫
→ Bewegung im *Gegenuhrzeigersinn* → Wegbedingung G03 ⎬ ist zu programmieren.

5.2.2. Koordinaten des Kreisbogen-Zielpunktes PZ

Nach der Wegbedingung werden die Koordinaten des Kreisbogen-Zielpunktes PZ programmiert. Die Koordinaten ergeben sich aus der Hauptebene, in der der Kreisbogen gefahren wird.

Alle Koordinatenwerte werden absolut oder inkremental auf den Werkstücknullpunkt bezogen programmiert.

5.2.3. Kreisinterpolationsparameter

Nach den Koordinaten des Kreisbogen-Endpunktes werden die Kreisinterpolationsparameter I/J, I/K oder J/K programmiert, mit denen der Kreismittelpunkt auf den Kreisanfangspunkt bezogen festgelegt wird.

Bilder V.6 und V.7 zeigen die Kreisprogrammierung beim Fräsen im Uhrzeigersinn und im Gegenuhrzeigersinn.

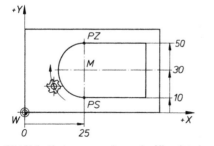
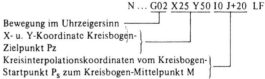

N ... G02 X25 Y50 I0 J+20 LF

Bewegung im Uhrzeigersinn
X- u. Y-Koordinate Kreisbogen-
Zielpunkt Pz
Kreisinterpolationskoordinaten vom Kreisbogen-
Startpunkt P_s zum Kreisbogen-Mittelpunkt M

Bemaßung absolut (G90)
Hauptebene XY (G17)

Bild V.6. Kreisprogrammierung im Uhrzeigersinn (G02) beim Fräsen

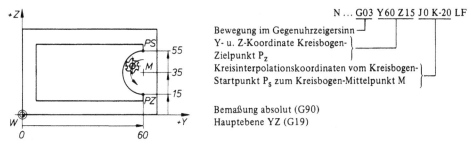

N ... G03 Y60 Z15 J0 K-20 LF

Bewegung im Gegenuhrzeigersinn
Y- u. Z-Koordinate Kreisbogen-
Zielpunkt P_z
Kreisinterpolationskoordinaten vom Kreisbogen-
Startpunkt P_s zum Kreisbogen-Mittelpunkt M

Bemaßung absolut (G90)
Hauptebene YZ (G19)

Bild V.7. Kreisprogrammierung im Gegenuhrzeigersinn (G03) beim Fräsen

6. Werkzeugkorrekturen beim Drehen und Fräsen

Moderne CNC-Steuerungen enthalten Funktionen, die es gestatten, Werkzeugkorrekturen zu programmieren.

Unter Werkzeugkorrektur ist das automatische Verrechnen von Werkzeuglängen, -durchmessern oder -radien mit der Teilegeometrie zu verstehen.

Dies bedeutet für die Programmierung, daß im Teileprogramm nur die Geometriedaten für die Fertigkontur stehen (sogenannte Konturprogrammierung). Die Korrekturangaben für die Werkzeuge werden gesondert an die CNC-Steuerung übergeben.

Hierzu stehen meist zwei Eingabemöglichkeiten zur Wahl.

a) Manuelle Eingabe der Korrekturdaten

Der Maschinenbediener gibt die Korrekturdaten über die Steuerungstastatur unmittelbar an der Maschine in die Steuerung ein.

b) Automatisches Einlesen der Korrekturdaten

Die Korrekturdaten werden von einem Korrekturdatenträger (Lochstreifen, Magnetband usw.) über ein geeignetes Eingabegerät oder aus einem Datenspeicher in die CNC-Steuerung eingespielt.

Es ist auch möglich, die Daten über Datenleitungen aus größeren Entfernungen in die Maschinensteuerung zu überspielen.

Das Trennen der Teilegeometrie von der Werkzeuggeometrie hat betriebsorganisatorische Gründe.

Änderungen der Werkzeugmaße durch Verschleiß oder Werkzeugbruch können somit unmittelbar an der Maschine in die Steuerung eingegeben werden, ohne zeitaufwendige Programmänderungen vornehmen zu müssen.

Die vom Maschinenbediener direkt an der Steuerungskonsole in den Werkzeugkorrekturspeicher einzugebenden Maße werden in aller Regel einem Werkzeugkarteiblatt entnommen (Bild V.8).

6.1. Werkzeuglängenkorrektur beim Bohren und Fräsen

Der Korrekturwert für die Werkzeuglängenkorrektur (Bohrer- oder Fräserlänge) liegt bei Senkrechtkonsolfräsmaschinen in Z-Richtung. Das voreingestellte Längenmaß ist dabei das Maß von der Anschlagfläche der Werkzeugaufnahme an die Spindelnase bis zur Werkzeugspitze (Bild V.9).

Das ermittelte Längenmaß wird z. B. unter der Adresse H und einem gewählten Speicherplatz, z. B. 02, abgespeichert. Der Speicher muß vor Eingabe der Werkzeuglänge auf Null gesetzt werden.

Beispiel: voreingestellte Werkzeuglänge laut Karteiblatt → 150 mm
Aufruf des Speichers H02 (Speicher vorher auf Null gesetzt)
Eingabe von Z + 150

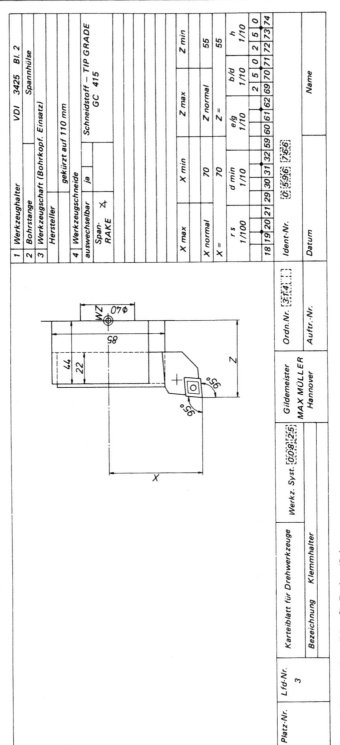

Bild V.8. Werkzeugkarteiblatt für Drehmeißel

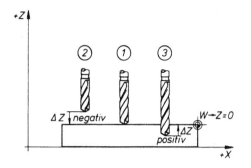

Bild V.9

Werkzeuglängenkorrektur beim Bohren und Fräsen

①	Werkzeug, voreingestellt ⟶	Z + 150 im Speicher H02
②	Werkzeug 2 mm kürzer ⟶ $\Delta Z = -2$ mm als Korrektur eingegeben ⟶ Z + 150 − 2 ⟶	Z + 148 im Speicher H02
③	Werkzeug 5 mm länger ⟶ $\Delta Z = +5$ mm als Korrektur eingegeben ⟶ Z + 150 + 5 ⟶	Z + 155 im Speicher H02

Wird durch das Programm die Werkzeuglängenkorrektur aufgerufen, so erfolgt steuerungsintern das automatische Verrechnen der voreingestellten Werkzeuglänge (Z + 150) mit den programmierten Z-Werten.

Würde keine Längenkorrektur erfolgen, so käme es bei Anfahren des Werkstücknullpunktes in Z-Richtung zwangsläufig zum Werkzeugbruch, da die Maschine versuchen würde, bis zur Spindelnase zu verfahren.

6.1.1. Veränderung der Werkzeuglänge

Ändert sich die voreingestellte Werkzeuglänge durch Nachschleifen oder weil ein neues Werkzeug eingesetzt wurde, so kann die Längenänderung als Korrekturwert ΔZ in den Speicher eingegeben werden. Der Korrekturwert wird zu dem im Speicher stehenden Längenwert Z addiert oder von ihm subtrahiert.

6.2. Fräser-Radiuskorrektur

Soll eine Werkstückkontur gefräst werden, so muß der Werkzeugmittelpunkt auf einer Bahn verlaufen, die um den Radius des Werkzeuges versetzt neben der Werkstückkontur liegt (Bild V.10).

Die Fräsermittelpunktsbahn, auch *Äquidistante* genannt, muß bei Steuerungen ohne Fräser-Radiuskorrektur unter Berücksichtigung des Werkzeugradius errechnet werden. Das Errechnen erfordert umso höheren Aufwand, je mehr Kreisbögen oder nicht-achsparallele Strecken die Kontur enthält.

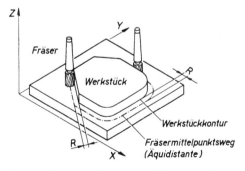

R = Korrekturwert ⟶ Versatz um Fräserradius R

Bild V.10. Fräser-Radiuskorrektur

Bei der Fräser-Radiuskorrektur gibt es nach Norm den Unterschied zwischen der (einfachen) achsparallelen Korrektur (Streckensteuerung) und der komfortablen Bahnkorrektur.

Steuerungen mit 2 aus 3 D- oder 3 D-Interpolation enthalten generell die Bahnkorrektur, welche die achsparallele Korrektur mit einschließt.

6.2.1. Bahnkorrektur

Bei der Fräser-Bahnkorrektur ermittelt die CNC-Steuerung durch Verrechnen des Fräserradius mit der programmierten Kontur selbsttätig die Fräsermittelpunktsbahn (Äquidistante), wodurch z. B. automatisch Hilfsschnittpunkte berechnet oder Hilfskreise an Konturübergängen in die Fräsermittelpunktsbahn eingefügt werden. Hierdurch wird es möglich, beliebige Konturverläufe zu zerspanen.

Wie bei der achsparallelen Korrektur gibt es bei der Bahnkorrektur zwei Korrekturlagen des Werkzeuges:

→ *links*   von der Kontur oder
→ *rechts* von der Kontur.

Links   von der Kontur bedeutet: von der Hauptspindel aus gesehen bewegt sich das Werkzeug in Vorschubrichtung *links* von der Kontur.

Rechts von der Kontur bedeutet: von der Hauptspindel aus gesehen bewegt sich das Werkzeug in Vorschubrichtung *rechts* von der Kontur.

Beide Fräser-Radiuskorrekturen werden durch G-Wörter aufgerufen:

→ Fräser-Radiuskorrektur *links*   durch G41,
→ Fräser-Radiuskorrektur *rechts* durch G42.

Das Löschen der modal wirksamen Fräser-Radiuskorrekturen erfolgt durch G40.

Vor Aufruf der Fräserbahnkorrektur muß gegebenenfalls die Hauptebene adressiert werden, in der die Korrektur erfolgen soll.

Bild V.11. zeigt die Vorschubrichtung und die Werkzeuglage zur Kontur bei G41 und G42.

Nach Start eines CNC-Programmes kann eine Fräser-Radiuskorrektur nur dann wirksam werden, wenn mit Aufruf der Wegbedingungen G41 oder G42 auch der Korrekturspeicher mit dem Werkzeugradius aufgerufen wird.

Beispiel: N ... G41 X10 ... D02 LF
                       G41 ruft Korrekturwert
                       (z. B. R = 5 mm) aus Speicher D02 ab

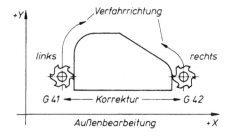

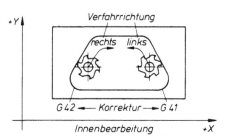

Bild V.11. Fräser-Bahnkorrektur

6.2.2 Anfahren zur Kontur und Abfahren von der Kontur unter Berücksichtigung der Bahnkorrektur

Die Werkzeugradiuskorrektur sollte immer vor dem Anfahren an die Kontur aktiviert werden, da es andernfalls zu Konturzerstörungen oder Kollisionen kommen kann. Entsprechend sollte das Aufheben einer Werkzeugradiuskorrektur erst dann erfolgen, wenn die Kontur verlassen wurde.

Wird eine Kontur mit aktivierter Werkzeugradiuskorrektur unter einem Anfahrwinkel kleiner als 180° angefahren oder unter einem Abfahrwinkel kleiner als 180° verlassen, so wird die Kontur nicht vollständig bearbeitet.

Eine vollständige Konturbearbeitung ist dann sichergestellt, wenn sowohl der Anfahr- als auch Abfahrwinkel größer als 180° ist (Bild V.12).

6.3. Werkzeugkorrekturen beim Drehen

Folgende Angaben sind für die Werkzeugkorrektur beim Drehen erforderlich:

→ Werkzeuglängenmaße
→ Schneidenradiuskorrektur
→ und je nach Steuerungsfabrikat die Werkzeug-Einstellposition.

Die Korrekturdaten können wie beim Fräsen/Bohren manuell oder über eine Datenleitung in den Korrekturspeicher eingespielt werden.

6.3.1. Werkzeuglängenmaße

Die Werkzeuglängenmaße sind die Abstände der Schneidenecke in X- und Z-Richtung bezogen auf den Werkzeugbezugspunkt (WZ). Der Werkzeugbezugspunkt liegt vorbestimmt am Werkzeugträger und ist Bezugspunkt für alle eingesetzten Werkzeuge (Bild V.13).

Die Bemaßung der Werkzeugschneide bezieht sich meist nur auf eine theoretische (spitze) Schneidenecke P, da diese in der Praxis aus technologischen Gründen abgerundet wird (Bild V.13).

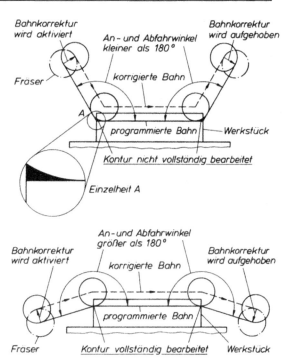

Bild V.12. Anfahren zur Kontur und Abfahren von der Kontur unter Berücksichtigung der Fräser-Bahnkorrektur

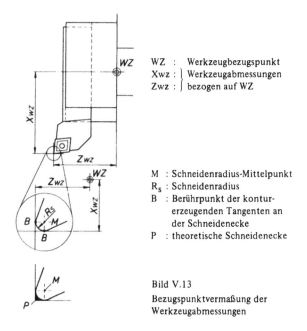

WZ : Werkzeugbezugspunkt
Xwz : ⎫ Werkzeugabmessungen
Zwz : ⎭ bezogen auf WZ

M : Schneidenradius-Mittelpunkt
R$_S$: Schneidenradius
B : Berührpunkt der konturerzeugenden Tangenten an der Schneidenecke
P : theoretische Schneidenecke

Bild V.13
Bezugspunktvermaßung der Werkzeugabmessungen

6.3.2. Schneidenradiuskorrektur (Schneidenradiuskompensation)

Durch die Abrundung der Schneidenecke ist zu beachten, daß je nach Lage der Werkzeugschneide an der zu zerspanenden Kontur die konturerzeugende Tangente durch den Berührpunkt B nicht mehr durch die theoretische Schneidenecke P läuft.

Die theoretische Schneidenecke P und die konturerzeugende Tangente durch B liegen nur dann auf einer gemeinsamen Geraden, wenn diese parallel zur X- oder Z-Achse liegt (Zerspanung längs oder plan).

Bei nicht-achsparalleler Vorschubrichtung kommt es *ohne* Schneidenradiuskorrektur, auch Schneidenradiuskompensation genannt, zu mehr oder weniger großen Maßabweichungen von der Sollkontur, also zu Konturverzerrungen (Bild V.14).

Die Größe der (maximalen) Konturabweichung beim Drehen ohne Schneidenradiuskorrektur läßt sich rechnerisch bestimmen (Bild V.15).

Beim Drehen *mit* Schneidenradiuskorrektur erfolgt die steuerungsinterne Berechnung der Werkzeugbahn im Prinzip wie beim Fräsen

Konturverzerrung tritt nicht auf $\longrightarrow$ Istkontur = Sollkontur

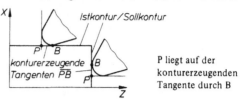

P liegt auf der konturerzeugenden Tangente durch B

Konturverzerrung tritt auf $\longrightarrow$ Istkontur $\neq$ Sollkontur

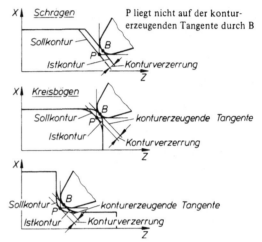

P liegt nicht auf der konturerzeugenden Tangente durch B

Bild V.14. Drehen ohne Schneidenradiuskorrektur

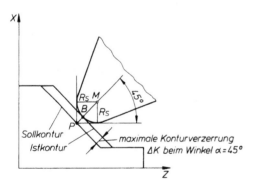

Bild V.15
Drehen ohne Schneidenradiuskorrektur

M : Schneidenradius-Mittelpunkt
R_s : Schneidenradius
B : Berührpunkt der konturerzeugenden Tangente an der Schneidenecke
P : theoretische Schneidenecke

Rechnerischer Nachweis der maximalen Konturverzerrung ΔK

$$\Delta K = \overline{MP} - R_s \Rightarrow \overline{MP} = \Delta K + R_s$$

$$\sin\alpha = \frac{R_s}{\overline{MP}} \Rightarrow \overline{MP} = \frac{R_s}{\sin\alpha} \Rightarrow \Delta K + R_s = \frac{R_s}{\sin\alpha}$$

$$\Delta K = \frac{R_s}{\sin\alpha} - R_s = R_s\left(\frac{1}{\sin\alpha} - 1\right) \; ; \text{für } \alpha = 45° \Rightarrow \left(\frac{1}{\sin 45°} - 1\right) = 0{,}414$$

$$\boxed{\Delta K = 0{,}414 \cdot R_s} \longrightarrow$$ wenn $R_s = 1$ mm, dann ergibt sich eine maximale Konturverzerrung von
$\Delta K = 0{,}414 \cdot 1$ mm $= 0{,}414$ mm

mit Bahnkorrektur. Die Äquidistante ist in diesem Fall die Mittelpunktsbahn des Mittelpunktes M der abgerundeten Schneidenecke (Bild V.16).

Es gibt zwei Korrekturlagen des Werkzeuges:

→ *links* von der Kontur oder
→ *rechts* von der Kontur.

Zusätzlich zur Korrekturlage ist anzugeben, ob das Werkzeug *vor* oder *hinter* der Drehmitte steht.

a) Werkzeug hinter der Drehmitte

Links von der Kontur bedeutet: das Werkzeug liegt in Vorschubrichtung *links* von der Kontur.

Rechts von der Kontur bedeutet: das Werkzeug liegt in Vorschubrichtung *rechts* von der Kontur.

Schneidenradius = Abstand zwischen Äquidistante und Kontur

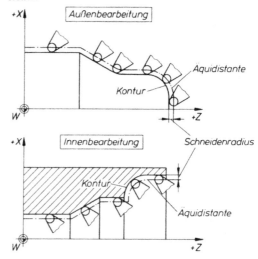

Bild V.16. Drehen mit Schneidenradiuskorrektur

b) Werkzeug vor der Drehmitte

Wie schon bei der Kreisinterpolation muß *von unten* auf die XZ-Ebene geschaut werden. Dadurch wird links und rechts im Gegensatz zur Werkzeuglage „hinter der Drehmitte" vertauscht.
Programmiert wird die Schneidenradiuskorrektur durch die Wegbedingungen:

G41 → Schneidenradiuskorrektur *links* von der Kontur,
G42 → Schneidenradiuskorrektur *rechts* von der Kontur.

Das Löschen erfolgt durch die Wegbedingung G40.

Bild V.17 zeigt die Werkzeuglage zur Kontur unter zusätzlicher Berücksichtigung, ob das Werkzeug *vor* oder *hinter* der Drehmitte liegt.

Die Eingabe des Schneidenradius R_S erfolgt entweder manuell unmittelbar an der Steuerung, mittels Datenträger oder über Datenleitungen.

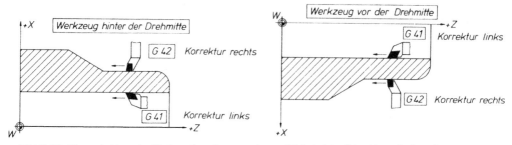

Bild V.17. Unterscheidung der Werkzeugkorrekturen rechts und links bei der Schneidenradiuskorrektur

6.3.3. Werkzeug-Einstellposition

Je nach Einstellposition des Werkzeuges haben die theoretischen Schneidenecke P und der Mittelpunkt M der abgerundeten Schneidenecke unterschiedliche Lagen zueinander.

In Bild V.18 ist dargestellt, daß die Istkontur (erzeugt durch Berührpunkt B) und die Sollkontur (erzeugt durch die theoretische Schneidenecke P) je nach Lage der theoretischen Schneidenecke in unterschiedlicher Richtung voneinander abweichen.

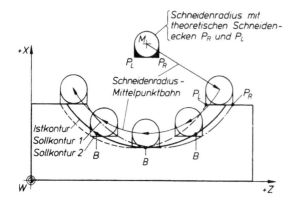

Istkontur: Bahn der Berührpunkte B
Sollkontur 1: Bahn der Schneidenecke P_R
Sollkontur 2: Bahn der Schneidenecke P_L

Bild V.18

Zusammenhang zwischen der Ist- und der
Sollkontur unter Berücksichtigung der
Werkzeug-Einstellposition

Neben den Werkzeugabmessungen und der
Schneidenradiuskorrektur muß deshalb bei
einigen Steuerungen zusätzlich die Einstellposition der Werkzeugschneide als Korrekturangabe
eingegeben werden.

Ein Prinzip zur Beschreibung der Einstellposi-
tion ist die Angabe von Einstellpositionsziffern.
Es werden acht unterschiedliche Lagen der
Werkzeugschneide im Arbeitsraum festgelegt.
Bild V.19 zeigt die Zuordnung der Einstellposi-
tionsziffern 1 ... 8 in Abhängigkeit von der
Werkzeugorientierung und unter Berücksichti-
gung der positiven X-Achse.

Ein weiteres Prinzip ist die Lagebeschreibung
der theoretischen Schneidenecke P zum Mittelpunkt M über die Parameter I und K, für die je
nach Schneidenlage entweder Null oder die
Größe des Schneidenradius vorzeichenrichtig
eingesetzt werden muß (Bild V.19).

Beispiel: Werkzeugkorrektur beim Drehen (Datenein-
gabe manuell)

T0102→	Werkzeug- und Korrekturspeicher aufrufen
X→	Werkzeugmaße in X- und Z- Rich-tung bis
Z→	zum Werkzeugbezugspunkt
B→	Schneidenradius z. B. 0,4 mm
A→	Einstellposition z. B. 7

:
:
:

N ... G41 ... ... T0102 LF

Werkzeugkorrektur links ⌐
Werkzeug Nr. 01
Werkzeugkorrektur-
speicherplatz 02

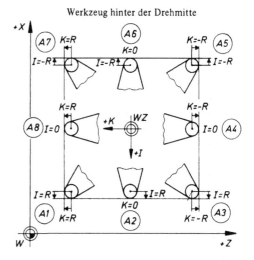

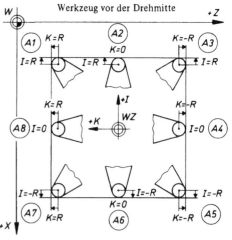

Bild V.19. Korrekturangaben der Werkzeug-
Einstellposition.

7. Programmierbeispiel

7.1. Grundsätze für das manuelle Programmieren

Zuerst sollte ein Arbeitsplan als Grundlage für die Programmerstellung aufgestellt werden. Anstelle eines Arbeitsplanes kann auch eine Skizze des zu fertigenden Werkstücks erstellt werden, in der z. B. Bezugspunkte, Verfahrwege und -richtungen sowie technologische Angaben eingetragen werden.

Tafel V.4 zeigt eine tabellarische Ablaufplanung.

Tafel V.4 Vorgehensweise bei der manuellen Programmerstellung

1	Werkstück-Nullpunkt festlegen
2	Geometrische Angaben festlegen – Programmierung in Absolut- oder Inkrementalbemaßung – Nullpunktverschiebung z. B. bei Unterprogrammen
3	Arbeitsplan erstellen – Anfahrpunkt(e) an die Kontur (wichtig für Werkzeugradiuskorrektur und Einfahrkreise) – Richtung der Verfahrwege (wichtig für Werkzeugradiuskorrektur) – Spindeldrehzahl – Vorschub – Werkzeug – Kühlschmierung
4	Programm schreiben – Arbeitsschritte DIN-gerecht und unter Berücksichtigung der steuerungsspezifischen Abwandlungen in die Programmiersprache übersetzen
5	Programm-Eingabe – unmittelbar an der Steuerungskonsole – über Teletype
6	Programm-Test – Zeichnungsplot der Kontur und Verfahrwege – graphisch-dynamische Simulation
7	Programm-Korrektur oder -Optimierung
8	Programm abarbeiten

7.2. Steuerungsfunktionen im Einschaltzustand

Bei der Inbetriebnahme einer CNC-Steuerung werden bestimmte G-Funktionen selbständig von der Steuerung voreingestellt (initialisiert).

Es handelt sich dabei meist um folgende modal wirksame G-Funktionen: G00, G17, G40, G53, G 90 sowie G94.

7.3. Programmierbeispiel Fräsen/Bohren

Bei dem Werkstück handelt es sich um einen Auswerfer mit umlaufend 2 mm Aufmaß, wobei die Kontur mit einer Tiefenzustellung von 15 mm zu zerspanen ist.

Weiterhin ist eine Rechtecktasche 10 mm tief auszuräumen. Zusätzlich ist ein Lochreis mit vier Durchgangsbohrungen von 6 mm Durchmesser zu bohren.

Bild V.20 zeigt das vollständig bemaßte Werkstück.

a) Werkstücknullpunkt W

Am Werkstück werden zwei Werkstücknullpunkte festgelegt. Der Werkstücknullpunkt W1 wird im Einrichtbetrieb bestimmt. Er liegt in der linken unteren Werkstückecke an der Werkstückoberkante.

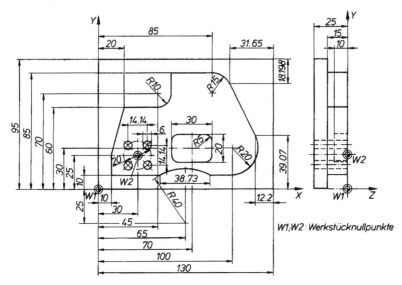

Bild V.20. Auswerfer

Vom Werkstücknullpunkt W1 aus ist die Außenkontur sowie die Rechtecktasche bemaßt.
Der Werkstücknullpunkt W2 ist unter der Adresse G59 gespeichert. Er liegt in der Mitte des Lochkreises. Die Maßprogrammierung des Lochkreises bezieht sich auf den Werkstücknullpunkt W2.

b) Geometrische Angaben

Alle Maße werden absolut programmiert; G90 ist Einschaltzustand der Steuerung.

c) Arbeitsplan aufstellen

Bild V.21 zeigt die Verfahrwege der Werkzeuge in Einzelschritte zerlegt. Die Kontur wird im Uhrzeigersinn umfahren, die Rechtecktasche wird wegen Beibehaltung der Radiuskorrektur im Gegenuhrzeigersinn ausgeräumt.

Arbeitsebene ist die XY-Ebene; G17 ist Einschaltzustand der Steuerung.

Konturpunkte $P_0 \dots P_{41}$ und Verfahrwege

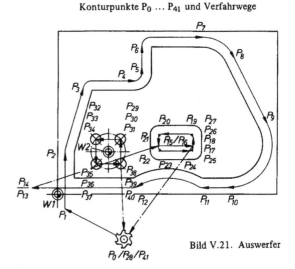

a) Zerspanung Kontur und Rechtecktasche
   Vorschub s = 120 mm/min
   Schnittgeschwindigkeit
   v_c = 170 m/min
   Werkzeug Schaftfräser 8 mm Durchmesser

b) Bohren der vier Bohrungen ⌀ 6 mm
   Vorschub s = 45 mm
   Schnittgeschwindigkeit
   v_c = 20 m/min
   Werkzeug Wendelbohrer,
   Typ N, ⌀ 6 mm

c) Programm schreiben

Bild V.21. Auswerfer

7.3.1. Programmliste zum Programmierbeispiel Fräsen/Bohren

```
% 490306
N0   G00                                Z200
N1          X 30      Y-25                                              T0101 M06
N2                                       Z-15                 F120 S170       M03
N3   G41    X 10      Y-10
N4   G01             Y 25
N5          X 20      Y 60
N6          X 45
N7   G03    X 55      Y 70              I0       J10
N8   G01             Y 85
N9          X 85
N10  G02    X 98.35   Y 76.802          I0       J-15
N11  G01    X117.8    Y 39.07
N12  G02    X100      Y 10              I-17.8   J-9.07
N13  G01    X 84.365
N14  G03    X 45.635                    I-19.365 J-35
N15  G01    X  0
N16  G40
N17  G00                                Z2
N18         X 59      Y 30
N19  G01                                Z-10
N20  G41    X 76      Y 26
N21  G03    X 85      Y 35              I0       J9
N22  G03    X 80      Y 40              I-5      J0
N23  G01    X 60
N24  G03    X 55      Y 35              I0       J-5
N25  G01             Y 25
N26  G03    X 60      Y 20              I5       J0
N27  G01    X 80
N28  G03    X 85      Y 25              I0       J5
N29  G01             Y 35
N30  G40                                                                       M05
N31  G00                                Z200
N32         X 30      Y-25                                              T0202 M06
N33  G59
N34  G95                                Z  2                 F.45 S 20        M03
N35  G00    X 7.07    Y 7.07
N36  G01                                Z- 28
N37  G00                                Z  2
N38         X-7.07
N39  G01                                Z- 28
N40  G00                                Z  2
N41                   Y-7.07
N42  G01                                Z- 28
N43  G00                                Z  2
N44         X 7.07
N45  G01                                Z- 28
N46  G00                                Z200
N47         X30       Y-25
N48                                                                            M30
```

7.3.2. Programmerläuterung zum Programmierbeispiel Fräsen/Bohren

%490306	Programmanfangzeichen und Programmnummer	Konturpunkt
N0 G00 Z200	Eilgang Werkzeugwechselposition in Z-Achse	
N1 X30 Y−25 T0101 M06	Werkzeugwechselposition Aufruf Werkzeug Nr. 01 und Werkzeugspeicher 01 Werkzeugwechsel ausführen	P0
N2 Z−15 F120 S170 M03	Zustellung auf Frästiefe 15 mm Vorschub 120 mm/min Schnittgeschwindigkeit 170 m/min Spindeldrehung im Uhrzeuger sinn	
N3 G41 X10 Y−10	Werkzeugradiuskorrektur links Anfahrpunkt an die Kontur	P1 1
N4 G01 Y25	Linearinterpolation Linearbewegung achsparallel	P2
N5 X20 Y60	Linearbewegung	P3
N6 X45	Linearbewegung achsparallel	P4
N7 G03 X55 Y70 I0 J10	Kreisinterpolation im Gegenuhrzeigersinn Endpunkt Kreisbogen mit Radius R10 Kreismittelpunkt	P5
N8 G01 Y85	Linearinterpolation Linearbewegung achsparallel	P6
N9 X85	Linearbewegung achsparallel	P7
N10 G02 X98.35 Y76.802 I0 J−15	Kreisinterpolation im Uhrzeigersinn Endpunkt Kreisbogen mit Radius R15 Kreismittelpunkt	P8
N11 G01 X117.8 Y39.07	Linearinterpolation Linearbewegung	P9
N12 G02 X100 Y10 I−17.8 J−9.07	Kreisinterpolation im Uhrzeigersinn Endpunkt Kreisbogen mit Radius R20 Kreismittelpunkt	P10

			Konturpunkt
N13 G01 X84.365		Linearinterpolation Linearbewegung achsparallel	P11
N14 G03 X45.635 I−19.365 } J−35 }		Kreisinterpolation im Gegenuhrzeigersinn Endpunkt Kreisbogen mit Radius R40 Kreismittelpunkt	P12
N15 .G01 X0		Linearinterpolation Linearbewegung achsparallel	P13
N16 G40		Werkzeugradiuskorrektur AUS	P13
N17 G00 Z2		Eilgang Linearbewegung achsparallel	P14
N18 X59 } Y30 }		Positionierung über Rechtecktasche	P15
N19 G01 Z−10		Linearinterpolation Zustellung auf Frästiefe 10 mm	P16
N20 G41 X76 } Y26 }		Werkzeugradiuskorrektur links Position innerhalb Kreistasche	P17
N21 G03 X85 Y35 I0 J9 }		Einfahrweis im Uhrzeigersinn an Taschenkontur innen	P18
N22 G03 X80 } Y40 } I−5 } J0 }		Kreisinterpolation im Gegenuhrzeigersinn Endpunkt Kreisbogen mit Radius R5 Kreismittelpunkt	P19
N23 G01 X60		Linearinterpolation Linearbewegung achsparallel	P20
N24 G03 X55 } Y35 } I0 } J−5 }		Kreisinterpolation im Gegenuhrzeigersinn Endpunkt Kreisbogen mit Radius R5 Kreismittelpunkt	P21
N25 G01 Y25		Linearinterpolation Linearbewegung achsparallel	P22
N26 G03 X60 } Y20 } I5 } J0 }		Kreisinterpolation im Gegenuhrzeigersinn Endpunkt Kreisbogen mit Radius R5 Kreismittelpunkt	P23

		Konturpunkt
N27 G01 X80	Linearinterpolation Linearbewegung achsparallel	P24
N28 G03 X85 Y25 I0 J5	Kreisinterpolation im Gegenuhrzeigersinn Endpunkt Kreisbogen mit Radius R5 Kreismittelpunkt	P25
N29 G01 Y35	Linearinterpolation Linearbewegung achsparallel	P26
N30 G40 M05	Werkzeugradiuskorrektur AUS Spindeldrehung AUS	P27
N31 G00 Z200	Eilgang Werkzeugwechselposition in Z-Achse	P27
N32 X30 Y−25 T0202 M06	Werkzeugwechselposition Aufruf Werkzeug Nr. 02 und Werkzeugspeicher 02 Werkzeugwechsel ausführen	P28
N33 G59	Aufruf der gespeicherten Nullpunktverschiebung W2	
N34 G95 Z2 F.45 S20 M03	Vorschub in mm/U Sicherheitsabstand Vorschub 0.45 mm/U Schnittgeschwindigkeit 20 m/min Spindeldrehung im Uhrzeigersinn	
N35 G00 X7.07 Y7.07	Eilgang Positionierung über Bohrung 1	P29
N36 G01 Z−28	Linearinterpolation Linearbewegung auf Bohrtiefe	P30
N37 G00 Z2	Eilgang Linearbewegung auf Sicherheitsabstand	P31
N38 X−7.07	Positionierung über Bohrung 2	P32
N39 G01 Z−28	Linearinterpolation Linearbewegung auf Bohrtiefe	P33
N40 G00 Z2	Eilgang Linearbewegung auf Sicherheitsabstand	P34
N41 Y−7.07	Positionierung über Bohrung 3	P35
N42 G01 Z−28	Linearinterpolation Linearbewegung auf Bohrtiefe	P36

		Konturpunkt
N43 G00 Z2	Eilgang Linearbewegung auf Sicherheitsabstand	P37
N44 X7.07	Positionierung über Bohrung 4	P38
N45 G01 Z−28	Linearinterpolation Linearbewegung auf Bohrtiefe	P39
N46 G00 Z200	Eilgang Linearbewegung auf Werkzeugwechselposition in Z-Achse	P40
N47 X30 Y−25	Werkzeugwechselposition	P41
N48 M30	Programmende mit Rücksetzen der Steuerung in Anfangszustand	

8. Besondere Programmierfunktionen für das Bohren, Fräsen und Drehen

Komfortable CNC-Steuerungen bieten ergänzend zur DIN 66025 dem Programmierer Steuerungs-funktionen, die das Erstellen vieler Programme erheblich vereinfachen. Als besondere Programmier-funktionen oder -techniken sind Zyklen, Unterprogramme, Programmschleifen sowie Koordinaten-transformationen, Spiegeln von Konturen oder Variablenprogrammierung zu nennen.
Bei der Behandlung von Beispielen geschieht dies steuerungsspezifisch. Dargestellte Wegbedingun-gen sind in der Regel nach Norm frei belegbar und damit abhängig vom Steuerungsfabrikat mit unterschiedlichen Funktionen belegt.

8.1. Zyklen

Bei den Zyklen handelt es sich um vorprogrammierte Funktionen, die jederzeit abrufbar in einer Steuerung abgespeichert sind.
Zyklen vereinfachen den Programmieraufwand für häufig vorkommende Fertigungsabläufe wie beispielsweise Nutenfräsen, Bohren oder achsparalleles Drehen, da meist nur wenige Bearbeitungs-werte für komplexe Arbeitsgänge programmiert werden müssen.
Für die wichtigen Bearbeitungsverfahren Bohren, Fräsen und Drehen gibt es eine Vielzahl von Bearbeitungszyklen, von denen allerdings nur die Bohrzyklen genormt sind.
Allgemein werden die Zyklen über G-Wörter adressiert. Abweichend davon erfolgt bei einigen Steuerungsfabrikaten die Adressierung der Zyklen durch L-Wörter oder durch Klartexteingabe.
Der Satzaufbau bei den dargestellten Bearbeitungszyklen ist ebenfalls steuerungsspezifisch unter-schiedlich.

8.1.1. Bohrzyklen

In DIN 66025 sind insgesamt neun Bohrzyklen genormt. Mit den genormten Bohrzyklen stehen Funktionen für das Bohren, Tieflochbohren, Zentrieren, Senken, Reiben sowie Gewindeschneiden zur Verfügung, sofern diese in einer Steuerung gespeichert sind.
Tafel V.5 zeigt die Zuordnung der Funktionen zu den jeweiligen Bohrzyklen. Der Aufruf der Bohrzyklen erfolgt durch die Wegbedingungen G81 bis G89. Aufgehoben werden die Bohrzyklen G81 bis G89 durch die Wegbedingung G80.

Im folgenden wird der Bohrzyklus G81 anhand der Steuerung Sinumerik 3M näher beschrieben. Die Maßangaben werden Parametern (R02, R03) zugewiesen (Bild V.22).

Beispiel: Programmsatz mit Bohrzyklus G81, Bohrachse ist die Z-Achse

$$N \dots \underline{G81} \ \underline{R02 \ 2.} \ \underline{R03 \ -25.} \ LF$$

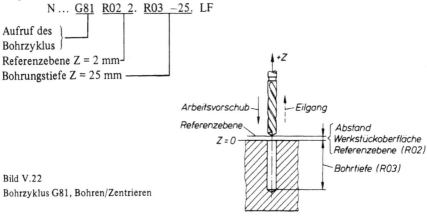

Aufruf des Bohrzyklus
Referenzebene Z = 2 mm
Bohrungstiefe Z = 25 mm

Bild V.22
Bohrzyklus G81, Bohren/Zentrieren

Tafel V.5 Bohrzyklen und zugeordnete Funktionen

Arbeitszyklus		Arbeitsbewegung	auf Tiefe		Rückzugsbewegung	Anwendungsbeispiel
Nr.	Wegbedingung	ab Vorschub-Startpunkt	verweilen	Spindel	bis Vorschub-Startpunkt	
1	G81	mit Arbeitsvorschub	–	–	mit Eilgang	Bohren, Zentrieren
2	G82	mit Arbeitsvorschub	ja	–	mit Eilgang	Bohren, Plansenken
3	G83	mit unterbrochenem Arbeitsvorschub	–	–	mit Eilgang	Tieflochbohren, Spänebrechen
4	G84	Vorwärtsdrehung mit Arbeitsvorschub	–	umkehren	mit Arbeitsvorschub	Gewindebohren
5	G85	mit Arbeitsvorschub	–	–	mit Arbeitsvorschub	Ausbohren 1, Reiben
6	G86	Spindel ein, mit Arbeitsvorschub	–	Halt	mit Eilgang	Ausbohren 2
7	G87	Spindel ein, mit Arbeitsvorschub	–	Halt	mit Handbedienung	Ausbohren 3
8	G88	Spindel ein, mit Arbeitsvorschub	ja	Halt	mit Handbedienung	Ausbohren 4
9	G89	mit Arbeitsvorschub	ja	–	mit Arbeitsvorschub	Ausbohren 5

8.1.2. Fräszyklen

Sofern eine Steuerung Fräszyklen anbietet, sind diese nicht genormten Zyklen für Standardbearbeitungen wie

– Lochkreise
– Nuten
– Rechtecktaschen
– oder Kreistaschen vorbereitet.

Die Fräszyklen werden meist über G-Wörter adressiert, die nach Norm ständig frei verfügbar sind oder die vom Steuerungshersteller nicht mit genormten Funktionen belegt wurden (Tafel V.2).
In Abhängigkeit vom Steuerungsfabrikat werden gleiche Fräszyklen mit unterschiedlichen Adreßwerten programmiert.

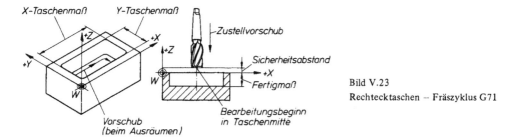

Bild V.23
Rechtecktaschen – Fräszyklus G71

Nachfolgend wird ein Fräszyklus zum Ausräumen von Rechtecktaschen durch Schruppen im Gegenlauf anhand der Deckel Dialogsteuerung 2 beschrieben.

Der Fräszyklus wird durch G71 aufgerufen. Maßangaben werden bei der Steuerung in Mikrometer, Vorschübe in mm/min und Drehzahlen in 1/min programmiert (Bild V.23).

Beispiel: Programmsatz mit Fräszyklus

N...G61 F125 S+1000 X+50000 D+51 X+500 X+40000 Y+4000 F100 Z-17000 Z-5000 Z-300

Arbeits-
zyklus
Vorschub ┘
Drehzahl ─────────
Taschenmaß ────────
Werkzeugkorrektur ──────
Aufmaß ──────────
Taschenmaß ─────────
Zustellmaß ─────────
Zustellvorschub ──────────
Fertigmaß + Sicherheitsabstand ──────────
Zustellmaß ──────────
Aufmaß ──────────

8.1.3. Drehzyklen

Sofern eine Steuerung Drehzyklen anbietet, sind diese nicht genormten Zyklen für häufig vorkommende Bearbeitungen wie

– Längs- oder Planschruppen
– Abspanen längs einer beliebigen Kontur
– Gewindedrehen
– Drehen radialer oder axialer Einstiche
– Drehen von Freistichen gemäß Norm
– Drehen von Fasen
– sowie automatisches Ausmessen von Werkzeugen vorbereitet.

Die Drehzyklen werden meist durch G-Wörter adressiert. Wie die Fräszyklen werden auch die Drehzyklen steuerungsspezifisch mit unterschiedlichen Adreßwerten programmiert.

Nachfolgend wird ein Drehzyklus zum Längsdrehen mit anschließendem Konturschnitt anhand der Gildemeister EPL-Steuerung näher beschrieben.

Der Drehzyklus wird durch G81 und G37 aufgerufen. Es handelt sich dabei um zwei in einem Satz geschriebene Arbeitszyklen.

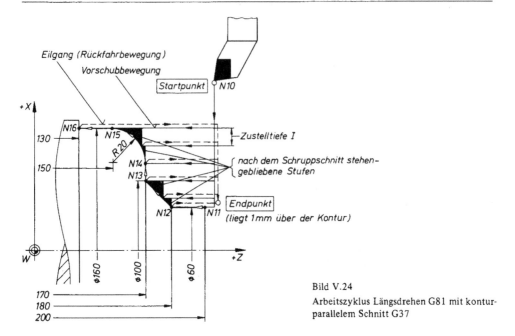

Bild V.24
Arbeitszyklus Längsdrehen G81 mit kontur-
parallelem Schnitt G37

Der Drehzyklus G81 ist ein Schruppzyklus, der den programmierten Konturzug mit vorgegebener Zustellung achsparallel zerspant. An Konturübergängen wie Radien oder Schrägen bleiben durch die schrittweise Zustellung Stufen stehen. Diese Stufen werden mit dem Drehzyklus G37 abschließend in einem Schnitt entlang der programmierten Kontur abgespant (Bild V.24).
Maßangaben werden bei der Steuerung in Millimeter angegeben.

Beispiel: Programmsatz mit Drehzyklen G81 und G37

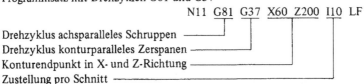

N11 G81 G37 X60 Z200 I10 LF

Drehzyklus achsparalleles Schruppen
Drehzyklus konturparalleles Zerspanen
Konturendpunkt in X- und Z-Richtung
Zustellung pro Schnitt

Zur vollständigen Beschreibung des Arbeitszyklus gehört der nachfolgende Programmausschnitt.

N ...						vorangehende Programmsätze
N9 ...						Angaben zu Werkzeug und Technologie
N10 G 00		X200	Z205		LF	Startpunkt im Eilgang anfahren
N11 G81	G37	X 60	Z200	I10	LF	Arbeitszyklus aufrufen mit Angabe des Kontur-endpunktes
N12 G01			Z180		LF	
N13 G01		X100	Z170		LF	Konturbeschreibung der zu zerspanenden Kontur
N14 G01		X120			LF	
N15 G03		X160	Z150	I 0 K−20	LF	
N16 G01			Z130		LF	
N17 G80					LF	Ende Abspanzyklus G81/G37
N18 ...						weitere Programmsätze

8.2. Unterprogrammtechnik

Unterprogramme sind Programmteile, die nur einmal programmiert werden und im Hauptprogramm mehrfach aufgerufen werden können. Zweckmäßig ist dies immer dann, wenn auf einem Werkstück beispielsweise mehrfach wiederkehrende, gleiche Konturabschnitte zerspant werden müssen. Dadurch wird die Programmlänge erheblich verkürzt.

8.2.1. Aufbau eines Unterprogramms

Der formale Aufbau eines Unterprogramms unterscheidet sich in der Regel nicht von einem Hauptprogramm. Das Unterprogramm beginnt mit dem Programmanfangszeichen und einer Programmnummer, das Programmende wird im letzten Unterprogrammsatz durch M02 gekennzeichnet. Die Unterprogrammsätze werden mit Satznummern numeriert.

8.2.2. Aufruf eines Unterprogramms

Aufgerufen wird ein Unterprogramm vom Hauptprogramm aus durch eine Adresse und die dahinter angegebene Programmnummer. Nach DIN 66025 sollte zur Adressierung von Unterprogrammen die Adresse L benutzt werden. In Abweichung von der Norm werden beispielsweise auch die Adressen A, M, U oder Q benutzt.

Von Unterprogrammen aus können je nach Steuerungsfabrikat weitere Unterprogramme aufgerufen werden. Die Anzahl der ineinander schachtelbaren Unterprogramme ist ebenfalls steuerungsabhängig.

Bild V.25 zeigt schematisch den Programmlauf durch ein Hauptprogramm mit geschachtelten Unterprogrammen. Der Rücksprung vom Unterprogramm zum Hauptprogramm oder von Unterprogramm zu Unterprogramm erfolgt immer in dem Satz, der dem Unterprogramm-Aufrufsatz nachfolgt.

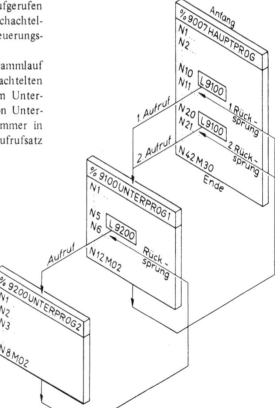

Bild V.25. Unterprogrammtechnik

8.3. Programmteilwiederholungen (Programmschleifen)

Programmteilwiederholungen oder Programmschleifen sind Programmteile, die bereits abgearbeitet wurden und von nachfolgenden Programmsätzen aus nochmals aufgerufen und abgearbeitet werden.

Im Prinzip stellen die in einer Programmteilwiederholung durchlaufenen Sätze ein Unterprogramm dar, das in das Hauptprogramm eingebettet ist.

Vorteil: Verkürzung der Programmlänge

8.3.1. Aufruf einer Programmteilwiederholung

Eine Programmteilwiederholung wird durch einen Programmsatz aufgerufen. Im aufrufenden Satz steht die Satznummer des Programmteil-Anfangs (N ...) und des Programmteil-Endes (N ...) oder auch nur die Satznummer eines Einzelsatzes.

Je nach Steuerungsfabrikat kann zusätzlich die Anzahl (L ...) der Programmteilwiederholungen programmiert werden, so daß die Programmschleife mehrfach durchlaufen wird.

Nach Abarbeitung des wiederholten Programmteiles wird das Programm in dem die Programmteilwiederholung aufrufenden Satz fortgesetzt.

Bild V.26 zeigt schematisch den Ablauf eines Programms mit einer Programmteilwiederholung.

Weiterhin kann je nach Steuerungsfabrikat die Möglichkeit bestehen, innerhalb einer Programmteilwiederholung eine andere Programmteilwiederholung aufzurufen, was einer Schachtelung von Programmteilwiederholungen entspricht.

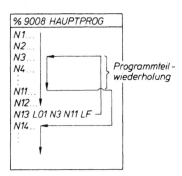

L01:   Aufruf (L) und Zahl (01) der Programmteil-
        wiederholungen
N3 N11: erster (N3) und letzter Satz (N11) des
        wiederholten Programmteils

Bild V.26
Programmteilwiederholung (Programmschleife)

8.4. Änderungen der Werkstückabmessungen und Lageänderungen von Konturen

Zusätzlicher Programmkomfort wird bei einer Reihe von Dreh- oder Fräsmaschinen-Steuerungen dadurch geboten, daß Änderungen der Werkstückabmessungen oder verschiedene Lagen mehrerer identischer Konturzüge auf einem Werkstück durch einfache Funktionen programmiert werden können. Neben den in DIN 66025 vorgesehenen programmierbaren Nullpunktverschiebungen (G54 bis G59) sind dies nicht genormte Funktionen beispielsweise zur Programmierung

- der Drehung des Koordinatensystems
- des Spiegelns an einer oder zwei Hauptachsen oder
- von Adreßwerten über Variablen (Variablenprogrammierung).

Mit der Steigerung des Programmierkomforts geht meistens eine erhebliche Verringerung des Programmieraufwandes einher, da wiederkehrende Konturen oder Bohrbilder bei gleichzeitiger Anwendung der Unterprogrammtechnik oder Programmteilwiederholung nur einmal beschrieben zu werden brauchen.

8.4.1. Variablenprogrammierung

Werden in einem Fertigungsbetrieb häufig Teile mit geometrisch ähnlicher Kontur oder im Rahmen von Teilefamilien durch Dreh- oder Fräsbearbeitung gefertigt, so ist dafür die Variablenprogrammierung die geeignete Funktion. Variablenprogrammierung bedeutet, daß den Adressen anstelle fester Zahlenwerte in einem Teileprogramm Variablen zugeordnet werden. Belegt wird eine Variable mit einem Zahlenwert entweder in einem vom Teileprogramm getrennten (Unter-) Programm oder durch Handeingabe an der Steuerungstastatur.

Hieraus folgt, daß Teileprogramme mit Variablen erst dann lauffähig sind, wenn den Variablen *zuvor* Zahlenwerte zugewiesen wurden.

Variablenkennzeichnung

Die Variablen werden bei einer Reihe von Dreh- und Fräsmaschinensteuerungen mit dem Buchstaben R und mit einer Nummer von eins bis neunundneunzig bezeichnet.

Damit stehen 99 Variablen zur Benutzung frei. Mit Ausnahme der Adresse N können allen übrigen Adressen Variablen zugeordnet werden.

Beispiel:

N ... X R6 ...

Adresse ⎯⎯⎯⎯⎯⎯⎯⎯⎯⎯⎯⎯⎯⎯⎯⎯⎯⎯
Adreßwert wird durch Variable definiert ⎯⎯⎯

Zahlenwertzuweisung zu den Variablen

Die Zahlenwertzuweisung zu den Variablen sowie die Variablen selbst werden in getrennten Programmen programmiert.

Meistens stehen die Variablen im Hauptprogramm und die Zahlenwertzuweisung zu den Variablen erfolgt dann in einem gesonderten Unterprogramm.

Beispiel: Zahlenwertzuweisung zu den Variablen in einem Unterprogramm

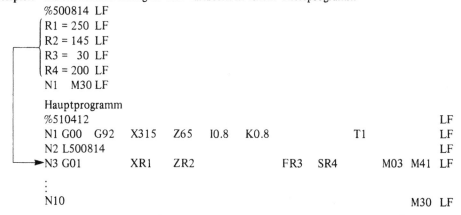

```
      %500814 LF
     ⎡ R1 = 250 LF
     ⎜ R2 = 145 LF
     ⎜ R3 =  30 LF
     ⎣ R4 = 200 LF
       N1   M30 LF

       Hauptprogramm
       %510412                                                    LF
       N1 G00  G92   X315  Z65   I0.8   K0.8          T1          LF
       N2 L500814                                                 LF
     ➤ N3 G01       XR1   ZR2         FR3   SR4       M03 M41 LF
       ⋮
       N10                                            M30  LF
```

Das Hauptprogramm ruft in Satz N2 durch L500814 das Unterprogramm für die Zahlenwertzuweisung auf. Damit erlangen die Variablenwerte R1 bis R4 Gültigkeit für das Hauptprogramm.

Bild V.27 zeigt, wie drei unterschiedliche Werkstücke einer Teilefamilie durch Anwendung der Variablenprogrammierung mit einem Hauptprogramm gefertigt werden können. Das Drehteil wird durch Variablen bemaßt. In einer Tabelle ist die Zuordnung der unterschiedlichen Werkstückmaße der drei Werkstückvarianten zu den Variablen R1 bis R19 angegeben. Anhand der Variablentabelle werden dann nacheinander drei Unterprogramme beispielsweise durch Handeingabe an der Steuerungskonsole erstellt.

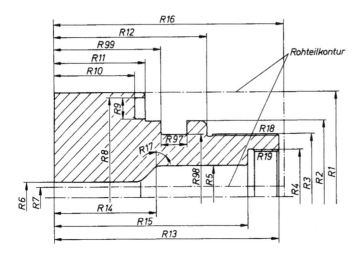

Zeichnung des Werkstücks mit allgemeingültiger Vermaßung mit Variablen

Variable	Werkstück 1	Werkstück 2	Werkstück 3	Bemerkung
R1	φ 200	φ 290		
R2	φ 145	φ 200		
R3	φ 120	φ 150		
R4	φ 90		φ 110	
R5	φ 60		φ 95	
R6	φ 30		φ 23	
R7	φ 20			
R8	φ 190	φ 270		
R9	20	35		
R97	25	10		
R98	φ 120			
R99	105			
R10	80			
R11	90			
R12	150			
R13	220	190		
R14	100		180	
R15	190	150	200	
R16	225			
R17	45°	75°	15°	Gradzahl
R18	2			Steigung Außengew.
R19	15			Steigung Innengew.

Tabelle mit den vom Bediener einzugebenden Variablen

Bild V.27. Praxisbeispiel Variablenprogrammierung „Drehteile – Familie" (Gildemeister EPL-Steuerung)

Speicherprogrammierbare Steuerungen

Hans-Jürgen Küfner

I. Aufbau von speicherprogrammierbaren Steuerungen – Hardware

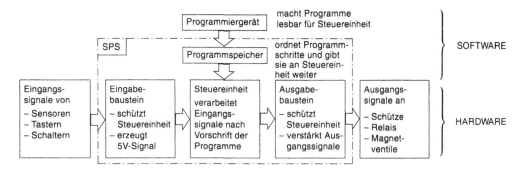

1. Aufgaben einer speicherprogrammierbaren Steuerung

Bei *festverdrahteten Steuerschaltungen* kann man die logischen Verknüpfungen mit Hilfe von Stromlaufplänen sehr übersichtlich darstellen und gedanklich nachvollziehen. Bei der *speicherprogrammierbaren Steuerung* – auch abgekürzt SPS genannt – ist die Verdrahtung nicht notwendig, da die logischen Verknüpfungen von einem Arbeitsprogramm hergestellt werden, das diese in zyklischer Folge ständig wiederholt. Das Programm wird vom Anwender hergestellt und über ein Programmiergerät oder einen Personalcomputer – auch PC genannt – im Programmspeicher der SPS abgelegt. Für einen technischen Prozeß ist es unwichtig, ob die Lösung der Steuerungsaufgabe in herkömmlicher Relaistechnik mit dazugehöriger Schaltung oder mit einer speicherprogrammierbaren Steuerung gelöst wird. In beiden Fällen bestimmen logische Verknüpfungen den Fertigungsablauf. Diese müssen von der Steuerung realisiert und in vorgegebener Weise gleichbleibend wiederholt werden.

Gegenüber der festverdrahteten Steuerschaltung weist die SPS-Steuerung folgende Vorteile auf:

- Das Programm kann schnell und problemlos geändert und auf neue Aufgaben zugeschnitten werden, ohne daß neu verdrahtet wird.
- Der erforderliche Raumbedarf ist gering, da alle Verknüpfungsfunktionen im Steuergerät in Miniaturform untergebracht sind.
- Die Betriebskosten sind im allgemeinen gering.
- Ein vorhandenes Programm kann problemlos gespeichert werden.

Die Vorteile der SPS sind bei umfangreicheren Steuerungen größer als bei einfachen Steuerungsaufgaben, da der Anschaffungspreis einer SPS immer noch relativ hoch ist. Deshalb haben die festverdrahteten Steuerungen – oft auch als verbindungsprogrammierte Steuerungen (VPS) bezeichnet – bis heute ihre Bedeutung in Bereichen erhalten, in denen eine SPS nicht oder noch nicht konkurrenzfähig ist.

Die Übersicht stellt Vor- und Nachteile beider Steuerungsarten gegenüber.

Vorteile

speicherprogrammiert SPS	verbindungsprogrammiert VPS
– unkomplizierte Installation	– standardisierte Bauteile
– geringer Raumbedarf	– störungsunempfindlich
– niedrige Energiekosten	– preiswert (gilt für einfache Steuerungsaufgaben)
– keine Verschleißteile	– unempfindlich, kurzzeitige Überlastungen zulässig
– schnelle Programmänderungen möglich	

Nachteile

speicherprogrammiert SPS	verbindungsprogrammiert VPS
– noch teuer in der Anschaffung	– hohe Energie- und Betriebskosten
– Systeme müssen in viele Anwendungsbereiche erst noch eingeführt werden	– Programmänderungen schwierig und zeitraubend
– Programmiersprachen immer noch nicht vereinheitlicht und genormt	– unübersichtlich bei komplexeren Steuerungsaufgaben
	– großer Raumbedarf
	– Bauteile oft teuer

2. Arbeitsweise einer speicherprogrammierbaren Steuerung

Eine SPS besteht aus der *Steuereinheit* und den angeschlossenen *Eingabe- und Ausgabebausteinen* sowie dem *Programmspeicher*, der meist in die Steuereinheit integriert ist.

Die Steuereinheit verarbeitet die von den Sensoren E (Meßfühler, Endschalter, Thermoelemente etc.) erfaßten Signale nach den Anweisungen des Arbeitsprogramms. Die Arbeitsergebnisse der Steuereinheit werden über den Ausgabebaustein an die Aktoren weitergegeben. Aktoren sind die ausführenden Elemente einer Steuerung wie z. B. pneumatisch – oder hydraulisch betätigte Zylinder, Motoren oder Schütze. Auf diese Weise können einfache, aber auch komplexe technische Vorgänge, Prozesse und Verfahrensabläufe überwacht und gesteuert werden.

Beispiel: Stanzvorrichtung

Eine Stanzvorrichtung kann von drei Seiten mit Werkstücken beschickt werden. Es sind die Signalgeber B_0, B_1 und B_2 vorhanden. Werden zwei der drei Signalgeber berührt, dann gibt die SPS ein Ausgangssignal an das Magnetventil y_0. Dieses läßt den Stanzkolben herunterfahren und in das Werkstück eine Aussparung einstanzen. Der Stanzvorgang darf nur dann ausgelöst werden, wenn zwei Signalgeber ansprechen. Aus Sicherheitsgründen muß ausgeschlossen werden, daß der Kolben ausfährt, wenn alle drei

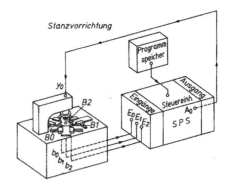

Signalgeber betätigt werden. Die Signalgeber B_0, B_1 und B_2 werden mit den Eingängen E_0, E_1 und E_2 der SPS verbunden. Das Ausgangssignal wird vom Ausgang A_0 der SPS an das Magnetventil y_0 weitergegeben.

3. Aufbau und Geräte einer speicherprogrammierbaren Steuerung

Speicherprogrammierbare Steuerungen bestehen aus:

– dem Eingabebaustein,
– dem Ausgabebaustein,
– der Steuereinheit mit Programmspeicher.

Aufgaben und Aufbau der verschiedenen Baueinheiten sowie von Steuereinheit und Programmspeicher werden im folgenden beschrieben.

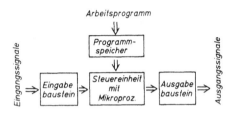

3.1. Eingabebaustein

Das nebenstehende Bild zeigt den Aufbau eines Eingabebausteins. Das vom Sensor ankommende *Eingangssignal* wird gleichgerichtet und über einen Vorwiderstand auf eine Leuchtdiode gegeben. Die Leuchtdiode sendet infrarotes Licht auf einen Fototransistor, der dann beim Auftreten des Lichtes einen Steuerimpuls auf den Schalttransistor gibt und diesen durchsteuert. Das *Ausgangssignal* des Schalttransistors wird als Eingangssignal an die Steuereinheit gegeben.

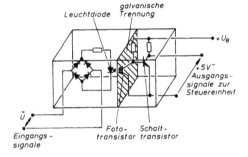

Durch die elektrische Trennung zwischen Leuchtdiode und Fototransistor können keine schädlichen Impulse – z.B. zu hohe Spannungen – in den Bereich der Steuereinheit eindringen. Über den Schalttransistor werden Gleichspannungssignale von 5 V Gleichspannung an die Steuereinheit weitergegeben.

Aufgaben des Eingabebausteins:

– Schutz der Steuereinheit vor zu hohen und für die Steuereinheit gefährlichen Eingangssignalen,
– Umwandlung der unterschiedlichen Eingangssignale in gleichartige Gleichspannungssignale von 5 V.

3.2. Programmspeicher

In den Programmspeicher wird das *Arbeitsprogramm* eingegeben und abgespeichert, das die in der Steuereinheit ankommenden Eingangssignale in der gewünschten Weise verarbeitet. Der Programmspeicher ist gekoppelt mit dem *Adressenzähler*. Er hat die Aufgabe, die Adressen des Programmspeichers in einem bestimmten Takt nacheinander anzuwählen. Jede Adresse ist mit einer Speicherplatznummer versehen.

Zu jeder Speicherplatznummer gehört ein Speicherplatz, der eine Programminformation des Arbeitsprogrammes aufnehmen kann. Der Adressenzähler arbeitet mit einer Taktgeschwindigkeit, die von einem Taktgeber aus der Steuereinheit vorgegeben wird. Der Taktgeber bestimmt die Geschwindigkeit, mit der die einzelnen Programmschritte an die Steuereinheit weitergegeben und dort abgearbeitet werden.

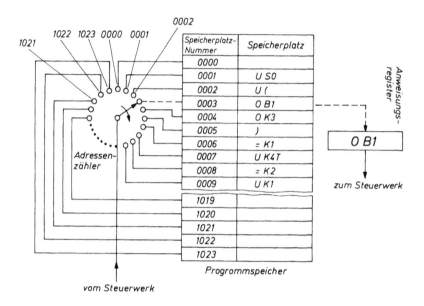

Das oben stehende Bild zeigt einen Programmspeicher mit $2^{10} = 1024$ Speicherplätzen. Für die Bearbeitung eines Programmschrittes werden 2 µs benötigt. Der Programmzyklus benötigt für 1024 besetzte Speicherplätze eine Arbeitszeit von 2 ms. Danach springt das Programm auf den Speicherplatz 0000 zurück und beginnt einen neuen Arbeitszyklus.

Arbeitsweise des Programmspeichers:
Der Adressenzähler wählt z. B. den Speicherplatz 0003 an. Dort ist die Anweisung 0 B1 eingegeben. Diese Anweisung wird auf den Ausgang des Programmspeichers gegeben und gelangt von dort in einen Zwischenspeicher, auch Anweisungsregister genannt. Aus dem Anweisungsregister wird die Steueranweisung in die Steuereinheit abgerufen und dort verarbeitet.

Anschließend wählt der Adressenzähler die nächsthöhere Adresse – in diesem Fall 0004 – und gibt die entsprechende Anweisung in das Anweisungsregister usw.

3.3. Steuereinheit

Die Steuereinheit ist der zentrale Baustein innerhalb der SPS, dem die anderen Bausteine zuarbeiten. Die Steuereinheit erfüllt *Kontroll-* und *Koordinationsaufgaben.* Um diese Aufgaben erfüllen zu können, werden neben dem zentralen Baustein mit Steuer- und Logikteil verschiedene Speicherbausteine benötigt, die Ein- und Ausgabedaten sowie Zwischenergebnisse speichern, die die Steuereinheit für die Aufbereitung der Endergebnisse benötigt.

Speicher, Steuerteil und Logikteil sind durch Sammelleitungssysteme zur Übertragung von Daten miteinander verbunden. Sie werden *Bussysteme* genannt. Alle Teile der Steuereinheit – Steuerteil, Logikteil und Speicher – sind auf einem einzigen Bauteil (dem Mikroprozessor) untergebracht. Der *Mikroprozessor* ist ein integrierter Schaltkreis, der sehr viele Schaltfunktionen auf wenigen Quadratzentimetern vereinigt. Die Steuereinheit verarbeitet die vom Eingangsbaustein eingegebenen Signale. Das im Programmspeicher abgelegte Arbeitsprogramm bestimmt, in welcher Weise die Eingangssignale verarbeitet, geordnet und in welcher zeitlichen Reihenfolge sie an den Ausgangsbaustein weitergegeben werden.

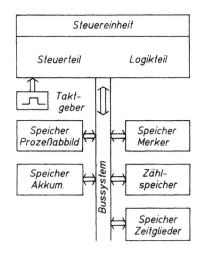

Die Arbeitsgeschwindigkeit der Steuereinheit wird von einem *Taktgeber* vorgegeben. Der Taktgeber ist Bestandteil des Mikroprozessors.

Das Arbeitsprogramm wird schrittweise von der Steuereinheit aus dem Programmspeicher angefordert. Bei den meisten Arbeitsprogrammen ist es notwendig, die Eingangsdaten nicht sofort zu verarbeiten, sondern zwischenzulagern. Sie werden in den dafür vorgesehenen Speichern abgelegt. Das gleiche gilt für Zwischenergebnisse, die erst in nachfolgenden Programmschritten oder zum Ende des Programmes benötigt werden.

Der Steuerteil sorgt dafür, daß diese Daten und Zwischenergebnisse in den Speichern abgelegt werden und greift bei Bedarf auf sie zurück.

Alle Daten können jederzeit in den Speicher eingelesen und nach Gebrauch wieder gelöscht werden. Das gilt nicht für das im Programmspeicher vorhandene Arbeitsprogramm. Es kann von der Steuereinheit nur gelesen, aber nicht gelöscht werden.

Speicherbausteine der Steuereinheit:

Speicher für Prozeßabbild: Hier werden die Signalzustände des Ein- und Ausgabebausteins gespeichert.

Akkumulatorspeicher: Der Akkumulatorspeicher ist ein Zwischenspeicher, über den Zeitglieder und Zähler geladen werden.

Merker(-speicher): Der Merker speichert Zwischenergebnisse aus arithmetischen oder logischen Funktionen.

Zählspeicher und Speicher für Zeitglieder: Speicherbereiche, in denen Zahlen- und Zeitwerte gespeichert werden.

Aufbau von Steuerteil und Rechen- bzw. Logikteil, dargestellt an einem einfachen Beispiel:

Das Blockschaltbild auf der nächsten Seite ist in zwei Teile gegliedert. Der Rechen- und Logikteil enthält mehrere Teilschaltungen. Ob eine der vier dargestellten Logikschaltungen angesprochen wird, hängt davon ab, ob das vorgeschaltete UND-Element über seinen zweiten Eingang gleichzeitig mit den ankommenden Signalen beaufschlagt wird.

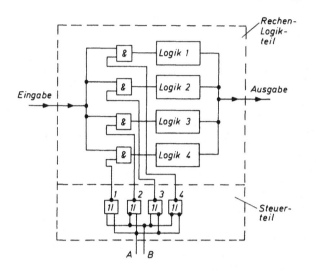

Steuer- befehl	angesprochene Teillogik
0 0	1 - Additionsschaltung
0 L	2 - Subtraktionsschaltung
L 0	3 - ODER-Verknüpfung
L L	4 - UND-Verknüpfung

Logik

A	B	1	2	3	4
0	0	L	0	0	0
0	L	0	L	0	0
L	0	0	0	L	0
L	L	0	0	0	L

Nur dann können die Eingabesignale in eine der Teilschaltungen weitergeleitet und dort verarbeitet werden. Die Auswahl, welche der Teilschaltungen angesprochen wird, hängt vom Steuerteil ab. Von dort führen vier Ausgänge an die UND-Elemente der Teilschaltungen 1–4. Über die beiden Eingänge A und B des Steuerteils können $2^2 = 4$ unterschiedliche Eingangssignale gegeben werden, von denen jedes eine Logik freigeben kann. Die Wertetabelle zeigt, welche Teillogik bei welchem Eingangssignal freigegeben wird.

Führt z. B. der Eingang A 1-Signal und B 0-Signal, dann wird die Teillogik 3 (ODER-Verknüpfung) freigegeben. Bei diesem einfachen Beispiel können vier unterschiedliche Logikbereiche angesprochen werden. Sind z. B. acht Steuerleitungen vorhanden, so können $2^8 = 256$ unterschiedliche Steuerbefehle unterschieden werden.

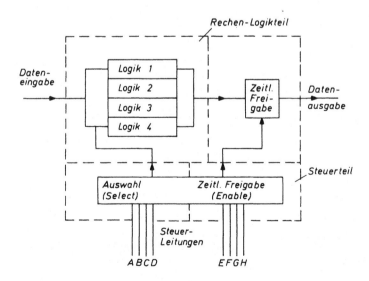

Das Schaltungsprinzip der Steuereinheit ist noch nicht vollständig dargestellt. Bisher bestand die Aufgabe des Steuerteils nur darin, festzulegen, welche Rechen- oder Logikschaltungen freigegeben werden. Für einen programmierten Steuerungsvorgang ist es auch wichtig, daß die Daten zum vorgesehenen Zeitpunkt an den Datenausgang gelangen. Das Steuerteil muß die verarbeiteten Daten dann freigeben, wenn diese zur Weiterverarbeitung benötigt werden. Das Blockschaltbild auf Seite 448 teilt das Steuerteil in zwei Bereiche. Im ersten Bereich wird ausgewählt (SELECT), welche Logik zur Verarbeitung der Eingangsdaten freigegeben wird. Im zweiten Teil wird festgelegt, wann die Daten für die weitere Verarbeitung freigegeben werden (ENABLE).

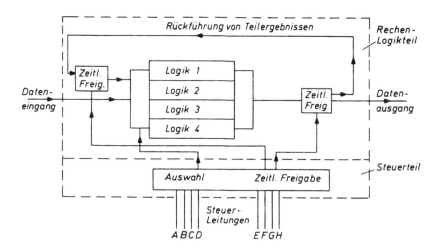

Auch dieses Blockschaltbild ist noch unvollständig. Wird z. B. ein umfangreicher Steuerungsvorgang mit Hilfe eines Arbeitsprogrammes gesteuert, so kann dieses Programm je nach Umfang mehr oder weniger Teilschritte umfassen, die nacheinander abgearbeitet werden müssen. Unter diesen Einzelschritten sind viele, die ständig wiederbenutzt werden. Daraus folgt, daß in einem Hauptprogramm immer wieder die gleichen Anweisungen über dieselbe Logik verarbeitet werden müssen. Es muß z. B. ein Teilergebnis vom Ausgang des Logikteils erneut an den Eingang gebracht werden, um dort in der nachfolgenden Anweisung weiter verarbeitet zu werden. Das geschieht über Rückführungsleitungen, die vom Ausgang des Logikteils wieder an den Eingang führen (siehe Blockschaltbild oben). Die erneute Eingabe muß dann wieder über die Freigabe des Steuerteils geführt werden.

3.4. Ausgabebaustein

Das nebenstehende Bild zeigt den schematischen Aufbau eines Ausgabebausteins. Dem Eingang des Ausgabebausteins wird die Ausgangsleistung der Steuereinheit (5–10 mW) zugeführt. Der Optokoppler sorgt für die notwendige galvanische Trennung. Die Infrarotstrahlung der Leuchtdiode läßt den Fototransistor T_1 durchschalten.

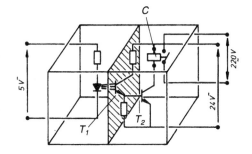

Über den Emitterstrom wird der Schalttransistor T_2 durchgeschaltet. Dadurch wird das Relais C aktiviert und der Laststromkreis über den Kontakt C geschlossen. Die Schaltleistung ist dadurch unbegrenzt.

Der Ausgabebaustein wird benötigt, um die energieschwachen Signale aus der Steuereinheit so zu verstärken, daß sie zum Ansteuern von Aktoren wie Relais, Schützen etc. direkt benutzt werden können. Daneben muß wie beim Eingabebaustein auch hier dafür gesorgt werden, daß über eine galvanische Trennung die Steuereinheit gegen Kurzschlüsse aus dem Aktorenbereich abgesichert wird. Oft muß der Ausgabebaustein auch die elektronischen Signale der Steuereinheit in Signale anderer Energieformen (z. B. pneumatische Energie) umwandeln.

Aufgaben des Ausgabebausteins:
- Energietrennung (Optokoppler)
- Energieverstärkung (Transistorstufe)
- Energieumwandlung (elektrische Energie/pneumatische Energie)
- Signalumformung

3.5. Programmiergeräte

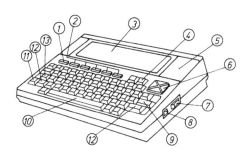

Die Organisation und Durchführung des gewünschten Programmes wird in Zusammenarbeit mit der Steuereinheit übernommen.

Das *Programmiergerät* sorgt dafür, daß das gewünschte Programm in den Programmspeicher eingegeben werden kann.

Im einfachsten Fall enthält das Programmiergerät eine *Tastatur* und ein *Anzeigedisplay*.

Das nebenstehende Programmiergerät besitzt eine Schreibmaschinentastatur und ein einzeiliges Display mit 40 Anzeigestellen. Das Gerät ist über Kabel mit dem Programmspeicher bzw. der Steuereinheit verbunden und erhält auch die Energieversorgung über dieses Kabel. Diese einfachen Programmiergeräte können nicht alle Programmiersprachen übertragen. Sie sind auf die Programmiersprache AWL (Anweisungsliste) beschränkt. Die Programmiersprache AWL ist eine Sprache, mit deren Hilfe alle logischen Verknüpfungen und Abläufe programmiert werden können. Sie kann sowohl schritt- als auch verknüpfungsorientierte Elemente darstellen. Sollen Arbeitsprogramme auch in anderen Programmiersprachen eingelesen werden, so greift man auf Programmiergeräte zurück, die aus

1 STOP-Taste
2 Funktions-Tasten
3 LCD-Anzeige (Anzeigedisplay)
4 Lösch-Taste
5 Anzeige Batterieunterspannung
6 Tasten für Cursorpositionierung
7 Kontrasteinstellung für LCD-Anzeige
8 Ein/Ausschalter
9 Quittier-Taste [←]
10 Leer-Taste
11 Einrast-Taste für Großschreibung [CAPS]
12 Umschaltungstaste für Groß/Kleinschreibung bzw. 1. und 2. Tastenfunktion [SHIFT]
13 Control-Taste [CTRL]

vollwertigen Personalcomputern mit Bildschirm oder *8 – 10zeiligen LCD-Anzeigen besteht.* Mit diesen aufwendigeren und teureren Programmiergeräten können neben AWL auch die anderen üblichen Programmiersprachen wie KOP (Kontaktplan) und FUP (Funktionsplan) eingegeben werden. Diese Geräte enthalten zusätzlich Schnittstellen, an die Drucker angeschlossen werden, die dann die eingegebenen Programme sofort ausdrucken können.

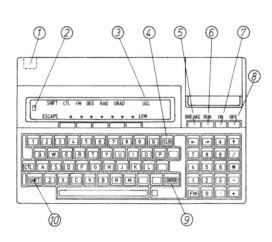

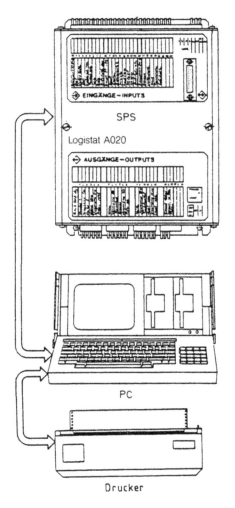

① Schnittstelle zur SPS
② Cursor
③ Statusanzeige
④ Zeilenlöschung
⑤ Programmunterbrechung
⑥ Programmstart
⑦ EIN
⑧ AUS
⑨ ENTER
⑩ Umschalten Groß/Klein

Das Bild rechts stellt einen Personalcomputer mit integriertem Bildschirm und zwei Diskettenlaufwerken dar. Über die Diskettenlaufwerke können abgespeicherte Arbeitsprogramme direkt in die SPS eingegeben werden.

3.6 Zusammenspiel von Arbeitsprogramm, Steuereinheit und Ein- und Ausgabebaustein

Soll ein neues Programm von der SPS bearbeitet werden, so muß über das Programmiergerät zunächst das eventuell noch im Programmspeicher vorhandene Programm gelöscht werden. Danach werden die noch im Prozeßabbildspeicher vorhandenen Daten von Ein- und Ausgabebaustein gelöscht.

Nach der Bestätigung der Löschvorgänge kann
das neue Arbeitsprogramm über das Programm-
miergerät in den Programmspeicher eingegeben
werden. Das nebenstehende Programmschema
zeigt den weiteren Programmablauf:

Die Signale des Eingabebausteins werden abgefragt und in den Prozeßabbildspeicher eingelesen. Danach erfolgt schrittweise die Bearbeitung
des Arbeitsprogrammes. Nach jedem Pro-
grammdurchlauf werden die durch das Programm ermittelten Ausgangsdaten vom Prozeßabbildspeicher auf die Ausgänge übertragen.
Sie lösen dann die Befehle der Aktoren aus. Danach springt das Programm auf die erste Speicherplatznummer im Programmspeicher zurück. Die neuen Signale des Eingabebausteins
werden in das Prozeßabbild eingelesen, und es
beginnt ein neuer Programmzyklus.

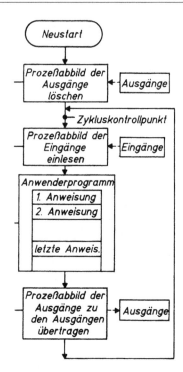

II. Programmierung von speicherprogrammierbaren Steuerungen – Software

1. Programmierung

Steuerungsaufgaben für die SPS können in verschiedenen Programmiersprachen wie z. B.
Kontaktplan, Anweisungsliste u. a. geschrieben werden. Die am häufigsten benutzten Programmiersprachen werden weiter unten noch ausführlich besprochen.

Neben diesen Anwenderprogrammiersprachen benötigt das Betriebssystem der SPS noch
einige Programme, die dafür sorgen, daß die Anwenderprogramme von der SPS akzeptiert,
verstanden und in ausführbare Anweisungen umgesetzt werden. Jede SPS besitzt ihr eigenes
Betriebssystem. Das Betriebssystem bestimmt Leistungsfähigkeit und Arbeitsgeschwindigkeit der SPS. Es sorgt für den störungsfreien Ablauf der verschiedenen Programme. Es
koordiniert Anweisungen und Befehle, die von den Eingangsbausteinen, den internen Speichern und dem Programmspeicher kommen. Es ist außerdem verantwortlich für den Daten-
verkehr zwischen Eingabebaustein, Steuereinheit und Ausgabebaustein.

Das Betriebssystem steuert den Mikroprozessor. Es verwaltet die internen Datenspeicher
(*RAM-Speicher, Merker*). Das Betriebssystem wird vom Hersteller der SPS vorgegeben. Da
es sich im wesentlichen auf die inneren Abläufe in der SPS bezieht, ist es für den Anwender
von geringerer Bedeutung. Wichtiger sind für den Anwender der SPS die Programmiersprachen.

2. Programmiersprachen einer SPS

Es soll untersucht werden, welche Programmiervorlagen bei SPS-Steuerungen verwendet werden können, d.h. welche Programmiersprachen üblich sind.

Es gibt – wie oft in der Technik – mehrere Möglichkeiten, die nebeneinander gleichberechtigt Verwendung finden. Welche Programmiersprache verwendet wird, ist oft davon abhängig, ob dem Anwender die eine Sprache besser liegt, weil er sie z.B. in seiner Praxis früher kennengelernt und deshalb bereits öfter angewendet hat.

Es kommt auch auf die spezielle Aufgabenstellung an. So kann bezogen auf allgemeine Steuerungsaufgaben gelten:

Eine Verknüpfungssteuerung (Kombinatorische Steuerung) kann gut mit Hilfe eines Logikplans oder mit Formeln der Boolschen Algebra beschrieben werden.

Die folgenden Programmiersprachen werden für SPS-Steuerungen am häufigsten verwendet:

- der *Kontaktplan (KOP)*
- die *Anwendungsliste (AWL)*
- der *Funktionsplan (FUP)*

Alle drei Programmiersprachen können sowohl für Verknüpfungssteuerungen als auch für Ablaufsteuerungen verwendet werden.

Die drei Programmiersprachen werden nach Steuerungsarten strukturiert vorgestellt. Zuerst wird auf die Programmierung von Verknüpfungssteuerungen eingegangen. Im Anschluß daran werden Ablaufsteuerungen behandelt. Vorher werden einige für die Programmierung notwendige Arbeitsunterlagen vorgestellt.

3. Belegungsliste

Zu jeder Programmieraufgabe gehört eine *Belegungsliste* (bzw. Zuordnungsliste). Die SPS-Programmiersprachen halten sich an die DIN 19239 und die dort genormten Ein- bzw. Ausgänge der SPS.

In der Belegungsliste werden auf der Eingangsseite die an die SPS angeschlossenen Sensoren benannt und beschrieben. Das können Schalter, Taster, Lichtschranken, Temperaturfühler, Drehzahlwächter usw. sein.

Auf der Ausgangsseite werden die dort angeschlossenen Aktoren benannt und beschrieben. Hierbei handelt es sich um Lampen, Ziffern, Hupen oder Relais, Leistungsschütze, Magnetventile, Motorklappen u.a.m.

Aus der Belegungsliste wird außerdem ersichtlich:

- mit welchen Sensoren die einzelnen Eingänge der SPS beschaltet werden,
- mit welchen Aktoren die einzelnen Ausgänge der SPS verbunden werden,
- welche innerhalb der SPS vorhandenen Funktionen (Merker, Zähler, Zeitstufen usw.) für den vorgesehenen Steuerungsablauf verwendet und wozu diese eingesetzt werden.

Beispiele für Belegungslisten:

1. Elektrische Einschaltsteuerung

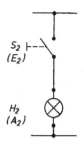

Bezeichnung	Kurzbezeichnung	Adresse*	Funktion
Taster	S_2	E_2	E_2 führt Signal, solange Taster betätigt
Lampe	H_2	A_2	Lampe leuchtet, wenn A_2 I-Signal führt

* Adresse: Hier werden die genormten Symbole für Ein- und Ausgänge der SPS angegeben.

2. Elektropneumatische Zylindersteuerung

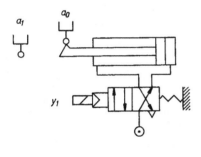

Bezeichnung	Kurz-bezeichnung	Adr.	Funktion
Endschalter Kolbenstange hinten	a_1	$E1$	wenn a_1 betätigt, wird y_1 geschlossen, Kolben fährt zurück
Endschalter Kolbenstange vorn	a_0	E_0	wenn a_0 betätigt, wird y_1 rückgeschaltet, Kolben fährt vor
Magnetventil	y_1	A_0	Magnetventil steuert Kolben

4. Schaltplan

Der *Schaltplan* dient zur Darstellung der Verbindungen zu den Sensoren und Aktoren außerhalb der SPS. Hierbei werden die genormten Schaltzeichen benutzt.
Im Schaltplan werden zwei Stromkreise dargestellt:

- die Versorgung der Sensoren und Signaleingänge der SPS mit einer Gleichspannung von 24 V –
- die Versorgung zum Betrieb der Aktoren an den Signalausgängen mit der Betriebsspannung 220 V –

Beispiele für Schaltpläne:

1. Elektrische Einschaltsteuerung

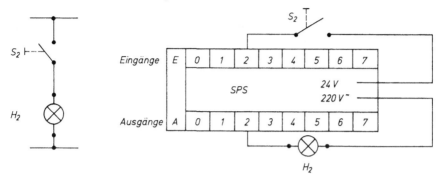

2. Elektropneumatische Zylindersteuerung

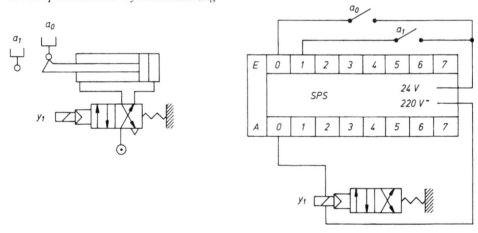

5. Programmiersprachen für Verknüpfungssteuerungen

5.1. Der Kontaktplan (KOP)

Der Kontaktplan ist aus dem *Stromlaufplan* entwickelt worden. Deshalb sind sich beide Steuerungsdarstellungen sehr ähnlich. Beim Kontaktplan sind wie beim Stromlaufplan die einzelnen Bauteile schematisch angeordnet, sie zeigen nicht wie beim Wirkschaltplan die tatsächliche örtliche Lage der Bauteile an, sondern sie erläutern durch übersichtliche Darstellung der einzelnen Stromwege die Wirkungsweise der Schaltung. Wenn von einer Steuerungsaufgabe schon ein Stromlaufplan vorliegt, dann ist es am einfachsten, diesen in den Kontaktplan zu übertragen.

Im folgenden Beispiel wird zu dem bereits vorhandenen Stromlaufplan der entsprechende Kontaktplan aufgebaut.

Aufgabenstellung:

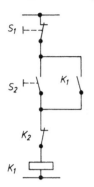

Ein Relais K_1 soll über Taster S_2 eingeschaltet werden. Nach Loslassen von S_2 soll das Relais über eine Selbsthaltung eingeschaltet bleiben. Erst die Betätigung von S_1 soll das Relais wieder abfallen lassen. Die Betätigung des Relais kann durch eine Verriegelung von außen unterbunden werden (K_2).

Belegungsliste:

Bezeichnung	Kurzbezeichnung	Adresse	Funktion
Taster EIN eingeschaltet	S_2	E_1	Relais K_1 wird eingeschaltet
Taster AUS	S_1	E_2	Bei Betätigung fällt Relais K_1 ab.
Relais	K_1	A_1	Relais
Verriegelung	K_2	A_2	Über K_2 kann Betätigung von K_1 verhindert werden.

Schaltplan: *Kontaktplan:*

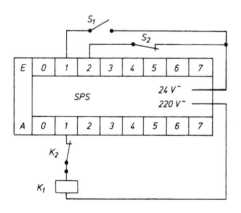

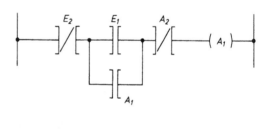

Die Symbole des Kontaktplanes sind von amerikanischen Herstellern eingeführt worden. Würde man den Kontaktplan um 90° drehen, so wäre er bis auf die veränderten Symbole dem Stromlaufplan sehr ähnlich.

Folgende Symbole werden im Kontaktplan verwendet:

Operationsart	Symbol	Bedeutung	Operationsart	Symbol	Bedeutung
Verknüpfung	⊣⊢	I-Signal	Ausgänge	-(S)-	Zuweisung „Speichern"
	⊣/⊢	O-Signal		-(R)-	Zuweisung „Rücksetzen"
	⊣⊢⊣⊢	UND-Verknüpfung	Zähl-operationen	-(I)-	Zählereingang
		ODER-Verknüpf.	Zeit-operationen	-(T)-	Zeiteingang
Ausgänge	-( )-	Zuweisung I			
Zuweisungen	-(/)-	Zuweisung O			

5.2. Funktionsplan (FUP)

Der *Funktionsplan* – vergleichbar dem *Logikplan* – setzt Reihen- bzw. Parallelschaltungen einer Steuerungsaufgabe in logische Symbole um (UND, ODER, NICHT). Damit lassen sich die Verknüpfungen einer Steuerung übersichtlich und gut lesbar darstellen.

Als Beispiel für einen Funktionsplan soll die gleiche untenstehende Schaltung verwendet werden.

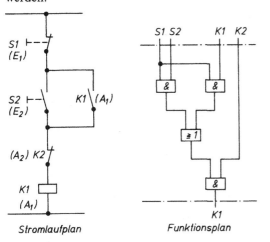

Stromlaufplan   Funktionsplan

Der Funktionsplan besteht aus zwei parallelen UND-Elementen, deren Ausgänge in die beiden Eingänge des ODER-Elementes geführt werden. Der Ausgang des ODER-Elementes wird zusammen mit dem Verriegelungseingang K_2 in ein weiteres UND-Element geführt, dessen Ausgang das Relais K_1 ansteuert.

Die Steuerungsaufgabe kann auch als schaltalgebraische Gleichung geschrieben werden. Sie lautet dann:

$$[(S_1 \wedge S_2) \vee (S_1 \wedge K_1)] \wedge K_2 = K_1$$

Diese Gleichung benutzt Klammern, um Zwischenergebnisse zu ordnen und sie mit hinzukommenden weiteren Variablen zu verknüpfen. Im Funktionsplan der SPS werden die Zwischenergebnisse durch sogenannte Merker (M) festgehalten. Die Signale am Ausgang der entsprechenden Merker werden dann für die weitere Verarbeitung der Steuersignale von der SPS übernommen.

$$\underbrace{\underbrace{S_1 \wedge S_2}_{M_1} \quad \underbrace{S_1 \wedge K_1}_{M_2}}_{M_3 \wedge K_2 = K_1}$$

Das Signal am Ausgang der 1. UND-Verknüpfung wird durch $M1$ gespeichert. $M2$ speichert die UND-Verknüpfung $S1$ $K1$. $M1$ und $M2$ bilden die Eingangssignale für die ODER-Verknüpfung. $M3$ speichert das Ausgangssignal. $M3$ und $K2$ bilden eine weitere UND-Verknüpfung. Das Ausgangssignal steuert das Relais $K1$ an.

5.3. Anweisungsliste (AWL)

Die *Anweisungsliste* kann nach jeder Vorlage, ob es sich um Stromlaufpläne, logische Verknüpfungen o. ä. handelt, relativ einfach erstellt werden.

Die Anweisungsliste arbeitet nicht mit graphischer Darstellungsweise, sondern sie beschreibt das Steuerungsprogramm mit Hilfe von Symbolen. Die Steueranweisungen sind in Zeilen untereinander angeordnet. Jede Zeile enthält eine Einzelanweisung. Die Zeilen sind durchnumeriert. Die Befehle werden in Kurzform niedergeschrieben. Jede Anweisung besteht aus drei Teilen. Im ersten Teil steht die Adresse der Anweisung, mit der Speicherplatznummer – beginnend mit 0 – in fortlaufender Numerierung. Der zweite und dritte Teil enthalten die Programmanweisungen. Im zweiten Teil wird angegeben, *was* zu tun ist (Operationsteil), im dritten Teil wird angegeben, *womit* etwas getan werden soll (Operandenteil)

		Anweisung	
Beispiel: Adresse	Operation	Operand
001	U	$E2$

Anweisung: Im ersten Schritt soll eine UND-Verknüpfung mit Eingang $E1$ hergestellt werden.

Als Beispiel für eine Anweisungsliste soll wieder die bereits bekannte Selbsthaltung dienen.

Adresse	Operation	Operand
0001	U	$E2$
0002	O	$A1$
0003	U	$E1$
0004	UN	$A2$
0005	$=$	$A1$
0006	PE	

PE = Programmende

Folgende Symbole werden in der Anweisungsliste verwendet:

Art der Operation	Operandensymbol	Wirkungsweise
Verknüpfungen	U	UND-Verknüpfung
	UN	UND-Verknüpfung, Signalabfrage negiert
	O	ODER-Verknüpfung
	ON	ODER-Verknüpfung, Signalabfrage negiert
	XO	Exklusiv-ODER
	U(	UND-Verknüpfung + Klammer auf
	O(	ODER-Verknüpfung + Klammer auf
	)	Klammer zu
	)N	Klammer zu + Signalabfrage negiert
Ausgabeoperationen	=	Ausgabe/DANN
	=N	Ausgabe negiert/ DANN NICHT
	SL	Speicher setzen
	RL	Speicher rücksetzen
Zeit- und Zähloperationen	=T	Zeitglied-Eingang
	M	Merker
	ZV	Zähler vorwärts
	ZR	Zähler rückwärts
	=I	Zähler-Eingang
Operationen zur Programmorganisation	SW	Sprung bei „ “
	LS	Lade sofort
	SP	Sprung
	NO	Nulloperation (keine Wirkung)
	PE	Programmende

6. Programmiersprachen für Ablaufsteuerungen

Bei *Ablaufsteuerungen* sorgt die SPS dafür, daß sämtliche Schritte des Ablaufs in der richtigen Reihenfolge und zeitlich aufeinander abgestimmt in Gang gesetzt werden. Hierbei wird sichergestellt, daß erst nachdem ein Schritt vollständig ausgeführt ist, der nächste folgen kann. Ablaufsteuerungen kann man graphisch gut durch *Weg-Schritt-Diagramme* darstellen. Der Arbeitsablauf der Aktoren (z. B. pneumatisch betätigte Zylinder) wird in Abhängigkeit vom jeweiligen Ablaufschritt dargestellt. Dabei sind die Aktoren im Diagramm vertikal angeordnet, die einzelnen Schritte der Ablaufsteuerung horizontal. Die Funktionslinie zeigt in jedem Schritt den Signalzustand des betreffenden Signalgliedes an. Den Programmierbeispielen für Ablaufsteuerungen wird deshalb jeweils ein Weg-Schritt-Diagramm vorangestellt.

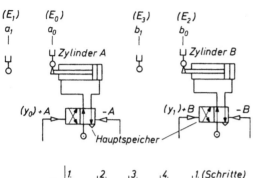

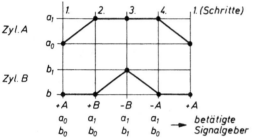

Die nebenstehende Ablaufsteuerung soll programmiert werden: Ein pneumatisch betätigter Zylinder soll seinen Kolben ausfahren (Zyl. *A*). Nachdem der Kolben von Zylinder *A* ausgefahren ist, soll der Kolben eines zweiten Zylinders (Zyl. *B*) ausfahren. Nach dem Ausfahren von Kolben *B* soll der Kolben wieder in die Ausgangslage zurückfahren. Erst nach dem Einfahren von Kolben *B* soll der Kolben des Zylinders *A* wieder in seine Ausgangslage zurückfahren. Damit ist ein Zyklus der Ablaufsteuerung beendet.

Belegungsliste:

Bezeichnung	Kurzbez.	Adresse	Funktion
Endschalter Zyl. *A*	a_0	$E0$	1-Signal
Endschalter Zyl. *A*	a_1	$E1$	bei
Endschalter Zyl. *B*	b_0	$E2$	Berührung
Endschalter Zyl. *B*	b_1	$E3$	
Magnetventil Zyl. *A*	Y_1	$A0$	
Magnetventil Zyl. *B*	Y_2	$A1$	

Schaltplan:

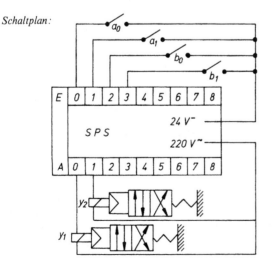

6.1. Kontaktplan (KOP) für Ablaufsteuerungen

Die einzelnen Schritte der Ablaufsteuerung werden im Kontaktplan durch Merker dargestellt. Die Merker wirken wie Speicher und geben die Schritte erst dann frei, wenn der für den
Schritt zuständige Merker rechtzeitig gesetzt wird.

Der Kontaktplan für Ablaufsteuerungen hat zwei Teile:

1. der eigentliche Steuerteil: Hier werden die Merker gesetzt.
2. der Leistungsteil: Hier werden die Ausgänge angesteuert.

Der Steuerteil stellt den Zusammenhang zwischen Merkern und Steuerbedingungen her. Für
jeden Schritt der Steuerung muß ein Merker gesetzt werden.

Auch die Ausgänge werden über Merker gesetzt. Für jeden Ausgang wird ein spezieller
Strompfad dargestellt.

Programmierbeispiel:

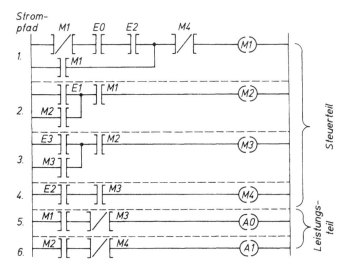

Strompfad 1: (+ A)
Es müssen folgende Bedingungen erfüllt sein, damit der erste Merker ($M1$) gesetzt werden
darf:

1. Bedingung: Die beiden Endschalter a_0 ($E0$) und b_0 ($E2$) müssen betätigt sein. Beide
   Kolben sind in Ausgangsstellung eingefahren.
2. Bedingung: Wenn $M1$ mit diesem Schritt gesetzt werden soll, dann darf er natürlich
   vorher noch nicht gesetzt sein. Außerdem muß der letzte Merker ($M4$) zurückgesetzt sein, damit die Steuerung einen neuen Zyklus beginnen kann. $M1$
   bleibt über Selbsthaltung gesetzt.

Strompfad 2: (+ B)
1. Bedingung: Der Endschalter a_1 ($E1$) muß betätigt sein. (Kolben A ausgefahren).
2. Bedingung: $M1$ muß gesetzt sein, damit der 2. Schritt erfolgen kann.
   $M2$ bleibt über Selbsthaltung gesetzt.

Strompfad 3: (− B)

1. Bedingung: Der Endschalter b_1 (E3) muß betätigt sein (Kolben B ausgefahren).
2. Bedingung: M2 muß gesetzt sein, damit der 3. Schritt erfolgen kann.
   M3 bleibt über Selbsthaltung gesetzt.

Strompfad 4: (− A)

1. Bedingung: Der Endschalter b_0 (E2) muß betätigt sein (Kolben B zurückgefahren).
2. Bedingung: M3 muß gesetzt sein, damit der 4. Schritt erfolgen kann.
   Die Selbsthaltung von M4 ist *nicht* nötig, da der Zyklus beendet ist.

(Leistungsteil)

Strompfad 5:

Der Strompfad 5 steuert das Magnetventil y_1 (A0) an. Es müssen folgende Bedingungen erfüllt sein:

– M1 ist gesetzt.
– M3 ist noch nicht gesetzt.

Strompfad 6:

Der Strompfad 6 steuert das Magnetventil y_2 (A1) an. Es müssen die Bedingungen erfüllt sein:

– M2 ist gesetzt.
– M4 ist noch nicht gesetzt.

6.2. Funktionsplan (FUP) für Ablaufsteuerungen

Der Funktionsplan für Ablaufsteuerungen unterscheidet sich auch äußerlich vom Funktionsplan für Verknüpfungssteuerungen. Es werden genormte Symbole nach DIN 40 719 verwendet. Der Funktionsplan ist durch sogenannte Schrittfelder gegliedert. Im oberen Teil des Schrittfeldes steht die Schrittnummer, der unter Teil enthält einen erläuternden Text. Mit dem oberen Teil des Schrittfeldes sind die Ein- bzw. Ausgänge verbunden. Vom Schrittfeld aus werden die Aktoren – in unserem Beispiel die Kolben der Zylinder A und B – über Befehle angesprochen.

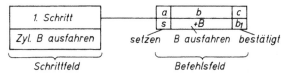

Die Befehle werden in Befehlsfeldern ausgedruckt. Das Befehlsfeld enthält drei Teile. In Feld a ist die Art des Befehles angegeben (Befehl wird gespeichert), Feld b enthält die Wirkung des Befehles (Zyl. B ausfahren), Feld c die Kennzeichnung für die Abbruchstelle des Befehlsausganges (bis b_1 gedrückt ist).

Befehlsarten Feld a: S   gespeichert, gesetzt
　　　　　　　　　 D   verzögert
　　　　　　　　　 SD   gespeichert und verzögert
　　　　　　　　　 NS   nicht gespeichert
　　　　　　　　　 SH   gespeichert, auch bei Energieausfall
　　　　　　　　　 T   zeitlich begrenzt

Programmierbeispiel:

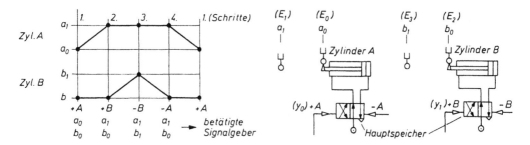

Das Weg-Schritt-Diagramm zeigt den Zustand der Endschalter während des Programmverlaufs. So müssen a_0 und b_0 betätigt sein, wenn der Befehl $+ A$ ausgeführt werden soll. Bevor $+ B$ ausgeführt werden darf, müssen a_1 und b_0 gedrückt sein. Erst wenn a_1 und b_1 betätigt sind, darf der Befehl $- B$ (Zurückfahren von B) durchgeführt werden. Der Befehl $- A$ (Rückfahren von Zyl. A in Ausgangslage) kann erst dann erfolgen, wenn a_1 und b_0 betätigt sind.

Im Funktionsplan verzichtet man auf den Nachweis der Betätigung von b_0 in Schritt 1, a_1 in Schritt 2 und 3. Die Schrittfelder enthalten die Schrittnummern von 0 bis 3. Der erläuternde Text gibt die Ablauffolge an. Im Schrittfeld laufen die zugehörigen Eingangsverknüpfungen zusammen. Die Ergebnisse der Verknüpfungsbedingungen werden in das Befehlsfeld weitergegeben. Hier werden alle Befehle gespeichert, und jedes Befehlsfeld enthält in Teil C die Kontrolle des durchgeführten Befehls (Abbruchstelle des Befehlsausganges) a_1 gedrückt, b_1 gedrückt, b_0 gedrückt und a_0 gedrückt. Nach Durchführung und Kontrolle des ersten Schrittes beginnt die Durchführung des nächsten Befehls. Der zeitliche Ablauf der Steuerung erfolgt über das Schrittzählwerk, das Bestandteil der Steuereinheit ist.

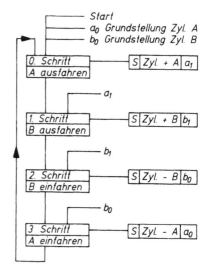

6.3. Anweisungsliste (AWL) für Ablaufsteuerungen

Nach DIN 19 239 sind in der Norm keine Schritte vorgesehen. Deshalb muß die Anweisungsliste bei Ablaufprogrammen mit Schrittmerkern arbeiten. Die Schrittmerker (M) sollen Signalzustände und Informationen zwischenspeichern. Ein Signalzustand ist die 0 oder 1 am Ausgang eines Speichers (Schrittmerker). Schrittmerker können wie die Ausgänge einer SPS gesetzt, gelöscht und jederzeit abgefragt werden. Schrittmerker werden in der SPS-Organisation nur intern verwendet. Sie können auf dem PC bzw. dem Programmiergerät sichtbar gemacht werden.

Programmierbeispiel:

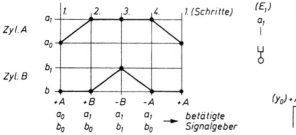 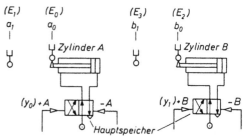

Adresse	Operation	Operand	Kommentar
001	LN	$M1$	
002	U	$E0$	1. Schritt
003	U	$E2$	$+ A$
004	$S\ (=)$	$M1$	
005	$S\ (=)$	$A0$	
006	L	$M1$	
007	UN	$M2$	2. Schritt
008	U	$E1$	$+ B$
009	$S\ (=)$	$M2$	
010	S	$A1$	
011	L	$M2$	
012	UN	$M3$	3. Schritt
013	U	$E3$	$- B$
014	$S\ (=)$	$M3$	
015	R	$A1$	
016	L	$M3$	
017	U	$E2$	4. Schritt
018	R	$A0$	$- A$
019	R	$M1$	
020	R	$M2$	
021	R	$M3$	
022	PE		

III. Arbeitsbeispiele

Die nachfolgenden Beispiele sollen die bisher in Teil 2 gewonnenen Kenntnisse anhand weiterer Aufgaben vertiefen. Es wird zunächst die Steuerungsaufgabe beschrieben. Danach wird mit Hilfe der Skizze eine Belegungsliste erstellt und der zugehörige Schaltplan gezeichnet. Jede Aufgabe wird dann in den drei vorgestellten Programmiersprachen programmiert und zwar in der Reihenfolge:

1. Funktionsplan
2. Kontaktplan
3. Anweisungsliste

1. Steuerungsaufgabe: Stempelpresse

Ein Preßwerkzeug soll erst dann das Werkstück stempeln, wenn sowohl der Startschalter $S1$ als auch der Schutzgitterkontakt $S2$ (Schutzgitter geschlossen) betätigt sind.

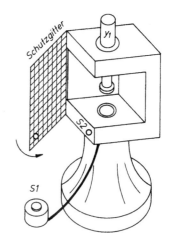

1. Belegungsliste

Bezeichnung	Kurzbezeichnung	Operand, Adresse	Funktion
Starttaster	S_1	$E0$	I-Signal ⎱ bei Betätigung
Schutzgitterkontakt	S_2	$E2$	I-Signal ⎰
Magnetventil	Y_1	$A0$	Zylinder läßt Kolben ausfahren

2. Schaltplan

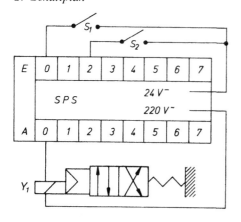

3. Funktionsplan

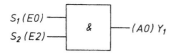

4. Kontaktplan

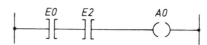

5. Anweisungsliste

Adresse	Operation	Operand	Kommentar
0001	L	$E0$	
0002	U	$E2$	
0003	$=$	$A0$	
0004	PE		

2. Steuerungsaufgabe: Stanzpresse

Eine Stanzpresse kann von mehreren Seiten bedient werden. Die zu stanzenden Bleche werden
über Führungen eingeschoben. Dabei sollen,
wenn sich das Werkstück in der vorgesehenen
Stanzposition befindet, zwei nebeneinander liegende Sensoren betätigt sein, damit das Werkzeug so belastet wird, daß es nicht zerstört werden kann. Wenn zwei der Sensoren ansprechen,
dann erhält der Kolben eines Pneumatikzylin-
ders den Befehl auszufahren. Am Ende der Kol-
benstange ist das Stanzwerkzeug in einer Vorrichtung befestigt und stanzt beim Ausfahren
des Kolbens eine Aussparungen in das Werkstück. Der Kolben mit dem Werkzeug darf nicht
ausfahren, wenn nur ein Sensor anspricht oder
alle drei ansprechen.

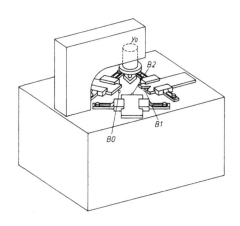

1. Belegungsliste

Bezeichnung	Kurzbezeichnung	Adresse	Funktion
Sensor	B_0	E0	
Sensor	B_1	E2	Steuerungsteil
Sensor	B_2	E4	
Magnetventil	Y_0	A0	Leistungsteil

2. Schaltplan

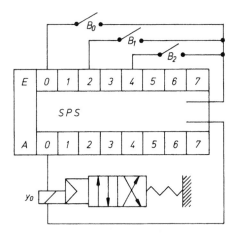

3. Funktionsplan

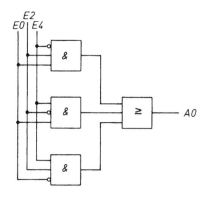

4. Kontaktplan

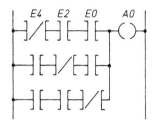

5. Anweisungsliste

Adresse	Anweisung Operation	Operand	Kommentar
001	L	E0	
002	U	E2	
003	UN	E4	
004	O	E0	
005	UN	E2	
006	U	E4	
007	ON	E0	
008	U	E2	
009	U	E4	
010	S (=)	A0	
011	PE		

3. Steuerungsaufgabe: Wendeschützschaltung

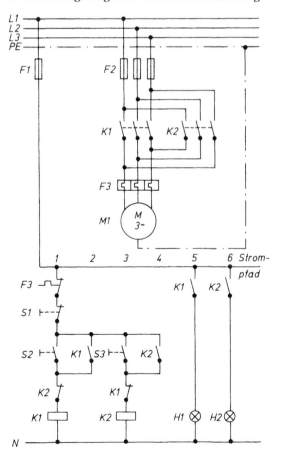

Ein Drehstrommotor soll über Schütze von einer Schaltstelle aus für Rechts- und Linkslauf in Dauerbetrieb geschaltet werden. Die Schaltzustände „EIN Rechts" und „EIN Links" werden über Kontrollampen angezeigt. Ein thermisch betätigter Überstromauslöser schützt den Motor vor Überlastung.

Wird S_2 betätigt, so zieht K_1 an und hält sich über den Schließer K_1 in Strompfad 2. Der Öffner K_1 in Strompfad 3 öffnet und verriegelt das Schütz K_2. Der Motor läuft über K_1 in Rechtslauf und kann durch Betätigung von S_3 während des Rechtslaufs nicht in Linkslauf geschaltet werden. Will man den Motor in Linkslauf schalten, so muß vorher der AUS-Taster S_1 betätigt werden. Es kann also nicht direkt von Rechtslauf in Linkslauf bzw. umgekehrt geschaltet werden. Die Kontrollampe H_1 zeigt Rechtslauf, die Kontrollampe H_2 Linkslauf an.

1. Belegungsliste

Bezeichnung	Kurzbezeichnung	Operand Adresse	Funktion
Taster „AUS"	S_1	$E0$	
Taster „RECHTS"	S_2	$E1$	Steuerteil
Taster „Links"	S_3	$E2$	
Überstromauslöser	F_3	$E3$	
Schütz RECHTS	K_1	$A0$	
Schütz „Links"	K_2	$A1$	Leistungteil
Meldeleuchte „Rechts"	H_1	$A2$	
Meldeleuchte „Links"	H_2	$A3$	

2. Schaltplan

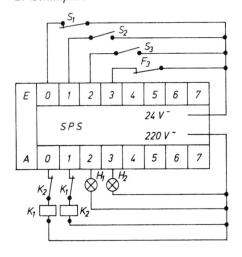

3. Funktionsplan

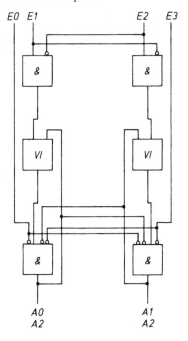

4. Kontaktplan

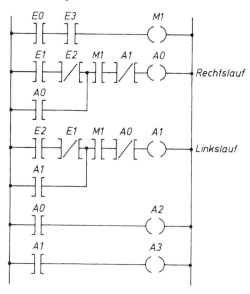

5. Anweisungsliste

Adresse	Anweisung Operation	Operand	Kommentar
001	L	E1	
002	O	A0	
003	UN	A1	
004	U	E3	
005	U	E0	
006	S (=)	A0	
007	L	E2	
008	O	A1	
009	UN	A0	
010	U	E3	
011	U	E0	
012	S (=)	A1	
013	U	A0	
014	S (=)	A2	
015	U	A1	
016	S (=)	A3	
017	PE		

4. Steuerungsaufgabe: Transportband

Auf einer Transporteinrichtung rollen Pakete von der Rutsche *A* auf einen Schiebetisch. Dort werden sie vom Kolben des Zylinders *A* nach vorne geschoben. Danach fährt der Kolben von Zylinder *A* in die Ausgangsstellung zurück, bevor der Kolben von Zylinder *B* das Paket senkrecht zur bisherigen Richtung auf die Rutsche *B* schickt. Danach fährt auch der Kolben von Zylinder *B* in die Ausgangsstellung zurück.

Das nebenstehende Weg-Schritt-Diagramm gibt die Schrittfolge der Steuerung an.

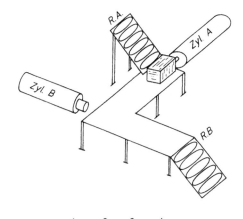

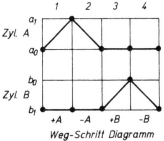

Weg-Schritt Diagramm

1. Belegungsliste

Bezeichnung	Kurzbezeichnung	Adresse	Funktion
Endschalter a_0 Zyl A	a_0	$E0$	
Endschalter a_1 Zyl A	a_1	$E1$	I-Signal bei Annäherung
Endschalter b_0 Zyl B	b_0	$E2$	
Endschalter b_1 Zyl B	b_1	$E3$	
Magnetventil Zyl A	Y_1	$A0$	Vorschub, wenn $A0 = 1$
Magnetventil Zyl B	Y_2	$A1$	Vorschub, wenn $A1 = 1$

2. Schaltplan

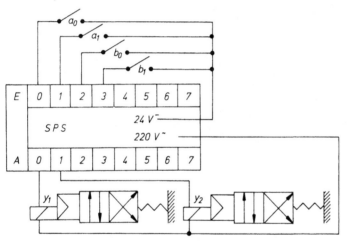

3. Funktionsplan

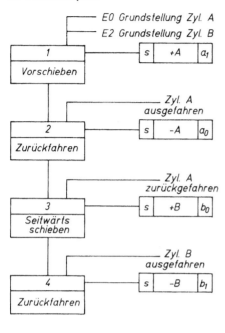

EO Grundstellung Zyl. A
E2 Grundstellung Zyl. B

| 1 | s | +A | a_1 |
| Vorschieben |

Zyl. A
ausgefahren

| 2 | s | -A | a_0 |
| Zurückfahren |

Zyl. A
zurückgefahren

| 3 | s | +B | b_0 |
| Seitwärts schieben |

Zyl. B
ausgefahren

| 4 | s | -B | b_1 |
| Zurückfahren |

5. Anweisungsliste

Adresse	Anweisung Operation	Operand	Kommentar
001	LN	M1	
002	U	E0	1. Schritt
003	U	E2	
004	S (=)	M1	+ A
005	S (=)	A0	
006	L	M1	
007	UN	M2	2. Schritt
008	U	E1	
009	S (=)	M2	– A
010	R	A0	
011	L	M2	
012	UN	M3	3. Schritt
013	U	E0	
014	S (=)	M3	+ B
015	S (=)	A1	
016	L	M3	
017	U	E3	4. Schritt
018	R	A1	
019	R	M1	– B
020	R	M2	
021	R	M3	
022	PE		

4. Kontaktplan

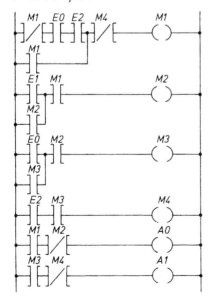

5. Steuerungsaufgabe: Prägewerkzeug

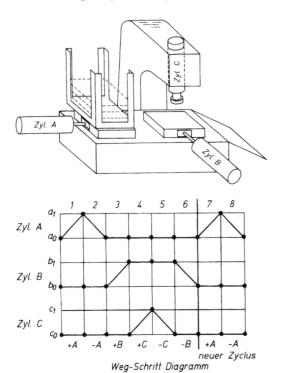

Zugeschnittene Blechteile werden unter eine Prägestation geschoben. Sie werden dort gespannt und danach mit einem Prägewerkzeug geprägt. Der Ablauf der Steuerung: Kolben A schiebt das Werkstück in die Spannposition und fährt danach zurück. Kolben B spannt das Werkstück und hält es gespannt. Danach prägt Kolben C mit dem Prägewerkzeug und fährt anschließend zurück. Dann fährt Kolben B zurück und entspannt damit das fertige Werkstück. Danach bringt Kolben A das nächste Werkstück in die Spannposition und drückt schließlich das fertige Werkstück in die Ablage. Die Kolben A und C werden über Federdruck in ihre Ausgangsstellung zurückgefahren, während Kolben B beidseitig beaufschlagt wird und sowohl das Aus- wie auch das Rückfahren durch ein Magnetventil gesteuert werden.

Weg-Schritt Diagramm

1. *Belegungsliste*	Bezeichnung	Kurzbezeichnung	Adresse	Funktion
	Endschalter Zyl A	a_0	$E0$	$+ A\text{-}A$
	Endschalter Zyl A	a_1	$E1$	$+ A\text{-}A$
	Endschalter Zyl B	b_0	$E2$	$+ B\text{-}B$
	Endschalter Zyl B	b_1	$E3$	$+ B\text{-}B$
	Endschalter Zyl C	c_0	$E4$	$+ C\text{-}C$
	Endschalter Zyl C	c_1	$E5$	$+ C\text{-}C$
	Magnetventil Zyl A	Y_1	$A0$	
	Magnetventil Zyl B	Y_2	$A1$	
	Magnetventil Zyl B	Y_3	$A2$	
	Magnetventil Zyl C	Y_4	$A3$	

2. Schaltplan

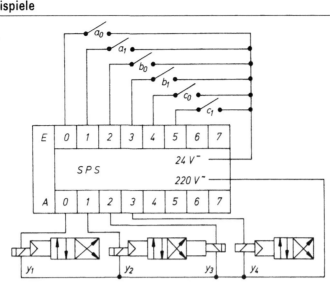

3. Funktionsplan

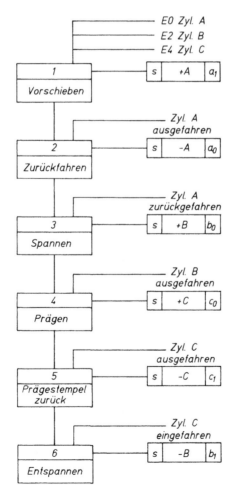

4. Kontaktplan

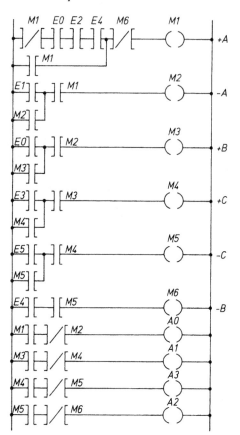

5. Anweisungsliste

Adresse	Anweisung Operation	Operand	Kommentar
001	LN	M1	
002	U	E0	
003	U	E2	+ A
004	U	E4	
005	S (=)	M1	
006	L	M1	
007	UN	M2	
008	U	E1	– A
009	S (=)	M2	
010	L	M2	
011	UN	M3	
012	U	E0	+ B
013	S (=)	M3	
014	L	M3	
015	UN	M4	
016	L	E3	+ C
017	S (=)	M4	
018	L	M4	
019	UN	M5	
020	U	E5	– C
021	S (=)	M5	
022	L	M5	
023	UN	M6	
024	U	E4	– B
025	S (=)	M6	
026	L	M6	
027	U	E2	
028	R	M1	Merker
029	R	M3	werden
030	R	M4	rückgesetzt
031	R	M5	
032	R	M6	
033	L	M1	
034	UN	M2	
035	=	A0	
036	L	M3	
037	UN	M4	
038	=	A1	
039	L	M4	
040	UN	M5	
041	=	A3	
042	L	M5	
043	UN	M6	
044	=	A2	
045	PE		

IV. Einführung und Überblick zur Norm IEC 1131

1. Einführung

Die neue Norm versucht, herkömmliche SPS-Technik mit Informatik zu verknüpfen. Dadurch entsteht eine neue Technologie, die nicht nur die herkömmlichen SPS-Aufgaben übernimmt, sondern gleichzeitig Probleme aufgreifen kann, die vorher nur mit Hilfe der Computertechnologie gelöst werden konnten.

Die neue Norm soll über die SPS-Technik hinaus auch die Bereiche moderner Industrieautomatisierung integrieren.

Immer stärker wird der PC als Programmierwerkzeug für die SPS-Programmierung eingesetzt.

Die bis heute verwendeten herkömmlichen Programmiergeräte wird es in Zukunft nicht mehr geben, sie werden vollständig durch den PC ersetzt. Dadurch werden Übergänge und Grenzen zwischen SPS- Technik und Informatik immer mehr verwischt.

Die SPS-Technik wird in der neuen Norm IEC 1131 neu gefaßt und in den Bereich der Informationstechnik hinein erweitert. Die neue Norm versucht, Denkweisen aus der Computermethodik in die SPS-Technik zu übertragen.

Die Norm soll das Programmiersystem mit dem Ziel standardisieren, eine herstellerunabhängige Programmierung zu schaffen. Von den SPS-Herstellern wird erwartet, daß ihre Produkte diese Norm erfüllen. Es wird nicht erwartet, daß die Anwendungsprogramme unterschiedlicher SPS-Hersteller miteinander austauschbar sind. Die Norm ersetzt auch nicht die ausführliche Beschäftigung mit den entsprechenden Handbüchern der SPS-Hersteller.

Die Norm darf Entwicklungstendenzen und Innovationen nicht unnötig durch Standardisierung behindern.

2. Die Teile der Norm IEC 1131

2.1. Allgemeine Informationen

In der Norm werden sämtliche Begriffe definiert, die zu einem SPS-System gehören. SPS-Systeme werden anhand verschiedener Modelle beschrieben, wobei folgende Modellebenen gegeben sind:

- das Hardwaremodell
- das Funktionsmodell
- das Softwaremodell
- das Programmiermodell
- das Kommunikationsmodell.

Die Beschreibung bleibt sehr abstrakt, so daß jeder Anwender seine SPS- bzw. Automatisierungsaufgabe auf diese Modelle hin abbilden kann. Durch die Modellierung werden innovationsfeindliche Beschränkungen vermieden. Der Hersteller kann seine Automatisierungssysteme nach eigenen Ideen gestalten. Die in der Norm verwendeten Begriffe sind für den Hersteller nicht unbedingt bindend.

Möglicherweise werden einige der in der Norm verwendeten Begriffe sich herstellerübergreifend etablieren, so daß eine gemeinsame Begrifflichkeit entstehen kann.

2.2. Geräteeigenschaften

Es werden die elektrischen, mechanischen und funktionalen Merkmale eines Automatisierungssystems im Hinblick auf die Anforderungen an die Betriebsmittel des Herstellers festgelegt.

2.3. Programmiergeräte

Bei der Entwicklung von Programmiergeräten hat der Hersteller die Vorgaben der zum Teil neu definierten Programmiersprachen einzuhalten. Ansonsten ist er in seiner Hard- und Software-architektur frei.

Es ist nicht die Absicht des Normenausschusses, die Programmiergeräte zu normen. Eine so weitgehende Standardisierung würde Entwicklungs- und Innovationstendenzen nur behindern. Es ist auch nicht Absicht der Norm, zu nur noch einer gültigen Programmiersprache zu kommen. Eine solche Absicht würde die Entwicklungsmöglichkeiten der Hersteller stark eingrenzen.

2.4. Anwenderrichtlinien

Hier werden Fragen zur Auswahl von SPS-Systemen zu notwendig werdenden Prüfungen vor der Inbetriebnahme sowie zur Wartung beantwortet. Die Anwender müssen sich an die vorgegebenen Richtlinien halten.

3. Modellvorstellungen

3.1. Das Hardwaremodell nach IEC 1131

Das Hardwaremodell schreibt die nachfolgend genannten Baugruppen für den Zentralgruppenbauträger einer SPS vor.

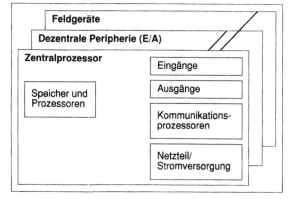

SPS-Hardwaremodell nach IEC 1131

- Stromversorgung (Netzteil)
- Zentralprozessor (CPU) mit Arbeitsspeichern
- Ein- bzw. Ausgabeeinheiten
- Kommunikationsprozessoren (sofern Datenaustausch mit anderen notwendig wird).

Oft reichen Aus- und Eingabeeinheiten für die gesamte Peripherie nicht aus. Um die Peripherie mit der Zentrale zu verbinden, werden immer mehr Feldbusse eingesetzt. Über die Kommunikation mittels Feldbussen wird sich die IEC 1131 in einem später erscheinenden Kapitel beschäftigen.

3.2. Das Funktionsmodell

Die Funktionen der einzelnen Baugruppen, die im Hardwaremodell dargestellt sind, werden im Funktionsmodell konkreter definiert.

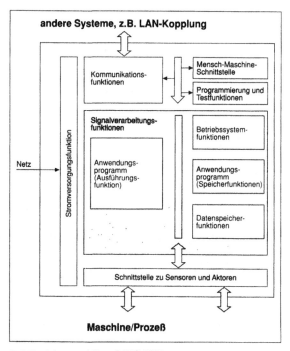

SPS-Funktionsmodell nach IEC 1131

Das Funktionsmodell beschreibt die Zusammenhänge und Beziehungen der Einheiten zueinander.

- Die Versorgungseinheit (Netzteil) ist für alle Funktionseinheiten zuständig.
- Die Signalverarbeitungsfunktion erfüllt die Aufgaben der CPU. Es werden Anwendungsprogramme abgearbeitet. Hierzu gehört ein Betriebssystem sowie Speicher für Programme und Daten.
- Die Sensor/Aktor-Schnittstelle zwischen CPU und Maschinenprozeß wandelt die Signale so um, daß beide miteinander kommunizieren.
- Die Kommunikationsfunktion stellt Verbindungen zu Automatisierungs-Systemen her, die außerhalb der SPS liegen.
- Die Schnittstelle zum Menschen hat zwei Bezugsebenen, die Verbindung zum Bediener der Maschine und die Verbindung zum Programmierer.

3.3. Das Softwaremodell

Das Softwaremodell soll die durch unterschiedliche Programmiersprachen eingebrachten Elemente und ihre Beziehungen zueinander veranschaulichen.

Es tauchen folgende *neue* Begriffe auf:

- Eine *Konfiguration* entspricht einem SPS-System. Besteht z. B. ein Automatisierungssystem aus zwei SPS-Systemen, dann besteht dieses System auch aus zwei Konfigurationen.

Eine Konfiguration kann folgende Elemente enthalten:

- **Resource (Quelle):** Eine von der SPS ausführbare Signalverarbeitungsfunktion. Sie enthält ein oder mehrere Anwendungsprogramme sowie ein oder mehrere Tasks.

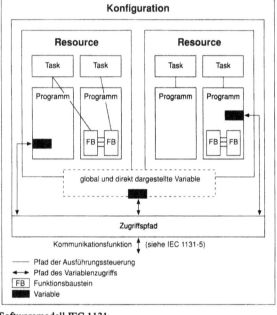

Softwaremodell IEC 1131

- **Task (Aufgabe):** Ein Element, das die Ausführung einer Gruppe von zugehörigen Programmorganisationseinheiten (s. Programmiermodell) steuert. Ein Task besteht aus einer oder mehreren Automatisierungsfunktionen, die zu bestimmten Zeiten aktiviert werden. Mit dem Task-Konzept lassen sich die Programmorganisationseinheiten in wichtige und weniger wichtige Tasks einteilen.

- **Variable:** Variable sind Speicherplätze, auf denen Daten gespeichert werden können. Diese enthalten Namen, Datentypbezeichnung und Dateninhalt.

  Name und Typ der Variablen sind in vorgeschriebener Form festgelegt. Der Dateninhalt wird während des Programmablaufs zugewiesen und kann jederzeit verändert werden.

- **Zugriffspfad:** Die Norm versteht darunter die Verknüpfung eines symbolischen Namens mit einer Variablen zum Zwecke der offenen Kommunikation. Über Zugriffspfade kommunizieren einzelne Konfigurationen mit anderen im System vorhandenen Konfigurationen.

- **Programm und Funktionsbaustein:** Diese Elemente sind aus den bisherigen Normen in gleicher Bedeutung übernommen worden.

3.4. Das Programmiermodell

Die konkrete Integration des Softwaremodells in eine der vorgesehenen Programmiersprachen führt zum Programmiermodell. Dieses Modell definiert die Elemente der neugeordneten SPS-Sprachen. Das Programmiermodell umfaßt die nachfolgend genannten Begriffe:

Datentypen

Es gibt *elementare* oder aus elementaren Datentypen zusammengesetzte *strukturierte* Datentypen. Ein Beispiel für elementare Datentypen sind die Booleschen Zahlen.

Programm-Organisationseinheiten

Sie werden benötigt zur Strukturierung und Verfeinerung von Anwenderprogrammen. An erster Stelle steht das Programm, das dann in Funktionsbausteine und Funktionen zerlegt werden kann.

Funktionseinheiten können mehrere Ausgangsvariable haben und ihnen kann ein Gedächtnis (Speicher) zugeordnet werden.

Eine Funktion liefert ein einziges Ergebniselement. Eine Funktion hat kein Gedächtnis.

Die Ablaufsprache ist aus der herkömmlichen Programmiersprache Funktionsplan (FuP) entwickelt worden. Sie regelt den zeitlich koordinierten Ablauf der verschiedenen Programmorganisationseinheiten. Dadurch lassen sich sowohl serielle als auch parallele Programmabläufe steuern.

Konfigurationselemente sind globale Variable, Resourcen, Taks, Zugriffspfade.

Aus den Konfigurationselementen entsteht in der Zusammenstellung ein hierarchisch geordnetes Gesamtsystem.

SPS-Programmiermodell

3.5. Das Kommunikationsmodell nach IEC 1131

Das Kommunikationsmodell befaßt sich mit folgenden Fragen: Wie kann ein SPS-System mit einem anderen SPS- oder Nicht-SPS-System kommunizieren? Welche Fragen sind an das System zu stellen und welche Informationen sind von dort zu liefern?

Das Kommunikationsmodell sieht sowohl eine maschinenabhängige als auch eine maschinenunabhängige Festlegung der Kommunikationswege vor. Dabei kann der Anwender aus den folgenden Möglichkeiten je nach Aufgabenstellung auswählen:

a) Direkte Übergabe von Informationen innerhalb eines Programms. Die Variablen können über den Ausgang a des Funktionsbausteins 1 (FB1) mit dem Eingang b des FB2 direkt ausgetauscht werden.

Beispiel: Mathematisch-geometrische Informationen innerhalb eines CNC-Programms.

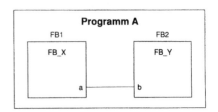

Parameterübergabe zwischen Programmelementen eines Programms

b) Datenaustausch zwischen unterschiedlichen Programmen durch beidseitigen Zugriff auf global deklarierte Variable.

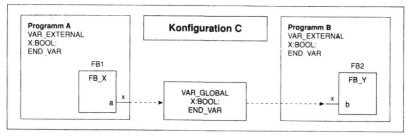

Datenaustausch zwischen verschiedenen Programmen

Das Bild zeigt am Beispiel der Variablen X, daß X in der Konfiguration C als globale Variable und in den Programmen A und B als externe Variable deklariert wird.

Beispiel: Zwei Programme in einem SPS-System informieren sich gegenseitig über ihren Zustand im festgelegten Zeitraum.

c) Kommunikation mit Kommunikationsbausteinen über festverdrahtete Informationswege

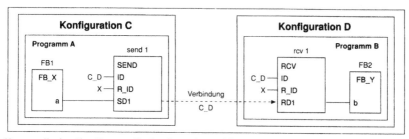

Kommunikation über Kommunikationsbausteine und fest vorgegebene Pfade

Die Variablen können
- innerhalb desselben Programms,
- bei verschiedenen Programmen im gleichen SPS-System,
- bei Programmen in verschiedenen SPS-Systemen

ausgetauscht werden. Es werden die in der Norm definierten Bausteine für Sender (SEND) und Empfänger (RECEIVE) verwendet. Die Funktionsbausteine sind über CD direkt gekoppelt.

Beispiel: Kommunikation unter verschiedenen Steuerungsaufgaben innerhalb eines größeren Automatisierungssystems.

d) Kommunikation durch Kommunikationsbausteine und über Zugriffspfade

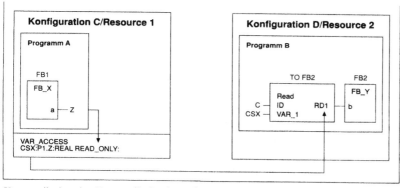

Kommunikation über Kommunikationsbausteine und Zugriffspfade

Hier wird in der Norm festgelegt, wie SPS- mit Nicht-SPS-Systemen über Zugriffspfade zum Austausch von Variablen benutzt werden können.

3.5.1. Kommunikations-Funktionsbausteine

Auch bisher haben SPS-Hersteller Standard-Funktionsbausteine hergestellt, die allerdings nur in den eigenen Geräten einsetzbar waren.

KFB	Funktionalität	Definiert für
STATUS	Client fragt den aktuellen Zustand von einem Server ab, mit dem er kommunizieren will	Client
USTATUS (Unsolicited Status)	Client verarbeitet den aktuellen Zustand eines Servers mit Hilfe von USTATUS, wenn der Server die Zustandsdaten ebenfalls mit USTATUS gesendet hat	Client
READ	Client liest zyklisch die Variablenwerte von einem Server aus	Client
USEND (Unsolicited Send)	Server sendet an einer bestimmten Stelle im Anwendungsprogramm (programmiert) – vom Clienten unaufgefordert – Variable an den Clienten	Server
URECEIVE (Unsolicited Receive)	Die vom Server unaufgefordert gesendeten Variablen empfängt der Client mit Hilfe von URECEIVE	Client
WRITE	Client schreibt Variablenwerte in einen Server	Client
SEND	Wenn Client die Daten mit Hilfe von SEND sendet, empfängt der Server diese mit Hilfe von RECEIVE	Client
RECEIVE	siehe oben	Server
NOTIFY	Server alarmiert den Clienten bei Eintreten eines außerplanmäßigen Ereignisses (unquittiert)	Server
ALARM	Die gleiche Funktionalität wie vorhergehend, jedoch quittiert	Server
CONNECT	Verbindungsauf- bzw. Abbau mit einem Kommunikationspartner	Client und Server

Kommunikations-Funktionsbausteine nach IEC 1131

Die in der IEC 1131 definierten Kommunikations-Funktionsbausteine (KFB) sollen nun für alle SPS-Systeme nach IEC 1131 gelten. Dies bezieht sich im wesentlichen auf die Bezeichnung und die Funktion der KFB. Die Bedeutung der einzelnen KFB soll an einem Beispiel erläutert werden:

Eine Hausfrau möchte einen Tischler mit dem Einbau eines Schrankes beauftragen. Da die Frau keinen Handwerker aus dieser Branche persönlich kennt, kann sie an Hand von Werbung bzw. Branchenverzeichnissen einen Tischler identifizieren. Danach muß sie sich erkundigen, ob er in der Lage ist, die Herstellung des Schrankes und den Einbau durchzuführen. Der Tischler wird ihr über Kataloge und Preislisten bzw. ein Angebot die notwendigen Informationen übermitteln. Kommt es zu einer Übereinkunft, kann die Lösung der Aufgabe in Angriff genommen werden. In Automatisierungssystemen haben wir es ebenfalls mit Kunden (CLIENT)- bzw. Lieferanten (SERVER)-Beziehungen zu tun, die vom Schema her ähnlich verlaufen wie in diesem Beispiel.

Die Norm definiert in der IEC 1131 sieben Kommunikationsfunktionen für SPS- bzw. Automatisierungsaufgaben, wobei die CLIENT-SERVER-Beziehung im Vordergrund steht. Das obenstehende Schaubild vermittelt einen Überblick über die nach IEC 1131 festgelegten Kommunikations-Funktionsbausteine.

4. Die Programmiersprachen nach IEC 1131

Die neue Norm orientiert sich im wesentlichen an den in der alten DIN 19239 festgelegten Programmiersprachen.

Bezeichnung deutsch	Bezeichnung englisch	Symbolik	Sprachen nach DIN 19 239 bzw. VDI 2880 Blatt 4
Sprache AWL (Anweisungsliste)	Language IL (Instruction List)	LD AND OR	AWL Anweisungsliste
Sprache ST (Strukturierter Text)	Language ST (Structured Text)	IF ... THEN ... ELSE ...	
Sprache KOP (Kontaktplan)	Language LD (Ladder Diagramm)	`--| |--` `--( )--`	KOP Kontaktplan

Sprache FBS (Funktionsbaustein Sprache)	Language FBD (Function Block Diagram)	`+ - +`
		`--| & |--`
		`--|   |--`
		`+ - +`
		
		`+ - +`
		`--| FB |`
		`--|   |--`
		`--|   |--`
		`+ - +`
			Funktionsplan

Sprache AS (Ablaufsprache)	Language SFC (Sequentiell Function Chart)	`|`
		`+`
		`|`
		`+ - - +`
		`|   |`
		`|   |`
		`+ - - +`	

Programmiersprachen nach IEC 1131

Die Anwendungsliste (AWL) und der Kontaktplan (KOP) sind voll übernommen worden.

Die Programmiersprache Funktionsplan (FUP) ist in zwei Teilsprachen aufgeteilt worden, was aus Gründen der Systematik zu begrüßen ist; denn die FUP wurde bisher trotz gleicher Bezeichnung mit unterschiedlichen Symbolen für Verknüpfungssteuerungen bzw. Ablaufsteuerungen verwendet.

Dies ist jetzt geändert worden. Für Verknüpfungssteuerungen gibt es die Programmiersprache FBS (Funktionsbausteinsprache). Sie ersetzt den Teil der FUP, der kombinatorische bzw. Verknüpfungssteuerungen bediente. Systematik und Symbole lehnen sich an die FUP an.

Für Ablaufsteuerungen entstand die neue AS (Ablaufsprache). Sie ersetzt den Teil des alten FUP, mit dem bisher Ablaufsteuerungen programmiert wurden. Auch hier sind die Symbole der FUP in die neue Sprache übernommen worden. Die Ablaufsprache (AS) hat die Funktion einer „Obersprache" erhalten, bei der sie selbst die Struktur vorgibt. Einzelabläufe oder Teilaktionen innerhalb des mit AS programmierten Programms können in anderen Programmiersprachen formuliert und programmiert werden.

Als völlig neue Programmiersprache ist ST (strukturierter Text) hinzugekommen. ST ist eine höhere Programmiersprache, die z. B. die Anwendungsliste (AWL) in rechenintensiven

Leistungsteilen unterstützt. Die Elemente von ST können in Textform geschrieben werden. Es ist allerdings auch möglich, ST als alleinige Programmiersprache zu verwenden.

Alle nach IEC 1131 definierten Programmiersprachen können miteinander gemischt verwendet werden. Kein Hersteller von SPS soll nach der Norm verpflichtet werden, alle Programmiersprachen anzubieten. Die angebotenen Sprachen müssen sich allerdings an die IEC 1131 halten. Notwendig werdende Abweichungen müssen im Systemhandbuch dokumentiert werden.

5. Zertifizierung

Erst die neue IEC 1131 verpflichtet die Hersteller, in ihren Handbüchern genau zu definieren, welche Abweichungen von den Normvorgaben in ihren Systemen vorkommen und welche Teile aus dem Normpaket benutzt werden.

Es hat bisher keine Kontrollinstanz gegeben, die untersucht hätte, in wieweit Hersteller von der bisher gültigen Norm abweichen.

Erst 1992 wurde in den Niederlanden die herstellerunabhängige Organisation PL Copen gegründet. Die Mitglieder von PL Copen verpflichten sich, IEC 1131 kompatible Systeme zu verwenden und anzubieten. PL Copen definiert eindeutige Prüfkriterien, nach denen Programmiersoftware getestet wird. Der Hersteller, der diese Tests erfolgreich besteht, erhält ein Zertifikat.

Da die Entwicklung von Testprogrammen für die fünf IEC-1131-Sprachen sehr arbeitsaufwendig ist, gibt es bisher komplette Zertifizierungskriterien nur für die Programmiersprachen AWL und ST.

Aufgaben

1 Statik in der Ebene

Drehmoment

1.1 Der Kurbelarm K auf dem Kurbelzapfen Z (z.B. an einem Fahrrad) wird nach Skizze mit der konstanten Kraft $F = 800$ N belastet. Die Wirklinie WL soll in jeder Kurbelarmstellung senkrecht stehen.

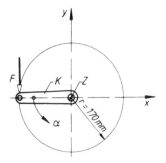

a) Entwickeln Sie die Drehmoment-Drehwinkel-Funktion $M(\alpha)$ für den umlaufenden Kurbelarm. Reibungsverluste bleiben unberücksichtigt.

b) Berechnen Sie die Drehmomente für die Drehwinkel $\alpha_1 = 0°$, $\alpha_2 = 15°$, $\alpha_3 = 30°$, $\alpha_4 = 45°$, $\alpha_5 = 60°$, $\alpha_6 = 75°$, $\alpha_7 = 90°$.

1.2 Um eine drehbar gelagerte Trommel ist ein Band geschlungen. Die angehängte Schraubenfeder ist zunächst entspannt. Erst durch eine Linksdrehung der Trommel wird sie gespannt.

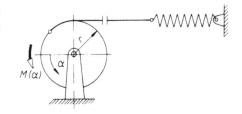

Der Trommelradius beträgt $r = 30$ mm, die Federsteifigkeit (Federrate) $c = 0,5$ N/mm (siehe Lehrbuch Abschnitt V, Maschinenelemente).

a) Entwickeln Sie die Drehmoment-Drehwinkel-Funktion $M(\alpha)$.

b) Konstruieren Sie den Graphen $M(\alpha)$ von $\alpha = 0$ in Sprüngen von $\pi/4$ rad bis $\alpha = 2\pi$ rad (1 Umdrehung der Trommel).

1.3 Die Tretkurbel (Pedalarm) am skizzierten Fahrrad steht parallel zur Fahrbahn und die Tretkurbelkraft F hat den Wirkabstand r_K (Kurbelradius). Die wirksamen Durchmesser am vorderen und am hinteren Kettenrad sind d_V und d_H. Die Fahrbahn wirkt mit der Normalkraft F_N und mit der Reibkraft F_R auf das Hinterrad. Letztere ist für das Fahrrad die Vortriebskraft $F_V = F_R$.

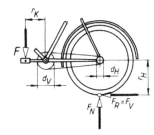

Die Reibung innerhalb der Fahrradteile soll bei den folgenden Aufgaben unberücksichtigt bleiben (Wirkungsgrad $\eta = 1$).

a) Entwickeln Sie eine Gleichung für die Vortriebskraft F_V in der Form
$F_V (F, r_K, r_H, d_V, d_H)$.

b) Konstruieren Sie den Graphen $F_V (d_H)$ für den Durchmesserbereich $d_H = 50$ mm
bis $d_H = 120$ mm. Gegebene konstante Größen: $F = 250$ N, $r_K = 170$ mm,
$r_H = 350$ mm, $d_V = 160$ mm.

c) In der Gleichung zu a) können die Durchmesser d_V und d_H durch die Zähnezahlen z_V und z_H ersetzt werden, weil an Ketten- und Zahnradgetrieben die
Teilkreisdurchmesserverhältnisse gleich den Zähnezahlverhältnissen sind. Hier
gilt also:

$$F_V = F \frac{r_K}{r_H} \cdot \frac{d_H}{d_V} = F \frac{r_K}{r_H} \cdot \frac{z_H}{z_V}.$$

Berechnen Sie für eine Zehngangschaltung die Vortriebskräfte F_V und zeichnen
Sie dazu ein Balkenschaubild für die folgenden Größen:

Kettenzahnräder vorn: $z_{V1} = 40$ Zähne,
                          $z_{V2} = 52$ Zähne.

Kettenzahnräder hinten: $z_{H1} = 30$, $z_{H2} = 26$, $z_{H3} = 20$,
                          $z_{H4} = 16$ und $z_{H5} = 13$ Zähne.

Tretkurbelradius $r_K = 170$ mm, wirksamer Hinterradradius $r_H = 350$ mm, Tretkurbelkraft $F = 250$ mm.

Ermittlung einer resultierenden Kraft

1.4   Die Resultierenden F_r eines zentralen Kräftesystems mit beliebig vielen Kräften $F_1 ... F_n$
läßt sich rechnerisch nach folgenden Überlegungen ermitteln:

Jede der gegebenen Einzelkräfte F kann in zwei
senkrecht aufeinanderstehende Komponenten
in Richtung eines rechtwinkligen Achsenkreu-
zes zerlegt werden. Es ist dann $F_{nx} = F_n \cos \alpha_n$
und $F_{ny} = F_n \sin \alpha_n$ (siehe Lageskizze). Die
Resultierende F_{rx} wird aus der algebraischen
Summe aller Komponenten F_{nx} gewonnen.
Entsprechendes gilt für F_{ry}.

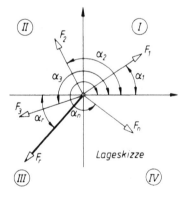

Die algebraischen Vorzeichen der Komponenten liefert der Rechner beim Abruf
der Kreisfunktionswerte $\sin \alpha_n$ und $\cos \alpha_n$ automatisch mit, zum Beispiel $\sin 252°$
$= - 0{,}95...$. Damit erhalten auch die Resultierenden F_{rx} und F_{ry} ihre algebraischen
Vorzeichen und man kann daraus den Quadranten ermitteln, in dem die Resultierende F_r des zentralen Kräftesystems liegt. Auch der Richtungssinn (nach links
oben, rechts unten usw.) ist damit erkennbar. Da die beiden Teilresultierenden

senkrecht aufeinander stehen, läßt sich auch der Neigungswinkel α_r der Wirklinie der Resultierenden F_r zur x-Achse ermitteln, ebenso der Betrag von F_r.

Entwickeln Sie nach diesen Überlegungen

a) eine Gleichung $F_{rx}(F, \alpha)$,

b) eine Gleichung $F_{ry}(F, \alpha)$,

c) eine Gleichung für den Neigungswinkel α_r,

d) eine Gleichung für den Betrag der Resultierenden F_r.

1.5 Ein Telefonmast wird durch die waagerechten Spannkräfte von vier Drähten belastet. Die Spannkräfte sind $F_1 = 350\,\text{N}$, $F_2 = 500\,\text{N}$, $F_3 = 400\,\text{N}$ und $F_4 = 450\,\text{N}$; die Winkel $\alpha_1 = 0°$, $\alpha_2 = 45°$, $\alpha_3 = 120°$ und $\alpha_4 = 270°$.

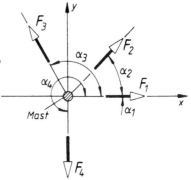

Gesucht sind rechnerisch

a) der Betrag der Resultierenden F_r,

b) der Winkel α_r,

c) der Richtungssinn der Resultierenden,

1.6 Ein zentrales Kräftesystem besteht aus den Kräften $F_1 = 22\,\text{N}$, $F_2 = 15\,\text{N}$, $F_3 = 30\,\text{N}$ und $F_4 = 25\,\text{N}$. Die Winkel sind $\alpha_1 = 15°$, $\alpha_2 = 60°$, $\alpha_3 = 145°$, $\alpha_4 = 210°$.

Gesucht sind rechnerisch

a) der Betrag der Resultierenden F_r,

b) der Winkel α_r,

c) der Richtungssinn,

1.7 In einem zentralen Kräftesystem wirken die Kräfte $F_1 = 120\,\text{N}$, $F_2 = 200\,\text{N}$, $F_3 = 220\,\text{N}$, $F_4 = 90\,\text{N}$ und $F_5 = 150\,\text{N}$. Die Angriffswinkel mit $\alpha_1 = 80°$, $\alpha_2 = 123°$, $\alpha_3 = 165°$, $\alpha_4 = 290°$, $\alpha_5 = 317°$.

Gesucht sind rechnerisch

a) der Betrag der Resultierenden F_r,

b) der Winkel β_r,

c) der Richtungssinn,

1.8 Die Kräfte $F_1 = 75\,\text{N}$, $F_2 = 125\,\text{N}$, $F_3 = 95\,\text{N}$, $F_4 = 150\,\text{N}$, $F_5 = 170\,\text{N}$ und $F_6 = 115\,\text{N}$ wirken an einem gemeinsamen Angriffspunkt unter den Winkeln $\alpha_1 = 27°$, $\alpha_2 = 72°$, $\alpha_3 = 127°$, $\alpha_4 = 214°$, $\alpha_5 = 270°$, $\alpha_6 = 331°$.

Gesucht sind rechnerisch

a) der Betrag der Resultierenden F_r,

b) der Winkel α_r,

c) der Richtungssinn der Resultierenden,

1.9 Die drei Kräfte $F_1 = 3$ N, $F_2 = 2$ N und $F_3 = 6$ N liegen auf parallelen Wirklinien. Aus diesem Grunde und
wegen des gleichen Richtungssinns ist der *Betrag* der
Resultierenden gleich der algebraischen Summe der
Einzelkräfte, also $F_r = F_1 + F_2 + F_3 = 11$ N. Ihre
Wirklinie muß gleichfalls parallel zu den Wirklinien
der Einzelkräfte liegen.

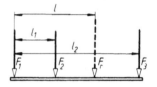

Die Abstände betragen $l_1 = 2$ cm, $l_2 = 6$ cm.

Gesucht ist der Abstand l der Wirklinie der Resultierenden F_r von der Wirklinie
der Kraft F_1 und zwar rechnerisch mit Hilfe des Momentensatzes. Dieser lautet:
„Das Kraftmoment $M_r = F_r l$ der Resultierenden, bezogen auf einen beliebigen
Drehpunkt, ist gleich der Summe der Kraftmomente der Einzelkräfte in bezug auf
denselben Punkt."

1.10 Ein Werkstück belastet das Krangeschirr mit der
Gewichtskraft $F_G = 25$ kN. Die Abmessungen
betragen $l_1 = 1,7$ m, $l_2 = 0,7$ m, $l_3 = 0,75$ m.

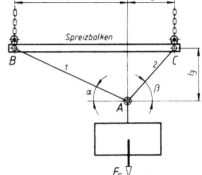

Entwickeln Sie mit den gegebenen Größen F_G,
l_1, l_2 und l_3 Gleichungen für die gesuchten
Größen und zwar über den analytischen Lösungsansatz. Berechnen Sie mit diesen Gleichungen die gesuchten Größen:

a) die Zugkräfte F_1 und F_2 in den beiden
Seilen,

b) die Kettenzugkraft F_{k1} und die Balken-
druckkraft F_{d1} im Punkte B,

c) die Kettenzugkraft F_{k2} und die Balken-
druckkraft F_{d2} im Punkte C.

1.11 Die Seile 1 bis 4 der skizzierten
Hängebrücke werden durch die
Zugkräfte F_1, F_2, F_3 und F_4
gespannt:

$F_1 = 0,14$ MN, $F_2 = 0,2$ MN,
$F_3 = 0,24$ MN, $F_4 = 0,2$ MN.

Die Seillängen sind:

$l_1 = 25$ m, $l_2 = 10$ m,
$l_3 = 25$ m.

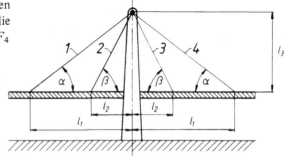

a) Berechnen Sie mit dem analytischen Ansatz Betrag, Richtung und Richtungssinn der Resultierenden F_r, die der Pylon aufzunehmen hat.

b) Bestätigen Sie die Ergebnisse nach a) zeichnerisch.

1.12 An einem Seil sind nach Skizze drei Körper mit den Gewichtskräften F_{G1}, F_{G2}, F_{G3} befestigt. Im Gleichgewichtszustand stellen sich die Winkel α und β ein.

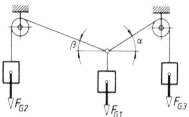

Entwickeln Sie Gleichungen zur Berechnung der Winkel α und β

a) über die rechnerischen Gleichgewichtsbedingungen (analytische Methode).

b) Berechnen Sie die Winkel α und β für die Gewichtskräfte F_{G1} = 20 N, F_{G2} = 25 N und F_{G3} = 28 N.

1.13 Die Knotenpunktlasten des Dachbinders betragen $F = 10$ kN und $F/2 = 5$ kN. In den Lagen wirken senkrecht nach oben gerichtete Stützkräfte $F_A = F_B = 30$ kN.

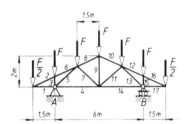

Ermitteln Sie die Stabkräfte für die Stäbe 1, 2, 3 und 6 des Fachwerkes.

a) über den analytischen Lösungsansatz,

b) über den trigonometrischen Lösungsansatz,

Lösungshinweis:

Jeder geschlossene Schnitt um einen Knotenpunkt legt ein zentrales Kräftesystem frei. Am Knotenpunkt 1–2 besteht es aus der Knotenpunktlast $F/2$ und den Stabkräften F_1 und F_2. Am Knotenpunkt 2-3-6 wirken die Knotenpunktlast F und die Stabkräfte F_2, F_3 und F_6. Die Stabkräfte können Zug- oder Druckkräfte sein. Druckkräfte wirken auf den Knotenpunkt zu, Zugkräfte vom Knotenpunkt weg. Man unterscheidet daher Zug- und Druckstäbe. Letztere müssen auf Knickung nachgerechnet werden. Deswegen sind sie als Druckstäbe zu kennzeichnen, z.B. durch ein Minuszeichen.

Wie jedes zentrale Kräftesystem können die noch unbekannten Kräfte analytisch, trigonometrisch oder zeichnerisch ermittelt werden. Meist führt der trigonometrische Lösungsansatz schneller zum Ziel als der analytische. Beginnen Sie Ihre Lösung mit dem Knoten 1-2 und gehen Sie dann zum Knoten 2-3-6. Stabkraft F_2 wird dabei „mitgenommen".

1.14 Von dem skizzierten Drehkran sind die Kraft F und die eingetragenen Längen bekannt.

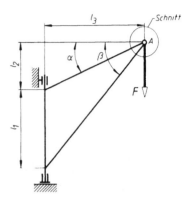

Ein gedachter Schnitt um den Punkt A führt zu einem zentralen Kräftesystem aus der Belastungskraft F und den beiden Stabkräften F_1 und F_2.

a) Entwickeln Sie aus dem analytischen Ansatz je eine Gleichung für die Stabkräfte, also $F_1(F, l_1, l_2, l_3)$ und $F_2(F, l_1, l_2, l_3)$.

b) Berechnen Sie die Stabkräfte F_1 und F_2 für $F = 20$ kN, $l_1 = 3$ m, $l_2 = 1,5$ m und $l_3 = 4$ m.

c) Es soll untersucht werden, wie sich die Beträge der Stabkräfte F_1 und F_2 ändern, wenn die Längen l_1 und l_3 beibehalten werden, die Länge l_2 dagegen variiert. Dabei ändern sich die Winkel α und β. Konstruieren Sie die Graphen $F_1(\alpha)$ und $F_2(\alpha)$ im Winkelbereich von $\alpha = 0°$ bis $\alpha = 30°$ (5°-Schritte).

Gleichgewicht am allgemeinen Kräftesystem

1.15 Die skizzierte Getriebewelle trägt über Paßfedern eine Flachriemenscheibe und zwei Zahnräder, deren Kräftepaare die eingetragenen Wellenbelastungen F_1, F_2, F_3 erzeugen. Alle Wirklinien liegen in der Zeichenebene. Axialkräfte werden nicht berücksichtigt, eine Vereinfachung, die für Überschlagsrechnungen zur ersten Dimensionierung von Getriebewellen zulässig ist.

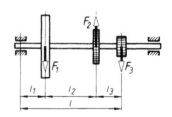

a) Berechnen Sie die Stützkräfte (Lagerkräfte) F_A und F_B.

b) Konstruieren Sie den Querkraftverlauf zwischen den Angriffspunkten A und B der Stützkräfte in den Lagern.

1.16 Für den skizzierten Ausleger sind die Längen l_1, l_2, l_3 und die Belastung F gegeben. Mit dem über die Rolle geführten Seil kann der Ausleger im Winkelbereich α um den Gelenkpunkt A geschwenkt werden.

a) Entwickeln Sie über den analytischen Lösungsansatz Gleichungen zur Berechnung der Seilkraft F_S und der Stützkraft F_A im Gelenkpunkt A in Abhängigkeit von der Variablen α. Die Wirklinie der Kraft F bleibt stets lotrecht.

b) Stellen Sie eine Wertetabelle mit Hilfe der in a) entwickelten Gleichungen für F_S und F_A auf für den Schwenkwinkelbereich $\alpha = 0$ bis $45°$. Setzen Sie dazu als gegebene Größen ein:

$l_1 = 1$ m, $l_2 = 3$ m, $l_3 = 2$ m und $F = 8$ kN.

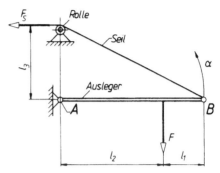

1.17 Ein Sprungbrett wird durch seine Gewichtskraft $F_G = 300$ N und beim Absprung durch die unter $\alpha = 60°$ wirkende Kraft $F = 900$ N belastet. Die Abstände betragen $l_1 = 2,6$ m, $l_2 = 2,4$ m und $l_3 = 2,1$ m.

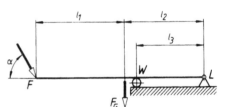

Ermitteln Sie rechnerisch und zeichnerisch

a) die Stützkraft an der Walze W,

b) den Betrag der Stützkraft F_L im Lager L,

c) den Winkel, den die Wirklinie von F_L mit der Waagerechten einschließt.

1.18 Der skizzierte zweiteilige Rahmen wird beispielsweise im Grubenbau verwendet.

Die beiden in A und B zweiwertig gelagerten Winkelkonstruktionen I und II stützen sich gegenseitig im Gelenk C ab.

Gegebene Größen:

Belastungskräfte $F = 20$ kN,
Teillängen $l = 1$ m.

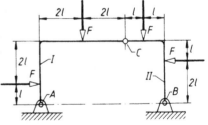

Ermitteln Sie über den analytischen Ansatz die Stützkräfte F_A, F_B und F_C.

1.19 Zur Herstellung von schrägen Schweißkanten-
schnitten ist der Tisch einer Blechtafelschere
hydraulisch neigbar. Vereinfachend wird angenommen, daß die Resultierende F aller auf den
Tisch wirkenden Kräfte in jeder Schräglage den
selben Angriffspunkt hat und auch die Wirklinie
die gleiche bleibt.

Gegebene Größen: F = 5,5 kN;
l_1 = 0,3 m; l_2 = 0,2 m; l_3 = 0,7 m.

a) Entwickeln Sie Gleichungen zur Berechnung der Kolbenkraft F_K des Hydraulik-
   kolbens.
b) Konstruieren Sie den Graphen $F_K(\alpha)$ für α = 0 ... 50°.
c) Berechnen Sie die Stützkraft im Gelenk A über den analytischen Ansatz für
   α = 30°.

1.20 Der Tisch einer Blechbiegepresse wird durch
einen Hydraulikkolben um die skizzierte Mittel-
lage geschwenkt.

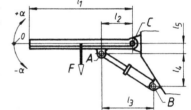

Die Wirklinie der als konstant angenommenen
resultierenden Tischbelastung F bleibt dabei
stets senkrecht.
Gegebene Größen: F = 12 kN; l_1 = 0,5 m;
l_2 = 0,3 m; l_3 = 0,5 m; l_4 = 0,3 m; l_5 = 0,1 m.

a) Entwickeln Sie über den analytischen Lösungsansatz Gleichungen zur Berechnung der Kolbenkraft F_K, der Lagerkraft F_C im Gelenkpunkt C und des Nei-
   gungswinkels α_C der Lagerkraft F_C zur Waagerechten.
b) Stellen Sie in einer Wertetabelle die Beträge für die Kräfte F_K und F_C sowie für
   den Winkel α_C zusammen und zwar in Abhängigkeit vom Tischneigungswinkel α
   für den Winkelbereich von − 45° bis + 45° in Fünf-Grad-Schritten.

1.21 Die Klemmvorrichtung für einen Werkzeug-
schlitten besteht aus Zugspindel, Spannkeil und
Klemmhebel. Die Zugspindel wird mit der Kraft
F = 200 N betätigt. Die Abmessungen betragen
l_1 = 10 mm, l_2 = 35 mm, l_3 = 20 mm, der Winkel α = 15° und die Gleitreibzahl μ = 0,11.

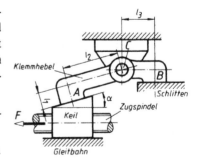

Ermitteln Sie über den analytischen Lösungsansatz:

a) die Normalkraft F_N und die Reibkraft F_R
   zwischen Keil und Gleitbahn,
b) die Normalkraft F_{NA} und die Reibkraft F_{RA} zwischen Keil und Klemmhebel,
c) die senkrechte Klemmkraft auf der Fläche B,
d) die Stützkraft im Klemmhebellager C.

1.22 Eine Rohrhülse soll durch eine Federklemme so festgehalten werden, daß die Hülse herausgezogen wird, wenn die Zugkraft den Betrag F_z = 17,5 N erreicht. Die Abmessungen betragen l_1 = 21 mm, l_2 = 28 mm, l_3 = 12 mm, d = 12 mm und die Haftreibzahl μ_0 = 0,22.

Ermitteln Sie über den analytischen Lösungsansatz:

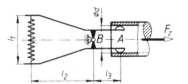

a) die Reibkraft an der Klemmbacke A beim Herausziehen,

b) die Normalkraft zwischen Klemmbacke A und Hülsenwand,

c) die erforderliche Federkraft F (Zug- oder Druckfeder?),

d) die Lagerkraft im Hebeldrehpunkt B.

1.23 Mit Hilfe der skizzierten Blockzange werden Stahlblöcke transportiert. Dabei wird der Gewichtskraft des Blockes F_G = 12 kN nur durch die Reibkräfte an den Klemmflächen das Gleichgewicht gehalten. Die Haftreibzahl schwankt während der Haltezeit infolge der Verzunderung der Oberfläche zwischen 0,25 und 0,35. Die Abmessungen betragen l_1 = 1 m, l_2 = 0,3 m, l_3 = 0,3 m, der Winkel α = 15°.

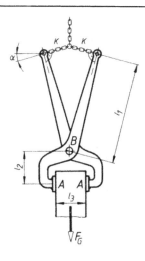

Bestimmen Sie unter Vernachlässigung der Gewichtskraft der Zange:

a) die Reibzahl, mit der aus Gründen der Sicherheit zu rechnen ist,

b) die Zugkräfte in den beiden Kettenspreizen K,

c) die Normalkräfte an den Klemmflächen A,

d) die größte Reibkraft $F_{R0\,max}$, die an einer Klemmfläche übertragen werden kann,

e) die Tragsicherheit der Zange,

f) die Belastung des Zangenbolzens B.

g) Welchen Einfluß hat die Gewichtskraft des Blocks auf die Tragsicherheit?

h) Bis zu welchem Betrag dürfte die Haftreibzahl μ_0 sinken, ohne daß der Stahlblock aus der Zange rutscht?

1.24 Eine Leiter steht mit ihrem Fußende auf einer waagerechten Fläche. Der Winkel zwischen Bodenfläche und Leiter beträgt $\alpha = 65°$. Das Kopfende der Leiter lehnt in 4 m Höhe gegen eine senkrechte Fläche. Die Haftreibzahl an beiden Auflageflächen beträgt $\mu_0 = 0,28$. Ein Mann mit einer Gewichtskraft von 750 N besteigt die Leiter.

a) Welche Höhe hat er erreicht, wenn die Leiter rutscht?

b) Stellen Sie anhand der entwickelten Gleichung fest, welchen Einfluß seine Gewichtskraft auf die Höhe hat!

c) Wie groß muß der Winkel α mindestens sein, wenn er die Leiter ohne Rutschgefahr ganz besteigen will? Ermitteln Sie diese Bedingung ebenfalls aus der entwickelten Gleichung.

2 Dynamik

Arbeit, Leistung, Übersetzung, Wirkungsgrad

2.1 Auf einer Dreifachziehmaschine können gleichzeitig $n = 3$ Stahlrohre von $l = 20$ m Länge gezogen werden. Die reine Ziehzeit beträgt $\Delta t = 30$ s. Für ein Rohr wird eine Zugkraft von $F = 120$ kN benötigt.

Berechnen Sie:

a) die Arbeit W zum Ziehen der drei Rohre,

b) die Leistung P, die die Antriebskette der Ziehbank übertragen muß.

2.2 Ein Güterzug von $m = 1000$ t Masse fährt mit $v = 54$ km/h eine Steigung von 1 : 400 aufwärts. Der Fahrwiderstand beträgt $F_w = 40$ N/t.

Bestimmen Sie:

a) die erforderliche Zugkraft F_z (ohne Luftwiderstand), b) die dieser Zugkraft entsprechende Leistung P.

2.3 Ein Straßenbahntriebwagen von $m = 10\,000$ kg Masse fährt auf ebener Strecke mit einer Geschwindigkeit von $v = 30$ km/h. Seine Motoren entnehmen dem Netz eine Leistung von $P_n = 25$ kW, wovon 83 % auf die Antriebsräder übertragen werden.

Berechnen Sie:

a) den Fahrwiderstand F_w, der überwunden werden muß,

b) die Leistung P_a, die die Motoren dem Netz entnehmen, wenn der Wagen mit gleicher Geschwindigkeit eine Steigung von 4 % aufwärts fährt.

2.4 Der Tisch einer Langhobelmaschine hat eine Masse von $m_T = 2,6$ t und trägt ein Werkstück von $m_w = 1,8$ t Masse, das mit einer Schnittgeschwindigkeit von $v_c = 15$ m/min und einer Schnittkraft von $F_c = 20$ kN bearbeitet wird. Die Reibzahl in den Führungen beträgt $\mu = 0,15$.

Gesucht sind:

a) die Reibleistung P_R,

b) die Schnittleistung P_c,

c) die Antriebsleistung P_{mot} des Motors bei einem Getriebewirkungsgrad von $\eta = 0,96$.

2.5   Der Wirkungsgrad einer Tischhobelmaschine mit hydraulischem Antrieb beträgt
0,55. Der Antriebsmotor leistet 10 kW.

Bestimmen Sie:

a) die Durchzugskraft des Tisches bei einer Schnittgeschwindigkeit von 16 m/min,

b) die größte erreichbare Schnittgeschwindigkeit bei einer Durchzugskraft von
13,8 kN.

2.6   In der Antriebstechnik sind klare Vorstellungen über den Zusammenhang von
Leistung P, Drehmoment M, Drehzahl n und Übersetzung i unerläßlich, gleichgültig
ob es sich um antriebstechnische Untersuchungen oder Entwicklungen am Fahrrad,
an einer Küchenmaschine, am Rasenmäher oder an einer NC-Maschine handelt.

Das skizzierte Energieumwandlungssystem
besteht aus dem Motor M, dem Getriebe G
und der Arbeitsmaschine AM.

a) Konstruieren Sie den Graphen $M_{ab}(n_{ab})$
für das Getriebe, einmal mit $\eta_{Getr} = 1$
(verlustfreier Betrieb angenommen) und
einmal mit $\eta_{Getr} = 0{,}7 = $ konstant. Dem
stufenlos verstellbaren hydraulisch-mecha-
nischen Getriebe fließt vom Antriebsmotor die konstante Leistung $P_{an} = 10\,kW$
zu. Konstruieren Sie die Graphen für den
Drehzahlbereich von $n_{ab} = 0$ bis $n_{ab} = $
$10^3\,min^{-1}$.

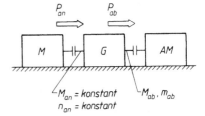

b) Konstruieren Sie den Graphen $M_{ab}(i)$ für das gleiche Energieumwandlungssystem,
wenn zwischen Motor und Arbeitsmaschine ein geometrisch gestuftes Zahnradgetriebe die Drehmomenten-Drehzahl-Umwandlung bewerkstelligt und $\eta_{Getr} = 0{,}9$
angenommen wird.

Die Antriebswelle führt nun das konstante Drehmoment $M_{an} = 10\,Nm$ und das
Getriebe ist geometrisch von $i = 1$ bis $i = 10$ nach der Grundreihe R10 gestuft.

Beachte: Der Wirkungsgrad *einer* Zahnradstufe liegt bei $\approx 0.98 \ldots 0{,}985$. Bei
4 Stufen mit gleichbleibenden Wirkungsgrad je Stufe wäre $\eta_{Getr} = 0{,}98^4 = 0{,}92$.

2.7   Nach der Definitionsgleichung ist die Leistung bei der Drehbewegung (Rotation),
beispielsweise an einer Getriebewelle, das Produkt aus dem Wellendrehmoment M
und der zugehörigen Winkelgeschwindigkeit ω.

Am skizzierten einstufigen Zahnradgetriebe sind das Antriebsdrehmoment M_1, die
Übersetzung i und der Wirkungsgrad η bekannt. Für die Übersetzung gilt $i = \omega_{an}/\omega_{ab}$
$= \omega_1/\omega_2$.

Entwickeln Sie eine Gleichung für das Abtriebsdrehmoment $M_2 = f(M_1, i, \eta)$.

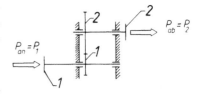

2.8   Ein Elektromotor mit einer Drehzahl von $n = 1400\ min^{-1}$ erzeugt an seinem Kettenritzel mit $d = 140\ mm$ Teilkreisdurchmesser eine Kettenzugkraft von $F_u = 150\ N$. Aus dem Netz nimmt er eine elektrische Leistung von $P_a = 2\ kW$ auf.

Ermitteln Sie:

a) die Leistung P_n an der Motorwelle,
b) der Wirkungsgrad η des Motors.

2.9   Der Antriebsmotor einer Drehmaschine entnimmt dem Netz bei einer bestimmten Dreharbeit eine Leistung $P_1 = 10\ kW$. Der Wirkungsgrad des Motors betrage $\eta_M = 92\ \%$, der Wirkungsgrad aller bewegten Teile zwischen Motor und Drehspindel (Getriebe, Kupplungen, Lagerungen) betrage $\eta_G = 0{,}8$. Es wird ein Werkstück von $d = 100\ mm$ Durchmesser mit einer Drehzahl $n = 1600\ U/min$ bearbeitet.

Bestimmen Sie die in Richtung der Umfangsgeschwindigkeit v_u wirkende und an der Drehmeißelschneide angreifende Hauptschnittkraft F_h.

2.10   Eine Seiltrommel wird über ein Getriebe mit der Übersetzung $i = 6$ durch eine Handkurbel angetrieben. Das Drehmoment an der Kurbel beträgt 40 Nm, der Durchmesser der Seiltrommel 240 mm.

Gesucht sind:

a) die Masse der Last, die gehoben werden kann,
b) die Anzahl der Kurbelumdrehungen für 10 m Lastweg.

2.11   Ein Motor hat eine Leistung von 2,6 kW bei $1420\ min^{-1}$. Er soll eine Seiltrommel mit 400 mm Durchmesser antreiben, an der eine Seilzugkraft von 3 kN wirkt. Dazu muß ein Getriebe zwischengeschaltet werden, dessen geschätzter Wirkungsgrad 0,96 beträgt.

Ermitteln Sie:

a) das Motor- und das Trommeldrehmoment,
b) das Übersetzungsverhältnis des Getriebes.

2.12   Ein Radfahrer kann an der Tretkurbel ein gleichförmig gedachtes Kraftmoment von 18 Nm aufbringen. Der Fahrwiderstand ist mit 10 N angenommen. Die Masse von Fahrer und Rad beträgt 100 kg. Zähnezahlen: Tretkurbelrad 48, Hinterachszahnkranz 23. Der Wirkungsgrad des Kettengetriebes wird mit 0,7 angenommen.

Ermitteln Sie:

a) die Umfangskraft am Hinterrad bei einem Rolldurchmesser von 0,65 m,
b) die Steigung, die der Radfahrer damit gleichförmig aufwärts fahren kann.

2.13   Ein Getriebe mit drei Stufen hat folgende Einzelübersetzungen:

1. Stufe Schneckengetriebe $i = 15$;   Wirkungsgrad 0,73
2. Stufe Stirnradgetriebe $i = 3,1$;   Wirkungsgrad 0,95
3. Stufe Stirnradgetriebe $i = 4,5$;   Wirkungsgrad 0,95

Gesucht sind:

a) die Gesamtübersetzung des Getriebes,
b) der Gesamtwirkungsgrad,
c) die Drehzahlen und Drehmomente in den 4 Wellen bei einer Antriebsdrehzahl von 1420 min^{-1} und 0,85 kW Antriebsleistung.

Dynamisches Grundgesetz (Translation)

2.14   Zwei Körper mit gleicher Masse werden sich selbst überlassen und setzen sich beschleunigt in Bewegung. Seil
und Rolle sind masselos gedacht, Reibung wirkt auf der
waagerechten Gleitfläche mit einer Reibzahl von 0,15.

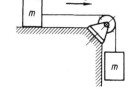

Stellen Sie eine Gleichung für die Beschleunigung
$a = f(g, \mu)$ auf und berechnen Sie die Beschleunigung.

Hinweis: Die Aufgaben können mit Hilfe des Dynamischen Grundgesetzes oder nach d'Alembert gelöst werden.

2.15   Ein Triebwagen von $m = 100$ t Masse bremst auf waagerechter Strecke seine Geschwindigkeit von $v_1 = 90$ km/h gleichmäßig auf $v_2 = 30$ km/h ab. Die Bremsstrecke
beträgt $\Delta s = 800$ m.

Bestimmen Sie:

a) die Bremsverzögerung a,
b) die Bremszeit Δt,
c) die Bremskraft F bei $F_w = 30$ N/t Fahrwiderstand.

2.16   Der Fahrkorb eines Aufzuges soll durch eine Treibtrommel aus dem Stillstand
in 1,25 s eine Geschwindigkeit von 1 m/s erhalten. Der Fahrkorb hat die Masse
$m_1 = 3000$ kg, das Gegengewicht $m_2 = 1800$ kg.

a) Stellen Sie eine Gleichung für die beim Beschleunigen an der Trommel angreifende Umfangskraft
$F_u = f(a, g, m_1, m_2)$ auf und berechnen Sie F_u.
b) Berechnen Sie die Beschleunigung des Korbes, wenn
durch Bruch des Antriebes die Trommel frei drehbar
würde.

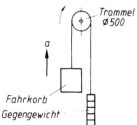

2.17 Ein Pkw mit einer Masse $m = 1000$ kg hat seinen Schwerpunkt in $h = 0,6$ m Höhe mittig zwischen den Achsen, die einen Abstand $l = 3$ m haben. Er wird auf trockener Straße an den Hinterrädern gebremst ohne zu rutschen. Die Haftreibzahl beträgt $\mu_0 = 0,6$.

Stellen Sie eine Gleichung für die mögliche Verzögerung $a = f(g, l, h, \mu_0)$ auf und berechnen Sie die Verzögerung.

2.18 Zwei Körper von gleicher Masse m werden in der gezeichneten Stellung sich selbst überlassen (Seil und Rolle masselos).

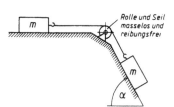

Bestimmen Sie:

a) die sich einstellende Beschleunigung a bei einer Gleitreibzahl $\mu = 0,2$ und dem Neigungswinkel $\alpha = 60°$,

b) die Beschleunigung a für einen Neigungswinkel $\alpha = 90°$.

2.19 Ein Triebwagen besitzt die Masse $m = 100$ t. Er fährt an einer Steigung $1:100$ mit $a = 0,1$ m/s^2 gleichmäßig beschleunigt an. Der Fahrwiderstand beträgt $F_w = 30$ N/t. Bestimmen Sie die erforderliche Antriebskraft F.

2.20 Ein Wagen mit der Masse $m = 100$ kg rollt aus dem Stand eine unter $\alpha = 30°$ geneigte schiefe Ebene abwärts, durchfährt die horizontale Strecke s_2 und steigt danach die unter $\beta = 20°$ geneigte zweite schiefe Ebene hinauf. Während der Fahrt muß der gleichbleibende Fahrwiderstand $F_f = 100$ N überwunden werden.

Bestimmen Sie nach dem dynamischen Grundgesetz den Steigweg s_3.

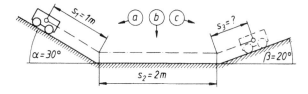

2.21 Die beiden skizzierten Körper sind mit einem Seil verbunden und hängen damit an der Rolle. Sie werden sich selbst überlassen und setzen sich beschleunigt in Bewegung.

Masse m_1 ist viermal so groß wie Masse m_2. Seil und Rolle werden masselos gedacht, die Reibung im Lager wird vernachlässigt.

Stellen Sie eine Gleichung für die Beschleunigung $a = f(g, m_2/m_1)$ auf und berechnen Sie die Beschleunigung.

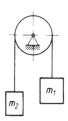

2.22   Ein Bauaufzug wird leer abgelassen. Er fällt mit einer Beschleunigung von 4 m/s²
abwärts. Nach 2,5 s wird er gebremst und steht nach 1 s still. Die Masse des Gestells
beträgt 150 kg.

Berechnen Sie:

a) die Geschwindigkeit vor dem Bremsen,
b) die Seilkraft beim Bremsen.

2.23   Die skizzierte Förderanlage für Pakete soll so ausgelegt werden, daß das Fördergut
mit einer Geschwindigkeit v_2 = 1,0 m/s den Auslauf der Rutsche verläßt und auf das
dort aufgestellte Band fällt. Die Anfangsgeschwindigkeit am Kopf der Rutsche ist
v_1 = 1,2 m/s. Die Reibzahl zwischen Paket und Rutsche beträgt μ = 0,3, die Höhe
h = 4 m und der Winkel α = 30°.

Ermitteln Sie:

a) die Beschleunigung auf der Rutsche,
b) die Verzögerung im Auslauf l,
c) die Endgeschwindigkeit beim Verlassen
   der Rutsche,
d) die Länge l des Auslaufes.

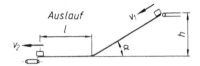

Energieerhaltungssatz (Translation)

2.24   Ein Waggon von 22,5 t Masse hat beim Rangieren am Fuß des Ablaufberges eine
Geschwindigkeit von 9,5 km/h erreicht und rollt nun auf dem waagerechten Gleis
aus. Es wirkt ihm ein Fahrwiderstand von 40 N/1000 kg Wagenmasse entgegen.

Entwickeln Sie

a) den Energieerhaltungssatz mit den Variablen: Masse m, Geschwindigkeit v,
   Fahrwiderstand F_w und Weg s,
b) eine Gleichung für den Ausrollweg $s = f(v, F_w)$ und berechnen Sie daraus den
   Weg s.

2.25   Ein frei rollender Eisenbahnwagen gelangt mit einer Geschwindigkeit von 10 km/h
an eine Steigung von 0,3 %. Es wirkt ihm ein Fahrwiderstand von 1,36 kN entgegen. Die Masse des Wagens beträgt 34 t.

Berechnen Sie den Ausrollweg auf der Steigung mit Hilfe einer Gleichung $s = f(m, v,$
$g, F_w, \alpha)$.

2.26 Ein Waggon mit einer Masse m = 25 t fährt beim Ausrollen gegen einen ungefederten und als starr anzusehenden Prellbock und drückt dadurch seine beiden Puffer bis zum Stillstand um den Weg s = 80 mm zusammen. Die Pufferfedern haben eine Federrate c = 0,3 kN/mm (Federrate = Quotient aus Federkraft und zugehörigem Federweg, $c = F/\Delta s$).

Berechnen Sie die Geschwindigkeit des Waggons vor dem Anstoßen. Entwickeln Sie dazu eine Gleichung $v = f(s, c, m)$ aus dem Energieerhaltungssatz.

2.27 Am Anfang einer Gefällestrecke von 400 m Länge und 5 % Gefälle rollt ein Radfahrer mit seinem Rad ohne Antrieb aus der Ruhestellung abwärts. Die Masse von Radfahrer und Fahrrad beträgt 90 kg, der Fahrwiderstand 15 N.

Bestimmen Sie:

a) die Endgeschwindigkeit v am Ende der Gefällestrecke,

b) die Beschleunigung a während der Fahrt,

c) den Ausrollweg Δs_1 auf der anschließenden Horizontalen,

d) die Verzögerung a_1 auf der Horizontalen,

e) die gesamte Fahrzeit t_{ges} bis zum Stillstand.

(Alle Rechnungen ohne Luftwiderstand)

2.28 Ein Körper der Masse m = 10 kg liegt auf einer horizontalen Gleitbahn. Die Druckfeder D hat die Federrate c_D = 100 N/cm, die Zugfeder Z die Federrate c_Z = 50 N/cm. In der Ausgangslage ist D um f = 8 cm zusammengedrückt, Z dagegen gerade entspannt. Beim Gleiten wirkt eine Reibkraft F_R = 10 N.

Entwickeln Sie eine Gleichung für den Weg l des Körpers bis zu seinem nächsten Stillstand und berechnen Sie den Weg l.

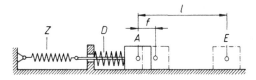

2.29 Zwei Wagen sind über ein Seil miteinander verbunden und sollen sich reibungsfrei bewegen können.

Bestimmen Sie:

a) die sich einstellende Beschleunigung a der Wagen,

b) die Geschwindigkeit v nach 10 s.

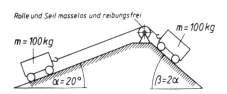

2.30 Auf der skizzierten schiefen Ebene mit Auslauf 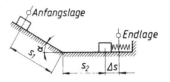 wird ein Körper aus der Ruhelage losgelassen, gleitet die schiefe Ebene abwärts, dann die waagerechte Strecke weiter und wird durch eine Feder bis zum Stillstand gebremst. Dabei spannt er die Feder mit der Federrate c um den Federweg Δs. Auf allen Gleitflächen wirkt Reibung mit der Reibzahl μ.

Stellen Sie den Energieerhaltungssatz für den Vorgang zwischen den beiden Ruhelagen auf und entwickeln Sie daraus eine Gleichung für den Anlaufweg $s_1 = f(m, s_2, \Delta s, \mu, c)$.

2.31 Für die Aufgabe 2.23 (Paketförderanlage) ist der Energieerhaltungssatz für die Bewegung der Pakete zwischen den Förderbändern anzusetzen. Verwenden Sie hierzu die Variablen dieser Aufgabe, sowie m für die Masse der Pakete und berechnen Sie aus dem Energieerhaltungssatz die Auslauflänge l.

2.32 Das skizzierte Pendel mit der Masse m wird aus waagerechter Lage losgelassen.

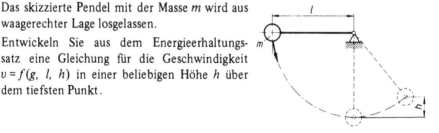

Entwickeln Sie aus dem Energieerhaltungssatz eine Gleichung für die Geschwindigkeit $v = f(g, l, h)$ in einer beliebigen Höhe h über dem tiefsten Punkt.

2.33 Das Pendelschlagwerk wird in der skizzierten Stellung ausgelöst und zerschlägt die Werkstoffprobe, die im tiefsten Punkt der Kreisbahn an Widerlagern aufliegt. Die Schlagarbeit mindert die kinetische Energie des Pendelhammers, so daß er nur wieder bis zur Höhe h_2 steigt. Die Pendelmasse beträgt 8,2 kg bei Vernachlässigung der Stange. Die Abmessungen betragen: $l = 655\,mm$, $\alpha = 151°$, $\beta = 48,5°$.

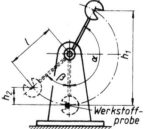

Gesucht sind:

a) die Fallhöhe h_1 und die Steighöhe h_2,
b) das Arbeitsvermögen des Hammers in der skizzierten Ausgangsstellung, bezogen auf die Lage der Werkstoffprobe,
c) die von der Probe aufgenommene Schlagarbeit.

Dynamisches Grundgesetz (Rotation)

2.34   Eine Frässpindel mit aufgesetztem Messerkopf hat ein Trägheitsmoment von $3,5 \, kgm^2$. Ließe man die Spindel aus einer Drehzahl von 1000 U/min auslaufen, dann käme sie nach 4 min zum Stillstand (Leerlauf, ohne Verbindung zum Getriebe).

Bestimmen Sie das bremsende Drehmoment (= Lager-Reibmoment).

2.35   Eine Schleifscheibe mit einem Trägheitsmoment von $3 \, kgm^2$ wird aus einer Drehzahl von $600 \, min^{-1}$ abgeschaltet und läuft während 2,6 min aus.

Gesucht sind:

a) die Winkelverzögerung,
b) das Reibmoment in den Lagern.

2.36   Eine Schleifscheibe von 400 mm Durchmesser und 100 mm Breite besitzt die Dichte $\rho = 3000 \, kg/m^3$. Sie soll aus dem Stillstand heraus in 10 s auf 25 m/s Umfangsgeschwindigkeit gebracht werden.

Bestimmen Sie:

a) die Winkelgeschwindigkeit ω_e nach 10 s,
b) die Winkelbeschleunigung α,
c) das Trägheitsmoment J (ohne Berücksichtigung der Bohrung),
d) das Beschleunigungsmoment M_{res}.

2.37   Das Trägheitsmoment J einer Stahlscheibe soll vergrößert werden.
Welche Änderung bringt mehr:

a) Verdoppelung der Scheibendicke,
b) Verdoppelung des Scheibenradiusses?

2.38   Ein Schwungrad aus Stahlguß (Dichte $\rho = 7,85 \cdot 10^3 \, kg/m^3$) kann als Ring (Kreisquerschnitt mit $r = 100 \, mm$ Radius) angesehen werden (Nabe und Speichen vernachlässigt). Der mittlere Radius des Ringes beträgt $R = 500 \, mm$. Aus dem Ruhezustand beschleunigt, soll das Schwungrad nach 100 Umdrehungen eine Drehzahl von 400 U/min haben.

Bestimmen Sie:

a) das Trägheitsmoment J,
b) die Winkelbeschleunigung α,
c) das beschleunigende Moment M_{res}.

2.39 Eine Schleifscheibe mit Welle und Riemenscheibe hat ein Trägheitsmoment $J = 3,5\ \text{kgm}^2$. Das Reibmoment M_R in den Lagern beträgt 0,5 Nm. Die Scheibe soll innerhalb 5 s auf eine Drehzahl von 360 min^{-1} beschleunigt werden.

Gesucht sind:

a) die Winkelbeschleunigung,

b) das erforderliche Antriebsmoment,

c) die Leistung am Ende des Beschleunigungsvorganges.

2.40 Durch einen Auslaufversuch soll die Reibzahl der Gleitlagerung einer Getriebewelle ermittelt werden. Die Getriebewelle mit 10 kg Masse und einem Trägheitsmoment von $0,18\ \text{kgm}^2$ ist mit zwei Lagerzapfen von 20 mm Durchmesser gelagert. Die Lagerkräfte sind gleich groß. Nach dem Abschalten des Antriebes sinkt die Drehzahl der Welle in 235 s von 1500 min^{-1} auf Null.

Gesucht sind:

a) das Bremsmoment in den beiden Gleitlagern,

b) die mittlere Zapfenreibzahl.

2.41 Die skizzierte Walze mit 10 kg Masse und einem Durchmesser von 0,2 m soll durch die Kraft F so beschleunigt werden, daß sie gerade noch eine reine Rollbewegung ausführt, ohne zu gleiten. Die Reibzahl beträgt 0,2.

a) Entwickeln Sie eine Gleichung für die maximale Beschleunigung $a = f(g, \mu_0, \beta)$ aus dem Ansatz:

$M_{\text{res}} = \Sigma M$ um den Mittelpunkt.

b) Entwickeln Sie eine Gleichung für die Kraft $F = f(m, g, a, \mu_0, \beta)$ aus dem Ansatz:

$F_{\text{res}} = \Sigma F$ für Kräfte parallel zur schiefen Ebene.

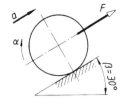

Lösungshinweis: Für diesen Grenzfall (Haftreibung bis zum Höchstwert ausgenutzt) gilt: $F_{R0max} = F_N\mu_0$. Für die reine Rollbewegung gilt $\alpha = ar$. Dabei ist a die Beschleunigung des Schwerpunktes in Richtung der Kraft F.

2.42 Ein Körper mit der Masse $m_1 = 2$ kg hängt an einem Seil, das über eine Trommel gewickelt ist. Das Trägheitsmoment der Trommel beträgt $J_2 = 0,05\ \text{kgm}^2$ und ihr Radius $r_2 = 0,1$ m. Rolle und Seil werden als masselos betrachtet. Der angehängte Körper wird zunächst in der skizzierten Lage festgehalten und dann losgelassen.

Ermitteln Sie:

a) die auf den Umfang reduzierte Scheibenmasse,

b) die reduzierte Gesamtmasse am Seil,

c) die resultierende Kraft am Seil,

d) die Beschleunigung des Körpers mit Hilfe einer Gleichung $a = f(g, m_1, J_2, r_2)$.

3 Festigkeitslehre

Zug und Druck

3.1 Der Handbremshebel einer Fahrradfelgenbremse wird mit $F = 50$ N belastet. Die Abmessungen betragen $l_1 = 80$ mm, $l_2 = 25$ mm, $d = 1,5$ mm. Winkel $\alpha = 20°$.

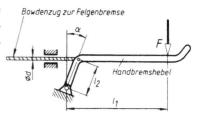

Gesucht:

a) die Zugkraft F_z und

b) die Zugspannung im Bowdenzugdraht.

3.2 Das Stahldrahtseil einer Fördereinrichtung soll bei einer Länge von 600 m eine Last von 40 kN tragen. Das Seil besteht aus 222 Einzeldrähten. Die Zugfestigkeit des Werkstoffes beträgt 1600 N/mm². Die Sicherheit gegen Bruch soll etwa 8fach sein.

Welchen Durchmesser muß der einzelne Draht haben, wenn in der Rechnung auch die Eigengewichtskraft des Seiles berücksichtigt wird?

3.3 Eine Lasche aus Stahl wird durch eine Zugkraft von 16 kN belastet. Die Bohrungen für die Bolzen haben $d = 30$ mm Durchmesser, die zulässige Spannung beträgt 40 N/mm². Die Lasche soll Rechteckquerschnitt mit einem Bauverhältnis $h/s \approx 4$ erhalten.

Gesucht:

a) die Laschendicke s,

b) die Laschenhöhe h,

c) der Durchmesser D der Laschenaugen bei gleicher Dicke s.

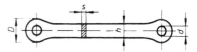

3.4 Die beiden Gelenkstäbe S_1 und S_2 mit dem Durchmesser $d = 16$ mm liegen nach Skizze unter den Winkeln $\alpha = 25°$ und $\beta = 2\alpha$. Sie tragen im Knotenpunkt eine Last $F = 20$ kN.

Wie groß sind die Spannungen in den Gelenkstäben S_1 und S_2?

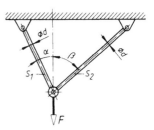

3.5 Die skizzierte Querkeilverbindung soll die Zugkraft
$F = 14,5$ kN übertragen.

Abmessungen: Hülsendurchmesser $d_2 = 45$ mm,
Stangendurchmesser $d_1 = 25$ mm,
Keilbreite $b = 6$ mm.

Ermitteln Sie:

a) die Spannung im kreisförmigen Stangenquerschnitt,

b) die Spannung in dem durch Keilloch geschwäch-
ten Stangenquerschnitt,

c) die Spannung im gefährdeten Querschnitt der
Hülse.

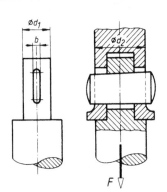

3.6 Die skizzierte gelenkige Laschenverbindung mit
dem Bolzendurchmesser d hat die Zugkraft F zu
übertragen. Für den verwendeten Flachstahl soll
ein bestimmtes Seitenverhältnis b/s eingehalten
werden, ohne daß die zulässige Zugspannung
$\sigma_{z\,zul}$ überschritten wird.

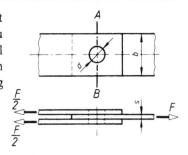

a) Skizzieren Sie die Form des gefährdeten Querschnitts $A{-}B$ und entwickeln
Sie eine Gleichung $b_{erf} = f(F, d, \sigma_{z\,zul})$.

b) Berechnen Sie die erforderliche Flachstahlbreite b für $F = 18$ kN, $d = 25$ mm
und $\sigma_{z\,zul} = 90$ N/mm^2.

c) Legen Sie die Flachstahlmaße b und s fest und führen Sie damit den Spannungsnachweis $\sigma_{z\,vorh} \leqslant \sigma_{z\,zul}$.

3.7 Der Leder-Flachriemen des skizzierten Riemengetriebes wird gespannt, indem der
Achsabstand $l = 2$ m und $\Delta l = 80$ mm vergrößert wird. Der Querschnitt des Riemens
beträgt 100 mm $\times$ 5 mm, der E-Modul für Leder $E = 60$ N/mm^2 und der Durchmesser der Scheiben $d = 0,6$ m.

Gesucht:

a) die Dehnung des Riemens,

b) die Zugspannung im Riemen,

c) die Spannkraft im Riemen.

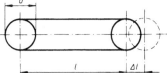

Flächenpressung

3.8   Eine Zugspindel mit metrischem ISO-Trapezgewinde hat über eine Mutter in Längsrichtung eine Zugkraft von 36 kN zu übertragen.

Gesucht:
a) das erforderliche Trapezgewinde, wenn eine zulässige Zugspannung von
   100 N/mm² vorgeschrieben ist,
b) die erforderliche Mutterhöhe m, wenn die zulässige Flächenpressung 12 N/mm²
   beträgt.

3.9   Die Druckspindel einer Spindelpresse mit metrischem ISO-Trapezgewinde Tr 70 × 10
wird durch eine Druckkraft von 100 kN belastet.

Gesucht:
a) die Druckspannung im Kernquerschnitt der Spindel,
b) die erforderliche Mutterhöhe m, wenn die Flächenpressung in den Gewindegän-
   gen 10 N/mm² nicht überschreiten darf.

3.10   Die skizzierte Kegelkupplung hat ein Drehmoment
von 110 Nm zu übertragen.

Maße: $d = 400$ mm, $b = 30$ mm, $\alpha = 15°$.

Bestimmt werden sollen die erforderliche Anpreßkraft der Feder und die Flächenpressung zwischen
den Reibflächen. Die Reibzahl wird mit 0,1 angenommen.

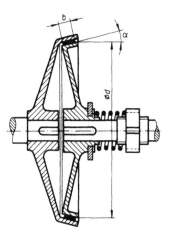

3.11   Ein Gleitlager soll die Radialkraft $F = 12,5$ kN aufnehmen.
Die zulässige Flächenpressung beträgt 10 N/mm² und das
Bauverhältnis $l/d \approx 1,6$.

Gesucht ist die Länge l und der Durchmesser d des Zapfens.

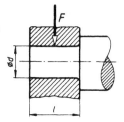

3.12 Die Nabe eines Rades wird mit Hilfe des Befesti-
gungsgewindes auf den kegeligen Wellenstumpf gezogen. Die Abmessungen betragen: $D = 60$ mm,
$d = 44$ mm.

a) Welche Anzugkraft F_a ist zulässig, wenn die
   Flächenpressung höchstens 50 N/mm² sein soll?

b) Welches metrische ISO-Gewinde ist bei einer zulässigen Zugspannung von 80 N/mm² zu wählen?

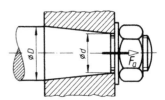

3.13 Die skizzierte Lagerung einer Seilrolle wird mit
$F = 18$ kN belastet. Der Bolzendurchmesser wurde
vom Konstrukteur mit $d = 30$ mm angenommen, die
Blechdicke beträgt $s = 6$ mm.

Gesucht:

a) die Traglänge l des Rollenbolzens für eine zulässige
   Flächenpressung von 10 N/mm²,

b) die Flächenpressung zwischen Rollenbolzen und
   Lagerblech.

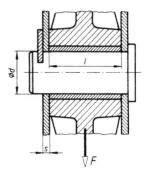

Abscheren

3.14 Das skizzierte Stangengelenk wird durch die
Kraft $F = 1,9$ kN belastet.

Gesucht ist der erforderliche Bolzendurchmesser
d für eine zulässige Abscherspannung von
60 N/mm².

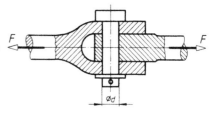

3.15 Der skizzierte Lochstempel hat $d = 30$ mm Durchmesser, die zulässige Druckspannung des Stempel-
werkstoffes beträgt 600 N/mm².

Gesucht:

a) die höchste zulässige Druckkraft im Stempel,

b) die größte Blechdicke s_{max}, die damit bei Werkstoff
   S235JR noch gelocht werden kann.

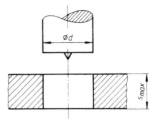

3.16 Ein Zugbolzen mit $d = 20$ mm Durchmesser wird mit einer Zugspannung von 80 N/mm² beansprucht. Die Kopfhöhe beträgt $k = 0,7\,d$.

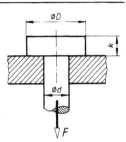

Gesucht:

a) die Abscherspannung im Kopf des Zugbolzens,

b) der Kopfdurchmesser D für eine zulässige Flächenpressung zwischen Kopf und Auflage von 20 N/mm².

3.17 Die Glieder einer Fahrradkette haben die Abmessungen $d = 3,5$ mm, $s = 0,8$ mm und $b = 5$ mm. Wir wollen annehmen, daß sich ein gewichtiger Radfahrer mit seiner Gewichtskraft von 1 kN auf ein Pedal stellt. Der Kurbelradius sei 160 mm, das Kettenrad habe einen Teilkreisdurchmesser von 90 mm.

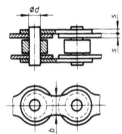

Gesucht:

a) die Zugkraft F_z in der Kette,

b) die Zugspannung im gefährdeten Querschnitt der Laschen,

c) die Flächenpressung zwischen Bolzen und Laschen,

d) die Abscherspannung im Bolzen.

3.18 Die Stäbe eines Fachwerkträgers bestehen aus je 2 gleichschenkligen Winkelprofilen. Für den skizzierten Anschluß, der durch die Kraft $F_2 = 65$ kN belastet wird, sind zu bestimmen:

a) die Stabkräfte F_1 und F_3,

b) die gleichschenkligen Winkelprofile aus S235JR für eine zulässige Zugspannung von 140 N/mm², wenn für die Nietlöcher etwa 20 % des Querschnittes angesetzt werden muß,

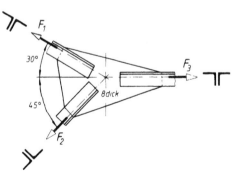

c) die Anzahl n der Niete für eine zulässige Abscherspannung von 120 N/mm² (für die Stäbe 1 und 3 wird $d_1 = 13$ mm gewählt, für Stab 1 dagegen $d_1 = 11$ mm),

d) der maximale Lochleibungsdruck.

Biegung

3.19 Ein Drehmeißel ist nach Skizze eingespannt und durch die Schnittkraft F_c = 12 kN belastet. Die Länge l beträgt 40 mm.

Gesucht sind das im Schnitt $A-B$ wirkende innere Kräftesystem und die zugehörigen Spannungsarten.

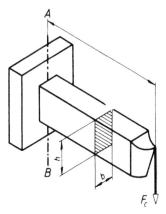

3.20 Ein Schraubenbolzen wird durch eine unter α = 20° wirkende Kraft F = 6 kN belastet. Der Abstand l beträgt 60 mm.

Bestimmt werden sollen das im Schnitt $A-B$ wirkende innere Kräftesystem und die auftretenden Spannungsarten. Die aus dem Anziehdrehmoment der Mutter herrührenden Spannungen bleiben unberücksichtigt.

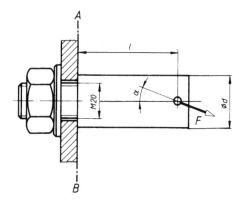

3.21 Zeichnen Sie für jedes der beiden Systeme die Lageskizze und stellen Sie in jeweils drei Skizzen den Normalkraftverlauf (F_N-Verlauf), den Querkraftverlauf (F_q-Verlauf) und den Biegemomentenverlauf (M_b-Verlauf) unmaßstäblich dar.

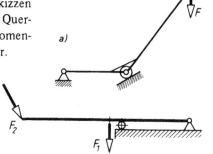

3.22 Ein Freiträger soll bei $l = 350$ mm und quadratischem Querschnitt eine Einzellast von 4,2 kN aufnehmen. Die zulässige Biegespannung soll 120 N/mm² betragen.

Ermitteln Sie:

a) das maximale Biegemoment,
b) das erforderliche Widerstandsmoment,
c) die Seitenlänge a des flachliegenden Quadrat-stahles,
d) die Seitenlänge a_1 eines übereck gestellten Quadratstahles.
e) Welche Ausführung ist wirtschaftlicher?

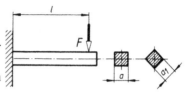

3.23 Der skizzierte Hebel wird durch die Kraft $F = 10$ kN belastet. Abmessungen: $l = 240$ mm, $d = 90$ mm. Zulässige Biegespannung 80 N/mm².

Gesucht sind die Querschnittsmaße h und b für den Schnitt $x - x$ mit einem Bauverhältnis $h/b \approx 3$.

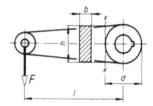

3.24 Die skizzierte Gleitlagerung wird durch die Axialkraft $F_a = 620$ N und die Radial-kraft $F_r = 1,15$ kN belastet. Die zulässige Flächenpressung beträgt 2,5 N/mm² und das Bauverhältnis $l/d \approx 1,2$.

Ermitteln Sie:

a) den Zapfendurchmesser d aus der zulässigen Flächen-pressung,
b) die Lagerlänge l,
c) den Bunddurchmesser D aus der zulässigen Flächen-pressung,
d) die Biegespannung im gefährdeten Querschnitt.

3.25 Der Bremshebel einer Backenbremse wird mit $F = 500$ N belastet. Die Abstände betragen $l_1 = 300$ mm, $l_2 = 100$ mm, $l_3 = 1600$ mm. Reibzahl $\mu = 0,5$.

Ermitteln Sie:

a) das maximale Biegemoment im Brems-hebel,
b) die erforderliche Querschnittsmaße s und h für ein Bauverhältnis $h/s = 4$ und eine zulässige Spannung von 60 N/mm².

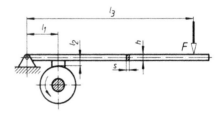

3.26 Auf einer in A und B gelagerten Achse 1 sitzt einseitig die Leitrolle 2, die eine Seilkraft $F = 8$ kN um den Winkel $\alpha = 60°$ umlenkt. Die zulässige Biegespannung beträgt 90 N/mm², die Abstände sind $l_1 = 420$ mm und $l_2 = 180$ mm.

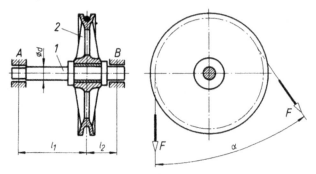

Gesucht:

a) die resultierende Achslast F_r aus den beiden Seilkräften F,

b) das größte Biegemoment für die Achse,

c) der erforderliche Durchmesser d der Achse,

d) die größte Biegespannung, wenn der Achsendurchmesser auf volle 10 mm erhöht wird.

3.27 Der skizzierte einseitige Kragträger wird belastet durch die Kräfte $F_1 = 3,6$ kN und $F_2 = 1,4$ kN. Die Abstände betragen: $l_1 = 2$ m, $l_2 = 2,5$ m und $l_3 = 6$ m.

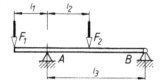

Gesucht:

a) die Stützkräfte F_A und F_B,

b) das maximale Biegemoment,

c) das erforderliche IPE-Profil für eine zulässige Spannung von 120 N/mm².

3.28 Die skizzierte Achse wird durch die Radnabe mit $F = 20$ kN (als Streckenlast wirkend) belastet. Die zulässige Biegespannung beträgt 50 N/mm². Abstände: $l_1 = 20$ mm, $l_2 = 60$ mm, $l_3 = 120$ mm, $l_4 = 100$ mm.

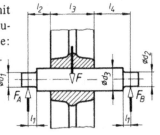

Gesucht:

a) die Stützkräfte F_A und F_B,

b) das maximale Biegemoment,

c) der erforderliche Wellendurchmesser d_3,

d) die erforderlichen Zapfendurchmesser d_1 und d_2 (aus der zulässigen Biegespannung),

e) die Flächenpressungen in den Lagern A und B.

Torsion

3.29 Eine Getriebewelle überträgt eine Leistung von 12 kW bei 460 min^{-1}. Die zulässige Torsionsspannung beträgt wegen zusätzlicher Biegebeanspruchung nur 30 N/mm^2.

Ermitteln Sie:

a) das Drehmoment an der Welle,

b) das erforderliche Widerstandsmoment W_p,

c) den erforderlichen Durchmesser d_{erf} einer Vollwelle,

d) den erforderlichen Innendurchmesser d einer Hohlwelle, wenn der Außendurchmesser D = 45 mm ausgeführt wird,

e) die Torsionsspannung an der Wellen-Innenwand.

3.30 Ein Zahnrad 1 mit 29 Zähnen überträgt 10 kW bei 1460 min^{-1} auf ein Zahnrad 2 mit 116 Zähnen. Der Wirkungsgrad des Räderpaares wird zu 0.98 geschätzt.

Zu berechnen sind die Durchmesser d_1 und d_2 der beiden Wellen für eine zulässige Torsionsspannung von 30 N/mm^2.

3.31 Mit einem zweiarmigen Steckschlüssel sollen Befestigungsschrauben M 20 mit einem Drehmoment von 410 Nm angezogen werden.

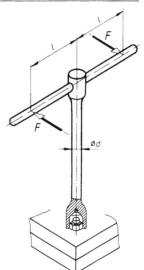

Ermitteln Sie:

a) den erforderlichen Durchmesser d für eine zulässige Spannung von 500 N/mm^2,

b) die Hebellänge l für eine Handkraft F = 250 N,

c) den Verdrehwinkel φ für eine Schlüssellänge von 500 mm und einem Schubmodul G = 83 000 N/mm^2.

3.32 Eine Vollwelle und eine unter den gleichen Belastungsbedingungen einzusetzende Hohlwelle sollen untersucht werden. Beide Wellen sind gleich lang (l) und sollen bei der gleichen Belastung (T) die gleiche Beanspruchung haben (τ_t). Für das Verhältnis der beiden Durchmesser der Hohlwelle soll gelten: d_i (Innendurchmesser) = $0{,}9 \cdot d_a$ (Außendurchmesser).

a) Ermitteln Sie das Verhältnis der Drehwinkel zueinander ($\varphi_\odot / \varphi_\bigcirc$).

b) Ermitteln Sie das Verhältnis der beiden Massen zueinander ($m_\odot / m_\bigcirc$).

3.33 Ein Drehmomenten-Steckschlüssel nach Aufgabe 3.31 hat eine Torsionslänge von l = 500 mm. Beim Anziehen von Schraubenverbindungen wird er maximal mit dem Torsionsmoment T = 200 Nm belastet. Dabei soll der Verdrehwinkel φ = 20° angezeigt werden.

a) Berechnen Sie den erforderlichen Durchmesser d des Vollstabes aus Stahl mit dem Schubmodul G = 83 000 N/mm^2.

b) Der Torsionsstab wird zur Vereinfachung der Fertigung mit dem Durchmesser d = 15 mm ausgeführt. Nach dem Ergebnis von Aufgabe a) ist er dann zu torsionssteif, es stellt sich beim Torsionsmoment T = 200 Nm ein kleinerer Verdrehwinkel $\varphi < 20°$ ein. Soll sich auch bei dem veränderten Durchmesser d = 15 mm der Verdrehwinkel φ = 20° ergeben, kann der Stab aufgebohrt werden. Dazu kann man die Länge l_1 festlegen und den Bohrungsdurchmesser d_1 berechnen oder umgekehrt vorgehen. Es ist sinnvoll, den Bohrungsdurchmesser vorzugeben, zum Beispiel mit d_1 = 12 mm, und die Länge l_1 für diese Bohrung zu ermitteln. Stellen Sie dazu eine Gleichung $l_1 = f(d_1, d, l, T, G, \varphi)$ auf und berechnen Sie die Bohrungslänge l_1.

c) Berechnen Sie die bei größter Belastung im Torsionsstab auftretende Torsionsstabung $\tau_{t\,max}$.

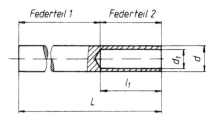

4 Maschinenelemente

Toleranzen und Passungen

4.1   Bestimmen Sie für die folgenden Paßmaße die Grenzabmaße:

a) 20 H8;   b) 20 h8;   c) 40 x6;   d) 120 j6;   e) 52 d9.

4.2   Ermitteln Sie die Übermaße der Preßpassung:

Bohrung $70^{+0,03}$ mm mit Welle $70^{+0,06}_{+0,04}$ mm.

4.3   Skizzieren Sie die nachfolgend angegebene Passung und ermitteln Sie dazu das Spiel, die Maßtoleranz der Bohrung und die Maßtoleranz der Welle in μm:

Bohrung $52^{+0,2}$ mm mit Welle $52^{-0,02}_{-0,04}$ mm.

4.4   Skizzieren Sie für die nachfolgend aufgeführten Passungen die Toleranzfeldlagen von Bohrung und Welle und ermitteln Sie sämtliche Grenzabmaße sowie Spiele oder Übermaße:

a) $55\,\frac{H8}{f7}$ mm;   b) $55\,\frac{H7}{r6}$ mm;   c) $55\,\frac{H7}{j6}$ mm.

4.5   Für das skizzierte Teilsystem eines Zahnradgetriebes sind folgende Vorgaben durch die entsprechende Passungswahl einzuhalten:

Die Lagerbuchse soll „fest" im Gehäuse sitzen. Als Passungssystem wird Einheitsbohrung gewählt. Sowohl für die eingepreßte Buchse als auch für den aufgeschrumpften Bronzeradkranz soll eine Sicherung gegen Verdrehen nicht erforderlich sein. Der Lagerzapfen soll in der Buchse „laufen".

Das Zahnrad legt sich im Betrieb stets rechts an der Distanzhülse an. Es wird zeitweise durch ein anderes Zahnrad ausgetauscht.

Geben Sie für die bemaßten Berührungsstellen die ISO-Toleranzfeldkurzzeichen an.

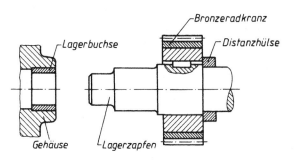

4.6   Auf dem Grundkörper 1 soll ein Gelenkstab 2 nach Skizze mit einem Gewindebolzen 3 verbunden werden, dessen Schaftdurchmesser mit $d = 25$ h9 gegeben ist.

Ermitteln Sie oder legen Sie fest:

a) das Bohrungsmaß der Lagerbuchse 4 mit ISO-Toleranzfeldkurzzeichen für eine Spielpassung sowie das Spiel zwischen Bolzenschaft und Lagerbuchse.

b) die Preßpassung (Preßsitz) für die Lagerbuchse 4 in der 32-mm-Bohrung des Gelenkstabes 2 sowie die Übermaße.

c) das Bohrungsmaß im Grundkörper 1 zur Aufnahme des Bolzens 3 mit ISO-Toleranzfeldkurzzeichen für eine Spielpassung (Gleitsitz mit H11) sowie das Spiel.

d) das Maß mit Grenzabmaßen für die Schaftlänge l des Bolzens 3, wenn für den Hebel 2 ein Spiel von 0,1 ... 0,6 mm zulässig ist.

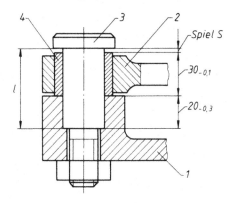

4.7   Das Rillenkugellager 6210 in der skizzierten Lagerstelle einer Getriebewelle hat die Breite $B = 20_{-0,1}$ mm. Der Innenring soll mit einem Sicherungsring von $s = 2_{-0,05}$ mm Dicke gehalten werden.

a) Ermitteln Sie das Paßmaß l_1, bei dem das seitliche Lagerspiel zwischen 0 und 0,2 mm liegt.

b) Der Dichtring am Lagerdeckel hat die Nenndicke $t = 2$ mm und kann beim Anschrauben des Deckels bis auf 1,5 mm zusammengedrückt werden. Geben Sie für den Zentrieransatz das Paßmaß l_2 an für eine Dichtringdicke zwischen 1,9 mm und 1,5 mm nach dem Festschrauben des Lagerdeckels.

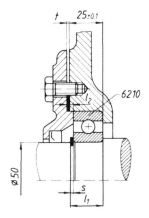

4.8   Für ein Getriebe sollen Welle und Zahnrad als zylindrischer Längspreßverband im Passungssystem Einheitsbohrung gefügt werden.

Der Fügedurchmesser beträgt 63 mm. Die Welle ist in der ISO-Qualität 6, die Bohrung in der Qualität 7 zu fertigen. Bei der Berechnung des Preßverbandes hat sich ergeben, daß ein Kleinstübermaß von 70 μm nicht unterschritten, ein Größtübermaß von 150 μm nicht überschritten werden soll.

Für diesen Preßverband sollen Sie mit $\varnothing$ 63$\cdots$ mm die Toleranzfeldkurzzeichen festlegen und dafür die Übermaße berechnen.

Sie erkennen den Lösungsweg schneller, wenn Sie sich in einer Skizze klarmachen, wie die Toleranzfelder für Bohrung und Welle liegen und welche Vorgaben aus der Aufgabenstellung einzuhalten sind.

Schraubenverbindungen

4.9   Mit dem skizzierten Spannschloß können je nach Drehrichtung Bänder (Bremsbänder), Seile oder Zugstäbe (Zweigelenkstäbe) unter Last gespannt oder entspannt werden. Dieser Effekt wird durch die unterschiedliche Gewindegängigkeit der beiden Schraubenbolzen erreicht (rechts- und linksgängiges Gewinde).

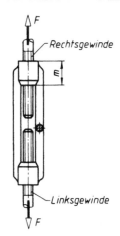

a) Welche größte Spannkraft F kann mit einem Spannschloß vom Bolzengewinde M12 und der Festigkeitsklasse 4.6 erreicht werden, wenn die Streck- oder 0,2-Dehngrenze des Schraubenwerkstoffs zu ca. 80 % ausgenutzt wird?

b) Welche Flächenpressung p_m tritt dabei im Gewinde auf, wenn die Mutterlänge 20 mm beträgt?

4.10   Beim Radwechsel an einem Personenkraftwagen werden die Radmuttern mit dem Schlagschrauber angezogen. Befestigungsgewinde ist das metrische Regelgewinde M10. Der Schlagschrauber ist auf ein Anziehdrehmoment von 100 Nm eingestellt.

Es soll untersucht werden, wie sich die Montagevorspannkraft F_{VM} in Abhängigkeit von einer veränderlichen Gewindereibzahl μ' ändert, wobei die Gleitreibzahl an der Mutterauflagefläche als konstant angenommen wird mit $\mu_A = 0,1$.

Konstruieren Sie den Graphen $F_{VM}(\mu')$ für den Bereich von $\mu' = 0,05$ bis $\mu' = 0,2$.

4.11 Für die Untersuchung einer Schraubenverbindung zweier GGJL-250-Platten (Flanschen) mit dem Elastizitätsmodul $E_P = 1,2 \cdot 10^5$ N/mm² soll einer Sechskantschraube M12 x 100 DIN 931 – 8.8 (Skizze links) eine als Dehnschraube gefertigte Sechskantschraube (Skizze rechts) gegenübergestellt werden.

a) Ermitteln Sie die Federsteifigkeit C_{S1} und die Nachgiebigkeit δ_{S1} der „normalen" Sechskantschraube (linke Skizze), wobei die federnden Kopf- und Mutteranteile unberücksichtigt bleiben sollen.

b) Ermitteln Sie die Größen C_{S2} und δ_{S2} für die Dehnschraube (rechte Skizze), ebenfalls ohne Berücksichtigung der federnden Kopf- und Mutteranteile.

c) Erläutern Sie vergleichend die Ergebnisse aus a) und b).

d) Ermitteln Sie die Federsteifigkeit C_P und die Nachgiebigkeit δ_P der verspannten GGJL-250-Platten mit $E_P = E_{GGJL-250} = 1,2 \cdot 10^5$ N/mm²

e) Erläutern Sie vergleichend die Ergebnisse aus a) und b) einerseits und d) andererseits.

f) Konstruieren Sie für eine angenommene Vorspannkraft $F_V = 20$ kN (Schraubenlängskraft, Zugkraft in der Schraube) und einer axialen Betriebskraft $F_A = 10$ kN das Verspannungsbild für beide Schrauben (*ein* Diagramm) und bestätigen Sie mit dieser zeichnerischen Darstellung Ihre Erläuterungen in c) und e).

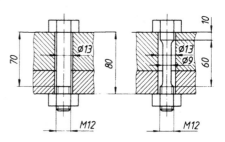

4.12 Die beiden Platten einer dynamisch axial belasteten, vorgespannten Schraubenverbindung sollen mit Durchsteckschrauben verbunden werden (Schaftschrauben mit metrischem ISO-Regelgewinde).

Gegebene Größen.

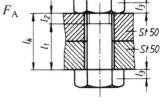

axiale Betriebskraft	$F_{A\,max}$ = 15 000 N = F_A
	$F_{A\,min}$ = 0
Mindestklemmkraft	$F_{K\,erf}$ = 1000 N
Belastungsart	dynamisch
Krafteinleitungsfaktor	$n = 0,5$
Festigkeitsklasse	8.8
Werkstoff der Platten	E295
Klemmlänge und Teillängen	$l_K = 60$ mm, $l_1 = 50$ mm, $l_2 = 10$ mm, $l_3 = 0,4\,d$

Anziehen der Schrauben von Hand mit Drehmomentenschlüssel.

Ermitteln Sie:

a) den erforderlichen Spannungsquerschnitt und den Schraubendurchmesser d für den Anziehfaktor $\alpha_A = 1,6$ und einen Ausnutzungsbeiwert $\nu = 0,6$.

b) die Federsteifigkeit C_S und die Nachgiebigkeit δ_S der Schraube.

c) den Querschnitt A_{ers} des Ersatzhohlzylinders mit dem Bohrungsdurchmesser D_B für die Qualität „mittel" nach der Tafel für geometrische Größen an Sechskantschrauben.

d) die Federsteifigkeit C_P und die Nachgiebigkeit δ_P der verspannten Teile.

e) die Kraftverhältnisse Φ und Φ_n mit dem Krafteinleitungsfaktor $n = 0,5$.

f) die Setzkraft F_Z mit einem Setzbetrag $f_Z = 0,006$ mm.

g) die Montagevorspannkraft F_{VM}.

h) die größte Schraubenkraft F_S.

i) das erforderliche Anziehdrehmoment M_A mit dem Gewindereibwinkel $\rho' = 9°$ und $\mu_A = 0,1$ für die Reibzahl der Mutterauflage.

j) die Montagevorspannung σ_{VM}.

k) die Torsionsspannung τ_t.

l) die Vergleichsspannung σ_{red}.

m) die Ausschlagkraft F_a.

n) die Ausschlagspannung σ_a.

o) die Flächenpressung p.

p) Stellen Sie eine Abschlußbetrachtung an zur Klärung der Frage, ob die gewählte Schraubengröße zu einer vernünftigen Werkstoffausnutzung führt oder ob neue Festlegungen notwendig sind, zum Beispiel die Wahl eines neuen Schraubendurchmessers.

Federn

4.13 Eine zylindrische Schraubendruckfeder aus Federstahldraht (siehe Dauerfestigkeitsschaubild in der Formelsammlung) soll bei schwingender Belastung die Federkräfte $F_1 = 250$ N und $F_2 = 600$ N aufnehmen. Der vorgeschriebene Federhub beträgt $h = f_2 - f_1 = \Delta f = 10$ mm, der Außendurchmesser der Feder $D_a = 25$ mm (Ungefährwert).

a) Ermitteln Sie die Abmessungen der Feder.

b) Überprüfen Sie die Dauerhaltbarkeit der Feder.

Wellen

4.14 Aus der Systemskizze des geradverzahnten einstufigen Stirnradgetriebes hat der
Konstrukteur eine Entwurfsskizze ange-
fertigt. Das untere Bild zeigt als Ausschnitt die Wälzlagerstelle A mit dem
Zahnrad 1. Die erste Entwurfsberechnung
auf der Grundlage der gegebenen Größen
ergab für die Lagerkraft $F_A = 2450\,\text{N}$
und an der Welle 1 das Drehmoment
$M = 400\,\text{Nm}$. Wellenwerkstoff ist E295.

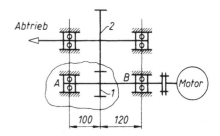

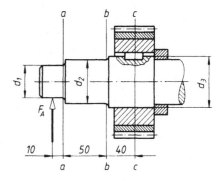

a) Entwickeln Sie mit Skizzen die inneren Kräftesysteme in den Schnitten
$a-a$, $b-b$ und $c-c$. Legen Sie dazu die
Erläuterungen im Lehrbuch, Abschnitt
Festigkeitslehre I.2., zugrunde.

b) Bestimmen Sie den vorläufigen Wellendurchmesser d_1. Die Lagerstelle sei geschliffen (Oberflächenbeiwert b_1). Als
Größenbeiwert sollten Sie $b_2 = 0,95$
für die Annahme $d_1 = 20\,\text{mm}$ einsetzen, für die Kerbwirkungszahl $\beta_k =$
1,8 für Lagerzapfen (siehe Formelsammlung). Erhöhen Sie den ermittelten Durchmesser auf volle 5 mm.

c) Bestimmen Sie den vorläufigen Wellendurchmesser d_2. Legen Sie hier eine geschlichtete Oberfläche fest, ebenso $\beta_k = 1,8$ (wie in a)) und $b_2 = 0,88$ für einen
angenommenen Durchmesser $d_2 = 30\,\text{mm}$. Erhöhen Sie auch hier den berechneten Wert auf volle 5 mm.

d) Bestimmen Sie den vorläufigen Wellendurchmesser d_3. Arbeiten Sie hier mit
$b_2 = 0,8$, $\beta_k = 2,2$ und mit dem Oberflächenbeiwert für die gefräste Paßfedernut. Erhöhen Sie wie in b) und c) den Wellendurchmesser auf volle 5 mm.

e) Ermitteln Sie das erforderliche einreihige Rillenkugellager für die Lagerstelle A.
Gefordert wird eine Lebensdauer von $L_h = 10\,000\,\text{h}$ bei einer Wellendrehzahl
$n = 1460\,\text{min}^{-1}$.

f) Ermitteln Sie die Sicherheit ν gegen Dauerbruch im Wellenquerschnitt $c-c$ für
$d = 45\,\text{mm}$ Wellendurchmesser. Berücksichtigen Sie dabei die Wellennuttiefe
t_W der entsprechenden Paßfeder. Nehmen Sie zu dem Untersuchungsergebnis
Stellung.

4.15 Die skizzierte Antriebswelle eines Zahnradgetriebes mit geradverzahnten Stirnrädern soll entworfen werden. Folgende Größen wurden bereits festgelegt:

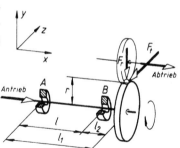

Antriebsdrehmoment	$M = 120$ Nm
Umfangskraft am Zahnrad	$F_t = 2470$ N
Radialkraft	$F_r = 930$ N
Systemlängen	$l = 300$ mm
	$l_1 = 380$ mm
	$l_2 = 80$ mm
Wellenwerkstoff	E295

Ermitteln Sie:

a) die Stützkraftkomponenten F_{Ay} und F_{By} in der x, y-Ebene.

b) die Stützkraftkomponenten F_{Az} und F_{Bz} in der x, z-Ebene.

c) die resultierenden Stützkräfte F_A und F_B.

d) das innere Kräftesystem im Wellenquerschnitt in der Lagerstelle B (mit Skizzen) und erläutern Sie das Untersuchungsergebnis.

e) das maximale Biegemoment $M_{b\,max}$ an der Getriebewelle (rechnerisch).

f) den erforderlichen Wellendurchmesser d in der Lagerstelle B. Bestimmen Sie dazu zuerst das Vergleichsmoment M_v und die zulässige Biegespannung $\sigma_{b\,zul}$ mit folgenden Vorgaben:
Wellenwerkstoff St 50.
Überschlägiger Wellendurchmesser nach der Tafel für übertragbare Drehmomente.
Wellenoberfläche geschliffen.
Kerbwirkungszahl $\beta_k = 1{,}5$.
Erhöhen Sie den berechneten Wert d_{erf} auf volle 5 mm.

g) Bestimmen Sie das erforderliche einreihige Rillenkugellager für die Lagerstelle B, wenn eine Lebensdauer von $L_h = 10000$ h bei der Wellendrehzahl $n = 1460\,min^{-1}$ vorgesehen sind.

h) Bestimmen Sie unter den Vorgaben nach g) das einreihige Rillenkugellager für die Lagerstelle A.

i) Überprüfen Sie den gefährdeten Wellenquerschnitt an der Wälzlagerstelle A auf Dauerhaltbarkeit. Der Wellendurchmesser wurde in h) durch die Wahl des Wälzlagers festgelegt, z.B. mit $d = 15$ mm.

j) Zeichnen Sie den Entwurf der Welle.

5 Werkstofftechnik

Metallkundliche Grundlagen

5.1 Als Folge einer Kaltverformung tritt in den meisten Metallen eine Kaltverfestigung auf.

a) Geben Sie schematisch die Änderung der beiden wichtigsten mechanischen Eigenschaften mit steigender Kaltverformung an!

b) Welche inneren Vorgänge bewirken diese Änderungen (Modellvorstellung)?

5.2 Skizzieren Sie schematisch die Abkühlungskurven von

a) einem Reinmetall,

b) einer Legierung,

c) einem amorphen Stoff in ein Achsenkreuz.

d) Welche Unterschiede sind aus den Abkühlungskurven von Reinmetall, Legierung und einem amorphen Stoff zu erkennen?

5.3 Bestimmen Sie mit Hilfe der Phasenregel die Freiheitsgrade an den Stellen 1 ... 3 (mit Deutung):

a) für das reine Metall,

b) für die Legierung.

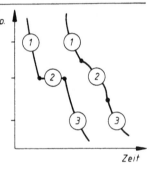

5.4 Ermitteln Sie aus den gegebenen Abkühlungskurven das Zustandsschaubild des Systems Blei-Antimon (Hartblei).

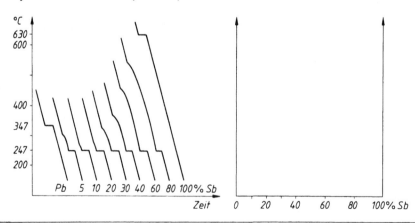

5.5 Untersuchen Sie den Abkühlungsverlauf der Legierung L_1 mit Hilfe des Zustandsschaubildes Cadmium-Wismut!

a) Welche Phase scheidet mit Beginn der Erstarrung aus?

b) Wie verändert sich die Zusammensetzung der Schmelze bei sinkender Temperatur (Begründung)?

Die Legierung L_1 hat die Temperatur 144 °C erreicht.

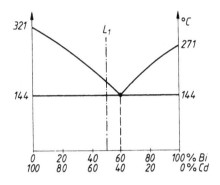

c) Welche Zusammensetzung hat die Restschmelze (Begründung)?

d) Wie verhalten sich die Komponenten der Restschmelze bei weiterer Abkühlung?

e) Berechnen Sie die Massenanteile der Cd-Kristalle und des Eutektikums in Prozent.

f) Skizzieren Sie schematisch das Gefüge der Legierung L_1 bei Raumtemperatur und bezeichnen Sie die Kristallarten.

Eisen-Kohlenstoff-Diagramm

5.6 Ordnen Sie den angegebenen Temperaturen die entsprechenden Umwandlungen 1 ... 5 sowie die Haltepunktsbezeichnungen zu.

(1) δ-γ-Umwandlung   (2) γ-α-Umwandlung   (3) α-γ-Umwandlung

(4) Erstarrung   (5) Eisen wird magnetisch

Temperatur	1536	1402	911	769 °C
Umwandlung				
Haltepunkt				

5.7 Beantworten Sie die folgenden Fragen zur Abkühlung des rein perlitischen Stahles mit 0,8 % C (Legierung L_1):

a) Welche Gitterstruktur liegt oberhalb und unterhalb von 723 °C vor?

b) Wieviel Prozent Kohlenstoff kann Eisen oberhalb und unterhalb von 723 °C lösen?

c) Welchen Einfluß hat ein steigender C-Gehalt auf den Beginn der γ-α-Umwandlung?

d) Welches Verhalten der C-Atome läßt sich aus Antwort a) und b) für die Abkühlung unter 723 °C (Durchlaufen der Linie PSK) folgern?

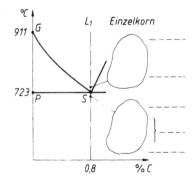

e) Stellen Sie die Gefügeänderung bei der γ-α-Umwandlung schematisch an einem Einzelkorn über und unter 723 °C dar (Bild) und geben Sie die metallographischen Bezeichnungen an!

f) Wie wirkt sich eine schnellere Abkühlung auf das bei der γ-α-Umwandlung entstehende Gefüge aus (Begründung)?

g) Welche beiden Teilvorgänge lassen sich bei der γ-α-Umwandlung erkennen?

5.8 Beantworten Sie die folgenden Fragen zur Abkühlung des unterperlitischen Stahles mit 0,3 % C (Legierung L_2) unter Anwendung des Hebelgesetzes an der Temperaturwaagerechten.

a) Welche Umwandlung beginnt, wenn der die Legierung L_2 darstellende Punkt die Linie GS durchläuft?

b) Welche zweite Phase entsteht, bis zu welcher Temperatur findet diese Umwandlung statt?

c) Wie verändert sich die Zusammensetzung des noch nicht umgewandelten Austenits bei der Abkühlung von GS nach PS (723 °C), welcher C-Gehalt ist bei 723 °C vorhanden?

d) Welche Gefügeänderung findet beim Unterschreiten der Linie PS statt?

e) Skizzieren Sie schematisch die Gefüge der Legierung L_2 mit den metallographischen Namen an den markierten Temperaturpunkten in das obige Bild.

f) Berechnen Sie die prozentualen Anteile von Ferrit und Perlit am Gefüge dieses Stahles bei Raumtemperatur.

5.9 Beantworten Sie die folgenden Fragen zur Abkühlung des überperlitischen Stahles mit 1,4 % C (Legierung L_3) unter Anwendung des Hebelgesetzes an der Temperaturwaagerechten.

a) Welche Umwandlung beginnt, wenn der die Legierung L_3 darstellende Punkt die Linie SE durchläuft, welche Ursache hat sie und bei welcher Temperatur ist sie abgeschlossen?

b) In welcher Form ist die ausscheidende Phase im Gefüge angeordnet?

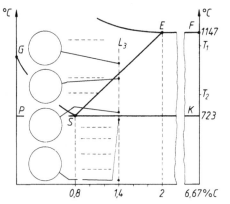

c) Wie verändert sich die Zusammensetzung des Austenits infolge der Ausscheidungen, welcher C-Gehalt ist beim Erreichen der Linie PSK (723 °C) vorhanden?

d) Welche Gefügeänderung findet beim Unterschreiten der Linie PSK statt?

e) Skizzieren Sie schematisch die Gefüge der Legierung L_3 mit den metallographischen Namen an den markierten Temperaturpunkten in das obige Bild.

f) Berechnen Sie die prozentualen Anteile von (1) Ferrit und Zementit (Gesamt), (2) Perlit und Sekundärzementit am Gefüge dieses Stahles bei Raumtemperatur.

g) Wodurch unterscheiden sich die Gefüge der überperlitischen Stähle untereinander?

5.10 Welche Auswirkung haben steigende C-Gehalte auf folgende mechanische Eigenschaften (Begründung):

a) Zugfestigkeit,

b) Härte,

c) Bruchdehnung, Brucheinschnürung und Kerbschlagzähigkeit?

5.11 Welche Auswirkungen haben steigende C-Gehalte auf Kalt- und Warmformbarkeit der Stähle, bis zu welchen C-Gehalten sind die Verfahren etwa anwendbar?

5.12 Welche mechanischen Eigenschaften beeinflussen vor allem die Schweißbarkeit von Stählen (Begründung)?

5.13 Welche Auswirkung haben steigende C-Gehalte auf die Schweißeignung von Stählen, bis zu welchen C-Gehalten sind Stähle schweißbar?

5.14 a) Welche mechanischen Eigenschaften beeinflussen vor allem die Zerspanbarkeit?

b) Welche Wirkung haben steigende C-Gehalte auf die Zerspanbarkeit der Fe-C-Legierungen (Begründung):

(1) metastabiles System, (2) stabiles System?

Wärmebehandlung

5.15 Stellen Sie Härten und Vergüten in ihren wesentlichen Unterschieden gegenüber (Zweck, Stahlgruppe, Verfahren).

5.16 In welche drei Teilschritte wird das gesamte Härteverfahren eingeteilt?

5.17 Auf welche Temperaturen müssen Stähle zum Härten erwärmt werden (Begründung):

a) unterperlitische, b) überperlitische?

5.18 Welche Gefügeumwandlung muß beim Abkühlen des Stahles verhindert werden?

5.19   a) Welchen Einfluß hat eine steigende Abkühlungsgeschwindigkeit auf den Austenitzerfall (= Perlitbildung)?

b) Wie wirkt sich die behinderte Kohlenstoffdiffusion auf das Gefüge aus
(Begründung)?

c) Geben Sie eine schematische Darstellung des Austenitzerfalls bei steigender
Abkühlungsgeschwindigkeit mittels des Bildes (Gefügebilder und -bezeichnungen).

| | Austenit zerfällt bei Abkühlung durch: | | | |
	Ofen	Luft	Bleibad	Wasser
	⬡	○	○	○	○
Austenit 0,4%C	– – – – –	– – – – –	– – – – –	– – – – –

5.20   a) Welche Bedeutung hat die kritische Abkühlungsgeschwindigkeit v_{crit} beim Härten?

b) Welches Gefüge bildet sich aus, wenn v_{crit} nicht in allen Teilen des Werkstückes
erreicht wird?

5.21   Skizzieren Sie schematisch den
Temperatur-Zeit-Verlauf folgender Abkühlungsarten:

(1) normales Härten
(2) gebrochenes Härten
(3) Stufenhärten

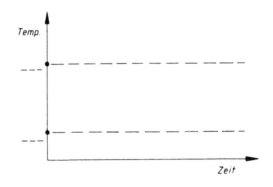

Werkstoffprüfung

5.22   a) Eine Härtemessung bei Stahl ergibt mit $D = 5$ mm einen Eindruckdurchmesser
$d = 1,8$ mm. Bestimmen Sie Prüfkraft und Härtewert (Kurzangabe nach Norm).

b) Für welchen Bereich der Härtemessung (Werkstoff, Abmessung) ist das Brinellverfahren nicht geeignet (Begründungen)?

c) Für welche Art von Werkstoffen ist das Brinellverfahren das einzige, welches reproduzierbare Werte liefert?

d) Welche wichtige Anwendung hat das Brinellverfahren *neben* der Messung der Härte?

5.23 a) Ein Werkstoff hat eine Härte 850 HV 30. Welche Größe hat der Meßwert des Eindrucks?

b) Neben der „normalen" Vickersprüfung gibt es zwei wichtige Abarten. Geben Sie deren Namen, Kräfte und Anwendungen an.

c) Welche Vorteile besitzt das Vickers-Härteprüfverfahren gegenüber den beiden anderen (Brinell- und Rockwell-Verfahren)?

5.24 a) Das Rockwell-Verfahren läuft in drei Schritten ab. Beschreiben Sie diese unter Angabe der Kräfte, sowie dem Verhalten von Eindringkörper und Meßgerät.

b) Für welchen Bereich der Härtemessung (Werkstoff, Abmessung) ist das Verfahren nicht geeignet (Begründung)?

c) Ein nach dem HRC-Verfahren geprüftes Werkstück zeigt am Meßgerät einen Meßwert $t_b = 0,09$ mm an. Wie groß ist die Rockwellhärte (Angabe nach Norm)?

d) Welche Vorteile besitzt das Rockwell-Prüfverfahren gegenüber den beiden anderen (Brinell- und Vickers-Verfahren)?

5.25 a) Vervollständigen Sie das skizzierte schematische Werkstoff-Diagramm eines weichen Stahles durch Eintragen der markanten Werkstoffkennwerte und der Achsbezeichnungen (Name und Formelzeichen) 1 ... 9.

Für die Phasen des Versuches sind anzugeben: besondere Bezeichnung, evtl. Namen markanter Punkte, sowie die inneren Vorgänge in der Probe. Im einzelnen für die Abschnitte:

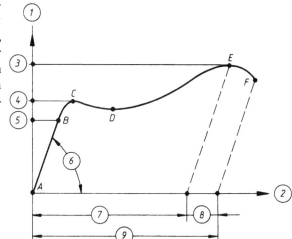

b) AB,

c) BC,

d) CD,

e) DE,

f) EF.

5.26 Bei einem Zugversuch mit einem kurzen Proportionalstab von 8 mm Durchmesser werden gemessen: Länge nach dem Bruch 48 mm, kleinster Querschnitt nach dem Bruch 35 mm^2, Kraft an der Streckgrenze 22 kN, größte Kraft 30 kN. Wie groß sind Zugfestigkeit, Streckgrenze, Bruchdehnung und Brucheinschnürung?

5.27 Ein vergüteter Stahl mit einer 0,2-Dehngrenze von 1000 N/mm^2 soll nachgeprüft werden. Es steht als Zugprobe ein langer Proportionalstab von 6 mm Durchmesser zur Verfügung.

a) Welche Kraft muß mit der Prüfmaschine aufgebracht werden?

b) Welche bleibende Längenänderung muß sich ergeben?

5.28 Ablesebeispiel zur Härteprüfung nach Vickers, Lehrbuch Bild V.2:

Eine harte Randschicht von 0,25 mm Dicke und einer Vickershärte von etwa 1000 soll geprüft werden.

Gesucht ist die Prüfkraft F.

6 Spanende Fertigungsverfahren

Drehen

6.1 Bearbeitung eines Wellenzapfens durch Längsrunddrehen

Werkstückdaten: Geforderte Rauhtiefe der bearbeiteten Mantelfläche 25 μm.

Werkzeugdaten: Verbunddrehwerkzeug mit aufgeklemmter Schneidplatte , Schneidenecke mit 1,6 mm Radius gerundet.

Maschinendaten: Drehmaschine mit gestuftem Vorschubgetriebe, 32 Längsvorschübe von 0,063 bis 2,24 mm/U (Reihe R20 nach DIN 803).

Auszuführender Fertigungsschritt: Fertigdrehen der Mantelfläche.

Gesucht: Größtzulässiger Maschinenvorschub, um die geforderte Rauhtiefe nicht als Querrauhigkeit zu überschreiten.

6.2 Schneidengeometrie bei der Bearbeitung eines Bolzens durch Längsrunddrehen

Werkstückdaten: Baustahl St 50, zylindrische Mantelfläche mit 46 mm Drehdurchmesser.

Werkzeugdaten: Massivdrehwerkzeug aus Schnellarbeitsstahl, Freiwinkel 7°, Spanwinkel 10°.

Auszuführender Fertigungsschritt: Abdrehen der zylindrischen Mantelfläche, Werkzeugschneide 1 mm über Drehmitte.

Gesucht.

a) Keilwinkel an der Werkzeugschneide,

b) Wirkspanwinkel,

c) Wirkfreiwinkel,

d) Schneidenüberhöhung, bei der der Wirkfreiwinkel 0° würde.

6.3 Bearbeitung eines Verschlußbolzens durch Längsrunddrehen

Werkstückdaten: Vergütungsstahl C60, fliegende Einspannung im Dreibackenfutter.

Werkzeugdaten: Verbunddrehwerkzeug mit gelöteter Schneidplatte aus Hartmetall P10, Einstellwinkel 70°.

Maschinendaten: Drehmaschine mit Stufengetriebe, 24 Maschinendrehzahlen von 11,2 bis 2240 min^{-1} (R20/2 nach DIN 804), Getriebewirkungsgrad 75 %, Antriebsmotor (Drehstrom-Asynchronmotor) mit 4 kW Nennleistung, gewählter Maschinenvorschub 0,63 mm/U (Längsvorschub).

Auszuführender Fertigungsschritt: Abdrehen der vorgedrehten Mantelfläche von 30 mm Ausgangsdurchmesser.

Gesucht:

a) Einzustellende Schnittiefe, wenn die installierte Nennleistung des Antriebsmotors beim Drehen voll genutzt werden soll,

b) vorhandene Spanungsdicke,

c) vorhandene Spanungsbreite,

d) Schnittbogenlänge,

e) Bogenspandicke.

6.4   Bearbeitung einer Getriebewelle durch Längsrunddrehen
Werkstückdaten: Baustahl E295, Einspannung zwischen Spitzen in Verbindung mit
Stirnseitenmitnehmer, Drehlänge am Werkstück 176 mm.
Werkzeugdaten: Verbunddrehwerkzeug mit gelöteter Schneidplatte aus Hartmetall
P10, Einstellwinkel 45°.
Maschinendaten: Drehmaschine mit Stufengetriebe, 18 Maschinendrehzahlen von
45 bis 2240 min^{-1} (Reihe R20/2 nach DIN 804), Getriebewirkungsgrad 75 %, Antriebsmotor (Drehstrom-Asynchronmotor) mit 5,5 kW Nennleistung, gewählter
Maschinenvorschub 0,4 mm/U (Längsvorschub).
Auszuführender Fertigungsschritt: Abdrehen der vorgedrehten Mantelfläche durchgehend von 61 auf 58 mm Durchmesser in *einem* Schnitt.

Gesucht:

a) Schnittkraft,

b) Schnittleistungsbedarf,

c) erforderliche Motorleistung,

d) Hauptnutzungszeit.

6.5   Bearbeitung eines Gehäusedeckels durch Planquerdrehen
Werkstückdaten: Werkstoff GGJL-250, fliegende Einspannung auf der Planscheibe,
Bearbeitungsfläche (kreisringförmige Stirnfläche) mit 85/180 mm Durchmesser.

Werkzeugdaten: Verbunddrehwerkzeug mit gelöteter Schneidplatte aus Hartmetall
K20, Einstellwinkel 90°.
Maschinendaten: Drehmaschine mit Stufengetriebe, 16 Maschinendrehzahlen von
18 bis 560 min^{-1} (R20/2 nach DIN 804), Getriebewirkungsgrad 70 %, gewählter
Maschinenvorschub 0,25 mm/U (Planvorschub von außen nach innen).
Auszuführender Fertigungsschritt: Abdrehen der vorgedrehten Stirnfläche, Werkzeugzustellung auf 2 mm Schnittiefe in *einem* Schnitt, empfohlene Schnittgeschwindigkeit auf den mittleren Werkstückdurchmesser beziehen.

Gesucht:

a) erforderliche Maschinendrehzahl,

b) Schnittgeschwindigkeit am Anfang der Plandrehbearbeitung,

c) Schnittgeschwindigkeit am Ende der Plandrehbearbeitung,

d) Schnittgeschwindigkeitsänderung während der Plandrehbearbeitung,

e) Hauptnutzungszeit.

Fräsen

6.6   Bearbeitung eines Futterstücks durch Walzfräsen
Werkstückdaten: Baustahl E335, Einspannung im Maschinenspannstock, Werkstück-
breite 62 mm (Fräsbreite), Werkstücklänge 145 mm.
Werkzeugdaten: Geradverzahnter Walzenfräser mit 75 mm Durchmesser als Massiv-
werkzeug aus Schnellarbeitsstahl.
Maschinendaten: Waagerecht-Konsolfräsmaschine mit Stufengetriebe, 18 Maschinendrehzahlen von 28 bis 1400 min^{-1} (Reihe R20/2 nach DIN 804) an der Frässpindel,
48 Vorschubgeschwindigkeiten des Fräsmaschinentisches von 9 bis 2000 mm/min
(Reihe R20 nach DIN 803), Wirkungsgrad des Hauptgetriebes 70 %.
Auszuführender Fertigungsschritt: Überfräsen der rechteckigen Bearbeitungsfläche
im Gegenlaufverfahren in *einem* Schnitt, lange Rechteckseite in Richtung des Tischvorschubes angeordnet, Eingriffsgröße (Frästiefe) 3 mm.
Gesucht:
a) Drehzahl der Frässpindel,
b) Vorschubgeschwindigkeit des Fräsmaschinentisches,
c) Mittenspanungsdicke,
d) Schnittleistung,
e) Antriebsleistung (Motorleistung),
f) Spanungsvolumen,
g) Schnittleistung (vereinfacht),
h) mittlere Schnittkraft,
i) Hauptnutzungszeit.

6.7   Bearbeitung einer Führungsplatte durch Stirnfräsen
Werkstückdaten: Baustahl E295, Einspannung in Fräsvorrichtung, Werkstückbreite 180
mm (Eingriffsgröße), Werkstücklänge 435 mm.
Werkzeugdaten: Messerkopf nach DIN 2079, Nenndurchmesser 250 mm,
16 Schneidplatten aus Hartmetall.
Maschinendaten: Senkrecht-Bettfräsmaschine, 12 Maschinendrehzahlen von 16 bis
710 min^{-1} (Reihe R20/3 nach DIN 804) an der Frässpindel, Vorschubgeschwindigkeiten des Fräsmaschinentisches von 11,2 bis 1400 mm/min stufenlos einstellbar.
Auszuführender Fertigungsschritt: Schruppfräsen der rechteckigen Bearbeitungsfläche in *einem* Schnitt, lange Rechteckseite in Richtung des Tischvorschubes angeordnet, Werkstücklage mittig zur Fräserachse, Schnittiefe 5 mm.
Gesucht: Hauptnutzungszeit.

Bohren

6.8   Bearbeitung einer Abdeckplatte durch Bohren
       Werkstückdaten: Baustahl E295, Einspannung im Maschinenspannstock, Plattendicke
       8 mm.
       Werkzeugdaten: Massivbohrwerkzeug (Spiralbohrer) aus Schnellarbeitsstahl
       $\emptyset$ 6,5 mm, Spitzenwinkel 118°, Einstellwinkel 59°.
       Maschinendaten: Säulenbohrmaschine mit Stufengetriebe, 8 Maschinendrehzahlen
       von 250 bis 2800 min^{-1} (R 20/3 nach DIN 804), Getriebewirkungsgrad 80 %.
       Auszuführender Fertigungsschritt: Einbohren von 4 Durchgangsbohrungen
       $\emptyset$ 6,5 mm (nicht vorgebohrt).
       Gesucht:
       a) Schnittmoment,
       b) Vorschubkraft,
       c) Schnittleistung,
       d) erforderliche Motorleistung,
       e) Hauptnutzungszeit für 4 Bohrungen.

6.9   Bearbeitung eines Gehäuses durch Bohren
       Werkstückdaten: Gusseisen GJl-150, Einspannung in einer Bohrvorrichtung.
       Werkzeugdaten: Massivbohrwerkzeug (Spiralbohrer) aus Schnellarbeitsstahl $\emptyset$ 16
       mm, Spitzenwinkel 118°, Einstellwinkel 59°.
       Maschinendaten: Ständerbohrmaschine mit Stufengetriebe, 9 Maschinendrehzahlen
       von 45 bis 1800 min^{-1} (R20/4 nach DIN 804).
       Auszuführender Fertigungsschritt: Einbohren von 2 Grundbohrungen, $\emptyset$ 16 mm
       (nicht vorgebohrt), Tiefe der Einbohrung 36 mm.
       Gesucht:
       a) Schnittiefe,
       b) Vorschub je Hauptschneide,
       c) Spanungsquerschnitt,
       d) Spanungsvolumen.

Lösungen

1 Statik in der Ebene

Drehmoment

1.1

a) $M(\alpha) = Fr \cos \alpha$ (mit Fr = konstant)

b) $M(\alpha_1) = 136 \text{ Nm};$ $M(\alpha_2) = 131 \text{ Nm};$
$M(\alpha_3) = 118 \text{ Nm};$ $M(\alpha_4) = 96 \text{ Nm};$
$M(\alpha_5) = 68 \text{ Nm};$ $M(\alpha_6) = 35 \text{ Nm};$
$M(\alpha_7) = 0$

1.2

a) $M(\alpha) = c \, r^2 \alpha$

b)

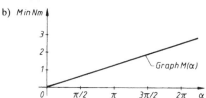

1.3

a) $F_V = F \dfrac{r_K}{r_H} \cdot \dfrac{d_H}{d_V}$

b)

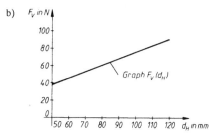

c) Kettenrad mit 40 Zähnen:
91,9 N;   78,9 N;   60,7 N;   48,6 N;   39,5 N

Kettenrad mit 52 Zähnen:
70,1 N;   60,7 N;   46,7 N;   37,4 N;   30,4 N

Ermittlung einer resultierenden Kraft

1.4

a) $F_{rx} = \Sigma F_n \cos \alpha_n$ b) $F_{ry} = \Sigma F_n \sin \alpha_n$

c) $\alpha_r = \arctan \dfrac{F_{ry}}{F_{rx}} = \arctan \dfrac{\Sigma F_n \sin \alpha_n}{\Sigma F_n \cos \alpha_n}$

d) $F_r = \sqrt{(\Sigma F_n \sin \alpha_n)^2 + (\Sigma F_n \cos \alpha_n)^2}$

1.5

a) $F_r = \sqrt{(503,6 \text{ N})^2 + (250 \text{ N})^2} = 562,2 \text{ N}$

b) $\alpha_r = \arctan \dfrac{F_{ry}}{F_{rx}} = \arctan \dfrac{250 \text{ N}}{503,6 \text{ N}} = 26,4°$

c) Die Resultierende liegt im I. Quadranten und ist nach rechts oben gerichtet.

1.6

a) $F_r = 29,2 \text{ N}$

b) $\alpha_r = -53,24°$

c) Mit negativem F_{rx} und positivem F_{ry} muß die Resultierende F_r nach links oben gerichtet sein.

1.7

a) $F_r = 223,5 \text{ N}$

b) $\alpha_r = -44,25°$

c) Mit negativem F_{rx} und positivem F_{ry} muß die Resultierende F_r nach links oben gerichtet sein.

1.8

a) $F_r = 84,46 \text{ N}$

b) $\alpha_r = -73,13°$

c) Mit positivem F_{rx} und negativem F_{ry} muß die Resultierende F_r nach rechts unten gerichtet sein.

1.9

$l = 3,64 \text{ cm}$

Gleichgewicht am zentralen Kräftesystem

1.10

a) $F_1 = 18,06 \text{ kN}$ $F_2 = 24,22 \text{ kN}$

b) $F_{d1} = 16,53 \text{ kN}$ $F_{k1} = 7,292 \text{ kN}$

c) $F_{d2} = 16,53 \text{ kN}$ $F_{k2} = 17,71 \text{ kN}$

1.11

$F_r = 0,651 \text{ MN}$ nach rechts unten wirkend.
$\alpha_r = -85°$, d.h. die WL liegt im II. und IV. Quadranten.

1.12

a) $\sin \alpha = \dfrac{F_{G1}^2 - F_{G2}^2 + F_{G3}^2}{2 \, F_{G1} \, F_{G3}}$

Ebenso erhält man

$$\sin \beta = \frac{F_{G1}^2 + F_{G2}^2 - F_{G3}^2}{2\,F_{G1}\,F_{G2}}$$

b) $\alpha = 29{,}9°$ $\beta = 13{,}9°$

1.13

$F_1 = 11{,}25$ kN (Druckstab),
$F_2 = 12{,}31$ kN (Zugstab),
$F_3 = 10$ kN $= F$ (Druckstab, der nur die Knotenpunktlast F aufnimmt),
$F_6 = 12{,}31$ kN $= F_2$ (Druckstab).

1.14

a) $F_1 = F\,\dfrac{l_3}{l_1 \cos \alpha}$ (1)

Mit $\cos \alpha = \dfrac{l_3}{\sqrt{l_2^2 + l_3^2}}$ (Pythagoras) wird noch

$$F_1 = F\,\frac{\sqrt{l_2^2 + l_3^2}}{l_1} \qquad (2)$$

$$F_2 = F\,\frac{\sqrt{l_3^2 + (l_1 + l_3 \tan \alpha)^2}}{l_1} \qquad (3)$$

und

$$F_2 = F\,\frac{\sqrt{l_3^2 + (l_1 + l_2)^2}}{l_1} \qquad (4)$$

b) $F_1 = 28{,}48$ kN
   $F_2 = 40{,}14$ kN

c) Mit den Gleichungen (2) und (4) wird die Wertetabelle aufgestellt:

α in °	F_1 in kN	F_2 in kN
0	26,7	33,3
5	26,8	34,8
10	27,1	36,3
15	27,6	38,1
20	28,4	39,9
25	29,4	42
30	30,8	44,3

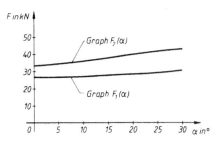

Gleichgewicht am allgemeinen Kräftesystem

1.15

a) $F_A = 581{,}25$ N $F_B = 1218{,}75$ N
b) Querkraftplan

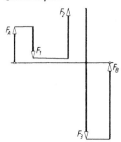

1.16

a) $F_S = F\,\dfrac{l_2 \cos \alpha}{(l_1 + l_2) \sin (\alpha + \beta)}$

$$F_A = \sqrt{(F_S \cos \beta)^2 + (F - F_S \sin \beta)^2}$$

b) Wertetabelle:

α in °	F_S in kN	F_A in kN
0	13,416	12,166
5	12,940	12,336
10	12,450	12,503
15	11,947	12,666
20	11,435	12,823
25	10,915	12,972
30	10,392	13,115
35	9,869	13,249
40	9,351	13,374
45	8,842	13,489

1.17

Rechnerische Lösung:
a) $F_W = 2199$ N
b) $F_L = 1206$ N
c) $\alpha_L = 68{,}1°$

Zeichnerische Lösung:
Lageplan   Kräfteplan

1.18

$$F_A = F_{Ay} = F = 12 \text{ kN}$$
$$F_B = F_{By} = F = 12 \text{ kN}$$
$$F_C = F_{Cx} = F = 12 \text{ kN}$$

1.19

a) Lageskizze

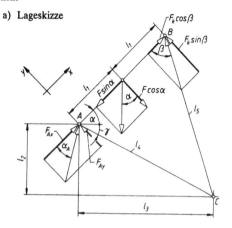

I. $\Sigma F_x = 0 = F_{Ax} - F \sin \alpha + F_K \cos \beta$

II. $\Sigma F_y = 0 = F_{Ay} - F \cos \alpha + F_K \sin \beta$

III. $\Sigma M_{(A)} = 0 = F_K \sin \beta \cdot 2 l_1 - F \cos \alpha \, l_1$

III. $F_K = \dfrac{F \cos \alpha}{2 \sin \beta}$ (1)

Gleichungen zur Ermittlung des Winkels β:

$$\gamma = \arctan \frac{l_2}{l_3} \tag{2}$$

$$l_4 = \sqrt{l_2^2 + l_3^2} \tag{3}$$

$$l_5 = \sqrt{(2 l_1)^2 + l_4^2 - 2 (2 l_1) \, l_4 \cos (\alpha + \gamma)}$$

$$\frac{\sin (\alpha + \gamma)}{\sin \beta} = \frac{l_5}{l_4} \tag{4}$$

$$\sin \beta = \frac{l_4}{l_5} \sin (\alpha + \gamma) \tag{5}$$

$$\beta = \arcsin \left[\frac{l_4}{l_5} \sin (\alpha + \gamma) \right] \tag{6}$$

b) Wertetabelle:

α in°	F_K in kN		
0	3,075		
5	2,866	30	2,42
10	2,748	35	2,322
15	2,662	40	2,211
20	2,585	45	2,085
25	2,506	50	1,943

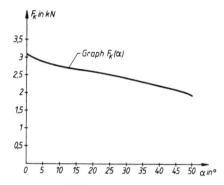

c) $F_A = \sqrt{F_{Ax}^2 + F_{Ay}^2} = 3{,}327 \text{ kN}$

1.20

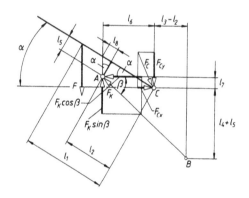

$l_8 = l_5 \tan \alpha$

$l_6 = (l_2 + l_8) \cos \alpha$

$$l_7 = (l_2 + l_8) \sin \alpha \, \frac{l_5}{\cos \alpha}$$

$$\beta = \arctan \frac{l_4 + l_5 + l_7}{l_6 + l_3 - l_2}$$

$$F_K = F \, \frac{l_1 \cos \alpha}{l_6 \sin \beta - l_7 \cos \beta}$$

$F_{Cx} = F_K \cos \beta$ $F_{Cy} = F_K \sin \beta - F$

$$F_C = \sqrt{F_{Cx}^2 + F_{Cy}^2} \qquad \tan \alpha_C = \frac{F_{Cy}}{F_{Cx}}$$

$$\alpha_C = \arctan \frac{F_{Cy}}{F_{Cx}}$$

b) Wertetabelle:

α in °	F_K in kN	F_C in kN	α_C in °
− 45	13,536	14,892	− 30,7
− 40	14,854	15,644	− 26,6
− 35	16,166	16,395	− 22,6
− 30	17,467	17,142	− 18,8
− 25	18,757	17,882	− 15,1
− 20	20,034	18,613	− 11,5
− 15	21,296	19,335	− 8
− 10	22,542	20,047	− 4,5
− 5	23,773	20,751	− 1,1
0	24,990	21,446	2,3
5	26,193	22,135	5,6
10	27,386	22,823	8,9
15	28,573	23,513	12,2
20	29,760	24,214	15,5
25	30,958	24,935	18,8
30	32,180	25,692	22,1
35	33,449	26,507	25,3
40	34,796	27,413	28,6
45	36,272	28,460	32,0

Reibung

1.21

a) $F_N = 400,5\,\text{N}$
$F_R = F_N \mu = 400,5\,\text{N} \cdot 0,11 = 44,05\,\text{N}$

b) $F_{NA} = 427,2\,\text{N}$
$F_{RA} = F_{NA} \mu = 427,2\,\text{N} \cdot 0,11 = 46,99\,\text{N}$

c) $F_B = 771,1\,\text{N}$

d) $F_C = 1182\,\text{N}$

1.22

a) $F_{RA} = 8,75\,\text{N}$

b) $F_{NA} = 39,77\,\text{N}$

c) $F = 18,92\,\text{N}$ (Zugfeder)

d) $F_B = 59,34\,\text{N}$

1.23

a) $\mu = 0,25$

b) $F_k = 23,18\,\text{kN}$

c) $F_{NA} = 80,27\,\text{kN}$

d) $F_{R0\,max} = 20,07\,\text{kN}$

e) $S = 3,345$

f) $F_{Bx} = 102,7\,\text{kN}$

g) nach Lösung e) ist die Tragsicherheit nur von den Abmessungen l_1, l_2, l_3, dem Winkel α und der Reibzahl abhängig. Die Gewichtskraft F_G des Blockes hat also keinen Einfluß.

h) $\mu_{0\,min} = 0,0747$

1.24

a) $h = 2,518\,\text{m}$

b) In der Bestimmungsgleichung für die Höhe h erscheint die Gewichtskraft nicht. Sie hat also keinen Einfluß auf die Höhe.

c) $\alpha = 74,36°$

2 Dynamik

Arbeit, Leistung, Übersetzung, Wirkungsgrad

2.1

a) $W = 7\,200\,000\,\text{Nm} = 7,2\,\text{MJ}$

b) $P = 240\,\text{kW}$

2.2

a) $F_z = 64\,525\,\text{N}$

b) $P = 967,88\,\text{kW}$

2.3

a) $F_w = 2,490\,\text{kN}$

b) $P_a = 64\,400\,\dfrac{\text{Nm}}{\text{s}} = 64,40\,\text{kW}$

2.4

a) $P_R = 1619\,\dfrac{\text{Nm}}{\text{s}} = 1,619\,\text{kW}$

b) $P_c = 5\,\text{kW}$

c) $P_{mot} = 6,89\,\text{kW}$

2.5

a) $F = 20,63\,\text{kN}$

b) $v_{max} = 23,91\,\dfrac{\text{m}}{\text{min}}$

2.6 a)

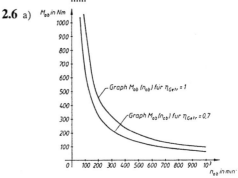

b)

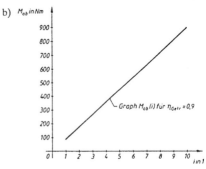

2.7

$M_2 = M_1\,i\,\eta$

2.8

a) $P_n = 1{,}539\,\text{kW}$

b) $\eta_m = 0{,}7696$

2.9

$F_h = 878{,}5\,\text{N}$

2.10

a) $m = 203{,}9\,\text{kg}$

b) $z = 79{,}58$ Umdrehungen

2.11

a) $M_{\text{mot}} = 17{,}49\,\text{Nm}$ $\qquad M_{\text{tr}} = 600\,\text{Nm}$

b) $i = 35{,}7$

2.12

a) $F_u = 18{,}58\,\text{N}$

b) Steigung $8{,}7 : 1000 = 0{,}87\,\%$

2.13

a) $i_{\text{ges}} = 209{,}25$ $\qquad$ b) $\eta_{\text{ges}} = 0{,}6588$

c) $M_I \;\; = 5{,}717\,\text{Nm}$

$M_{II} \;\, = 62{,}6\,\text{Nm}$ $\qquad n_{II} \;\, = 94{,}67\,\text{min}^{-1}$

$M_{III} = 184{,}3\,\text{Nm}$ $\qquad n_{III} = 30{,}54\,\text{min}^{-1}$

$M_{IV} = 788{,}1\,\text{Nm}$ $\qquad n_{IV} = 6{,}786\,\text{min}^{-1}$

Dynamisches Grundgesetz (Translation)

2.14

$$a = g\,\frac{1 - \mu}{2} = 4{,}169\,\frac{\text{m}}{\text{s}^2}$$

2.15

a) $a = 0{,}347\,\dfrac{\text{m}}{\text{s}^2}$

b) $\Delta t = 48\,\text{s}$

c) $F = 31\,700\,\text{N}$

2.16

a) $F_u = g\,(m_1 - m_2) + a\,(m_1 + m_2)$

$\quad F_u = 15\,612\,\text{N}$

b) $a = 2{,}453\,\dfrac{\text{m}}{\text{s}^2}$

2.17

$$a = g\,\frac{\mu_0 l}{2\,(l + \mu_0 h)} \qquad a = 2{,}628\,\frac{\text{m}}{\text{s}^2}$$

2.18

a) $a = 2{,}776\,\dfrac{\text{m}}{\text{s}^2}$ $\qquad$ b) $a = 3{,}924\,\dfrac{\text{m}}{\text{s}^2}$

2.19

$F = 22\,810\,\text{N}$

2.20

$s_3 = 0{,}437\,\text{m}$

2.21

$$a = g\,\frac{m_1 - m_2}{m_1 + m_2} = g\,\frac{1 - \dfrac{m_2}{m_1}}{1 + \dfrac{m_2}{m_1}}$$

$$a = 5{,}886\,\frac{\text{m}}{\text{s}^2}$$

2.22

a) $\Delta v = 10\,\dfrac{\text{m}}{\text{s}}$

b) $F = 2972\,\text{N}$

2.23

a) $a_1 = 2{,}356\,\dfrac{\text{m}}{\text{s}^2}$ $\qquad$ b) $a_2 = 2{,}943\,\dfrac{\text{m}}{\text{s}^2}$

c) $v_t = 6{,}256\,\dfrac{\text{m}}{\text{s}}$ $\qquad$ d) $l = 6{,}479\,\text{m}$

Energieerhaltungssatz (Translation)

2.24

a) $0 = \dfrac{m\,v^2}{2} - F_w\,s$

b) $s = \dfrac{m\,v^2}{2\,F_w} = \dfrac{m\,v^2}{2\,F_w'\,m} = \dfrac{v^2}{2\,F_w'} =$

$$= \frac{\left(\dfrac{95}{3{,}6}\,\dfrac{\text{m}}{\text{s}}\right)^2}{2 \cdot \dfrac{40\,\text{N}}{1000\,\text{kg}}} = 87{,}05\,\text{m}$$

2.25

$$s = \frac{m\,v^2}{2\,(m\,g\,\sin\alpha + F_w)} \qquad s = 55{,}57\,\text{m}$$

2.26

$$v = s\,\sqrt{\frac{2\,c}{m}} \qquad v = 1{,}411\,\frac{\text{km}}{\text{h}}$$

2.27

a) $v = 16{,}1\,\dfrac{\text{m}}{\text{s}} = 57{,}96\,\dfrac{\text{km}}{\text{h}}$

b) $a = \dfrac{v^2}{2\,s} = 0{,}324\ \dfrac{m}{s^2}$

c) $\Delta s_1 = \dfrac{m\,v^2}{2\,F_w} = 777{,}2\ m$

d) $a_1 = \dfrac{v^2}{2\,\Delta s_1} = 0{,}1667\ \dfrac{m}{s^2}$

e) $t_{ges} = \Delta t + \Delta t_1 = \dfrac{v}{a} + \dfrac{v}{a_1} = v\left(\dfrac{1}{a} + \dfrac{1}{a_1}\right) = 146{,}3\ s$

2.28

$l = \dfrac{F_R}{c_Z} \pm \sqrt{\left(\dfrac{F_R}{c_Z}\right)^2 + \dfrac{c_D}{c_Z}\,f^2}$ $l = 11{,}12\ cm$

2.29

a) $a = 1{,}475\ \dfrac{m}{s^2}$ b) $v = 14{,}75\ \dfrac{m}{s}$

2.30

$s_1 = \dfrac{2\,m\,g\,\mu\,(s_2 + \Delta s) + c\,(\Delta s)^2}{2\,m\,g\,(\sin\alpha - \mu\cos\alpha)}$

$s_1 = \dfrac{\mu\,(s_2 + \Delta s) + \dfrac{c\,(\Delta s)^2}{2\,m\,g}}{\sin\alpha - \mu\cos\alpha}$

2.31

$l = 6{,}48\ m$

2.32

$v = \sqrt{2\,g\,(l - h)}$

2.33

a) $h_1 = 1{,}228\ m$
b) $W_A = 98{,}77\ J$
c) $W = 81\ J$

Dynamisches Grundgesetz (Rotation)

2.34

$M_{res} = 1{,}527\ Nm$

2.35

a) $\alpha = 0{,}4028\ \dfrac{rad}{s^2}$

b) $M_R = 1{,}208\ Nm$

2.36

a) $\omega_t = 1{,}25\ \dfrac{rad}{s}$

b) $\alpha = 12{,}5\ \dfrac{rad}{s^2}$

c) $J = 0{,}754\ kgm^2$

d) $M_{res} = 9{,}42\ Nm$

2.37

Die Verdoppelung des Scheibenradius, weil nach der Definitionsgleichung für das Trägheitsmoment $J = \Sigma\,\Delta m_n\,r_n^2$ der Radius quadratischen Einfluß hat und außerdem noch die Masse quadratisch mit dem Radius zunimmt.

2.38

a) $J = 199{,}5\ kgm^2$

b) $\alpha = 1{,}4\ \dfrac{rad}{s^2}$

c) $M_{res} = 278{,}6\ Nm$

2.39

a) $\alpha = 7{,}54\ \dfrac{rad}{s^2}$

b) $M_a = 26{,}89\ Nm$

c) $P = 1{,}014\ kW$

2.40

a) $M_{res} = 0{,}1203\ Nm$

b) $\mu = 0{,}123$

2.41

a) $a = 3{,}398\ \dfrac{m}{s^2}$

b) $F = m\,[a + g\,(\sin\beta + \mu_0\cos\beta)]$ $F = 100\ N$

2.42

a) $m_{2\,red} = 5\ kg$
b) $m_{ges} = 7\ kg$
c) $F_{res} = 19{,}62\ N$
d) $a = g\,\dfrac{m_1\,r_2^2}{m_1\,r_2^2 + J_2}$ $a = 2{,}803\ \dfrac{m}{s^2}$

3 Festigkeitslehre

Zug und Druck

3.1

a) $F_z = 170{,}3\ N$

b) $\sigma_{z\,vorh} = 96{,}4\ \dfrac{N}{mm^2}$

3.2

$d_{erf} = 1{,}22\ mm$
$d = 1{,}4\ mm$ ausgeführt (Normmaß)

3.3

a) $s_{erf} = 10$ mm

b) $h = 40$ mm

c) $D_{erf} = 70$ mm

3.4

$$\sigma_{z1\,vorh} = 78,9\ \frac{N}{mm^2}$$

$$\sigma_{z2\,vorh} = 43,5\ \frac{N}{mm^2}$$

3.5

a) $\sigma_{z\,vorh} = 29,5\ \dfrac{N}{mm^2}$

b) $\sigma_{z\,vorh} = 42,5\ \dfrac{N}{mm^2}$

c) $\sigma_{z\,vorh} = 14,8\ \dfrac{N}{mm^2}$

3.6

a) $b_{erf} = \dfrac{d}{2} \pm \sqrt{\left(\dfrac{d}{2}\right)^2 + \dfrac{10\ F}{\sigma_{z\,zul}}}$

b) $b_{erf} = 58,9$ mm ≈ 59 mm

c) gewählt ⬜ 60×6

$$\sigma_{z\,vorh} = 87,7\ \frac{N}{mm^2} < \sigma_{z\,zul} = 90\ \frac{N}{mm^2}$$

3.7

a) $\varepsilon = 0,027$

b) $\sigma_{z\,vorh} = 1,63\ \dfrac{N}{mm^2}$

c) $F_{vorh} = 816$ N

Flächenpressung

3.8

a) gewählt Tr 28×5 mit $A_3 = 398$ mm^2

b) $m_{erf} = 74,9$ mm $\quad m = 75$ mm ausgeführt

3.9

a) $\sigma_{d\,vorh} = 36,6\ \dfrac{N}{mm^2}$

b) $m_{erf} = 97,9$ mm $\qquad m = 98$ mm ausgeführt

3.10

$F = 1424$ N

$$p_{vorh} = 0,146\ \frac{N}{mm^2}$$

3.11

$l_{erf} = 44,7$ mm

$l = 45$ mm ausgeführt, damit

$$d = \frac{l}{1,6} = \frac{45\ mm}{1,6} \approx 28\ mm$$

3.12

a) $F_a = 65\,345$ N

b) gewählt M36 mit $A_S = 817$ mm^2

3.13

a) $l_{erf} = 60$ mm

b) $p_{vorh} = 50\ \dfrac{N}{mm^2}$

Abscheren

3.14

$d = 4,5$ mm

3.15

a) $F_{max} = 424,1$ kN

b) $s_{max} = 14,3$ mm ≈ 14 mm

3.16

a) $\tau_{a\,vorh} = 28,6\ \dfrac{N}{mm^2}$

b) $D_{erf} = 44,8$ mm $\qquad D = 45$ mm ausgeführt

3.17

a) $F_t = 1778$ N

b) $\sigma_{z\,vorh} = 222\ \dfrac{N}{mm^2}$

c) $p_{vorh} = 318\ \dfrac{N}{mm^2}$

d) $\tau_{a\,vorh} = 92,4\ \dfrac{N}{mm^2}$

3.18

a) $F_1 = 91\,924$ N $\qquad F_3 = 125\,570$ N

b) gewählt ⌐ 50×6

mit $A_{⌐} = 2 \cdot 569$ mm$^2 = 1138$ mm^2

c) $n_3 = 4$ Niete $d = 12$ mm

d) $\sigma_{l1\,vorh} = 295\ \dfrac{N}{mm^2} \qquad \sigma_{l2\,vorh} = 246\ \dfrac{N}{mm^2}$

$\sigma_{l3\,vorh} = 302\ \dfrac{N}{mm^2} \qquad \sigma_{l3\,vorh} = \sigma_{l\,max}$

Biegung

3.19

Schnitt A–B hat zu übertragen:
eine im Schnitt liegende Querkraft
$F_q = F = 12\,000$ N; sie erzeugt die Schubspannung τ
(Abscherspannung τ_a),
ein senkrecht auf der Schnittebene stehendes Biegemoment $M_b = 480 \cdot 10^3$ Nmm; es erzeugt die Normalspannung σ (Biegespannung σ_b).

3.20

Schnitt A–B hat zu übertragen:
eine senkrecht zum Schnitt stehende Normalkraft
$F_N = 5638$ N; sie erzeugt die Normalspannung σ (Zugspannung σ_z), eine im Schnitt liegende Querkraft
$F_q = 2052$ N; sie erzeugt die Schubspannung τ (Abscherspannung τ_a), ein senkrecht zum Schnitt stehendes
Biegemoment $M_b = F_y\, l = 123,1 \cdot 10^3$ Nmm; es erzeugt
die Normalspannung σ (Biegespannung σ_b).

3.21

a)

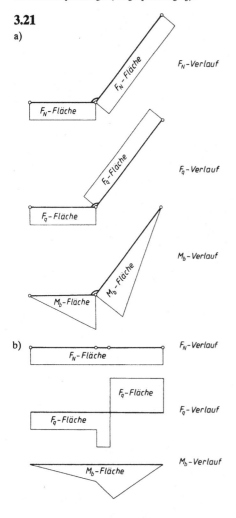

b)

3.22

a) $M_{b\,max} = 1470 \cdot 10^3$ Nmm
b) $W_{erf} = 12,25 \cdot 10^3$ mm^3
c) $a_{erf} = 42$ mm
d) $a_1 = 47$ mm
e) Ausführung c)

3.23

$b_{erf} = 25,3$ mm $h_{erf} \approx 75,9$ mm
ausgeführt z.B. ▭ 80×25

3.24

a) $d_{erf} = 19,6$ mm $d = 20$ mm ausgeführt
b) $l = 1,2 \cdot d = 24$ mm (ausgeführt)
c) $D_{erf} = 26,8$ mm, $D = 28$ mm ausgeführt
d) $\sigma_{b\,vorh} = 17,6\ \dfrac{N}{mm^2}$

3.25

a) $M_{b\,max} = 810$ Nm
b) $h_{erf} = 68,7$ mm
   ausgeführt $h = 70$ mm; $s = 18$ mm

3.26

a) $F_r = 13,856$ kN
b) $M_{b\,max} = 1746 \cdot 10^3$ Nmm
c) $d_{erf} = 58,2$ mm
d) $\sigma_{b\,vorh} = 82,3\ \dfrac{N}{mm^2}$

3.27

a) $F_A = 5620$ N;
   $F_B = -620$ N (nach unten gerichtet)
b) $M_{b\,max} = 7,2$ kNm
c) $W_{erf} = 60 \cdot 10^3$ mm^3
   gewählt IPE 140 mit $W_x = 77,3 \cdot 10^3$ mm^3

3.28

a) $F_A = 11,429$ kN; $F_B = 8,571$ kN
b) $M_{b\,max} = 1078 \cdot 10^3$ Nmm
c) $d_{3\,erf} = 60,3$ mm $d_3 = 60$ mm ausgeführt
d) $d_1 = 36$ mm ausgeführt
   $d_2 = 33$ mm ausgeführt
e) $p_{A\,vorh} = 17,94\ \dfrac{N}{mm^2}$

   $p_{B\,vorh} = 6,49\ \dfrac{N}{mm^2}$

Torsion

3.29

a) $T = 249,1$ Nm

b) $W_{p\,erf} = 8303\ mm^3$

c) $d_{erf} = 34{,}8\ mm$

d) $d_{erf} = 38{,}5\ mm$

e) $\tau_{ta} = 28{,}3\ \dfrac{N}{mm^2}$ $\tau_{ti} = 23{,}9\ \dfrac{N}{mm^2}$

3.30

$d_{1\,erf} = 22{,}3\ mm,$ $d_{2\,erf} = 35{,}2\ mm$

3.31

a) $d_{erf} = 16{,}1\ mm$

b) $l = 820\ mm$

c) $\varphi = 23{,}6°$

3.32

a) Die Hohlwelle ist torsionssteifer als die Vollwelle:
$\varphi_{◎} = 0{,}7 \cdot \varphi_{○}$

b) Die Hohlwelle hat die kleinere Masse:
$m_{◎} = 0{,}388 \cdot m_{○}$

3.33

a) $d = 13{,}693\ mm$

b) $l_1 = \dfrac{\dfrac{\pi^2\,\varphi\,G\,d^4\,d_1^4}{32 \cdot 180°\,T} - l\,d_1^4}{d^4 - d_1^4}$ $l_1 = 152{,}6\ mm$

c) Für den Vollstab gilt:

$\tau_{t\,max} = 302\ \dfrac{N}{mm^2}$

Für den Hohlzylinder wird dagegen:

$\tau_{t\,max} = 511\ \dfrac{N}{mm^2} > 302\ \dfrac{N}{mm^2}$

4 Maschinenelemente

Toleranzen und Passungen

4.1

a) $20\ H8 = 20^{+\,0{,}033}_{\ \ \ \ 0}\ mm$

b) $20\ h8 = 20^{\ \ \ \ 0}_{-\,0{,}033}\ mm$

c) $40\ x6 = 40^{+\,0{,}096}_{+\,0{,}080}\ mm$

d) $120\ j6 = 120^{+\,0{,}013}_{-\,0{,}009}\ mm$

e) $52\ d9 = 52^{-\,0{,}100}_{-\,0{,}174}\ mm$

4.2

$P_{ü\,max} = -\,60\ \mu m$

$P_{ü\,min} = -\,10\ \mu m$

4.3

$P_{s\,max} = 240\ \mu m$

$P_{s\,min} = \ \ 20\ \mu m$

Toleranz $T_B = 200\ \mu m$

Toleranz $T_W = \ \ 20\ \mu m$

4.4

a) $A_{oI} = +\,46;$ $A_{uI} = 0$
$T_I = A_{oI} - A_{uI} = 46 - 0 = 46$

für f7:

$A_{oA} = -\,30;$ $A_{uA} = -\,60$
$T_A = A_{oA} - A_{uA} = -\,30 - (-\,60) = 30$
$P_{s\,max} = A_{oI} + A_{uA} = 46 + 60 = 106$
$P_{s\,min} = A_{oA} = 30$

b) $A_{oI} = +\,30;$ $A_{uI} = 0$
$T_I = A_{oI} - A_{uI} = 30 - 0 = 30$

für r6:

$A_{oA} = +\,60;$ $A_{uA} = +\,41$
$T_A = A_{oA} - A_{uA} = +\,60 - (+\,41) = 19$
$P_{ü\,max} = -\,60$
$P_{ü\,min} = -\,11$

c) In der Tafel der Formelsammlung steht in der Spalte für H7:

$A_{oI} = +\,30;$ $A_{uI} = 0$
$T_I = A_{oI} - A_{uI} = 30 - 0 = 30$

für j6:

$A_{oA} = +\,12;$ $A_{uA} = -\,7$
$T_A = A_{oA} - A_{uA} = +\,12 - (-\,7) = 19$
$P_{s\,max} = 37$
$P_{ü\,max} = -\,12$

4.5

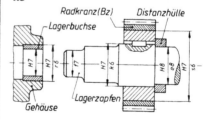

4.6

a) Bohrungsmaß 25^{E9} mit $P_{s\,max} = 144\ \mu m$
und $P_{s\,min} = 40\ \mu m$ (leichter Laufsitz).

b) Gewählt wird 32^{H7}_{r6} mit $P_{ü\,max} = 50\ \mu m$
und $P_{ü\,min} = 9\ \mu m$

c) Bohrungsmaß 25^{H11} mit $P_{s\,max} = 182\ \mu m$
und $P_{s\,min} = 0.$

d) $l = 50^{+\,0{,}2}_{+\,0{,}1}\ mm$

4.7

a) Paßmaß $l_1 = 22 \, {}^{+0,05}_{-0,2} \, \text{mm}$

b) Paßmaß $l_2 = 7 \, {}^{-0,2}_{-0,3} \, \text{mm}$

4.8

Der Preßverband kann mit $\varnothing \, 63 \, {}^{H7}_{x6} \, \text{mm}$ gefertigt werden.

Schraubenverbindungen

4.9

a) $F \leq 16\,186\,\text{N} \approx 16,2\,\text{kN}$

b) $p_m = 43,8 \, \dfrac{\text{N}}{\text{mm}^2}$

4.10

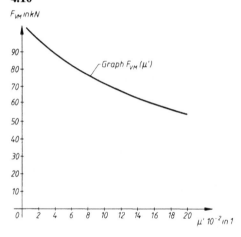

4.11

a) $C_{S1} = 2,845 \cdot 10^5 \, \dfrac{\text{N}}{\text{mm}}$

$\delta_{S1} = 0,352 \cdot 10^{-5} \, \dfrac{\text{mm}}{\text{N}}$

b) $C_{S2} = 1,825 \cdot 10^5 \, \dfrac{\text{N}}{\text{mm}}$

$\delta_{S2} = 0,548 \cdot 10^{-5} \, \dfrac{\text{mm}}{\text{N}}$

c) Ein Vergleich der beiden Federsteifigkeiten C_{S1} für die „normale" Schraube und C_{S2} für die Dehnschraube zeigt:

$C_{S1} = 2,845 \cdot 10^5 \, \dfrac{\text{N}}{\text{mm}} > C_{S2} = 1,825 \cdot 10^5 \, \dfrac{\text{N}}{\text{mm}}$

d.h., die Dehnschraube ist „elastischer", es sind nur $1,825 \cdot 10^5$ N für eine Verlängerung der Dehnschraube je mm nötig, bei der „normalen" Schraube dagegen $2,845 \cdot 10^5$ N.

Zum gleichen Ergebnis führt der Vergleich der Nachgiebigkeiten:

$\delta_{S1} = 0,352 \cdot 10^{-5} \, \dfrac{\text{mm}}{\text{N}} < \delta_{S2} = 0,548 \cdot 10^{-5} \, \dfrac{\text{mm}}{\text{N}}$

d.h., die Dehnschraube verlängert sich je 1 N Zugbelastung um $0,548 \cdot 10^{-5}$ mm gegenüber $0,352 \cdot 10^{-5}$ mm der normalen Schraube.

d) $C_P = 7,917 \cdot 10^5 \, \dfrac{\text{N}}{\text{mm}}$

$\delta_P = 0,1263 \cdot 10^{-5} \, \dfrac{\text{mm}}{\text{N}}$

e) Die verspannten (gedrückten) Platten (Flanschen) wirken „steifer" als die beiden Schrauben, denn es ist

$C_P = 7,917 \cdot 10^5 \, \dfrac{\text{N}}{\text{mm}} > C_{S1} > C_{S2}$

oder

$\delta_P = 0,1263 \cdot 10^{-5} \, \dfrac{\text{mm}}{\text{N}} < \delta_{S1} < \delta_{S2}$

f) Zur Konstruktion werden die Verlänge-rungen f_{S1} und f_{S2} der Schrauben und die Verkürzung der Platten gebraucht:

$f_{S1} = F_V \, \delta_{S1} = 20 \cdot 10^3 \, \text{N} \cdot 0,352 \cdot 10^{-5} \, \dfrac{\text{mm}}{\text{N}}$

$= 0,0704 \, \text{mm} = 70,4 \, \mu\text{m}$

$f_{S2} = F_V \, \delta_{S2} = 20 \cdot 10^3 \, \text{N} \cdot 0,548 \cdot 10^{-5} \, \dfrac{\text{mm}}{\text{N}}$

$= 0,1096 \, \text{mm} = 109,6 \, \mu\text{m}$

$f_P = F_V \, \delta_P = 20 \cdot 10^3 \, \text{N} \cdot 0,1263 \cdot 10^{-5} \, \dfrac{\text{mm}}{\text{N}}$

$= 0,0253 \, \text{mm} = 25,3 \, \mu\text{m}$

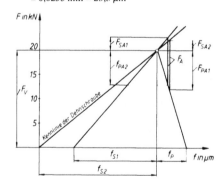

4.12

a) Es wird das Gewinde M12 gewählt mit $A_S = 84,3 \, \text{mm}^2 > A_{S\,\text{erf}} = 66,7 \, \text{mm}^2$.

b) $C_S = 3,11 \cdot 10^5 \, \dfrac{\text{N}}{\text{mm}}$

c) $A_{\text{ers}} = 348 \, \text{mm}^2$

d) $C_P = 12{,}2 \cdot 10^5 \dfrac{N}{mm}$

$\delta_P = 0{,}082 \cdot 10^{-5} \dfrac{mm}{N}$

e) $\Phi = 0{,}203$

$\Phi_n = 0{,}1$ (Krafteinleitungsfaktor $n = 0{,}5$)

f) $F_Z = 1487$ N

g) $F_{VM} = 25\,543$ N

h) $F_S = 27\,066$ N

i) $M_A = 50\,794$ Nmm ≈ 51 Nm

j) $\sigma_{VM} = 303 \dfrac{N}{mm^2}$

k) $\tau_t = 134 \dfrac{N}{mm^2}$

l) $\sigma_{red} = 594 \dfrac{N}{mm^2}$

m) $F_a = 761$ N

n) $\sigma_a = 9 \dfrac{N}{mm^2} < 0{,}9 \cdot \sigma_A = 45 \dfrac{N}{mm^2}$

Die Bedingung $\sigma_a \leq 0{,}9 \cdot \sigma_A$ ist also erfüllt. Die Schraube ist dauerbruchsicher.

o) $p = 193 \dfrac{N}{mm^2} < p_G = 500 \dfrac{N}{mm^2}$

die Bedingung $p \leq p_G$ ist also erfüllt.

p) Die Vergleichsspannung $\sigma_{red} = 382$ N/mm^2 ist das 382/640 = 0,6fache der 0,2-Dehngrenze $R_{p\,0{,}2} = 640$ N/mm^2. Auch die Flächenpressung $p = 193$ N/mm^2 liegt weit unter dem Grenzwert $p_G = 500$ N/mm^2. Tatsächlich zeigt eine Rechnung mit M10 unter sonst gleichen Bedingungen, daß diese Schraube bei besserer Ausnutzung noch ausreicht.

Federn

4.13

a) Zur Bestimmung der gesuchten Größen werden die Gleichungen, Tafelwerte und Diagramme aus der Formelsammlung herangezogen. Zunächst läßt sich der Drahtdurchmesser d aus der Entwurfsgleichung ermitteln, wobei hier von voraussichtlich $d < 5$ mm ausgegangen werden soll:

$$d \approx k_1 \sqrt[3]{F_2 D_a} =$$
$$= 0{,}15 \cdot \sqrt[3]{600 \cdot 25} \; mm = 3{,}7 \; mm$$

gewählt wird $d = 4$ mm.

Vorhandene ideelle Spannung τ_i (mit

$D_m = D_a - d = (25 - 4)$ mm $= 21$ mm):

$$\tau_i = \frac{8 F_2 D_m}{\pi d^3} = \frac{8 \cdot 600\,N \cdot 21\,mm}{\pi \cdot 4^3\,mm^3} =$$
$$= 501 \; \frac{N}{mm^2} < 750 \; \frac{N}{mm^2}$$

Vorläufige Federrate c aus den Federkräften F_1, F_2 und dem Federhub $h = \Delta f$ (siehe Federdiagramm):

$$c = \frac{F_2 - F_1}{\Delta f} = \frac{(600 - 250)\,N}{10\,mm} = 35 \; \frac{N}{mm}$$

Vorläufige Federwege f_1, f_2 (siehe Federdiagramm):

$$f_1 = \frac{F_1}{c} = \frac{250\,N}{35\,\frac{N}{mm}} = 7{,}14 \; mm$$

$$f_2 = \frac{F_2}{c} = \frac{600\,N}{35\,\frac{N}{mm}} = 17{,}14 \; mm$$

$\left. \right\} \; \Delta f = f_2 - f_1 = 10\,mm = h$

Anzahl der federnden Windungen i_f (mit Schubmodul $G = 83\,000$ N/mm^2):

$$i_f = \frac{1}{c} \cdot \frac{d^4 G}{8 D_m^3}$$

$$i_f = \frac{1}{35\,\frac{N}{mm}} \cdot \frac{4^4\,mm^4 \cdot 83\,000\,\frac{N}{mm^2}}{8 \cdot 21^3\,mm^3} = 8{,}19$$

gewählt wird $i_f = 8{,}5$ Windungen.

Mit der Anzahl der federnden Windungen $i_f = 8{,}5$ ergibt sich nun die tatsächlich vorhandene Federrate für diese Feder:

$$c = \frac{d^4 G}{8 i_f D_m^3} = \frac{4^4\,mm^4 \cdot 83\,000\,\frac{N}{mm^2}}{8 \cdot 8{,}5 \cdot 21^3\,mm^3} =$$
$$= 33{,}74 \; \frac{N}{mm}$$

Legt man mit dem vorgeschriebenen Federhub $h = \Delta f = 10$ mm den Federweg $f_2 = 17{,}5$ mm fest, dann wird $f_1 = f_2 - h = 7{,}5$ mm. Damit werden sich die folgenden Federkräfte F_1, F_2 einstellen:

$$F_2 = c f_2 = 33{,}74 \; \frac{N}{mm} \cdot 17{,}5 \; mm = 590 \; N$$

$$F_1 = c f_1 = 253 \; N$$

Geometrische Rechnungen:

Gesamtzahl der Windungen i_g und Blocklänge L_{Bl}:
$i_g = i_f + 1{,}8 = 10{,}3$ Windungen;

gewählt wird $i_g = 10,5$ Windungen
$L_{Bl} = i_g\, d = 10,5 \cdot 4\,\text{mm} = 42\,\text{mm}$.
Mindestabstand S_a nach Tafel für $d = 4\,\text{mm}$ und
Wickelverhältnis $w = D_m/d = 21\,\text{mm} / 4\,\text{mm} = 5,25$:

$$S_a = 1\,d + x\,d^2\,i_f =$$

$$= 1 \cdot 4\,\text{mm} + 0,02\,\frac{1}{\text{mm}} \cdot 4^2\,\text{mm}^2 \cdot 8,5$$

$$S_a = 6,72\,\text{mm}$$

Federlänge L_0 (siehe Federdiagramm):
$L_0 = L_{Bl} + S_a + f_2 = 42\,\text{mm} + 6,72\,\text{mm} + 17,5\,\text{mm}$
$L_0 = 66,2\,\text{mm}$.

b) Spannung τ_{k1} mit $k \approx 1,3$ nach Schaubild
(für $D_m/d = 5,25$):

$$\tau_{k1} = k\,\frac{G\,d\,f_1}{\pi\,i_f\,D_m^2} =$$

$$= 1,3 \cdot \frac{83\,000\,\dfrac{\text{N}}{\text{mm}^2} \cdot 4\,\text{mm} \cdot 7,5\,\text{mm}}{\pi \cdot 8,5 \cdot 21^2\,\text{mm}^2}$$

$$= 275\,\frac{\text{N}}{\text{mm}^2} = \tau_{kU} \;.$$

Festigkeitswerte τ_{kO} und τ_{kH} aus dem Dauerfestigkeitsschaubild mit $\tau_{kU} = 275\,\text{N/mm}^2$:

$$\tau_{kO} \approx 715\,\frac{\text{N}}{\text{mm}^2}\,; \qquad \tau_{kH} = 440\,\frac{\text{N}}{\text{mm}^2}$$

$$\tau_{kh} = k\,\frac{G\,d\,h}{\pi\,i_f\,D_m^2} =$$

$$= 1,3 \cdot \frac{83\,000\,\dfrac{\text{N}}{\text{mm}^2} \cdot 4\,\text{mm} \cdot 10\,\text{mm}}{\pi \cdot 8,5 \cdot 21^2\,\text{mm}^2}$$

$$\tau_{kh} = 367\,\frac{\text{N}}{\text{mm}^2}$$

$$\tau_{kh} = 367\,\frac{\text{N}}{\text{mm}^2} < \tau_{kH} = 440\,\frac{\text{N}}{\text{mm}^2}$$

$$\tau_{k2} = k\,\frac{G\,d\,f_2}{\pi\,i_f\,D_m^2} =$$

$$= 1,3 \cdot \frac{83\,000\,\dfrac{\text{N}}{\text{mm}^2} \cdot 4\,\text{mm} \cdot 17,5\,\text{mm}}{\pi \cdot 8,5 \cdot 21^2\,\text{mm}^2}$$

$$\tau_{k2} = 641\,\frac{\text{N}}{\text{mm}^2}$$

$$\tau_{k2} = 641\,\frac{\text{N}}{\text{mm}^2} < \tau_{kO} = 715\,\frac{\text{N}}{\text{mm}^2}$$

Die Feder ist demnach dauerbruchsicher und (nach
Schaubild) auch knicksicher (Federung ca. 28 % und
Schlankheitsfaktor ≈ 3).
Beachte die Proportionen $\tau_{k1}/\tau_{k2} = f_1/f_2$ und
$\tau_{k1}/\tau_{kh} = f_1/h$.

Wellen

4.14

a) *Schnitt a–a:*

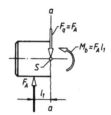

$F_q = F_A = 2450\,\text{N}$
$M_b = F_A\,l_1 = 2450\,\text{N} \cdot 10\,\text{mm} = 24,5 \cdot 10^3\,\text{Nmm}$

Schnitt b–b:

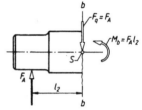

$F_q = F_A = 2450\,\text{N}$
$M_b = F_A\,l_2 = 2450\,\text{N} \cdot 60\,\text{mm} = 147 \cdot 10^3\,\text{Nmm}$

Schnitt c–c:

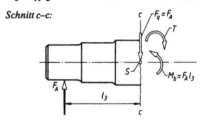

$F_q = F_A = 2450\,\text{N}$
$M_b = F_A\,l_3 = 2450\,\text{N} \cdot 100\,\text{mm} = 245 \cdot 10^3\,\text{Nmm}$

b) $\sigma_{b\,\text{zul}} = \dfrac{\sigma_{bW}\,b_1\,b_2}{\beta_k\,v}$ $\sigma_{bW} = 260\,\text{N/mm}^2$
$b_1 = 0,9$ für geschlichtete Oberfläche
$b_2 = 0,95$ geschätzt
$\beta_k = 1,8$
$v = 1,5$

$$\sigma_{b\,\text{zul}} = 82,3\,\frac{\text{N}}{\text{mm}^2}$$

$$d_{1\,\text{erf}} = \sqrt[3]{\frac{32\,M_b}{\pi\,\sigma_{b\,\text{zul}}}}$$

$$d_{1\,\text{erf}} = \sqrt[3]{\frac{32 \cdot 24,5 \cdot 10^3\,\text{Nmm}}{\pi \cdot 82,3\,\dfrac{\text{N}}{\text{mm}^2}}} = 14,5\,\text{mm}$$

$$d_{1\,\text{vorl}} = 15\,\text{mm}$$

c) $\sigma_{b\,zul} = \dfrac{\sigma_{bW}\,b_1\,b_2}{\beta_k\,v}$ $\quad\begin{array}{l}\sigma_{bW} = 260\ \text{N/mm}^2\\ b_1 = 0,85\ \text{für ge-}\\ \qquad\text{schlichtete}\\ \qquad\text{Oberfläche}\\ b_2 = 0,88\ \text{geschätzt}\\ \beta_k = 1,8\\ v = 1,5\end{array}$

$\sigma_{b\,zul} = 53,6\ \dfrac{\text{N}}{\text{mm}^2}$

$d_{3\,erf} = \sqrt[3]{\dfrac{32\,M_v}{\pi\,\sigma_{b\,zul}}}$

$d_{2\,erf} = \sqrt[3]{\dfrac{32 \cdot 147 \cdot 10^3\ \text{Nmm}}{\pi \cdot 72\ \dfrac{\text{N}}{\text{mm}^2}}}$

$d_{2\,vorl} = 30\ \text{mm}$

d) $\sigma_{b\,zul} = \dfrac{\sigma_{bW}\,b_1\,b_2}{\beta_k\,v}$ $\quad\begin{array}{l}\sigma_{bW} = 260\ \text{N/mm}^2\\ b_1 = 0,85\ \text{für gefräste}\\ \qquad\text{Oberfläche im}\\ \qquad\text{„Kerbgrund"}\\ b_2 = 0,8\ \text{geschätzt}\\ \beta_k = 2,2\\ v = 1,5\end{array}$

$\sigma_{b\,zul} = 53,6\ \dfrac{\text{N}}{\text{mm}^2}$

$M_v = \sqrt{M_b^2 + 0,75\,(\alpha_0\,T)^2}$

$M_v = \sqrt{(245\ \text{Nm})^2 + 0,75\,(0,7 \cdot 400\ \text{Nm})^2}$

$M_v = 345\ \text{Nm} = 345 \cdot 10^3\ \text{Nmm}$

$d_{3\,erf} = \sqrt[3]{\dfrac{32\,M_v}{\pi\,\sigma_{b\,zul}}}$

$d_{3\,erf} = 40,3\ \text{mm}$

Annahme: Paßfeder
A$12 \times 8 \times 70$ DIN 6885 mit $t_W = 5$ mm.
Daher
$d_{3\,vorl} = 45\ \text{mm}$

e) Das Wälzlager hat nur eine Radialkraft
$F_r = F_A = 2450$ N aufzunehmen (Axialkraft $F_a = 0$),
daher ist die äquivalente Lagerbelastung
$P = F_r = 2450$ N.

Damit läßt sich die erforderliche dynamische
Tragzahl C_{erf} ermitteln:

$C_{erf} = \dfrac{P\,f_L}{f_n}$

$C_{erf} = \dfrac{2450\ \text{N} \cdot 2,71}{0,285} = 23\,296\ \text{N} \approx 23,3\ \text{kN}$

Aus der Tafel für einreihige Rillenkugellager
entnimmt man:
Rillenkugellager 6403 mit

$d = 17$ mm
$D = 62$ mm
$B = 17$ mm (Lagerbreite)

Wegen der geringeren Lagerbreite $B = 17$ mm als
angenommen, verringert sich l_1 von 10 mm auf
8,5 mm. Dadurch ergeben sich auch etwas geringere
Biegemomente, d.h. die berechneten vorläufigen
Wellendurchmesser d_1, d_2, d_3 können beibehalten
werden. Allerdings ist d_3 noch auf Dauerhaltbarkeit
zu überprüfen.

f) Aus der Tafel entnimmt man die zugehörige Paß-
feder A$14 \times 9 \times 70$ DIN 6885 mit $t_W = 5,5$ mm
Wellennuttiefe. Damit wird der rechnerische
Wellendurchmesser

$d_{rech} = d - t_W = 45\ \text{mm} - 5,5\ \text{mm} = 39,5\ \text{mm}.$

Die vorhandene Vergleichsspannung beträgt

$\sigma_v = \sqrt{\sigma_b^2 + 3\,(\alpha_0\,\tau_t)^2}$ $\quad\sigma_b = \dfrac{M_b}{W}\ ;\quad \tau_t = \dfrac{T}{W_p}$

$\sigma_v = \sqrt{\left(\dfrac{M_b}{\dfrac{\pi\,d^3}{32}}\right)^2 \left(\alpha_0\,\dfrac{T}{\dfrac{\pi\,d^3}{16}}\right)^2}$ $\quad\begin{array}{l}W = \dfrac{\pi\,d^3}{32}\ ;\quad W_p = \dfrac{\pi\,d^3}{16} = 2\,W\\[2mm] W_p = 2\,W\end{array}$

$\sigma_v = \sqrt{\left(\dfrac{245 \cdot 10^3\ \text{Nmm}}{\dfrac{\pi \cdot 39,5^3\ \text{mm}^3}{32}}\right)^2 \left(0,7 \cdot \dfrac{400 \cdot 10^3\ \text{Nmm}}{\dfrac{\pi \cdot 39,5^3\ \text{mm}^3}{16}}\right)^2}$

$\sigma_v = 57\ \dfrac{\text{N}}{\text{mm}^2}$

$\sigma_{bW,\,St\,50} = 260\ \dfrac{\text{N}}{\text{mm}^2}$ $\quad\begin{array}{l}b_1 = 0,84\ \text{für gefräste Oberfläche}\\ b_2 = 0,83\ \text{für 45 mm Durchmesser}\\ \beta_k = 2,2\ \text{für Paßfedernut}\end{array}$

Damit wird die Sicherheit v gegen Dauerbruch:

$v = \dfrac{\sigma_{bW}\,b_1\,b_2}{\beta_k\,\sigma_v} = \dfrac{260\ \dfrac{\text{N}}{\text{mm}^2}\ 0,84 \cdot 0,83}{2,2 \cdot 57\ \dfrac{\text{N}}{\text{mm}^2}} = 1,45$

Die Sicherheit gegen Dauerbruch ist mit $v = 1,45$ ausreichend, sonst ist ein festerer Wellenwerkstoff zu verwenden, z.B. St 60 mit $\sigma_{bW} = 300$ N/mm².

4.15

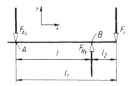

a) $\Sigma F_y = 0 = -F_{Ay} + F_{By} - F_r$
$\quad\Sigma M_{(A)} = 0 = F_{By}\,l - F_r\,l_1$

$F_{By} = \dfrac{F_r\,l_1}{l} = 1178\ \text{N}$

$F_{Ay} = F_{By} - F_r = 248\ \text{N}$

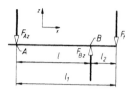

b) $\Sigma F_z = 0 = -F_{Az} + F_{Bz} - F_t$

   $\Sigma M_{(A)} = 0 = F_{Bz} l - F_t l_1$

$$F_{Bz} = \frac{F_t l_1}{l} = 3129 \text{ N}$$

$$F_{Az} = F_{Bz} - F_t = 659 \text{ N}$$

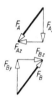

c) $F_A = \sqrt{F_{Ay}^2 + F_{Az}^2} = 704 \text{ N}$

   $F_B = \sqrt{F_{By}^2 + F_{Bz}^2} = 3343 \text{ N}$

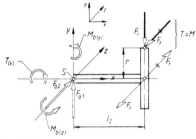

d) I. $\Sigma F_x = 0$

   II. $\Sigma F_y = 0 = F_{q1} - F_r \rightarrow F_{q1} = F_r = 930 \text{ N}$

  III. $\Sigma F_z = 0 = F_{q2} - F_t \rightarrow F_{q2} = F_t = 2470 \text{ N}$

  IV. $\Sigma M_{(x)} = 0 = F_t r - T_{(x)} \rightarrow T_{(x)} = F_t r = 120 \text{ Nm}$
      (gegebene Größe)

  V. $\Sigma M_{(y)} = 0 = M_{b\,(y)} - F_t l_2 \rightarrow M_{b\,(y)} = F_t l_2$
                              $M_{b\,(y)} = 197{,}6 \text{ Nm}$

  VI. $\Sigma M_{(z)} = 0 = M_{b\,(z)} - F_r l_2 \rightarrow M_{b\,(z)} = F_r l_2$
                              $M_{b\,(z)} = 74{,}4 \text{ Nm}$

Der Ansatz der drei Kräftegleichgewichtsbedingungen in Richtung der drei Achsen des räumlichen Achsenkreuzes und der drei Momentengleichgewichtsbedingungen *um* diese Achsen liefert das innere Kräftesystem im Wellenquerschnitt.

Der Querschnitt hat zu übertragen:

eine im Schnitt liegende Querkraft $F_{q1} = F_r = 930 \text{ N}$; sie erzeugt die Abscherspannung τ_a,

eine im Schnitt liegende Querkraft $F_{q2} = F_t = 2470 \text{ N}$; sie erzeugt ebenfalls eine Abscherspannung τ_a,

ein im Schnitt liegendes Torsionsmoment $T_{(x)} = F_t r = 120 \text{ Nm}$; es erzeugt die Torsionsspannung τ_t,

ein senkrecht auf dem Schnitt stehendes Biegemoment $M_{b\,(y)} = F_t l_2 = 197{,}6 \text{ Nm}$, es erzeugt die Biegespannung σ_b,

ein weiteres senkrecht auf dem Schnitt stehendes Biegemoment $M_{b\,(z)} = F_r l_2 = 74{,}4 \text{ Nm}$, es erzeugt ebenfalls eine Biegespannung σ_b.

Die beiden Querkräfte F_{q1} und F_{q2} stehen senkrecht aufeinander und können zu einer Resultierenden zusammengefaßt werden:

$$F_q = \sqrt{F_{q1}^2 + F_{q2}^2} = 2639 \text{ N}$$

Das gilt auch für die beiden senkrecht aufeinanderstehenden Biegemomente $M_{b\,(y)}$ und $M_{b\,(z)}$:

$$M_b = \sqrt{M_{b\,(y)}^2 + M_{b\,(z)}^2} = 211 \text{ Nm}$$

e) Das größte Biegemoment kann nur in der Lagerstelle *B* auftreten:

$$M_{b\,max} = M_b = 211 \text{ Nm}$$

f) Für geschliffene Oberflächen erhält man aus dem Diagramm für Oberflächenbeiwerte $b_1 = 0{,}9$.

Der überschlägige Wellendurchmesser wird der Tafel für übertragbare Drehmomente für $M = 140 \text{ Nm} > 120 \text{ Nm}$ (gegebener Wert) entnommen: $d = 35 \text{ mm}$. Dazu gehört der Größenbeiwert $b_2 = 0{,}87$ aus dem Diagramm für Größenbeiwerte.

Die Biegewechselfestigkeit für St 50 beträgt $\sigma_{bW} = 260 \text{ N/mm}^2$ (aus der Festigkeitstabelle).

Damit kann die zulässige Biegespannung ermittelt werden:

$$\sigma_{b\,zul} = \frac{\sigma_{bW} b_1 b_2}{\beta_k \, v} = \frac{260 \, \dfrac{\text{N}}{\text{mm}^2} \cdot 0{,}9 \cdot 0{,}87}{1{,}5 \cdot 1{,}5} = 90{,}5 \, \frac{\text{N}}{\text{mm}^2}$$

$$M_v = \sqrt{M_b^2 + 0{,}75 \, (\alpha_0 \, T)^2}$$

$$M_v = \sqrt{(211 \text{ Nm})^2 + 0{,}75 \cdot (0{,}7 \cdot 120 \text{ Nm})^2} = 223 \text{ Nm}$$

$$d_{erf} = \sqrt[3]{\frac{32 \, M_v}{\pi \, \sigma_{b\,zul}}} = \sqrt[3]{\frac{32 \cdot 223 \cdot 10^3 \text{ Nmm}}{\pi \cdot 90{,}5 \, \dfrac{\text{N}}{\text{mm}^2}}} = 29{,}3 \text{ mm}$$

$d = 30 \text{ mm}$ ausgeführt.

g) Mit den ermittelten Größen

  $F_B = 3343 \text{ N} = F_r$ (Radialkraft) und

  $d = 30 \text{ mm}$ entnimmt man der Formelsammlung für

  $n = 1460 \text{ min}^{-1} \rightarrow f_n = 0{,}285$ und für

  $L_h = 10\,000 \text{ h} \rightarrow F_L = 2{,}71$

Für den Durchmesser $d = 30 \text{ mm}$ wird das einreihige Rillenkugellager 6406 mit

$C = 42,5$ kN
$C_0 = 20$ kN
$d = 30$ mm; $D = 90$ mm; $B = 23$ mm
vorgesehen.
Es ergibt sich dann:

$P = F_B = F_r = 3,343$ kN

$$C = \frac{P f_L}{f_n} = \frac{3,343 \text{ kN} \cdot 2,71}{0,285} =$$

$$= 31,8 \text{ kN} < C_{vorh} = 42,5 \text{ kN}$$

Das Lager ist demnach brauchbar.
Die Ermittlung des Rillenkugellagers kann auch
einfacher angelegt werden:

$P = F_B = F_r = 3,343$ kN

$$C_{erf} = \frac{P f_L}{f_n} = \frac{3,343 \text{ kN} \cdot 2,71}{0,285} = 31,8 \text{ kN}$$

Geht man mit diesem Wert für die dynamische
Tragzahl C in die Lagertafel für $d = 30$ mm
Durchmesser, so findet man ebenfalls das Rillen-
kugellager 6406.

h) Vorgegebene Größen:
   Lagerkraft $F_A = F_r = 704$ N $\approx 0,7$ kN
   Drehzahl $n = 1460$ min^{-1} → $f_n = 0,285$
   Lebensdauer $L_h = 10\,000$ h   → $F_L = 2,71$
   äquivalente Lagerbelastung $P = F_r = 0,7$ kN
   erforderliche
   dynamische $C_{erf} = \dfrac{P f_L}{f_n}$
   Tragzahl

$$C_{erf} = \frac{0,7 \text{ kN} \cdot 2,71}{0,285} = 6,7 \text{ kN}$$

Aus der Lagertafel kann beispielsweise das Rillenkugellager 6202 entnommen werden:
6202 mit $C = 7,7$ kN $> C_{erf} = 6,7$ kN

   $d = 15$ mm
   $D = 35$ mm
   $B = 11$ mm

i) Vorgegebene Größen:
   Rillenkugellager 6202 mit
   Wellendurchmesser $d = 15$ mm

Wirkabstand $l = \dfrac{B}{2} = \dfrac{11 \text{ mm}}{2} = 5,5$ mm

Mit $F_A = 704$ N ergeben sich dann die folgenden
Größen:
Biegemoment

$$M_b = F_A \cdot \frac{l}{2} = 704 \text{ N} \cdot 5,5 \text{ mm} = 3872 \text{ Nmm}$$

Biegespannung

$$\sigma_b = \frac{M_b}{W} = \frac{3872 \text{ Nmm}}{\dfrac{\pi \cdot 15^3 \text{ mm}^3}{32}} = 11,7 \frac{\text{N}}{\text{mm}^2}$$

Torsionsspannung

$$\tau_t = \frac{T}{W_p} = \frac{T}{2 W} = \frac{120 \cdot 10^3 \text{ Nmm}}{\dfrac{\pi}{16} \cdot 15^3 \text{ mm}^3}$$

$$\tau_t = 181 \frac{\text{N}}{\text{mm}^2}$$

Vergleichsspannung $\sigma_v = \sqrt{\sigma_b^2 + 3\,(\alpha_0 \tau_t)^2}$

$$\sigma_v = \sqrt{\left(11,7 \frac{\text{N}}{\text{mm}^2}\right)^2 + 3\left(0,7 \cdot 181 \frac{\text{N}}{\text{mm}^2}\right)^2}$$

$$\sigma_v = 220 \frac{\text{N}}{\text{mm}^2}$$

Für den vorgesehenen Wellenwerkstoff St 50 beträgt die
Biegewechselfestigkeit $\sigma_{bW} = 260$ N/mm². Diesem Wert
steht die vorhandene Vergleichsspannung
$\sigma_v = 220$ N/mm² gegenüber, das heißt, der vorgesehene
Wellendurchmesser $d = 15$ mm ist etwas zu klein.

Aus mehreren Gründen, z.B. wegen der kostengünstige-
ren Lagerhaltung, sollte für beide Lagerstellen das
gleiche Lager verwendet werden, hier also das Rillenkugellager 6406 (siehe Lösung g). Die Überprüfung der
Dauerhaltbarkeit führt damit zu einem befriedigenden
Ergebnis.

5 Werkstofftechnik

Metallkundliche Grundlagen

5.1

a) Härte und Festigkeit steigen, die Bruchdehnung
   fällt ab.

b) Die gegenseitige Behinderung der Kristalle im
   vielkristallinen Werkstoff führt zu einem Verbiegen
   der Kugelschichten, dadurch erhöht sich der innere
   Gleitwiderstand bis zur vollständigen Blockierung
   aller Gleitvorgänge → Versprödung.

5.2

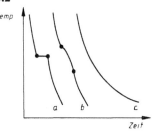

d) Reinmetalle erstarren je nach Abkühlungsgeschwindigkeit bei einer bestimmten Temperatur (Haltepunkt). Legierungen haben einen Erstarrungsbe-
   reich (Knickpunkte). Amorphe Stoffe haben keine
   Halte- oder Knickpunkte, sie werden mit sinkender
   Temperatur „zähflüssiger".

5.3

a) Punkt 1: $f = 1 - 1 + 1 = 1$ Temperaturänderung möglich

Punkt 2: $f = 1 - 2 + 1 = 0$ keine Temperaturänderung möglich

Punkt 3: $f = 1 - 1 + 1 = 1$ Temperaturänderung möglich

b) Punkt 1: $f = 2 - 1 + 1 = 2$ Temperaturänderung möglich, Legierungen anderer Konzentrationen können ebenfalls als Schmelze existieren

Punkt 2: $f = 2 - 2 + 1 = 1$ Temperaturänderung möglich

Punkt 3: $f = 2 - 1 + 1 = 2$ Temperaturänderung möglich, Legierungen anderer Konzentrationen können ebenfalls als feste Phase existieren

5.4

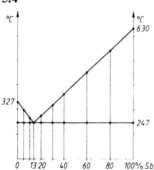

5.5

a) Cd-Kristalle (100 % Cd)

b) Prozentuale Anreicherung der Schmelze mit Wismut durch Ausscheiden der Cd-Kristalle.
Mit Wismut angereicherte Zusammen-setzungen erstarren bei tieferen Temperaturen. Demnach kann bei sinkender Temperatur nur noch eine Bi-reichere Zusammensetzung als Schmelze bestehen. Deshalb müssen zunächst Cd-Kristalle ausscheiden.

c) Die eutektische Zusammensetzung mit 60 % Bi und 40 % Cd. Nur diese Zusammensetzung kann bei dieser Temperatur noch als Schmelze bestehen.

d) Gleichzeitige Erstarrung von Cd und Bi nach ihren eigenen Raumgittern zu einem feinkörnigen Kristallgemisch: Eutektikum

e) $$\frac{Cd}{100\,\%} = \frac{10}{10 + 50};$$

$$Cd = \frac{10}{60}\,100\,\% = 16,67\,\% \qquad Eu = 83,33\,\%$$

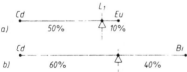

Zusammensetzung des Eutektikums:

$$\frac{Cd}{100\,\%} = \frac{40}{40 + 60};$$

$$Cd = \frac{40}{100}\,100\,\% = 40\,\% \qquad Bi = 60\,\%$$

L_1 besteht aus 16,67 % Cd-Kristallen (grobkörnig, da in der Schmelze gewachsen) und 83,33 % Eutektikum, welches aus 40 % Cd-Kristallen (feinkörnig) und 60 % Bi-Kristallen besteht.

f)

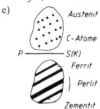

Bi-Kristalle ⎫
Cd-Kristalle ⎬ Eutektikum

Cd-Kristalle

Eisen-Kohlenstoff-Diagramm und Wärmebehandlung

5.6

Temperatur in °C	1536	1402	911	769
Umwandlung	4	1	2,3	5
Haltepunkt	--	A_{r4}	$A_{r3}\,A_{c3}$	A_{r2}

5.7

a) oberhalb: Austenit (kfz.); unterhalb: Ferrit (krz.)

b) oberhalb: 0,8 % C; unterhalb: praktisch Null

c) Die γ-α-Umwandlung des Reineisens bei 911 °C wird durch C-Atome (im Einlagerungsmischkristall) bis auf 723 °C bei 0,8 % C-Gehalt gesenkt (Linie GS).

d) Die im Austenit gelösten C-Atome können im entstehenden Ferrit nicht mehr gelöst enthalten sein. Deshalb müssen sie diffundieren und bilden außerhalb des Ferrits eine zweite Kristallart: Zementit, Fe_3C (metastabiles System!).

e)

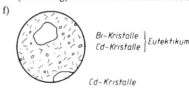

Austenit

C-Atome

P ——— S(K)

Ferrit

⎫
⎬ Perlit
⎭

Zementit

f) Die Kohlenstoffdiffusion benötigt Temperatur und Zeit. Bei schneller Abkühlung fehlt beides; die Umwandlung verschiebt sich zu niedrigeren Temperaturen, die C-Atome können nur kleine Wege zurücklegen. Ferrit- und Zementitkristalle werden zunehmend feinkörniger (feinstreifiger).

g) (1) die schnelle Gitterumwandlung, (2) die langsame Kohlenstoffdiffusion.

5.8

a) Die γ-α-Umwandlung. Sie wird durch die Anwesenheit von 0,3 % C im Austenit von 911 °C nach tieferen Temperaturen verschoben.

b) α-Eisen = Ferritkristalle, bis 723 °C.

c) Der Austenit wird C-reicher. Durch die Gitterumwandlung werden einzelne C-haltige γ-Mischkristalle zu Ferrit (ohne Lösungsvermögen für C). Dadurch müssen diese C-Atome in den verbleibenden Austenit diffundieren und erhöhen dessen C-Gehalt. Der Austenit hat dann 0,8 % C gelöst.

d) Austenitzerfall = Perlitbildung

e)

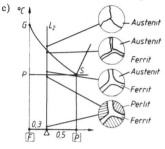

f) Hebelgesetz: $\dfrac{F}{100\,\%} = \dfrac{0,5}{0,8}$

$Ferrit = \dfrac{0,5}{0,8} \cdot 100\,\% = 62,5\,\%$

$Perlit \qquad\qquad = 37,5\,\%$

5.9

a) Ausscheidung von Sekundärzementit aus dem Austenit. Die γ-Mischkristalle sind an diesem Punkt gerade gesättigt. Ihr Lösungsvermögen für Kohlenstoff nimmt mit der Temperatur weiter ab (Linie *SE*). Bei 723 °C, Linie *SK*, ist der Vorgang abgeschlossen.

b) C-Atome diffundieren an die Korngrenzen und bilden dort Korngrenzenzementit, der als Schale die Austenitkörner umgibt (Schalenzementit). Im Gegensatz zum Primärzementit, der aus der Schmelze ausscheidet, wird Sekundärzementit im festen Zustand aus dem Austenit ausgeschieden.

c) Der Austenit wird C-ärmer. Bei 723 °C besitzt er 0,8 % C. Nur bei dieser Zusammensetzung kann Austenit bis auf 723 °C abkühlen (untere Ecke des Austenit-gebietes im EKD).

d) Austenitzerfall = Perlitbildung.

e)

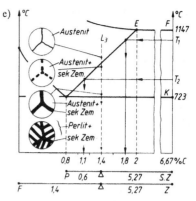

f) Hebelgesetz oben (Bild):

(2) $\dfrac{P}{100\,\%} = \dfrac{5,27}{5,87}$

$Perlit = \dfrac{5,27}{5,87} \cdot 100\,\% = 89,8\,\%$

Sekundärzementit = 10,2 %

(1) Hebelgesetz unten (Bild):

$\dfrac{F}{100\,\%} = \dfrac{5,27}{6,67}$

$Ferrit = \dfrac{5,27}{6,67} \cdot 100\,\% = 79\,\%$

Zementit (gesamt) = 21 %

g) durch das Verhältnis von Perlit und Sekundärzementit: steigender C-Gehalt $\hat{=}$ steigende Dicke des Sekundärzementitnetzes.

5.10

Mit steigenden C-Gehalten steigt der Anteil an hartem, sprödem Zementit im Gefüge an, dadurch

a) sinkt der Anteil an weichem, zähem Ferrit. Die Zugfestigkeit steigt bis 0,8 % C beim rein perlitischen Stahl. Über 0,8 % C hinaus tritt zunehmend Korngrenzen-zementit auf, welcher den Zusammenhang schwächt: Zugfestigkeit nimmt wieder ab;

b) nimmt die Härte etwa linear zu;

c) sinken Bruchdehnung, -einschnürung und Kerbschlagzähigkeit des reinen Ferrits anfangs stark, dann geringer ab.

5.11

Kaltumformbarkeit: steigende Zementitgehalte erhöhen den Kraftbedarf und vermindern die möglichen Verformungsgrade (Biegeradien beim Abkanten); Grenze etwa bei 0,8 % C.

Warmumformbarkeit: Bei den Arbeitstemperaturen von 1300 … 800 °C ist der Kohlenstoff zunächst im Austenit gelöst und erfordert steigenden Kraft- und Energiebedarf. Über 0,8 % C wird während des Schmiedens das homogene Gefüge heterogen (störende Zementitausscheidung beim Erreichen der Linie *ES* und darunter), so daß nur noch kleinere Verformungsgrade zulässig sind. Grenze der Warmumformung liegt bei etwa 1,7 % C für unlegierte Stähle.

5.12

Bruchdehnung und -einschnürung. Beim Schweißen wird der Werkstoff ungleichmäßig erwärmt und abgekühlt. Die dabei auftretende behindernde Schrumpfung führt zu inneren Spannungen, die nur bei guter Verformungsfähigkeit durch plastische Formänderungen abgebaut werden können. Spröde Werkstoffe reißen.

5.13

Mit steigendem Zementitanteil verringern sich Bruchdehnung und -einschnürung und damit die Schweißeignung; Grenze bei 0,25 % C für normale Schmelzschweißverfahren.

b) Dicht über A_{c1} (nach evtl. Weichglühen); vollkommene Umwandlung in Austenit nicht erwünscht, da überperlitische Stähle mit steigendem C-Gehalt nach dem Abkühlen zunehmend Restaustenit enthalten, dadurch geringe Gesamthärte.

5.18

Die Umwandlung des unterkühlten Austenits im Perlit.

5.19

a) Haltepunkte A_{r3} und A_{r1} werden zu tieferen Temperaturen verschoben (Hysterese). Dadurch wird die Kohlenstoffdiffusion behindert.

b) Die C-Atome können nur noch kleinste Wege zurücklegen, dadurch werden Ferrit und Zementit immer feinstreifer. Große Abkühlungsgeschwindigkeiten ($> v_k$) führen zur diffusionslosen γ-α-Umwandlung: Martensitbildung.

c)

Austenit zerfällt bei Abkühlung durch:			
Ofen	Luft	Bleibad	Wasser
Austenit 0,4% C	Ferrit + Perlit	wenig Ferrit + Perlit	dicht-streifiger Perlit	Martensit

5.14

a) Härte und Zugfestigkeit.
b) (1) Der Zementitanteil steigt, damit Härte und Zugfestigkeit, die Zerspanbarkeit wird schlechter.
   (2) Der Graphitanteil steigt, seine Schmierwirkung verbessert die Zerspanbarkeit.

5.15

Härten: Vorwiegend Werkzeugstähle sollen hohe Härte erhalten. Die Zähigkeit muß dem Verwendungszweck ausreichend angepaßt werden, deshalb nach dem Abkühlen Anlassen bei niedrigen Temperaturen.

Vergüten: Vorwiegend Konstruktionsstähle sollen hohe Zähigkeit bei erhöhter Streckgrenze erhalten, deshalb nach dem Abkühlen ein Anlassen auf höhere Temperaturen.

5.16

Erwärmen, Abkühlen, Anlassen.

5.17

a) Dicht über A_{c3} (Linie *GS*); vollkommene Umwandlung in Austenit erforderlich (Austenitisierung), Ferrit muß eingeformt werden, sonst Weichfleckigkeit. Höhere Temperaturen führen zu Kornwachstum und ergeben einen grobnadeligen Martensit.

5.20

a) Es ist die Abkühlungsgeschwindigkeit, die im Werkstück überschritten werden muß, um die Perlitbildung zu verhindern.

b) Keine vollständige Martensitbildung; im Gefüge entstehen äußerst dichtstreifige Perlitflecken (Weichfleckigkeit).

5.21

Werkstoffprüfung

5.22

a) $F = 7353$ N; 285 BW 5/750

b) Für Stoffe mit einer Härte über 450 HB. Hierbei wird infolge der Abplattung der Kugel (elastische Verformung) ein größerer Eindruck erzeugt, damit ein weicherer Werkstoff vorgetäuscht. Zusätzlich ist das Ausmessen der flachen, kleinen Kalotte mit größeren Meßfehlern behaftet.

Für dünne Randschichten, weil der relativ große Kugeleindruck die tieferliegenden Schichten kaltverfestigt.

c) Für Werkstoffe mit heterogenem Gefüge mit Kristallarten von stark unterschied-licher Größe und Härte (Grauguß, Lagermetalle). Die 10 mm-Kugel trifft mit Wahrscheinlichkeit alle Phasen, es wird ein Mittelwert gemessen.

d) Zur Kontrolle der Zugfestigkeit von Stählen bis zu max. 1500 N/mm^2 = 430 HB nach $R_m \approx 3,5$ HB.

5.23

a) Diagonale $d = 0,2557$ mm.

b) (1) Kleinkraftbereich mit Kräften von 1,96 ... 49 N für Messung dünner Randschichten, runde Teile mit kleinen Radien, dünner Bänder und Folien.

 (2) Mikrohärtemessung mit Kräften unter 1 N für einzelne Gefügebestandteile, für sehr spröde, harte Stoffe, die bei größeren Eindrücken zerspringen würden, galvanische Schichten.

c) Es ist das Verfahren der höchsten *Genauigkeit* kombiniert mit dem *breitesten* Meßbereich.

5.24

a) Prüfvorkraft $F_0 = 98$ N wird aufgebracht. Diamant dringt sehr wenig in das Werkstück ein. Meßgerät muß danach Null anzeigen.

Prüfkraft $F_1 = 1373$ N wird aufgebracht. Diamant dringt unter der Prüfgesamtkraft $F = 141$ N weiter ein. Meßgerät zeigt plastische und elastische Eindringtiefe an.

Wegnahme der Prüfkraft F_1. Diamant drückt mit F_0 auf die Probe. Meßgerät zeigt jetzt weniger, d.h. nur die bleibende Eindringtiefe t_b an. Rockwellhärte kann direkt abgelesen werden.

b) Werkstoffe unter 20 HRC und über 70 HRC aus Gründen der Genauigkeit, Werkstücke und Schichten unter 0,7 mm Dicke wegen der Wirkung der Auflagefläche (siehe Antwort 3 d).

c) HRC = 100 – 500 · 0,9 = 100 – 45 = 55; Härte beträgt 55 HRC.

d) Schnelle Messung mit *direkter* Ablesung des Härtewertes.

5.25

a)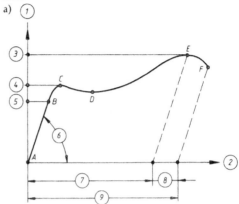

1 Spannung σ
2 Dehnung ε
3 Zugfestigkeit R_m
4 Streckgrenze R_e
5 Proportionalitätsgrenze R_p
6 Winkel $\hat{=}$ Elastizitätsmodul
7 Gleichmaßdehnung A_g
8 Einschnürdehnung
9 Bruchdehnung A

b) Hookesche Gerade mit der Proportionalitätsgrenze R_p beim Punkt B, Probe ist elastisch verformt, d.h. Spannung und Dehnung sind proportional.

c) Probe wird gering plastisch verformt; bei Punkt C ist die Streckgrenze R_e erreicht.

d) Fließvorgang, rückweises Abgleiten (Stau und Wandern von Versetzungen), daran anschließend.

e) Kaltverfestigung, deshalb Ansteigen der zum weiteren Dehnen erforderlichen Spannung; Probe dehnt sich gleichmäßig bis Punkt E. Hier liegt die Zugfestigkeit R_m.

f) Ab Punkt E erfolgt die Einschnürung, Dehnung erfolgt nur noch im Einschnürbereich, bis der Restquerschnitt reißt. Bei F wirkt im Bruchquerschnitt die maximale wahre Spannung.

5.26

$R_m = 596,8$ N/mm^2; $R_e = 437,7$ N/mm^2; $A_5 = 20$ %; $Z = 30,4$ %.

5.27

$F = 28,3$ kN; $\Delta L = 0,12$ mm mit $L_0 = 60$ mm.

5.28

$F = 98$ N. Die Senkrechte bei 1000 HV schneidet die Kurve Nr. 5 (entsprechend $F = 98$ N) in einer Höhe von 0,2 mm, dies wäre die Mindestdicke.

6 Spanende Fertigungsverfahren

Drehen

6.1

gewählt: $f = 0,56 \frac{mm}{U}$ nach Vorschubreihe der Maschine.

6.2

a) $\beta = 73°$
b) $\gamma' = 12,5°$
c) $\alpha' = 4,5°$
d) $h = 2,8$ mm

6.3

a) $a = 1,45$ mm
b) $h = 0,59$ mm
c) $b = 1,54$ mm
d) $l_s = 2,2$ mm
e) $m = 0,42$ mm

6.4

a) $F_c = 1644$ N
b) $P_c = 3,73$ kW
c) $P_m = 4,97$ kW
d) $t_{hu} = 0,64$ min

6.5

a) $n_{erf} = 144,1$ min^{-1}
   Gewählt: $n = 140$ min^{-1} nach Drehzahlreihe der Maschine

b) $v_1 = 79,2 \frac{m}{min}$

c) $v_2 = 37,4 \frac{m}{min}$

d) $\Delta v = 41,8 \frac{m}{min}$

e) $t_{hu} = 1,44$ min

Fräsen

6.6

a) $n_{erf} = 63,7$ min^{-1}
   Gewählt: $n = 56$ min^{-1} nach Drehzahlreihe der Maschine

b) $f_z = 0,15$ mm
   Anzahl der Schneidzähne des Walzen-fräsers $z = 6$

   $v_f = 50,4 \frac{mm}{min}$

   Gewählt: $50 \frac{mm}{min}$ nach Vorschubreihe der Maschine

c) $h_m = 0,03$ mm

   Kontrolle: $\frac{e}{D} = \frac{3\,mm}{75\,mm} = 0,04 < 0,3$

d) $P_c = 0,62$ kW
e) $P_m = 0,89$ kW

f) $V = 9,3 \frac{cm^3}{min}$

g) $P_c = 0,66$ kW
h) $F_c = 2818$ N
i) $t_{hu} = 3,2$ min

6.7

$t_{hu} = 2,38$ min

Bohren

6.8

a) $M = 4423$ Nmm
b) $F_f = 1310$ N
c) $P_c = 0,65$ kW
d) $P_m = 0,81$ kW
e) $t_{hu} = 0,14$ min $= 8,35$ s

6.9

a) $a = 8$ mm

b) $f_s = 0,14 \frac{mm}{U}$

c) $A = 1,12$ mm^2 je Hauptschneide

d) $V = 25,33 \frac{cm^3}{min}$

Sachwortverzeichnis

Die umfassenden Nachschlagewerke

Wolfgang Böge (Hrsg.)

Vieweg Handbuch Elektrotechnik

Nachschlagewerk für Studium und Beruf
1998. XXXVIII, 1140 S. mit 1805 Abb., 273 Tab. Geb. DM 172,00
ISBN 3-528-04944-8

Dieses Handbuch stellt in systematischer Form alle wesentlichen Grundlagen der Elektrotechnik in der komprimierten Form eines Nachschlagewerkes zusammen. Es wurde für Studenten und Praktiker entwickelt. Für Spezialisten eines bestimmten Fachgebiets wird ein umfassender Einblick in Nachbargebiete geboten. Die didaktisch ausgezeichneten Darstellungen ermöglichen eine rasche Erarbeitung des umfangreichen Inhalts. Über 1800 Abbildungen und Tabellen, passgenau ausgewählte Formeln, Hinweise, Schaltpläne und Normen führen den Benutzer sicher durch die Elektrotechnik.

Wolfgang Böge (Hrsg.)

Das Techniker Handbuch

Grundlagen und Anwendungen der Maschinenbau-Technik
16., überarb. Aufl. 2000. XVI, 1720 S. mit 1800 Abb., 306 Tab. und mehr als 3800 Stichwörtern, Geb. DM 158,00
ISBN 3-528-44053-8

Das Techniker Handbuch enthält den Stoff der Grundlagen- und Anwendungsfächer im Maschinenbau. Anwendungsorientierte Problemstellungen führen in das Stoffgebiet ein, Berechnungs- und Dimensionierungsgleichungen werden hergeleitet und deren Anwendung an Beispielen gezeigt. In der jetzt 15. Auflage des bewährten Handbuches wurde der Abschnitt Werkstoffe bearbeitet. Die Stahlsorten und Werkstoffbezeichnungen wurden der aktuellen Normung angepasst. Das Gebiet der speicherprogrammierbaren Steuerungen wurde um einen Abschnitt über die IEC 1131 ergänzt. Mit diesem Handbuch lassen sich neben einzelnen Fragestellungen ganz besonders auch komplexe Aufgaben sicher bearbeiten.

vieweg

Abraham-Lincoln-Straße 46
65189 Wiesbaden
Fax 0611.7878-400
www.vieweg.de

Stand 1.11.2000
Änderungen vorbehalten.
Erhältlich im Buchhandel oder im Verlag.

Weitere Titel aus dem Programm

Alfred Böge
Technische Mechanik
Statik - Dynamik -
Fluidmechanik – Festigkeitslehre
24., überarb. Aufl. 1999.
XVIII, 409 S. mit 547 Abb.,
21 Arbeitsplänen, 16 Lehrbeisp.,
40 Übungen und 15 Tafeln.
(Viewegs Fachbücher der Technik)
Geb. DM 49,80
ISBN 3-528-24010-5

Alfred Böge,
Walter Schlemmer
**Aufgabensammlung
Technische Mechanik**
15., überarb. Aufl. 1999. XII, 216 S.
mit 516 Abb. und 907 Aufg.
(Viewegs Fachbücher der Technik)
Br. DM 39,80
ISBN 3-528-14011-9

Alfred Böge, Walter Schlemmer
**Lösungen zur
Aufgabensammlung
Technische Mechanik**
10., überarb. Aufl. 1999. IV, 200 S. mit
743 Abb. Diese Aufl. ist abgestimmt
auf die 15. Aufl. der Aufgabensammlung TM. (Viewegs Fachbücher
der Technik) Br. DM 38,00
ISBN 3-528-94029-8

Alfred Böge
**Formeln und Tabellen
Technische Mechanik**
18., überarb. u. erw. Aufl. 2000.
VI, 54 S. (Viewegs Fachbücher der
Technik) Br. DM 22,00
ISBN 3-528-44012-0

Alfred Böge (Hrsg.)
Das Techniker Handbuch
Grundlagen und Anwendungen der
Maschinenbau-Technik
15., überarb. und erw. Aufl. 1999.
XVI, 1720 S. mit 1800 Abb.,
306 Tab. und mehr als 3800 Stich-
wörtern. Geb. DM 148,00
ISBN 3-528-34053-3

vieweg

Abraham-Lincoln-Straße 46
65189 Wiesbaden
Fax 0611.7878-400
www.vieweg.de

Stand 1.11.2000
Änderungen vorbehalten.
Erhältlich im Buchhandel oder im Verlag.